BPF之巅

洞悉Linux系统和应用性能

BPF Performance Tools

[美] Brendan Gregg 著

Alexei Starovoitov 倾情作序

孙宇聪 吕宏利 刘晓舟 译

U0217726

電子工業出版社·

Publishing House of Electronics Industry

北京·BEIJING

<h1 style="text-align:center">内 容 简 介</h1>

本书作为全面介绍 BPF 技术的图书，从 BPF 技术的起源到未来发展方向都有涵盖，不仅系统介绍了 BPF 的编程模型，还完整介绍了两个主要的 BPF 前端编程框架——BCC 和 bpftrace，更给出了一系列实现范例，生动展示了 BPF 技术的实际能力和未来发展前景。

本书的另一个关注方向是 Linux 系统性能和应用程序性能的调优，内容涉及系统性能调优的策略、工具与实践案例，不仅介绍了对应的 BPF 工具，还着重介绍了这些工具如何与 Linux 传统性能工具进行互补，这样读者可以选择最佳方案。

本书介绍的工具小巧精致，并提供了简单易读的源代码，它们显示出了 BPF 技术的魅力所在：安全、高效、快捷的系统扩展力。未来 BPF 技术在 Linux 中的应用场景会越来越多，越来越重要。希望本书能在大家学习 BPF 技术并关注它的发展时提供帮助。

版权贸易合同登记号　图字：01-2020-0958

图书在版编目（CIP）数据

BPF 之巅：洞悉 Linux 系统和应用性能 /（美）布兰登·格雷格（Brendan Gregg）著；孙宇聪等译 . —北京：电子工业出版社，2021.1
书名原文：BPF Performance Tools
ISBN 978-7-121-39972-5

Ⅰ . ① B… Ⅱ . ①布… ②孙… Ⅲ . ① Linux 操作系统 Ⅳ . ① TP316.85

中国版本图书馆 CIP 数据核字（2020）第 226697 号

责任编辑：张春雨
印　　刷：三河市良远印务有限公司
装　　订：三河市良远印务有限公司
出版发行：电子工业出版社
　　　　　北京市海淀区万寿路173信箱　　　　邮编：100036
开　　本：787×980　1/16　　　　印张：53.5　　字数：1139千字
版　　次：2021年1月第1版
印　　次：2024年8月第9次印刷
定　　价：199.00元

凡所购买电子工业出版社图书有缺损问题，请向购买书店调换。若书店售缺，请与本社发行部联系，联系及邮购电话：（010）88254888，88258888。

质量投诉请发邮件至 zlts@phei.com.cn，盗版侵权举报请发邮件至 dbqq@phei.com.cn。

本书咨询联系方式：（010）51260888-819，faq@phei.com.cn。

译者序一

我现在仍能回想起 2003 年年初在北京交通大学机房里的情景。班主任高老师递给我一张刻录的 Debian 光盘，让我这个 Windows 玩家负责安装一台新服务器，因为 "服务器中安装的都是这个系统"。我就这样在机房里熬了几个通宵，不知道刷了多少遍机，一点一点地踏上了 Linux 使用之路。再后来，我收到了人生中第一份国际快递——来自 Ubuntu 的免费安装光盘。回首想想，在我初学 Linux 的路上，给我留下最深印象的，就是 "鸟哥的 Linux 私房菜" 等一系列 Linux 教程文章。工作之后，作为一名自认为技术合格的运维 SRE 从业人员和云计算爱好者，借工作之便我可以阅读到一些 Linux 技术博客、杂志文章，还会参加一些技术会议。我一直想着有一天能为 Linux 技术的发展和推广做出自己的一点贡献。

我注意到，从 2017 年起，BPF 这个名词在 Linux 技术讨论中出现的频率越来越高。2019 年参加 USENIX 大会时，我有幸参加了本书作者 Brendan Gregg 主讲的一堂 BPF 讲座，受益匪浅。BPF 技术作为 Linux 内核的一个关键发展节点，其重要程度不亚于虚拟化、容器、SDN 等技术。我希望能通过本书，为这项新技术的推广和发展贡献一些自己的力量。这就是我主动请缨加入翻译团队的初衷。

回想过去的一年，我想感谢翻译团队的成员和出版社编辑的大力支持，感谢家人和朋友的支持、包容和理解。希望本书能给想要深入了解 BPF 技术与 Linux 内核技术的朋友带来便利，也期待着未来能在这方面与大家进行更多更深入的交流。

孙宇聪

2020 年 10 月 18 日晚于美国加州湾区

译者序二

本人在互联网领域深耕多年，曾就职于北京谷歌公司、谷歌爱尔兰、阿里巴巴北京公司，现在在美国谷歌总部基础架构部门工作，对技术由衷地热爱，尤其是对系统底层技术。说起本书的翻译，现在想想，有一种冥冥之中注定的缘分。

2019 年 10 月底，约好友孙宇聪参加一年一度的 LISA 会议。会议在美国波特兰举行，伴着色彩斑斓的秋色，在威拉米特河畔的万豪酒店内，我第一次面对面见到了本书作者 Brendan Gregg。

Brendan Gregg 是技术圈公认的系统性能"大神"，之前只是在他的网站上阅读过他的关于系统性能的技术文章，收获知识的同时感慨他对系统的深刻理解。在他的研讨会上，得知了他的新书 *BPF Performance Tools* 马上就要上市了。

会后，在波特兰机场的餐厅内，我和孙宇聪畅想了 2020 年我们想做的几件事情，第一件事就是要翻译 Brendan Gregg 的这本新书。有同样想法的不止我们两个，2019 年年底的时候，我们三位译者就拿到了英文原版书，正式开始翻译。

BPF 本身已经存在很多年了，但是最近几年 eBPF 才开始真正登上舞台（现在大家说的 BPF 就是 eBPF），被大公司应用于生产环境，覆盖范围也开始涉及网络之外的其他领域。Brendan Gregg 拓展了原本 BPF 的应用范围，并基于自己对系统可观测性和性能分析的需要开发了一系列 BPF 工具。这些工具好比瑞士军刀，体型虽小，但是非常实用。BPF 很容易扩展、定制来适应不同的生产环境；本书就是该"瑞士军刀"的说明书，可以帮助你快速上手解决问题，并帮助你理解什么时候使用传统性能分析工具，什么时候使用 BPF 工具。

本书可以作为一本参考手册使用，在遇到问题时参考对应的章节即可。书中介绍的工具仅仅是一个开始，当对 BPF 开发环境有一定的了解之后，你可以根据需要对现有工具进行深度定制。如果你是一名技术爱好者，想对系统底层调试进行更深入的学习，本书很适合你；如果你是一名系统维护者，想了解系统的瓶颈在哪里，本书很适合你；如果你是一名资源主管，想要提高系统的效率，本书也很适合你。

2020 年注定是不平凡的一年。年初左腿前交叉韧带拉断，做了韧带重建手术，全球又爆发了新冠肺炎疫情，工作安排也跟着进行了调整。三位译者来自不同的 IT 公司，翻译进度受到很大影响，原定的交稿日期也从 2020 年年初拖到了下半年。在如此艰难的环境下完成翻译，对自己是一个莫大的挑战。在这里衷心希望本书能帮助那些想征服性能调试高峰的技术爱好者。

最后，我要感谢孙宇聪向编辑的推荐，感谢出版社把这样一本硬核图书交给我们几位译者翻译；还要感谢我的家人和朋友，他们的关怀和帮助让我顺利完成本书的翻译。

吕宏利

2020 年 10 月 15 日于美国加州湾区

译者序三

毫无疑问，BPF 是近年来 Linux 系统技术领域一个巨大的创新。2018 年，我初次接触 BPF，便对它有一见倾心的感觉，工作之余混迹于 BCC 和 bpftrace 等相关项目社区，陆续贡献了一些补丁程序。现在，我和字节跳动公司的同事基于这项系统底层技术构建了全新而强大的性能分析和网络监控诊断平台，取得了非常好的效果。在这里由衷地感谢相关开源社区及本书作者 Brendan Gregg！

追根溯源的话，BPF 于 1992 年诞生在美国劳伦斯伯克利国家实验室（B 代表伯克利）。不过，BPF 在过去相当长的时间内都鲜为人知，原因无非是用户和应用场景少，即便在经常使用 tcpdump 嗅探抓包的网络管理员中，又有多少人知道它的存在呢？

今非昔比，经过扩展后的新 BPF 吸引了社区开发者的广泛关注。其热度之高，使得 Linux 内核开发者圈中曾出现"BPF 会替代 Linux"这样的玩笑言论。不过直接编写 BPF 程序开展相关工作比较烦琐，而 BCC/bpftrace 等项目则大大降低了 BPF 程序编写难度和使用的门槛，进一步促进了 BPF 的实战应用。

作为性能分析领域享誉全球的专家，Brendan Gregg 也是上述项目的核心开发者，因此没有人比他更适合来写这样一本利用 BPF 工具进行性能分析的书了。从这个角度来说，翻译和阅读这本书都是在向大师学习。

在本书的翻译过程中，我得到了电子工业出版社编辑张春雨、合作译者孙宇聪和吕宏利的帮助、支持以及家人的理解和包容，在此表示深深的感谢！

刘晓舟

2020 年 10 月于北京

序

程序员常常说他们"煎了一个补丁"（cook a patch）而不是"实现了一个补丁"（implement a patch）。我从学生时代起就着迷于编程。为了写出好的代码，程序员需要最好的"食材"。虽然各种不同的编程语言提供了不同的组件，也就是"食材"，但是对Linux 内核编程来说，除了内核代码本身，就没有其他选择了。

2012 年，我需要增加一组内核特性，但是我需要的"食材"并不存在。我完全可以选择在内核中添加一些新的专用代码，这样几年之后还能使用。但是，我决定创建一种"普适的食材"，这样在有经验的程序员手中，它既可以成为内核中二层的网桥，也可以成为三层的网络路由器。

我有一些重要的要求："普适的食材"必须和使用者的编程技能无关，可以被安全使用。一个怀着恶意或者经验不足的开发者不应该具备通过它制作病毒的能力。"普适的食材"不应该允许这种情况的发生。

在内核中已经存在一个叫作 BPF（伯克利数据包过滤器）的"食材"具备类似的特性：一个最小化的指令集，可以在数据被 tcpdump 这样的应用处理之前进行过滤。我借用它的名字称呼这个新的"食材"为 eBPF，这里 e 代表扩展版（extended）。

几年之后，eBPF 和经典 BPF 的差距已经消失了。我的"普适的食材"已经完全替代了原来的 BPF。很多知名的公司基于它建造了庞大的系统，来向包括你和我在内的数十亿用户提供服务。它具有的安全性原则允许许多"厨师"成长为世界级大厨。

第一个 BPF "大厨"就是 Brendan Gregg。他敏锐地发现，除了应用于网络和安全领域，BPF 亦可作为性能分析、监视和可观测性的工具。不过创造这些工具然后再对它们的性能进行解释，对实践和知识的要求是很高的。

我衷心希望本书能够成为读者最心爱的"菜谱"，在这里你可以向厨神学习如何在Linux 厨房中使用 BPF。

Alexei Starovoitov
2019 年 8 月于美国华盛顿州西雅图市

前　言

"扩展版 BPF 的使用案例：……真疯狂啊。"

Alexei Starovoitov，新 BPF 的创建者，2015 年 2 月 [1]

2014 年 7 月，Alexei Starovoitov 到访了 Netflix 公司位于加州 Los Gatos 的办公室，对他开发的一项有趣的技术进行研讨：扩展版的伯克利数据包过滤器（简写为 eBPF 或者 BPF）。BPF 是一项用于改进包过滤的冷门技术，此时 Alexei 已经有了对其在包过滤之外的领域进行扩展的远见卓识。Alexei 和另外一名网络工程师 Daniel Borkmann 合作，将 BPF 改写为一个通用的虚拟机，可以运行高级的网络程序和其他程序。这是一个令人惊叹的想法。有一种使用场景令我十分感兴趣，那就是可以将 BPF 用在开发性能分析的工具上，我看到了 BPF 能够提供我所需要的可编程能力。于是我们做了一个约定：如果 Alexei 能够将 BPF 与数据包之外的东西相连接，我将使用它来开发性能分析工具。

BPF 现在已经可以挂载到任何事件源上，它也成为系统工程领域一项热门的新技术，拥有众多活跃的贡献者。到目前为止，我已经开发并公开了超过 70 个 BPF 性能分析工具，它们在全球范围内得到广泛使用，并且在 Netflix、Facebook 等公司中进入服务器的默认安装软件列表。我还专门为本书单独开发了许多工具，同时也引入不少其他人贡献的工具。很荣幸能够在这本书中为大家分享这些实用的工具，这样你就可以使用它们进行性能分析、故障定位以及其他种种工作。

作为一名性能工程师，我常沉迷于使用各种工具之中。系统中的盲点是性能瓶颈和软件 bug 的藏身之处。我早先在工作中使用过 DTrace 技术，在 2011 年我编写了 *DTrace：Dynamic Tracing in Oracle Solaris，Mac OS X，and FreeBSD* 一书（由 Prentice Hall 出版，以下简称为"DTrace 一书"），在那本书中分享了我为这些操作系统开发的工具。现在能够分享 Linux 下的类似工具——甚至可以做得更多、看到更多——我感到十分兴奋。

为什么你需要BPF性能工具

BPF 性能工具可以帮助你改进性能、降低开销、解决软件问题，从而使系统和应用的效益最大化。它们能比传统性能工具分析得更多，并允许你向生产环境中的系统随意提出问题，并且能够立刻得到答案。

关于本书

本书是关于应用在可观测性和性能分析领域的 BPF 工具的，但是这些工具也有其他用途：软件故障排查、安全分析等。学习 BPF 时，最困难的部分不在于写代码：你可以在一天的时间内学会编写接口程序。困难之处在于如何应用：在数以千计的可用事件中，你能够从中得到什么信息？本书会帮助你回答这些问题，通过给出性能分析的一些必要的背景，然后使用 BPF 性能工具对许多不同的软硬件目标进行分析，并附上 Netflix 服务器上的样例输出。

BPF 的可观测性是一种超能力，不过这仅仅是因为它扩展了我们对系统和应用的可观测能力，而非重复这种能力。为了高效地使用 BPF，你需要理解什么时候使用传统的性能分析工具，包括 iostat(1) 和 perf(1)，什么时候使用 BPF 工具。本书也会介绍传统的工具，对于解决某些性能问题它们可能已经够用了，当不能解决时，它们也会提供有用的上下文和线索，指导进一步使用 BPF 工具。

本书中的许多章节包含了学习目标，告知读者哪些是学习要点。本书中的材料也用在 Netflix 关于使用 BPF 分析的内部课程中，有些章节还包含了可选的练习。[1]

本书中的许多 BPF 工具来自 BCC 和 bpftrace 的代码仓库，这两个项目是 Linux 基金会下的 IO Visor 项目。它们是开源的，可以自由使用，不仅可以从项目的网站上下载，而且很多 Linux 发行版中已经包含了它们。我也为本书新写了一些 bpftrace 工具，并把它们的源代码一并包含到本书中。

这些工具并不是为了演示各种 BPF 功能而随意创建的，创建它们是为了在生产环境中使用。我使用这些工具解决的生产问题超出了当前分析工具集的能力。

对于用 bpftrace 编写的工具，本书已经包含了源代码。如果你希望修改或开发新的 bpftrace 工具，则可以从第 5 章中学习 bpftrace 语言，也可以从本书的许多源代码清单中学习。这些源代码有助于说明每个工具的功能以及它们所检测的事件：就像包含可以运行的伪代码一样。

BCC 和 bpftrace 前端已经趋于成熟，但是将来的变更可能会导致本书中包含的某些源代码停止工作，并且需要更新。如果工具来源于 BCC 或 bpftrace，请检查那些存储库

---

[1] 还有模式的切换：不阻塞的Linux系统调用可能只（取决于处理器）需要在用户态和内核态之间进行切换。

中的更新版本。如果工具来源于本书，请访问本书的网站（参见链接 1[1]）。最重要的不是知晓某个工具有效，而是你了解该工具并让它能够工作。 BPF 跟踪最困难的部分是要知道用它来做什么；甚至损坏的工具也会是有用想法的来源之一。

新工具

　　为了提供一整套全面的分析工具，并且出于可用于代码示例的目的，本书共开发了 80 多种新工具。其中许多如图 P-1 所示。 在此图中，先前存在的工具以黑色文本显示，为该书创建的新工具则以灰色显示。本书同时涵盖了既有工具和新工具，尽管后面的许多图都没有使用灰色 / 黑色方案来区分它们。

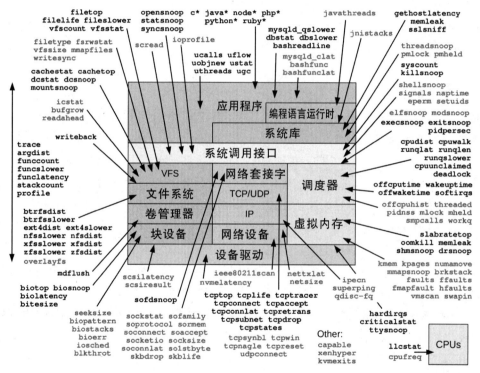

图例：
既有工具（黑色）
新工具（灰色）

图 P-1　BPF 性能工具：既有工具和为本书创建的新工具

1　请访问http://www.broadview.com.cn/39972下载本书提供的附加参考资料，如正文中提及参见"链接
　　1""链接2"等时，可在下载的"链接参考资料.pdf"文件中查询。

关于图形界面（GUI）

一些 BCC 工具已经成为测量工具 GUI 的数据来源——提供时间序列数据来绘制折线图，提供调用栈来绘制火焰图，或者提供秒粒度的直方图以绘制热力图等。我预期未来会有更多的人通过 GUI 使用这些 BPF 工具，而非直接使用这些工具本身。无论你最终如何使用，它们都可以提供丰富的信息。本书介绍了这些工具提供的指标，如何解读指标，以及你如何自己动手创建新工具。

关于 Linux 版本

在本书中介绍了许多 Linux 技术，通常带有内核版本号和出现的年份。有时，我也指明了该技术的开发人员，以便你可以辨识出原始作者撰写的支持材料。

扩展版 BPF 已被部分地添加到 Linux 中。第一部分在 2014 年的 Linux 3.18 中添加，此后在 Linux 4.x 和 5.x 系列中添加了更多内容。为了具有足够的功能来运行本书中介绍的 BPF 工具，建议使用 Linux 4.9 或更高版本。本书中的示例运行在 Linux 4.9 到 5.3 内核之上。

已经开始将扩展版 BPF 引入其他内核，并且本书的未来版本可能不仅仅涉及 Linux。

本书不包含的内容

BPF 的应用范围很广，BPF 性能工具的许多用例本书并未涉及，其中包括用于软件定义网络、防火墙、容器安全和设备驱动程序。

本书聚焦于使用 bpftrace 和 BCC 工具，以及开发新的 bpftrace 工具，但不涉及开发新的 BCC 工具。BCC 源代码通常很长，无法在书中直接包含，但是附录 C 中提供了一些示例作为可选内容供读者参考。附录 D 中提供了使用 C 语言进行编程的示例，附录 E 中提供了使用 BPF 指令进行工具开发的示例，对那些希望更深入了解 BPF 工具的工作原理的人来说，这些示例也可能有用。

本书并不专门针对某种特定语言或应用程序的性能进行分析，因为这方面已经有其他书籍了，它们涵盖了对应语言调试和分析工具的介绍。使用其他工具和 BPF 工具联合解决问题是很常见的，不同的工具之间可以互补，提供不同的解决问题的线索。本书介绍了来自 Linux 的基本系统分析工具，因此你可以利用这些工具直接解决一些问题，如果需要进一步分析，再转向使用提供进一步观察能力的 BPF 工具。

本书简要介绍了每个分析目标的背景和策略。这些主题在我之前出版的那本《性能之巅：洞悉系统、企业与云计算》[Gregg 13b] 书中有较详细的解释。

本书的结构

本书分为三个部分。第 1 部分：第 1 ～ 5 章，介绍了 BPF 跟踪所需的背景知识，包括性能分析、内核跟踪技术以及两个主要的 BPF 跟踪前端实现——BCC 和 bpftrace。

第 2 部分包含第 6 ～ 16 章，涵盖 BPF 可跟踪的目标：CPU、内存、文件系统、磁盘 I/O、网络、安全、语言、应用程序、内核、容器和虚拟机管理器等。尽管你可以按顺序学习这些章节，但本书设计为支持跳至你感兴趣的章节。这些章节遵循同样的结构：背景讨论、分析策略的建议以及特定的 BPF 工具。文中还包含了一些可以帮助读者理顺分析思路的图表。

最后一部分，包含第 17 章和第 18 章，涵盖了一些其他主题：其他 BPF 工具以及提示、技巧和常见问题。

附录提供了 bpftrace 单行程序和 bpftrace 备忘单，介绍了 BCC 工具的开发，包括通过 perf(1)（Linux 工具）进行的 C BPF 工具开发以及 BPF 指令摘要。

本书使用了许多术语和缩写，在需要的地方会对它们进行解释。

有关更多信息源，请参见本前言结尾处的"补充材料和参考资料"部分。

目标读者

本书的写作初衷是，希望对各个领域的人都有用。无须任何编码即可使用本书中的 BPF 工具：你可以将其用作可以运行的预编写工具表。如果确实想编写代码，则本书中包含的所有代码和第 5 章的内容将帮助你学习快速编写自己的工具。

你不必具备性能分析的背景知识，每章会简述必要的背景知识细节。

本书的特定读者包括：

- **负责生产系统的系统管理员、站点可靠性工程师、数据库管理员、性能工程师和支持人员**可以将本书用作诊断性能问题、了解资源使用情况以及对问题进行故障排除的指南。
- **应用程序开发人员**可以使用这些工具来分析自己的代码，并检测代码以及系统事件。例如，可以检查触发磁盘 I/O 事件的应用程序代码。这样可以在无法直接查看内核事件的应用程序特定工具之外，提供一个更完整的行为视图。
- **安全工程师**可以学习如何监控所有的事件以发现可疑行为，并创建正常活动的白名单（请参见第 11 章）。
- **性能监控开发者**可以使用本书来获得有关在其产品中添加新的可观测性的想法。
- **内核开发人员**可以学习如何编写 bpftrace 单行程序来调试自己的代码。

■ **学习操作系统和应用程序的学生**可以使用 BPF 工具以新的和自定义的方式分析正在运行的系统。学生无须学习抽象的内核技术，而是可以对其进行跟踪并实时了解它们的运行方式。

为了使本书能够专注于 BPF 工具的应用，假定你具备较少的关于所涉及主题的知识储备，包括互联网（例如，IPv4 地址是什么）和命令行用法。

源代码版权

本书包含许多 BPF 工具的源代码。每个工具都用一个脚注来说明其来源：它是来自 BCC、bpftrace 还是为本书编写。有关 BCC 或 bpftrace 的任何工具，请参见相应存储库中的完整源代码，以获取适用的版权声明。

以下是我为本书开发的新工具的版权声明。此通知包含在存储库中发布的这些工具的完整资源中，在共享或移植这些工具时不应删除此声明：

```
/*
 * Copyright 2019 Brendan Gregg.
 * Licensed under the Apache License, Version 2.0 (the "License").
 * This was originally created for the BPF Performance Tools book
 * published by Addison Wesley. ISBN-13: 9780136554820
 * When copying or porting, include this comment.
 */
```

正如我之前开发的工具一样，本书提到的这些工具可以作为观测工具集成于商业产品中。如果商业产品中使用到了源自本书的工具，请在对应的产品文档中注明出处——来自本书、BPF 技术及笔者本人。

图像版权

图 17-2 ～图 17-9：Vector 屏幕截图，版权所有 ©2016 Netflix, Inc.

图 17-10：grafana-pcp-live 屏幕截图，版权所有 2019©Grafana Labs

图 17-11 ～图 17-14：Grafana 屏幕截图，版权所有 2019©Grafana Labs

补充材料和参考资料

鼓励读者访问本书的网站，网址参见链接 1。

本书中包含的所有工具、勘误和读者反馈都可以从该站点下载。

本书中讨论的许多工具也位于源代码存储库中，在其中对其进行维护和增强。有关这些工具的最新版本，请参考链接 2 所指向的存储库。

这些存储库中还包含我创建的 BPF 社区维护和更新的详细参考指南和教程。

本书的参考资料请访问 http://www.broadview.com.cn/39972 进行下载。

本书中使用的排版约定

本书讨论了不同类型的技术，并且其介绍材料的形式可以提供更多的上下文。

对于工具输出，加粗文本表示已执行的命令，或在某些情况下突出显示感兴趣的内容。井号提示符（#）表示命令或工具已经以 root 用户（管理员）的身份运行。例如：

```
# id
uid=0(root) gid=0(root) groups=0(root)
```

美元提示符（$）表示以非 root 用户身份运行命令或工具：

```
$ id
uid=1000(bgregg) gid=1000(bgregg) groups=1000(bgregg),4(adm),27(sudo)
```

一些提示包括目录名称前缀，用以显示工作目录：

```
bpftrace/tools$ ./biolatency.bt
```

斜体或楷体用于突出显示新术语，有时用于显示占位符文本。

本书中的大多数工具都需要 root 用户访问权限或同等特权才能运行，如重复使用哈希提示所显示的那样。如果你不是 root 用户，则以 root 用户身份执行工具的一种方法是在 sudo(8) 命令中为它们加上 sudo 前缀（超级用户可用）。

一些命令用单引号引起来，以防止不必要的（尽管不太可能）shell 扩展。这是一个好习惯。例如：

```
# funccount 'vfs_*'
```

Linux 命令名称或系统调用后面会跟着括号，括号中的数字表明其属于 man 帮助文档的第几部分——例如，ls(1) 命令、read(2) 系统调用和 funccount(8) 系统管理命令。空括号表示其来自编程语言的函数调用——例如，vfs_read() 内核函数。当带有参数的命令被包含在段落中时，它们将使用等宽字体。

被截断的命令输出在方括号（[...]）中包括省略号。包含＾C 的单行程序表示需按 Ctrl+C 组合键来终止程序。

参考资料和参考网站使用了如 [123] 所示的编号。

致谢

许多人为构建今天可用的 BPF 跟踪工具所依赖的各种组件付出了大量努力。他们的贡献看起来似乎不那么明显，解决的问题包括内核跟踪框架、编译器工具链、指令验证器或其他复杂组件中无法理解的问题。这样的工作通常是不被理解的，并且是很少被提及的，但是他们劳动的最终结果正是你将要运行的 BPF 工具。其中许多工具是我编写的，这可能给人造成一种不公平的印象，好像它们全由我一个人编写，但事实是，我的工作是基于许多不同的技术以及许多人的工作成果。我要感谢他们的工作，也感谢为这本书做出贡献的其他人。

相关技术及其作者如下所述。

- **eBPF**：感谢 Alexei Starovoitov（Facebook；之前在 PLUMgrid）和 Daniel Borkmann（Isovalent；之前在 Cisco、Red Hat）创造了该技术，并且领导开发、维护 BPF 内核代码以及不断追求 eBPF 的愿景。感谢所有其他 eBPF 贡献者，特别是来自 David S. Miller（RedHat）的支持和改进。在撰写本书时，BPF 社区由 249 个不同的 BPF 内核贡献者社区组成，自 2014 年以来共有 3224 次提交。在 Daniel 和 Alexei 之后，当前基于提交计数的主要贡献者是：Jakub Kicinski（Netronome）、Yonghong Song（Facebook）、Martin KaFai Lau（Facebook）、John Fastabend（Isovalent；之前在 Intel）、Quentin Monnet（Netronome）、Jesper Dangaard Brouer（Red Hat）、Andrey Ignatov（Facebook）和 Stanislav Fomichev（Google）。
- **BCC**：感谢 Brenden Blanco（VMware；之前在 PLUMgrid）创建和开发了 BCC。主要贡献者包括 Sasha Goldshtein（Google；以前在 SELA）、Yonghong Song、Teng Qin（Facebook）、Paul Chaignon（Orange）、Vicent Marti（GitHub）、Mark Drayton（Facebook）、Allan McAleavy（Sky）以及 Gary Ching-Pang Lin（SUSE）。
- **bpftrace**：感谢 Alastair Robertson（Yellowbrick Data；以前在 G-Research，Cisco）创建了 bpftrace 和对编写高质量代码的坚持和广泛的测试。感谢到目前为止所有其他 bpftrace 贡献者，特别是 Matheus Marchini（Netflix；以前在 Shtima）、Willian Gasper（Shtima）、Dale Hamel（Shopify）、Augusto Mecking Caringi（Red Hat）和 Dan Xu（Facebook）。
- **ply**：感谢 Tobias Waldekranz 开发了第一个基于 BPF 构建的高级跟踪器。
- **LLVM**：感谢 Alexei Starovoitov、Chandler Carruth（Google）、Yonghong Song 和其他人，感谢他们在 LLVM 的 BPF 后端上的工作，BCC 后端和 bpftrace 正是建立在此基础上的。
- **kprobes**：感谢所有为 Linux 内核动态植入进行设计、开发和工作的人员，这项技术在本书中得到了广泛的使用。这些人包括 Richard Moore（IBM）、Suparna Bhattacharya（IBM）、Vamsi Krishna Sangavarapu（IBM）、Prasanna S. Panchamukhi（IBM）、Ananth N Mavinakayanahalli（IBM）、James Keniston（IBM）、Naveen N Rao（IBM）、Hien Nguyen（IBM）、Masami Hiramatsu（Linaro；以前在 Hitachi）、Rusty Lynch（Intel）、Anil Keshavamurthy（Intel）、Rusty Russell、Will Cohen（Red Hat）和 David S. Miller（Red Hat）。

- **uprobes**：感谢 Srikar Dronamraju（IBM）、Jim Keniston 和 Oleg Nesterov（Red Hat）开发了 Linux 的用户态动态植入，并感谢 Peter Zijlstra 提供了技术审核。

- **tracepoints**：感谢 Mathieu Desnoyers（EfficiOS）对 Linux 跟踪点的贡献。特别是，Mathieu 开发并推动了静态跟踪点，使其在内核社区中被接纳，从而可以构建稳定的跟踪工具和应用程序。

- **perf**：感谢 Arnaldo Carvalho de Melo（Red Hat）在 perf(1) 实用程序上的工作，该实用程序增加了 BPF 工具利用的内核功能。

- **Ftrace**：感谢 Steven Rostedt（VMware；以前在 Red Hat）的 Ftrace 以及他对跟踪的其他贡献。Ftrace 帮助了 BPF 跟踪开发，在可能的情况下，笔者将 Ftrace 中的等效项与工具输出进行了交叉检查。Tom Zanussi（Intel）最近一直在为 Ftrace 历史触发器提供帮助。

- **（经典）BPF**：感谢 Van Jacobson 和 Steve McCanne。

- **动态植入**：多亏了威斯康星州麦迪逊大学的 Barton Miller 教授和他当时的学生 Jeffrey Hollingsworth 于 1992 年创立了动态植入领域 [Hollingsworth 94]，这一直是推动 DTrace、SystemTap、BCC、bpftrace 和其他动态跟踪器的杀手级特性。本书中的大多数工具都基于动态植入（使用 kprobes 和 uprobes 的工具）。

- **LTT**：感谢 Karim Yaghmour 和 Michel R. Dagenais 于 1999 年开发了第一个 Linux 跟踪程序 LTT。也感谢 Karim 坚定不移地推动 Linux 社区的跟踪工作，为以后的跟踪程序提供了支持。

- **Dprobes**：感谢 Richard J. Moore 和他在 IBM 的团队，他们在 2000 年为 Linux 开发了第一项动态植入技术 Dprobes，它催生了我们今天使用的 kprobes 技术。

- **SystemTap**：尽管本书中未使用 SystemTap，但 Frank Ch. Eigler（Red Hat）等人在 SystemTap 上的工作大大改善了 Linux 跟踪领域。他们通常会是首先将 Linux 跟踪推向新领域并遇到内核跟踪技术错误的团队。

- **ktap**：感谢 Jovi Zhangwei 提供了 ktap，这是一个高级跟踪程序，有助于在 Linux 中为基于 VM 的跟踪程序建立支持。

- 同时还要感谢 Sun Microsystems 的工程师 Bryan Cantrill、Mike Shapiro 和 Adam Leventhal 在开发首个广泛使用的动态仪器技术 DTrace 方面所做的出色工作：

DTrace 于 2005 年推出。感谢 Sun 的市场营销、宣传、销售和许多其他 Sun 内部和外部的其他人，帮助使 DTrace 在世界范围内广为人知，并帮助推动了对 Linux 中类似跟踪器的需求。

感谢这里未列出的许多其他人，这些年来他们也为这些技术做出了巨大贡献。

除了创造这些技术外，许多人还为本书提供了帮助：Daniel Borkmann 在几章中提供了精彩的技术反馈和建议，Alexei Starovoitov 也为 eBPF 内核内容（以及编写序）提供了重要的反馈和建议。Alastair Robertson 在 bpftrace 章节提供了很多内容，而 Yonhgong Song 在开发 BTF 的同时提供了有关 BTF 内容的反馈信息。

我们非常幸运，有这么多人为本书提供技术反馈和贡献，他们中的大多数人在 BPF 相关技术的开发中发挥了积极作用。

感谢 Matheus Marchini（Netflix）、Paul Chaignon（Orange）、Dale Hamel（Shopify）、Amer Ather（Netflix）、Martin Spier（Netflix）、Brian W. Kernighan（Google）、Joel Fernandes（Google）、Jesper Brouer（Red Hat）、Greg Dunn（AWS）、Julia Evans（Stripe）、Toke Høiland-Jørgensen（Red Hat）、Stanislav Kozina（Red Hat）、Jiri Olsa（Red Hat）、Jens Axboe（Facebook）、Jon Haslam（Facebook）、Andrii Nakryiko（Facebook）、Sargun Dhillon（Netflix）、Alex Maestretti（Netflix）、Joseph Lynch（Netflix）、Richard Elling（Viking Enterprise Solutions）、Bruce Curtis（Netflix） 和 Javier Honduvilla Coto（Facebook）。 由于他们的帮助，许多部分进行了重写、添加和改进。我还从 Mathieu Desnoyers（EfficiOS）和 Masami Hiramatsu（Linaro）那里获得了一些帮助。Claire Black 为许多章节进行了最终检查和反馈。

我的同事 Jason Koch 写了第 17 章的大部分内容，并几乎对本书的每一章都提供了反馈（在大约 2 英寸厚的印刷副本上进行了手工注释）。

Linux 内核是复杂且不断变化的，我感谢 lwn.net 的 Jonathan Corbet 和 Jake Edge 所做的出色工作，它们总结了许多深层主题。他们的许多文章在参考书目中都有提及。

要完成本书还需要添加许多功能，并解决 BCC 和 bpftrace 前端的问题。我自己和其他人已经编写了数千行代码，以使本书中的工具可正常工作。特别感谢 Matheus Marchini、Willian Gasper、Dale Hamel、Dan Xu 和 Augusto Caringi 的及时修复。

感谢我现在和以前的 Netflix 主管 Ed Hunter 和 Coburn Watson，感谢他们对我开展 BPF 工作的支持。还要感谢操作系统团队的同事 Scott Emmons、Brian Moyles 和 Gabrielle Munoz，他们帮助我在 Netflix 的生产服务器上安装了 BCC 和 bpftrace，我可以从中获取许多示例屏幕截图。

感谢 Deirdré Straughan（AWS），现在已经是我的妻子，感谢她专业的技术编辑和建议，以及对这本新书的支持。在她的帮助下，我的写作水平大大提高。还要感谢我的儿子 Mitchell，在我忙于撰写本书时给予的支持和牺牲。

这本书的灵感来自我和 Jim Mauro 所著的 DTrace 一书。Jim 为使 DTrace 那本书取得成功所做的辛勤工作，以及我们对图书结构和工具介绍的无休止讨论，为本书的质量提供了保障。Jim 也为这本书做了许多直接的贡献。Jim，谢谢你所做的一切。

特别感谢 Pearson 的资深编辑 Greg Doench 对这个项目的帮助。

编写本书是一份巨大的荣幸，这使我有机会展示 BPF 的可观测性。在本书介绍的 156 种工具中，我开发了 135 种，其中包括 89 种新工具（有 100 多种新工具，包括变体在内，尽管我本意并不是冲着那个里程碑去的）。创建这些新工具需要进行研究、配置应用程序环境和客户端工作负载以及进行实验和测试。有时它会让人精疲力竭，但一旦完成就很令人满足，因为我知道这些工具对于许多人来说将是有价值的。

Brendan Gregg

圣何塞，加州（之前在澳大利亚悉尼）

2019 年 11 月

读者服务

微信扫码回复：39972

- 获取本书配套资源
- 获取各种共享文档、线上直播、技术分享等免费资源
- 加入读者交流群，与更多读者互动
- 获取博文视点学院在线课程、电子书 20 元代金券

关于作者

Netflix 高级性能工程师 Brendan Gregg 是 BPF（eBPF）的主要贡献者，他帮助开发和维护了两个主要的 BPF 前端框架，开创了 BPF 用于可观测性的先河，并创建了数十种基于 BPF 的性能分析工具。他编著的畅销书有《性能之巅：洞悉系统、企业与云计算》。

目　录

第1章　引　言 1

  1.1　BPF和eBPF是什么 1

  1.2　跟踪、嗅探、采样、剖析和可观测性分别是什么 2

  1.3　BCC、bpftrace和IO Visor 3

  1.4　初识BCC：快速上手 4

  1.5　BPF跟踪的能见度 7

  1.6　动态插桩：kprobes和uprobes 8

  1.7　静态插桩：tracepoint和USDT 9

  1.8　初识bpftrace：跟踪open() 10

  1.9　再回到BCC：跟踪open() 13

  1.10　　小结 15

第2章　技术背景 16

  2.1　图释BPF 16

  2.2　BPF 17

  2.3　扩展版BPF 18

      2.3.1　为什么性能工具需要 BPF 技术 21

      2.3.2　BPF 与内核模块的对比 23

      2.3.3　编写 BPF 程序 23

      2.3.4　使用 BPF 查看指令集：bpftool 24

      2.3.5　使用 bpftrace 查看 BPF 指令集 32

      2.3.6　BPF API 33

      2.3.7　BPF 并发控制 37

      2.3.8　BPF sysfs 接口 38

　　　2.3.9　BPF 类型格式 38

　　　2.3.10　BPF CO-RE 39

　　　2.3.11　BPF 的局限性 40

　　　2.3.12　BPF 扩展阅读资料 40

　2.4　调用栈回溯 41

　　　2.4.1　基于帧指针的调用栈回溯 41

　　　2.4.2　调试信息 42

　　　2.4.3　最后分支记录 43

　　　2.4.4　ORC 43

　　　2.4.5　符号 43

　　　2.4.6　扩展阅读 43

　2.5　火焰图 44

　　　2.5.1　调用栈信息 44

　　　2.5.2　对调用栈信息的剖析 44

　　　2.5.3　火焰图 45

　　　2.5.4　火焰图的特性 47

　　　2.5.5　火焰图的变体 48

　2.6　事件源 48

　2.7　kprobes 49

　　　2.7.1　kprobes 是如何工作的 49

　　　2.7.2　kprobes 接口 51

　　　2.7.3　BPF 和 kprobes 51

　　　2.7.4　关于 kprobes 的更多内容 53

　2.8　uprobes 53

　　　2.8.1　uprobes 是如何工作的 53

　　　2.8.2　uprobes 接口 55

　　　2.8.3　BPF 与 uprobes 55

　　　2.8.4　uprobes 的开销和未来的工作 56

　　　2.8.5　扩展阅读 57

　2.9　跟踪点 57

　　　2.9.1　如何添加跟踪点 58

　　　2.9.2　跟踪点的工作原理 59

　　　2.9.3　跟踪点的接口 60

2.9.4　跟踪点和 BPF 61

2.9.5　BPF 原始跟踪点 62

2.9.6　扩展阅读 62

2.10　USDT 62

2.10.1　添加 USDT 探针 63

2.10.2　USDT 是如何工作的 65

2.10.3　BPF 与 USDT 66

2.10.4　USDT 的更多信息 66

2.11　动态USDT 66

2.12　性能监控计数器 68

2.12.1　PMC 的模式 68

2.12.2　PEBS 69

2.12.3　云计算 69

2.13　perf_events 69

2.14　小结 70

第3章　性能分析 71

3.1　概览 71

3.1.1　目标 71

3.1.2　分析工作 72

3.1.3　多重性能问题 73

3.2　性能分析方法论 73

3.2.1　业务负载画像 74

3.2.2　下钻分析 75

3.2.3　USE 方法论 76

3.2.4　检查清单法 77

3.3　Linux 60秒分析 77

3.3.1　uptime 77

3.3.2　dmesg | tail 78

3.3.3　vmstat 1 78

3.3.4　mpstat -P ALL 1 79

3.3.5　pidstat 1 80

3.3.6　iostat -xz 1 80

3.3.7　free -m 82

3.3.8　sar -n DEV 1 82

3.3.9　sar -n TCP,ETCP 1 83

3.3.10　top 83

3.4　BCC工具检查清单 84

3.4.1　execsnoop 84

3.4.2　opensnoop 85

3.4.3　ext4slower 85

3.4.4　biolatency 86

3.4.5　biosnoop 86

3.4.6　cachestat 87

3.4.7　tcpconnect 87

3.4.8　tcpaccept 87

3.4.9　tcpretrans 88

3.4.10　runqlat 88

3.4.11　profile 89

3.5　小结 90

第4章　BCC 91

4.1　BCC的组件 92

4.2　BCC的特性 92

4.2.1　BCC 的内核态特性 92

4.2.2　BCC 的用户态特性 93

4.3　安装BCC 94

4.3.1　内核要求 94

4.3.2　Ubuntu 94

4.3.3　RHEL 95

4.3.4　其他发行版 95

4.4　BCC的工具 96

4.4.1　重点工具 96

4.4.2　工具的特点 97

4.4.3　单一用途工具 98

4.4.4　多用途工具 99

4.5　funccount 100

　　4.5.1　funccount 的示例 101

　　4.5.2　funccount 的语法 103

　　4.5.3　funccount 的单行程序 103

　　4.5.4　funccount 的帮助信息 104

4.6　stackcount 105

　　4.6.1　stackcount 的示例 105

　　4.6.2　stackcount 的火焰图 107

　　4.6.3　stackcount 残缺的调用栈 108

　　4.6.4　stackcount 的语法 108

　　4.6.5　stackcount 的单行程序 109

　　4.6.6　stackcount 的帮助信息 109

4.7　trace 110

　　4.7.1　trace 的示例 111

　　4.7.2　trace 的语法 111

　　4.7.3　trace 的单行程序 113

　　4.7.4　trace 的结构体 113

　　4.7.5　trace 调试文件描述符泄露问题 114

　　4.7.6　trace 的帮助信息 115

4.8　argdist 117

　　4.8.1　argdist 的语法 118

　　4.8.2　argdist 的单行程序 119

　　4.8.3　argdist 的帮助信息 119

4.9　工具文档 121

　　4.9.1　man 帮助文档：opensnoop 121

　　4.9.2　示例文件：opensnoop 125

4.10　开发 BCC 工具 126

4.11　BCC 的内部实现 127

4.12　BCC 的调试 128

　　4.12.1　printf() 调试 129

　　4.12.2　BCC 调试输出 131

　　4.12.3　BCC 的调试标志位 132

　　4.12.4　bpflist 133

4.12.5　bpftool 134

4.12.6　dmesg 134

4.12.7　重置事件 134

4.13　小结 136

第5章　bpftrace 137

5.1　bpftrace的组件 138

5.2　bpftrace的特性 139

5.2.1　bpftrace 的事件源 139

5.2.2　bpftrace 的动作 139

5.2.3　bpftrace 的一般特性 140

5.2.4　bpftrace 与其他观测工具的比较 140

5.3　bpftrace的安装 141

5.3.1　内核版本要求 141

5.3.2　Ubuntu 142

5.3.3　Fedora 142

5.3.4　构建后的安装步骤 143

5.3.5　其他发行版 143

5.4　bpftrace工具 143

5.4.1　重点工具 144

5.4.2　工具特征 144

5.4.3　工具的运行 145

5.5　bpftrace单行程序 145

5.6　bpftrace的文档 146

5.7　bpftrace编程 146

5.7.1　用法 147

5.7.2　程序结构 148

5.7.3　注释 148

5.7.4　探针格式 149

5.7.5　探针通配符 149

5.7.6　过滤器 150

5.7.7　动作 150

5.7.8　Hello, World! 151

5.7.9 函数 151

5.7.10 变量 152

5.7.11 映射表函数 153

5.7.12 对 vfs_read() 计时 154

5.8 bpftrace的帮助信息 155

5.9 bpftrace的探针类型 157

5.9.1 tracepoint 157

5.9.2 usdt 159

5.9.3 kprobe 和 kretprobe 160

5.9.4 uprobe 和 uretprobe 160

5.9.5 software 和 hardware 161

5.9.6 profile 和 interval 162

5.10 bpftrace的控制流 163

5.10.1 过滤器 163

5.10.2 三元操作符 163

5.10.3 if 语句 163

5.10.4 循环展开 164

5.11 bpftrace的运算符 164

5.12 bpftrace的变量 165

5.12.1 内置变量 165

5.12.2 内置变量：pid、comm 和 uid 166

5.12.3 内置变量：kstack 和 ustack 166

5.12.4 内置变量：位置参数 168

5.12.5 临时变量 169

5.12.6 映射表变量 169

5.13 bpftrace的函数 170

5.13.1 printf() 171

5.13.2 join() 172

5.13.3 str() 173

5.13.4 kstack() 和 ustack() 173

5.13.5 ksym() 和 usym() 174

5.13.6 kaddr() 和 uaddr() 175

5.13.7 system() 176

5.13.8　exit() ·· 176

5.14　bpftrace映射表的操作函数 ··· 177

5.14.1　count() ··· 177

5.14.2　sum()、avg()、min() 和 max() ·· 178

5.14.3　hist() ··· 179

5.14.4　lhist() ·· 180

5.14.5　delete() ·· 181

5.14.6　clear() 和 zero() ·· 181

5.14.7　print() ·· 182

5.15　bpftrace的下一步工作 ·· 183

5.15.1　显式区分地址模式 ·· 183

5.15.2　其他扩展 ··· 184

5.15.3　ply ·· 184

5.16　bpftrace的内部运作 ·· 185

5.17　bpftrace的调试 ·· 186

5.17.1　printf() 调试 ··· 186

5.17.2　调试模式 ··· 187

5.17.3　详情模式 ··· 188

5.18　小结 ·· 190

第6章　CPU ··· 191

6.1　背景知识 ··· 192

6.1.1　CPU 基础知识 ·· 192

6.1.2　BPF 的分析能力 ·· 194

6.1.3　分析策略 ··· 196

6.2　传统工具 ··· 197

6.2.1　内核统计 ··· 197

6.2.2　硬件统计 ··· 200

6.2.3　硬件采样 ··· 202

6.2.4　定时采样 ··· 203

6.2.5　事件统计与事件跟踪 ·· 207

6.3　BPF工具 ··· 210

6.3.1　execsnoop ··· 211

6.3.2 exitsnoop 214

6.3.3 runqlat 215

6.3.4 runqlen 219

6.3.5 runqslower 222

6.3.6 cpudist 223

6.3.7 cpufreq 224

6.3.8 profile 227

6.3.9 offcputime 232

6.3.10 syscount 236

6.3.11 argdist 和 trace 239

6.3.12 funccount 242

6.3.13 softirqs 244

6.3.14 hardirqs 245

6.3.15 smpcalls 246

6.3.16 llcstat 250

6.3.17 其他工具 251

6.4 BPF单行程序 251

6.4.1 BCC 工具 251

6.4.2 bpftrace 版本 252

6.5 可选练习 253

6.6 小结 254

第7章 内存 255

7.1 背景知识 256

7.1.1 内存基础知识 256

7.1.2 BPF 的分析能力 260

7.1.3 分析策略 262

7.2 传统工具 263

7.2.1 内核日志 263

7.2.2 内核统计信息 264

7.2.3 硬件统计和硬件采样 268

7.3 BPF工具 269

7.3.1 oomkill 270

　　　　7.3.2　memleak 271

　　　　7.3.3　mmapsnoop 274

　　　　7.3.4　brkstack 275

　　　　7.3.5　shmsnoop 277

　　　　7.3.6　faults 277

　　　　7.3.7　ffaults 280

　　　　7.3.8　vmscan 281

　　　　7.3.9　drsnoop 284

　　　　7.3.10　swapin 285

　　　　7.3.11　hfaults 287

　　　　7.3.12　其他工具 287

　　7.4　BPF单行程序 288

　　　　7.4.1　BCC 288

　　　　7.4.2　bpftrace 288

　　7.5　可选练习 289

　　7.6　小结 290

第8章　文件系统 291

　　8.1　背景知识 292

　　　　8.1.1　文件系统基础知识 292

　　　　8.1.2　BPF 的分析能力 294

　　　　8.1.3　分析策略 295

　　8.2　传统工具 296

　　　　8.2.1　df 297

　　　　8.2.2　mount 297

　　　　8.2.3　strace 298

　　　　8.2.4　perf 298

　　　　8.2.5　fatrace 301

　　8.3　BPF工具 302

　　　　8.3.1　opensnoop 303

　　　　8.3.2　statsnoop 306

　　　　8.3.3　syncsnoop 308

　　　　8.3.4　mmapfiles 309

8.3.5　scread 311

8.3.6　fmapfault 312

8.3.7　filelife 313

8.3.8　vfsstat 315

8.3.9　vfscount 317

8.3.10　vfssize 318

8.3.11　fsrwstat 320

8.3.12　fileslower 322

8.3.13　filetop 325

8.3.14　writesync 327

8.3.15　filetype 328

8.3.16　cachestat 331

8.3.17　writeback 334

8.3.18　dcstat 336

8.3.19　dcsnoop 338

8.3.20　mountsnoop 340

8.3.21　xfsslower 341

8.3.22　xfsdist 342

8.2.23　ext4dist 345

8.3.24　icstat 348

8.3.25　bufgrow 350

8.3.26　readahead 351

8.3.27　其他工具 353

8.4　BPF单行程序 353

8.4.1　BCC 353

8.4.2　bpftrace 354

8.4.3　BPF 单行程序示例 356

8.5　可选练习 359

8.6　小结 360

第9章　磁盘I/O 361

9.1　背景知识 362

9.1.1　磁盘系统基础知识 362

　　　　9.1.2　BPF 的分析能力 365

　　　　9.1.3　分析策略 366

　　9.2　传统工具 367

　　　　9.2.1　iostat 367

　　　　9.2.2　perf 369

　　　　9.2.3　blktrace 370

　　　　9.2.4　SCSI 日志 371

　　9.3　BPF工具 372

　　　　9.3.1　biolatency 373

　　　　9.3.2　biosnoop 379

　　　　9.3.3　biotop 383

　　　　9.3.4　bitesize 384

　　　　9.3.5　seeksize 386

　　　　9.3.6　biopattern 388

　　　　9.3.7　biostacks 390

　　　　9.3.8　bioerr 393

　　　　9.3.9　mdflush 395

　　　　9.3.10　iosched 397

　　　　9.3.11　scsilatency 399

　　　　9.3.12　scsiresult 401

　　　　9.3.13　nvmelatency 403

　　9.4　BPF单行程序 406

　　　　9.4.1　BCC 406

　　　　9.4.2　bpftrace 407

　　　　9.4.3　BPF 单行程序示例 408

　　9.5　可选练习 409

　　9.6　小结 410

第10章　网络 411

　　10.1　背景知识 412

　　　　10.1.1　网络基础知识 412

　　　　10.1.2　BPF 的分析能力 419

　　　　10.1.3　分析策略 421

10.1.4 常见的跟踪错误 421

10.2 传统工具 422

10.2.1 ss 423

10.2.2 ip 424

10.2.3 nstat 425

10.2.4 netstat 425

10.2.5 sar 428

10.2.6 nicstat 429

10.2.7 ethtool 429

10.2.8 tcpdump 431

10.2.9 /proc 432

10.3 BPF工具 433

10.3.1 sockstat 435

10.3.2 sofamily 437

10.3.3 soprotocol 440

10.3.4 soconnect 442

10.3.5 soaccept 445

10.3.6 socketio 447

10.3.7 socksize 450

10.3.8 sormem 452

10.3.9 soconnlat 455

10.3.10 so1stbyte 459

10.3.11 tcpconnect 461

10.3.12 tcpaccept 464

10.3.13 tcplife 467

10.3.14 tcptop 472

10.3.15 tcpsnoop 473

10.3.16 tcpretrans 474

10.3.17 tcpsynbl 477

10.3.18 tcpwin 479

10.3.19 tcpnagle 481

10.3.20 udpconnect 483

10.3.21 gethostlatency 485

10.3.22　ipecn 487

10.3.23　superping 488

10.3.24　qdisc-fq 491

10.3.25　qdisc-cbq、qdisc-cbs、qdisc-codel、qdisc-fq_codel、
　　　　 qdisc-red、qdisc-tbf 493

10.3.26　netsize 495

10.3.27　nettxlat 498

10.3.28　skbdrop 500

10.3.29　skblife 503

10.3.30　ieee80211scan 505

10.3.31　其他工具 507

10.4　BPF单行程序 507

10.4.1　BCC 507

10.4.2　bpftrace 508

10.4.3　BPF 单行程序示例 510

10.5　可选练习 513

10.6　小结 515

第11章　安全 516

11.1　背景知识 516

11.1.1　BPF 的分析能力 517

11.1.2　无特权 BPF 用户 521

11.1.3　配置 BPF 安全策略 521

11.1.4　分析策略 523

11.2　BPF工具 523

11.2.1　execsnoop 524

11.2.2　elfsnoop 524

11.2.3　modsnoop 526

11.2.4　bashreadline 527

11.2.5　shellsnoop 528

11.2.6　ttysnoop 530

11.2.7　opensnoop 532

11.2.8　eperm 532

11.2.9　tcpconnect 和 tcpaccept 534

11.2.10　tcpreset 534

11.2.11　capable 536

11.2.12　setuids 540

11.3　BPF单行程序 542

11.3.1　BCC 542

11.3.2　bpftrace 543

11.3.3　BPF 单行程序示例 543

11.4　小结 544

第12章　编程语言 545

12.1　背景知识 545

12.1.1　编译型语言 546

12.1.2　即时编译型语言 547

12.1.3　解释型语言 548

12.1.4　BPF 的分析能力 549

12.1.5　分析策略 550

12.1.6　BPF 工具 550

12.2　C 551

12.2.1　C 函数符号 552

12.2.2　C 调用栈 555

12.2.3　C 函数跟踪 557

12.2.4　C 函数偏移量跟踪 558

12.2.5　C USDT 558

12.2.6　C 单行程序 559

12.3　Java 560

12.3.1　跟踪 libjvm 561

12.3.2　jnistacks 563

12.3.3　Java 线程名字 565

12.3.4　Java 方法的符号 566

12.3.5　Java 调用栈 569

12.3.6　Java USDT 探针 573

12.3.7　profile 579

12.3.8　offcputime 583

12.3.9　stackcount 589

12.3.10　javastat 593

12.3.11　javathreads 594

12.3.12　javacalls 596

12.3.13　javaflow 597

12.3.14　javagc 599

12.3.15　javaobjnew 599

12.3.16　Java 单行程序 600

12.4　bash shell 601

12.4.1　函数计数 603

12.4.2　函数参数跟踪（bashfunc.bt）.. 604

12.4.3　函数执行时长（bashfunclat.bt）.. 607

12.4.4　/bin/bash 609

12.4.5　/bin/bash USDT 613

12.4.6　bash 单行程序 613

12.5　其他语言 614

12.5.1　JavaScript（Node.js）.. 614

12.5.2　C++ 616

12.5.3　Golang 616

12.6　小结 619

第13章　应用程序 620

13.1　背景知识 621

13.1.1　应用程序基础信息 621

13.1.2　应用程序示例：MySQL 服务器 622

13.1.3　BPF 的分析能力 623

13.1.4　分析策略 624

13.2　BPF工具 625

13.2.1　execsnoop 626

13.2.2　threadsnoop 626

13.2.3　profile 629

13.2.4　threaded 632

13.2.5　offcputime 634

13.2.6　offcpuhist 638

13.2.7　syscount 641

13.2.8　ioprofile 642

13.2.9　libc 帧指针 644

13.2.10　mysqld_qslower 645

13.2.11　mysqld_clat 648

13.2.12　signals 652

13.2.13　killsnoop 654

13.2.14　pmlock 和 pmheld 655

13.2.15　naptime 660

13.2.16　其他工具 662

13.3　BPF单行程序 662

13.3.1　BCC 662

13.3.2　bpftrace 663

13.4　BPF单行程序示例 664

13.5　小结 664

第14章　内核 665

14.1　背景知识 666

14.1.1　内核基础知识 666

14.1.2　BPF 的分析能力 668

14.2　分析策略 669

14.3　传统工具 670

14.3.1　Ftrace 670

14.3.2　perf sched 673

14.3.3　slabtop 674

14.3.4　其他工具 675

14.4　BPF工具 675

14.4.1　loads 676

14.4.2　offcputime 677

14.4.3　wakeuptime 679

14.4.4　offwaketime 681

14.4.5 mlock 和 mheld 683

14.4.6 自旋锁 687

14.4.7 kmem 688

14.4.8 kpages 689

14.4.9 memleak 690

14.4.10 slabratetop 691

14.4.11 numamove 692

14.4.12 workq 694

14.4.13 小任务 695

14.4.14 其他工具 696

14.5 BPF单行程序 697

14.5.1 BCC 697

14.5.2 bpftrace 698

14.6 BPF单行程序示例 699

14.6.1 按系统调用函数对系统调用进行计数 699

14.6.2 对内核函数开始的 hrtimer 进行计数 699

14.7 挑战 700

14.8 小结 700

第15章 容器 701

15.1 背景知识 701

15.1.1 BPF 的分析能力 703

15.1.2 挑战 703

15.1.3 分析策略 706

15.2 传统工具 706

15.2.1 从主机上分析 706

15.2.2 在容器内分析 707

15.2.3 systemd-cgtop 707

15.2.4 kubectl top 708

15.2.5 docker stats 708

15.2.6 /sys/fs/cgroups 709

15.2.7 perf 709

15.3 BPF工具 710

15.3.1　runqlat 710

15.3.2　pidnss 711

15.3.3　blkthrot 714

15.3.4　overlayfs 715

15.4　BPF单行程序 717

15.5　可选练习 717

15.6　小结 718

第16章　虚拟机管理器 719

16.1　背景知识 719

16.1.1　BPF 的分析能力 721

16.1.2　建议的分析策略 722

16.2　传统工具 722

16.3　访客系统的BPF工具 723

16.3.1　Xen 超级调用 723

16.3.2　xenhyper 727

16.3.3　Xen 回调 729

16.3.4　cpustolen 731

16.3.5　HVM 退出跟踪 732

16.4　宿主机BPF工具 732

16.4.1　kvmexits 733

16.4.2　未来的工作 737

16.5　小结 737

第17章　其他BPF性能工具 738

17.1　Vector和Performance Co-Pilot（PCP） 738

17.1.1　可视化 739

17.1.2　可视化：热图 740

17.1.3　可视化：表格形式的数据 742

17.1.4　BCC 提供的指标 743

17.1.5　内部实现 743

17.1.6　安装 PCP 和 Vector 744

17.1.7　连接并显示数据 744

17.1.8　配置 BCC PMDA 746

17.1.9　改进工作 747

17.1.10　进一步阅读 747

17.2　Grafana和Performance Co-Pilot 747

17.2.1　安装和配置 748

17.2.2　连接并查看数据 748

17.2.3　改进工作 750

17.2.4　进一步阅读 750

17.3　Cloudflare eBPF Prometheus Exporter（配合Grafana）..............750

17.3.1　构建并运行 ebpf 导出器 750

17.3.2　配置 Prometheus 监控 ebpf_exporter 实例 751

17.3.3　在 Grafana 中设置一个查询 751

17.3.4　进一步阅读 751

17.4　kubectl-trace 752

17.4.1　跟踪节点 752

17.4.2　跟踪 pod 和容器 753

17.4.3　进一步阅读 755

17.5　其他工具 755

17.6　小结 755

第18章　建议、技巧和常见问题 756

18.1　典型事件的频率和额外开销 756

18.1.1　频率 757

18.1.2　执行的操作 758

18.1.3　自行测试 760

18.2　以49Hz或99Hz为采样频率 760

18.3　黄猪和灰鼠 760

18.4　开发目标软件 762

18.5　学习系统调用 763

18.6　保持简单 764

18.7　事件缺失 764

18.8　调用栈缺失 766

18.8.1　如何修复损坏的调用栈 767

18.9　打印时符号缺失（函数名称） 767

18.9.1　如何修复符号缺失：JIT 运行时（Java、Node.js...）.................... 768

18.9.2　如何修复符号缺失：ELF 二进制文件（C、C++...）.................... 768

18.10　跟踪时函数缺失 768

18.11　反馈回路 769

18.12　被丢掉的事件 769

附录A　bpftrace单行程序 770

附录B　bpftrace备忘单 775

附录C　BCC工具的开发 778

附录D　C BPF 793

附录E　BPF指令 812

第1章

引　言

本章会引入一些关键的术语，概览相关技术，并演示一些 BPF 性能分析工具。后续的章节则会对相关技术进行更详细的阐述。

1.1　BPF和eBPF是什么

BPF 是 Berkeley Packet Filter（伯克利数据包过滤器）的缩写，这项冷门技术诞生于 1992 年，其作用是提升网络包过滤工具的性能 [McCanne 92]。2013 年，Alexei Starovoitov 向 Linux 社区提交了重新实现 BPF 的内核补丁 [2]，经过他和 Daniel Borkmann 的共同完善，相关工作在 2014 年正式并入 Linux 内核主线 [3]。此举将 BPF 变成了一个更通用的执行引擎，其可以完成多种任务，包括用来创建先进的性能分析工具。

精确地解释 BPF 的作用比较困难，因为它能做的事情实在太多了。简单来说，BPF 提供了一种在各种内核事件和应用程序事件发生时运行一段小程序的机制。如果你熟悉 JavaScript，可能会看到一些相似之处：JavaScript 允许网站在浏览器中发生某事件（比如鼠标单击）时运行一段小程序，这样就催生了各式各样基于 Web 的应用程序。BPF 则允许内核在系统和应用程序事件（如磁盘 I/O 事件）发生时运行一段小程序，这样就催生了新的系统编程技术。该技术将内核变得完全可编程，允许用户（包括非专业内核开发人员）定制和控制他们的系统，以解决现实问题。

BPF 是一项灵活而高效的技术，由指令集、存储对象和辅助函数等几部分组成。由于它采用了虚拟指令集规范，因此也可将它视作一种虚拟机实现。这些指令由 Linux 内核的 BPF 运行时模块执行，具体来说，该运行时模块提供两种执行机制：一个解释器和一个将 BPF 指令动态转换为本地化指令的即时（JIT）编译器。在实际执行之前，BPF 指令必须先通过验证器（verifer）的安全性检查，以确保 BPF 程序自身不会崩溃或者损坏内核（当然这不会阻止最终用户编写出不合逻辑的程序——那些虽可执行但没意义的程序）。BPF 的具体组成部分详见第 2 章。

　　目前 BPF 的三个主要应用领域分别是网络、可观测性和安全。本书主要关注可观测性（跟踪）。

　　扩展后的 BPF 通常缩写为 eBPF，但官方的缩写仍然是 BPF，不带 "e"，所以在本书中，笔者用 BPF 代表扩展后的 BPF。事实上，在内核中只有一个执行引擎，即 BPF（扩展后的 BPF），它同时支持扩展后的 BPF 和 "经典" 的 BPF 程序。[1]

1.2　跟踪、嗅探、采样、剖析和可观测性分别是什么

　　这些全都是用来对分析技术和工具进行分类的术语。

　　跟踪（tracing）是基于事件的记录——这也是 BPF 工具所使用的监测方式。你可能已经使用过一些特定用途的跟踪工具。例如，Linux 下的 strace(1)，可以记录和打印系统调用（system call）事件的信息。有许多工具并不跟踪事件，而是使用固定的计数器统计监测事件的频次，然后打印出摘要信息；Linux top(1) 便是这样的一个例子。跟踪工具的一个显著标志是，它具备记录原始事件和事件元数据的能力。但是这类数据的数量不少，因此可能需要经过后续处理生成摘要信息。BPF 技术，催生了可编程的跟踪工具的出现，这些工具可以在事件发生时，通过运行一段小程序来进行定制化的实时统计摘要生成或其他动作。

　　strace(1) 的名字中有 "trace"（跟踪）字样，但并非所有跟踪工具的名字中都带 "trace"。例如，tcpdump(8) 是一个专门用于网络数据包的跟踪工具。（也许它应该被命名为 tcptrace？）Solaris 操作系统有它自己的 tcpdump 版本，称为 snoop(1M)（嗅探器）[2]；之所以起这个名字，是因为它是用来嗅探网络数据包的。笔者先前在 Solaris 系统上开发和发布了许多跟踪工具，在那里我（有一丝后悔）普遍使用了 "嗅探器" 来命名那些工具。这也是为什么现在会有下面这些工具：execsnoop(8)、opensnoop(8)、biosnoop(8) 等。嗅探、事件记录和跟踪，通常指的是一回事。这些工具将在后面的章节中加以介绍。

　　除了工具的名称，"tracing" 一词也经常用于描述将 BPF 应用于可观测性方面的用途。Linux 内核开发人员尤其喜欢这么表达。

　　采样（sampling）工具通过获取全部观测量的子集来描绘目标的大致图像；这也被称作生成性能剖析样本或 profiling。有一个 BPF 工具就叫 profile(8)，它基于计时器来对运行中的代码定时采样。例如，它可以每 10 毫秒采样一次，换句话说，它可以每秒采

1　内核会自动将经典的BPF程序（即原始的BPF[McCanne 92]）转化并迁移到扩展的BPF引擎中执行。经典BPF的相关开发已经停止了。

2　在Solaris系统上，man帮助文档的1M章节介绍的是运维和管理命令（对应Linux man帮助文档的第8部分）。

样 100 次（在每个 CPU 上）。采样工具的一个优点是，其性能开销比跟踪工具小，因为只对大量事件中的一部分进行测量。采样的缺点是，它只提供了一个大致的画像，会遗漏事件。

可观测性（observability）是指通过全面观测来理解一个系统，可以实现这一目标的工具就可以归类为可观测性工具。这其中包括跟踪工具、采样工具和基于固定计数器的工具。但不包括基准测量（benchmark）工具，基准测量工具在系统上模拟业务负载，会更改系统的状态。本书中的 BPF 工具就属于可观测性工具，它们使用 BPF 技术进行可编程型跟踪分析。

1.3　BCC、bpftrace和IO Visor

直接通过 BPF 指令编写 BPF 程序是非常烦琐的，因此我们开发了可以提供高级语言编程支持的 BPF 前端；在跟踪用途方面，主要的前端是 BCC 和 bpftrace。

BCC（BPF 编译器集合，BPF Compiler Collection）是最早用于开发 BPF 跟踪程序的高级框架。它提供了一个编写内核 BPF 程序的 C 语言环境，同时还提供了其他高级语言（如 Python、Lua 和 C++）环境来实现用户端接口。它也是 libbcc 和 libbpf 库 [1] 的前身，这两个库提供了使用 BPF 程序对事件进行观测的库函数。BCC 源代码库中提供了 70 多个 BPF 工具，可以用来支持性能分析和排障工作。你可以在自己的系统上安装 BCC，无须自己动手编写任何 BCC 代码，直接运行其提供的现成工具即可。本书会带领你了解和使用这些工具。

bpftrace 是一个新近出现的前端，它提供了专门用于创建 BPF 工具的高级语言支持。bpftrace 工具的源代码非常简洁，因此本书中介绍相关工具时，可以直接带上源代码来展示具体的观测操作以及数据是如何被处理的。bpftrace 也是基于 libbcc 和 libbpf 库进行构建的。

图 1-1 展示了 BCC 和 bpftrace。它们具有互补性：bpftrace 在编写功能强大的单行程序、短小的脚本方面甚为理想；BCC 则更适合开发复杂的脚本和作为后台进程使用，它还可以调用其他库的支持。比如，有不少用 Python 开发的 BCC 程序，它们使用 Python 的argparse 库来提供复杂、精细的工具命令行参数支持。

还有一个叫作 ply 的 BPF 前端，目前处在开发阶段 [5]。它的设计目标是尽可能轻量化并且将依赖最小化，因此尤其适合在嵌入式 Linux 环境下使用。如果 ply 比 bpftrace更适合你的需求，你仍然会发现本书对于了解如何使用 BPF 开展分析工作十分有用。本书中有数十个 bpftrace 工具，在转化为 ply 的语法格式后就可以使用 ply 执行（ply 的后

1　最早的libbpf库是由Wang Nan为perf[4]开发的。libbpf现在是内核代码的一部分。

续版本也许会直接支持 bpftrace 语法）。本书选择 bpftrace，是因为它相对更加成熟，而且有我们分析全部目标所需要的全部特性。

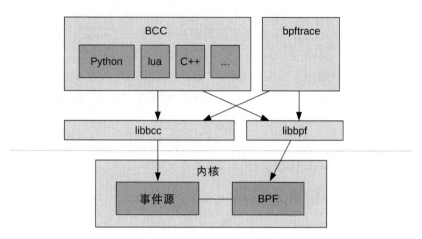

图 1-1　BCC、bpftrace 和 BPF

　　BCC 和 bpftrace 不在内核代码仓库中，而是属于 GitHub 上的一个名为 IO Visor 的 Linux 基金会项目。它们的源代码仓库可参见链接 2。

　　在本书中使用"BPF 跟踪"术语时，同时包括 BCC 和 bpftrace 版本的工具。

1.4　初识BCC：快速上手

　　让我们直接切入主题，快速上手来看一些工具的输出吧。下面这个工具会跟踪每个新创建的进程，并且为每次进程创建打印一行信息。这个叫 execsnoop(8) 的工具来自 BCC 项目，它通过跟踪 execve(2) 系统调用来工作。execve(2) 是 exec(2) 系统调用的一个变体（也因而得名）。第 4 章会介绍 BCC 工具的安装，再往后的章节会更详细地介绍相关工具。

```
# execsnoop
PCOMM            PID    PPID   RET ARGS
run              12983  4469     0 ./run
bash             12983  4469     0 /bin/bash
svstat           12985  12984    0 /command/svstat /service/httpd
perl             12986  12984    0 /usr/bin/perl -e $l=<>;$l=~/(\d+) sec/;print $1||0
ps               12988  12987    0 /bin/ps --ppid 1 -o pid,cmd,args
grep             12989  12987    0 /bin/grep org.apache.catalina
sed              12990  12987    0 /bin/sed s/^ *//;
cut              12991  12987    0 /usr/bin/cut -d  -f 1
```

```
xargs          12992  12987    0 /usr/bin/xargs
echo           12993  12992    0 /bin/echo
mkdir          12994  12983    0 /bin/mkdir -v -p /data/tomcat
mkdir          12995  12983    0 /bin/mkdir -v -p /apps/tomcat/webapps
^C
#
```

　　上面的输出显示了在执行跟踪的过程中，系统创建了哪些进程：其中有些进程运行时间太短，因而使用其他工具可能无法捕获到相关信息。在输出中都能看到大量标准的UNIX 工具：ps(1)、grep(1)、sed(1)、cut(1) 等。但是在这里你无法看到这个命令的打印速度。execsnoop(8) 带上命令行参数 -t 后，会增加一列时间戳输出：

```
# execsnoop -t
TIME(s)  PCOMM       PID    PPID  RET ARGS
0.437    run         15524  4469    0 ./run
0.438    bash        15524  4469    0 /bin/bash
0.440    svstat      15526  15525   0 /command/svstat /service/httpd
0.440    perl        15527  15525   0 /usr/bin/perl -e $l=<>;$l=~/(\d+) sec/;prin...
0.442    ps          15529  15528   0 /bin/ps --ppid 1 -o pid,cmd,args
[...]
0.487    catalina.sh 15524  4469    0 /apps/tomcat/bin/catalina.sh start
0.488    dirname     15549  15524   0 /usr/bin/dirname /apps/tomcat/bin/catalina.sh
1.459    run         15550  4469    0 ./run
1.459    bash        15550  4469    0 /bin/bash
1.462    svstat      15552  15551   0 /command/svstat /service/nflx-httpd
1.462    perl        15553  15551   0 /usr/bin/perl -e $l=<>;$l=~/(\d+) sec/;prin...
[...]
```

　　上述输出进行了截断（用 [...] 表示），但时间戳那列信息还是显示了一个新的线索：新进程的批量创建之间有 1 秒的间隔，而且这个模式不断重复。通过浏览输出可以发现，每秒会批量创建 30 个新的进程，然后停顿 1 秒，继续批量创建 30 个新的进程。

　　上述输出结果取自笔者在 Netflix 公司调查真实性能问题时使用 execsnoop(8) 的过程。这台服务器的作用是进行微基准测试，但问题是每次基准测试的结果差异很大，影响了可信度。笔者在系统空闲时运行了 execsnoop(8)，事实证明并非如我所想！每秒都有很多进程被创建出来，这些进程对基准测试造成了干扰。最终，我们发现，因为有一个服务的配置不正确，导致它每秒都会被拉起、失败，然后再被拉起，如此反复。当把这个服务彻底禁止之后，就没有新的进程被创建出来了（同样可以使用 execsnoop(8) 进行验证），基准测试的数值也稳定了下来。

　　execsnoop(8) 的输出可以用来辅助支撑一个性能分析方法论：业务负载画像（workload

characterization），本书中涉及的其他 BPF 工具的功能也都支持该方法论。业务负载画像方法论其实很简单，就是给当前业务负载定性。理解了业务负载，很多时候就足够解决问题了，这避免了深入分析延迟问题，也不需要进行下钻分析（drill-down analysis）。在本案例中，业务负载就是这些不断有进程的创建。第 3 章会详细介绍该方法论以及其他的分析方法论。

请你尝试在自己的系统上运行 execsnoop(8)，并且让它运行 1 小时，看看是否有所发现？

execsnoop(8) 会在每个进程创建时打印信息，而其他一些 BPF 工具则可以高效地计算摘要统计信息。另一个可以快速上手的工具是 biolatency(8)，它可以绘制块设备 I/O（disk I/O）的延迟直方图。

下面是在一台生产环境中的数据库服务器上运行 biolatency(8) 的输出，该数据库对延迟非常敏感，因为该服务的服务质量目标（service level agreement）只有几毫秒。

```
# biolatency -m
Tracing block device I/O... Hit Ctrl-C to end.
^C
    msecs               : count     distribution
       0 -> 1           : 16335     |****************************************|
       2 -> 3           : 2272      |*****                                   |
       4 -> 7           : 3603      |********                                |
       8 -> 15          : 4328      |**********                              |
      16 -> 31          : 3379      |********                                |
      32 -> 63          : 5815      |**************                          |
      64 -> 127         : 0         |                                        |
     128 -> 255         : 0         |                                        |
     256 -> 511         : 0         |                                        |
     512 -> 1023        : 11        |                                        |
```

当 biolatency(8) 工具运行时会监测块 I/O 事件，它们的延迟信息通过 BPF 程序进行计算和统计。当工具停止执行后（用户按下 Ctrl+C 组合键），摘要信息就被打印出来了。笔者使用了命令行参数 -m 来使得统计值以毫秒为单位输出。

上面的输出结果中有一些有趣的细节：它呈现了双峰分布特征，并且显示了延迟离群点的存在。第一峰（图中用 ASCII 字符展示）是 0 ～ 1 毫秒这个区间，在跟踪时有共计 16 335 个 I/O 事件。这个速度相当快，可能是因为命中了存储设备上的缓存或者使用的是闪存设备。第二峰是 32 ～ 63 毫秒这个区间，这相对此类存储设备的预期性能慢了不少，意味着可能有排队发生。可以用更多的 BPF 工具深入调查进行确认。最后，对于 512 ～ 1023 毫秒区间，有 11 个 I/O 事件。这些极大的延迟称为延迟离群点。现在我们知道了有这样的离群点存在，后面就可以使用其他 BPF 工具来进一步定位。对于数据库团队，这是需要高优先级研究和解决的问题，因为一旦数据库阻塞在了这些 I/O 请求上，数据库的延迟服务质量承诺就无法达到了。

1.5 BPF跟踪的能见度

BPF 跟踪可以在整个软件栈范围内提供能见度，允许我们随时根据需要开发新的工具和监测功能。在生产环境中可以立刻部署 BPF 跟踪程序，不需要重启系统，也不需要以特殊方式重启应用软件。这感觉有点像医学检查使用的 X 光影像：当需要对某些内核组件、设备、应用库进行检查时，我们能够以一种前所未有的方式看到它们的内部运作——直接在生产环境中进行现场直播。

为了更好地说明问题，图 1-2 展示了一个通用的系统软件栈，笔者用相应的 BPF 性能工具对各个部分进行了标记。这些工具有的来自 BCC，有的来自 bpftrace，还有的来自本书。它们中的大部分会在后续章节中加以介绍。

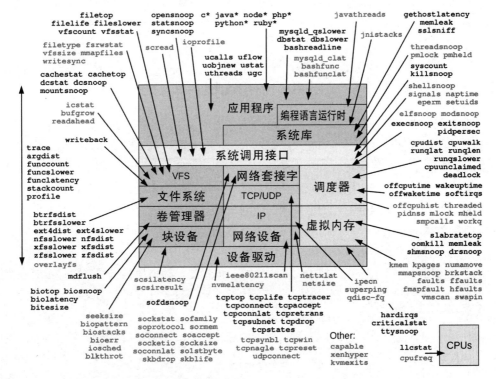

图 1-2　BPF 性能工具以及它们带来的能见度

请你思考一下，你会使用哪些工具来检查诸如内核 CPU 调度器、虚拟内存，以及文件系统等组件？只需简单浏览这张图，你就可以发现先前分析领域的盲区，现在 BPF 工具都覆盖到了。

表 1-1 列出了传统工具，同时也列出了 BPF 工具是否支持对这些组件进行监测。

表 1-1 传统分析工具

组件	传统分析工具	BPF 跟踪
基于语言运行时开发的应用程序：Java、Node.js、Ruby、PHP	运行时调试器	是，在运行时支持的情况下
基于编译型代码开发的应用程序：C、C++、Golang	系统调试器	是
系统库：/lib/*	ltrace(1)	是
系统调用接口	strace(1)、perf(1)	是
内核：调度器、文件系统、TCP、IP 等	用于采样的 perf(1)	是，更加详细
硬件：CPU 核心、设备	perf、sar、/proc 计数器	是，直接或间接[1]

传统工具提供的信息可以作为性能分析的起点，后续则可以通过 BPF 跟踪工具做更加深入的调查。第 3 章总结了如何利用系统工具进行基础性能分析，你可以将其作为工作的起点。

1.6 动态插桩：kprobes和uprobes

BPF 跟踪支持多种事件源，可以在整个软件栈的范围内提供能见度。其中值得专门一提的是动态插桩技术（也叫动态跟踪技术）——在生产环境中对正在运行的软件插入观测点的能力。在未启用时，软件不受任何影响，动态插桩的开销为零。BPF 工具经常使用动态插桩技术，在内核函数或应用函数的开始或结束位置进行插桩。具体被插桩的函数可以是软件栈中成千上万的运行函数中的任意一个。BPF 提供的能见度是如此深入和彻底，给人的感觉就像是一种超能力。

动态插桩技术最早出现在 1990 年代 [Hollingsworth 94]，基于调试器（debugger）用来给程序的任意指令地址插入断点的技术。和调试器不同的是，动态插桩技术在软件记录完信息后自动继续执行，而不是把程序的控制交给调试器。有人开发了动态跟踪工具（比如 kerninst [Tamches 99]），其也包含相应的跟踪语言，但是这些工具实在太过复杂，在实践中很少被使用，还有部分原因是它们会带来较大的运行风险：动态跟踪要求实时修改地址空间中的应用指令，一旦出现任何错误就会导致进程或者内核崩溃。

---

1 BPF可能不能直接对设备上的固件进行观测，不过可以通过对内核驱动事件或者性能监测计数器（PMC）进行跟踪，间接地推断相关行为。

Linux 系统中的第一个动态插桩技术实现，是一个 IBM 团队在 2000 年开发的
DProbes 技术，不过当时社区最终拒绝了将相关补丁并入内核[1]。源自 DProbes 的对内核
函数的动态插桩（kprobes），最终于 2004 年正式进入内核，但是此时该技术仍然不太为
人所知而且很难使用。

2005 年情况发生了重大变化。当年 Sun（Sun Microsystems）公司发布了它自己的
动态跟踪技术 DTrace，以及与之匹配且易用的 D 语言，并且集成到了 Solaris 10 操作系
统中。Solaris 系统向来以生产环境下的稳定性著称，而且 DTrace 作为默认配置安装也
帮助证明了动态跟踪技术可以在生产环境中安全使用。这成为这项技术的拐点。笔者曾
经发表了多篇文章介绍运用 DTrace 工具解决现实问题的案例，也发布了多个 DTrace 工
具。Sun 公司的市场和销售部门也不遗余力地宣传这项技术，将它视作一项关键的具有
竞争力的特性。Sun 公司的教培服务（Sun Educational Services）将 DTrace 引入 Solaris
系统的标准教程之中，并且提供了专门的 DTrace 课程。所有这些努力使得动态插桩技
术从一项艰深难用的技术，华丽转身为一个为人所熟知并且令人期待的特性。

2012 年，Linux 以 uprobes 形式增加了对用户态函数的动态插桩支持。BPF 跟踪工
具既支持 kprobes 又支持 uprobes，因而也就支持对整个软件栈进行动态插桩。

为了展示动态跟踪是如何使用的，表 1-2 列举了一些 bpftrace 所使用的 uprobes 和
kprobes 探针定义（probe specifier）的例子。（bpftrace 将在第 5 章详加介绍。）

表 1-2　bpftrace 中的 kprobes 和 uprobes 例子

探针	描述
kprobe:vfs_read	在内核函数 vfs_read() 的开始位置进行插桩
kretprobe:vfs_read	在内核函数的 vfs_read() 的返回位置[2]进行插桩
uprobe:/bin/bash:readline	在 /bin/bash 程序中的 readline() 函数的开始位置进行插桩
uretprobe:/bin/bash:readline	在 /bin/bash 程序中的 readline() 函数的返回位置进行插桩

1.7　静态插桩：tracepoint[3]和USDT

动态插桩技术有一点不好：随着软件版本的变更，被插桩的函数有可能被重新命名，
或者被移除。这属于接口稳定性问题。当对内核或者应用软件升级之后，可能会出现
BPF 工具无法正常工作的情况。某些工具可能会打印一些错误信息，表明它无法找到特

1　Linux社区拒绝Dprobes的理由，在Andi Kleen所著的 "On submitting kernel patches" 的第一个案例中有所讨
论，相关内容可以参考内核源代码下的Documentation/process/submitting-patches.rst文件[6]。

2　函数只有一个开始位置，但可以有多个结束位置：函数可以在不同地方调用return返回。返回探针会对所
有的返回点进行插桩（第2章会解释这是如何工作的）。

3　tracepoint也称为内核跟踪点。

定函数，还有一些工具可能根本不会有任何输出。另一个问题是编译器可能会启用优化，将某些函数做内联（inline）处理，这就使得这些函数无法使用 kprobes 或 uprobes 动态插桩。[1]

对于稳定性问题和内联问题，有一个统一的解决办法，那就是改用静态插桩技术。静态插桩会将稳定的事件名字编码到软件代码中，由开发者进行维护。BPF 跟踪工具支持内核的静态跟踪点插桩技术，也支持用户态的静态定义跟踪插桩技术 USDT（user level statically defined tracing）。静态插桩技术也有美中不足：插桩点会增加开发者的维护成本，因此即使软件中存在静态插桩点，通常数量也十分有限。

上面提到的这些细节，除非需要开发自己的 BPF 工具，一般不需要关注。如果确实需要开发，一个推荐的策略是，首先尝试使用静态跟踪技术（跟踪点或者 USDT），如果不够的话再转而使用动态跟踪技术（kprobes 或 uprobes）。

表 1-3 列举了一些在 bpftrace 中使用跟踪点和 USDT 的探针定义的例子。表中提到的 open(2) 跟踪点可以参见 1.8 节。

表 1-3 bpftrace 用到的跟踪点和 USDT 例子

探针	描述
`tracepoint:syscalls:sys_enter_open`	对 open(2) 系统调用进行插桩
`usdt:/usr/sbin/mysqld:mysql: query__start`	对 /usr/sbin/mysqld 程序中的 query__start 探针进行插桩

1.8 初识bpftrace：跟踪open()

我们来用 bpftrace 跟踪系统调用 open(2) 作为开始吧。可以使用一个现有的静态插桩点（syscall:sys_enter_open[2]），笔者将在命令行中写一个短小的 bpftrace 程序，即一个单行程序（one-liner）。

不要求你此刻就理解下面单行程序的代码，bpftrace 语言和安装操作说明是第 5 章的内容。不过在这里，你应该可以猜到该程序做了什么事情，因为它是非常直观的（直观的语言通常意味着其背后经过了精心设计）。此刻，我们只需关注输出结果：

```
# bpftrace -e 'tracepoint:syscalls:sys_enter_open { printf("%s %s\n", comm,
    str(args->filename)); }'
Attaching 1 probe...
slack /run/user/1000/gdm/Xauthority
slack /run/user/1000/gdm/Xauthority
```

1 对此有一个变通办法，那就是使用函数偏移量跟踪（function offset），但是作为一个接口，这比函数的入口跟踪更不稳定。

2 这些系统调用的跟踪点需要在内核编译时打开CONFIG_FTRACE_SYSCALLS选项来启用。

```
slack /run/user/1000/gdm/Xauthority
slack /run/user/1000/gdm/Xauthority
^C
#
```

输出结果打印了进程的名字和传递给 open(2) 系统调用的文件名：bpftrace 是全系统层面的跟踪，因此任何调用了 open(2) 的应用都能覆盖。输出结果的每一行代表一次系统调用，这也是输出单个事件的工具的例子。BPF 跟踪技术不仅用于生产环境下对服务器的分析。例如，就在笔者使用笔记本电脑写书的此时此刻，正在用 BPF 工具观察聊天软件 Slack 正在打开什么文件。

BPF 程序被定义在单引号所包围的代码内，当敲击 Enter 键运行 bpftrace 命令时，它会立即被编译并且运行。而当按下 Ctrl+C 组合键结束命令执行时，open(2) 的跟踪点就被禁用了，相应地，BPF 小程序也会被移除。这就是 BPF 跟踪工具提供的按需插桩的工作方式：它们只在相关命令的存活期间被激活，观测时间可以短至几秒。

输出结果的时间比笔者预想的要慢，这里可能是因为遗漏了一些 open(2) 系统调用事件。内核支持一些 open 系统调用的变体，上面只跟踪了其中的一个。可以通过为bpftrace的命令行加参数 -l 和通配符的方式，列出所有的与 open 系统调用相关的跟踪点。

```
# bpftrace -l 'tracepoint:syscalls:sys_enter_open*'
tracepoint:syscalls:sys_enter_open_by_handle_at
tracepoint:syscalls:sys_enter_open
tracepoint:syscalls:sys_enter_openat
```

不过，openat(2) 这个 open 的变体现在使用的频率可能更高。接下来我们可以使用另一个 bpftrace 单行程序来验证这一点：

```
# bpftrace -e 'tracepoint:syscalls:sys_enter_open* { @[probe] = count(); }'
Attaching 3 probes...
^C

@[tracepoint:syscalls:sys_enter_open]: 5
@[tracepoint:syscalls:sys_enter_openat]: 308
```

和前面一样，此小程序的代码会在第5章进行解释，此刻只需理解输出结果就可以了。这次的输出结果展示了跟踪点的统计结果，而没有每次事件打印一行。这个结果确认了，openat(2) 系统调用被调用的次数确实更多——308 次，而 open(2) 系统调用仅被调用了 5 次。这个摘要信息是由 BPF 程序在内核中高效地计算出来的。

现在可以在单行程序中添加第 2 个跟踪点，这样可以同时跟踪 open(2) 和 openat(2)。然而，单行程序开始变得有点长了，在命令行下使用不是那么方便。此时更好的方式是将单行程序保存在一个脚本（可执行文件）中，这样就可以方便地使用文本编辑器编辑程序。实际上已经有现成的工具了：bpftrace 自带了 opensnoop.bt，这个工具可以同时对每个系统调用的开始和结束位置进行跟踪，然后将结果分列输出：

```
# opensnoop.bt
Attaching 3 probes...
Tracing open syscalls... Hit Ctrl-C to end.
PID    COMM           FD ERR PATH
2440   snmp-pass      4   0 /proc/cpuinfo
2440   snmp-pass      4   0 /proc/stat
25706  ls             3   0 /etc/ld.so.cache
25706  ls             3   0 /lib/x86_64-linux-gnu/libselinux.so.1
25706  ls             3   0 /lib/x86_64-linux-gnu/libc.so.6
25706  ls             3   0 /lib/x86_64-linux-gnu/libpcre.so.3
25706  ls             3   0 /lib/x86_64-linux-gnu/libdl.so.2
25706  ls             3   0 /lib/x86_64-linux-gnu/libpthread.so.0
25706  ls             3   0 /proc/filesystems
25706  ls             3   0 /usr/lib/locale/locale-archive
25706  ls             3   0 .
1744   snmpd          8   0 /proc/net/dev
1744   snmpd         -1   2 /sys/class/net/lo/device/vendor
2440   snmp-pass      4   0 /proc/cpuinfo
^C
#
```

这里的列信息包括进程 ID（PID）、进程命令名字（COMM）、文件描述符（FD）、错误代码（ERR），还有系统调用试图打开的文件的路径（PATH）。opensnoop.bt 工具可以对出错的软件进行故障排查，也许软件尝试打开了错误的文件位置；也可以用于了解配置和日志文件的具体位置；还可以识别一些性能问题，比如文件打开频次过快，或者反复检查错误文件位置等。这个工具的用途十分广泛。

共有 20 多个这样的现成工具随 bpftrace 一同发布，BCC 则自带超过 70 个工具。这些工具除了可以帮助我们快速定位问题，同时提供源代码以展示如何跟踪各种类型的目标事件。正如我们在前面跟踪 open(2) 时看到的那样，有时使用这些事件会出状况，可以通过工具源代码来找到解决方案。

1.9　再回到BCC：跟踪open()

现在我们来看一下 BCC 版本的 opensnoop(8)：

```
# opensnoop
PID     COMM             FD ERR PATH
2262    DNS Res~er #657   22   0 /etc/hosts
2262    DNS Res~er #654  178   0 /etc/hosts
29588   device poll        4   0 /dev/bus/usb
29588   device poll        6   0 /dev/bus/usb/004
29588   device poll        7   0 /dev/bus/usb/004/001
29588   device poll        6   0 /dev/bus/usb/003
^C
#
```

这里的输出和之前的单行程序的输出内容非常相似——至少它们具有一致的列字段。不过 BCC 版本的 opensnoop(8) 支持更多的输出内容，执行时可以带不同的命令行参数：

```
# opensnoop -h
usage: opensnoop [-h] [-T] [-x] [-p PID] [-t TID] [-d DURATION] [-n NAME]
                 [-e] [-f FLAG_FILTER]

Trace open() syscalls

optional arguments:
  -h, --help            show this help message and exit
  -T, --timestamp       include timestamp on output
  -x, --failed          only show failed opens
  -p PID, --pid PID     trace this PID only
  -t TID, --tid TID     trace this TID only
  -d DURATION, --duration DURATION
                        total duration of trace in seconds
  -n NAME, --name NAME  only print process names containing this name
  -e, --extended_fields
                        show extended fields
  -f FLAG_FILTER, --flag_filter FLAG_FILTER
                        filter on flags argument (e.g., O_WRONLY)

examples:
    ./opensnoop           # trace all open() syscalls
    ./opensnoop -T        # include timestamps
```

```
./opensnoop -x              # only show failed opens
./opensnoop -p 181          # only trace PID 181
./opensnoop -t 123          # only trace TID 123
./opensnoop -d 10           # trace for 10 seconds only
./opensnoop -n main         # only print process names containing "main"
./opensnoop -e              # show extended fields
./opensnoop -f O_WRONLY -f O_RDWR  # only print calls for writing
```

bpftrace 工具通常比较简单，功能单一，只做一件事情；BCC 工具则一般比较复杂，支持的运行模式也比较多。比如你可以通过修改 bpftrace 版本的 opensnoop 工具只显示失败的 open 系统调用，而 BCC 版本则通过命令行参数（-x）直接支持了这一功能：

```
# opensnoop -x
PID     COMM            FD ERR PATH
991     irqbalance      -1   2 /proc/irq/133/smp_affinity
991     irqbalance      -1   2 /proc/irq/141/smp_affinity
991     irqbalance      -1   2 /proc/irq/131/smp_affinity
991     irqbalance      -1   2 /proc/irq/138/smp_affinity
991     irqbalance      -1   2 /proc/irq/18/smp_affinity
20543   systemd-resolve -1   2 /run/systemd/netif/links/5
20543   systemd-resolve -1   2 /run/systemd/netif/links/5
20543   systemd-resolve -1   2 /run/systemd/netif/links/5
[...]
```

上述输出显示了不断重复的打开失败操作。这种错误模式可能指向程序中的效率问题，或者是某种可以被修复的配置错误。

BCC 工具通常会支持多个命令行参数，它们可以改变工具的行为，这让 BCC 工具比 bpftrace 工具的功能更多样化。这也让 BCC 工具更加适合作为工作的起点：不必动手编写任何 BPF 程序，你所需要的功能可能都已经自带了。不过，如果确实还缺少你所需的功能，那可以用 bpftrace 来定制工具，因为 bpftrace 语言开发相对更加简单。

bpftrace 工具可以后续改写为功能更加复杂、支持多种命令行参数的 BCC 工具，比如之前展示的 opensnoop(8) 工具。BCC 工具也可以支持同时使用不同的事件，比如优先使用跟踪点，如果条件不满足再转而使用 kprobes。但是请注意，BCC 编程的复杂度要高很多，本书没有涉及相关内容。本书的关注点是 bpftrace 编程。附录 C 提供了使用 BCC 工具进行开发的快速入门课程。

1.10　小结

BPF 工具可以用来辅助性能分析和故障定位工作，有两个主要项目提供了这些工具：BCC 和 bpftrace。本章介绍了扩展后的 BPF 语言，BCC 和 bpftrace，以及它们运行所需的动态和静态插桩技术。

下一章将会对这些技术进行更深入和详细的介绍。如果你急于应用工具解决问题，可以先暂时跳过第 2 章，直接看第 3 章或者其他相关章节。后续章节中使用了大量的术语，这些术语将在第 2 章进行解释。

第2章
技术背景

第 1 章简要介绍了 BPF 性能工具使用到的各种技术。本章会更加深入地阐述这些技术，涵盖了历史、接口、内部运作方式，以及如何使用 BPF 工具。

本章的技术深度为整本书之最，为了篇幅尽量简短，这里假定你已经具备了一些关于系统内核和指令集级编程方面的知识。[1]

本章的学习目标不在于记住每页的具体内容，而是希望你能够：

- 了解 BPF 技术的起源，以及 eBPF 在今天所扮演的角色。
- 理解基于帧指针（frame pointer）的调用栈回溯和其他相关技术。
- 理解如何阅读火焰图。
- 理解 kprobes 和 uprobes 的使用，并知晓其接口的稳定性问题。
- 理解内核跟踪点、USDT 探针和动态 USDT 的作用。
- 了解 PMC 及其在 BPF 跟踪工具中的使用。
- 了解未来的开发方向：BTF，以及其他 BPF 调用栈回溯技术等。

学习本章将有助于理解本书后面的内容，不过你也可以先粗略翻阅本章，然后在后面需要时再回来了解相关细节。第 3 章将指引你使用 BPF 工具上手解决性能问题。

2.1 图释BPF

图 2-1 展示了本章将涉及的诸多技术，以及它们之间的关系。

---

1 要学习必要的内核相关知识，请参考具体讲述系统调用、内核态/用户态、任务/线程、虚拟内存和VFS的资料，例如参考资料[Gregg 13]。参考资料[Gregg 13b]所列图书的中文版名为《性能之巅：洞悉系统、企业与云计算》，已由电子工业出版社于2015年出版。

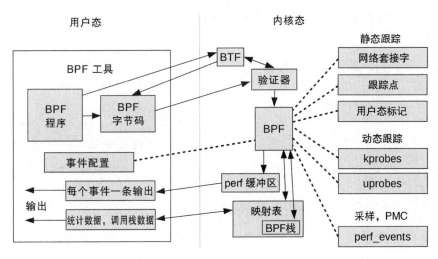

图 2-1 BPF 跟踪技术

2.2 BPF

BPF 最初是为 BSD 操作系统开发的，1992 年的论文"The BSD Packet Filter: A New Architecture for User-level Packet Capture"[McCanne 92] 对其进行了阐述。这篇论文公开发表在 1993 年在圣地亚哥举办的 USENIX 冬季会议上。当时一起发表的还有"Measurement, Analysis, and Improvement of UDP/IP Throughput for the DECstation 5000"[7]。DEC 工作站早已成为历史，但 BPF 作为包过滤的工业标准解决方案一直沿用至今。

BPF 的工作方式十分有趣：最终用户使用 BPF 虚拟机的指令集（有时也称 BPF 字节码）定义过滤器表达式，然后传递给内核，由解释器执行。这使得包过滤可以在内核中直接进行，避免了向用户态进程复制每个数据包，从而提升了数据包过滤的性能，tcpdump(8) 就是这样工作的。BPF 还提供了安全性保障，因为用户定义的过滤器在执行前必须首先通过安全性验证。早期的包过滤必须在内核空间执行，安全是一个硬性要求。图 2-2 显示了这一切是如何工作的。

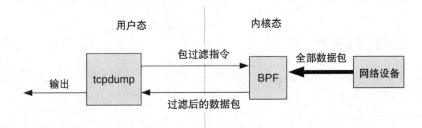

图 2-2 tcpdump 和 BPF

在运行 tcpdump(8) 时带上命令行参数 -d，可以打印出使用过滤器表达式的 BPF 指令。例如：

```
# tcpdump -d host 127.0.0.1 and port 80
(000) ldh      [12]
(001) jeq      #0x800           jt 2     jf 18
(002) ld       [26]
(003) jeq      #0x7f000001      jt 6     jf 4
(004) ld       [30]
(005) jeq      #0x7f000001      jt 6     jf 18
(006) ldb      [23]
(007) jeq      #0x84            jt 10    jf 8
(008) jeq      #0x6             jt 10    jf 9
(009) jeq      #0x11            jt 10    jf 18
(010) ldh      [20]
(011) jset     #0x1fff          jt 18    jf 12
(012) ldxb     4*([14]&0xf)
(013) ldh      [x + 14]
(014) jeq      #0x50            jt 17    jf 15
(015) ldh      [x + 16]
(016) jeq      #0x50            jt 17    jf 18
(017) ret      #262144
(018) ret      #0
```

最初的 BPF 现在被称为"经典 BPF"，它是一个功能有限的虚拟机。它有两个寄存器，一个由 16 个内存槽位组成的临时存储区域和一个程序计数器。以上部件均按 32 位寄存器大小运行。[1] 经典 BPF 于 1997 年进入 Linux 内核版本 2.1.75[8]。

自从 BPF 被添加到 Linux 内核后，陆续有过一些比较重要的改进。Eric Dumazet 在 2011 年 7 月发布的 Linux 3.0 中增加了 BPF 即时（just-in-time，JIT）编译器，相比解释器来说，其执行效率更高[9]。Will Drewry 在 2012 年为 seccomp（安全计算）系统调用添加了 BPF 过滤器[10]；这是 BPF 第一次运用在网络领域之外，也显示出 BPF 可以作为一个通用执行引擎的潜力。

2.3　扩展版BPF

Alexei Starovoitov 在 PLUMgrid 公司工作时创造了扩展版 BPF（eBPF），当时该公

1　在64位内核上运行经典BPF程序时，尽管地址是64位的，但BPF的寄存器仍然只能看到32位的数据，load
　　指令需要借助外部的内核辅助函数完成。

司正在研究一种新的软件定义网络（software-defined networking）解决方案。这是 20 年来 BPF 的第一次重大更新，此举也将 BPF 扩展为一个通用的虚拟机。[1] 当它还处在内核社区的提案阶段时，红帽公司的内核工程师 Daniel Borkmann 就为进行重新设计提供了帮助，以便将其纳入内核并取代现有的 BPF 实现。[2] 扩展版 BPF 最终成功进入内核，此后得到了众多开发人员的贡献（参见本书致谢）。

扩展版的 BPF 中增加了更多寄存器，并将字长从 32 位增至 64 位，创建了灵活的 BPF 映射型存储（map），并允许调用一些受限制的内核功能。[3] 同时，eBPF 被设计为可以使用即时编译（JIT），机器指令与寄存器可以一对一映射。这就使得先前的处理器本地指令优化技术，可以重用于 BPF 之上。BPF 验证器也进行了更新以便支持这些扩展，而且能够拒绝任何不安全的代码。

经典 BPF 和扩展版 BPF 之间的差异见表 2-1。

表 2-1　经典 BPF 和扩展版 BPF 的对比

对比项	经典 BPF	扩展版 BPF
寄存器数量	2 个：寄存器 A 和 X	10 个：R0 ～ R9，此外 R10 是只读的帧指针寄存器
寄存器宽度	32 位	64 位
存储	16 个内存槽位：M[0-15]	512 字节大小的栈空间，外加无限制的映射型存储
受限的内核调用	非常受限，JIT 专用	可用，通过 bpf_call 指令
支持的事件类型	网络数据包、seccomp-BPF	网络数据包、内核函数、用户态函数、跟踪点、用户态标记、PMC

Alexei 最初的提议，是 2013 年 9 月一个标题为 "extended BPF" 的补丁集[2]。到 2013 年 12 月，Alexei 提议 BPF 可以用于跟踪过滤[11]。经过与 Daniel 的讨论和合作开发，2014 年 3 月这些补丁开始并入 Linux 内核[3, 12]。[4] 2014 年 6 月，JIT 组件并入 Linux 内核版本 3.15 中。2014 年 12 月，用于控制 BPF 的 bpf(2) 系统调用进入 Linux 3.18 版本中[13]。

1　虽然BPF通常被称为虚拟机，不过这往往指的是它的实现规范。BPF在Linux中的实际实现（运行时支持）同时包括一个解释器和一个可即时编译为本机指令的编译器。"虚拟机"一词似乎意味着在处理器之上运行另一个机器层，而实际BPF执行并非如此。JIT编译后的代码会像任何其他本地内核代码一样，直接在处理器上运行。要注意，在Spectre漏洞公布之后，一些发行版默认在x86架构上启用JIT，完全移除了内核中的解释器实现（通过条件编译直接排除了相关代码）。

2　Alexei和Daniel随后都换了公司。他们目前仍是BPF的核心维护者，职责是领导开发、审查补丁，并决定哪些补丁可被合并。

3　这样就不再需要像经典BPF那样进行复杂的指令重载，在经典BPF中，每个JIT实现都需要分别处理。

4　在通过bpf(2)系统调用暴露BPF接口出来之前，有段时间它也被称为"内部BPF"。由于BPF属于网络技术范畴，这些补丁被发送至内核网络模块维护者David S. Miller那里，由他合并这些补丁。时至今日，BPF自身已经发展成为一个较大的内核子社区，所有与BPF相关的补丁都首先合并到bpf和bpf-next内核树中。不过传统依旧，还是由David S. Miller将整个BPF树合并到内核。

之后，Linux 4.x 内核又陆续增加了对 kprobes、uprobes、tracepoints 和 perf_events 的
BPF 支持。

在最早的代码补丁中，这项技术曾被简写为 eBPF，不过 Alexei 随后又将它改回，
称其为 BPF。[1] 现在，在 net-dev 邮件列表 [14] 上有关 BPF 的开发讨论中，都直接使用
BPF 这种叫法。

Linux BPF 运行时（runtime）的各模块的架构如图 2-3 所示，它展示了 BPF 指令如
何通过 BPF 验证器验证，再由 BPF 虚拟机执行。BPF 虚拟机的实现既包括一个解释器，
又包括一个 JIT 编译器：JIT 编译器负责生成处理器可直接执行的机器指令。验证器会拒
绝那些不安全的操作，这包括针对无界循环的检查：BPF 程序必须在有限的时间内完成。

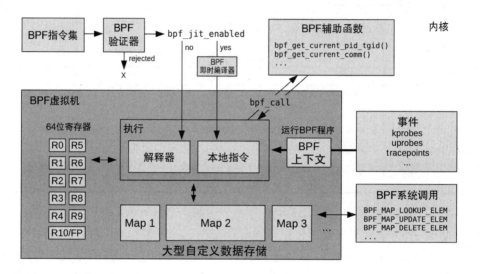

图 2-3　BPF 运行时的内部结构

BPF 可以利用辅助函数获取内核状态，利用 BPF 映射表进行存储。BPF 程序在特
定事件发生时执行，包括 kprobes、uprobes 和跟踪点等事件。

本章接下来的部分讨论以下话题：为什么性能工具需要 BPF 技术，如何使用扩展版
BPF 编程、查看 BPF 指令集、BPF 应用编程接口（API）、BPF 的限制，以及 BTF。这
些内容有助于你在使用 bpftrace 和 BCC 时，理解 BPF 是如何工作的。除此之外，附录
D 涵盖了如何直接使用 C 语言进行 BPF 编程，附录 E 涵盖了 BPF 指令集。

1　笔者曾向 Alexei 建议换一个更好的名字，但是起名字太难了，所以至今我们仍然采用这种表述："它是
eBPF，但实际上就是 BPF，指的是伯克利数据包过滤器（Berkerley Packet Filter），但它现在已经与伯克
利、数据包或过滤器都没有什么关系了。"因此，BPF 现在应该被视为一个技术名词，而不再是缩写。

2.3.1　为什么性能工具需要 BPF 技术

性能工具使用扩展版 BPF 来实现可编程性。BPF 程序可以执行自定义的延迟计算和统计摘要等功能。这些特性本身就足够使 BPF 成为一个有趣的工具，事实上有很多跟踪工具都具备了这些功能。BPF 与众不同之处在于，它还同时具备高效率和生产环境安全性的特点，并且它已经被内置在 Linux 内核中。有了 BPF，你就可以在生产环境中直接运行这些工具，而无须增加新的内核组件。

下面我们通过一个工具的输出和一幅图来看一下性能工具是如何使用 BPF 的。这个例子的输出来自笔者以前发布的一个叫作 bitehist 的 BPF 工具，它用直方图的形式展示磁盘 I/O 的尺寸分布 [15]：

```
# bitehist
Tracing block device I/O... Interval 5 secs. Ctrl-C to end.


    kbytes          : count    distribution
     0 -> 1         : 3        |                                        |
     2 -> 3         : 0        |                                        |
     4 -> 7         : 3395     |****************************************|
     8 -> 15        : 1        |                                        |
    16 -> 31        : 2        |                                        |
    32 -> 63        : 738      |*******                                 |
    64 -> 127       : 3        |                                        |
   128 -> 255       : 1        |                                        |
```

图 2-4 显示了使用 BPF 之前和之后的直方图生成过程。

这里的关键变化是，直方图可以在内核上下文中生成，这大大减少了需要复制到用户空间的数据量。这里的效率提升是如此的显著，以至于工具的额外开销减小到可以在生产环境下直接运行的程度。具体来说，在使用 BPF 之前，制作这一直方图摘要的完整步骤如下 [1]。

1　这里说的是最佳步骤，但这并非唯一的解决方案。你可以安装一个非内核原生支持的跟踪器，比如 SystemTap。取决于具体使用的内核和发行版，这个使用过程可能存在各种各样的问题。你也可以修改内核代码，或者开发一个自制的kprobes内核模块，但两种方法都面临不小的挑战，也都有各自的风险。笔者也曾经开发过一种变通办法，称为"黑客直方图"（hacktogram），它涉及创建多个perf(1) stat计数器，为直方图中的每一行进行范围过滤[16]。这个体验太可怕了。

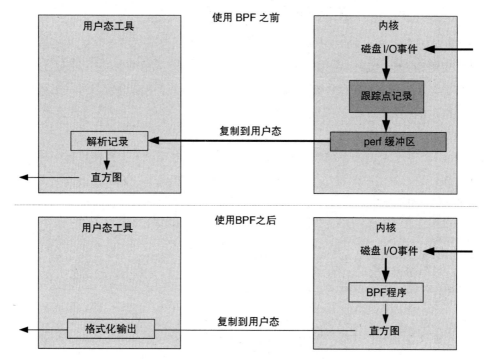

图 2-4   使用 BPF 之前和之后生成直方图过程的对比

1. 在内核中：开启磁盘 I/O 事件的插桩观测。
2. 在内核中，针对每个事件：向 perf 缓冲区写入一条记录。如果使用了跟踪点技术（推荐方式），记录中会包含关于磁盘 I/O 的几个元数据字段。
3. 在用户空间：周期性地将所有事件的缓冲区内容复制到用户空间。
4. 在用户空间：遍历每个事件，解析字节字段的事件元数据字段。其他字段会被忽略。
5. 在用户空间：生成字节字段的直方图摘要。

其中步骤 2 到步骤 4 对于高 I/O 的系统来说性能开销非常大。可以想象一下，将 10 000 个磁盘 I/O 跟踪记录复制到用户空间程序中，然后解析以生成摘要信息——每秒执行 1 次。

使用 BPF 后，bitesize 程序执行的步骤如下。

1. 在内核中：启用磁盘 I/O 事件的插桩观测，并挂载一个由 bitesize 工具定义的 BPF 程序。
2. 在内核中，对每次事件：运行 BPF 程序。它只获取字节字段，并将其保存到自定义的 BPF 直方图映射数据结构中。
3. 在用户空间：一次性读取 BPF 直方图映射表并输出结果。

这个过程避免了将事件复制到用户空间并再次对其处理的成本，也避免了对未使用的元数据字段的复制。如前面的程序输出截图所示，唯一需要复制到用户空间的数据是"count"列，其是一个数字数组。

2.3.2 BPF 与内核模块的对比

还有一种方法可以理解 BPF 在可观测性方面的优势：将其与内核模块进行比较。kprobes 和跟踪点已经出现多年了，可以直接从可加载的内核模块中使用。与使用内核模块相比，使用 BPF 进行跟踪的优势如下：

- BPF 程序会通过验证器的安全性检查；内核模块则可能会引入 bug（内核崩溃）或安全漏洞。
- BPF 通过映射提供丰富的数据结构支持。
- BPF 程序可以一次编译，然后在任何地方运行，因为 BPF 指令集、映射表结构、辅助函数和相关基础设施属于稳定的 ABI。（当然，有些 BPF 程序包含了不稳定的因素，比如使用了 kprobes 来观测内核数据结构，这会影响 BPF 程序的自身稳定性；关于解决方案，请参见后面 2.3.10 节的内容。）
- BPF 程序的编译不依赖内核编译过程的中间结果。
- 与开发内核模块所需的工程量相比，BPF 编程更加易学，可以让更多人上手。

请注意，在网络领域应用 BPF 还有额外的好处，包括原子性替换 BPF 程序的能力。如果使用内核模块，则需要先从内核中将其完全卸载，然后再次加载，这可能会导致相关服务中断。

使用内核模块的一个好处是：在模块中可以使用其他内核函数和内核设施，而不仅限于 BPF 提供的辅助函数。不过，如果调用任意内核函数的能力被滥用，也会带来引入 bug 的额外风险。

2.3.3 编写 BPF 程序

有很多前端工具可以用来支持 BPF 编程。在跟踪观测方面，主要的前端按照开发语言从低级到高级排列如下：

- LLVM
- BCC
- bpftrace

LLVM 编译器支持将 BPF 作为编译目标体系结构。BPF 程序可以使用 LLVM 支持的更高级语言编写，比如 C 语言（借助 Clang）或 LLVM 中间表示形式（Intermediate Representation），然后再编译成 BPF。LLVM 自带一个优化器，可以对它生成的 BPF 指令进行效率和体积上的优化。

虽然使用 LLVM 中间表示形式开发 BPF 已经是一个改进，但切换到 BCC 或 bpftrace，体验会更好。BCC 允许用 C 语言来编写 BPF 程序，bpftrace 则提供了自己的高级语言。在内部实现上，它们都使用 LLVM 中间表示形式和一个 LLVM 库来实现 BPF 的编译。

本书中的性能工具是使用 BCC 和 bpftrace 开发的。直接利用 BPF 指令编程，还是采用 LLVM 中间表示形式编程，是 BCC 和 bpftrace 内部组件开发人员关心的事情，这已经超出了本书的范围。对于只是使用和开发 BPF 性能工具的人来说，这不是必须了解的内容[1]。如果你想成为 BPF 指令的开发人员，或者对此具有强烈的好奇心，那么可以去阅读下面这些资源。

附录 E 提供了 BPF 指令集和宏的简要信息：

- 在 Linux 源代码中有 BPF 指令的相关文档，位置在 Documentation/networking/filter.txt[17]。
- LLVM IR 的相关文档可以看在线的 LLVM 参考手册；可以从 llvm::IRBuilderBase 类的相关部分[18] 开始了解。
- Cilium BPF 和 XDP 参考指南[19]。

虽然大多数人永远不会直接通过 BPF 指令编程，但不少人在使用工具遇到问题时，会有查看相关指令的需求。接下来的两小节会展示一些例子，分别使用了 bpftool(8) 和 bpftrace。

2.3.4　使用 BPF 查看指令集：bpftool

Linux 4.15 中添加了 bpftool(8) 这个工具，可用来查看和操作 BPF 对象，包括 BPF 程序和对应的映射表。它的源代码位于 Linux 源代码的 tools/bpf/bpftool 中。在本节中，我们将了解如何使用 bpftool(8) 来展示加载的 BPF 程序并打印它们的指令。

bpftool

bpftool 的默认输出展示了它所操作的 BPF 对象类型。比如在 Linux 5.2 上：

1　回顾在DTrace领域工作的15年，笔者记不起来什么时候有人需要直接使用D语言中间格式（D Intermediate Format，相当于DTrace下的BPF指令）来编程。

```
# bpftool
Usage: bpftool [OPTIONS] OBJECT { COMMAND | help }
       bpftool batch file FILE
       bpftool version

       OBJECT := { prog | map | cgroup | perf | net | feature | btf }
       OPTIONS := { {-j|--json} [{-p|--pretty}] | {-f|--bpffs} |
                     {-m|--mapcompat} | {-n|--nomount} }
```

对于每一类对象，都有一个专门的帮助文档。比如，对于"prog"（程序）对象：

```
# bpftool prog help
Usage: bpftool prog { show | list } [PROG]
       bpftool prog dump xlated PROG [{ file FILE | opcodes | visual | linum }]
       bpftool prog dump jited  PROG [{ file FILE | opcodes | linum }]
       bpftool prog pin   PROG FILE
       bpftool prog { load | loadall } OBJ  PATH \
                       [type TYPE] [dev NAME] \
                       [map { idx IDX | name NAME } MAP]\
                       [pinmaps MAP_DIR]
       bpftool prog attach PROG ATTACH_TYPE [MAP]
       bpftool prog detach PROG ATTACH_TYPE [MAP]
       bpftool prog tracelog
       bpftool prog help

       MAP := { id MAP_ID | pinned FILE }
       PROG := { id PROG_ID | pinned FILE | tag PROG_TAG }
       TYPE := { socket | kprobe | kretprobe | classifier | action |q
[...]
```

perf 和 prog 子命令可以用来查找和打印跟踪程序。这里我们不对 bpftool(8) 的以下功能做展开讨论：挂载程序、向映射表中读写数据、对 cgroups 进行操作，以及列举 BPF 特性等。

bpftool perf

perf 子命令显示了哪些 BPF 程序正在通过 perf_event_open() 进行挂载，这在 Linux 4.17 以及之后属于 BCC 和 bpftrace 程序的常规动作。比如：

```
# bpftool perf
pid 1765  fd 6: prog_id 26  kprobe  func blk_account_io_start  offset 0
pid 1765  fd 8: prog_id 27  kprobe  func blk_account_io_done   offset 0
```

```
pid 1765   fd 11: prog_id 28   kprobe   func sched_fork  offset 0
pid 1765   fd 15: prog_id 29   kprobe   func ttwu_do_wakeup  offset 0
pid 1765   fd 17: prog_id 30   kprobe   func wake_up_new_task  offset 0
pid 1765   fd 19: prog_id 31   kprobe   func finish_task_switch  offset 0
pid 1765   fd 26: prog_id 33   tracepoint   inet_sock_set_state
pid 21993  fd 6: prog_id 232   uprobe   filename /proc/self/exe  offset 1781927
pid 21993  fd 8: prog_id 233   uprobe   filename /proc/self/exe  offset 1781920
pid 21993  fd 15: prog_id 234  kprobe   func blk_account_io_done  offset 0
pid 21993  fd 17: prog_id 235  kprobe   func blk_account_io_start  offset 0
pid 25440  fd 8: prog_id 262   kprobe   func blk_mq_start_request  offset 0
pid 25440  fd 10: prog_id 263  kprobe   func blk_account_io_done  offset 0
```

以上输出显示有 3 个不同的 PID，分属不同的 BPF 程序：

- PID 1765 是 Vector BPF PMDA 代理，用来做实例性能分析（细节见第 17 章）。
- PID 21993 是 bpftrace 版本的 biolatency(8)。它显示使用了两个 uprobes，即 bpftrace 中的 BEGIN 和 END 探针，还有两个 kprobes 用于对块 I/O 的起始和结束进行插桩（第 9 章有这个程序的源代码）。
- PID 25440 是 BCC 版本的 biolatency(8)，它正在对另一个块 I/O 的起始函数进行插桩。

offset 字段显示了被插桩对象的偏移量。对于 bpftrace，偏移量 1 781 920 匹配了 bpftrace 二进制文件中的 BEGIN_trigger 函数，偏移量 1 781 927 匹配了 END_trigger 函数（可以使用 `readelf -s bpftrace` 来进行验证）。

prog_id 是 BPF 的程序 ID，可以使用下面的子命令进行打印。

bpftool prog show

`prog show` 子命令会列出全部的程序（不只是那些基于 perf_event_open() 的）：

```
# bpftool prog show
[...]
232: kprobe   name END   tag b7cc714c79700b37   gpl
        loaded_at 2019-06-18T21:29:26+0000   uid 0
        xlated 168B   jited 138B   memlock 4096B   map_ids 130
233: kprobe   name BEGIN   tag 7de8b38ee40a4762   gpl
        loaded_at 2019-06-18T21:29:26+0000   uid 0
        xlated 120B   jited 112B   memlock 4096B   map_ids 130
234: kprobe   name blk_account_io_   tag d89dcf82fc3e48d8   gpl
        loaded_at 2019-06-18T21:29:26+0000   uid 0
        xlated 848B   jited 540B   memlock 4096B   map_ids 128,129
235: kprobe   name blk_account_io_   tag 499ff93d9cff0eb2   gpl
```

```
        loaded_at 2019-06-18T21:29:26+0000  uid 0
        xlated 176B  jited 139B  memlock 4096B  map_ids 128
[...]
258: cgroup_skb  tag 7be49e3934a125ba  gpl
        loaded_at 2019-06-18T21:31:27+0000  uid 0
        xlated 296B  jited 229B  memlock 4096B  map_ids 153,154
259: cgroup_skb  tag 2a142ef67aaad174  gpl
        loaded_at 2019-06-18T21:31:27+0000  uid 0
        xlated 296B  jited 229B  memlock 4096B  map_ids 153,154
262: kprobe  name trace_req_start  tag 1dfc28ba8b3dd597  gpl
        loaded_at 2019-06-18T21:37:51+0000  uid 0
        xlated 112B  jited 109B  memlock 4096B  map_ids 158
        btf_id 5
263: kprobe  name trace_req_done  tag d9bc05b87ea5498c  gpl
        loaded_at 2019-06-18T21:37:51+0000  uid 0
        xlated 912B  jited 567B  memlock 4096B  map_ids 158,157
        btf_id 5
```

上面的输出显示了 bpftrace 的程序 ID（232 到 235）、BCC 的程序 ID（262 和 263），以及其他加载的 BPF 程序。注意，BCC 的 kprobe 程序中带有 BTF（BPF Type Format）信息，这可以从上面输出显示的 btf_id 看出来。2.3.9 节会更详细地介绍 BTF，此刻只需知道 BTF 是 BPF 版本的调试信息（debuginfo）就可以了。

bpftool prog dump xlated

每个 BPF 程序都可以通过它的 ID 被打印（dump）出来。xlated 模式将 BPF 指令翻译为汇编指令打印出来。下面是程序 234、bpftrace 块 I/O 完成跟踪程序的输出[1]：

```
# bpftool prog dump xlated id 234
   0: (bf) r6 = r1
   1: (07) r6 += 112
   2: (bf) r1 = r10
   3: (07) r1 += -8
   4: (b7) r2 = 8
   5: (bf) r3 = r6
   6: (85) call bpf_probe_read#-51584
   7: (79) r1 = *(u64 *)(r10 -8)
   8: (7b) *(u64 *)(r10 -16) = r1
   9: (18) r1 = map[id:128]
```

---

1 这也许和用户装载到内核中的内容不完全一致。因为BPF验证器已进行优化（例如，内联映射和表的查找操作），或者出于安全性考虑（例如，应对Spectre漏洞）可以自由重写指令。

```
11: (bf)  r2 = r10
12: (07)  r2 += -16
13: (85)  call __htab_map_lookup_elem#93808
14: (15)  if r0 == 0x0 goto pc+1
15: (07)  r0 += 56
16: (55)  if r0 != 0x0 goto pc+2
[...]
```

上述输出显示了可被 BPF 调用的受限的内核辅助函数之一：bpf_probe_read()。表 2-2 中列出了更多辅助函数。

现在，比较上面的输出和观测块 I/O 完成事件的程序输出，该程序基于 BTF 编译，ID 是 263[1]：

```
# bpftool prog dump xlated id 263
int trace_req_done(struct pt_regs * ctx):
; struct request *req = ctx->di;
    0: (79)  r1 = *(u64 *)(r1 +112)
; struct request *req = ctx->di;
    1: (7b)  *(u64 *)(r10 -8) = r1
; tsp = bpf_map_lookup_elem((void *)bpf_pseudo_fd(1, -1), &req);
    2: (18)  r1 = map[id:158]
    4: (bf)  r2 = r10
;
    5: (07)  r2 += -8
; tsp = bpf_map_lookup_elem((void *)bpf_pseudo_fd(1, -1), &req);
    6: (85)  call __htab_map_lookup_elem#93808
    7: (15)  if r0 == 0x0 goto pc+1
    8: (07)  r0 += 56
    9: (bf)  r6 = r0
; if (tsp == 0) {
   10: (15)  if r6 == 0x0 goto pc+101
; delta = bpf_ktime_get_ns() - *tsp;
   11: (85)  call bpf_ktime_get_ns#88176
; delta = bpf_ktime_get_ns() - *tsp;
   12: (79)  r1 = *(u64 *)(r6 +0)
[...]
```

上面的输出包含了从 BTF 中获取的源代码的信息（用黑体标记）。注意，这是另外一个程序（不同的指令和调用）。

---

1 这要求使用LLVM 9.0，此版本默认支持BTF。

如果程序中包含了 BTF 信息，那么可以使用 `linum` 修饰符在输出中增加源代码文件和行信息（用黑体进行标记）：

```
# bpftool prog dump xlated id 263 linum
int trace_req_done(struct pt_regs * ctx):
; struct request *req = ctx->di; [file:/virtual/main.c line_num:42 line_col:29]
   0: (79) r1 = *(u64 *)(r1 +112)
; struct request *req = ctx->di; [file:/virtual/main.c line_num:42 line_col:18]
   1: (7b) *(u64 *)(r10 -8) = r1
;  tsp = bpf_map_lookup_elem((void *)bpf_pseudo_fd(1, -1), &req);
[file:/virtual/main.c line_num:46 line_col:39]
   2: (18) r1 = map[id:158]
   4: (bf) r2 = r10
[...]
```

在这个例子中，代码行数信息指向了 BCC 在运行时动态生成的虚拟源代码文件。

使用 `opcodes` 修饰符可以在输出中包含 BPF 指令的 opcode（用黑体标记）：

```
# bpftool prog dump xlated id 263 opcodes
int trace_req_done(struct pt_regs * ctx):
; struct request *req = ctx->di;
   0: (79) r1 = *(u64 *)(r1 +112)
      79 11 70 00 00 00 00 00
; struct request *req = ctx->di;
   1: (7b) *(u64 *)(r10 -8) = r1
      7b 1a f8 ff 00 00 00 00
; tsp = bpf_map_lookup_elem((void *)bpf_pseudo_fd(1, -1), &req);
   2: (18) r1 = map[id:158]
      18 11 00 00 9e 00 00 00 00 00 00 00 00 00 00 00
   4: (bf) r2 = r10
      bf a2 00 00 00 00 00 00
[...]
```

BPF 指令集的 opcodes 在附录 E 中有解释。

还有一个修饰符 `visual`，可以以 DOT 格式输出控制流信息，支持用外部可视化软件打开。下面这个例子使用的是 GraphViz 软件和它的绘制有向图工具 dot(1)[20]：

```
# bpftool prog dump xlated id 263 visual > biolatency_done.dot
$ dot -Tpng -Elen=2.5 biolatency_done.dot -o biolatency_done.png
```

从生成的 PNG 格式的图片中可以看到指令的流向。GraphViz 提供了不同的布局工具：

笔者通常使用 dot(1)、neato(1)、fdp(1) 以及 sfdp(1) 来对 DOT 数据进行绘图。这些工具允许各种自定义配置（比如设定边的长度：-Elen）。图 2-5 展示的是使用 GraphViz 的 osage(1) 工具对 BPF 程序进行可视化呈现的结果。

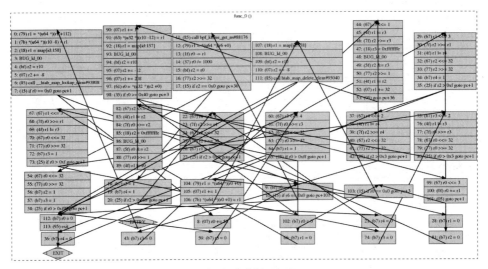

图 2-5　使用 GraphViz osage(1) 对 BPF 指令流进行可视化

这真是一个复杂的程序！有一些 GraphViz 工具可以把代码块分散开，以避免鸟窝状的各种箭头连线，但这会使文件变得更大。如果你需要使用这样的工具来帮助阅读 BPF 程序，应该使用不同的工具进行实验，以确定最合适的那一个。

bpftool prog dump jited

`prog dump jited` 子命令显示了经过 JIT 编译之后的机器码。这里显示的是 x86_64 体系结构；BPF 已经支持 Linux 内核支持的大多数体系结构的 JIT 功能。下面是 BCC 的块 I/O 完成跟踪程序：

```
# bpftool prog dump jited id 263
int trace_req_done(struct pt_regs * ctx):
0xffffffffc082dc6f:
; struct request *req = ctx->di;
   0:   push    %rbp
   1:   mov     %rsp,%rbp
   4:   sub     $0x38,%rsp
   b:   sub     $0x28,%rbp
   f:   mov     %rbx,0x0(%rbp)
  13:   mov     %r13,0x8(%rbp)
  17:   mov     %r14,0x10(%rbp)
```

```
 1b:   mov     %r15,0x18(%rbp)
 1f:   xor     %eax,%eax
 21:   mov     %rax,0x20(%rbp)
 25:   mov     0x70(%rdi),%rdi
; struct request *req = ctx->di;
 29:   mov     %rdi,-0x8(%rbp)
; tsp = bpf_map_lookup_elem((void *)bpf_pseudo_fd(1, -1), &req);
 2d:   movabs  $0xffff96e680ab0000,%rdi
 37:   mov     %rbp,%rsi
 3a:   add     $0xfffffffffffffff8,%rsi
; tsp = bpf_map_lookup_elem((void *)bpf_pseudo_fd(1, -1), &req);
 3e:   callq   0xffffffffc39a49c1
[...]
```

和前面的例子类似，由于有 BTF 的支持，bpftool(8) 可以包含源代码相应行的信息；反之则不会有相关输出。

bpftool btf

bpftool(8) 可以打印 BTF 的 ID。比如，BTF ID 5 是 BCC 的块 I/O 的完成事件的输出：

```
# bpftool btf dump id 5
[1] PTR '(anon)' type_id=0
[2] TYPEDEF 'u64' type_id=3
[3] TYPEDEF '__u64' type_id=4
[4] INT 'long long unsigned int' size=8 bits_offset=0 nr_bits=64 encoding=(none)
[5] FUNC_PROTO '(anon)' ret_type_id=2 vlen=4
        'pkt' type_id=1
        'off' type_id=2
        'bofs' type_id=2
        'bsz' type_id=2
[6] FUNC 'bpf_dext_pkt' type_id=5
[7] FUNC_PROTO '(anon)' ret_type_id=0 vlen=5
        'pkt' type_id=1
        'off' type_id=2
        'bofs' type_id=2
        'bsz' type_id=2
        'val' type_id=2
[8] FUNC 'bpf_dins_pkt' type_id=7
[9] TYPEDEF 'uintptr_t' type_id=10
[10] INT 'long unsigned int' size=8 bits_offset=0 nr_bits=64 encoding=(none)
[...]
[347] STRUCT 'task_struct' size=9152 vlen=204
        'thread_info' type_id=348 bits_offset=0
```

```
        'state' type_id=349 bits_offset=128
        'stack' type_id=1 bits_offset=192
        'usage' type_id=350 bits_offset=256
        'flags' type_id=28 bits_offset=288
[...]
```

上面的输出显示了 BTF 中包含了类型和结构体信息。

2.3.5　使用 bpftrace 查看 BPF 指令集

tcpdump(8) 可以通过参数 -d 输出 BPF 指令，bpftrace 也可以通过添加 -v 参数达到同样目的[1]：

```
# bpftrace -v biolatency.bt
Attaching 4 probes...

Program ID: 677

Bytecode:
0: (bf) r6 = r1
1: (b7) r1 = 29810
2: (6b) *(u16 *)(r10 -4) = r1
3: (b7) r1 = 1635021632
4: (63) *(u32 *)(r10 -8) = r1
5: (b7) r1 = 20002
6: (7b) *(u64 *)(r10 -16) = r1
7: (b7) r1 = 0
8: (73) *(u8 *)(r10 -2) = r1
9: (18) r7 = 0xffff96e697298800
11: (85) call bpf_get_smp_processor_id#8
12: (bf) r4 = r10
13: (07) r4 += -16
14: (bf) r1 = r6
15: (bf) r2 = r7
16: (bf) r3 = r0
17: (b7) r5 = 15
18: (85) call bpf_perf_event_output#25
19: (b7) r0 = 0
20: (95) exit
[...]
```

---

1   笔者才注意到这里应该使用-d，以便保持一致。

如果 bpftrace 出现了内部错误，也会输出类似的内容。如果你需要修改 bpftrace 内部实现，就会发现很容易和 BPF 验证器发生冲突，从而导致内核拒绝加载程序。每当这个时候就会出现上面的输出内容，需要研究这些内容来确定原因并修复问题。

大多数人不会碰到 bpftrace 或者 BCC 的内部错误，也不会直接见到 BPF 指令。如果你确实遇到了此类问题，请将问题提交到 bpftrace 和 BCC 项目社区，或者可以考虑直接贡献一个修复补丁。

2.3.6 BPF API

为了更好地理解 BPF 的能力，在这里我们列举一部分扩展版 BPF 的 API，选自 Linux 4.20 内核源代码中的 include/uapi/linux/bpf.h 文件。

BPF 辅助函数

由于 BPF 不允许随意调用内核函数，为了完成某些任务，内核专门提供了 BPF 可以调用的辅助函数。表 2-2 展示了其中的一部分。

表 2-2　经过筛选的 BPF 辅助函数

BPF 辅助函数	描述
bpf_map_lookup_elem(map, key)	在映射表中查找键 key，并且返回它的值（指针）
bpf_map_update_elem(map, key, value, flags)	根据 key 值更新对应的 value 值
bpf_map_delete_elem(map, key)	根据 key 值删除映射表中对应的元素
bpf_probe_read(dst, size, src)	从地址 src 中安全地读取 size 长度的字节数，并存到 dst 中
bpf_ktime_get_ns()	返回系统启动后的时长，单位是纳秒
bpf_trace_printk(fmt, fmt_size, ...)	一个调试用的辅助函数，向 TraceFS 的 trace{_pipe} 文件写入调试信息
bpf_get_current_pid_tgid()	返回一个 u64 数据，高 32 位包含了当前的 TGID（在用户空间中称为进程 PID），低 32 位则包含了 PID（在用户空间中称为内核线程 ID）
bpf_get_current_comm(buf, buf_size)	将任务名复制到缓冲区
bpf_perf_event_output(ctx, map, data, size)	将数据写入 perf_event 环形缓冲区，用于对每个事件的输出
bpf_get_stackid(ctx, map, flags)	获取用户态或内核态调用栈，并返回一个标识符
bpf_get_current_task()	返回当前的 task 结构体。这里面包含了许多关于运行进程的细节信息，以及和其他系统状态的链接。注意，这些均被视为不稳定 API
bpf_probe_read_str(dst, size, ptr)	从一个不安全的指针位置复制一个 NULL 结尾的字符串到目标位置，长度限制是 size（包含结尾 NULL 字节）
bpf_perf_event_read_value(map, flags, buf, size)	读取 perf_event 计数器，将其存储在 buf 中。这是 BPF 程序读取 PMC 的一种方式

续表

BPF 辅助函数	描述
bpf_get_current_cgroup_id()	返回当前的 cgroup ID
bpf_spin_lock(lock)，bpf_spin_unlock(lock)	对网络程序的并发控制

上面列出的一些辅助函数在之前的 bpftool xlated 命令下可以显示，bpftrace 使用命令行加 -v 参数也行。

辅助函数中的 "current" 一词指的是当前正在运行的线程——也就是当前正在 CPU 上执行的线程。

源文件 include/uapi/linux/bpf.h 中一般会提供对这些辅助函数进行详解的文档。下面这段文字节选自对 bpf_get_stackid() 的注释：

```
* int bpf_get_stackid(struct pt_reg *ctx, struct bpf_map *map, u64 flags)
*     Description
*             Walk a user or a kernel stack and return its id. To achieve
*             this, the helper needs *ctx*, which is a pointer to the context
*             on which the tracing program is executed, and a pointer to a
*             *map* of type **BPF_MAP_TYPE_STACK_TRACE**.
*
*             The last argument, *flags*, holds the number of stack frames to
*             skip (from 0 to 255), masked with
*             **BPF_F_SKIP_FIELD_MASK**. The next bits can be used to set
*             a combination of the following flags:
*
*             **BPF_F_USER_STACK**
*                     Collect a user space stack instead of a kernel stack.
*             **BPF_F_FAST_STACK_CMP**
*                     Compare stacks by hash only.
*             **BPF_F_REUSE_STACKID**
*                     If two different stacks hash into the same *stackid*,
*                     discard the old one.
*
*             The stack id retrieved is a 32 bit long integer handle which
*             can be further combined with other data (including other stack
*             ids) and used as a key into maps. This can be useful for
*             generating a variety of graphs (such as flame graphs or off-cpu
*             graphs).
[...]
```

Linux 的源代码文件可以通过一些网站在线浏览，比如可参见链接 3 所指示的文件。

除此之外，还有很多可用的辅助函数，大部分用于软件定义网络。当前的 Linux 版本（5.2）有 98 个辅助函数。

bpf_probe_read()

bpf_probe_read() 是一个特别重要的辅助函数。BPF 中的内存访问仅限于 BPF 寄存器和栈空间（以及通过辅助函数访问的 BPF 映射表）。如果需要访问其他内存（比如 BPF 之外的其他内核地址），就必须通过 bpf_probe_read() 来读取。这个辅助函数会进行安全性检查并禁止缺页中断的发生，以保证在 probe 上下文中不会发生缺页中断（否则可能会引发内核问题）。

除了可以用来读取内核内存之外，这个辅助函数还可以用来将用户空间的内容读取到内核空间中。具体的机制和具体体系结构相关：在 x86_64 上，用户空间和内核空间没有重叠部分，所以可以通过地址进行区分。对有些体系结构，如 SPARC 则不是如此 [21]，BPF 为了支持这些体系结构，需要借助其他辅助函数的支持，比如 bpf_probe_read_kernel() 和 bpf_probe_read_user()[1]。

BPF 系统调用命令

表 2-3 显示了一部分用户程序可以呼叫的 BPF 系统调用。

表 2-3　部分 BPF 系统调用命令

bpf_cmd	功能描述
BPF_MAP_CREATE	创建一个 BPF 映射表：一个灵活的存储对象，可用作以 key/value 方式使用的哈希表（关联数组）
BPF_MAP_LOOKUP_ELEM	使用 key 查找元素
BPF_MAP_UPDATE_ELEM	根据 key 更新相应元素
BPF_MAP_DELETE_ELEM	根据 key 删除相应元素
BPF_MAP_GET_NEXT_KEY	遍历映射表中的全部 key
BPF_PROG_LOAD	验证并加载 BPF 程序
BPF_PROG_ATTACH	将 BPF 程序挂载到某一事件上
BPF_PROG_DETACH	将 BPF 程序从某个事件卸载
BPF_OBJ_PIN	在 /sys/fs/bpf 下创建一个 BPF 对象实例

表 2-3 中第 1 列的动作会作为 bpf(2) 系统调用的第 1 个参数进行传递，使用 strace(1) 可以看到。比如，通过下面的操作可以看到 BCC 版的 execsnoop(8) 工具用到了哪些 bpf(2) 系统调用：

```
# strace -ebpf execsnoop
bpf(BPF_MAP_CREATE, {map_type=BPF_MAP_TYPE_PERF_EVENT_ARRAY, key_size=4,
value_size=4, max_entries=8, map_flags=0, inner_map_fd=0, ...}, 72) = 3
bpf(BPF_PROG_LOAD, {prog_type=BPF_PROG_TYPE_KPROBE, insn_cnt=513,
```

1　这个需求是David S. Miller在LSFMM 2019会议上提出的。

```
insns=0x7f31c0a89000, license="GPL", log_level=0, log_size=0, log_buf=0,
kern_version=266002, prog_flags=0, ...}, 72) = 4
bpf(BPF_PROG_LOAD, {prog_type=BPF_PROG_TYPE_KPROBE, insn_cnt=60,
insns=0x7f31c0a8b7d0, license="GPL", log_level=0, log_size=0, log_buf=0,
kern_version=266002, prog_flags=0, ...}, 72) = 6
PCOMM            PID    PPID   RET ARGS
bpf(BPF_MAP_UPDATE_ELEM, {map_fd=3, key=0x7f31ba81e880, value=0x7f31ba81e910, flags=BPF_
ANY}, 72) = 0
bpf(BPF_MAP_UPDATE_ELEM, {map_fd=3, key=0x7f31ba81e910, value=0x7f31ba81e880, flags=BPF_
ANY}, 72) = 0
[...]
```

具体的动作用黑体进行了标记。请注意,笔者通常避免直接使用 strace(1),因为它
当前的 ptrace() 实现会严重降低目标进程的运行速度——性能下降为不足原来的 1%[22]。
在这里使用它,只是因为它已经支持了 bpf(2) 系统调用参数的翻译,可将一个数字翻译
为一个可读的字符串(例如,BPF_PROG_LOAD)。

BPF 程序类型

不同的 BPF 程序类型定义了 BPF 程序可以挂载的事件类型,以及事件的参数。主
要用于跟踪用途的 BPF 程序类型如表 2-4 所列。

表 2-4　BPF 跟踪程序类型

bpf_prog_type	描述
BPF_PROG_TYPE_KPROBE	用于内核动态插桩 kprobes 和用户动态插桩 uprobes
BPF_PROG_TYPE_TRACEPOINT	用于内核静态跟踪点
BPF_PROG_TYPE_PERF_EVENT	用于 perf_events,包括 PMC
BPF_PROG_TYPE_RAW_TRACEPOINT	用于跟踪点,不处理参数

之前展示的 strace(1) 程序的输出,包含了两个对 BPF_PROG_TYPE_KPROBE 事
件类型的 BPF_PROG_LOAD 挂载系统的调用,因为那个版本的 execsnoop(8) 使用了
kprobe 和 kretprobe 来对 execve() 系统调用的开始和结束位置进行插桩。

在 bpf.h 中还有一些程序类型用于网络以及其他用途,表 2-5 列举了其中的一部分。

表 2-5　部分 BPF 程序类型

bpf_prog_type	描述
BPF_PROG_TYPE_SOCKET_FILTER	用于挂载到网络套接字上,也是最早的 BPF 使用场景
BPF_PROG_TYPE_SCHED_CLS	用于流量控制分类
BPF_PROG_TYPE_XDP	用于 XDP(eXpress Data Path)程序
BPF_PROG_TYPE_CGROUP_SKB	用于 cgroup 包过滤

BPF 映射表类型

BPF 映射表类型定义了不同类型的映射表数据结构。表 2-6 展示了一部分映射表类型。

表 2-6　部分 BPF 映射表类型

bpf_map_type	描述
BPF_MAP_TYPE_HASH	基于哈希表的映射表类型：保存 key/value 对
BPF_MAP_TYPE_ARRAY	数组类型
BPF_MAP_TYPE_PERF_EVENT_ARRAY	到 perf_events 环形缓冲区的接口，用于将跟踪记录发送到用户空间
BPF_MAP_TYPE_PERCPU_HASH	一个基于每 CPU 单独维护的更快哈希表
BPF_MAP_TYPE_PERCPU_ARRAY	一个基于每 CPU 单独维护的更快数组
BPF_MAP_TYPE_STACK_TRACE	调用栈存储，使用栈 ID 进行索引
BPF_MAP_TYPE_STACK	调用栈存储

之前展示的 strace(1) 程序的输出，包含通过 BPF_MAP_CREATE 方式创建的 BPF_MAP_TYPE_PERF_EVENT_ARRAY 类型的映射表数据结构。execsnoop(8) 工具使用该映射表来向用户空间传递事件用于打印。

在 bpf.h 中还定义了许多有专门用途的映射表类型。

2.3.7　BPF 并发控制

在 Linux 5.1 中增加 spin lock 辅助函数之前，BPF 中没有并发控制支持。（然而，目前 spin lock 还不能在跟踪程序中直接使用）。在进行跟踪时，并行的多个线程可能会同时对映射表数据进行查找和更新，造成一个线程破坏另一个线程的数据。这被称为"丢失的更新"问题，是由当前的读和写发生了重叠造成的。跟踪程序所使用的 BCC 和 bpftrace 前端，使用了 per-CPU（每 CPU）的哈希和数组映射类型，以尽可能避免冲突的问题。它们为每个逻辑 CPU 创建了独享的数据结构实例，避免了并行的线程对共享的位置进行更新。例如，一个对事件进行计数的映射表，可以通过对每个 CPU 上的映射表数据结构进行更新，然后再将每个 CPU 对应的映射表中的值相加，以得到事件总数。

作为一个具体的例子，这个 bpftrace 单行程序使用了 per-CPU 哈希映射来进行计数：

```
# strace -febpf bpftrace -e 'k:vfs_read { @ = count(); }'
bpf(BPF_MAP_CREATE, {map_type=BPF_MAP_TYPE_PERCPU_HASH, key_size=8, value_size=8,
max_entries=128, map_flags=0, inner_map_fd=0}, 72) = 3
[...]
```

而下面这个 bpftrace 单行程序使用了普通的哈希映射来进行计数：

```
# strace -febpf bpftrace -e 'k:vfs_read { @++; }'
bpf(BPF_MAP_CREATE, {map_type=BPF_MAP_TYPE_HASH, key_size=8, value_size=8,
```

```
max_entries=128, map_flags=0, inner_map_fd=0}, 72) = 3
[...]
```

在一个 8-CPU 的系统上同时运行这两个程序来跟踪一个频繁调用且可能同时运行的函数，代码如下：

```
# bpftrace -e 'k:vfs_read { @cpuhash = count(); @hash++; }'
Attaching 1 probe...
^C

@cpuhash: 1061370
@hash: 1061269
```

通过比较两个结果可以发现，普通的哈希映射会丢失大约 0.01% 的统计值。

除了每个 CPU 专用的映射之外，还有其他一些机制进行并发控制，包括互斥的相加操作（BPF_XADD）、"映射中的映射"机制（可以对整个映射进行原子更新操作），以及 BPF 的自旋锁等机制。使用 bpf_map_update_elem() 对常规的哈希和 LRU 映射进行操作也是原子性的，不会产生写竞争。在 Linux 5.1 中引入的自旋锁，可以通过 bpf_spin_lock() 和 bpf_spin_unlock() 进行控制 [23]。

2.3.8 BPF sysfs 接口

在 Linux 4.4 中，BPF 引入了相关命令，可以将 BPF 程序和 BPF 映射通过虚拟文件系统显露出来，位置通常位于 /sys/fs/bpf。这个能力，用术语表示为"钉住"（pinning），有多个使用场景。它允许创建持续运行的 BPF 程序（像 daemon 程序那样），即使创建程序的进程已经退出，程序仍然可以运行。这个机制还提供了用户态程序和正在运行的 BPF 程序交互的另一种方式：用户态程序可以读取和修改 BPF 映射表。

本书中的 BPF 跟踪工具并没有使用 pinning 方式，而是采用了标准的 UNIX 程序模型，具有开始和结束。当然，如果有需要，这些工具也可以改写为可以使用 pinning 的模式。这在网络互联方面的 BPF 程序中是很普遍的（比如 Cillium 软件 [24]）。

作为一个使用 pinning 的例子，Android 操作系统使用了 pinning 机制自动加载和固定 BPF 程序，位置在 /system/etc/bpf [25]。Android 库函数提供了和这些 pinning 的程序进行交互的功能。

2.3.9 BPF 类型格式

本书中反复提到的一个问题是，由于缺少对被跟踪程序的源代码信息，书写 BPF 工具很困难。本节我们介绍一个理想的解决方案：一种称为 BTF 的技术。

BTF（BPF Type Format，BPF 类型格式）是一个元数据的格式，用来将 BPF 程序的源代码信息编码到调试信息中。调试信息包括 BPF 程序、映射结构等很多其他信息。一开始选 BTF 这个名字，是因为它描述了数据类型；不过后来它已经扩展到包含函数的信息、源代码 / 行信息，以及全局变量信息等。

BTF 调试信息可以内嵌到 vmlinux 二进制文件中，或者随 BPF 程序一同使用原生 Clang 编译时生成，或者通过 LLVM JIT 生成。这样 BPF 程序就更容易被加载器（例如，libbpf）或者工具（例如，bpftool）所使用。检测和跟踪工具，包括 bpftool(8) 和 perf(1)，可以获取这些信息，以得到源代码标记的 BPF 程序，或者可以基于它们的 C 结构表示美观地打印映射表的键 / 值，而不需要使用裸十六进制形式打印。之前使用 bpftool(8) 打印一个使用了 LLVM-9 编译后的 BCC 程序的例子演示了这一点。

除了描述 BPF 程序之外，BTF 正在成为一个通用的、用来描述所有内核数据结构的格式。在某些方面，它正在成为内核的调试信息文件的一种轻量级替代方案，而且比使用内核头文件更加完整和可靠。

BPF 跟踪工具通常需要在机器上安装内核头文件（一般是通过 linux-headers 包），这样才可以访问各种 C 结构。这些头文件有时没有包含全部的内核结构定义，对有些 BPF 跟踪工具来说还是有困难的：作为一个临时解决方案，可以在 BPF 工具中重新定义这些结构体。有的时候过于复杂的头文件无法正确被处理；bpftrace 在遇到这种情况时，可能会选择直接终止，而不会带着错误数据结构继续运行。BTF 可以通过提供对所有数据结构的准确定义来解决这些问题。（之前的 `bpftool btf` 输出展示了 task 结构体是如何被显示的。）在未来，一个带着 BTF 信息的 Linux 内核 vmlinux 二进制文件，将会是自描述的。

在本书编写过程中，BTF 仍在开发过程中。为了支持"一次编译，到处执行"这个特性，正在向 BTF 中加入更多的信息。关于最新的 BTF 相关的信息，请看内核源文件的 Documentation/bpf/btf.rst[26]。

2.3.10　BPF CO-RE

BPF 的"一次编译，到处执行"（Compile Once - Run Everywhere，CO-RE）项目，旨在支持将 BPF 程序一次性编译为字节码，保存后分发至其他机器执行。这样可以避免要求运行环境安装 BPF 编译器（LLVM 和 Clang），这对于空间本来就紧张的嵌入式 Linux 尤为关键。在 BPF 性能观测工具运行时，还能将编译所需的 CPU 和内存资源节省出来。

CO-RE 项目和其开发者 Andrii Nakryiko，正在努力解决一些技术挑战，例如，在不同系统中内核数据结构的偏移量不同，要根据需要对 BPF 代码中的访问偏移量进行重写。

另一个挑战是不可见的数据结构成员，这需要根据不同的内核版本、内核配置选项信息，以及用户提供的运行时信息来动态调整访问。CO-RE 项目也会使用 BTF 信息，在本书编写时仍处于开发阶段。[1]

2.3.11　BPF 的局限性

BPF 程序不能随意调用内核函数；只能调用在 API 中定义的 BPF 辅助函数。在后续版本中随着需求的增加，在 API 中会加入更多的辅助函数。BPF 程序在执行循环时也有限制：允许 BPF 将一个无限循环插入 kprobes 是不安全的，因为这些线程可能还持有重要的锁，从而导致整个系统死锁。解决方法包括循环展开，以及在使用循环的通用场景中增加特定的辅助函数等。Linux 5.3 内核支持 BPF 受限循环，该循环的上限可以通过验证器验证。[2]

BPF 栈的大小设定为不能超过 MAX_BPF_STACK，值为 512。这个限制在编写 BPF 观测工具时会碰到，尤其是在往栈上存放多个字符缓冲区时：一个 char[256] 缓存就可以消耗一半的栈空间。目前并没有增大这个限制的计划。解决方法是使用 BPF 映射存储空间，映射存储空间是有大小限制的。在 bpftrace 项目中，将字符串的存储位置从栈空间转移到映射的工作已经开始。

BPF 程序的总指令的数量，最初限制为 4096。长的 BPF 程序有时会碰到这个限制（如果没有 LLVM 的编译优化，可能会更早碰到这个限制）。Linux 5.2 内核极大地提升了这个值的上限，使得它不再是一个需要考虑的问题。[3] BPF 验证器的作用是接受一切安全的程序，指令数量限制不应该成为问题。

2.3.12　BPF 扩展阅读资料

为了更好地理解 BPF，下面提供了更多的 BPF 信息源：

- 内核代码的 Documentation/networking/filter.txt 文件 [17]。
- 内核代码的 Documentation/bpf/bpf_design_QA.txt 文件 [29]。
- bpf(2)man 帮助文档 [30]。

1　本书中文版出版时，CO-RE已经发布。——译者注

2　你也许会想BPF是否是图灵完备的。BPF指令集本身允许创造一个图灵完备的自动机，但是由于验证器设定的安全限制，BPF程序就不再是图灵完备的了（比如，考虑一下"停机问题"）。

3　这个上限被调整到了100万条指令（BPF_COMPLEXITY_LIMIT_INSNS）[27]。对于非特权执行的BPF程序，4096这个限制（BPF_MAXINSNS）仍会保留[28]。

- bpf-helper(7)man 帮助文档 [31]。
- "BPF: the universal in-kernel virtual machine"，作者为 Jonathan Corbet [32]。
- "BPF internals - II"，作者为 Suchakra Sharma [33]。
- Cilium 项目的 "BPF and XDP Reference Guide" [19]。

本书第 4 章和附录 C、D、E 中提供了更多的 BPF 程序的例子。

2.4 调用栈回溯

调用栈是一个非常有价值的工具，它用于理解导致某事件产生的代码路径，也可以用于剖析内核和用户代码，以观测代码执行开销的具体产生位置。BPF 提供了存储调用栈信息的专用映射表数据结构，可以保存基于帧指针或基于 ORC 的调用栈回溯信息。BPF 将来也许还会支持其他调用栈回溯技术。

2.4.1 基于帧指针的调用栈回溯

帧指针技术依赖的是以下惯例：函数调用栈帧链表的头部，始终保存于某个寄存器中（在 x86_64 体系结构中这个寄存器是 RBP），并且函数调用的返回地址永远位于 RBP 的值指向的位置加上一个固定偏移量（+8）[Hubicka 13]。这意味着任何调试器或跟踪器都可以在中断程序执行后，通过读取 RBP 后遍历以 RBP 的值为头部的链表，同时在固定偏移位置获取返回地址，从而轻松地进行栈回溯。具体过程如图 2-6 所示。

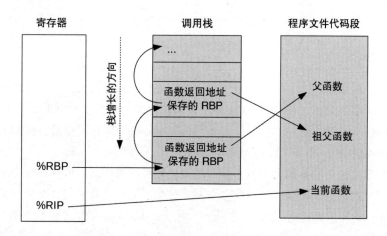

图 2-6　基于帧指针的栈回溯（x86_64）

AMD64 ABI 中提到，RBP 作为帧指针寄存器来使用是一种惯常做法，而非强制要求。为了节省函数前言（prologue）和结语（epilogue）的指令数量，也可以不将 RBP 用作帧指针寄存器，而是将其作为通用寄存器来使用。

目前，gcc 编译器默认不启用函数帧指针，而将 RBP 作为通用寄存器来使用，这样就无法基于帧指针进行栈回溯。不过我们可以通过使用 gcc 的命令行参数 -fno-omit-frame-pointer 来改变这个默认行为。至于为什么 gcc 的默认行为是不启用帧指针，可以参考当时引入这个特性的补丁中的解释 [34]：

- 首先，补丁是为 i386 而引入的，由于 i386 只有 4 个通用寄存器，将 RBP 释放出来后，使可用的寄存器数目提高至 5 个，这会带来明显的性能提升。然而对于 x86_64 来说，因为其本来就有 16 个寄存器了，这个改动的收益并不那么明显 [35]。
- 该补丁认为栈回溯有其他的解决办法，gdb(1) 提供了其他的解决方案。不过这没有考虑到我们在跟踪过程中需要进行的栈回溯需求。因为在程序跟踪过程中，通常是无法使用中断的，也没有其他的上下文信息可以利用。
- gcc 需要和 Intel 的 icc 编译器进行性能比拼。

今天在 x86_64 体系结构上，大多数软件在编译时采用了 gcc 的默认选项，由此也导致了基于帧指针的调用栈不可用。笔者实际测量了生产环境下不使用帧指针带来的性能提升往往不足百分之一，而且很多时候由于这个值太接近 0 而无法精确测量。Netflix 公司运行的很多微服务都特意开启了帧指针，支持 CPU 剖析得到的性能优化提升潜力，远远超过了启用帧指针所带来的小小性能损失。

帧指针并不是进行栈回溯的唯一方法，还可以使用调试信息（debuginfo）、LBR 以及 ORC。

2.4.2　调试信息

软件的额外调试信息以软件的调试信息包（debuginfo package）的形式提供，这其中包含了 DWARF 格式的 ELF 调试信息。该调试信息中包含了供 gdb(1) 这样的调试器来做调用栈的文件段信息，这样即使没有启用帧指针寄存器也可以进行栈回溯。ELF 中的调试相关文件段是 .eh_frame 和 .debug_frame。

调试信息文件中的某些段也包含程序的源代码和行号信息，这样往往会导致文件的调试信息尺寸远远大于被调试的原始二进制文件的尺寸，这就是为什么调试信息文件格式称为 DWARF 的原因。第 12 章有这样一个例子：libjvm.so 文件只有 17 MB，而其调试信息文件则高达 222 MB。在一些环境中，调试信息文件由于体积过大而不会被默认安装。

BPF 目前还不支持这种栈回溯技术，因为这种技术太耗费处理器资源，而且需要读取可能并没有加载到内存中的 ELF 段信息。这使得在禁用中断的受限 BPF 上下文中实现相关支持几乎不可能。

不过请注意，BPF 的前端——BCC 和 bpftrace 是支持使用调试信息文件进行符号解析的。

2.4.3　最后分支记录

最后分支记录（Last Branch Record，LBR）是 Intel 处理器的一项特性：程序分支，包括函数调用分支信息，被记录在硬件缓冲区中。这项技术没有额外开销，可以用来进行调用栈重组。但是，支持记录的深度有限制，根据处理器型号不同，可以记录的分支数量在 4 到 32 个之间。生产环境中软件的栈回溯深度可能会超过 32 帧，特别是 Java。

目前 BPF 并不支持 LBR，不过未来可能会增加支持。有限的栈信息也比完全没有好！

2.4.4　ORC

针对栈回溯需求专门设计了一种新的调试信息格式 ——Oops 回滚能力（Oops Rewind Capability，ORC）。相比 DWARF 格式，使用这种格式对处理器要求较低 [36]。ORC 使用名为 .orc_unwind 和 .orc_unwind_ip 的 ELF 文件段，目前 Linux 内核已经实现了相关支持。在寄存器数量受限的体系结构上，有人可能希望在不开启帧指针的情况下编译内核，然后用 ORC 技术进行栈回溯。

在内核中基于 ORC 的调用栈回溯可以通过 perf_callchain_kernel() 函数支持，BPF 可以调用该函数，这意味着 BPF 也支持基于 ORC 的调用栈。目前还没有开发用户态对 ORC 调用栈的支持。[1]

2.4.5　符号

调用栈信息目前在内核中是以地址数组形式记录的，这些地址可以通过用户态的程序翻译为符号（比如函数的名字）。在收集和翻译两个操作之间，符号映射表可能发生变化，这会导致翻译无效或有些符号信息丢失。这个问题将在 12.3.4 节中进行详细讨论。未来可能的工作包括在内核中支持符号翻译，这样内核就可以在收集完调用栈信息后立即进行符号翻译了。

2.4.6　扩展阅读

关于调用栈和帧指针，第 12 章会针对 C 语言和 Java 语言进行进一步讨论；第 18 章也会提供一个概括摘要。

1　ORC这个名字在提出时，带有西方文化背景的趣味：ORC（兽人）的提出是针对之前DWARF（矮人）提案的回应，而DWARF（矮人）这个名字也和ELF（精灵）文件格式呼应。——译者注

2.5　火焰图

在本书后面的章节中会经常使用到火焰图，所以本节将概括介绍如何使用和阅读火焰图。

火焰图是笔者在研究 MySQL 性能问题时发明的调用栈的可视化方法。当时笔者需要直观地比较两个长达数千页的文本格式的 CPU 性能剖析文件 [Gregg 16]。[1] 除了用于 CPU 性能剖析之外，火焰图还可以用来可视化来自任何剖析器或跟踪器所记录的调用栈信息。在本书的后面部分，笔者会展示火焰图如何应用于 off-CPU 事件和页错误等场景的 BPF 跟踪。本节先讲述可视化相关内容。

2.5.1　调用栈信息

调用栈信息，也称为栈回溯跟踪或调用跟踪信息，是一串展示了代码流向的函数名字。例如，如果 func_a() 调用了 func_b()，后者又调用了 func_c()，那么那里的调用栈信息可以写成：

```
func_c
func_b
func_a
```

栈的底部(func_a)是起点，它之上的行显示了代码流向。换句话说，栈的顶部(func_c)是当前函数，向下移动则显示了它的派生关系：先是父亲函数，然后是祖父函数，依此类推。

2.5.2　对调用栈信息的剖析

以定时采样方式收集调用栈信息，一般会收集数千个调用栈信息，每个调用栈都有几十或几百行那么长。为了使这样体量的数据易于分析，Linux 的 perf(1) 剖析器将其样本摘要为调用树格式，显示每个分支所占的百分比。BCC 的 profile(8) 工具则采用了另外一种摘要方式：对每个独特的调用栈分别计数。第 6 章中有 perf(1) 和 profile(8) 的真实使用案例。使用这两种工具时，如果有某个调用栈占用大量 CPU 运行时间，那么此类问题可以很快被识别出来。不过对于许多其他分析场景，包括一些微小的性能回归测试，定位"罪魁祸首"可能需要研究数百页的剖析器输出。火焰图就是为了解决这个问

1　火焰图的整体布局、SVG输出和JavaScript交互性的灵感来自Neelakanth Nadgir的function_call_graph.rb工具，它对调用栈进行时序可视化；而这个工具受到了Roch Bourbonnais的CallStackAnalyzer和Jan Boerhout的vftrace工具所启发。

题而创建的。

要理解火焰图,请考虑以下这个人为制作的 CPU 剖析器的输出,它展示了每个调用栈的频率计数:

```
func_e
func_d
func_b
func_a
1

func_b
func_a
2

func_c
func_b
func_a
7
```

上述输出显示了一个调用栈和对应的累计数,总计 10 个样本。举例来说,func_a()->func_b()->func_c() 这个代码路径有 7 次采样。这个代码路径显示了 func_c() 正在 CPU 上运行。而 func_a() -> func_b() 这个代码路径,即 func_b() 正在 CPU 上运行,被采样了 2 次。然后一个以 func_e() 结束的调用栈被采样了 2 次。

2.5.3 火焰图

图 2-7 展示了基于前面的剖析文件所生成的火焰图。

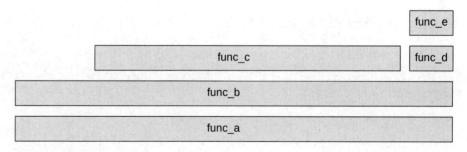

图 2-7 火焰图

火焰图具备以下特点:

- 每个方块代表了调用栈中的一个函数(一个"栈帧")。

- *Y* 轴显示了栈的深度（栈中帧的数量），顺序是底部代表根，顶部代表叶子。从下往上看时，展示的是代码执行的方向；从上往下看时，则看到的是函数的调用层次关系。
- *X* 轴包括了全部的采样样本的数量。要注意的一点是，和一般的图不同，火焰图从左到右并不代表时间流动的方向。火焰图从左到右只是按照字母顺序排列，目的是将位于栈中同一层的函数最大化地合并。和 *Y* 轴的函数栈帧一起看，图的原点在左下方（和一般的图一样），表示 [0, a] 区间。*X* 轴上方块的长度确实也有它的意义：方块的长度表示了该函数在剖析文件中出现次数的比重。较长的方块所对应的函数比较短的方块所对应的函数在采样样本中出现的次数多。

火焰图实际上是一个反转的冰柱布局图（icicle layout）[Bostock 10]，这种布局图可用于对一组栈的调用关系进行可视化。

在图 2-7 中，出现频次最高的栈以中间最宽的"塔"的形式呈现：从 func_a() 调用到 func_c()。由于这是一张 CPU 火焰图，我们可以说顶部的方块就是此刻运行在 CPU 上的函数。这部分在图 2-8 中用黑色粗线强调了。

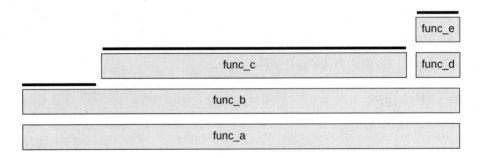

图 2-8   正在 CPU 上执行的函数的火焰图

从图 2-8 中可以看到，函数 func_c() 在 CPU 上运行占据了 70% 左右的时间，func_b() 的占比为 20%，func_e() 的占比为 10%。另外两个函数 func_a() 和 func_d()，没有直接运行的采样。

阅读一张火焰图，应该先找到最宽的部分并去理解它。

对于一个有几千个采样的大剖析文件，可能会有一些代码路径只被采样了几次，在火焰图上它就会很窄，窄到无法显示出函数的名字。不过这事实上是一个优点：你的注意力会被更宽的、有名字的"塔"所吸引，看到它们有助于先去理解剖析文件中的大块部分。

2.5.4　火焰图的特性

笔者最初设计的火焰图所支持的特性如下 [37]。

调色板

火焰图可以使用不同的着色方案。默认使用随机的暖色调对函数栈帧进行着色，这有助于从视觉上区分相邻的塔。多年来，笔者又不断增加了更多的着色方案。笔者发现，以下几个方面对于火焰图的使用者来说是十分有用的。

- 色调（Hue）：以色调表明代码类型 [1]。例如，红色代表原生用户态代码，橙色用来展示内核态代码，黄色用于 C++，绿色用于解释运行的函数，浅绿色用于表示内联函数，依此类推，具体颜色取决于所使用的语言。洋红色用于高亮显示搜索命中。有的开发者对火焰图进行了定制，让火焰图以一定的颜色永远高亮他们自己的代码，以便能够快速定位。
- 饱和度（Saturation）：饱和度由函数名的哈希值决定。这样做可以在不同的高塔之间提供一些颜色区分度，同时又可以在不同的火焰图中针对同一类函数使用同样的颜色，以便对比。
- 背景颜色（Background color）：背景颜色提供了对火焰图类型的提示。比如，可以使用黄色作为 CPU 火焰图，蓝色作为 off-CPU 或者 I/O 火焰图，绿色作为内存火焰图。

另一个有用的着色方案用在了 IPC（每个时钟周期中的指令数，instructions per cycle）火焰图中。那里使用了从蓝到白再到红的渐变颜色这种视觉效果，以表示 IPC 这个额外的维度。

鼠标悬浮

原始的火焰图软件生成的 SVG 文件内置了 JavaScript，可以被加载到浏览器中，用于实现实时交互。其中的一个特性是，当鼠标指针移动到相应的栈帧上时，会有一行信息显示出来，表明该栈帧在整个剖析文件中所占的比例。

缩放

可以单击栈帧实现横向缩放 [2]。这可将较窄的栈帧展开放大，这样就能看到它们的名字。

1　该建议来自笔者的同事Amer Ather。笔者的初始版本是一个花了5分钟写的正则表达式。

2　Adrien Mahieux开发了火焰图的水平缩放功能。

搜索

使用搜索按钮，或者按 Ctrl+F 组合键，允许输入搜索关键词，命中的栈帧会以洋红色高亮显示出来，同时显示搜索命中结果在所有堆栈中所占的百分比。这就使得计算特定代码区域在整个文件中所占的比例十分容易。举一个例子，你可以搜索"tcp_"来看到内核中 tcp 代码所占的比例。

2.5.5　火焰图的变体

Netflix 公司内部开发了一个基于 d3 的更具交互性的火焰图[38]。[1] 该程序已经开源，被包含在 Netflix 公司的 FlameScope 软件中[39]。

有些火焰图的实现将 Y 轴的方向进行了反转，生成了一个"冰柱图"，就是调用栈的根在顶部。如果有特别深的调用栈超过了屏幕的高度时，这个反转能确保调用栈的根部和其相邻的部分打开时直接可见。笔者的火焰图软件也提供了命令行选项 --inverted 来支持这个反转功能。笔者本人倾向于使用另外一种"冰柱图"的反转模式，这也是火焰图的另一个变体：在合并相邻函数时，先合并调用栈的叶子节点，然后再合并根节点。这适用于以下场景：首先从运行在 CPU 上的常见函数开始合并，然后再看它们的调用来源，比如在调试 spin locks 问题的时候尤其合适。

火焰时序图（flame charts）受到火焰图启发，与火焰图类似[Tikhonovsky 13]，不过 X 轴代表了时间的流向，而不是字母顺序。火焰时序图在 Web 浏览器的分析工具中很流行，它可以用来观测 JavaScripts 行为，很适合帮助理解单线程应用中基于时间的模式。有些剖析工具同时支持火焰图和火焰时序图。

差分火焰图（differential flame graph）可以用来对比两个跟踪结果的不同。[2]

2.6　事件源

图 2.9 展示了可以被跟踪的事件源和一些例子。这幅图还显示了这些事件在 Linux 内核中的 BPF 绑定点。

1　笔者的同事 Martin Spier 开发了基于 d3 的火焰图。

2　Cor-Paul Bezemer 是差分火焰图的研究者，并开发了第一个版本[Bezemer 15]。

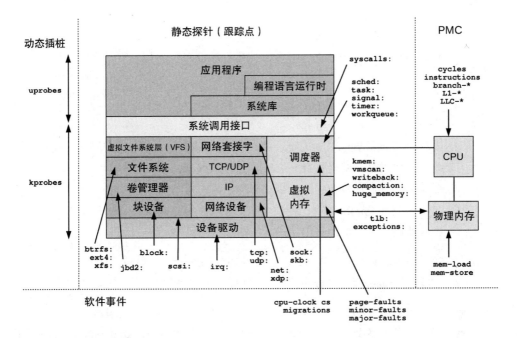

图 2-9 BPF 对事件的支持

接下来的部分会对这些事件源进行分别解释。

2.7 kprobes

kprobes 提供了针对内核的动态插桩支持。2000 年 IBM 公司的一个团队，基于他们的 DProbes 跟踪器开发了这项技术。然而，最终进入 Linux 内核的是 kprobes 而非 DProbes。2004 年，kprobes 正式加入 Linux 内核 2.6.9 版本。

kprobes 可以对任何内核函数进行插桩，它还可以对函数内部的指令进行插桩。它可以实时在生产环境系统中启用，不需要重启系统，也不需要以特殊方式重启内核。这是一项令人惊叹的能力，这意味着我们可以对 Linux 中数以万计的内核函数任意插桩，根据需要生成指标。

kprobes 技术还有另外一个接口，即 kretprobes，用来对内核函数返回时进行插桩以获取返回值。当用 kprobes 和 kretprobes 对同一个函数进行插桩时，可以使用时间戳来记录函数执行的时长。这在性能分析中是一个重要的指标。

2.7.1 kprobes 是如何工作的

使用 kprobes 对内核函数进行动态插桩的过程如下 [40]。

A. 对于一个 kprobe 插桩来说：

1. 将在要插桩的目标地址中的字节内容复制并保存（为的是给单步断点指令腾出位置）。

2. 以单步中断指令覆盖目标地址：在 x86_64 上是 int3 指令。（如果 kprobes 开启了优化，则使用 jmp 指令。）

3. 当指令流执行到断点时，断点处理函数会检查这个断点是否是由 kprobes 注册的，如果是，就会执行 kprobes 处理函数。

4. 原始的指令会接着执行，指令流继续。

5. 当不再需要 kprobes 时，原始的字节内容会被复制回目标地址上，这样这些指令就回到了它们的初始状态。

B. 如果这个 kprobe 是一个 Ftrace 已经做过插桩的地址（一般位于函数入口处），那么可以基于 Ftrace 进行 kprobe 优化，过程如下 [Hiramatsu 14]：

1. 将一个 Ftrace kprobe 处理函数注册为对应函数的 Ftrace 处理器。

2. 当在函数起始处执行内建入口函数时（x86 架构上的 gcc 4.6 是 __fentry__），该函数会调用 Ftrace，Ftrace 接下来会调用 kprobe 处理函数。

3. 当 kprobe 不再被使用时，从 Ftrace 中移除 Ftrace-kprobe 处理函数。

C. 如果是一个 kretprobe：

1. 对函数入口进行 kprobe 插桩。

2. 当函数入口被 kprobe 命中时，将返回地址保存并替换为一个"蹦床"（trampoline）函数地址。

3. 当函数最终返回时（ret 指令），CPU 将控制交给蹦床函数处理。

4. 在 kretprobe 处理完成之后再返回到之前保存的地址。

5. 当不再需要 kretprobe 时，函数入口的 kprobe 就被移除了。

根据当前系统的体系结构和一些其他因素，kprobe 的处理过程可能需要禁止抢占或禁止中断。

在线修改内核函数体的内容，听起来是风险极大的操作，但是 kprobes 从设计上已经保证了自身的安全性。在设计中包括了一个不允许 kprobes 动态插桩的函数黑名单，kprobes 函数自身就在名单之列，可防止出现递归陷阱的情形。[1]kprobes 同时利用的是安全的断点插入技术，比如使用 x86 内置的 int3 指令。当使用 jmp 指令时，也会先调用

1　可以通过NOKPROBE_SYMBOL()宏将内核函数排除在kprobes范围之外。

stop_machine() 函数，来保证在修改代码的时候其他 CPU 核心不会执行指令。在实践中，最大的风险是，在需要对一个执行频率非常高的函数进行插桩时，每次对函数调用的小的开销都将叠加，这会对系统产生一定的性能影响。

kprobes 在某些 ARM 64 位系统上不能正常工作，出于安全性的考虑，这些平台上的内核代码区不允许被修改。

2.7.2　kprobes 接口

最初使用 kprobes 技术时需要先写一个内核模块，通常用 C 语言来书写入口处理函数和返回处理函数，再通过调用 register_kprobe() 来注册。接下来需要加载该内核模块，使用 printk() 输出一些定制化的信息。当一切工作完成后，再调用 unregister_kprobe() 作为结束。

除了 2010 年在安全电子杂志 *Phrack* 上看到过自称为 ElfMaster[1] 的研究员写的一篇文章 "Kernel Instrumentation using kprobes" 外，笔者没有见过有人直接使用 kprobes 接口 [41]。这也许不应该视作 kprobes 的失败，毕竟它从一开始的定位就是通过 Dprobes 来使用，而不是直接使用的。现在有以下三种接口可访问 kprobes。

- kprobe API：如 register_kprobe() 等。
- 基于 Ftrace 的，通过 /sys/kernel/debug/tracing/kprobe_events：通过向这个文件写入字符串，可以配置开启和停止 kprobes。
- perf_event_open()：与 perf(1) 工具所使用的一样，近来 BPF 跟踪工具也开始使用这些函数。在 Linux 内核 4.17 中加入了相关支持（perf_kprobe pmu）。

最主要的使用方法还是借助前端跟踪器，包括 perf(1)、SystemTap，以及 BPF 跟踪器，如 BCC 和 bpftrace。

kprobes 原先的实现还包含一个变体，名为 jprobes，也是用来在内核函数的入口处进行插桩，这个接口并不是必需的。2018 年，kprobes 的维护者 Masami Hiramatsu 将它从内核中移除了。

2.7.3　BPF 和 kprobes

kprobes 向 BCC 和 bpftrace 提供了内核动态插桩的机制，在很多工具中都用到了它。相关接口如下所示。

1　完全是巧合，就在写下这句话3天之后，笔者就碰到了ElfMaster，他告诉了笔者许多ELF分析的细节。这其中包含ELF表是如何进行符号剥离操作（stripping）的，这些会在第4章进行介绍。

- **BCC**：attach_kprobe() 和 attach_kretprobe()。
- **bpftrace**：kprobe 和 kretprobe 探针类型。

BCC 的 kprobes 接口可以用来对函数的开始或某一偏移量位置进行插桩，而目前 bpftrace 只支持在函数入口位置插桩。kretprobes 接口对两个跟踪器都是在函数返回处进行动态插桩。

举一个 BCC 的例子：vfsstat(8) 工具对 VFS 接口中的一些关键调用进行了插桩，每秒打印概要信息：

```
# vfsstat
TIME          READ/s   WRITE/s CREATE/s   OPEN/s   FSYNC/s
07:48:16:        736      4209        0       24         0
07:48:17:        386      3141        0       14         0
07:48:18:        308      3394        0       34         0
07:48:19:        196      3293        0       13         0
07:48:20:       1030      4314        0       17         0
07:48:21:        316      3317        0       98         0
[...]
```

在 vfsstat 的源代码文件中，能看到 kprobe 跟踪了哪些函数：

```
# grep attach_ vfsstat.py
b.attach_kprobe(event="vfs_read", fn_name="do_read")
b.attach_kprobe(event="vfs_write", fn_name="do_write")
b.attach_kprobe(event="vfs_fsync", fn_name="do_fsync")
b.attach_kprobe(event="vfs_open", fn_name="do_open")
b.attach_kprobe(event="vfs_create", fn_name="do_create")
```

这里使用了 attach_kprobe() 函数进行插桩操作，具体插桩的内核函数是参数 "event=" 后面的值。

再举一个 bpftrace 的例子，这个单行程序通过匹配 "vfs_" 开头的函数，统计了所有 VFS 函数的调用次数：

```
# bpftrace -e 'kprobe:vfs_* { @[probe] = count() }'
Attaching 54 probes...
^C

@[kprobe:vfs_unlink]: 2
@[kprobe:vfs_rename]: 2
@[kprobe:vfs_readlink]: 2
@[kprobe:vfs_statx]: 88
```

```
@[kprobe:vfs_statx_fd]: 91
@[kprobe:vfs_getattr_nosec]: 247
@[kprobe:vfs_getattr]: 248
@[kprobe:vfs_open]: 320
@[kprobe:vfs_writev]: 441
@[kprobe:vfs_write]: 4977
@[kprobe:vfs_read]: 5581
```

上面的输出显示，在上述命令执行期间，vfs_unlink() 函数被调用了 2 次，而 vfs_read() 函数被调用了 5581 次。

从内核中统计任意函数的调用次数是一个非常有用的特性，可以对内核子系统的业务负载进行定性分析。[1]

2.7.4　关于 kprobes 的更多内容

可以通过下面的资料更深入地理解 kprobes：

- Linux 内核源代码下的 Documentation/kprobes.txt 文件[42]。
- "An introduction to kprobes"，作者为 Sudhanshu Goswami[40]。
- "Kernel Debugging with kprobes"，作者为 Prasanna Panchamukhi[43]。

2.8　uprobes

uprobes 提供了用户态程序的动态插桩。相关工作在很多年前就开始了，其 utrace 接口和 kprobes 接口十分类似。uprobes 最终于 2012 年 7 月被合并到 Linux 3.5 内核中[44]。

uprobes 与 kprobes 类似，只是在用户态程序使用。uprobes 可以在用户态程序的以下位置进行插桩：函数入口、特定偏移处，以及函数返回处。

uprobes 也是基于文件的，当一个可执行文件中的一个函数被跟踪时，所有使用到这个文件的进程都会被插桩，包括那些尚未启动的进程。这样就可以在全系统范围内跟踪系统库调用。

2.8.1　uprobes 是如何工作的

uprobes 的工作方式和 kprobes 类似：将一个快速断点指令插入目标指令处，该指令

1　在写作本书时，笔者仍倾向于使用 Ftrace 来完成这项任务，因为它的初始化和销毁更加快速。可以看一下笔者的 perf-tools 代码仓库中的 Ftrace 工具：funccount(8)。笔者在撰写本书时，关于 BPF 的 kprobe 优化工作正在进行。希望当你拿到这本书时，相关特性已经开发完成。

将执行转交给 uprobes 处理函数。当不再需要 uprobes 时，目标指令会恢复成原来的样子。对于 uretprobes，也是在函数入口处使用 uprobe 进行插桩，而在函数返回之前，则使用一个蹦床函数对返回地址进行劫持，和 kprobes 类似。

可以使用调试器看到这个行为。比如，从 bash(1) 中反汇编 readline() 函数：

```
# gdb -p 31817
[...]
(gdb) disas readline
Dump of assembler code for function readline:
   0x000055f7fa995610 <+0>:  cmpl   $0xffffffff,0x2656f9(%rip) # 0x55f7fabfad10
<rl_pending_input>
   0x000055f7fa995617 <+7>:  push   %rbx
   0x000055f7fa995618 <+8>:  je     0x55f7fa99568f <readline+127>
   0x000055f7fa99561a <+10>: callq  0x55f7fa994350 <rl_set_prompt>
   0x000055f7fa99561f <+15>: callq  0x55f7fa995300 <rl_initialize>
   0x000055f7fa995624 <+20>: mov    0x261c8d(%rip),%rax        # 0x55f7fabf72b8
<rl_prep_term_function>
   0x000055f7fa99562b <+27>: test   %rax,%rax
[...]
```

接下来使用 uprobes（或者 uretprobes）进行插桩：

```
# gdb -p 31817
[...]
(gdb) disas readline
Dump of assembler code for function readline:
   0x000055f7fa995610 <+0>:  int3
   0x000055f7fa995611 <+1>:  cmp    $0x2656f9,%eax
   0x000055f7fa995616 <+6>:  callq  *0x74(%rbx)
   0x000055f7fa995619 <+9>:  jne    0x55f7fa995603 <rl_initialize+771>
   0x000055f7fa99561b <+11>: xor    %ebp,%ebp
   0x000055f7fa99561d <+13>: (bad)
   0x000055f7fa99561e <+14>: (bad)
   0x000055f7fa99561f <+15>: callq  0x55f7fa995300 <rl_initialize>
   0x000055f7fa995624 <+20>: mov    0x261c8d(%rip),%rax        # 0x55f7fabf72b8
<rl_prep_term_function>
[...]
```

注意，第一个指令已经被替换成 int3 单步中断。

笔者使用一个 bpftrace 单行程序来对 readline() 进行插桩：

```
# bpftrace -e 'uprobe:/bin/bash:readline { @ = count() }'
```

```
Attaching 1 probe...
 ^C

@: 4
```

这个程序对当前正在运行的，以及后续会运行的 bash shell 的 readline() 进行跟踪。
打印出统计计数，在按 Ctrl+C 组合键时退出。当 bpftrace 停止运行时，uprobe 会被移除，
原始的指令被恢复回去。

2.8.2　uprobes 接口

uprobes 有以下两个可使用的接口。

- 基于 Ftrace 的，通过 /sys/kernel/debug/tracing/uprobe_events：可以通过向这个配
  置文件中写入特定字符串打开或者关闭 uprobes。
- perf_event_open()：和 perf(1) 工具的用法一样，而且最近 BPF 跟踪工具也开始
  频繁这样使用了。相关支持已经加入内核 4.17 版本内核（per_uprobe pmu）。

在内核中同时包含了 register_uprobe_event() 函数，和 register_kprobe() 类似，但是
并没有以 API 形式显露。

2.8.3　BPF 与 uprobes

uprobes 为 BCC 和 bpftrace 提供了用户态程序的动态插桩支持，这在很多个工具中
都有使用。接口包括如下两个。

- **BCC**：attach_uprobe() 和 attach_uretprobe()。
- **Bpftrace**：uprobe 和 uretprobe 探针类型。

BCC 中的 uprobes 接口支持对函数入口处的插桩，也支持任意地址的插桩，而
bpftrace 则仅支持函数入口处的插桩。两个跟踪器都仅支持 uretprobe 进行函数返回处插桩。

从 BCC 中选取一个例子：gethostlatency(8) 工具利用对库函数 getaddrinfo(3) 和
gethostbyname(3) 的插桩对主机名解析（DNS）访问进行跟踪：

```
# gethostlatency
TIME      PID    COMM            LATms HOST
01:42:15  19488  curl            15.90 www.brendangregg.com
01:42:37  19476  curl            17.40 www.netflix.com
01:42:40  19481  curl            19.38 www.netflix.com
01:42:46  10111  DNS Res~er #659 28.70 www.google.com
```

被跟踪的函数可以通过源代码看到：

```
# grep attach_ gethostlatency.py
b.attach_uprobe(name="c", sym="getaddrinfo", fn_name="do_entry", pid=args.pid)
b.attach_uprobe(name="c", sym="gethostbyname", fn_name="do_entry",
b.attach_uprobe(name="c", sym="gethostbyname2", fn_name="do_entry",
b.attach_uretprobe(name="c", sym="getaddrinfo", fn_name="do_return",
b.attach_uretprobe(name="c", sym="gethostbyname", fn_name="do_return",
b.attach_uretprobe(name="c", sym="gethostbyname2", fn_name="do_return",
```

这里我们能看到 attach_uprobe() 和 attach_uretprobe() 调用。用户态函数可以在 "sym="之后看到。

作为一个 bpftrace 的例子，这些单行程序列出并统计了 libc 系统库中 gethost 函数的调用次数：

```
# bpftrace -l 'uprobe:/lib/x86_64-linux-gnu/libc.so.6:gethost*'
uprobe:/lib/x86_64-linux-gnu/libc.so.6:gethostbyname
uprobe:/lib/x86_64-linux-gnu/libc.so.6:gethostbyname2
uprobe:/lib/x86_64-linux-gnu/libc.so.6:gethostname
uprobe:/lib/x86_64-linux-gnu/libc.so.6:gethostid
[...]
# bpftrace -e 'uprobe:/lib/x86_64-linux-gnu/libc.so.6:gethost* { @[probe] =
count(); }'
Attaching 10 probes...
^C

@[uprobe:/lib/x86_64-linux-gnu/libc.so.6:gethostname]: 2
```

输出显示了 gethostname() 函数在跟踪过程中被调用了两次。

2.8.4　uprobes 的开销和未来的工作

uprobes 可能会被挂载到每秒执行数百万次的事件上，比如用户态的内存分配函数：malloc() 和 free()。尽管 BPF 已经经过性能调优，但任何小的开销乘以百万次这个量级都会把开销放大。在某些情况下，对 malloc() 和 free() 的跟踪，本来应该是 BPF 的典型应用场景，但会导致目标应用程序 10 倍以上的性能损耗。这就影响了 BPF 的可用性。这种程度的性能损耗只能应用于测试环境中的故障排查过程，或者只能用于已经出现问题的生产环境中。第 18 章中包含了一节，专门讨论针对这些局限性的解决方案。简单来说，在跟踪时，要知道哪些事件是高频事件，尽量避免跟踪这些事件，尝试针对你的问题找一些低频事件来跟踪。

未来，肯定会出现用户态的跟踪的大幅性能改进——下次你再来读本书的时候，肯定已经有所改进。现在正在讨论使用共享库来替换目前的、需要往返内核的 uprobes 实现，这样可以使 BPF 跟踪完全在用户态内进行。这项技术已经被 LTTng-UST 使用几年了，性能与目前的实现相比快 10 到 100 倍 [45]。

2.8.5　扩展阅读

关于 uprobes 的更多信息，可以参考 Linux 源代码的 Documentation/trace/uprobetracer. txt 文件 [46]。

2.9　跟踪点

跟踪点（tracepoints）可以用来对内核进行静态插桩。内核开发者在内核函数中的特定逻辑位置处，有意放置了这些插桩点；然后这些跟踪点会被编译到内核的二进制文件中。2007 年，Mathieu Desnoyers 开发了跟踪点实现，最初被称为内核标记（Kernel Markers），并且正式出现在 2009 年发布的 Linux 2.6.32 内核中。表 2-7 对 kprobes 和跟踪点进行了比较。

表 2-7　kprobes 与跟踪点的比较

细节	kprobes	跟踪点
类型	动态	静态
大致数量	50 000+	100+
内核维护性	无	有要求
禁用后的开销	无	很小（NOP 指令和一些元数据）
是否稳定	否	是

对内核开发者来说，跟踪点有一定的维护成本，而且它的使用范围比 kprobes 要窄得多。使用跟踪点的主要优势是它的 API 比较稳定 [1]：基于跟踪点的工具，在内核版本升级后一般仍然可以正常工作。而基于 kprobes 的工具在内核版本升级时，如果被跟踪的函数被重命名或者功能改变，则会导致其不可用。

如果条件允许，你应当优先尝试使用跟踪点，只有在条件不满足时才使用 kprobes 作为替代。

跟踪点的格式是"子系统：事件名"（subsystem:eventname，如 kmem:kmalloc）[47]。对于格式中的前半部分，不同跟踪工具有不同的叫法：系统、子系统、类、提供商等。

1　笔者称其为"尽最大努力保持稳定"，跟踪点很少有改变的情形，但笔者确实见过。

2.9.1　如何添加跟踪点

作为一个例子，本节来看一下 sched:sched_process_exec 是如何被加入内核的。

在内核源代码目录树 include/trace/events 下有跟踪点相关的头文件。以下代码片段截取自 sched.h：

```
#define TRACE_SYSTEM sched
[...]
/*
 * Tracepoint for exec:
 */
TRACE_EVENT(sched_process_exec,

        TP_PROTO(struct task_struct *p, pid_t old_pid,
                struct linux_binprm *bprm),

        TP_ARGS(p, old_pid, bprm),

        TP_STRUCT__entry(
                __string(   filename,       bprm->filename)
                __field(        pid_t,          pid         )
                __field(        pid_t,          old_pid     )
        ),

        TP_fast_assign(
                __assign_str(filename, bprm->filename);
                __entry->pid        = p->pid;
                __entry->old_pid    = old_pid;
        ),

        TP_printk("filename=%s pid=%d old_pid=%d", __get_str(filename),
                __entry->pid, __entry->old_pid)
);
```

这段代码将跟踪点系统名定义为 sched，还定义了跟踪点的名字：sched_process_exec。之后的代码定义了元数据信息，包括 TP_printk() 中的"格式字符串"（format string）：这样当用 perf(1) 记录跟踪点时可以打印出有意义的摘要信息。

上面代码中的信息也会在运行时通过 /sys 目录下的 Ftrace 框架显露出来，对于每一个跟踪点会有一个对应的格式文件。例如：

```
# cat /sys/kernel/debug/tracing/events/sched/sched_process_exec/format
```

```
name: sched_process_exec
ID: 298
format:
        field:unsigned short common_type;      offset:0;     size:2; signed:0;
        field:unsigned char common_flags;      offset:2;     size:1; signed:0;
        field:unsigned char common_preempt_count;   offset:3; size:1; signed:0;
        field:int common_pid;  offset:4;     size:4;     signed:1;

        field:__data_loc char[] filename;     offset:8;     size:4; signed:1;
        field:pid_t pid;           offset:12;     size:4;        signed:1;
        field:pid_t old_pid;       offset:16;     size:4;        signed:1;

print fmt: "filename=%s pid=%d old_pid=%d", __get_str(filename), REC->pid,
REC->old_pid
```

各种跟踪器使用此格式文件来理解跟踪点上绑定的元数据信息。下面这个跟踪点是在内核源代码 fs/exec.c 中通过 trace_sched_process_exec() 调用的：

```
static int exec_binprm(struct linux_binprm *bprm)
{
        pid_t old_pid, old_vpid;
        int ret;

        /* Need to fetch pid before load_binary changes it */
        old_pid = current->pid;
        rcu_read_lock();
        old_vpid = task_pid_nr_ns(current, task_active_pid_ns(current->parent));
        rcu_read_unlock();

        ret = search_binary_handler(bprm);
        if (ret >= 0) {
                audit_bprm(bprm);
                trace_sched_process_exec(current, old_pid, bprm);
                ptrace_event(PTRACE_EVENT_EXEC, old_vpid);
                proc_exec_connector(current);
        }
[...]
```

trace_sched_process_exec() 函数标记了跟踪点的位置。

2.9.2 跟踪点的工作原理

跟踪点处于不启用状态时，性能开销要尽可能小，这是为了避免对不使用的东西"交性能税"。Mathieu Desnoyers 使用了一项叫作"静态跳转补丁"(static jump patching)的技术。[1] 这项技术是这样工作的，它依赖编译器支持一个编译选项，具体如下所述。

1. 在内核编译阶段会在跟踪点位置插入一条不做任何具体工作的指令。在 x86_64 架构上，这是一个 5 字节的 nop 指令。这个长度的选择是为了确保之后可以将它替换为一个 5 字节的 jump 指令。

2. 在函数尾部会插入一个跟踪点处理函数，也叫作蹦床函数。这个函数会遍历一个存储跟踪点探针回调函数的数组。这样做会导致函数编译结果稍变大。(之所以称之为蹦床函数，是因为在执行过程中函数会跳入，然后再跳出这个处理函数)，这有可能对指令缓存有一些小影响。

3. 在执行过程中，当某个跟踪器启用跟踪点时(该跟踪点可能已经被其他跟踪器所启用)：

   a. 在跟踪点回调函数数组中插入一条新的跟踪器回调函数，以 RCU 形式进行同步更新。

   b. 如果之前跟踪点处于禁用状态，nop 指令的地址会重写为跳转到蹦床函数的指令。

4. 当跟踪器禁用某个跟踪点时：

   a. 在跟踪点回调函数数组中删掉该跟踪器的回调函数，并且以 RCU 形式进行同步更新。

   b. 如果最后一个回调函数也被去除了，那么将 jmp 指令再重写为 nop 指令。

这样可以最小化处于禁用状态的跟踪点的性能开销，几乎可以忽略不计。

如果 asm goto 指令不可用，那么会使用以下替代方案：不再用 jmp 来替换 nop，改为使用一个从内存中读取一个变量的状态分支。

2.9.3 跟踪点的接口

跟踪点有以下两个接口。

- 基于 Ftrace 的接口，通过 /sys/kernel/debug/tracing/events：每个跟踪点的系统有一个子目录，每个跟踪点则对应目录下的一个文件(通过向这些文件中写入内容开启或关闭跟踪点)。

1　在该技术的早期实现中使用了load immediate指令，这个指令参数可以被修改为0或者1来控制是否执行某个跟踪点。[Desnoyers 09a, Desnoyers 09b]；然而，这个修改最终没有进入内核，而是采用了跳转指令。

- perf_event_open()：这是 perf(1) 工具一直以来使用的接口，近来 BPF 跟踪也开始使用（通过 perf_tracepoint PMU）。

2.9.4 跟踪点和 BPF

跟踪点为 BCC 和 bpftrace 提供了内核的静态插桩支持。接口如下。

- **BCC**：TRACEPOINT_PROBE()。
- **bpftrace**：跟踪点探针类型。

在 Linux 4.7 中，BPF 支持了跟踪点，但是笔者在此之前已经开发了许多 BCC 工具，当时只能使用 kprobes。这样一来，BCC 中跟踪点的实际应用例子比笔者希望的要少，主要是由于对其的支持加入得比较晚。

BCC 中使用跟踪点的一个有趣的例子是 tcplife(8)。这个工具会为每个 TCP 会话打印一行摘要信息，其中包含各种细节信息（这会在第 10 章详加叙述）：

```
# tcplife
PID    COMM        LADDR         LPORT RADDR         RPORT TX_KB RX_KB MS
22597  recordProg  127.0.0.1     46644 127.0.0.1     28527 0     0 0.23
3277   redis-serv  127.0.0.1     28527 127.0.0.1     46644 0     0 0.28
22598  curl        100.66.3.172  61620 52.205.89.26  80    0     1 91.79
22604  curl        100.66.3.172  44400 52.204.43.121 80    0     1 121.38
22624  recordProg  127.0.0.1     46648 127.0.0.1     28527 0     0 0.22
[...]
```

笔者在 Linux 内核中增加相应的跟踪点支持之前就写完了这个工具，所以当时笔者用了一个 tcp_set_state() 内核函数的 kprobe，在 Linux 4.16 中增加了一个合适的跟踪点：sock:inet_sock_set_state。于是笔者修改了这个工具，使得它能够同时支持两种探针方式，这样无论在新旧内核上就都可以运行了。该工具定义了两个程序——一个使用跟踪点，另一个使用 kprobes——然后它会通过下面的测试来决定运行哪一个：

```
if (BPF.tracepoint_exists("sock", "inet_sock_set_state")):
    bpf_text += bpf_text_tracepoint
else:
    bpf_text += bpf_text_kprobe
```

作为 bpftrace 使用跟踪点的例子，下面的单行程序会对之前展示过的 sched:sched_process_exec 进行插桩：

```
# bpftrace -e 'tracepoint:sched:sched_process_exec { printf("exec by %s\n", comm); }'
Attaching 1 probe...
exec by ls
exec by date
exec by sleep
^C
```

这个 bpftrace 单行程序会把调用 exec() 的进程的名字打印出来。

2.9.5　BPF 原始跟踪点

Alexei Starovoitov 开发了一个新的跟踪点接口，叫作 BPF_RAW_TRACEPOINT，于 2018 年加入 Linux 4.17。它向跟踪点显露原始参数，这样可以避免因为需要创建稳定的跟踪点参数而导致的开销，因为这些参数可能压根没必要。这有点像以 kprobes 方式使用跟踪点：最终得到了一个不稳定的 API，但是却可以访问更多的字段，也不需要承担跟踪点的性能损失。此种方式相比 kprobes 更加稳定，因为跟踪点探针的名字是稳定的，不稳定的只是参数。

Alexei 用以下压测结果[48] 展示说明 BPF_RAW_TRACEPOINT 的性能要好于 kprobes 和标准跟踪点：

```
samples/bpf/test_overhead performance on 1 cpu:

tracepoint     base    kprobe+bpf tracepoint+bpf raw_tracepoint+bpf
task_rename    1.1M    769K       947K           1.0M
urandom_read   789K    697K       750K           755K
```

这对于那些需要 7×24 小时对跟踪点进行插桩的技术来说尤其有吸引力，可以将开启跟踪点的开销降到最低。

2.9.6　扩展阅读

关于跟踪点的更多信息，可以参考内核源代码树下的 Documentation/trace/tracepoints.rst 文件，作者是 Mathieu Desnoyers[47]。

2.10　USDT

用户态预定义静态跟踪（user-level statically defined tracing，USDT）提供了一个用户空间版的跟踪点机制。BCC 的 USDT 支持是 Sasha Goldshtein 实现的，bpftrace 的

USDT 支持是由笔者和 Matheus Marchini 完成的。

　　用户态的软件有很多与跟踪和日志相关的技术，而且许多应用程序自身也内置了自定义的事件日志系统，可以根据需要随时开启。USDT 与众不同之处在于，它依赖于外部的系统跟踪器来唤起。如果没有外部跟踪器，应用中的 USDT 点不会做任何事，也不会开启。

　　USDT 是随 Sun 公司的 DTrace 工具火起来的，现在已经被多种应用程序支持了。[1] Linux 对 USDT 的支持，最早来自 SystemTap 项目的跟踪器。BCC 和 bpftrace 跟踪工具建立在上述工作基础之上，两者都支持 USDT。

　　在 USDT 的使用上，至今尚留有 DTrace 的痕迹：许多应用默认不开启 USDT，显式开启需要使用配置参数 `--enable-dtrace-probes` 或者 `--with-dtrace`。

2.10.1　添加 USDT 探针

　　给应用程序添加 USDT 探针，有两种方式可选：通过 systemtap-sdt-dev 包提供的头文件和工具，或者使用自定义的头文件。这些探针定义了可以被放置在代码中各个逻辑位置上的宏，以此生成 USDT 的探针。在 BCC 项目的 examples/usdt_sample 目录下包含了 USDT 示例，这个例子可以使用 systemtap-sdt-dev 头文件，或者使用 Facebook 的 Folly[2] C++ 库 [11]。下一节笔者将使用 Folly 完成一个例子。

Folly

使用 Folly 添加 USDT 探针的过程如下所述。

1. 在目标代码中增加头文件：

```
#include "folly/tracing/StaticTracepoint.h"
```

2. 在目标位置增加 USDT 探针，采用如下格式：

```
FOLLY_SDT(provider, name, arg1, arg2, ...)
```

"provider" 对探针进行分类，"name" 是探针的名字，后面是可选的参数。在 BCC 的 USDT 代码中包含了：

```
FOLLY_SDT(usdt_sample_lib1, operation_start, operationId,
request_input().c_str());
```

这定义了一个 usdt_sample_lib1:operation_start 探针，带有两个参数。USDT 例子

1　从某些小点来看，这和笔者的努力有关：笔者推广了USDT的使用，为火狐浏览器（Firefox）增加了 JavaScript的观测以及其他应用的USDT探针，笔者还为其他USDT的开发努力提供支持。

2　Folly是不太严格的Facebook Open Source Library的首字母缩写。

中同时包含了 operatio_end 探针。

3. 编译软件。你可以使用 readelf(1) 工具来确认 USDT 探针是否已经存在：

```
$ readelf -n usdt_sample_lib1/libusdt_sample_lib1.so
[...]
Displaying notes found in: .note.stapsdt
  Owner                 Data size   Description
  stapsdt               0x00000047  NT_STAPSDT (SystemTap probe descriptors)
    Provider: usdt_sample_lib1
    Name: operation_end
    Location: 0x000000000000fdd2, Base: 0x0000000000000000, Semaphore:
0x0000000000000000
    Arguments: -8@%rbx -8@%rax
  stapsdt               0x0000004f  NT_STAPSDT (SystemTap probe descriptors)
    Provider: usdt_sample_lib1
    Name: operation_start
    Location: 0x000000000000febe, Base: 0x0000000000000000, Semaphore:
0x0000000000000000
    Arguments: -8@-104(%rbp) -8@%rax
```

readelf(1) 的命令行参数 -n 打印了 notes 文件段，在这里显示了编译进去的 USDT 探针的信息。

4. 可选步骤：有时你准备添加的参数，在探针的位置处没有现成的，必须使用耗费 CPU 的函数调用来构建。为了在这些探针未被使用时避免这些调用，可以在函数外面增加一个探针信号量：

FOLLY_SDT_DEFINE_SEMAPHORE(provider, name)

然后探针就变成了：

```
if (FOLLY_SDT_IS_ENABLED(provider, name)) {
    ... expensive argument processing ...
    FOLLY_SDT_WITH_SEMAPHORE(provider, name, arg1, arg2, ...);
}
```

这样昂贵的参数处理只会在探针启用（激活）后才会发生。这个信号量地址可以通过 readelf(1) 查看，跟踪工具可以在探针启用的时候对它进行设定。

这让跟踪工具变得稍微复杂了一些：当信号量所保护的探针在使用时，这些跟踪工具通常需要指定一个 PID，这样才可以设定该 PID 的信号量。

2.10.2　USDT 是如何工作的

当编译应用程序时，在 USDT 探针的地址放置了一个 nop 指令。在插桩时，这个地址会由内核使用 uprobes 动态地将其修改为一个断点指令。

和 uprobes 类似，笔者接下来会展示 USDT 的工作原理，但是我们还要做一些额外的工作。前面 readelf(1) 的输出中的探针位置是 0x6a2。这是二进制段的偏移量，所以必须首先知道二进制段的起始位置在哪里。如果采用了位置无关代码（PIE）技术，这项技术能够提高地址空间排布随机化（ASLR）的效果，那么这个值可能是变化的。

```
# gdb -p 4777
[...]
(gdb) info proc mappings
process 4777
Mapped address spaces:

      Start Addr          End Addr     Size    Offset objfile
   0x55a75372a000    0x55a75372b000   0x1000      0x0 /home/bgregg/Lang/c/tick
   0x55a75392a000    0x55a75392b000   0x1000      0x0 /home/bgregg/Lang/c/tick
   0x55a75392b000    0x55a75392c000   0x1000   0x1000 /home/bgregg/Lang/c/tick
[...]
```

起始地址是 0x55a75372a000。打印出起始地址加探针的偏移量（0x6a2）：

```
(gdb) disas 0x55a75372a000 + 0x6a2
[...]
   0x000055a75372a695 <+11>: mov    %rsi,-0x20(%rbp)
   0x000055a75372a699 <+15>: movl   $0x0,-0x4(%rbp)
   0x000055a75372a6a0 <+22>: jmp    0x55a75372a6c7 <main+61>
   0x000055a75372a6a2 <+24>: nop
   0x000055a75372a6a3 <+25>: mov    -0x4(%rbp),%eax
   0x000055a75372a6a6 <+28>: mov    %eax,%esi
   0x000055a75372a6a8 <+30>: lea    0xb5(%rip),%rdi        # 0x55a75372a764
[...]
```

将 USDT 探针激活之后：

```
(gdb) disas 0x55a75372a000 + 0x6a2
[...]
   0x000055a75372a695 <+11>: mov    %rsi,-0x20(%rbp)
   0x000055a75372a699 <+15>: movl   $0x0,-0x4(%rbp)
   0x000055a75372a6a0 <+22>: jmp    0x55a75372a6c7 <main+61>
```

```
0x000055a75372a6a2 <+24>: int3
0x000055a75372a6a3 <+25>: mov    -0x4(%rbp),%eax
0x000055a75372a6a6 <+28>: mov    %eax,%esi
0x000055a75372a6a8 <+30>: lea    0xb5(%rip),%rdi        # 0x55a75372a764
[...]
```

nop 指令被修改为 int3（x86_64 上的断点指令）。当该断点被触发时，内核会执行相应的 BPF 程序，其中带有 USDT 探针的参数。当 USDT 探针被禁用后，nop 指令会被替换回来。

2.10.3 BPF 与 USDT

USDT 为 BCC 和 bpftrace 提供了用户态的静态探针支持。接口如下所示。

- **BCC**：USDT().enable_probe()。
- **bpftrace**：USDT 探针类型。

举个例子，对前一个例子中的循环探针进行观测：

```
# bpftrace -e 'usdt:/tmp/tick:loop { printf("got: %d\n", arg0); }'
Attaching 1 probe...
got: 0
got: 1
got: 2
got: 3
got: 4
^C
```

这个 bpftrace 单行程序也打印了传递给探针的整数参数。

2.10.4 USDT 的更多信息

以下资料有助于你更深入地理解 USDT：

- "Hakcing Linux USDT with Ftrace"，作者是 Brendan Gregg[49]。
- "USDT Probe Support in BPF/BCC"，作者是 Sasha Goldshtein[50]。
- "USDT Tracing Report"，作者是 Dale Hamel[51]。

2.11 动态USDT

前面介绍的 USDT 探针技术，是需要被添加到源代码并编译到最终的二进制文件中的，在插桩点留下 nop 指令，在 ELF notes 段中存放元数据。然而有一些语言，比如

Java/JVM，是在运行的时候解释或者编译的。动态 USDT 可以用来给 Java 代码增加插桩点。

JVM 已经内置在 C++ 代码中，并包含了许多 USDT 探针——比如对 GC 事件、类加载，以及其他高级行为。这些 USDT 探针会对 JVM 的函数进行插桩。但是 USDT 探针不能被添加到动态进行编译的 Java 代码中。USDT 需要一个提前编译好的、带一个包含了探针描述的 notes 段的 ELF 文件，这对于以 JIT 方式编译的 Java 代码来说是不存在的。

动态 USDT 以如下方式解决该问题：

- 预编译一个共享库，带着想要内置在函数中的 USDT 探针。这个共享库可以用 C/C++ 语言编写，它其中有一个针对 USDT 探针的 ELF notes 区域。它可以像其他 USDT 探针一样被插桩。
- 在需要时，使用 dlopen(3) 加载该动态库。
- 针对目标语言增加对该共享库的调用。这些可以使用一个适合该语言的 API，以便隐藏底层的共享库调用。

Matheus Marchini 已经为 Node.js 和 Python 实现了一个叫作 libstapsdt[1] 的库，以提供在这些语言中定义和呼叫 USDT 探针的方法。对其他语言的支持通常可以通过封装这个库实现，比如 Dale Hamel 就通过使用 Ruby 的 C 扩展支持对 Ruby 进行了支持[54]。

举个例子，在 Node.js 中运行如下 JavaScript 代码：

```
const USDT = require("usdt");
const provider = new USDT.USDTProvider("nodeProvider");
const probe1 = provider.addProbe("requestStart","char *");
provider.enable();

[...]
probe1.fire(function() { return [currentRequestString]; });
[...]
```

probe1.fire() 调用只有在外部发起对探针的插桩时，才会执行它的匿名函数。在这个函数中，参数在传递到探针之前被处理（如果必要的话），同时不必担心探针不启用时会产生参数处理的 CPU 开销，因为探针未启用时这步直接被跳过了。

libstapsdt 会在运行时自动创建包含 USDT 探针和 ELF notes 区域的共享库，而且它会将这些区域映射到运行着的程序的地址空间。

---

1 对于libstapsdt，看一下参考资料[52]和[53]。一个新的libusdt库正在开发中，它可能会改变后面的代码示例。注意检查一下未来libusdt的版本发布。

2.12 性能监控计数器

性能监控计数器（Performance monitoring counter，PMC）还有其他一些名字，比如性能观测计数器（Performance instrumentation counter，PIC）、CPU 性能计数器（CPU Performance Counter，CPC）、性能监控单元事件（performance monitoring unit event，PMU event）。这些名词指的都是同一个东西：处理器上的硬件可编程计数器。

PMC 数量众多，Intel 从中选择了 7 个作为"架构集合"，这些 PMC 会对一些核心功能提供全局预览 [Intel 16]。可以使用 CPUID 指令来确认这些"架构集" PMC 是否存在于当前处理器中。表 2-8 列出了这个集合，其可作为有用的 PMC 的例子。

表 2-8 Intel 架构上的 PMC

事件名称	掩码	事件选择	示例事件掩码助记符
活跃核心周期数 （UnHalted Core Cycles）	00H	3CH	CPU_CLK_UNHALTED.THREAD_P
阻断执行的指令数 （Instruction Retired）	00H	C0H	INST_RETIRED.ANY_P
活跃计时器周期数 （UnHalted Reference Cycles）	01H	3CH	CPU_CLK_THREAD_UNHALTED.REF_XCLK
末级缓存引用 （LLC References）	4FH	2EH	LONGEST_LAT_CACHE.REFERENCE
末级缓存未命中 （LLC Misses）	41H	2EH	LONGEST_LAT_CACHE.MISS
失效的跳转指令 （Branch Instruction Retired）	00H	C4H	BR_INST_RETIRED.ALL_BRANCHES
失效的跳转未命中指令 （Branch Misses Retired）	00H	C5H	BR_MISP_RETIRED.ALL_BRANCHES

PMC 是性能分析领域至关重要的资源。只有通过 PMC 才能测量 CPU 指令执行的效率、CPU 缓存的命中率、内存 / 数据互联和设备总线的利用率，以及阻塞的指令周期等。在性能分析方面使用这些方法可以进行各种细微的性能优化。

不过 PMC 这个资源也有些奇怪。尽管有数百个可用的 PMC，但任一时刻在 CPU 中只允许固定数量的寄存器（可能只有 6 个）进行读取。在实现中需要选择通过这 6 个寄存器来读取哪些 PMC，或者可以以循环采样的方式覆盖多个 PMC 集合（Linux 中的 perf(1) 工具可以自动支持这种循环采样）。其他软件类计数器则没有这种限制。

2.12.1 PMC 的模式

PMC 可以工作在下面两种模式中。

- **计数**：在此模式下，PMC 能够跟踪事件发生的频率。只要内核有需要，就可以随时读取，比如每秒获取 1 次。这种模式的开销几乎为零。
- **溢出采样**：在此模式下，PMC 在所监控的事件发生到一定次数时通知内核，这样内核可以获取额外的状态。监控的事件可能会以每秒百万、亿级别的频率发生，如果每次事件都进行中断会导致系统性能下降到不可用。解决方案是利用一个可编程的计数器进行采样，具体来说，是当计数器溢出时就向内核发信号（比如，每 10 000 次 LLC 缓存未命中事件，或者每 100 万次阻塞的指令时钟周期）。

采样模式对 BPF 跟踪来说更值得关注，因为它产生的事件给 BPF 程序提供了执行的时机。BCC 和 bpftrace 都支持 PMC 事件跟踪。

2.12.2　PEBS

由于存在中断延迟（通常称为"打滑"）或者乱序执行，溢出采样可能不能正确地记录触发事件发生时的指令指针。对于 CPU 周期性能分析来说，这类"打滑"可能不是什么问题，而且有些性能分析器会故意在采样周期中引入一些微小的不规则性，避免锁步采样（lockstep sampling）（或者使用一个自带偏移量的采样频率，例如，99Hz）。但是对于测量另外一些事件来说，比如 LLC 的未命中率，这些采样的指令指针就必须是精确的。

Intel 开发了一种解决方案，叫作精确事件采样（precise event-based sampling, PEBS）。PEBS 使用硬件缓冲区来记录 PMC 事件发生时正确的指令指针。Linux 的 perf_events 框架机制支持 PEBS。

2.12.3　云计算

许多云计算环境不提供对虚拟机上的 PMC 访问请求。这在技术上是有可能开启它的，比如，Xen 虚拟化内核中提供了 vpmu 命令行选项，可以支持将不同的 PMC 显露给客体机器 [55]。[1] Amazon 公司也对其 Nitro 虚拟化主机开启了许多 PMC 支持。

2.13　perf_events

perf_events 是 perf(1) 命令所依赖的采样和跟踪机制，它于 2009 年被加入 Linux 2.6.31 版本。值得一提的是，近些年来，perf(1) 和 perf_events 机制得到了很多关注和研发投

1　在Xen代码中启用不同的PMC模式是笔者提交的，包括：与周期指令计数相关的PMC的IPC模式，以及与Intel指令集相关的PMC的arch模式。相关代码是针对Xen中现成的vpmu实现的封装。

入，现在 BPF 跟踪工具可以调用 perf_events 来使用它的特性。BCC 和 bpftrace 先是使用 perf_events 作为它们的环形缓冲区，然后又增加了对 PMC 的支持，现在又通过 perf_event_open() 来对所有的事件进行观测。

在 BPF 跟踪工具使用 perf(1) 的时候，perf(1) 也开发了一个使用 BPF 的接口，这就让 perf(1) 成为又一个 BPF 跟踪器。与 BCC 和 bpftrace 不同，perf(1) 的代码位于 Linux 内核代码树中，因此，perf(1) 也是唯一内置在 Linux 中的 BPF 前端。

perf(1) 的 BPF 功能还在不断开发中，目前在使用上还有一些不方便的地方。相关内容超出了本书的范围，因为本书聚焦在 BCC 和 bpftrace 工具上。附录 D 中有一个关于 perf BPF 的例子。

2.14　小结

BPF 性能工具运用到了很多技术，包括：扩展版 BPF，内核态和用户态下的动态插桩技术（kprobes 和 uprobes），内核态和用户态静态跟踪技术（跟踪点和用户态标记），以及 perf_events 等。BPF 可以使用基于帧指针和 ORC 技术的调用栈回溯技术来获取调用栈，并可以通过火焰图进行可视化呈现。本章涵盖了对以上技术的介绍，并提供了更多资料供你进一步阅读。

第3章

性能分析

本书介绍的各种工具可用于性能分析、故障排查、安全分析以及其他很多方面。为了帮助你理解如何运用这些工具，本章提供了一份针对性能分析的快速入门指南。

学习目标：

- 理解性能分析的工作目标和工作内容。
- 对业务负载进行定性分析。
- 实施 USE 方法论。
- 实践下钻分析方法论。
- 理解清单分析方法论。
- 使用传统工具和 60 秒 Linux 清单快速初步定位性能问题。
- 使用 BCC/BPF 工具清单快速定位性能问题。

本章将首先描述性能分析的工作目标和工作内容，接着对相关方法论做总体介绍，然后再介绍一些可以首先尝试使用的传统（非 BPF）工具。这类传统工具可以帮助你快速上手初步定位性能问题，或者为后续使用 BPF 工具分析提供线索和上下文。本章最后会给出一个 BPF 工具的清单，在之后的章节中则会引入更多 BPF 工具。

3.1 概览

在开始具体的性能分析工作之前，先思考一些问题是有益处的：性能分析的目标是什么？开展哪些工作对达到这个目标是有帮助的？

3.1.1 目标

一般来说，性能分析的目标是改进最终用户的体验以及降低运行成本。最好能将性能分析的目标进行量化定义；这种量化能够表明是否已经达到性能优化目标，还可以用来定义距离目标还有多少差距。可以测量的指标包括如下几项。

- **延迟**：多久可以完成一次请求或操作，通常以毫秒为单位。
- **速率**：每秒操作或请求的速率。
- **吞吐量**：通常指每秒传输的数据量，以比特（bit）或者字节（byte）为单位。
- **利用率**：以百分比形式表示的某资源在一段时间内的繁忙程度。
- **成本**：开销 / 性能的比例。

最终用户眼中的性能，可以通过用户请求从发出到被响应之间所花费的时间来衡量，性能优化的目标就是缩短这个时间。这个等待的时间常被冠以术语"延迟"。针对延迟的改进可以通过分析请求时间的组成，将其细分为各个组成部分，例如，CPU 上运行代码的时间；等待某个资源，比如磁盘 I/O、网络以及锁的时间；还有等待 CPU 调度的时间等。可以编写一个 BPF 工具，直接跟踪应用的总体请求延迟以及各个部分的单独开销。不过这样的工具会和具体应用相关，并且由于同时对多个事件进行跟踪会带来显著的运行开销。在实践中，更普遍的方法是使用小而专的工具来研究特定组件的时间开销和延迟。本书包含了许多这样小而专的工具。

降低运行成本需要观测软件和硬件资源是如何被使用的，以及从中定位可优化的部分，目标是降低公司在云和数据中心方面的开支。这可能会涉及另一种类型的分析，比如对不同组件的使用情况进行日志记录和汇总统计，而非分析它们的时间开销和响应延迟。本书中的不少工具也支持这种类型的分析。

在开展性能分析工作时请牢记上述目标。使用 BPF 工具，很容易出现这种情况：生成了大量数据，然后又花费了大量时间来理解这些数据，最后却发现该指标并不重要。作为性能优化工程师，笔者经常收到开发者发送过来的各类工具输出截图，这些截图往往展示了某个看起来不是特别健康的指标。笔者的第一反应通常是："你有一个已知的性能问题吗？"而他们的回答则通常是："没有，我们就是觉得这个输出看起来……有趣。"有趣也许是有趣，但是首先应该明确工作目标是什么：我们是要降低请求延迟，还是降低运行成本？明确目标后，进一步的分析工作就有了上下文，不至于跑偏。

3.1.2   分析工作

BPF 性能分析工具，不只用于分析特定类型的问题。表 3-1 所示的是一个性能分析工作的列表 [Gregg 13]，以及在每项工作中 BPF 性能分析工具可以发挥的作用。

表 3-1   性能分析工作

	性能分析活动	BPF 性能分析工具
1	原型软件或硬件的性能特征分析	测量不同业务负载下的延迟直方图

续表

	性能分析活动	BPF 性能分析工具
2	在开发阶段、集成阶段之前的性能分析	解决性能瓶颈点，寻找一般的性能改进点
3	针对软件的某个版本，在发布前 / 后进行的非回归测试	从多个不同来源记录代码的使用和延迟数据，支持快速定位回归测试问题
4	基准测试，为软件发布的市场宣传工作提供数据支撑	研究性能问题，寻找机会改进基准测试性能
5	在目标环境下进行的概念验证（Proof-of-concept）测试	生成延迟分布直方图，确保性能满足请求的服务等级协议（SLA）
6	监控生产环境中运行的软件	编写可以 24×7 运行的工具，提供新的、之前属于盲区的性能指标
7	故障排查时的性能分析	使用现成的工具或根据需要创建自定义的观测点来解决特定的性能问题

本书中的许多工具最明显的用途是用来研究某个给定的性能问题，但是可以考虑如何能使用它们改进监控、非回归测试，以及其他性能分析活动。

3.1.3 多重性能问题

在使用本书中介绍的各种工具时，要做好同时发现多个性能问题的准备。此时主要问题将变为识别出哪个性能问题才是最重要的：通常是那些对延迟或成本开销影响最大的性能问题。如果你对多重性能影响因素没有概念，可以尝试找一下你所关注的应用程序、数据库、文件系统或者软件组件的 bug 跟踪列表（bug tracker），并搜索关键词"性能"。通常会有多个尚未解决的性能问题，这当然还没有包括那些没有列出来的问题。最重要的还是找到对性能影响最大的那一个问题。

任何问题的背后都可能会有多重原因。很多时候当你解决了一个问题后，其他的问题才凸显出来。或者说，当解决掉一个瓶颈后，其他某个组件就会成为新的瓶颈。

3.2 性能分析方法论

在拥有了如此多的性能分析工具和能力（比如 kprobes、uprobes、tracepoints、USDT、PMC 等，可参见第 2 章）之后，现在的主要困难是如何处理这些工具提供的所有数据。多年以来，笔者一直在研究、创建并且编写性能分析的方法论。**方法论**是一个可以遵循的过程：它指导从哪里开始，中间步骤有哪些和到哪里结束。笔者的上一本书——《性能之巅：洞悉系统、企业与云计算》中叙述了十几种性能分析方法论[Gregg 13b]。笔者会在这里简要介绍一下，供你在使用 BPF 工具时作为参考。

3.2.1　业务负载画像

业务负载画像的目的是理解实际运行的业务负载。你不需要对最终的性能结果进行分析，比如系统的延迟到底受到多少影响。"消除不必要的工作"是笔者在性能优化结果中收益最显著的一种，通过研究业务负载的构成就可以找到这样的优化点。

开展业务负载画像的推荐步骤如下：

1. 负载是谁产生的（比如，进程 ID、用户 ID、进程名、IP 地址）？
2. 负载为什么会产生（代码路径、调用栈、火焰图）？
3. 负载的组成是什么（IOPS、吞吐量、负载类型）？
4. 负载怎样随着时间发生变化（比较每个周期的摘要信息）？

本书中提供的许多工具可以帮助你回答上述问题。比如，使用 vfsstat(8)：

```
# vfsstat
TIME          READ/s  WRITE/s CREATE/s   OPEN/s FSYNC/s
18:35:32:        231       12        4       98       0
18:35:33:        274       13        4      106       0
18:35:34:        586       86        4      251       0
18:35:35:        241       15        4       99       0
18:35:36:        232       10        4       98       0
[...]
```

这个输出显示了在虚拟文件系统（virtual file system，VFS）层面业务负载的细节，并且回答了上面提出的第 3 个问题，即负载类型和操作的速率，同时还通过周期性输出摘要信息回答了第 4 个问题。

作为第 1 个问题的一个例子，我们来使用 bpftrace 运行一个单行程序（输出已被截断）：

```
# bpftrace -e 'kprobe:vfs_read { @[comm] = count(); }'
Attaching 1 probe...
^C

@[rtkit-daemon]: 1
[...]
@[gnome-shell]: 207
@[Chrome_IOThread]: 222
@[chrome]: 225
@[InputThread]: 302
@[gdbus]: 819
@[Web Content]: 1725
```

输出显示了名称为"Web Content"的进程在上述测量期间执行了 1725 次 vfs_read() 操作。

在本书中可以找到很多应用上述分析过程的示例,包括后续章节会介绍的火焰图,它可供第 2 个问题的分析使用。

如果你所分析的对象还没有现成可用的分析工具,可以尝试自行创建业务负载画像工具以回答上述问题。

3.2.2 下钻分析

下钻分析的工作过程是从一个指标开始,然后将这个指标拆分成多个组成部分,再将最大的组件进一步拆分为更小的组件,不断重复这个过程直到定位出一个或多个根因。

可以用一个类比来帮助解释这个过程。设想一下,如果你收到了一笔数额巨大的信用卡账单。为了分析它,需要登录到银行账户中调阅交易记录。在那里你发现了一笔线上书店的大额交易。然后你又登录到线上书店去看哪些书引发了这笔交易,结果有点意外:你发现不小心将此刻正在读的这本书购买了 1000 本(多谢!)。这就是下钻分析过程:先找到一个线索,然后拆分以寻找更深一步的线索,如此反复直到问题解决。

下钻分析的推荐步骤如下:

1. 从业务最高层级开始分析。
2. 检查下一个层级的细节。
3. 挑出最感兴趣的部分或者线索。
4. 如果问题还没有解决,跳转至第 2 步。

下钻分析可能会涉及对工具进行定制,此时 bpftrace 比 BCC 更加适合。

有一种类型的下钻分析涉及将延迟分解为各个组成部分。想象一下下面的分析过程:

1. 请求延迟是 100 ms(毫秒)。
2. 有 10 ms 在 CPU 上运行,90 ms 消耗在脱离 CPU 的等待过程。
3. 在脱离 CPU 等待的部分中,有 89 ms 阻塞于文件系统上。
4. 文件系统的部分,有 3 ms 阻塞于锁上,而 86 ms 阻塞于存储设备上。

到此为止,你可能已经得出结论:存储设备是问题所在——这确实是一种答案。但是下钻分析可以使问题的上下文更清晰。设想另一种可能的分析过程:

1. 一个应用花费了 89 ms 被阻塞在文件系统上。
2. 文件系统花费了 78 ms 被阻塞在写操作上,11 ms 被阻塞在读操作上。
3. 在文件系统写操作中,77 ms 被阻塞在时间戳的更新上。

　　此时，可以得出的结论是：文件系统访问时间戳是延迟的根源，它们可以被禁止（通过改变挂载选项）。这个分析结果要比"我们需要更快的磁盘"好得多。

3.2.3　USE 方法论

　　笔者开发了 USE 方法论用来对资源的使用情况进行分析 [Gregg 13c]。

　　针对每一个资源，分别去检查：

1. 使用率
2. 饱和度
3. 错误

　　使用本方法的第一步是找出或者绘制一幅软件和硬件资源图，然后依次针对所有资源检查上述 3 个指标。图 3-1 展示了一个通用系统中的资源示例图，其中包含了可能需要分析的组件和总线。

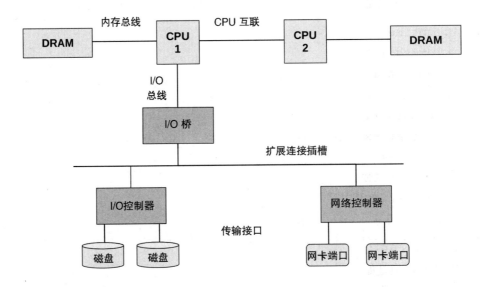

图 3-1　一个使用 USE 方法的硬件例子

　　请思考一下你目前正在使用的监控工具，它们是否具备显示图 3-1 中每项资源的使用率、饱和度、错误情况的能力？目前有多少个监控的盲区？

　　这个方法论的优势之一是，它以重要的问题作为开始，而非以某种指标形式的答案作为开始，反过来再去找出为什么它重要。这个方法论同时会帮助发现盲区：从你需要回答的问题开始，而不管是否已有工具能够方便测量。

3.2.4   检查清单法

性能分析检查清单可以列出一系列工具和指标，用于对照运行和检查。这些工具和指标可以聚焦于那些唾手可得的性能问题：列出十几个常见的问题，以及对应的分析方法，这样让每个人都能参照检查。这个方法论适用于指导公司各个层次的工程师实施操作，允许你将个人的技能应用于更广的范围内。

下面会给出两个清单，一个使用了传统（非 BPF）工具，比较适合于快速分析（开始的 60 秒）；另一个清单是适合及早使用的 BCC 工具列表。

3.3   Linux 60秒分析

下面这个清单适用于任何性能问题的分析工作，也反映了笔者在实际工作中，当登录到一台表现不佳的 Linux 系统中后，在最初 60 秒内通常会进行的操作。笔者本人和 Netflix 的性能工程团队之前曾发表过这部分内容[56]：

要运行的工具是：

1. `uptime`
2. `dmesg | tail`
3. `vmstat 1`
4. `mpstat -P ALL 1`
5. `pidstat 1`
6. `iostat -xz 1`
7. `free -m`
8. `sar -n DEV 1`
9. `sar -n TCP,ETCP 1`
10. `top`

下面的小节中会依次介绍每个工具。一本讲述 BPF 的图书描述这些非 BPF 工具好像有点奇怪，但是如果不这样做的话，我们将会错失一类现成可用的重要资源。这些命令有可能会帮助你快速直接定位出性能问题。即便不能的话，这些工具也能暴露问题根源的线索，以便指引你后续使用 BPF 工具进一步定位真正的问题。

3.3.1   uptime

```
$ uptime
 03:16:59 up 17 days, 4:18, 1 user, load average: 2.74, 2.54, 2.58
```

这个工具可以快速检查平均负载，也就是有多少个任务（进程）需要执行。在 Linux 系统中，这些数字包含了想要在 CPU 上运行的进程，同时也包含了阻塞在不可中断 I/O（通常是磁盘 I/O）上的进程。这给出了一个高层次视角的资源负载（或者说资源需求），在此之后可以通过其他工具进行进一步检查。

这 3 个数字分别是指数衰减的 1 分钟 /5 分钟 /15 分钟滑动窗口累积值。通过这 3 个值可以大致了解负载随时间变化的情况。上面的例子显示负载最近有小幅的提升。

负载的平均值值得在排障过程中被首先进行检查，以确认性能问题是否还存在。在一个容错的环境中，一台存在性能问题的服务器，在你登录到机器上时，也许已经自动从服务列表中下线了。一个较高的 15 分钟负载与一个较低的 1 分钟负载同时出现，可能意味着已经错过了问题发生的现场。

3.3.2 dmesg | tail

```
$ dmesg | tail
[1880957.563150] perl invoked oom-killer: gfp_mask=0x280da, order=0, oom_score_adj=0
[...]
[1880957.563400] Out of memory: Kill process 18694 (perl) score 246 or sacrifice child
[1880957.563408] Killed process 18694 (perl) total-vm:1972392kB, anon-rss:1953348kB,
file-rss:0kB
[2320864.954447] TCP: Possible SYN flooding on port 7001. Dropping request.  Check SNMP
counters.
```

这个命令显示过去 10 条系统日志，如果有的话。注意在这里寻找可能导致性能问题的错误。这个例子显示了内存不足引发 OOM 和 TCP 的丢弃请求的记录。TCP 的相关日志甚至指引了我们下一步的分析方向：查看 SNMP 计数器值。

3.3.3 vmstat 1

```
$ vmstat 1
procs ---------memory---------- ---swap-- -----io---- -system-- ------cpu-----
 r  b swpd   free    buff  cache   si   so    bi    bo   in   cs us sy id wa st
34  0    0 200889792 73708 591828    0    0     0     5    6   10 96  1  3  0  0
32  0    0 200889920 73708 591860    0    0     0   592 13284 4282 98  1  1  0  0
32  0    0 200890112 73708 591860    0    0     0     0 9501 2154 99  1  0  0  0
[...]
```

这个虚拟内存统计工具最早源于 BSD，同时还展示了一些其他的系统指标。当执行时带着命令行参数 1 时，会隔 1 秒打印一次摘要信息；注意，第 1 行输出的数字是自系统启动后的统计值（内存相关的计数器除外）。

需要检查的列包括如下几个。

- r：CPU 上正在执行的和等待执行的进程数量。相比平均负载来说，这是一个更好的排查 CPU 饱和度的指标，因为它不包含 I/O。可以这样解释：一个比 CPU 数量多的 r 值代表 CPU 资源处于饱和状态。
- free：空闲内存，单位是 KB。如果数字位数一眼数不过来，那么内存应该是够用的。使用 3.3.7 节中介绍的 `free -m` 命令，可以更好地解释空闲内存。
- si 和 so：页换入和页换出。如果这些值不是零，那么意味着系统内存紧张。这个值只有在配置开启了交换分区后才会起作用。
- us、sy、id、wa 和 st：这些都是 CPU 运行时间的进一步细分，是对所有的 CPU 取平均之后的结果。它们分别代表用户态时间、系统态时间（内核）、空闲、等待 I/O，以及被窃取时间（stolen time，指的是虚拟化环境下，被其他客户机所挤占的时间；或者是 Xen 环境下客户机自身隔离的驱动域运行时间）。

上面的例子显示了 CPU 时间主要花在用户态上。这指引我们下一步将主要针对用户态代码进行剖析。

3.3.4　mpstat -P ALL 1

```
$ mpstat -P ALL 1
[...]
03:16:41 AM  CPU    %usr   %nice  %sys %iowait  %irq   %soft %steal %guest %gnice  %idle
03:16:42 AM  all   14.27   0.00   0.75   0.44   0.00   0.00   0.06   0.00   0.00  84.48
03:16:42 AM    0  100.00   0.00   0.00   0.00   0.00   0.00   0.00   0.00   0.00   0.00
03:16:42 AM    1    0.00   0.00   0.00   0.00   0.00   0.00   0.00   0.00   0.00 100.00
03:16:42 AM    2    8.08   0.00   0.00   0.00   0.00   0.00   0.00   0.00   0.00  91.92
03:16:42 AM    3   10.00   0.00   1.00   0.00   0.00   0.00   1.00   0.00   0.00  88.00
03:16:42 AM    4    1.01   0.00   0.00   0.00   0.00   0.00   0.00   0.00   0.00  98.99
03:16:42 AM    5    5.10   0.00   0.00   0.00   0.00   0.00   0.00   0.00   0.00  94.90
03:16:42 AM    6   11.00   0.00   0.00   0.00   0.00   0.00   0.00   0.00   0.00  89.00
03:16:42 AM    7   10.00   0.00   0.00   0.00   0.00   0.00   0.00   0.00   0.00  90.00
[...]
```

这个命令将每个 CPU 分解到各个状态下的时间打印出来。上面的输出暴露了一个问题：CPU 0 的用户态的占比高达 100%，这是单个线程遇到瓶颈的特征。

对于比较高的 %iowait 时间也要注意，可以使用磁盘 I/O 工具进一步分析；如果出现较高的 %sys 值，可以使用系统调用（syscall）跟踪和内核跟踪，以及 CPU 剖析等手段进一步分析。

3.3.5 pidstat 1

```
$ pidstat 1
Linux 4.13.0-19-generic (...)        08/04/2018      _x86_64_      (16 CPU)


03:20:47 AM   UID       PID    %usr %system  %guest     %CPU   CPU  Command
03:20:48 AM     0      1307    0.00    0.98    0.00     0.98     8  irqbalance
03:20:48 AM    33     12178    4.90    0.00    0.00     4.90     4  java
03:20:48 AM    33     12569  476.47   24.51    0.00   500.98     0  java
03:20:48 AM     0    130249    0.98    0.98    0.00     1.96     1  pidstat

03:20:48 AM   UID       PID    %usr %system  %guest     %CPU   CPU  Command
03:20:49 AM    33     12178    4.00    0.00    0.00     4.00     4  java
03:20:49 AM    33     12569  331.00   21.00    0.00   352.00     0  java
03:20:49 AM     0    129906    1.00    0.00    0.00     1.00     8  sshd
03:20:49 AM     0    130249    1.00    1.00    0.00     2.00     1  pidstat

03:20:49 AM   UID       PID    %usr %system  %guest     %CPU   CPU  Command
03:20:50 AM    33     12178    4.00    0.00    0.00     4.00     4  java
03:20:50 AM   113     12356    1.00    0.00    0.00     1.00    11  snmp-pass
03:20:50 AM    33     12569  210.00   13.00    0.00   223.00     0  java
03:20:50 AM     0    130249    1.00    0.00    0.00     1.00     1  pidstat
[...]
```

pidstat(1) 命令按每个进程展示 CPU 的使用情况。top(1) 命令虽然也很流行，但是pidstat(1) 默认支持滚动打印输出，这样可以采集到不同时间段的数据变化。这个输出显示了一个 Java 进程每秒使用的 CPU 资源在变化；这个百分比是对全部 CPU 相加的和[1]，因此 500% 相当于 5 个 100% 运行的 CPU。

3.3.6 iostat -xz 1

```
$ iostat -xz 1
Linux 4.13.0-19-generic (...)        08/04/2018      _x86_64_      (16 CPU)
[...]
avg-cpu:  %user   %nice %system %iowait  %steal   %idle
          22.90    0.00    0.82    0.63    0.06   75.59
```

---

1 注意，最近pidstat(1)有一个修改，即将其百分比的上限定在100%[36]。这在多线程的情况下，可能会导致错误的输出。尽管这个改动已经被撤回了，但还是提醒你注意一下是否使用了有错误改动的pidstat(1)版本。

```
Device:         rrqm/s   wrqm/s    r/s     w/s    rkB/s    wkB/s avgrq-sz avgqu-sz
await r_await w_await  svctm  %util
nvme0n1          0.00   1167.00   0.00 1220.00    0.00 151293.00   248.02     2.10
1.72    0.00    1.72   0.21  26.00
nvme1n1          0.00   1164.00   0.00 1219.00    0.00 151384.00   248.37     0.90
0.74    0.00    0.74   0.19  23.60
md0              0.00      0.00   0.00 4770.00    0.00 303113.00   127.09     0.00
0.00    0.00    0.00   0.00   0.00
[...]
```

这个工具显示了存储设备的 I/O 指标。上面的每个磁盘设备输出行由于过长进行了换行，阅读起来稍显不便。

要检查的列包括如下几个。

- r/s、w/s、rkB/s 和 wkB/s：这些是每秒向设备发送的读、写次数，以及读、写字节数。可以用这些指标对业务负载画像。某些性能问题仅仅是因为超过了能够承受的最大负载导致的。

- await：I/O 的平均响应时间，以毫秒为单位。这是应用需要承受的时间，它同时包含了 I/O 队列时间和服务时间。超过预期的平均响应时间，可看作设备已饱和或者设备层面有问题的表征。

- avgqu-sz：设备请求队列的平均长度。比 1 大的值有可能是发生饱和的表征（不过对有些设备，尤其是对基于多块磁盘的虚拟设备来说，通常以并行方式处理请求）。

- %util：设备使用率。这是设备繁忙程度的百分比，显示了每秒设备开展实际工作的时间占比。不过它展示的并不是容量规划意义下的使用率，因为设备可以并行处理请求[1]。大于 60% 的值通常会导致性能变差（可以通过 await 字段确认），不过这也取决于具体设备。接近 100% 的值通常代表了设备达到饱和状态。

上面的输出显示了向 md0 虚拟设备的写入负载约为 300MB/s，看起来 md0 的背后是两块 nvme 设备。

---

[1] 这有时会引起困惑，比如当 iostat(1) 报告说某个设备已经达到 100% 的使用率后，还能够接受更高的负载。它只是报告某个设备在一段时间内 100% 繁忙，并没有说设备的使用率达到 100% 了；此时也许仍然可以接受更高的负载。在一个卷后面有多个磁盘设备支撑的情况下由于可以并行处理请求，iostat(1) 中的 %util 这个指标就更加具有迷惑性。

3.3.7   free -m

```
$ free -m
              total        used        free      shared  buff/cache   available
Mem:         122872       39158        3107        1166       80607       81214
Swap:             0           0           0
```

这个输出显示了用兆字节（MB）作为单位的可用内存。检查可用内存（available）是否接近 0；这个值显示了在系统中还有多少实际剩余内存可用，包括缓冲区和页缓存区[1]。将一些内存用于缓存可以提升文件系统的性能。

3.3.8   sar -n DEV 1

```
$ sar -n DEV 1
Linux 4.13.0-19-generic (...)        08/04/2018    _x86_64_      (16 CPU)

03:38:28 AM     IFACE    rxpck/s    txpck/s     rxkB/s     txkB/s    rxcmp/s    txcmp/s
rxmcst/s    %ifutil
03:38:29 AM      eth0    7770.00    4444.00   10720.12    5574.74       0.00       0.00
0.00       0.00
03:38:29 AM        lo      24.00      24.00      19.63      19.63       0.00       0.00
0.00       0.00

03:38:29 AM     IFACE    rxpck/s    txpck/s     rxkB/s     txkB/s    rxcmp/s    txcmp/s
rxmcst/s    %ifutil
03:38:30 AM      eth0    5579.00    2175.00    7829.20    2626.93       0.00       0.00
0.00       0.00
03:38:30 AM        lo      33.00      33.00       1.79       1.79       0.00       0.00
0.00       0.00
[...]
```

将不同的指标进行组合，sar(1) 工具有不同的运行模式。在这个例子中，笔者使用它来查看网络设备指标。通过接口吞吐量信息 rxkB/s 和 txkB/s 来检查是否有指标达到了上限。

---

1   free(1) 命令的输出格式最近也有修改。过去是把 buff 和 cache字段分开列出，并且没有 available 字段，用户需要时要自行计算available的值。笔者更喜欢新版的输出。如果想分开展示 buff 和 cache，可以使用命令行参数-w开启宽屏模式。

3.3.9 sar -n TCP,ETCP 1

```
# sar -n TCP,ETCP 1
Linux 4.13.0-19-generic (...)       08/04/2019       _x86_64_       (16 CPU)

03:41:01 AM active/s passive/s     iseg/s    oseg/s    .
03:41:02 AM    1.00      1.00     348.00   1626.00

03:41:01 AM atmptf/s  estres/s retrans/s isegerr/s   orsts/s
03:41:02 AM    0.00      0.00      1.00      0.00      0.00

03:41:02 AM active/s passive/s     iseg/s    oseg/s
03:41:03 AM    0.00      0.00     521.00   2660.00

03:41:02 AM atmptf/s  estres/s retrans/s isegerr/s   orsts/s
03:41:03 AM    0.00      0.00      0.00      0.00      0.00
[...]
```

现在我们使用 sar(1) 工具来查看 TCP 指标和 TCP 错误信息。相关的字段包括如下几个。

- active/s：每秒本地发起的 TCP 连接的数量（通过调用 connect() 创建）。
- passive/s：每秒远端发起的 TCP 连接的数量（通过调用 accept() 创建）。
- retrans/s：每秒 TCP 重传的数量。

主动和被动连接计数对于业务负载画像很有用。重传则是网络或者远端主机有问题的征兆。

3.3.10 top

```
top - 03:44:14 up 17 days,  4:46,  1 user,  load average: 2.32, 2.20, 2.21
Tasks: 474 total,   1 running, 473 sleeping,   0 stopped,   0 zombie
%Cpu(s): 29.7 us,  0.4 sy,  0.0 ni, 69.7 id,  0.1 wa,  0.0 hi,  0.0 si,  0.0 st
KiB Mem : 12582137+total,  3159704 free, 40109716 used, 82551960 buff/cache
KiB Swap:        0 total,        0 free,        0 used. 83151728 avail Mem

  PID USER      PR  NI    VIRT    RES    SHR S  %CPU %MEM     TIME+ COMMAND
12569 www       20   0   2.495t 0.051t 0.018t S 484.7 43.3 13276:02 java
12178 www       20   0  12.214g 3.107g 16540 S   4.9  2.6   553:41 java
125312 root     20   0       0      0      0 S   1.0  0.0   0:13.20 kworker/u256:0

128697 root     20   0       0      0      0 S   0.3  0.0   0:02.10 kworker/10:2
[...]
```

至此，你已经使用前面列举的工具看到了很多指标。不过再多做一步会更有益：我们以 top 命令作为结束，对相关结果进行二次确认，并能够浏览系统和进程的摘要信息。

运气好的话，这个 60 秒分析过程会帮助你找到一些性能问题的线索。在此基础上，可以使用专门的 BPF 工具开展进一步分析。

3.4　BCC工具检查清单

下面的清单由笔者所作，位于 BCC 仓库的 docs/tutorial.md[30] 文件中。它提供了一个通用的使用 BCC 工具的检查清单：

1. execsnoop
2. opensnoop
3. ext4slower（或者 brtfs*、xfs*、zfs*）
4. biolatency
5. biosnoop
6. cachestat
7. tcpconnect
8. tcpaccept
9. tcpretrans
10. runqlat
11. profile

这些工具对于创建新进程、打开文件、文件系统延迟、磁盘 I/O 延迟、文件系统缓存性能、TCP 新建连接与重传、调度延迟，以及 CPU 使用情况，提供了更多信息。在后续章节中会提供以上工具的更多细节信息。

3.4.1　execsnoop

```
# execsnoop
PCOMM           PID    RET ARGS
supervise       9660     0 ./run
supervise       9661     0 ./run
mkdir           9662     0 /bin/mkdir -p ./main
run             9663     0 ./run
[...]
```

execsnoop(8) 通过跟踪每次 execve(2) 系统调用，为每个新创建的进程打印一行信息。

存活周期短的进程会消耗 CPU 资源，但通过传统的周期执行的监控工具较难发现，可使用 execsnoop(8) 来检查。第 6 章会进一步介绍该工具。

3.4.2 opensnoop

```
# opensnoop
PID    COMM            FD ERR PATH
1565   redis-server     5   0 /proc/1565/stat
1603   snmpd            9   0 /proc/net/dev
1603   snmpd           11   0 /proc/net/if_inet6
1603   snmpd           -1   2 /sys/class/net/eth0/device/vendor
1603   snmpd           11   0 /proc/sys/net/ipv4/neigh/eth0/retrans_time_ms
1603   snmpd           11   0 /proc/sys/net/ipv6/neigh/eth0/retrans_time_ms
1603   snmpd           11   0 /proc/sys/net/ipv6/conf/eth0/forwarding
[...]
```

opensnoop(8) 在每次 open(2) 系统调用（及其变体）时打印一行信息，包括打开文件的路径、打开操作是否成功（"ERR"列）。打开的文件可以透露应用程序工作的很多信息：识别应用程序的数据文件、配置文件和日志文件。有时应用程序在反复尝试打开一个不存在的文件时，会导致异常表现或者性能受损。第 8 章会进一步介绍 opensnoop(8)。

3.4.3 ext4slower

```
# ext4slower
Tracing ext4 operations slower than 10 ms
TIME      COMM         PID    T BYTES   OFF_KB    LAT(ms)  FILENAME
06:35:01  cron         16464  R 1249    0          16.05   common-auth
06:35:01  cron         16463  R 1249    0          16.04   common-auth
06:35:01  cron         16465  R 1249    0          16.03   common-auth
06:35:01  cron         16465  R 4096    0          10.62   login.defs
06:35:01  cron         16464  R 4096    0          10.61   login.defs
[...]
```

ext4slower(8) 跟踪 ext4 文件系统中常见的操作（读、写、打开和同步），并且可以把耗时超过某个阈值的操作打印出来。这可以定位或者排除一类性能问题：应用程序正在通过文件系统等待某个较慢的磁盘 I/O。ext4 之外的其他文件系统，也有类似的工具：btrfsslower(8)、xfsslower(8)，以及 zfsslower(8)。第 8 章将进行更详细的介绍。

3.4.4 biolatency

```
# biolatency -m
Tracing block device I/O... Hit Ctrl-C to end.
^C
     msecs               : count    distribution
         0 -> 1          : 16335    |****************************************|
         2 -> 3          : 2272     |*****                                   |
         4 -> 7          : 3603     |********                                |
         8 -> 15         : 4328     |**********                              |
        16 -> 31         : 3379     |********                                |
        32 -> 63         : 5815     |**************                          |
        64 -> 127        : 0        |                                        |
       128 -> 255        : 0        |                                        |
       256 -> 511        : 0        |                                        |
       512 -> 1023       : 1        |                                        |
```

biolatency(8) 跟踪磁盘 I/O 延迟（也就是从向设备发出请求到请求完成的时间），并且以直方图显示。这种形式可以比用 iostat(1) 工具的平均值输出更好地解释磁盘 I/O 性能。可以显示 I/O 请求的多峰分布，峰指的是在一个分布中出现频次比其他值高的值，在这个例子里面我们看到一个多峰分布，其中一个峰位于 0～1 区间，另一个峰位于 8～15 区间 [1]。离群点也很明显，这个截屏显示了 512～1023 毫秒区间有一个离群点。第 9 章会进一步介绍 biolatency(8)。

3.4.5 biosnoop

```
# biosnoop
TIME(s)         COMM        PID    DISK    T   SECTOR     BYTES   LAT(ms)
0.000004001     supervise   1950   xvda1   W   13092560   4096      0.74
0.000178002     supervise   1950   xvda1   W   13092432   4096      0.61
0.001469001     supervise   1956   xvda1   W   13092440   4096      1.24
0.001588002     supervise   1956   xvda1   W   13115128   4096      1.09
1.022346001     supervise   1950   xvda1   W   13115272   4096      0.98
[...]
```

1　因为这里使用了log-2分布，所以看起来可能有点别扭：桶的大小越来越大。如果需要进一步了解，笔者倾向于要么修改biolatency(8)，使其使用一个更高精度的线性直方图，要么使用biosnoop(8)来记录每次磁盘I/O的访问日志，然后再将日志导入表格处理软件，以获得定制的直方图。

biosnoop(8) 将每一次磁盘 I/O 请求打印出来，包含延迟之类的细节信息。这允许你对磁盘 I/O 进行更细致的检查，并搜寻时序模式（比如，写动作之后的读排队）。第 9 章会进一步介绍 biosnoop(8)。

3.4.6　cachestat

```
# cachestat
   HITS   MISSES  DIRTIES  HITRATIO   BUFFERS_MB   CACHED_MB
  53401     2755    20953    95.09%           14       90223
  49599     4098    21460    92.37%           14       90230
  16601     2689    61329    86.06%           14       90381
  15197     2477    58028    85.99%           14       90522
[...]
```

cachestat(8) 每秒（用户可以指定其他时长）打印一行摘要信息，展示文件系统缓存的统计信息。可以使用这个工具发现缓存命中率较低的问题，或者说较高的缓存命空率问题。这可以给你指出性能调优的方向。第 8 章会进一步介绍 cachestat(8)。

3.4.7　tcpconnect

```
# tcpconnect
PID    COMM      IP SADDR           DADDR            DPORT
1479   telnet    4  127.0.0.1       127.0.0.1        23
1469   curl      4  10.201.219.236  54.245.105.25    80
1469   curl      4  10.201.219.236  54.67.101.145    80
1991   telnet    6  ::1             ::1              23
2015   ssh       6  fe80::2000:bff:fe82:3ac fe80::2000:bff:fe82:3ac 22
[...]
```

tcpconnect(8) 会在每次主动的 TCP 连接建立（例如，通过 connect() 调用）时，打印一行信息，包含源地址、目的地址。在输出中应该寻找不寻常的连接请求，它们可能会暴露出软件配置的低效，也可能暴露入侵行为。第 10 章会详细介绍 tcpconnect(8)。

3.4.8　tcpaccept

```
# tcpaccept
PID    COMM      IP RADDR           LADDR            LPORT
907    sshd      4  192.168.56.1    192.168.56.102   22
```

```
907     sshd     4   127.0.0.1           127.0.0.1           22
5389    perl     6   1234:ab12:2040:5020:2299:0:5:0 1234:ab12:2040:5020:2299:0:5:0 7001
[...
```

    tcpaccept(8) 是 tcpconnect(8) 工具的搭档。每当有被动的 TCP 连接建立时（通过 tcpaccept()），就会打印一行信息，同样包含源地址和目的地址。第 10 章会详细介绍 tcpaccept(8)。

3.4.9　tcpretrans

```
# tcpretrans
TIME      PID      IP LADDR:LPORT          T> RADDR:RPORT          STATE
01:55:05  0        4  10.153.223.157:22    R> 69.53.245.40:34619   ESTABLISHED
01:55:05  0        4  10.153.223.157:22    R> 69.53.245.40:34619   ESTABLISHED
01:55:17  0        4  10.153.223.157:22    R> 69.53.245.40:22957   ESTABLISHED
[...]
```

    每次 TCP 重传数据包时，tcpretrans(8) 会打印一行记录，包含源地址和目的地址，以及当时该 TCP 连接所处的内核状态。TCP 重传会导致延迟和吞吐量方面的问题。如果重传发生在 TCP ESTABLISHED 状态下，会进一步寻找外部网络可能存在的问题。如果重传发在 SYN_SENT 状态下，这可能是 CPU 饱和的一个征兆，也可能是内核丢包引发的。第 10 章会进一步介绍 tcpretrans(8)。

3.4.10　runqlat

```
# runqlat
Tracing run queue latency... Hit Ctrl-C to end.
^C
    usecs              : count    distribution
        0 -> 1         : 233      |***********                             |
        2 -> 3         : 742      |***********************************     |
        4 -> 7         : 203      |**********                              |
        8 -> 15        : 173      |********                                |
       16 -> 31        : 24       |*                                       |
       32 -> 63        : 0        |                                        |
       64 -> 127       : 30       |*                                       |
      128 -> 255       : 6        |                                        |
      256 -> 511       : 3        |                                        |
      512 -> 1023      : 5        |                                        |
```

```
    1024 -> 2047     : 27     |*                                      |
    2048 -> 4095     : 30     |*                                      |
    4096 -> 8191     : 20     |                                       |
    8192 -> 16383    : 29     |*                                      |
   16384 -> 32767    : 809    |***************************************|
   32768 -> 65535    : 64     |***                                    |
```

runqlat(8) 对线程等待 CPU 运行的时间进行统计，并打印为一个直方图。本工具可以定位超出预期的 CPU 等待时间，就原因来说它可能是 CPU 饱和、配置错误或者是调度问题引起的。第 6 章会进一步介绍 runqlat(8)。

3.4.11 profile

```
# profile
Sampling at 49 Hertz of all threads by user + kernel stack... Hit Ctrl-C to end.
^C
[...]

    copy_user_enhanced_fast_string
    copy_user_enhanced_fast_string
    _copy_from_iter_full
    tcp_sendmsg_locked
    tcp_sendmsg
    inet_sendmsg
    sock_sendmsg
    sock_write_iter
    new_sync_write
    __vfs_write
    vfs_write
    SyS_write
    do_syscall_64
    entry_SYSCALL_64_after_hwframe
    [unknown]
    [unknown]
    -                iperf (24092)
        58
```

profile(8) 是一个 CPU 剖析器，这个工具可以用来理解哪些代码路径消耗了 CPU 资源。它周期性地对调用栈进行采样，然后将消重后的调用栈连同出现的次数一起打印出来。上面的输出经过了截断，只显示了一个调用栈，它出现的次数是 58 次。第 6 章会详细介绍 profile(8)。

3.5 小结

性能分析的目标是改善用户体验、降低运行成本。有很多工具和指标可以帮助你进行性能分析；事实上，工具太多会导致在特定情形下挑选合适的工具变得困难。性能分析的方法论可以指导你进行这些选择，告诉你从哪里开始，一步步分析，最后在哪里结束。

本章对性能分析的方法进行了概览：业务负载画像、延迟分析、USE 方法论，以及清单法。本章引入并介绍了一个 Linux 下的 60 秒分析的检查清单，你在做日常性能分析工作时可以首先使用它。它能直接帮助你快速定位性能问题，或者至少提供进一步使用哪些 BPF 工具进行分析的线索。最后，本章还包含了一个 BPF 工具的清单，其中列出的工具在后面的章节中还会进一步讲解。

第4章

BCC

BPF 编译器集合（BPF Compiler Collection，简写为 BCC，有时候也以小写形式出现，那时 bcc 是项目名字和软件包的名字）是一个开源项目，它包含了用于构建 BPF 软件的编译器框架和库。它是 BPF 的主要前端项目，背后有 BPF 开发者的支持，内核最新的 BPF 跟踪特性通常会首先被应用在这里。BCC 还包含了 70 多个可以直接使用的 BPF 性能分析和故障定位工具，本书会介绍其中的大部分工具。

Brenden Blanco 于 2015 年 4 月创建了 BCC 项目。在 Alexei Starovoitov 的鼓励下，笔者在 2015 年加入这个项目，并成为性能相关工具、文档以及测试工作的主要贡献者。目前项目贡献者众多，而且 BCC 已经被默认安装到了 Netflix 和 Facebook 等公司的服务器中。

学习目标：

- 了解 BCC 的特性和组件，包括工具和文档。
- 理解单用途工具和多用途工具各自的优势。
- 学习如何使用 funccount(8) 多用途工具统计事件。
- 学习如何使用 stackcount(8) 多用途工具发现代码路径。
- 学习如何使用 trace(8) 多用途工具做事件信息的定制化展示。
- 学习如何使用 argdist(8) 多用途工具做事件信息的分布统计。
- （可选）了解 BCC 内部实现细节。
- 知晓对 BCC 进行调试的技术。

在本章中，我们会介绍 BCC 和它的特性；展示如何安装这些工具；对工具本身、工具的类型和文档进行总览；最后会概览一下 BCC 的内部实现和调试技术。如果你希望自己开发新工具，请确保要学习本章和第 5 章，这样才可以根据实际需求选择最适合的前端。附录 C 会简要介绍 BCC 工具的开发并提供实例。

4.1　BCC的组件

BCC 的源代码文件目录结构如图 4-1 所示。

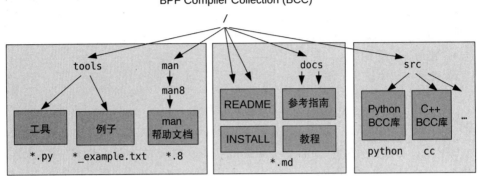

图 4-1　BCC 的结构

BCC 包含了相关工具的文档、man 帮助文档和示例文件，还有一个使用 BCC 工具的入门指南，以及开发 BCC 工具的指导和参考。它提供了使用 Python、C++、Lua（图 4-1 中未体现）开发 BCC 的接口；今后可能还会增加更多的接口。

BCC 的代码仓库参见链接 4。

在 BCC 代码仓库中，Python 工具带着 .py 扩展名，不过在以软件包形式安装到机器上时，一般会去掉这个扩展名。BCC 工具和 man 帮助文档的具体安装位置，会视具体软件包而定，这是因为不同的 Linux 发行版打包的文件位置不同。BCC 的工具可能会被安装到 /usr/share/bcc/tools、/sbin，或者 /snap/sbin 下，而且工具本身可能会带着一个前缀或后缀来表明它们来自 BCC。4.3 节会描述这些差异。

4.2　BCC的特性

BCC 是一个开源项目，由来自不同公司的工程师创建和维护。它不是一个商业化产品，否则，一定会有团队为它打广告，夸赞它有如此多的特性。

特性列表（准确的话）有助于你了解一项新技术所具有的能力。在 BPF 和 BCC 的开发过程中，笔者制作了这样一个期望支持的能力列表[57]。现在这些特性得到支持后，它就变成了已交付的特性列表，并且分为内核态和用户态被分别列出。下面会介绍这些特性。

4.2.1　BCC 的内核态特性

BCC 会使用不少内核态的特性，比如 BPF、kprobes、uprobes 等。下面这个清单的括号中的内容包含了一些实现细节。

- 动态插桩，内核态（kprobes 的 BPF 支持）
- 动态插桩，用户态（uprobes 的 BPF 支持）
- 静态跟踪，内核态（跟踪点的 BPF 支持）
- 时间采样事件（BPF，使用 perf_event_open()）
- PMC 事件（BPF，使用 perf_event_open()）
- 过滤（使用 BPF 程序）
- 调试打印输出（使用 bpf_trace_printk()）
- 基于每个事件的输出（使用 bpf_perf_event_open()）
- 基础变量（全局和每线程专属变量，通过 BPF 映射表实现）
- 关联数组（associative array，通过 BPF 映射表实现）
- 频率统计（通过 BPF 映射表实现）
- 直方图（支持以 2 的幂为区间，或线性以及自定义区间，通过 BPF 映射表实现）
- 时间戳和时间差（通过 bpf_ktime_get_ns() 和 BPF 程序实现）
- 调用栈信息，内核态（通过 BPF stackmap 实现）
- 调用栈信息，用户态（通过 BPF stackmap 实现）
- 可覆盖的环形缓冲区（通过 perf_event_attr.write_backward 实现）
- 低成本开销的插桩支持（BPF JIT，以及在 BPF 映射表中进行统计）
- 生产环境安全性（BPF 验证器）

要想进一步了解这些内核态特性的背景，可以参看第 2 章。

4.2.2　BCC 的用户态特性

BCC 用户态前端和 BCC 代码仓库中提供了以下用户态的特性。

- 静态跟踪，用户态（通过 uprobes 实现的 SystemTap 风格的 USDT 探针）
- 调试打印输出（通过 Python 使用 BPF.trace_pipe() 和 BPF.trace_fields()）
- 基于每个事件的输出（BPF_PERF_OUTPUT 宏和 BPF.open_perf_buffer()）
- 周期性输出（BPF.get_table() 和 table.clear()）
- 直方图打印（table.print_log2_hist()）
- C 结构体成员访问，内核态（将 BCC 重写器映射到 bpf_probe_read() 结果上）
- 内核态的符号解析（ksym() 和 ksymaddr()）
- 用户态的符号解析（usymaddr()）
- 调试信息符号的解析支持

- BPF 跟踪点支持（TRACEPOINT_PROBE）
- BPF 调用栈回溯支持（BPF_STACK_TRACE）
- 各种其他辅助宏和函数
- 示例（在 /examples 目录下）
- 许多工具（在 /tools 目录下）
- 新手指引（在 /docs/tutorial*.md 中）
- 参考手册（在 /docs/reference_guide.md 中）

4.3 安装BCC

许多 Linux 发行版中已经安装有 BCC 安装包，包括 Ubuntu、RHEL、Fedora 和 Amazon Linux，这就使得安装过程变得非常容易。如果愿意，你也可以通过源代码编译安装。对于最新的安装和编译指令，可查看 BCC 仓库下的 INSTALL.md[58] 文件。

4.3.1 内核要求

主要的内核 BPF 组件是在内核 4.1 到 4.9 版本之间发布的，不过后续的版本仍在不断地进行改进，所以建议使用最新的内核。推荐使用 Linux 4.9（发布于 2016 年 12 月）或更新的内核版本。

需要开启以下内核配置选项：CONFIG_BPF=y、CONFIG_BPF_SYSCALL=y、CONFIG_BPF_EVENTS=y、CONFIG_BPF_JIT=y，还有 CONFIG_HAVE_EBPF_JIT=y。现在这些选项在很多 Linux 发行版中是默认开启的，所以一般不需要你进行变更。

4.3.2 Ubuntu

BCC 已经被打包到 Ubuntu 的 multiverse 仓库，包的名字叫作 bpfcc-tools。可使用以下命令进行安装：

```
sudo apt-get install bpfcc-tools linux-headers-$(uname -r)
```

这会把 BCC 工具安装到 /sbin 目录下，并带有 "-bpfcc" 后缀。

```
# ls /sbin/*-bpfcc
/usr/sbin/argdist-bpfcc
/usr/sbin/bashreadline-bpfcc
/usr/sbin/biolatency-bpfcc
/usr/sbin/biosnoop-bpfcc
```

```
/usr/sbin/biotop-bpfcc
/usr/sbin/bitesize-bpfcc
[...]
# opensnoop-bpfcc
PID     COMM          FD ERR PATH
29588   device poll    4   0 /dev/bus/usb
[...]
```

你也可以从 iovisor 自己的仓库中拉取最新的、稳定的和带有签名的软件包：

```
sudo apt-key adv --keyserver keyserver.ubuntu.com --recv-keys 4052245BD4284CDD
echo "deb https://repo.iovisor.org/apt/$(lsb_release -cs) $(lsb_release -cs) main"|\
  sudo tee /etc/apt/sources.list.d/iovisor.list
sudo apt-get update
sudo apt-get install bcc-tools libbcc-examples linux-headers-$(uname -r)
```

这些工具会被安装到 /usr/share/bcc/tools 下。

最后，BCC 也可以使用 Ubuntu snap 安装：

```
sudo snap install bcc
```

这些工具被安装到了 /snap/bin 目录（该目录也许已经在你的 $PATH 路径下了），工具文件带有"bcc."前缀（例如，bcc.opensnoop）。

4.3.3 RHEL

BCC 被包含在了官方的企业版 RedHat Linux 7.6 的 yum 仓库中，可以使用以下命令进行安装：

```
sudo yum install bcc-tools
```

相关工具会被安装到 /usr/share/bcc/tools 下。

4.3.4 其他发行版

INSTALL.md 文件中还包含 Fedora、Arch、Gentoo 和 openSUSE 等发行版的安装步骤，以及通过源代码编译安装的步骤。

4.4　BCC的工具

图 4-2 展示了主要的系统组件，以及可以用来对其进行观测的众多 BCC 工具[1]。

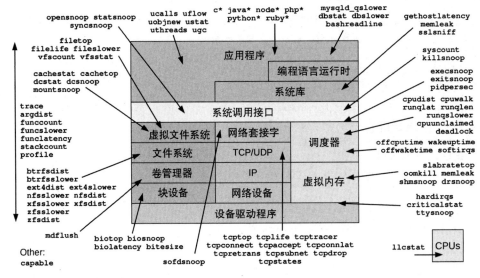

图 4-2　BCC 的性能工具

4.4.1　重点工具

表 4-1 列出了一些本书后续章节会重点介绍的工具，按主题进行排序。

表 4-1　按主题和章节排列的部分 BCC 工具

主题	重点工具	章节
调试 / 多用途	trace、argdist、funccount、stackcount、opensnoop	4
CPU 相关	execsnoop、runqlat、runqlen、cpudist、profile、offcputime、syscount、softirq、hardirq	6
内存相关	memleak	7
文件系统相关	opensnoop、filelife、vfsstatt、fileslower、cachestat、writeback、dcstat、xfsslower、xfsdist、ext4dist	8
磁盘 I/O 相关	biolatency、biosnoop、biotop、bitesize	9
网络相关	tcpconnect、tcpaccept、tcplife、tcpretrans	10
安全相关	capable	11

1　这幅图是笔者专为BCC代码仓库创建的，仓库中有最新的版本（参见参考资料[60]）。笔者预计在本书上市之后，会将本书中一些重要的bpftrace工具移植到BCC，届时再次更新这幅图。

主题	重点工具	章节
编程语言相关	javastat、javacalls、javathreads、javaflow、javagc	12
应用程序相关	mysqld_qslower、signals、killsnoop	13
内核相关	wakeuptime、offwaketime	14

注意，这些章节中还包含了并未在表 4-1 中列出的 bpftrace 工具。

在阅读完本章和第 5 章之后，你可以根据需要跳转到任意一章继续学习，到时可以将本书当作一本参考手册来使用。

4.4.2 工具的特点

BCC 工具拥有以下共同特点：

- 它们中的每一个都解决了实际的观测性问题，有其创建的必要性。
- 它们设计为在生产环境中由 root 用户来使用。
- 每个工具都有一个对应的 man 帮助文档（在 man/man8 下）。
- 每个工具都配备了示例文件，其中有示例输出以及对输出的解释（在 tools/*_example.txt 文件中）。
- 许多工具都接受启动选项和参数，大部分工具在使用 -h 选项时会打印帮助信息。
- 工具源代码以一段注释作为开始。
- 工具源代码遵循统一的风格（使用 pep8 工具进行统一检查）。

为了保持风格的一致性，新工具的加入需要由 BCC 维护者审阅，工具作者需要遵循 BCC 工具的开发指南：BCC CONTRIBUTING_SCRIPTS.md[59]。

这些 BCC 工具被设计为与系统中的其他工具，例如，vmstat(1) 和 iostat(1) 等使用体验类似。也正如 vmstat(1) 和 top(1) 等工具一样，了解 BCC 工具工作的原理有助于使用这些工具，尤其是在评估工具的额外开销时更有帮助。本书解释了这些工具的工作原理，同时也描述了工具对应的额外开销情况；BCC 的内部实现和相关内核技术在本章和第 2 章中有介绍。

尽管 BCC 支持不同的语言前端，但 BCC 工具中的用户态组件主要使用 Python 语言完成，内核态 BPF 程序则主要使用 C 语言完成。这些使用 Python/C 语言的工具会得到来自 BCC 项目开发者更多的关注和维护，因此本书也主要介绍它们。

贡献者指南中有一条建议是："编写工具以解决特定问题，切勿贪多"。这是在鼓励尽可能开发单一功能的工具而非多用途工具。

4.4.3   单一用途工具

UNIX 的哲学是专注做一件事情，并把它做好（do one thing and do it well）。换一种说法是：创建小的高质量的工具，使用管道（pipe）将其连接起来以完成更复杂的任务。这一传统带来了一批小巧而功能单一的工具并流传至今，比如 grep(1)、cut(1) 和 sed(1) 等。

BCC 包含许多类似的单一功能工具，包括 opensnoop(8)、execsnoop(8) 和 biolatency(8)。opensnoop(8) 是一个很好的例子。参看下面的例子，思考一下对于跟踪 open(2) 系列系统调用的这个单一任务来讲，这些选项和输出可以如何自由组合：

```
# opensnoop -h
usage: opensnoop [-h] [-T] [-U] [-x] [-p PID] [-t TID] [-u UID]
                 [-d DURATION] [-n NAME] [-e] [-f FLAG_FILTER]

Trace open() syscalls

optional arguments:
  -h, --help            show this help message and exit
  -T, --timestamp       include timestamp on output
  -U, --print-uid       print UID column
  -x, --failed          only show failed opens
  -p PID, --pid PID     trace this PID only
  -t TID, --tid TID     trace this TID only
  -u UID, --uid UID     trace this UID only
  -d DURATION, --duration DURATION
                        total duration of trace in seconds
  -n NAME, --name NAME  only print process names containing this name
  -e, --extended_fields
                        show extended fields
  -f FLAG_FILTER, --flag_filter FLAG_FILTER
                        filter on flags argument (e.g., O_WRONLY)

examples:
    ./opensnoop           # trace all open() syscalls
    ./opensnoop -T        # include timestamps
    ./opensnoop -U        # include UID
    ./opensnoop -x        # only show failed opens
    ./opensnoop -p 181    # only trace PID 181
    ./opensnoop -t 123    # only trace TID 123
    ./opensnoop -u 1000   # only trace UID 1000
    ./opensnoop -d 10     # trace for 10 seconds only
    ./opensnoop -n main   # only print process names containing "main"
    ./opensnoop -e        # show extended fields
```

```
./opensnoop -f O_WRONLY -f O_RDWR  # only print calls for writing
```

```
# opensnoop
PID    COMM            FD ERR PATH
29588  device poll      4   0 /dev/bus/usb
29588  device poll      6   0 /dev/bus/usb/004
[...]
```

对于 BPF 工具来说，此种风格带来的好处如下所述。

- **初学者容易上手**：默认输出项通常就够了。这意味着初学者可以立刻开始使用这些工具，而不必操心如何使用命令行的参数，或者需要了解要跟踪哪些事件。比如，只需在命令行运行 opensnoop，就可以产生有用的、简捷的输出。这里不需要对打开文件这个事件进行插桩的 kprobes 或者跟踪点的背景知识。

- **易于维护**：对于工具的开发者来说，需要维护的代码量要尽可能少，尽可能减小测试复杂度。多用途的工具可能会被用于多种不同的场景，对不同的负载进行观测，所以对工具的一个小改动可能就需要花费数小时来进行全面测试，才能确认没有导致回归性问题。对于最终用户来说，这意味着单一用途工具是更可靠的。

- **代码示例**：每个小工具自身都是一个简捷的并且实际可用的代码示范。许多学习 BCC 工具开发的人会以研究这些小工具作为开始，并根据需要对它们进行定制和扩展。

- **可定制参数和输出**：工具的运行选项、位置参数和输出不需要适应其他任务的需要，因此可以针对单一目的进行定制化。这可以提高可用性和可读性。

对于那些刚开始接触 BCC 的人来说，在研究更复杂的多用途工具之前，探究单一功能工具可作为一个很好的开始。

4.4.4　多用途工具

BCC 还包含可以用于完成多种不同任务的多用途工具（multi-purpose tools）。它们的上手难度比单一用途工具要大一些，但它们的功能也更加强大。如果你只是偶尔使用多用途工具，那么可能不需要去深入研究它们。可以搜集整理一些单行程序，需要时拿起来用就好。

多用途工具的优势有如下几点。

- **更好的可见性**：不局限于分析单一的任务或者目标，而是可以同时观测多个不同组件。

■ **减少代码重复**：可以避免多个工具中存在相似的代码片段。

在 BCC 中，最强大的多用途工具是 funccount(8)、stackcount(8)、trace(8) 以及 argdist(8)，接下来的部分会对它们进行介绍。这些多用途工具通常需要用户来决定跟踪哪些事件。不过为了能够享受这种灵活性，用户需要知道使用哪些 kprobes、uprobes 以及其他事件等细节——包括如何使用它们。在后续关于特定主题的章节中，还是会回到使用单一用途工具上。

表 4-2 列出了本章中会简要介绍的多用途工具。

表 4-2　本章介绍的多用途工具

工具	来源	目标	描述
funccount	BCC	软件	对事件进行计数，包括函数调用
stackcount	BCC	软件	对引发某事件的函数调用栈进行计数
trace	BCC	软件	定制化打印每个事件的细节信息
argdist	BCC	软件	对事件的参数分布进行统计

从 BCC 的源代码仓库中可以了解到完整的、保持更新的工具选项和能力。接下来挑选其中一部分最重要的能力做简要介绍。

4.5　funccount

funccount(8)[1] 对事件——特别是函数调用——进行计数，可以使用它回答以下问题：

■ 某个内核态或用户态函数是否被调用过？

■ 该函数每秒被调用了多少次？

出于运行效率考虑，funccount(8) 在内核中使用一个 BPF 映射表数据结构维护事件的计数，这样它只需把总数汇报给用户态。与先将全部事件输出到用户态然后再进行后处理的方式相比，这种方式可以显著降低 funccount(8) 的开销。不过超高频的事件仍然可能会导致不可忽略的额外开销。举个例子，内存分配函数（malloc()、free()）可能每秒会被调用数百万次之多，如果使用 funccount(8) 进行跟踪可能会对 CPU 造成高达 30% 的额外开销。在第 18 章中可以了解典型的事件频率和对应的开销。

在下面的内容中会展示如何使用 funccount(8)，并解释它的语法和能力。

1　笔者于2014年7月12日基于Ftrace开发了统计内核函数调用的第一个版本。2015年9月9日完成了BCC的版本。
Sasha Goldshtein于2016年10月18日向BCC版本中添加了其他事件类型支持：用户态函数调用（uprobes）、内核跟踪点以及USDT。

4.5.1 funccount 的示例

1. 内核函数 tcp_drop() 是否被调用？

```
# funccount tcp_drop
Tracing 1 functions for "tcp_drop"... Hit Ctrl-C to end.
^C
FUNC                          COUNT
tcp_drop                        3
Detaching...
```

答案：是的。上述执行就是简单地对 tcp_drop() 进行跟踪，直到用户按下 Ctrl+C 组合键。在跟踪期间，发生了 3 次调用。

2. 内核中调用最频繁的虚拟文件系统（VFS）函数是哪个？

```
# funccount 'vfs_*'
Tracing 55 functions for "vfs_*"... Hit Ctrl-C to end.
^C
FUNC                          COUNT
vfs_rename                      1
vfs_readlink                    2
vfs_lock_file                   2
vfs_statfs                      3
vfs_fsync_range                 3
vfs_unlink                      5
vfs_statx                     189
vfs_statx_fd                  229
vfs_open                      345
vfs_getattr_nosec             353
vfs_getattr                   353
vfs_writev                   1776
vfs_read                     5533
vfs_write                    6938
Detaching...
```

上述命令使用了与 shell 类似的通配符来匹配所有以 "vfs_" 开头的内核函数。其中调用频次最高的内核函数是 vfs_write()，一共是 6938 次。

3. 用户态函数 pthread_mutex_lock() 每秒被调用的次数是多少？

```
# funccount -i 1 c:pthread_mutex_lock
Tracing 1 functions for "c:pthread_mutex_lock"... Hit Ctrl-C to end.
```

```
FUNC                                    COUNT
pthread_mutex_lock                       1849

FUNC                                    COUNT
pthread_mutex_lock                       1761

FUNC                                    COUNT
pthread_mutex_lock                       2057

FUNC                                    COUNT
pthread_mutex_lock                       2261
[...]
```

能看到调用频率是在变化的，不过大体上在每秒 2000 次上下。这里对 C 函数库进行了插桩，而且是针对全系统范围进行的，也就是说，输出结果是对全部进程统计得到的数值。

4. 在全系统内，libc 库中调用最频繁的与字符串相关的函数是哪个？

```
# funccount 'c:str*'
Tracing 59 functions for "c:str*"... Hit Ctrl-C to end.
^C
FUNC                          COUNT
strndup                           3
strerror_r                        5
strerror                          5
strtof32x_l                     350
strtoul                         587
strtoll                         724
strtok_r                       2839
strdup                         5788
Detaching..
```

在上述跟踪过程中，调用最频繁的是 strdup() 函数，共计 5788 次。

5. 执行最频繁的系统调用是哪个？

```
# funccount 't:syscalls:sys_enter_*'
Tracing 316 functions for "t:syscalls:sys_enter_*"... Hit Ctrl-C to end.
^C
FUNC                                    COUNT
syscalls:sys_enter_creat                    1
[...]
syscalls:sys_enter_read                  6582
```

```
syscalls:sys_enter_write                    7442
syscalls:sys_enter_mprotect                 7460
syscalls:sys_enter_gettid                   7589
syscalls:sys_enter_ioctl                   10984
syscalls:sys_enter_poll                    14980
syscalls:sys_enter_recvmsg                 27113
syscalls:sys_enter_futex                   42929
Detaching...
```

　　这个问题可以使用不同的事件源回答。在这个例子中，笔者使用了 syscalls 系统中的跟踪点来匹配全部系统调用入口（"sys_enter_*"）。在上述跟踪过程中，最频繁的系统调用是 futex()，共计调用 42 929 次。

4.5.2 funccount 的语法

　　funccount(8) 的命令行参数包括可以用来改变行为的选项，以及一个描述被插桩事件的字符串：

```
funccount [options] eventname
```

　　eventname 的语法是：

- **name** 或者 **p:name**：对内核函数 *name()* 进行插桩。
- **lib:name** 或者 **p:lib:name**：对用户态 lib 库中的函数 *name()* 进行插桩。
- **path:name**：对位于 *path* 路径下文件中的用户态函数 *name()* 进行插桩。
- **t:system:name**：对名为 *system:name* 的内核跟踪点进行插桩。
- **u:lib:name**：对 lib 库中名为 *name* 的 USDT 探针进行插桩。
- *****：用来匹配任意字符的通配符。-r 选项允许使用正则表达式。

　　语法设计的灵感多少有点来自 Ftrace。funccount(8) 在对内核和用户态函数进行插桩时，分别使用了 kprobes 和 uprobes。

4.5.3 funccount 的单行程序

　　对虚拟文件系统（VFS）内核函数进行计数：

```
funccount 'vfs_*'
```

　　对 TCP 内核函数进行计数：

```
funccount 'tcp_*'
```

统计每秒 TCP 发送函数的调用次数：

```
funccount -i 1 'tcp_send*'
```

展示每秒块 I/O 事件的数量：

```
funccount -i 1 't:block:*'
```

展示每秒新创建的进程数量：

```
funccount -i 1 t:sched:sched_process_fork
```

展示每秒 libc 中 getaddrinfo()（域名解析）函数的调用次数：

```
funccount -i 1 c:getaddrinfo
```

对 libgo 中全部的 "os.*" 调用进行计数：

```
funccount 'go:os.*'
```

4.5.4　funccount 的帮助信息

funccount(8) 的功能比目前展示的还要多，帮助信息如下：

```
# funccount -h
usage: funccount [-h] [-p PID] [-i INTERVAL] [-d DURATION] [-T] [-r] [-D]
                 pattern

Count functions, tracepoints, and USDT probes

positional arguments:
  pattern               search expression for events

optional arguments:
  -h, --help            show this help message and exit
  -p PID, --pid PID     trace this PID only
  -i INTERVAL, --interval INTERVAL
                        summary interval, seconds
  -d DURATION, --duration DURATION
                        total duration of trace, seconds
  -T, --timestamp       include timestamp on output
  -r, --regexp          use regular expressions. Default is "*" wildcards
                        only.
  -D, --debug           print BPF program before starting (for debugging
                        purposes)

examples:
```

```
./funccount 'vfs_*'              # count kernel fns starting with "vfs"
./funccount -r '^vfs.*'          # same as above, using regular expressions
./funccount -Ti 5 'vfs_*'        # output every 5 seconds, with timestamps
./funccount -d 10 'vfs_*'        # trace for 10 seconds only
./funccount -p 185 'vfs_*'       # count vfs calls for PID 181 only
[...]
```

定时打印选项（-i）可以让 funccount 单行程序从某种程度上成为一个迷你性能分析工具，来显示特定事件每秒的发生频次。这样就可以用该工具对现成的数以千计的事件源进行自定义过滤，制作新的监控指标。如果需要也可以通过 -p 参数针对目标进程 PID 进行过滤。

4.6 stackcount

stackcount(8)[1] 对导致某事件发生的函数调用栈进行计数。和 funccount(8) 一样，事件源可以是内核态或用户态函数、内核跟踪点或者 USDT 探针。stackcount(8) 可以回答以下问题：

- 某个事件为什么会被调用？调用的代码路径是什么？
- 有哪些不同的代码路径会调用该事件，它们的调用频次如何？

出于运行性能考虑，stackcount(8) 在内核中使用一种特殊的、调用栈信息专用的 BPF 映射表数据结构进行统计。用户空间读取调用栈 ID 和统计数字，然后从 BPF 映射表中取出调用栈信息，再进行符号翻译和打印输出。和 funccount(8) 一样，工具的额外开销取决于被插桩事件的发生频率，而且预期它应该会比 funccount(8) 高一些，因为在每次事件发生时，stackcount(8) 要做更多工作：调用栈回溯和记录。

4.6.1 stackcount 的示例

笔者在一个空闲的系统上运行 funccount(8) 时，发现 ktime_get() 这个内核函数执行的频率很高——每秒超过 8000 次。这个函数的工作是读取系统时间，为什么空闲的系统需要如此高的频率读取时间呢？

下面这个例子使用 stackcount(8) 来定位导致 ktime_get() 调用的代码路径：

---

1 笔者于2016年1月12日开发了这个工具，当时只支持kprobes；Sasha Goldshtein在2016年7月9日增加了对其他的事件类型的支持：uprobes和跟踪点。在此之前，笔者经常使用自己开发的基于Ftrace的perf-tools工具集中的kprobe -s命令来打印每个事件的调用栈。但是这个工具的输出太过冗长，于是笔者希望能够在内核中进行频率计数，这就是stackcount(8)的起源。笔者还请求Tom Zanussi使用Ftrace的hist触发器功能进行调用栈计数，他后来也确实这样做了。

```
# stackcount ktime_get
Tracing 1 functions for "ktime_get"... Hit Ctrl-C to end.
^C
[...]

  ktime_get
  nvme_queue_rq
  __blk_mq_try_issue_directly
  blk_mq_try_issue_directly
  blk_mq_make_request
  generic_make_request
  dmcrypt_write
  kthread
  ret_from_fork
    52

[...]

  ktime_get
  tick_nohz_idle_enter
  do_idle
  cpu_startup_entry
  start_secondary
  secondary_startup_64
    1077

Detaching...
```

　　上述输出有上百页之长，包含了超过 1000 个函数调用栈的跟踪。这里只截取了其中的两个。在每个调用栈中，一行信息对应一个函数，然后是该调用栈出现的次数。比如，第一个调用栈显示了代码调用路径是从 dmcrypt_write() 到 blk_mq_make_request() 再到 nvme_queue_rq()。笔者猜测（并未实际阅读源代码），这是在保存每次 I/O 的开始时间，以便后续使用时能够进行优先级排序。这个代码路径在跟踪期间出现了 52 次。调用 ktime_get() 的频率最高的调用栈则来自 CPU 空闲路径。

　　使用 -P 选项可以让调用栈包含进程的名字和 PID：

```
# stackcount -P ktime_get
[...]
```

```
ktime_get
 tick_nohz_idle_enter
 do_idle
 cpu_startup_entry
 start_secondary
 secondary_startup_64
   swapper/2 [0]
   207
```

这显示了 PID 0 和进程名字"swapper/2"通过 do_idle() 调用 ktime_get()，进一步确认了这是来自空闲线程的。这里的 -P 选项会产生更多的输出内容，因为先前聚合在一起的调用栈现在会根据每个 PID 分开。

4.6.2 stackcount 的火焰图

有时你会发现，对于某个事件只有一个或者少量调用栈，这时可以轻松地直接在 stackcount(8) 的输出中进行浏览。而对于 ktime_get() 例子中的情形，输出会有上百页之多，火焰图可以用来进行可视化输出。（第 2 章对火焰图进行了介绍）。最初的火焰图软件 [37] 将调用栈作为输入，一行对应一个调用栈，帧（函数名）之间使用分号进行分隔，每行结尾是一个空格和计数。stackcount(8) 可以使用 -f 选项生成这种格式。

下面的例子会对 ktime_get() 持续跟踪 10 秒（-D 10），区分每个进程（-P），并生成一张火焰图：

```
# stackcount -f -P -D 10 ktime_get > out.stackcount01.txt
$ wc out.stackcount01.txt
  1586   3425 387661 out.stackcount01.txt
$ git clone http://github.com/brendangregg/FlameGraph
$ cd FlameGraph
$ ./flamegraph.pl --hash --bgcolors=grey < ../out.stackcount01.txt \
    > out.stackcount01.svg
```

这里使用了工具 wc(1) 来显示输出的总行数 1586——也就是有这么多不同调用栈和进程名字的组合。图 4-3 显示了最后生成的 SVG 文件的截屏。

这幅火焰图显示了大部分 ktime_get() 函数调用来自 8 个空闲线程——每个线程对应一个 CPU，直观看起来它们拥有相似的调用"塔"。火焰图左侧那些比较窄的"塔"中还有一些其他来源。

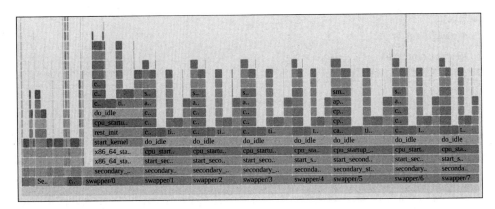

图 4-3   ktime_get() 的火焰图

4.6.3   stackcount 残缺的调用栈

在第 2、12 和 18 章中我们会对调用栈以及其在实际使中会遇到的问题进行讨论。调用栈信息不完整和符号缺失是常见问题。

作为一个例子，先前的调用栈中显示 tick_nohz_idle_enter() 调用了 ktime_get()，然而这并没有在源代码中出现。代码中倒是有一个对 idle_nohz_start_idle() 的调用，其定义如下（kernel/time/tick-sched.c）：

```
static void tick_nohz_start_idle(struct tick_sched *ts)
{
        ts->idle_entrytime = ktime_get();
        ts->idle_active = 1;
        sched_clock_idle_sleep_event();
}
```

这是那种编译器愿意进行内联（inline）的小函数，在这个例子中就导致抓取到的栈调用关系显示了父函数直接调用了 ktime_get()。在 /proc/kallsyms 文件中没有 tick_nohz_start_idle 这个符号，进一步印证它被内联了。

4.6.4   stackcount 的语法

stackcount(8) 的参数定义了被插桩的函数：

```
stackcount [options] eventname
```

eventname 的语法和 funccount(8) 一致。

- ***name*** 或者 ***p:name***：对内核函数 *name()* 进行插桩。
- ***lib:name*** 或者 ***p:lib:name***：对用户态 lib 库中的函数 *name()* 进行插桩。
- ***path:name***：对位于 *path* 路径下的用户态函数 *name()* 进行插桩。
- ***t:system:name***：对名为 *system:name* 的跟踪点进行插桩。
- ***u:lib:name***：对 lib 库中名为 *name* 的 USDT 探针进行插桩。
- *******：用来匹配任意字符的通配符。-r 选项允许使用正则表达式。

4.6.5　stackcount 的单行程序

对创建块 I/O 的函数调用栈进行计数：

```
stackcount t:block:block_rq_insert
```

对发送 IP 数据包的调用栈进行计数：

```
stackcount ip_output
```

对发送 IP 数据包的调用栈进行计数，同时显示对应的 PID：

```
stackcount -P ip_output
```

对导致线程阻塞并且导致脱离 CPU 的调用栈进行计数：

```
stackcount t:sched:sched_switch
```

对导致系统调用 read() 的调用栈进行计数：

```
stackcount t:syscalls:sys_enter_read
```

4.6.6　stackcount 的帮助信息

stackcount(8) 支持的功能比目前展示的更多，可以查看其帮助信息：

```
# stackcount -h
usage: stackcount [-h] [-p PID] [-i INTERVAL] [-D DURATION] [-T] [-r] [-s]
                  [-P] [-K] [-U] [-v] [-d] [-f] [--debug]
                  pattern

Count events and their stack traces

positional arguments:
  pattern               search expression for events

optional arguments:
  -h, --help            show this help message and exit
```

```
 -p PID, --pid PID       trace this PID only
 -i INTERVAL, --interval INTERVAL
                         summary interval, seconds
 -D DURATION, --duration DURATION
                         total duration of trace, seconds
 -T, --timestamp        include timestamp on output
 -r, --regexp           use regular expressions. Default is "*" wildcards
                        only.
 -s, --offset           show address offsets
 -P, --perpid           display stacks separately for each process
 -K, --kernel-stacks-only
                         kernel stack only
 -U, --user-stacks-only
                         user stack only
 -v, --verbose          show raw addresses
 -d, --delimited        insert delimiter between kernel/user stacks
 -f, --folded           output folded format
 --debug                print BPF program before starting (for debugging
                        purposes)

examples:
    ./stackcount submit_bio        # count kernel stack traces for submit_bio
    ./stackcount -d ip_output      # include a user/kernel stack delimiter
    ./stackcount -s ip_output      # show symbol offsets
    ./stackcount -sv ip_output     # show offsets and raw addresses (verbose)
    ./stackcount 'tcp_send*'       # count stacks for funcs matching tcp_send*
    ./stackcount -r '^tcp_send.*'  # same as above, using regular expressions
    ./stackcount -Ti 5 ip_output   # output every 5 seconds, with timestamps
    ./stackcount -p 185 ip_output  # count ip_output stacks for PID 185 only
[...]
```

除此之外，正在准备增加一个选项，用于限制记录的栈深度。

4.7　trace

　　trace(8)[1] 是一个 BCC 多用途工具，可以针对多个数据源进行每个事件的跟踪，支持 kprobes、uprobes、跟踪点和 USDT 探针。

　　它可以用来回答以下问题：

- 当某个内核态 / 用户态函数被调用时，调用参数是什么？

1　本工具由Sasha Goldshtein开发，并于2016年2月22日添加到BCC中。

- 这个函数的返回值是什么？调用失败了吗？
- 这个函数是如何被调用的？相应的用户态或内核态函数调用栈是什么？

因为 trace(8) 会对每个事件产生一行输出，因此它比较适用于低频事件。特别高频的事件，比如网络收发包、上下文切换以及内存分配等事件，每秒可能会发生高达百万次，这种情况下 trace(8) 会产生太多的输出，造成非常显著的额外开销。一种减少开销的方式是使用一个过滤表达式，只打印感兴趣的事件。高频发生的事件，更适合使用其他在内核中直接进行汇总统计的工具，比如 funccount(8)、stackcount(8) 和 argdist(8)。下一节会介绍 argdist(8)。

4.7.1　trace 的示例

下面的例子显示了通过跟踪内核函数 do_sys_open() 来展示文件打开动作，相当于 trace(8) 版本的 opensnoop(8)：

```
# trace 'do_sys_open "%s", arg2'
PID      TID      COMM           FUNC            -
29588    29591    device poll    do_sys_open     /dev/bus/usb
29588    29591    device poll    do_sys_open     /dev/bus/usb/004
[...]
```

arg2 是 do_sys_open() 函数的第 2 个参数，代表打开的文件名字，其类型是 char*。输出结果最后一列的标签是 "-"，是提供给 trace(8) 的格式化字符串。

4.7.2　trace 的语法

trace(8) 的命令行参数包括可以用来改变行为的选项，以及一个或多个探针（probe）：

```
trace [options] probe [probe ...]
```

probe 的语法是：

```
eventname(signature) (boolean filter) "format string", arguments
```

signature 不是必需的，仅在特定情形下需要（可参看 4.7.4 节）。过滤条件（filter）也不是必需的，支持使用布尔操作符：==、<、> 和 !=。format string 和 arguments 也不是必需的，没有它们的话，trace(8) 仍然可以为每个事件打印一行，只是不会包含定制的输出字段。

eventname 的语法和 funccount(8) 类似，不过增加了对返回值的支持。

- **name** 或者 **p:name**：对内核函数 *name()* 进行插桩。
- **r::name**：对内核函数 *name()* 的返回值进行插桩。
- **lib:name** 或者 **p:lib:name**：对用户态 lib 库中的函数 *name()* 进行插桩。
- **r:lib:name** 或者 **p:lib:name**：对用户态 lib 库中的函数 *name()* 的返回值进行插桩。
- **path:name**：对位于 *path* 路径下的用户态函数 *name()* 进行插桩。
- **r:path:name**：对位于 *path* 路径下的用户态函数 *name()* 的返回值进行插桩。
- **t:system:name**：对名为 *system:name* 的跟踪点进行插桩。
- **u:lib:name**：对 lib 库中名为 *name* 的 USDT 探针进行插桩。
- *****：用来匹配任意字符的通配符。-r 选项允许使用正则表达式。

格式字符串基于 printf() 实现，它支持如下参数。

- **%u**：unsigned int（无符号整型）
- **%d**：int（整型）
- **%lu**：unsigned long（无符号长整型）
- **%ld**：long（长整型）
- **%llu**：unsigned long long（无符号超长整型）
- **%lld**：long long（超长整型）
- **%hu**：unsigned short（无符号短整型）
- **%hd**：short（短整型）
- **%x**：unsigned int，十六进制（无符号整型）
- **%lx**：unsigned long，十六进制（无符号长整型）
- **%llx**：unsigned long long，十六进制（无符号超长整型）
- **%c**：character，字符
- **%K**：kernel symbol string，内核符号字符串
- **%U**：user-level symbol string，用户态符号字符串
- **%s**：string，字符串

总的语法和其他一些编程语言有些类似。看下面这个 trace(8) 单行程序：

```
trace 'c:open (arg2 == 42) "%s %d", arg1, arg2'
```

下面是一个等价的、更像 C 语法的程序（这里仅作为说明使用；trace(8) 不能真的执行）：

```
trace 'c:open { if (arg2 == 42) { printf("%s %d\n", arg1, arg2); } }'
```

在临时的跟踪分析中经常会需要定制化打印一个事件的参数，所以 trace(8) 是一个可随时启用的方便工具。

4.7.3　trace 的单行程序

许多单行程序已经在帮助消息中列出来了。这里再列举一部分单行程序。

跟踪内核函数 do_sys_open()，并打印文件名：

```
trace 'do_sys_open "%s", arg2'
```

跟踪内核函数 do_sys_open()，并打印返回值：

```
trace 'r::do_sys_open "ret: %d", retval'
```

跟踪 do_nanosleep()，并且打印用户态的调用栈：

```
trace -U 'do_nanosleep "mode: %d", arg2'
```

跟踪通过 pam 库进行身份鉴别的请求：

```
trace 'pam:pam_start "%s: %s", arg1, arg2'
```

4.7.4　trace 的结构体

BCC 使用系统头文件和内核头文件来获取结构体信息。比如下面这个单行程序，它对 do_nanosleep() 函数进行跟踪时，需要知道 task 的地址：

```
trace 'do_nanosleep(struct hrtimer_sleeper *t) "task: %x", t->task'
```

幸运的是，hrtimer_sleeper 结构在内核头文件包中（include/linux/hrtimer.h），因此它可以自动被 BCC 读取。

对于不在内核头文件包中的结构体，可以手动包含对应的头文件。比如，这个单行程序跟踪 udpv6_sendmsg()，条件是目标端口是 53（即 DNS 端口；当使用网络字节序时为 13568）：

```
trace -I 'net/sock.h' 'udpv6_sendmsg(struct sock *sk) (sk->sk_dport == 13568)'
```

此处为了理解 sock 结构体，需要 net/sock.h 文件，所以使用了命令行参数 -I。这需要系统中有完整的内核源代码才能正常工作。

目前正在开发的一项新技术可以免除内核源代码的安装——BPF 类型格式（BPF Type Format，BTF），该技术会将结构体信息内嵌到编译后的二进制文件中（参看第 2 章）。

4.7.5 trace 调试文件描述符泄露问题

这里有一个更复杂一些的例子。笔者在解决一个真实的 Netflix 生产环境实例上文件泄露问题的时候，书写了这个案例。这里的目标是获得没有被正常关闭的文件描述符的更多信息。在文件描述符分配（通过 sock_alloc()）的调用栈中应该可以获得这些信息，然而还需要一种方法来区分那些被正常释放（通过 sock_release()）掉的和没有被释放掉的分配。图 4-4 说明了这个问题。

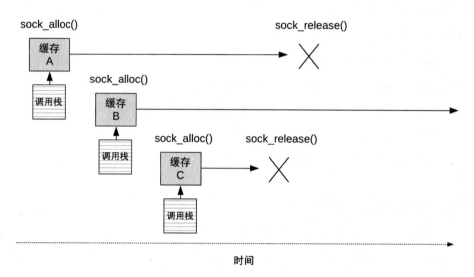

图 4-4 网络套接字文件描述符泄露

这里可以直接对 sock_alloc() 进行跟踪，但是这会同时记录缓冲区 A、B 和 C 的调用栈信息。在本例中，只有缓冲区 B——在跟踪期间没有被释放——才是我们感兴趣的。

笔者在这里使用了一个单行程序来解决这个问题，不过这个命令产生的数据还需要进行后续处理。这是该单行程序和一部分输出：

```
# trace -tKU 'r::sock_alloc "open %llx", retval' '__sock_release "close %llx", arg1'
TIME      PID     TID     COMM          FUNC             -
1.093199  4182    7101    nf.dependency.M sock_alloc      open ffff9c76526dac00
        kretprobe_trampoline+0x0 [kernel]
        sys_socket+0x55 [kernel]
        do_syscall_64+0x73 [kernel]
        entry_SYSCALL_64_after_hwframe+0x3d [kernel]
        __socket+0x7 [libc-2.27.so]
        Ljava/net/PlainSocketImpl;::socketCreate+0xc7 [perf-4182.map]
        Ljava/net/Socket;::setSoTimeout+0x2dc [perf-4182.map]
```

```
        Lorg/apache/http/impl/conn/DefaultClientConnectionOperator;::openConnectio...
        Lorg/apache/http/impl/client/DefaultRequestDirector;::tryConnect+0x60c [pe...
        Lorg/apache/http/impl/client/DefaultRequestDirector;::execute+0x1674 [perf...
[...]

[...]

6.010530 4182    6797    nf.dependency.M __sock_release    close ffff9c76526dac00
        __sock_release+0x1 [kernel]
        __fput+0xea [kernel]
        ____fput+0xe [kernel]
        task_work_run+0x9d [kernel]
        exit_to_usermode_loop+0xc0 [kernel]
        do_syscall_64+0x121 [kernel]
        entry_SYSCALL_64_after_hwframe+0x3d [kernel]
        dup2+0x7 [libc-2.27.so]
        Ljava/net/PlainSocketImpl;::socketClose0+0xc7 [perf-4182.map]
        Ljava/net/Socket;::close+0x308 [perf-4182.map]
        Lorg/apache/http/impl/conn/DefaultClientConnection;::close+0x2d4 [perf-418...
[...]
```

　　这里对内核函数 sock_alloc() 的返回值进行插桩，并打印它的返回值、socket 的地址以及调用栈信息（使用 -K 和 -U 选项）。它还同时跟踪了内核函数 __sock_release()，获取了第 2 个参数：这样可以获得被关闭的 socket 的地址。-t 选项会为这些事件打印时间戳。

　　笔者对上述输出进行了截取（原始输出和 Java 栈特别长），显示出对于地址 0xffff9c76526dac00 只有一个分配和释放的组合（以粗体显示）。笔者对这个输出进行了后处理，找到了那些被打开但是没有被关闭的文件描述符（也即没有对应的关闭动作），然后再使用分配时记录的调用栈信息去辨认导致文件描述符泄露的代码路径（这里没有显示）。

　　这个问题也可以使用专门的、类似 memleak(8) 的 BCC 工具来解决，在第 7 章中会讲到这个工具。该工具会先将调用栈保存在 BPF 映射表结构中，当释放动作发生时再将其从 BPF 映射表中删除。这样通过这个映射表，随后可以打印出那些长时间未被释放的地址。

4.7.6 trace 的帮助信息

　　trace(8) 的功能比目前展示的还要多，可以通过帮助信息来查看：

```
# trace -h
usage: trace.py [-h] [-b BUFFER_PAGES] [-p PID] [-L TID] [-v] [-Z STRING_SIZE]
```

```
                    [-S] [-M MAX_EVENTS] [-t] [-T] [-C] [-B] [-K] [-U] [-a]
                    [-I header]
                    probe [probe ...]
```

Attach to functions and print trace messages.

positional arguments:
  probe   probe specifier (see examples)

optional arguments:
  -h, --help   show this help message and exit
  -b BUFFER_PAGES, --buffer-pages BUFFER_PAGES
                          number of pages to use for perf_events ring buffer
                          (default: 64)
  -p PID, --pid PID   id of the process to trace (optional)
  -L TID, --tid TID   id of the thread to trace (optional)
  -v, --verbose   print resulting BPF program code before executing
  -Z STRING_SIZE, --string-size STRING_SIZE
                          maximum size to read from strings
  -S, --include-self   do not filter trace's own pid from the trace
  -M MAX_EVENTS, --max-events MAX_EVENTS
                          number of events to print before quitting
  -t, --timestamp   print timestamp column (offset from trace start)
  -T, --time   print time column
  -C, --print_cpu   print CPU id
  -B, --bin_cmp   allow to use STRCMP with binary values
  -K, --kernel-stack   output kernel stack trace
  -U, --user-stack   output user stack trace
  -a, --address   print virtual address in stacks
  -I header, --include header
                          additional header files to include in the BPF program
```

EXAMPLES:

```
trace do_sys_open
        Trace the open syscall and print a default trace message when entered
trace 'do_sys_open "%s", arg2'
        Trace the open syscall and print the filename being opened
trace 'sys_read (arg3 > 20000) "read %d bytes", arg3'
        Trace the read syscall and print a message for reads >20000 bytes
trace 'r::do_sys_open "%llx", retval'
        Trace the return from the open syscall and print the return value
trace 'c:open (arg2 == 42) "%s %d", arg1, arg2'
```
```

```
        Trace the open() call from libc only if the flags (arg2) argument is 42
[...]
```

因为这里包含了一个不怎么常用的迷你编程语言，所以在帮助信息结尾处提供了例子以帮助用户记忆。

尽管 trace(8) 十分有用，但它不能算一个功能完整的语言。想要完整的语言，可以参阅第 5 章的 bpftrace。

4.8　argdist

argdist(8)[1] 是一个针对函数调用参数分析的多用途工具。这里再提供一个源自 Netflix 的真实例子：一台 Hadoop 服务器遇到了 TCP 性能问题，我们定位到是零窗口宣告（zero-window advertisement）问题。笔者使用 argdist(8) 单行程序来对生产环境中的窗口大小进行统计分析。下面是这个问题的部分输出：

```
# argdist -H 'r::__tcp_select_window():int:$retval'
[21:50:03]
     $retval             : count     distribution
        0 -> 1           : 6100      |****************************************|
        2 -> 3           : 0         |                                        |
        4 -> 7           : 0         |                                        |
        8 -> 15          : 0         |                                        |
       16 -> 31          : 0         |                                        |
       32 -> 63          : 0         |                                        |
       64 -> 127         : 0         |                                        |
      128 -> 255         : 0         |                                        |
      256 -> 511         : 0         |                                        |
      512 -> 1023        : 0         |                                        |
     1024 -> 2047        : 0         |                                        |
     2048 -> 4095        : 0         |                                        |
     4096 -> 8191        : 0         |                                        |
     8192 -> 16383       : 24        |                                        |
    16384 -> 32767       : 3535      |***********************                 |
    32768 -> 65535       : 1752      |***********                             |
    65536 -> 131071      : 2774      |******************                      |
   131072 -> 262143      : 1001      |******                                  |
   262144 -> 524287      : 464       |***                                     |
   524288 -> 1048575     : 3         |                                        |
```

1　Sasha Goldshtein于2016年2月12日开发了这个工具。

```
   1048576 -> 2097151    : 9         |                                          |
   2097152 -> 4194303    : 10        |                                          |
   4194304 -> 8388607    : 2         |                                          |
[21:50:04]
[...]
```

上述工具对内核函数 __tcp_select_window() 的返回值进行插桩，并将返回值以 2 的幂为区间进行统计聚合（-H）。默认情况下，argdist(8) 每秒打印一次结果。上述直方图中 "0->1" 的行显示大小为 0 的窗口问题：在上面时间段内一共发生了 6100 次。当我们对系统进行修复以解决这个问题时，可以使用这个工具来确认问题是否还存在。

4.8.1　argdist 的语法

argdist(8) 的命令行参数设定汇总输出的类型、被插桩的事件以及要进行汇总的数据：

```
argdist {-C|-H} [options] probe
```

argdist(8) 需要参数 -C 或者 -H。

- -C：频率统计。
- -H：以 2 的幂为区间输出直方图。

probe 的语法是：

```
eventname(signature)[:type[,type...]:expr[,expr...][:filter]][#label]
```

eventname 和 signature 的语法和 trace(8) 命令几乎一样，差别在于内核函数名的缩写不可用。这里的内核函数 vfs_read() 不能直接使用 "vfs_read"，而需要通过 "p::vfs_read" 使用。signature 字段是需要的。即使它为空白，也需要使用空括号（"()"）。

type 设定了要被展示的值的类型：对无符号 32 位整数来说是 u32，对无符号 64 位整数来说是 u64，以此类推。它支持多种类型，包括字符串 "char *"。

expr 是要汇总统计的表达式。它可以是一个函数或者一个跟踪点的参数。还有一些特殊的变量，只能用于返回值的探测。

- **$retval**：函数的返回值。
- **$latency**：从进入到返回的时长，单位是纳秒。
- **$entry(param)**：在探针进入（entry）时 *param* 的值。

filter 是可选的布尔表达式，用来对事件进行过滤。受支持的布尔操作符包括 ==、!=、< 和 >。

label 是一个可选的设置，用来为输出增加标签文本，这样可以达到内嵌文档的效果。

4.8.2 argdist 的单行程序

在工具的 usage 消息中列出了许多单行程序。这里再额外给出一些单行程序。

将内核函数 vfs_read() 的返回值以直方图的形式打印出来：

```
argdist.py -H 'r::vfs_read()'
```

以直方图方式对 PID 1005 的进程的用户态调用 libc 的 read() 函数的返回值（size）进行统计并输出：

```
argdist -p 1005 -H 'r:c:read()'
```

根据调用号（syscall ID）对系统调用进行计数，这里使用了 raw_syscalls:sysenter 这个跟踪点：

```
argdist.py -C 't:raw_syscalls:sys_enter():int:args->id'
```

对 tcp_sendmsg() 的参数 size 进行统计：

```
argdist -C 'p::tcp_sendmsg(struct sock *sk, struct msghdr *msg, size_t size):u32:size'
```

将 tcp_sendmsg() 的 size 作为以 2 的幂为区间的直方图打印出来：

```
argdist -H 'p::tcp_sendmsg(struct sock *sk, struct msghdr *msg, size_t size):u32:size'
```

将 PID 为 181 的进程按照文件描述符对 write() 调用进行计数：

```
argdist -p 181 -C 'p:c:write(int fd):int:fd'
```

打印出延迟大于 0.1 毫秒的进程读操作：

```
argdist -C 'r::__vfs_read():u32:$PID:$latency > 100000'
```

4.8.3 argdist 的帮助信息

argdist(8) 支持的功能比目前展示的要多，可以通过帮助信息进行查看：

```
# argdist.py -h
usage: argdist.py [-h] [-p PID] [-z STRING_SIZE] [-i INTERVAL] [-d DURATION]
                  [-n COUNT] [-v] [-c] [-T TOP] [-H specifier] [-C specifier]
                  [-I header]

Trace a function and display a summary of its parameter values.

optional arguments:
  -h, --help            show this help message and exit
```

```
-p PID, --pid PID      id of the process to trace (optional)
-z STRING_SIZE, --string-size STRING_SIZE
                       maximum string size to read from char* arguments
-i INTERVAL, --interval INTERVAL
                       output interval, in seconds (default 1 second)
-d DURATION, --duration DURATION
                       total duration of trace, in seconds
-n COUNT, --number COUNT
                       number of outputs
-v, --verbose          print resulting BPF program code before executing
-c, --cumulative       do not clear histograms and freq counts at each
                       interval
-T TOP, --top TOP      number of top results to show (not applicable to
                       histograms)
-H specifier, --histogram specifier
                       probe specifier to capture histogram of (see examples
                       below)
-C specifier, --count specifier
                       probe specifier to capture count of (see examples
                       below)
-I header, --include header
                       additional header files to include in the BPF program
                       as either full path, or relative to relative to
                       current working directory, or relative to default
                       kernel header search path


Probe specifier syntax:
        {p,r,t,u}:{[library],category}:function(signature)
[:type[,type...]:expr[,expr...][:filter]][#label]
Where:
        p,r,t,u    -- probe at function entry, function exit, kernel
                      tracepoint, or USDT probe
                      in exit probes: can use $retval, $entry(param), $latency
        library    -- the library that contains the function
                      (leave empty for kernel functions)
        category   -- the category of the kernel tracepoint (e.g. net, sched)
        function   -- the function name to trace (or tracepoint name)
        signature  -- the function's parameters, as in the C header
        type       -- the type of the expression to collect (supports multiple)
        expr       -- the expression to collect (supports multiple)
        filter     -- the filter that is applied to collected values
        label      -- the label for this probe in the resulting output
```

```
EXAMPLES:

argdist -H 'p::__kmalloc(u64 size):u64:size'
        Print a histogram of allocation sizes passed to kmalloc

argdist -p 1005 -C 'p:c:malloc(size_t size):size_t:size:size==16'
        Print a frequency count of how many times process 1005 called malloc
        with an allocation size of 16 bytes

argdist -C 'r:c:gets():char*:(char*)$retval#snooped strings'
        Snoop on all strings returned by gets()

argdist -H 'r::__kmalloc(size_t size):u64:$latency/$entry(size)#ns per byte'
        Print a histogram of nanoseconds per byte from kmalloc allocations

argdist -C 'p::__kmalloc(size_t sz, gfp_t flags):size_t:sz:flags&GFP_ATOMIC'
        Print frequency count of kmalloc allocation sizes that have GFP_ATOMIC
[...]
```

　　argdist(8) 支持创建很多强大的单行程序。对于超出了其能力范围的分布统计需求，可以参看第 5 章的内容。

4.9　工具文档

　　每个 BCC 工具都有一个对应的 man 帮助文档和一个示例文件。BCC 源代码中的 /examples 目录下有一些和独立工具类似的代码示范，但它们没有单独的文档。在 /tools 中的工具或者使用了包管理软件安装到其他位置的工具，都有对应的文档。

　　在下面的小节中，我们将以 opensnoop(8) 为例讨论工具文档。

4.9.1　man 帮助文档：opensnoop

　　如果你的工具是通过包安装的，可以直接使用 man opensnoop 来查看。如果你看一下源代码仓库，会发现那里使用 nroff(1) 工具对 man 帮助文档（ROFF 格式）进行了格式化。

　　man 帮助文档的结构和其他 Linux 中的工具类似。在过去几年中，笔者不断改进书写 man 帮助文档页面内容的方式，特别是对某些细节更为关注了 [1]。下面的 man 帮助文档包含了笔者的解释和建议：

1　笔者为自己所开发的性能分析工具编写并发表了超过200个man帮助文档。

```
bcc$ nroff -man man/man8/opensnoop.8

opensnoop(8)                 System Manager's Manual                 opensnoop(8)



NAME
       opensnoop - Trace open() syscalls. Uses Linux eBPF/bcc.

SYNOPSIS
       opensnoop.py [-h] [-T] [-U] [-x] [-p PID] [-t TID] [-u UID]
                    [-d DURATION] [-n NAME] [-e] [-f FLAG_FILTER]

DESCRIPTION
       opensnoop  traces  the  open()  syscall,  showing  which  processes are
       attempting to open which files. This can be useful for determining  the
       location  of  config and log files, or for troubleshooting applications
       that are failing, especially on startup.

       This works by tracing the  kernel  sys_open()  function  using  dynamic
       tracing, and will need updating to match any changes to this function.

       This  makes  use  of a Linux 4.5 feature (bpf_perf_event_output()); for
       kernels older than 4.5, see the version under tools/old, which uses  an
       older mechanism.

       Since this uses BPF, only the root user can use this tool.
[...]
```

　　这个 man 帮助文档位于第 8 部分（section 8），因为它属于系统管理员使用的命令，所以需要 root 权限，就像笔者在 DESCRIPTION 结尾处指出的那样。未来 eBPF 可能会允许非 root 用户运行，就像 perf(1) 那样。如果到了那一天，这些 man 帮助文档将会移动到第 1 部分。

　　NAME 部分包含了对该工具的一句话描述。它指明了是运行在 Linux 平台上，使用了 eBPF/BCC（笔者开发了这些工具的多个版本，运行在不同的操作系统和跟踪器上）。

　　SYNOPSIS 总结了命令行使用方式。

　　DESCRIPTION 总结了该工具做了什么、为什么有用。能够用简单的语言描述清楚为什么该工具有用十分重要——换句话说，说清楚该工具能解决的真实问题是什么（并非所有人都很清楚）。提供这个信息可以帮助确认该工具确实有发布的价值。有时，笔者觉得写这部分会比较费劲，这也让笔者意识到，某个特定工具可能因解决的问题过于狭窄而不值得发布。

DESCRIPTION 部分还指出了注意事项。对于用户来说，提前告知工具的注意事项要比让用户费力自行发现要更好。本例中包含了一个关于动态跟踪的稳定性和内核版本的标准警告。

继续往下看：

```
REQUIREMENTS
     CONFIG_BPF and bcc.

OPTIONS
     -h      Print usage message.

     -T      Include a timestamp column.
[...]
```

REQUIREMENTS 部分列举了需要特殊注意的地方，OPTIONS 部分则列举了全部的命令行参数：

```
EXAMPLES
     Trace all open() syscalls:
          # opensnoop

     Trace all open() syscalls, for 10 seconds only:
          # opensnoop -d 10

[...]
```

EXAMPLES 部分通过展示工具的不同执行方式，解释了工具和它具备的各种能力。这可能是 man 帮助文档中最有用的部分：

```
FIELDS
     TIME(s)
          Time of the call, in seconds.

     UID    User ID

     PID    Process ID

     TID    Thread ID

     COMM   Process name
```

```
        FD      File descriptor (if success), or -1 (if failed)

        ERR     Error number (see the system's errno.h)
[...]
```

FIELDS 部分解释了工具输出的每个字段。如果一个字段有单位，它应该在 man 帮助文档中做出说明。在本例中，TIME(s) 说明了单位是秒。

```
OVERHEAD
        This traces the kernel open function and prints output for each  event.
        As  the  rate  of  this is generally expected to be low (< 1000/s), the
        overhead is also expected to be negligible. If you have an  application
        that  is calling a high rate of open()s, then test and understand over-
        head before use.
```

OVERHEAD 部分会给出预期的额外开销。如果用户知道额外开销较大，就可以提前做好计划和准备，以便成功地使用该工具。在本例中，预期的额外开销很低。

```
SOURCE
        This is from bcc.

                https://git***.com/iovisor/bcc

        Also look in the bcc distribution for a  companion  _examples.txt  file
        containing example usage, output, and commentary for this tool.

OS
        Linux

STABILITY
        Unstable - in development.

AUTHOR
        Brendan Gregg

SEE ALSO
        funccount(1)
```

最后这部分显示了本工具来自 BCC，以及其他一些元数据，同时还包含了指向其他资料的链接，比如示例文件，以及 SEE ALSO 部分中提供的相关工具。

如果一个工具是从其他工具移植过来的或者基于其他工作的，这个信息最好出现在

man 帮助文档中。有不少 BCC 工具被移植到了 bpftrace 源代码仓库中，bpftrace 工具的
帮助文档中的 SOURCE 部分会进行说明。

4.9.2 示例文件：opensnoop

看工具的输出示例可能是最好的解释工具的方法，因为它们的输出直观易懂，这也
是一个工具设计优良的标志。BCC 中的每个工具，都有一个专门的文本文件作为示例。

示例文件的第一句话给出了工具的名字和版本。输出结果的示例按照从最基本到逐
渐复杂的顺序被包含进来：

```
bcc$ more tools/opensnoop_example.txt
Demonstrations of opensnoop, the Linux eBPF/bcc version.


opensnoop traces the open() syscall system-wide, and prints various details.
Example output:

# ./opensnoop
PID    COMM     FD ERR PATH
17326  <...>     7   0 /sys/kernel/debug/tracing/trace_pipe
1576   snmpd     9   0 /proc/net/dev
1576   snmpd    11   0 /proc/net/if_inet6
1576   snmpd    11   0 /proc/sys/net/ipv4/neigh/eth0/retrans_time_ms
[...]


While tracing, the snmpd process opened various /proc files (reading metrics),
and a "run" process read various libraries and config files (looks like it
was starting up: a new process).

opensnoop can be useful for discovering configuration and log files, if used
during application startup.


The -p option can be used to filter on a PID, which is filtered in-kernel. Here
I've used it with -T to print timestamps:

 ./opensnoop -Tp 1956
TIME(s)        PID    COMM            FD ERR PATH
0.000000000    1956   supervise        9   0 supervise/status.new
0.000289999    1956   supervise        9   0 supervise/status.new
1.023068000    1956   supervise        9   0 supervise/status.new
1.023381997    1956   supervise        9   0 supervise/status.new
```

```
2.046030000    1956    supervise        9    0 supervise/status.new
2.046363000    1956    supervise        9    0 supervise/status.new
3.068203997    1956    supervise        9    0 supervise/status.new
3.068544999    1956    supervise        9    0 supervise/status.new

This shows the supervise process is opening the status.new file twice every
second.
[...]
```

在示例文件中对工具的输出进行了解释，特别是在第一个例子中。

在示例文件的结尾部分直接复制了工具的帮助信息（usage message）。它看起来冗余，不过在线浏览时会很有用。示例文件通常不会把每个可用的工具选项都覆盖到，所以示例文件以工具的使用帮助结尾可以告知工具还可以做什么。

4.10　开发BCC工具

大多数人可能会乐于使用更高级的 bpftrace 语言来编写程序，本书在工具开发方面会更侧重于 bpftrace，仅将 BCC 作为一个现成工具的仓库。作为一个可选的内容，附录 C 会介绍 BCC 工具的开发。

那么为什么在有 bpftrace 的情况下，还要使用 BCC 开发工具呢？ BCC 适用于创建复杂的、带着各种命令行参数、完全可定制的输出和动作的工具。比如，BCC 工具可以使用网络库向消息服务器或数据库发送数据。相比之下，bpftrace 更适用于编写单行程序，或者不接受命令行参数／单个参数，只打印文本输出。

BCC 还支持使用 C 语言编写底层 BPF 控制程序，然后使用 Python 或者其他支持的语言编写用户态组件。不过对应的代码也更复杂：BCC 工具的开发可能要花 10 倍于 bpftrace 工具开发的时间，而且代码行数也差不多是对应 bpftrace 工具的 10 倍。

不管是编写 BCC 还是 bpftrace 工具，通常都可以将核心功能在两个平台之间迁移——一旦你决定了哪些应该是核心功能。你也可以将 bpftrace 当作一个原型工具和概念验证（Proof-of-Concept）语言，在使用 BCC 开发完整工具之前使用。

附录 C 给出了 BCC 工具开发的相关资源、建议和带有源代码的示例。

下面的章节将介绍 BCC 的内部构造和调试方法。如果你已经在运行 BCC 工具，但是没有开发经验，可能会碰到需要对工具进行调试的情况，这时了解一些 BCC 的内部实现会有助于进行调试。

4.11 BCC的内部实现

BCC 由以下几部分组成。

- 一个 C++ 前端 API，用于内核态的 BPF 程序的编制，包括：

    - 一个预处理宏，负责将内存引用转换为 bpf_probe_read() 函数调用（在未来的内核中，还包括使用 bpf_probe_read() 的变体）。

- 一个 C++ 后端驱动：

    - 使用 Clang/LLVM 编译 BPF 程序。
    - 将 BPF 程序装载到内核中。
    - 将 BPF 程序挂载到事件上。
    - 对 BPF 映射表进行读 / 写。

- 用于编写 BCC 工具的语言前端：Python、C++ 和 Lua。

图 4-5 说明了以上这些。

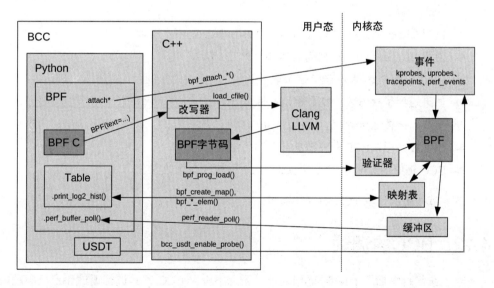

图 4-5 BCC 内部实现

图 4-5 中所示的 BPF、Table 和 USDT Python 对象，是它们在 libbcc 和 libbcc_bpf 库中对应实现的封装。

使用 Table 对象与 BPF 映射表数据结构进行交互，映射表中的数据也可以直接从

BPF 对象内部获得（这里使用了 Python 的"魔术方法"，比如 __getitem__），下面这两行代码是等价的：

```
counts = b.get_table("counts")
counts = b["counts"]
```

USDT 是 Python 中一个独立的对象，因为它的行为和 kprobes、uprobes、跟踪点都不一样。在初始化阶段，它必须被挂载到一个进程的 ID 或者路径上。和其他事件类型不同，有些 USDT 需要在进程映像中设定信号量来激活。应用程序使用这些信号量来决定 USDT 当前是否在使用中，是否需要为其准备参数，或者它是否可以作为性能优化从而被略过。

C++ 组件被编译为 libbcc_bpf 和 libbcc，它们也可以被其他软件所使用（比如 bpftrace）。libbcc_bpf 来自 Linux 内核源代码，位置在 tools/lib/bpf（最早源自 BCC）。

BCC 装载一个 BPF 程序并开始对某个事件进行插桩的步骤如下：

1. 创建 Python BPF 对象，将 BPF C 程序传递给该 BPF 对象。
2. 使用 BCC 改写器对 BPF C 程序进行预处理，将内存访问替换为 bpf_probe_read() 调用。
3. 使用 Clang 将 BPF C 程序编译为 LLVM IR。
4. 使用 BCC codegen 根据需要增加额外的 LLVM IR。
5. LLVM 将 IR 编译为 BPF 字节码。
6. 如果用到了映射表，就创建这些映射表。
7. 字节码被传送到内核，并经过 BPF 验证器的检查。
8. 事件被启用，BPF 程序被挂载到事件上。
9. BCC 程序通过映射表或者 perf_event 缓冲区读取数据。

下一节将揭示更多 BCC 的内部细节。

4.12　BCC的调试

除了在代码中插入 printf() 语句之外，还有不少对 BCC 工具进行调试和定位问题的方法。本节总结了打印语句、BCC 调试模式、bpflist 以及重置事件等方式。如果你是为了定位 BCC 的某个问题来阅读本章，那么之后也再看一下第 18 章，在第 18 章会覆盖常见的问题，例如事件丢失、调用栈残缺和符号不完整等情况。

图 4-6 显示了程序编译的流程和各个环节中可以使用的调试工具。

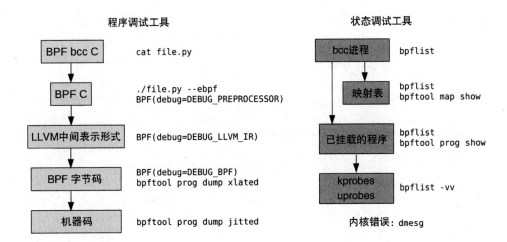

图 4-6 BCC 调试

这些工具将在后面进行解释。

4.12.1 printf() 调试

和其他复杂的调试工具相比，使用 printf() 进行调试的感觉有点像是黑客行为，但是它确实简单高效。printf() 不仅可以放置在 Python 代码中，也可以放置在 BPF 代码中。有一个特殊的辅助函数用于完成此项工作：bpf_trace_printk()。它会向一个特殊的 Ftrace 缓冲区中输出，然后通过 cat(1) 访问 /sys/kernel/debug/tracing/trace_pipe 文件来读取。

作为一个示例，请你想象一下正在使用 biolatency(8) 时遇到一个问题：可以编译和运行，但是输出看起来有点差错。这时你可以插入一条 printf() 语句，来确认探针是否已经生效，以及确认相关变量的值是否符合预期。下面是一个例子，用粗体表示对 biolatency.py 加入的调试语句：

```
[...]
// time block I/O
int trace_req_start(struct pt_regs *ctx, struct request *req)
{
    u64 ts = bpf_ktime_get_ns();
    start.update(&req, &ts);
    bpf_trace_printk("BDG req=%llx ts=%lld\\n", req, ts);
    return 0;
}
[...]
```

"BDG"在这里是笔者使用的前缀，用在输出中以清晰地区分是笔者本人的调试。

现在可以将工具运行起来：

```
# ./biolatency.py
Tracing block device I/O... Hit Ctrl-C to end.
```

然后在另一个终端会话中，使用 cat(1) 对 Ftrace 的 trace_pipe 文件进行读取：

```
# cat /sys/kernel/debug/tracing/trace_pipe
[...]
    kworker/4:1H-409    [004] .... 2542952.834645: 0x00000001: BDG
req=ffff8934c90a1a00 ts=2543018287130107
  dmcrypt_write-354     [004] .... 2542952.836083: 0x00000001: BDG
req=ffff8934c7df3600 ts=2543018288564980
  dmcrypt_write-354     [004] .... 2542952.836093: 0x00000001: BDG
req=ffff8934c7df3800 ts=2543018288578569
    kworker/4:1H-409    [004] .... 2542952.836260: 0x00000001: BDG
req=ffff8934c90a1a00 ts=2543018288744416
    kworker/4:1H-409    [004] .... 2542952.837447: 0x00000001: BDG
req=ffff8934c7df3800 ts=2543018289932052
  dmcrypt_write-354     [004] .... 2542953.611762: 0x00000001: BDG
req=ffff8934c7df3800 ts=2543019064251153
    kworker/u16:4-5415  [005] d... 2542954.163671: 0x00000001: BDG
req=ffff8931622fa000 ts=2543019616168785
```

输出的信息中有一些是 Ftrace 添加的默认字段，随后是我们定制的 bpf_trace_printk() 消息（在本例中文字有换行）。

如果使用 cat(1) 读取文件 trace 而非 trace_pipe，会打印出文件头：

```
# cat /sys/kernel/debug/tracing/trace
# tracer: nop
#
#                                  _-----=> irqs-off
#                                 / _----=> need-resched
#                                | / _---=> hardirq/softirq
#                                || / _--=> preempt-depth
#                                ||| /     delay
#           TASK-PID    CPU#     ||||    TIMESTAMP  FUNCTION
#              | |        |       ||||       |         |
   kworker/u16:1-31496 [000] d... 2543476.300415: 0x00000001: BDG
req=ffff89345af53c00 ts=2543541760130509
   kworker/u16:4-5415  [000] d... 2543478.316378: 0x00000001: BDG
req=ffff89345af54c00 ts=2543543776117611
[...]
```

这两个文件的差别如下所述。

- **trace**：打印文件头，不会阻塞。
- **trace_pipe**：会阻塞更多的消息，当被读取后消息会被清除。

Ftrace 的缓冲区（通过 trace/trace_pipe 读取）也会被其他 Ftrace 工具使用，所以当你进行调试时，可能会与其他消息混杂到一起。这种方式在调试时工作得很好，而且，当需要时可以对消息进行过滤，只留下感兴趣的部分消息（在本例中可以使用 `grep DBG /sys/.../trace`）。

使用第 2 章提到的 bpftool(8)，可以通过 `bpftool prog tracelog` 命令对 Ftrace 缓冲区进行打印。

4.12.2 BCC 调试输出

某些工具，如 funccount(8)，通过 -D 参数，已经提供打印调试信息的功能。检查工具的 USAGE 消息（-h 或者 --help）来查看某个工具是否提供了这个选项。许多工具还有一个未注明的 --ebpf 选项，使用它可以将该工具最终生成的 BPF 程序打印出来[1]。

例如：

```
# opensnoop --ebpf

#include <uapi/linux/ptrace.h>
#include <uapi/linux/limits.h>
#include <linux/sched.h>

struct val_t {
    u64 id;
    char comm[TASK_COMM_LEN];
    const char *fname;
};

struct data_t {
    u64 id;
    u64 ts;
    u32 uid;
    int ret;
    char comm[TASK_COMM_LEN];
```

1　--ebpf选项的加入，用来支持BCC PCP PMDA（参见第17章）。由于它不是为最终用户所设计的，所以为避免引起混乱，也没有在USAGE消息中体现。

```
        char fname[NAME_MAX];
};

BPF_HASH(infotmp, u64, struct val_t);
BPF_PERF_OUTPUT(events);

int trace_entry(struct pt_regs *ctx, int dfd, const char __user *filename, int flags)
{
        struct val_t val = {};
        u64 id = bpf_get_current_pid_tgid();
        u32 pid = id >> 32; // PID is higher part
        u32 tid = id;        // Cast and get the lower part
        u32 uid = bpf_get_current_uid_gid();
[...]
```

这在某些情况下，比如 BPF 程序被内核拒绝时会有用：可以把整个程序打印出来以查看问题。

4.12.3 BCC 的调试标志位

BCC 提供了一项所有工具都可使用的调试能力：在程序中，BPF 对象初始化时可以设置调试标志位。比如，在 opensnoop.py 中有这么一行：

```
b = BPF(text=bpf_text)
```

这里可以做一点修改，使其包含调试信息：

```
b = BPF(text=bpf_text, debug=0x2)
```

此时会在程序运行时，将 BPF 指令打印出来：

```
# opensnoop
0: (79) r7 = *(u64 *)(r1 +104)
1: (b7) r1 = 0
2: (7b) *(u64 *)(r10 -8) = r1
3: (7b) *(u64 *)(r10 -16) = r1
4: (7b) *(u64 *)(r10 -24) = r1
5: (7b) *(u64 *)(r10 -32) = r1
6: (85) call bpf_get_current_pid_tgid#14
7: (bf) r6 = r0
8: (7b) *(u64 *)(r10 -40) = r6
9: (85) call bpf_get_current_uid_gid#15
```

```
10: (bf) r1 = r10
11: (07) r1 += -24
12: (b7) r2 = 16
13: (85) call bpf_get_current_comm#16
14: (67) r0 <<= 32
[...]
```

BPF 的调试选项是可以组合的单比特标志位，它们被存储在 src/cc/bpf_module.h 中，如表 4-3 所示。

表 4-3　BPF 的调试选项

标志位	名称	调试
0x1	DEBUG_LLVM_IR	打印编译好的 LLVM 中间表示形式
0x2	DEBUG_BPF	在分支处打印 BPF 字节码和寄存器状态
0x4	DEBUG_PREPROCESSOR	打印预处理结果（与 --ebpf 类似）
0x8	DEBUG_SOURCE	打印出源代码中内嵌的汇编指令
0x10	DEBUG_BPF_REGISTER_STATE	打印所有指令中的寄存器状态
0x20	DEBUG_BTF	打印出 BTF 调试信息（否则 BTF 错误会被忽略）

debug=0x1f 会打印全部信息，可能会有多屏幕的输出。

4.12.4　bpflist

BCC 的 bpflist(8) 工具可以列出正在运行的 BPF 程序，外加一些信息。比如：

```
# bpflist
PID      COMM           TYPE      COUNT
30231    opensnoop      prog      2
30231    opensnoop      map       2
```

上面的输出显示了 opensnoop(8) 工具正在运行，PID 是 30231，它使用了两个 BPF 程序和两个 BPF 映射表。这说得通：opensnoop(8) 对两个事件进行插桩，每个事件使用一个 BPF 程序，使用一个映射表在探针间传递信息，使用另一个映射表向用户空间输出数据。

-v（细节）模式会对 kprobes 和 uprobes 进行计数。-vv（非常细节）对 kprobes 和 uprobes 进行计数，并且会将它们列出来。比如：

```
# bpflist -vv
open kprobes:
p:kprobes/p_do_sys_open_bcc_31364 do_sys_open
```

```
r:kprobes/r_do_sys_open_bcc_31364 do_sys_open

open uprobes:

PID     COMM            TYPE        COUNT
1       systemd         prog        6
1       systemd         map         6
31364   opensnoop       map         2
31364   opensnoop       kprobe      2
31364   opensnoop       prog        2
```

上面的输出显示了两个正在运行的 BPF 程序：systemd（PID 1）和 opensnoop（PID 31364）。-vv 模式会列出打开的 kprobes 和 uprobes。这里要注意一下，PID 31364 已经被编码到 kprobes 名字中。

4.12.5　bpftool

bpftool 来自 Linux 源代码，可以显示当前正在运行的程序，列出 BPF 指令，和映射表进行交互以及做其他事。第 2 章介绍过这个工具。

4.12.6　dmesg

有时一条来自 BPF 或其对应的事件源的内核错误会被记录在系统日志中，可以通过 dmesg(1) 进行查看。比如：

```
# dmesg
[...]
[8470906.869945] trace_kprobe: Could not insert probe at vfs_rread+0: -2
```

这是一条关于为内核函数 vfs_read() 创建 kprobes 的错误，这里出现了笔误，vfs_rread() 实际并不存在。

4.12.7　重置事件

开发软件通常是在写新的代码后再修复其中的 bug，如此循环往复。一旦在 BCC 的工具或者库中引入了 bug，可能 BCC 会在激活跟踪后崩溃。这可能会导致内核事件源停留于开启状态，而没有进程来消费，从而造成无谓的额外开销。

这在使用老的、基于 Ftrace 的、/sys 下的接口时会是一个问题，BCC 一开始就是使用这样的接口作为所有事件的来源的，除了 perf_events（PMC）。perf_events 使用了 perf_event_open()，它是基于文件描述符的。使用 perf_event_open() 的一个好处是一旦进程崩溃，内核会自动进行文件描述符的回收，然后就会对激活事件源进行清理。在 Linux 4.17 以及之后的版本中，BCC 转而将 perf_event_open() 接口用于所有的事件源，此时未被清理的内核事件源就已成为过去。

　　如果你仍在使用一个较老的内核，可以使用 BCC 中的一个工具 ——reset-trace.sh——来对 Ftrace 内核状态进行清理，移除所有激活的事件源。注意，只有在你确定机器上没有任何事件消费者的情况下（不只是 BCC，还包括其他跟踪器）才可以这样做，因为它会令事件源立即终止。

　　下面是笔者的 BCC 开发服务器上的一些输出：

```
# reset-trace.sh -v
Reseting tracing state...

Checking /sys/kernel/debug/tracing/kprobe_events
Needed to reset /sys/kernel/debug/tracing/kprobe_events
kprobe_events, before (line enumerated):
    1 r:kprobes/r_d_lookup_1_bcc_22344 d_lookup
    2 p:kprobes/p_d_lookup_1_bcc_22344 d_lookup
    3 p:kprobes/p_lookup_fast_1_bcc_22344 lookup_fast
    4 p:kprobes/p_sys_execve_1_bcc_12659 sys_execve
[...]
kprobe_events, after (line enumerated):

Checking /sys/kernel/debug/tracing/uprobe_events
Needed to reset /sys/kernel/debug/tracing/uprobe_events
uprobe_events, before (line enumerated):
    1 p:uprobes/p__proc_self_exe_174476_1_bcc_22344 /proc/self/exe:0x0000000000174476
    2 p:uprobes/p__bin_bash_ad610_1_bcc_12827 /bin/bash:0x00000000000ad610
    3 r:uprobes/r__bin_bash_ad610_1_bcc_12833 /bin/bash:0x00000000000ad610
    4 p:uprobes/p__bin_bash_8b860_1_bcc_23181 /bin/bash:0x000000000008b860
[...]
uprobe_events, after (line enumerated):

Checking /sys/kernel/debug/tracing/trace
Checking /sys/kernel/debug/tracing/current_tracer
Checking /sys/kernel/debug/tracing/set_ftrace_filter
Checking /sys/kernel/debug/tracing/set_graph_function
Checking /sys/kernel/debug/tracing/set_ftrace_pid
Checking /sys/kernel/debug/tracing/events/enable
Checking /sys/kernel/debug/tracing/tracing_thresh
Checking /sys/kernel/debug/tracing/tracing_on

Done.
```

在这个详尽输出模式（-v，verbose）下，reset-trace.sh 的全部步骤都被打印出来了。输出中空白的行，在重置 kprobe_events 和 uprobe_events 之后，会显示重置成功了。

4.13   小结

BCC 项目提供了超过 70 个 BPF 性能工具，其中有许多支持通过命令行参数来定制行为，并且全部工具都带有文档：man 帮助文档和示例文件。大部分是单一用途工具，专注于将某一事件观测好。有几个则是多用途工具，笔者在本章中介绍了 4 个：funccount(8) 用于对事件计数，stackcount(8) 用于对导致某事件发生的调用栈计数，trace(8) 用于对每个事件进行定制化打印输出，argdist(8) 可以将事件的参数进行摘要统计或者作为直方图打印。本章还介绍了 BCC 调试工具。附录 C 中提供了一些例子，可供开发新的 BCC 工具时参考。

第5章

bpftrace

bpftrace 是一款基于 BPF 和 BCC 的开源跟踪器。和 BCC 一样，bpftrace 自带了许多性能工具和支持文档。它同时还提供了一个高级编程语言环境，可以用来创建强大的单行程序和小工具。比如，下面的单行程序以直方图形式统计 vfs_read() 的返回值（读取的字节数或错误码）：

```
# bpftrace -e 'kretprobe:vfs_read { @bytes = hist(retval); }'
Attaching 1 probe...
^C

@bytes:
(..., 0)          223 |@@@@@@@@@@@@@                                         |
[0]               110 |@@@@@@                                               |
[1]               581 |@@@@@@@@@@@@@@@@@@@@@@@@@@@@@@@@@@@                    |
[2, 4)             23 |@                                                    |
[4, 8)              9 |                                                     |
[8, 16)           844 |@@@@@@@@@@@@@@@@@@@@@@@@@@@@@@@@@@@@@@@@@@@@@@@@@@@@@@@|
[16, 32)           44 |@@                                                   |
[32, 64)           67 |@@@@                                                 |
[64, 128)          50 |@@@                                                  |
[128, 256)         24 |@                                                    |
[256, 512)          1 |                                                     |
```

Alastair Robertson 于 2016 年 12 月创建了 bpftrace，当时它还只是一个业余项目。因为它看起来设计良好，并且和业已存在的 BCC/LLVM/BPF 工具链匹配程度好，笔者加入了该项目，并成为代码、性能工具和文档方面的主要贡献者。现在有不少人加入了我们的开发，第一版主要特性的开发都是在 2018 年完成的。

本章将介绍 bpftrace 和它的功能，提供一份工具和文档的概览，然后讲解 bpftrace

编程语言，最后以 bpftrace 的调试和内部实现介绍作为结束。

学习目标：

- 了解 bpftrace 的特性，并和其他工具进行对比。
- 了解在哪里可以找到工具和文档，以及如何使用这些工具。
- 学习如何阅读后续章节涉及的 bpftrace 工具源代码。
- 使用 bpftrace 编程语言，编写单行程序和工具。
- （可选）接触一下 bpftrace 的内部实现。

如果你想立即开始 bpftrace 编程，可以跳到 5.7 节，然后再返回这里继续完成 bpftrace 的学习。

bpftrace 比较适合临时创造单行程序和短小脚本进行观测，而 BCC 则适合编写复杂的工具和守护进程。

5.1　bpftrace的组件

图 5-1 展示了 bpftrace 的高层目录结构。

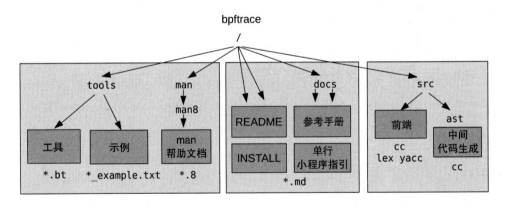

图 5-1　bpftrace 的结构

bpftrace 中提供了工具的文档、man 帮助文档、示例文件、一份 bpftrace 编程指引（单行程序指引），以及对应编程语言的参考手册。所有的 bpftrace 工具都以 .bt 作为文件名后缀。

前端使用 lex 和 yacc 来对 bpftrace 编程语言进行词法和语法分析，使用 Clang 来解析结构体。后端则将 bpftrace 程序编译成 LLVM 中间表示形式（intermidiate representation），然后再通过 LLVM 库将其编译为 BPF 代码。5.16 节中有相关细节的介绍。

5.2 bpftrace的特性

特性列表有助于你了解一项新技术所具备的能力。笔者制作了这样一个期望能够得到支持的特性列表，用于指导开发，现在这些特性都已经实现了，并在本节中列出。在第 4 章中，笔者将 BCC 的特性按照内核态和用户态特性进行了分类，因为它们属于不同的 API。对于 bpftrace 来说，只存在一种 API：bpftrace 编程语言。这些 bpftrace 特性会按照事件源、动作和一般特性进行分类介绍。

5.2.1 bpftrace 的事件源

下面这些事件源使用了第 2 章介绍过的内核态技术。bpftrace 接口（探针类型）显示在括号中：

- 动态插桩，内核态（kprobe）
- 动态插桩，用户态（uprobe）
- 静态跟踪，内核态（tracepoint、software）
- 静态跟踪，用户态（usdt，借助 libbcc）
- 定期事件采样（profile）
- 周期事件（interval）
- PMC 事件（hardware）
- 合成事件（BEGIN、END）

5.9 节会对这些探针的类型进行详细解释。未来还计划加入更多的事件源，也许当你读到这里时，这些计划都已经实现了；这包括：sockets 和 skb 事件、裸跟踪点、内存断点和自定义的 PMC 事件。

5.2.2 bpftrace 的动作

下面列出的是当某个事件触发后可以执行的动作。这里只给出了其中关键的一部分；从用户参考手册（Reference Guide）中可以找到完整列表。

- 过滤（谓词条件）
- 每事件输出（printf()）
- 基础变量（*global*、*$local* 和 *per[tid]*）
- 内置变量（pid、tid、comm、nsecs ...）
- 关联数组（*key[value]*）
- 频率计数（count() 或者 ++）

- 统计值（min()、max()、sum()、avg()、stats()）
- 直方图（hist()、lhist()）
- 时间戳和时间差（nsecs 及哈希存储）
- 调用栈信息，内核态（kstack）
- 调用栈信息，用户态（ustack）
- 内核态的符号解析（ksym() 和 kaddr()）
- 用户态的符号解析（usym() 和 uaddr()）
- 访问 C 结构体成员（->）
- 数组访问（[]）
- shell 命令（system()）
- 打印文件（cat()）
- 基于位置的参数（$1、$2、...）

5.7 节会进一步阐述所有的 bpftrace 动作。如果有特别需求，未来会添加更多的动作。但是希望能够将语言规模保持得越小越好，以使之易于学习。

5.2.3 bpftrace 的一般特性

下面列出的是 bpftrace 的一般特性，以及源代码仓库中的相应部分：

- 额外开销较低的插桩技术（BPF JIT 和映射表）
- 生产环境安全性（BPF 验证器）
- 众多工具（在 /tools 目录下）
- 新手指引（/docs/tutorial_one_liners.md）
- 参考手册（/docs/reference_guide.md）

5.2.4 bpftrace 与其他观测工具的比较

下面是 bpftrace 和其他也可以针对各种事件插桩的跟踪工具的对比。

- **perf(1)**：bpftrace 提供了简练的高级语言，而 perf(1) 脚本语言则相对冗长。perf(1) 支持通过 perf record 方式比较高效地转储（dump）事件，也可使用 perf top 在内存中对事件进行统计。bpftrace 支持在内核中高效地进行统计，包括可以生成自定义直方图，而 perf(1) 内置的在内核中的统计功能只支持简单计数（perf stat）。虽然不能直接使用 bpftrace 这样的高级语言，但 perf(1) 仍然可以通过运行 BPF 程序进行能力扩展；附录 D 中有 perf(1) 运行 BPF 的示例。
- **Ftrace**：bpftrace 提供了一种和 C 以及 awk 语法十分相似的编程语言，而 Ftrace 则使用了一种自有语法来实现包括 hist-triggers 在内的探测功能。由于 Ftrace 所需的依赖更少，因而更适合嵌入式 Linux 环境。Ftrace 的某些方面，比如函数统计功能经过了专门的性能优化，比 bpftrace 使用的事件源更加高效。（笔者编写的 Ftrace 版本的 funccount(8) 目前比 bpftrace 启动 / 停止更加迅速，运行时性能开销也更低。）

- SystemTap：bpftrace 和 SystemTap 都提供了高级语言支持。bpftrace 基于 Linux 内置的技术，而 SystemTap 则使用自己开发的内核模块——这在 REHL 发行版之外的 Linux 上已经被证明是不太可靠的。目前有工作在推动 SystemTap 像 bpftrace 那样来支持 BPF 后端，这样可使它在其他发行版上也能稳定运行。从功能上来说，SystemTap 目前的 tapsets 库拥有更多的辅助函数，可以用来对不同的目标进行插桩。

- LTTng：LTTng 对于事件的导出转储进行了优化，并提供了分析事件转储结果的工具。这采取了和 bpftrace 完全不同的性能分析方法，bpftrace 被设计为偏向临时性的实时分析。

- **应用程序定制工具**：针对特定应用程序和语言运行时的工具只能在用户态范围内进行跟踪。bpftrace 也可以对内核和硬件事件进行探测，这就使得其能够确认问题的范围比用户态工具要更广。此类工具的优势在于它们通常针对目标应用程序或运行时进行了专门定制。比如 MySQL 数据库性能剖析器可以理解如何对数据库查询进行跟踪，JVM 剖析器则可以专门对垃圾回收进行跟踪。在 bpftrace 中，这些工作都需要自行编码实现。

这里的结论是，无须拘泥于 bpftrace。我们的目标是解决问题，而不是过分专注于 bpftrace 工具。有时组合使用这些工具能更快地达到目标。

5.3　bpftrace的安装

bpftrace 可以使用 Linux 发行版提供的安装包进行安装，但是在本书写作之时，这些包才刚刚开始出现；第一个 bpftrace 包是以 Canonical[1] 公司提供的 snap 包形式以及一个 Debian 包[2] 提供的，这些包在 Ubuntu 19.04 中可用。你可以自行通过源代码编译 bpftrace。查看最新源代码仓库中的 INSTALL.md 文件可获得安装指令 [63]。

5.3.1　内核版本要求

这里推荐你使用 Linux 4.9（2016 年 12 月发布）或更新的内核版本。bpftrace 所使

1　感谢Colin Ian King[61]。

2　感谢Vincent Bernat[62]。

用的主要的 BPF 组件是在 Linux 4.1 到 4.9 之间添加的。后续的版本中有各种改进，所以使用越新的内核越好。在 BCC 文档中包含了一个不同 Linux 版本支持的 BPF 特性列表，其中也解释了为什么越新的内核越好（请参看参考资料 [64]）。

使用时需要启用内核的一些配置选项。在很多发行版中，这些选项是默认开启的，所以通常不需要再手动开启。包括：CONFIG_BPF=y、CONFIG_BPF_SYSCALL=y、CONFIG_BPF_JIT=y、CONFIG_HAVE_EBPF_JIT=y 及 CONFIG_BPF_EVENTS=y。

5.3.2　Ubuntu

当 Ubuntu 发行版中的 bpftrace 安装包可用时，可以执行如下动作安装：

```
sudo apt-get update
sudo apt-get install bpftrace
```

bpftrace 也可以通过源代码进行安装：

```
sudo apt-get update
sudo apt-get install bison cmake flex g++ git libelf-dev zlib1g-dev libfl-dev \
  systemtap-sdt-dev llvm-7-dev llvm-7-runtime libclang-7-dev clang-7
git clone https://github.com/iovisor/bpftrace
mkdir bpftrace/build; cd bpftrace/build
cmake -DCMAKE_BUILD_TYPE=Release ..
make
make install
```

5.3.3　Fedora

一旦 bpftrace 经过打包之后，可以通过如下动作安装：

```
sudo dnf install -y bpftrace
```

bpftrace 也可以通过源代码进行构建：

```
sudo dnf install -y bison flex cmake make git gcc-c++ elfutils-libelf-devel \
  zlib-devel llvm-devel clang-devel bcc-devel
git clone https://github.com/iovisor/bpftrace
cd bpftrace
mkdir build; cd build; cmake -DCMAKE_BUILD_TYPE=DEBUG ..
make
```

5.3.4 构建后的安装步骤

为了确认编译构建过程是成功的，可以运行测试用例以及使用一个单行程序进行测试：

```
sudo ./tests/bpftrace_test
sudo ./src/bpftrace -e 'kprobe:do_nanosleep { printf("sleep by %s\n", comm); }'
```

运行 `sudo make install` 可将 bpftrace 二进制文件安装到 /usr/local/bin/bpftrace，将工具安装到 /usr/local/share/bpftrace/tools。可以使用 cmake(1) 选项来变更安装位置，默认值是 `-DCMAKE_INSTALL_PREFIX=/usr/local`。

5.3.5 其他发行版

请先检查一下是否有可用的 bpftrace 安装包，同时请参看 bpftrace 的 INSTALL.md 文件中的安装指引。

5.4 bpftrace工具

图 5-2 展示了主要的系统组件，以及来自 bpftrace 源代码仓库和本书中的工具，这些工具可以用来对系统组件进行观测。

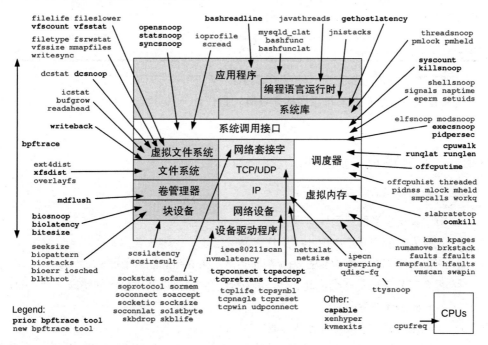

图 5-2 bpftrace 性能工具

bpftrace 源代码仓库中当前的工具使用黑色字体，来自本书的新的工具则使用了灰色。有一些变体工具没有被包含进来（比如第 10 章介绍的 qdisc 变体工具）。

5.4.1 重点工具

表 5-1 根据主题分类列出了一些工具，这些工具会在后续章节加以详细介绍。

表 5-1 按主题和章节进行分类的部分 bpftrace 工具

主题	特色工具	章节
CPU 相关	execsnoop.bt、runqlat.bt、runqlen.bt、cpuwalk.bt、offcputime.bt	6
内存相关	oomkill.bt、failts.bt、vmscan.bt、swapin.bt	7
文件系统相关	vfsstat.bt、filelife.bt、xfsdist.bt	8
存储 I/O 相关	biosnoop.bt、biolatency.bt、bitesize.bt、biostacks.bt、scsilatency.bt、nvmelatency.bt	9
网络相关	tcpaccept.bt、tcpconnect.bt、tcpdrop.bt、tcpretrans.bt、gethostlatency.bt	10
安全相关	ttysnoop.bt、elfsnoop.bt、setuids.bt	11
编程语言相关	jnistacks.bt、javacalls.bt	12
应用程序相关	threadsnoop.bt、pmheld.bt、naptime.bt、mysqld_qslower.bt	13
内核相关	mlock.bt、mheld.bt、kmem.bt、kpages.bt、workq.bt	14
容器相关	pidnss.bt、blkthrot.bt	15
虚拟机管理器机关	xenhyper.bt、cpustolen.bt、kvmexits.bt	16
调试器 / 多用途工具相关	execsnoop.bt、threadsnoop.bt、opensnoop.bt、killsnoop.bt、signals.bt	6、8、13

注意，本书讲述的 BCC 工具并未在表 5-1 中列出。

在阅读完本章之后，你可以根据需要跳转到任意一章继续学习，到时可以将本书当作一本参考手册来使用。

5.4.2 工具特征

bpftrace 工具有以下共同特征：

- 解决真实世界的观测性问题。
- 设计为在生产环境中由 root 用户来使用。
- 每个工具都有一个对应的 man 帮助文档（在 man/man8 目录下）。
- 每个工具都配备一个示例文件，其中有示例输出以及对输出的解释（在 tools/*_example.txt 文件中）。
- 工具源代码以一段注释作为开始。
- 工具尽量简单和短小。（更复杂的工具可借助 BCC 实现。）

5.4.3 工具的运行

如果你是 root 用户，可以立即运行自带的工具：

```
bpftrace/tools$ ls -lh opensnoop.bt
-rwxr-xr-x 1 bgregg bgregg 1.1K Nov 13 10:56 opensnoop.bt*

bpftrace/tools$ ./opensnoop.bt
ERROR: bpftrace currently only supports running as the root user.

bpftrace/tools$ sudo ./opensnoop.bt
Attaching 5 probes...
Tracing open syscalls... Hit Ctrl-C to end.
PID    COMM             FD ERR PATH
25612  bpftrace         23   0 /dev/null
1458   Xorg            118   0 /proc/18416/cmdline
[...]
```

这些工具可以和其他系统工具一起放在某个 sbin 目录下，比如 /usr/local/sbin。

5.5 bpftrace单行程序

本节提供了一些单行程序，一方面它们本身就很有用，另一方面也可用它们来展示 bpftrace 的各种能力。下一节会解释 bpftrace 编程语言，再往后的章节会介绍更多的针对特定目标的单行程序。注意，许多单行程序在内核内存中进行数据统计，直到用户按下 Ctrl+C 组合键后才会打印出一个摘要消息。

展示系统中谁在执行什么命令：

```
bpftrace -e 'tracepoint:syscalls:sys_enter_execve { printf("%s -> %s\n", comm,
    str(args->filename)); }'
```

展示新进程的创建，以及参数信息：

```
bpftrace -e 'tracepoint:syscalls:sys_enter_execve { join(args->argv); }'
```

通过 openat() 查看打开文件动作，按进程统计：

```
bpftrace -e 'tracepoint:syscalls:sys_enter_openat { printf("%s %s\n", comm,
    str(args->filename)); }'
```

按照不同程序统计系统调用：

```
bpftrace -e 'tracepoint:raw_syscalls:sys_enter { @[comm] = count(); }'
```

按系统调用探针的名字对系统调用进行计数：

```
bpftrace -e 'tracepoint:syscalls:sys_enter_* { @[probe] = count(); }'
```

按进程统计系统调用数量：

```
bpftrace -e 'tracepoint:raw_syscalls:sys_enter { @[pid, comm] = count(); }'
```

按进程展示总的读取字节数：

```
bpftrace -e 'tracepoint:syscalls:sys_exit_read /args->ret/ { @[comm] =
    sum(args->ret); }'
```

按进程展示 read 返回结果大小的分布：

```
bpftrace -e 'tracepoint:syscalls:sys_exit_read { @[comm] = hist(args->ret); }'
```

展示进程的磁盘 I/O 尺寸：

```
bpftrace -e 'tracepoint:block:block_rq_issue { printf("%d %s %d\n", pid, comm,
    args->bytes); }'
```

按进程展示页换入的数量：

```
bpftrace -e 'software:major-faults:1 { @[comm] = count(); }'
```

按进程展示缺页中断的数量：

```
bpftrace -e 'software:faults:1 { @[comm] = count(); }'
```

对 PID 为 189 的进程，以 **49Hz** 的频率抓取其用户态的调用栈信息：

```
bpftrace -e 'profile:hz:49 /pid == 189/ { @[ustack] = count(); }'
```

5.6 bpftrace的文档

和 BCC 项目下的工具一样，每个 bpftrace 工具都有一个相应的 man 帮助文档和示例文件。第 4 章对这些文件的格式和用途进行了讨论。

为了帮助人们学习开发新的单行程序或者工具，笔者编写了 "bpftrace One-Liner Tutorial" [65] 和 "bpftrace Reference Guide" [66]。这些文档可以在源代码仓库的 /docs 目录下找到。

5.7 bpftrace编程

本节提供了一个如何使用 bpftrace 以及如何进行 bpftrace 编程的短小指南。本节的格式受到了最初 awk 文章 [Aho 78] 的启发，那篇文章使用了 6 页的篇幅描述了 awk 语言。bpftrace 语言本身的设计灵感来自 awk 和 C，还包括其他跟踪器的特色，如 DTrace 和 SystemTap。

下面是一个 bpftrace 编程的例子：它对内核函数 vfs_read() 的执行时间进行测量，并以微秒为单位将结果以直方图形式进行打印。这里摘要解释了此工具包含的组件：

```
#!/usr/local/bin/bpftrace

// this program times vfs_read()

kprobe:vfs_read
{
        @start[tid] = nsecs;
}

kretprobe:vfs_read
/@start[tid]/
{
        $duration_us = (nsecs - @start[tid]) / 1000;
        @us = hist($duration_us);
        delete(@start[tid]);
}
```

接下来的 5 节会深入 bpftrace 编程的细节，内容包括：探针、测试、运算符、变量、函数和映射表类型。

5.7.1　用法

命令：

```
bpftrace -e program
```

会执行 program，并开始跟踪其中定义的所有事件。程序会持续运行，直到 Ctrl+C 组合键被按下，或者程序显式地调用 exit() 为止。带 -e 参数运行的 bpftrace 程序被称作单行程序。除此以外，程序可以被保存到一个文件中，然后通过下面的方式来执行：

```
bpftrace file.bt
```

这里 .bt 扩展名并不是必需的，不过有助于后续确认文件类型。在文件开始的位置放置一行代码可指定解释器[1]：

---

[1] 有些人更愿意使用#!/user/bin/env bpftrace，因为这样可以从$PATH中寻找bpftrace。不过，env(1)自身存在一些问题，所以这段修改在BCC代码仓库中已经被撤销了。bpftrace代码仓库中目前仍然使用env(1)，后续可能会因为类似的原因将其撤销。

```
#!/usr/local/bin/bpftrace
```

如果将文件属性设定为可执行（chmod a+x file.bt），就可以像其他任何程序一样运行：

```
./file.bt
```

bpftrace 必须由 root 用户（超级用户）运行[1]。在某些环境下，root shell 可以用来直接运行程序，而在另外一些环境下则更倾向使用 sudo(1) 来执行特权程序：

```
sudo ./file.bt
```

5.7.2　程序结构

bpftrace 程序的结构是一系列探针加对应的动作：

```
probes { actions }
probes { actions }
...
```

当探针被激活后，相应的动作就会被执行。可以在动作前面放置一个可选的过滤表达式：

```
probes /filter/ { actions }
```

只有当过滤表达式为真时，相应的动作才会执行。这和 awk(1) 程序结构相似：

```
/pattern/ { actions }
```

awk(1) 编程和 bpftrace 编程也有几分相似。在程序中可以定义多个动作块，这些块可以按照任意顺序执行：只有在它们匹配模式，或者说探针 + 过滤条件得到匹配时才会被触发。

5.7.3　注释

对于 bpftrace 程序文件，单行的注释可以通过"//"添加：

1　bpftrace会检查UID是否为0；以后的版本可能会对特定的权限做检查。

```
// this is a comment
```

注释行是不会被执行的。多行注释使用和 C 语言一样的语法：

```
/*
 * This is a
 * multi-line comment.
 */
```

该语法也可以对一行之内的内容进行注释（例如，/* comments */）。

5.7.4　探针格式

探针（probe）以类型名字开始，然后是一系列以冒号分隔的标识符：

```
type:identifier1[:identifier2[...]]
```

标识符的组织形式由探针类型决定。看下面这两个例子：

```
kprobe:vfs_read
uprobe:/bin/bash:readline
```

kprobe 探针类型对内核态函数进行插桩，只需要一个标识符：内核函数名。uprobe 探针类型对用户态函数进行插桩，需要两个标识符：二进制文件的路径和函数名。

可以使用逗号将多个探针并列，指向同一个执行动作。比如：

```
probe1,probe2,... { actions }
```

有两个特殊的探针类型不需要额外的标识符：BEGIN 和 END，它们会在 bpftrace 程序启动和结束时触发（和 awk(1) 一样）。

欲了解更多关于探针类型和它们的使用方法的信息，可参看 5.9 节。

5.7.5　探针通配符

有些探针类型接受通配符。下面这个探针

```
kprobe:vfs_*
```

会对所有的以"vfs_"开头的 kprobe（内核函数）进行插桩。

对过多的探针同时进行插桩会造成不必要的性能开销。为了避免不小心引发上述

问题，bpftrace 可以设定允许同时开启探针数量的上限，具体方法是设定 BPFTRACE_
MAX_PROBES 环境变量（目前它的默认值是 512[1]）。

在使用通配符之前，可以先通过运行 bpftrace -l 进行测试：

```
# bpftrace -l 'kprobe:vfs_*'
kprobe:vfs_fallocate
kprobe:vfs_truncate
kprobe:vfs_open
kprobe:vfs_setpos
kprobe:vfs_llseek
[...]
bpftrace -l 'kprobe:vfs_*' | wc -l
56
```

这会匹配 56 个探针。探针的名字放在单引号中，以防止 shell 对其进行解释和展开。

5.7.6   过滤器

过滤器是一个布尔表达式，它决定一个动作是否被执行。下面这个过滤条件

```
/pid == 123/
```

只在内置变量 PID（进程 ID）等于 123 时才会触发执行后续动作。

如果没有指定具体的测试条件：

```
/pid/
```

过滤器会检查内容是否为非零值（/pid/ 等价于 /pid != 0/）。过滤器还可以使用布尔
运算符进行组合，比如使用逻辑与（&&）。例如：

```
/pid > 100 && pid < 1000/
```

此过滤器要求两个子表达式的值都为真。

5.7.7   动作

一个动作既可以是单条语句，也可以是使用分号分隔的多条语句：

---

1   目前如果同时开启512个探针进行插桩的话，会让bpftrace启动和结束变慢，因为它的插桩动作是一个接一
     个进行的。在后续的内核版本中已经计划添加批处理插桩支持。这个功能实现后，这个数量限制可以上
     调，甚至可以完全移除。

```
{ action one; action two; action three }
```

全部语句最后也可以加分号。语句使用 bpftrace 语言写成，和 C 语言类似，可以操作变量和执行 bpftrace 函数调用。例如，动作

```
{ $x = 42; printf("$x is %d", $x); }
```

为变量 $x 赋值为 42，然后使用 printf() 打印。5.7.9 节和 5.7.11 节会介绍其他可用的函数调用。

5.7.8 Hello, World!

你现在应该可以理解下面这个基本程序了，它在 bpftrace 程序启动时打印 "Hello, World!"：

```
# bpftrace -e 'BEGIN { printf("Hello, World!\n"); }'
Attaching 1 probe...
Hello, World!
^C
```

如果以文件形式书写，可以格式化如下：

```
#!/usr/local/bin/bpftrace

BEGIN
{
        printf("Hello, World!\n");
}
```

程序中的换行和缩进不是必需的，但是可以增强代码的可读性。

5.7.9 函数

除了使用 printf() 进行格式化输出外，其他内置函数还包括如下几个。

- **exit()**：退出 bpftrace。
- **str(char *)**：输入一个指针，返回字符串。
- **system(format[, arguments ...])**：在 shell 中运行命令。

下面这个动作：

```
printf("got: %llx %s\n", $x, str($x)); exit();
```

会以十六进制形式打印变量 $x，然后将它视作一个以 NULL 结尾的字符串数组的指针
（char *），然后再以字符串形式打印，最后退出。

5.7.10   变量

有 3 种类型的变量：内置变量、临时变量和映射表变量。

内置变量：由 bpftrace 预先定义好并提供，通常是一个只读的信息源。内置变量包
括表示进程 id 的 pid，表示进程名字的 comm，表示以纳秒为时间戳单位的 nsecs，表示
当前线程的 task_struct 结构体的地址的 curtask。

临时变量：可以被用于临时的计算，字首加"$"作为前缀。它们的名字和类型在
首次赋值时被确定。以下语句：

```
$x = 1;
$y = "hello";
$z = (struct task_struct *)curtask;
```

声明 $x 为整数，$y 为字符串，$z 为一个指向 task_struct 结构体的指针。这些变量只能
在它们赋值的动作块中使用。如果引用一个未声明的变量，bpftrace 会出错（这有助于
定位代码拼写错误）。

映射表变量：使用 BPF 映射表来存储对象，名字带有"@"前缀。它们可以用作全
局存储，在不同动作之间传递数据。程序

```
probe1 { @a = 1; }
probe2 { $x = @a; }
```

在 probe1 触发时将 1 赋值给 @a，然后在 probe2 触发时将 @a 赋值给 $x。如果 probe1
先于 probe2 被触发，$x 会被设置为 1，否则为 0（未初始化）。

此处可以提供由单个或多个元素组成的 key，将映射表作为哈希表来使用（关联数
组）。以下语句：

```
@start[tid] = nsecs;
```

会经常被用到：内置变量 nsecs 会赋值给一个名为 start、以 tid（当前线程 ID）为 key 的
映射表。这允许每个线程存储自己的时间戳，不用担心被其他线程所覆盖。

```
@path[pid, $fd] = str(arg0);
```

这是一个使用复合键的映射表，同时使用了内置变量 pid 和 **$fd** 的组合作为 key。

5.7.11　映射表函数

映射表可以通过特定的统计函数赋值。这些函数以特殊方式来存储和打印数据。以下赋值：

```
@x = count();
```

对事件进行累计统计，打印时会打印出累计结果。这里使用了每 CPU 独立的映射表，@x 成为一个特殊的 count 类型的对象。下面这个语句也会对事件进行计数：

```
@x++;
```

不过，这里使用的是一个全局映射表，而非每 CPU 独立的映射表，这里 @x 的类型是整数。有的时候，由于程序需要整数而非 count 类型，所以这里提供了两种支持，但是要记住，这里可能因为并发更新（参看 2.3.7 节）而产生小误差。

下面的赋值：

```
@y = sum($x);
```

会对变量 **$x** 求和，打印时打印出总数。赋值：

```
@z = hist($x);
```

将 **$x** 保存在一个以 2 的幂为区间的直方图中，当输出时，会打印桶的数值和 ASCII 字符形式的直方图。

有些函数直接操作映射表。比如：

```
print(@x);
```

会打印 @x 映射表的内容。不过这并不常用，因为为方便起见，所有的映射表都会在 bpftrace 程序退出时自动打印。

有些函数对映射表的键进行操作。比如：

```
delete(@start[tid]);
```

会从 @start 中删除键为 tid 的键值对。

5.7.12 对 vfs_read() 计时

现在你已经掌握了相关语法，我们来看一个更复杂和更实际的例子。程序 vfsread.bt 对内核函数 vfs_read() 进行计时，并将时长以直方图形式打印（单位为微秒）：

```
#!/usr/local/bin/bpftrace

// this program times vfs_read()

kprobe:vfs_read
{
        @start[tid] = nsecs;
}

kretprobe:vfs_read
/@start[tid]/
{
        $duration_us = (nsecs - @start[tid]) / 1000;
        @us = hist($duration_us);
        delete(@start[tid]);
}
```

这段程序通过 kprobe 对函数的开始位置进行插桩，将时间戳以线程 id 作为键存放到 @start 哈希表中，然后以 kretprobe 对函数的结束位置进行插桩，计算时间差：now – start，最终实现对内核函数 vfs_read() 运行时长的记录。这里使用了过滤条件，是为了确保只关注那些已经记录了开始时间的调用；否则会出现无效值：now – 0。

下面是输出的例子：

```
# bpftrace vfsread.bt
Attaching 2 probes...
^C

@us:
[0]                   23 |@                                                  |
[1]                  138 |@@@@@@@@@                                          |
[2, 4)               538 |@@@@@@@@@@@@@@@@@@@@@@@@@@@@@@@@@@@@@@              |
[4, 8)               744 |@@@@@@@@@@@@@@@@@@@@@@@@@@@@@@@@@@@@@@@@@@@@@@@@@@@@@|
[8, 16)              641 |@@@@@@@@@@@@@@@@@@@@@@@@@@@@@@@@@@@@@@@@@@@@@@       |
[16, 32)             122 |@@@@@@@@                                           |
[32, 64)              13 |                                                   |
[64, 128)             17 |@                                                  |
```

```
[128, 256)          2 |                                              |
[256, 512)          0 |                                              |
[512, 1K)           1 |                                              |
```

程序会持续运行，直到 Ctrl + C 组合键被按下，才会打印结果并退出。这个直方图的名字"us"代表了输出的单位。以这种有含义的方式命名，比如"bytes"或者"latency_ns"会使得直方图便于理解。

这个脚本也可以根据需要进行定制。可以考虑改变 hist() 赋值这行代码：

```
@us[pid, comm] = hist($duration_us);
```

这会把每个进程 ID 和进程名组成的对都保存为一个直方图。此时输出变成：

```
# bpftrace vfsread.bt
Attaching 2 probes...
^C

@us[1847, gdbus]:
[1]                 2 |@@@@@@@@@@                                     |
[2, 4)             10 |@@@@@@@@@@@@@@@@@@@@@@@@@@@@@@@@@@@@@@@@@@@@@@@@|
[4, 8)             10 |@@@@@@@@@@@@@@@@@@@@@@@@@@@@@@@@@@@@@@@@@@@@@@@@|

@us[1630, ibus-daemon]:
[2, 4)              9 |@@@@@@@@@@@@@@@@@@@@@@@@@@@                     |
[4, 8)             17 |@@@@@@@@@@@@@@@@@@@@@@@@@@@@@@@@@@@@@@@@@@@@@@@@|

@us[29588, device poll]:
[1]                13 |@@@@@@@@@@@@@@@@@@@@@@@@@@@@@@@@@@@@@@@@@@@     |
[2, 4)             15 |@@@@@@@@@@@@@@@@@@@@@@@@@@@@@@@@@@@@@@@@@@@@@@@@|
[4, 8)              4 |@@@@@@@@@@@@                                   |
[8, 16)             4 |@@@@@@@@@@@@                                   |
[...]
```

上面展示了 bpftrace 最有用的功能之一。如果使用传统的系统工具，如 iostat(1) 和 vmstat(1)，输出格式是固定的，很难定制。但是使用 bpftrace 时，可以将指标进一步打散，并与其他探测的指标进行组合关联，直到能够解决问题为止。

5.8 bpftrace的帮助信息

如果不带参数（或者通过 -h）会打印 bpftrace 的帮助信息，提供对重要的选项和环境变量的介绍，并且列出一些单行程序的示例：

```
# bpftrace
USAGE:
    bpftrace [options] filename
    bpftrace [options] -e 'program'

OPTIONS:
    -B MODE       output buffering mode ('line', 'full', or 'none')
    -d            debug info dry run
    -o file       redirect program output to file
    -dd           verbose debug info dry run
    -e 'program'  execute this program
    -h, --help    show this help message
    -I DIR        add the directory to the include search path
    --include FILE add an #include file before preprocessing
    -l [search]   list probes
    -p PID        enable USDT probes on PID
    -c 'CMD'      run CMD and enable USDT probes on resulting process
    --unsafe      allow unsafe builtin functions
    -v            verbose messages
    -V, --version bpftrace version

ENVIRONMENT:
    BPFTRACE_STRLEN          [default: 64] bytes on BPF stack per str()
    BPFTRACE_NO_CPP_DEMANGLE [default: 0] disable C++ symbol demangling
    BPFTRACE_MAP_KEYS_MAX    [default: 4096] max keys in a map
    BPFTRACE_CAT_BYTES_MAX   [default: 10k] maximum bytes read by cat builtin
    BPFTRACE_MAX_PROBES      [default: 512] max number of probes

EXAMPLES:
bpftrace -l '*sleep*'
    list probes containing "sleep"
bpftrace -e 'kprobe:do_nanosleep { printf("PID %d sleeping...\n", pid); }'
    trace processes calling sleep
bpftrace -e 'tracepoint:raw_syscalls:sys_enter { @[comm] = count(); }'
    count syscalls by process name
```

上述输出来自 bpftrace 版本 v0.9-232-g60e6，日期为 2019 年 6 月 15 日。随着支持的特性越来越多，帮助信息可能会变得过于冗长，因此可能会改为长短两个版本。你可以查看一下当前版本的输出，看看是否已经进行了更改。

5.9　bpftrace的探针类型

表 5-2 列出了可用的探针类型。其中许多也支持缩写，方便写出更短的单行程序。

表 5-2　bpftrace 探针类型

类型	缩写	描述
tracepoint	t	内核静态插桩点
usdt	U	用户态静态定义插桩点
kprobe	k	内核动态函数插桩
kretprobe	kr	内核动态函数返回值插桩
uprobe	u	用户态动态函数插桩
uretprobe	ur	用户态动态函数返回值插桩
software	s	内核软件事件
hardware	h	硬件基于计数器的插桩
profile	p	对全部 CPU 进行时间采样
interval	i	周期性报告（从一个 CPU 上）
BEGIN		bpftrace 启动
END		bpftrace 退出

这些探针类型是对现有内核技术的接口。第 2 章解释了这些内核技术是如何工作的：kprobes、uprobes、tracepoints、USDT 和 PMC（硬件探针类型）。

有些探针触发的频率较高，比如调度器事件、内存分配事件，以及网络收发包事件等。为了减少额外开销，请尽量尝试使用低频事件。第 18 章会讨论如何让 BCC 和 bpftrace 减少额外开销。

下面的部分会介绍 bpftrace 探针的使用。

5.9.1　tracepoint

tracepoint 探针类型会对内核跟踪点进行插桩。格式是：

```
tracepoint:tracepoint_name
```

tracepoint_name 是跟踪点的全名，包括用来将跟踪点所在的类别和事件名字分隔开的冒号。比如，bpftrace 可以通过 tracepoint:net:netif_rx 方式对 net:netif_rx 这个跟踪点进行插桩。

跟踪点通常带有参数：bpftrace 可以通过内置变量 args 来访问这些参数的信息。比如，net:netif_rx 有一个代表数据包长度的参数，名字为 len，可以通过 args->len 进行访问。

如果你刚开始接触 bpftrace 与跟踪技术，与系统调用相关的跟踪点是很好的练习对象。这些跟踪点基本覆盖了内核资源的使用情况，并且 API 文档全面——都在系统调用 man 帮助文档之中。比如：

```
syscalls:sys_enter_read
syscalls:sys_exit_read
```

会对系统调用 read(2) 的开始和结束进行插桩。man 帮助文档中有它的调用规范：

```
ssize_t read(int fd, void *buf, size_t count);
```

对于 sys_enter_read 跟踪点来说，它的参数可以通过 args->fd、args->buf 和 args->count 进行调用。这可以通过 bpftrace 的 -l（列表）和 -v（详细）模式选项进行查看：

```
# bpftrace -lv tracepoint:syscalls:sys_enter_read
tracepoint:syscalls:sys_enter_read
    int __syscall_nr;
    unsigned int fd;
    char * buf;
    size_t count;
```

man 帮助文档中还描述了这些参数的意义，以及 read(2) 系统调用的返回值，后者可以使用 sys_exit_read 这个跟踪点进行插桩。这个跟踪点中还有 man 帮助文档中没有列出的参数，__syscall_nr，即系统调用号。

再举一个有趣的跟踪点的例子，我们来对 clone(2) 系统调用的开始和结束进行插桩。该系统调用创建了新的进程（与 fork(2) 类似）。对于这些事件，我们会使用 bpftrace 的内置变量打印出当前进程的名字和 PID。对于系统调用的退出，我们也会使用 tracepoint 的参数打印出其返回值：

```
# bpftrace -e 'tracepoint:syscalls:sys_enter_clone {
    printf("-> clone() by %s PID %d\n", comm, pid); }
  tracepoint:syscalls:sys_exit_clone {
    printf("<- clone() return %d, %s PID %d\n", args->ret, comm, pid); }'
Attaching 2 probes...
-> clone() by bash PID 2582
<- clone() return 27804, bash PID 2582
<- clone() return 0, bash PID 27804
```

上面这个系统调用的特殊之处在于，它进入 1 次，但是返回 2 次！在跟踪时，笔者在 bash(1) 终端运行了 ls(1)。能够看到父进程（PID 2582）进入了 clone(2)，然后产生了 2 次返回：一次在父进程中，返回了子进程的 PID（27804），另一次是子进程返回 0（代表成功）。当子进程开始后，它仍然是"bash"，因为此时还没有执行 exec(2) 系统调用来让它成为"ls"。这个过程也可以被跟踪：

```
# bpftrace -e 't:syscalls:sys_*_execve { printf("%s %s PID %d\n", probe, comm,
    pid); }'
Attaching 2 probes...
tracepoint:syscalls:sys_enter_execve bash PID 28181
tracepoint:syscalls:sys_exit_execve ls PID 28181
```

输出显示 PID（28181）进入系统调用 execve(2) 时还是"bash"，在退出时已经是"ls"了。

5.9.2　usdt

这个探针类型对用户态静态探针点进行插桩。格式如下：

```
usdt:binary_path:probe_name
usdt:library_path:probe_name
usdt:binary_path:probe_namespace:probe_name
usdt:library_path:probe_namespace:probe_name
```

usdt 可以对提供了完整路径的可执行二进制文件或者共享库进行插桩。*probe_name* 是二进制文件中 USDT 的探针名字。例如，MySQL 中一个名为 query__start 的探针可以通过 usdt:/usr/local/sbin/mysqld:query__start 进行访问。

当没有指定探针的命名空间时，它默认与二进制文件名或者库文件名相同。当有许多不同的探针时，需要指定命名空间。一个例子是：libjvm（JVM 库）的"hotspot"命名空间的探针。例如（没有包含完整路径）：

```
usdt:/.../libjvm.so:hotspot:method__entry
```

USDT 探针的任意参数，都可以使用内置变量 args 的成员进行访问。

二进制文件中所有可用的探针都可以使用 -l 列出来，例如：

```
# bpftrace -l 'usdt:/usr/local/cpython/python'
usdt:/usr/local/cpython/python:line
usdt:/usr/local/cpython/python:function__entry
usdt:/usr/local/cpython/python:function__return
usdt:/usr/local/cpython/python:import__find__load__start
usdt:/usr/local/cpython/python:import__find__load__done
usdt:/usr/local/cpython/python:gc__start
```

```
usdt:/sur/local/cpython/python:gc__done
```

可以使用 -p PID 列出一个正在运行进程的 USDT 探针，而不用手动列出探针的描述。

5.9.3 kprobe 和 kretprobe

这些探针类型用于内核的动态插桩。格式如下：

```
kprobe:function_name
kretprobe:function_name
```

kprobe 对函数的开始（入口）进行插桩，kretprobe 对函数的结束（返回）进行插桩。*function_name* 是内核函数的名字。举例来说，vfs_read() 内核函数可以使用 kprobe:vfs_read 和 kretprobe:vfs_read 进行插桩。

kprobe 的参数 "arg0, arg1, ..., argN" 是进入函数时的参数，类型均为 64 位无符号整型。如果它们是指向 C 结构体的指针，可以强制类型转化为对应的结构体[1]。未来的 BPF 类型格式（BTF）技术会让这个过程自动化（参见第 2 章）。

kretprobe 的参数：内置的 retval 是函数的返回值。retval 的类型也永远是 64 位无符号整型；如果这和函数的返回值不一致，那么需要通过类型强制转换回相应的类型。

5.9.4 uprobe 和 uretprobe

这些探针类型用于用户态的动态插桩。格式如下：

```
uprobe:binary_path:function_name
uprobe:library_path:function_name
uretprobe:binary_path:function_name
uretprobe:library_path:function_name
```

uprobe 对函数的开始（入口）进行插桩，uretprobe 对函数的结束（返回）进行插桩。*function_name* 是函数的名字。举例来说，/bin/bash 中的 readline() 函数可以使用 uprobe:readline 和 uretprobe:readline 进行插桩。

uprobe 的参数：arg0, arg1, ..., argN 是进入函数时的参数，类型均为 64 位无符号整型。

1　这是一个 C 术语，用来描述更改程序中对象的类型。作为例子，可以看一下第 6 章中 bpftrace 程序 runqlen(8) 的源代码。

如果它们是指向 C 结构体的指针，可以强制类型转换为对应的结构体[1]。

uretprobe 的参数：内置的 retval 是函数的返回值。retval 的类型恒为 64 位无符号整型；如果这和函数的返回值不一致，那么需要通过类型强制转换回相应的类型。

5.9.5　software 和 hardware

这些探针的类型是预先定义好的软件事件和硬件事件。类型如下：

```
software:event_name:count
software:event_name:
hardware:event_name:count
hardware:event_name:
```

软件事件和跟踪点类似，不过更适合于基于计数器的指标和基于采样的探测。硬件事件是用于处理器级分析的 PMC 中的一个子集。

这两类事件的发生频次可能很高，如果对每个事件进行插桩可能带来显著的额外开销，影响系统性能。这可以使用采样和 count 字段来避免这种情况，具体来说这样会在每发生 [count] 次事件时才会触发一次探针。如果没有指定这个 count 值，那么会使用默认值。举个例子，探针 software:page-faults:100 会在发生 100 次缺页中断时才被激活一次。

表 5-3 列出了可用的软件事件，不同版本的内核支持会有差异。

表 5-3　软件事件

软件事件名称	缩写	默认采样间隔	描述
cpu-clock	cpu	1 000 000	CPU 真实时间
task-clock		1 000 000	CPU 任务时间（只在任务运行在 CPU 上时增长）
page-faults	faults	100	缺页中断
context-switches	cs	1000	上下文切换
cpu-migrations		1	CPU 线程迁移
minor-faults		100	次要缺页中断：由内存满足
major-faults		1	主要缺页中断：由存储 I/O 满足
alignment-faults		1	对齐中断
emulation-faults		1	当指令模拟执行时触发中断
dummy		1	用于测试的假事件
bpf-output		1	BPF 输出通道

表 5-4 列出了可用的硬件事件，不同版本的内核支持会有差异。

1　将来可能会提供对用户态软件的BTF支持，这样二进制文件就可以向内核一样自己描述自己的结构体类型了。

表 5-4 硬件事件

硬件事件名称	缩写	默认采样间隔	描述
cpu-cycles	cycles	1 000 000	CPU 运行时钟周期
instructions		1 000 000	CPU 运行指令数
cache-references		1 000 000	CPU 末级缓存引用
cache-misses		1 000 000	CPU 末级缓存未命中
branch-instructions	branches	100 000	跳转指令
bus-cycles		100 000	总线周期
frontend-stalls		1 000 000	处理器前端阻塞（例如，取指令）
backend-stalls		1 000 000	处理器后端阻塞（例如，数据加载 / 存储）
ref-cycles		1 000 000	CPU 参考时钟周期（未使用 turbo）

硬件事件出现的频次很高，所以默认的采样间隔也设定得更大。

5.9.6　profile 和 interval

这些探针类型是基于定时器的事件。格式如下：

```
profile:hz:rate
profile:s:rate
profile:ms:rate
profile:us:rate
interval:s:rate
interval:ms:rate
```

profile 类型会在全部 CPU 上激活，可以用作对 CPU 的使用进行采样。interval 类型只在单个 CPU 上激活，可以用于周期性地打印输出。

第 2 个字段是最后一个字段 rate 的单位。这个字段的值可以是如下几种。

- hz：赫兹（事件每秒发生的次数）
- s：秒
- ms：毫秒
- us：微秒

举例来说，探针 profile:hz:99 每秒在全部 CPU 上激活 99 次。通常频率采用 99Hz 而不是 100Hz 是为了避免出现锁定步进（lockstep）采样的问题。探针 interval:s:1 每秒激活 1 次，可以用于每秒打印事件。

5.10　bpftrace的控制流

bpftrace 中支持 3 种类型的测试：过滤器 filter、ternary 运算符和 if 语句。这些测试会基于布尔表达式有条件地改变程序执行的流向。

- == : 等于
- != : 不等于
- > : 大于
- < : 小于
- >= : 大于或等于
- <= : 小于或等于
- && : 与
- || : 或

表达式可以使用括号进行分组。

这里对循环的支持有限制，这是因为 BPF 验证器出于安全性考虑会拒绝加载可能导致无限循环的代码。bpftrace 支持将循环展开，今后应该会支持有界的循环。

5.10.1　过滤器

先前介绍过，过滤器用于判断是否让一个事件执行。格式如下：

```
probe /filter/ { action }
```

可以使用布尔表达式。过滤器 /pid==123/ 只会在 pid 等于 123 时让下面的动作实际执行。

5.10.2　三元操作符

一个三元运算符是一个有 3 个元素的运算符，包含 1 个测试和 2 个输出。格式如下：

```
test ? true_statement : false_statement
```

举一个例子，你可以使用一个三元运算符来得到 $x 的绝对值：

```
$abs = $x >= 0 ? $x : - $x;
```

5.10.3　if 语句

if 语句的语法如下：

```
if (test) { true_statements }
if (test) { true_statements } else { false_statements }
```

有一个用例是在程序运行时对 IPv4 和 IPv6 分别执行不同的动作。举例来说：

```
if ($inet_family == $AF_INET) {
    // IPv4
    ...
} else {
    // IPv6
    ...
}
```

目前还不支持"else if"语句。

5.10.4 循环展开

BPF 运行在受限环境中，其必须能够验证一个程序可以结束而不会陷入无限循环。对于需要循环功能的程序来说，bpftrace 支持使用 unroll() 进行循环的展开。

语法如下：

```
unroll (count) { statements }
```

count 是一个整数数字（常量），最大值为 20。目前还不支持把 count 作为一个变量来提供，因为循环的次数必须在 BPF 编译阶段知晓。

Linux 5.3 版本包含了对 BPF 有界循环的支持。bpftrace 今后的版本应该会支持这个能力，这样就会在 unroll() 之外再提供 for 和 while 循环的支持。

5.11 bpftrace的运算符

前面的小节中介绍了用于测试条件的布尔运算符。bpftrace 还支持以下运算符。

- = ：赋值
- +、-、*、/ ：加减乘除
- ++、-- ：自动加 1、自动减 1
- &、|、^ ：按位与、按位或和按位与或
- ! ：逻辑非
- <<、>> ：向左位移，向右位移

- +=、-=、*=、/=、%=、&=、^=、<<=、>>=：复合运算符

这些运算符的定义与 C 语言中的类似。

5.12 bpftrace的变量

如 5.7.10 节中指出的，有 3 类变量：内置变量、临时变量和映射表变量。

5.12.1 内置变量

bpftrace 提供的内置变量一般用作对信息的只读访问。表 5-5 列出了重要的内置变量。

表 5-5 bpftrace 提供的部分内置变量

内置变量	类型	描述
pid	integer	进程 ID（内核中的 tgid）
tid	integer	线程 ID（内核中的 pid）
uid	integer	用户 ID
username	string	用户名
nsecs	integer	时间戳，单位是纳秒
elapsed	integer	时间戳，单位是纳秒，自 bpftrace 启动开始计时
cpu	integer	处理器 ID
comm	string	进程名
kstack	string	内核调用栈信息
ustack	string	用户态调用栈信息
arg0, ..., argN	integer	某些探针类型的参数（参看 5.9 小节）
args	struct	某些探针类型的参数（参看 5.9 小节）
retval	integer	某些探针类型的返回值（参看 5.9 小节）
func	string	被跟踪函数的名字
probe	string	当前探针的全名
curtask	integer	内核 task_struct 的地址，类型为 64 位无符号整型（可以进行类型强制转换）
cgroup	integer	Cgroup ID
$1, ..., $N	int、char *	bpftrace 程序的位置参数

所有的整数类型目前都是 64 位无符号整型。这些值指向当探针激活时当前运行的线程、探针、函数和 CPU。在线文档"bpftrace Reference Guide"[66] 中有完整的、持续更新的内置变量说明。

5.12.2 内置变量：pid、comm 和 uid

有许多内置变量可以很直观地使用。下面这个例子用到了 pid、comm 和 uid 来显示谁在调用 setuid() 这个系统调用：

```
# bpftrace -e 't:syscalls:sys_enter_setuid {
    printf("setuid by PID %d (%s), UID %d\n", pid, comm, uid); }'
Attaching 1 probe...
setuid by PID 3907 (sudo), UID 1000
setuid by PID 14593 (evil), UID 33
^C
```

仅仅看到系统调用发生不能代表它一定调用成功了。你可以使用另外一个跟踪点来跟踪它的返回值：

```
# bpftrace -e 'tracepoint:syscalls:sys_exit_setuid {
    printf("setuid by %s returned %d\n", comm, args->ret); }'
Attaching 1 probe...
setuid by sudo returned 0
setuid by evil returned -1
^C
```

上面使用了另外一个内置变量 args。对于跟踪点来说，args 是一个结构体类型，它提供了自定义的字段。

5.12.3 内置变量：kstack 和 ustack

kstack 和 ustack 以多行字符串文本形式返回内核态和用户态的调用栈信息。返回的栈深度最大为 127。后面会讲到的 kstack() 和 ustack() 函数允许选择调用栈的深度。

举个例子说明使用 kstack 打印块 I/O 插入的内核调用栈信息：

```
# bpftrace -e 't:block:block_rq_insert { printf("Block I/O by %s\n", kstack); }'
Attaching 1 probe...

Block I/O by
        blk_mq_insert_requests+203
        blk_mq_sched_insert_requests+111
        blk_mq_flush_plug_list+446
        blk_flush_plug_list+234
        blk_finish_plug+44
        dmcrypt_write+593
```

```
        kthread+289
        ret_from_fork+53

Block I/O by
        blk_mq_insert_requests+203
        blk_mq_sched_insert_requests+111
        blk_mq_flush_plug_list+446
        blk_flush_plug_list+234
        blk_finish_plug+44
        __do_page_cache_readahead+474
        ondemand_readahead+282
        page_cache_sync_readahead+46
        generic_file_read_iter+2043
        ext4_file_read_iter+86
        new_sync_read+228
        __vfs_read+41
        vfs_read+142
        kernel_read+49
        prepare_binprm+239
        do_execveat_common.isra.34+1428
        sys_execve+49
        do_syscall_64+115
        entry_SYSCALL_64_after_hwframe+61
[...]
```

　　每个调用栈都以先子函数、后父函数的顺序打印帧，每个帧包含函数名字和函数偏移地址。

　　stack 内置变量也可以用作映射表的键，这样就可以对它们的出现次数进行统计。比如，下面对内核中引发块 I/O 的栈进行计数：

```
# bpftrace -e 't:block:block_rq_insert { @[kstack] = count(); }'
Attaching 1 probe...
^C
[...]
@[
    blk_mq_insert_requests+203
    blk_mq_sched_insert_requests+111
    blk_mq_flush_plug_list+446
    blk_flush_plug_list+234
    blk_finish_plug+44
    dmcrypt_write+593
    kthread+289
    ret_from_fork+53
```

```
]: 39
@[
    blk_mq_insert_requests+203
    blk_mq_sched_insert_requests+111
    blk_mq_flush_plug_list+446
    blk_flush_plug_list+234
    blk_finish_plug+44
    __do_page_cache_readahead+474
    ondemand_readahead+282
    page_cache_sync_readahead+46
    generic_file_read_iter+2043
    ext4_file_read_iter+86
    new_sync_read+228
    __vfs_read+41
    vfs_read+142
    sys_read+85
    do_syscall_64+115
    entry_SYSCALL_64_after_hwframe+61
]: 52
```

这里只显示了最后两个调用栈，它们的累计数量分别是 39 和 52。按栈计数比把每个栈都打印出来要高效，因为调用栈会在内核上下文中进行计数，这种方式的效率较高 [1]。

5.12.4   内置变量：位置参数

位置参数是通过命令行传递给程序的参数，且基于 shell 编程中使用的位置参数。$1 代表第 1 个参数，$2 代表第 2 个，以此类推。

以 watchconn.bt 举例：

```
BEGIN
{
        printf("Watching connect() calls by PID %d\n", $1);
}

tracepoint:syscalls:sys_enter_connect
/pid == $1/
{
        printf("PID %d called connect()\n", $1);
}
```

---

1   BPF会把每个调用栈转换为一个唯一的栈ID。bpftrace会读取这些频率统计，然后再读取每个ID代表的调用栈信息。

注意下面通过命令行参数传递的 PID：

```
# ./watchconn.bt 181
Attaching 2 probes...
Watching connect() calls by PID 181
PID 181 called connect()
[...]
```

也可以通过如下形式使用位置参数：

```
bpftrace ./watchconn.bt 181
bpftrace -e 'program' 181
```

这些参数默认是整数类型。如果将一个字符串用作参数，它必须使用 str() 来进行访问。例如：

```
# bpftrace -e 'BEGIN { printf("Hello, %s!\n", str($1)); }' Reader
Attaching 1 probe...
Hello, Reader!
^C
```

如果访问到了一个没用通过命令行传递的参数，那么它有一个默认值，如果它是整数类型则为 0，如果它是字符串类型则为 ""。

5.12.5　临时变量

格式如下：

```
$name
```

这些变量可以在一个动作语句中进行临时计算。它们的类型取决于第 1 次赋值，其类型可以是整数、字符串、结构体的指针，或者结构体。

5.12.6　映射表变量

格式如下：

```
@name
@name[key]
@name[key1, key2[, ...]]
```

这些变量使用 BPF 映射表对象作为存储，BPF 映射表是一种哈希表（关联数组），可用于不同的存储类型。值可以使用一个或多个键来存储。映射表使用的键 / 值类型必须保持前后一致。

和临时变量一样，映射表的类型取决于第一次赋值，包括赋值为特殊类型的函数。对于映射表来说，类型中同时包含了键和值的类型。比如，下面的首次赋值：

```
@start = nsecs;
@last[tid] = nsecs;
@bytes = hist(retval);
@who[pid, comm] = count();
```

@start 和 @last 这两个映射表的类型是整数类型，因为向它们赋值了一个整数：内置的纳秒级时间戳变量（nsecs）。@last 也要求其键的类型为整数类型，因为这里用到了一个整数键：线程 ID（tid）。@bytes 则成为一个特殊类型：以 2 的幂为区间的直方图，会管理存储并打印直方图。最后，@who 映射表中有两个键，整数（pid）和字符串（comm），它的值是一个统计函数 count()。

5.14 节会介绍这些函数。

5.13 bpftrace的函数

bpftrace 提供了针对各种任务的内置函数。其中最重要的一些列在了表 5-6 中。

表 5-6　bpftrace 中重要的内置函数

函数	描述
printf(char *fmt [, ...])	按照格式打印
time(char *fmt)	格式化打印时间
join(char *arr[])	打印字符串数组，以空格分隔
str(char *s [, int len])	从指针 s 返回字符串，长度参数可选
kstack(int limit)	返回一个深度最大为 limit 的内核态调用栈
ustack(int limit)	返回一个深度最大为 limit 的用户态调用栈
ksym(void *p)	分析内核地址，并且返回字符串形式的符号
usym(void *p)	识别用户空间地址，并且返回字符串形式的符号
kaddr(char *name)	将内核符号名字翻译为地址
uaddr(char *name)	将用户空间符号翻译为地址
reg(char *name)	将返回值存储到指定寄存器中
ntop([int af,] int addr)	返回一个字符串表示的 IP 地址
system(char *fmt [, ...])	执行一个 shell 命令

续表

函数	描述
cat(char *filename)	打印文件内容
exit()	退出 bpftrace

这里的一些函数是异步处理的：内核将事件加入队列，一小段时间后由用户态程序进行处理。异步处理的函数有 printf()、time()、cat()、join() 和 system()。kstack()、ustack()、ksym() 和 usym() 会同步记录地址，但是符号转义是异步进行的。

详细的函数列表可以参看线上的"bpftrace Reference Guide"[66]。下面的章节会详细介绍其中的一部分函数。

5.13.1　printf()

调用 printf() 函数可以进行格式化打印，其行为和 C 语言以及其他语言类似。语法如下：

```
printf(format [, arguments ...])
```

格式化字符串可以包含任意文本消息，并且可以包含以"\"开头的特殊转义字符和以"%"开头的占位符。如果没有给定参数，那么占位符也是不需要的。

常用的转义字符包括如下三个。

- \n：换行
- \"：双引号
- \\：反斜杠

可以看一下 printf(1) 的 man 帮助文档来了解其他转义字符。

占位符以"%"开头，格式如下：

```
% [-] width type
```

"-"设定输出是左对齐、默认还是右对齐。

width 是该占位符占据的字符数。

type 是以下类型之一。

- %u、%d：无符号整型、整型
- %lu、%ld：无符号长整型（long unsigned）、长整型（long）
- %llu、%lld：无符号超长整型（unsigned long long）、超长整型（long long）
- %hu、%hd：无符号短整型（unsigned short）、短整型（short）

- %x、%lx、%llx：以十六进制数输出的无符号整型、无符号长整型和无符号超长整型
- %c：字符
- %s：字符串

下面这个 printf() 调用：

```
printf("%16s %-6d\n", comm, pid)
```

会使用 16 个字符长度的字符串打印内置变量 comm，将 pid 作为一个 6 个字符长度的整数类型右对齐。打印输出，后面还会跟一个换行符。

5.13.2　join()

join() 是一个特殊的函数，用于将多个字符串使用空格进行连接并打印出来。语法如下：

```
join(char *arr[])
```

比如，下面这个单行程序显示了尝试执行的命令，以及命令行参数：

```
# bpftrace -e 'tracepoint:syscalls:sys_enter_execve { join(args->argv); }'
Attaching 1 probe...
ls -l
df -h
date
ls -l bashreadline.bt biolatency.bt biosnoop.bt bitesize.bt
```

它会打印 execve() 系统调用的 argv 数组参数。注意，这里展示的是所有的执行尝试：syscalls:sys_exit_execve 这个跟踪点和它的 args->ret 值会指明该系统调用是否执行成功。

join() 在某些场合中可能是一个方便使用的函数，但是它对能够连接的参数数量和大小都有限制[1]。如果输出看起来被截断了，那么有可能碰到了这个上限，这时就需要换一种方式进行输出。

目前已经有一些计划改进 join() 的行为，让它返回一个字符串而非直接打印结果。此时前面的 bpftrace 单行程序就会变为：

```
# bpftrace -e 'tracepoint:syscalls:sys_enter_execve {
    printf("%s\n", join(args->argv); }'
```

---

[1] 目前的限制是16个参数，每个参数大小不超过1KB。它会打印出全部参数，直到碰到NULL或者触达16个参数的限制。

这个改变也会让 join() 不再是一个异步函数。[1]

5.13.3　str()

str() 输入一个指针（char *），返回字符串。语法如下：

```
str(char *s [, int length])
```

举例来说，bash(1) shell readline() 的返回值是一个字符串，可以用如下的命令进行打印[2]：

```
# bpftrace -e 'ur:/bin/bash:readline { printf("%s\n", str(retval)); }'
Attaching 1 probe...
ls -lh
date
echo hello BPF
^C
```

这个单行程序可以显示系统范围内全部的 bash 交互命令。

默认情况下，返回的字符串的长度上限是 64 字节，这个长度限制可以通过 bpftrace 的环境变量 BPFTRACE_STRLEN 进行调整。目前还不支持超过 200 字节的长度；这是一个已知的限制，未来这个上限可以被极大地提高。[3]

5.13.4　kstack() 和 ustack()

kstack() 和 ustack() 和内置变量 kstack 和 ustack 类似，不过它们可以接受一个 limit 参数和一个 mode 选项。语法如下：

```
kstack(limit)
kstack(mode[, limit])
ustack(limit)
ustack(mode[, limit])
```

1　可以看一下bpftrace的第26号主题，看情况是否发生了变化[67]。这不算一个高优先级任务，因为当前的 join()只有这一个用户场景，即把系统调用execve的跟踪点的args->argv连接起来。

2　这里假定readline()在bash(1)的可执行文件中；有一些bash(1)的实现可能会来自libreadline。这个单行程序需要修改以进行匹配，可参看12.2.3节。

3　这可以通过bpftrace的第305号主题[68]持续关注。当前的问题是，字符串的存储使用了BPF栈，而栈的大小上限为512字节，因此就有了一个比较小的字符串长度限制（200字节）。字符串的存储应该被改为使用BPF映射表，在这里可以使用很大的字符串（兆字节）。

举例来说，通过跟踪 block:block_rq_insert 这个跟踪点可以显示引发创建块 I/O 的内核调用栈，深度为 3：

```
# bpftrace -e 't:block:block_rq_insert { @[kstack(3), comm] = count(); }'
Attaching 1 probe...
^C

@[
    __elv_add_request+231
    blk_execute_rq_nowait+160
    blk_execute_rq+80
, kworker/u16:3]: 2
@[
    blk_mq_insert_requests+203
    blk_mq_sched_insert_requests+111
    blk_mq_flush_plug_list+446
, mysqld]: 2
@[
    blk_mq_insert_requests+203
    blk_mq_sched_insert_requests+111
    blk_mq_flush_plug_list+446
, dmcrypt_write]: 961
```

当前允许的最大调用栈的深度是 1024。

mode 参数可以用不同格式输出调用栈。目前只支持两种模式：默认是"bpftrace"，另一种是"perf"，这会使输出的调用栈形式上和 perf(1) 工具保持一致。举例来说：

```
# bpftrace -e 'k:do_nanosleep { printf("%s", ustack(perf)); }'
Attaching 1 probe...
[...]
        7f220f1f2c60 nanosleep+64 (/lib/x86_64-linux-gnu/libpthread-2.27.so)
            7f220f653fdd g_timeout_add_full+77 (/usr/lib/x86_64-linux-gnu/libglib-
2.0.so.0.5600.3)
        7f220f64fbc0 0x7f220f64fbc0 ([unknown])
        841f0f 0x841f0f ([unknown])
```

未来可能还会支持其他模式。

5.13.5 ksym() 和 usym()

ksym() 和 usym() 函数可以将地址解析为对应的函数名称（字符串）。ksym() 用于内核地址，usym() 用于用户空间地址。语法如下：

```
ksym(addr)
usym(addr)
```

举个例子，timer:hrtimer_start 跟踪点有一个函数指针参数，可以用来对其调用频率计数：

```
# bpftrace -e 'tracepoint:timer:hrtimer_start { @[args->function] = count(); }'
Attaching 1 probe...
^C

@[-1169374160]: 3
@[-1168782560]: 8
@[-1167295376]: 9
@[-1067171840]: 145
@[-1169062880]: 200
@[-1169114960]: 2517
@[-1169048384]: 8237
```

上面显示的是原始地址形式。使用 ksym() 可以将其转换为内核函数名：

```
# bpftrace -e 'tracepoint:timer:hrtimer_start { @[ksym(args->function)] = count(); }'
Attaching 1 probe...
^C

@[sched_rt_period_timer]: 4
@[watchdog_timer_fn]: 8
@[timerfd_tmrproc]: 15
@[intel_uncore_fw_release_timer]: 1111
@[it_real_fn]: 2269
@[hrtimer_wakeup]: 7714
@[tick_sched_timer]: 27092
```

usym() 依赖二进制文件中的符号表进行符号解析。

5.13.6 kaddr() 和 uaddr()

kaddr() 和 uaddr() 的参数是一个符号名，返回其所在地址。kaddr() 用于内核地址，uaddr() 用于用户空间地址。语法如下：

```
kaddr(char *name)
uaddr(char *name)
```

举个例子，当 bash(1) shell 函数被调用时，开始查找用户空间符号 "ps1_prompt"，然后解析该地址并以字符串形式打印出来：

```
# bpftrace -e 'uprobe:/bin/bash:readline {
    printf("PS1: %s\n", str(*uaddr("ps1_prompt"))); }'
Attaching 1 probe...
PS1: \[\e[34;1m\]\u@\h:\w>\[\e[0m\]
PS1: \[\e[34;1m\]\u@\h:\w>\[\e[0m\]
^C
```

这会打印出符号的内容——在本例中就是 bash(1) 的 PS1 提示。

5.13.7　system()

system() 从 shell 中执行命令。语法如下：

```
system(char *fmt [, arguments ...])
```

由于 shell 可以执行任意命令，因此 system() 被认为是不安全的函数，bpftrace 需要加上 `--unsafe` 参数才可以使用。

举个例子，运行 ps(1) 来打印 PID 的调用 nanosleep()：

```
# bpftrace --unsafe -e 't:syscalls:sys_enter_nanosleep { system("ps -p %d\n",
    pid); }'
Attaching 1 probe...
  PID TTY          TIME CMD
29893 tty2     05:34:22 mysqld
  PID TTY          TIME CMD
29893 tty2     05:34:22 mysqld
  PID TTY          TIME CMD
29893 tty2     05:34:22 mysqld
[...]
```

如果被跟踪的函数调用相当频繁，使用 system() 会在创建新的进程时消耗大量的 CPU 资源，应该只在必要时才使用 system()。

5.13.8　exit()

exit() 用来结束 bpftrace 程序。语法如下：

```
exit()
```

该函数可用于给周期性的探针固定的探测时长。举例如下：

```
# bpftrace -e 't:syscalls:sys_enter_read { @reads = count(); }
    interval:s:5 { exit(); }'
Attaching 2 probes...
@reads: 735
```

这显示了在 5 秒内，一共有 735 次 read() 系统调用。所有的映射表都会在 bpftrace 结束时打印出来，就像本例中所示的那样。

5.14 bpftrace映射表的操作函数

映射表是 BPF 的一种特殊类型的哈希表存储对象，可用于不同的用途，比如，可用来存储键 / 值对和统计数值。bpftrace 提供了内置的函数用于映射表赋值和操作，大多用于支持统计需求的映射表。一些重要的映射表函数在表 5-7 中被罗列了出来。

表 5-7 bpftrace 中的部分映射表函数

函数	描述
count()	对出现次数进行计数
sum(int n)	求和
avg(int n)	求平均
min(int n)	记录最小值
max(int n)	记录最大值
stats(int n)	返回事件次数、平均值和总和
hist(int n)	打印 2 的幂次方直方图
lhist(int n, int min, int max, int step)	打印线性直方图
delete(@m[key])	删除映射表中的键 / 值对
print(@m [, top [, div]])	删除映射表，可带参数 limit 和除数
clear(@m)	删除映射表中全部的键
zero(@m)	将映射表中所有的值设置为 0

其中一些函数是异步的：内核会将事件加入队列，一小段时间后会在用户空间进行处理。异步的动作包括 print()、clear() 和 zero()。在写程序时一定要记住这里有个延迟。

可以看在线的"bpftrace Reference Guide"以得到完整和保持更新的函数列表[66]。后面的小节中会对其中一些函数进行进一步讨论。

5.14.1 count()

count() 对出现次数进行计数。语法如下：

```
@m = count();
```

该函数可以使用探针的通配符，并且可以使用内置的 probe 变量进行计数：

```
# bpftrace -e 'tracepoint:block:* { @[probe] = count(); }'
Attaching 18 probes...
^C

@[tracepoint:block:block_rq_issue]: 1
@[tracepoint:block:block_rq_insert]: 1
@[tracepoint:block:block_dirty_buffer]: 24
@[tracepoint:block:block_touch_buffer]: 29
@[tracepoint:block:block_rq_complete]: 52
@[tracepoint:block:block_getrq]: 91
@[tracepoint:block:block_bio_complete]: 102
@[tracepoint:block:block_bio_remap]: 180
@[tracepoint:block:block_bio_queue]: 270
```

对于周期性探针（interval），可以周期性地进行打印，比如：

```
# bpftrace -e 'tracepoint:block:block_rq_i* { @[probe] = count(); }
    interval:s:1 { print(@); clear(@); }'
Attaching 3 probes...
@[tracepoint:block:block_rq_issue]: 1
@[tracepoint:block:block_rq_insert]: 1

@[tracepoint:block:block_rq_insert]: 6
@[tracepoint:block:block_rq_issue]: 8

@[tracepoint:block:block_rq_issue]: 1
@[tracepoint:block:block_rq_insert]: 1
[...]
```

这个基本功能也可以使用 perf(1) 命令和 Ftrace 通过 `perf stat` 来实现。bpftrace 支持更多的定制能力：使用 BEGIN 探针可以包含一个 printf() 调用来解释输出，而周期性的输出可以包含一个 time() 调用，使用时间戳标记每次调用。

5.14.2　sum()、avg()、min() 和 max()

这些函数会把基础的统计值——和、平均值、最小值、最大值——以映射表形式进行存储。语法如下：

```
sum(int n)
avg(int n)
min(int n)
max(int n)
```

举例来说，使用 sum() 来统计通过 read(2) 系统调用读取的总字节数：

```
# bpftrace -e 'tracepoint:syscalls:sys_exit_read /args->ret > 0/ {
  @bytes = sum(args->ret); }'
Attaching 1 probe...
^C

@bytes: 461603
```

这个映射表的名字叫作"bytes"，用来指明输出的含义。注意，这个例子中使用了一个过滤器来保证 args-> ret 是正数：从 read(2) 中读取的正的返回值表明了读取的字节数量，而负值则表明出现了错误。这在 read(2) 的 man 帮助文档中有说明。

5.14.3 hist()

hist() 将值存放到以 2 的幂为区间的直方图中。语法如下：

```
hist(int n)
```

下面是一个成功执行 read(2) 的返回值的直方图：

```
# bpftrace -e 'tracepoint:syscalls:sys_exit_read { @ret = hist(args->ret); }'
Attaching 1 probe...
^C

@ret:
(..., 0)          237 |@@@@@@@@@@@@@                                        |
[0]                13 |                                                     |
[1]               859 |@@@@@@@@@@@@@@@@@@@@@@@@@@@@@@@@@@@@@@@@@@@@@@@@@@@@@@@|
[2, 4)             57 |@@@                                                  |
[4, 8)              5 |                                                     |
[8, 16)           749 |@@@@@@@@@@@@@@@@@@@@@@@@@@@@@@@@@@@@@@@@@@@@@@@        |
[16, 32)           69 |@@@@                                                 |
[32, 64)           64 |@@@                                                  |
[64, 128)          25 |@                                                    |
[128, 256)          7 |                                                     |
```

```
[256, 512)          5 |                                                        |
[512, 1K)           7 |                                                        |
[1K, 2K)           32 |@                                                       |
```

直方图对于定位分布的某些特征，比如多峰分布和离群点十分有用。这些示例直方图中有多个峰，一个峰读取的是 size 为 0 或小于 0（小于 0 的返回值标志了错误）的返回值，另一峰读取的是 size 为 1 的返回值，还有一峰读取的是 size 的大小介于 8 ～ 16 之间的返回值。

区间中的字符的表示形式来自如下区间表示法。

- [：表示大于或者等于
-]：表示小于或者等于
- (：表示大于
-)：表示小于
- …：表示无限

区间 "[4, 8)" 代表了从 4（包含）到 8（不包含）的区间（也就是从 4 到 7.9999…）。

5.14.4   lhist()

lhist() 将值保存为线性直方图。语法如下：

```
lhist(int n, int min, int max, int step)
```

举个例子，一个 read(2) 调用返回值的直方图如下：

```
# bpftrace -e 'tracepoint:syscalls:sys_exit_read {
    @ret = lhist(args->ret, 0, 1000, 100); }'
Attaching 1 probe...
^C

@ret:
(..., 0)          101 |@@@                                                     |
[0, 100)         1569 |@@@@@@@@@@@@@@@@@@@@@@@@@@@@@@@@@@@@@@@@@@@@@@@@@@@@@@@@@@@|
[100, 200)          5 |                                                        |
[200, 300)          0 |                                                        |
[300, 400)          3 |                                                        |
[400, 500)          0 |                                                        |
[500, 600)          0 |                                                        |
[600, 700)          3 |                                                        |
[700, 800)          0 |                                                        |
```

```
[800, 900)        0 |                                          |
[900, 1000)       0 |                                          |
[1000, ...)       5 |                                          |
```

以上输出显示，多数的读操作返回值在 0 到（小于）100 之间。区间使用了和 hist() 相同的表示方法进行输出。"(...,0)" 这行显示了错误计数：在跟踪期间共有 101 次 read(2) 错误。注意，错误计数最好以另一种视角来看待，比如像下面这样专门对错误码进行统计：

```
# bpftrace -e 'tracepoint:syscalls:sys_exit_read /args->ret < 0/ {
    @[- args->ret] = count(); }'
Attaching 1 probe...
^C

@[11]: 57
```

错误码 11 代表了 EAGAIN（再次尝试），read(2) 返回 -11。

5.14.5　delete()

delete() 从映射表中删除一个键值对。语法如下：

```
delete(@map[key])
```

根据映射表的类型不同，键的参数数量可能会多于 1。

5.14.6　clear() 和 zero()

clear() 从映射表中删除全部键值对，zero() 则将全部值置为 0。语法如下：

```
clear(@map)
zero(@map)
```

当 bpftrace 结束时，默认会将全部映射表打印出来。有些映射表，比如用于时间戳差值计算的，本不应该出现在工具的输出中，可以在 END 探针中将它们清空，以防止自动打印：

```
[...]
END
{
    clear(@start);
}
```

5.14.7 print()

print() 用来打印映射表。语法如下：

```
print(@m [, top [, div]])
```

可以使用两个参数：top 指明只打印最高的 top 个项目，div 是一个整数分母，用来将数值整除后输出。

为了说明 top 参数的用途，下面的例子打印了次数最多的 5 个以 "vfs_" 开头的内核函数调用：

```
# bpftrace -e 'kprobe:vfs_* { @[probe] = count(); } END { print(@, 5); clear(@); }'
Attaching 55 probes...
^C
@[kprobe:vfs_getattr_nosec]: 510
@[kprobe:vfs_getattr]: 511
@[kprobe:vfs_writev]: 1595
@[kprobe:vfs_write]: 2086
@[kprobe:vfs_read]: 2921
```

在上述跟踪过程中，vfs_read() 被调用次数最多（2921 次）。

为了说明 div 参数的用途，以下记录了 vfs_read() 所花费的时间，并且以毫秒为单位打印出来：

```
# bpftrace -e 'kprobe:vfs_read { @start[tid] = nsecs; }
    kretprobe:vfs_read /@start[tid]/ {
      @ms[comm] = sum(nsecs - @start[tid]); delete(@start[tid]); }
    END { print(@ms, 0, 1000000); clear(@ms); clear(@start); }'
Attaching 3 probes...
[...]
@ms[Xorg]: 3
@ms[InputThread]: 3
@ms[chrome]: 4
@ms[Web Content]: 5
```

为什么需要有一个除数呢？这里我们本来可以这样来写这个程序：

```
@ms[comm] = sum((nsecs - @start[tid]) / 1000000);
```

不过，sum() 对整数进行操作会向下取整，所以任何比 1 毫秒小的时间都会合计为 0。这会导致输出出现取整导致的误差。解决方法是对纳秒求和 sum()，这样就会保留 1 毫秒以下的时间，这样在调用 print() 时会对其总数做除法得到结果。

未来对 bpftrace 的改动可能会允许 print() 无格式打印除映射表之外的任意类型。

5.15　bpftrace的下一步工作

有一些计划中的对 bpftrace 的工作，可能在你拿到这本书时已经完成了。你可以看一下 bpftrace 的发布文档来检查新增加的特性，网址参见链接 5。

本书中所包含的 bpftrace 源代码，目前并没有改动计划。如果确实碰到必须改变的时候，可以查看本书网址以了解更新，网址参见链接 1。

5.15.1　显式区分地址模式

对 bpftrace 最大的改动会是要求显式区分内核态地址和用户态地址，这样可以用来支持将 bpf_probe_read() 拆分为 bpf_probe_read_kernel() 和 bpf_probe_read_user()[69]。这个拆分对于支持一些处理器架构来说是必需的。[1] 它不会对本书中提到的工具有任何影响。同时，还会增加相应的 kstr() 和 ustr() 两个 bpftrace 函数以明确地址模式。这些函数很少需要直接使用：bpftrace 会尽可能根据探针类型和函数来自动判定地址空间的上下文。下面会展示如何使用探针的上下文。

kprobe/kretprobe（内核上下文）：

- arg0...arg$N$、retval：作为内核态地址解引用。
- *addr：作为内核态地址解引用。
- str(addr)：得到一个以 NULL 结尾的内核字符串。
- *uptr(addr)：作为用户态地址解引用。
- str(uptr(addr))：获取一个以 NULL 结束的用户字符串。

uprobe/uretprobe（用户上下文）：

- arg0...arg$N$、retval：作为用户态地址解引用。
- *addr：作为用户态地址解引用。
- str(addr)：得到一个以 NULL 结尾的用户态字符串。
- *kptr(addr)：作为内核态地址解引用。
- str(kptr(addr))：获取一个以 NULL 结束的内核态字符串。

这样 *addr 和 str() 可以继续工作，但是只会指向探针上下文所在的地址空间：对

1　"它们很少见，但确实存在。例如，sparc32和老的x86下的4G:4G分隔模式。"——Linus Torvalds[70] kprobes 来说是内核态的地址，对 uretprobes 来说是用户态的地址。为了扩展地址空间，必须使用 kptr() 和 uptr() 函数。一些函数，比如 curtask()，会返回一个内核指针，而不管是否是内核上下文（符合用户预期）。

其他探针类型则默认指向内核上下文，但是也会有一些特例，在 "bpftrace Reference Guide" [66] 中有说明。一个特例是 syscall（系统调用）跟踪点，这个跟踪点中包含的是指向用户地址空间的指针，所以它们的探针动作会带有用户地址空间上下文。

5.15.2 其他扩展

其他计划中的扩展包括：

- 用于内存观察点（memory watchpoint）[1] 的额外探针类型，socket 和 skb 程序以及裸跟踪点。
- 带偏移量的 uprobe 和 kprobe 函数。
- 支持 Linux 5.3 的 BPF 受限循环的 for 和 while 循环。
- 裸 PMC 探针类型（提供一个掩码和事件选择支持）。
- uprobes 也支持不带绝对路径的相对函数名（比如，uprobe:/lib/x86_64-linux-gnu/libc.so.6:... 和 uprobe:libc:... 都可以工作）。
- 使用 signal() 向进程发送信号（包括 SIGKILL）。
- 使用 return() 或 override() 对事件的返回值进行重写（使用 bpf_override_return()）。
- ehist() 用来做指数区间直方图。当前使用以 2 的幂为区间的直方图，hist() 可以切换到 ehist() 以得到更高的精度。
- pcomm 用来返回进程名字。comm 返回的是线程的名字，通常情况下，线程名和进程名相同。但是有一些应用，比如 Java 可能为每个线程设置不同的 comm。在这种情况下，pcomm 仍会是 "java"。
- 一个用来将 file 结构体指针还原为完整路径的辅助函数。

一旦完成这些扩展，你就可以将本书中的一些工具从 hist() 转换到 ehist() 以更高精度统计，并且在使用 uprobes 时，使用更简单的相对路径，而不是像现在一样需要提供完整路径。

5.15.3 ply

Tobias Waldekranz 创建了 BPF 的前端 ply，提供了一种类似 bpftrace 的高级语言，同

---

1 Dan Xu已经在bpftrace中开发了一个概念验证（POC）版本的内存观察点实现[71]。

时尽量避免需要依赖（不需要 LLVM 和 Clang）。这就使得 ply 适用于资源受限的环境，不好的一点是，无法包含头文件和访问结构体变量（本书中的很多工具都需要这些支持）。

下面是 ply 对 open(2) 跟踪点进行插桩的例子：

```
# ply 'tracepoint:syscalls/sys_enter_open {
    printf("PID: %d (%s) opening: %s\n", pid, comm, str(data->filename)); }'
ply: active
PID: 22737 (Chrome_IOThread) opening: /dev/shm/.org.chromium.Chromium.dh4msB
PID: 22737 (Chrome_IOThread) opening: /dev/shm/.org.chromium.Chromium.dh4msB
PID: 22737 (Chrome_IOThread) opening: /dev/shm/.org.chromium.Chromium.2mIlx4
[...]
```

这个单行程序和 bpftrace 的对应版本几乎是一样的。ply 的后续版本可能会直接支持 bpftrace 语言，这样就提供了轻量级的工具运行 bpftrace 单行程序。此类单行程序通常无法使用结构体的内部成员，最多只能使用跟踪点的参数（像本例中提到的一样），这个功能是 ply 支持的。将来，具备了 BTF 功能后，ply 可以使用 BTF 得到结构体信息，这样就可以支持运行更多的 bpftrace 程序了。

5.16 bpftrace的内部运作

图 5-3 展示了 bpftrace 的内部运作。

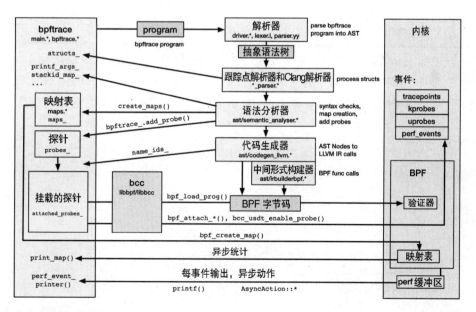

图 5-3 bpftrace 的内核

bpftrace 使用 libbcc 和 libbpf 完成对探针的插桩、程序的加载，以及使用 USDT。它也使用 LLVM 将程序编译为 BPF 字节码。

bpftrace 语言是使用 lex 和 yacc 文件定义的，会分别经过 flex 和 bison 程序处理。输出是一个作为抽象语法树存在的程序。跟踪点解析器和 Clang 解析器会对这个结构进行语法分析。一个语法分析器会检查语言元素的使用，在出错时会抛出错误。下一步是代码生成——将 AST 节点转为 LLVM IR，最后再由 LLVM 编译为 BPF 字节码。

下一节会介绍 bpftrace 的调试模式，在该模式下会动态展示这些步骤：-d 打印 AST 和 LLVM IR，-v 打印 BPF 字节码。

5.17 bpftrace的调试

有很多种方式可对 bpftrace 程序进行调试和定位问题，本节会简要介绍 printf() 语句和 bpftrace 调试模式。如果你看到这里是因为在定位问题，那么可能还需要看一下第 18 章，那里会介绍常见的问题，包括丢失的事件、残缺的调用栈和不完整的符号问题。

bpftrace 是一种强大的语言，它是由一组稳定的、从设计上来说可以安全并存，并且会拒绝以错误方式使用的功能集组成的。作为对比，BCC 允许 C 和 Python 程序执行，可以使用的能力范围更广，但是这些能力并不确保一定可以协同工作。这样一来，bpftrace 倾向于失败时弹出用户友好的错误消息，一般不需要再进一步进行调试。而 BCC 程序可能需要使用调试模式来解决未知问题。

5.17.1 printf() 调试

可以插入 printf() 语句以显示某个探针是否被实际激活，也可以用来查看某个变量的值是否符合预期。考虑以下程序：打印一个 vfs_read() 函数执行时长的直方图。然而，当运行时，你可能会发现它的输出中包含了超高时长的离群点。你能定位问题所在吗？

```
kprobe:vfs_read
{
        @start[tid] = nsecs;
}


kretprobe:vfs_read
{
        $duration_ms = (nsecs - @start[tid]) / 1000000;
        @ms = hist($duration_ms);
        delete(@start[tid]);
}
```

如果 bpftrace 在执行的时候存在只执行了一半的 vfs_read()，那么会导致后面的 kretprobe 触发执行，因为在这种情况下，@start[tid] 尚未被初始化，这样延迟计算的结果就变成了 "nsecs – 0"。解决方案是在 kretprobe 上增加一个过滤器，在进行计算之前先检查 @start[tid] 是否为 0。这时可以通过 printf() 语句检查输入的方式以进行调试：

```
printf("$duration_ms = (%d - %d) / 1000000\n", nsecs, @start[tid]);
```

还有 bpftrace 调试模式（后面会讲），不过此类 bug 可以通过选好位置加入 printf() 轻松解决。

5.17.2　调试模式

使用 -d 选项可以开始 bpftrace 的调试模式，这时它不会运行程序，而是会展示它是如何进行语法分析然后转换为 LLVM IR 的。注意，这个模式通常仅对 bpftrace 的开发者有用。这里介绍这个功能是为了让你了解它的存在。

该命令会以打印代表整个程序的抽象语法树（AST）作为开始：

```
# bpftrace -d -e 'k:vfs_read { @[pid] = count(); }'
Program
 k:vfs_read
  =
   map: @
    builtin: pid
   call: count
```

接下来会打印转换为的 LLVM IR 汇编语言：

```
; ModuleID = 'bpftrace'
source_filename = "bpftrace"
target datalayout = "e-m:e-p:64:64-i64:64-n32:64-S128"
target triple = "bpf-pc-linux"

; Function Attrs: nounwind
declare i64 @llvm.bpf.pseudo(i64, i64) #0

; Function Attrs: argmemonly nounwind
declare void @llvm.lifetime.start.p0i8(i64, i8* nocapture) #1

define i64 @"kprobe:vfs_read"(i8* nocapture readnone) local_unnamed_addr section
"s_kprobe:vfs_read_1" {
entry:
```

```
%"@_val" = alloca i64, align 8
%"@_key" = alloca [8 x i8], align 8
%1 = getelementptr inbounds [8 x i8], [8 x i8]* %"@_key", i64 0, i64 0
call void @llvm.lifetime.start.p0i8(i64 -1, i8* nonnull %1)
%get_pid_tgid = tail call i64 inttoptr (i64 14 to i64 ()*)()
%2 = lshr i64 %get_pid_tgid, 32
store i64 %2, i8* %1, align 8
%pseudo = tail call i64 @llvm.bpf.pseudo(i64 1, i64 1)
 %lookup_elem = call i8* inttoptr (i64 1 to i8* (i8*, i8*)*)(i64 %pseudo, [8 x i8]*
nonnull %"@_key")
%map_lookup_cond = icmp eq i8* %lookup_elem, null
br i1 %map_lookup_cond, label %lookup_merge, label %lookup_success

lookup_success:                                    ; preds = %entry
%3 = load i64, i8* %lookup_elem, align 8
%phitmp = add i64 %3, 1
br label %lookup_merge

lookup_merge:                                      ; preds = %entry, %lookup_success
%lookup_elem_val.0 = phi i64 [ %phitmp, %lookup_success ], [ 1, %entry ]
%4 = bitcast i64* %"@_val" to i8*
call void @llvm.lifetime.start.p0i8(i64 -1, i8* nonnull %4)
store i64 %lookup_elem_val.0, i64* %"@_val", align 8
%pseudo1 = call i64 @llvm.bpf.pseudo(i64 1, i64 1)
%update_elem = call i64 inttoptr (i64 2 to i64 (i8*, i8*, i8*, i64)*)(i64 %pseudo1, [8
x i8]* nonnull %"@_key", i64* nonnull %"@_val", i64 0)
call void @llvm.lifetime.end.p0i8(i64 -1, i8* nonnull %1)
call void @llvm.lifetime.end.p0i8(i64 -1, i8* nonnull %4)
ret i64 0
}

; Function Attrs: argmemonly nounwind
declare void @llvm.lifetime.end.p0i8(i64, i8* nocapture) #1

attributes #0 = { nounwind }
attributes #1 = { argmemonly nounwind }
```

还有一个 -dd 选项, 其为调试详情模式, 会打印出更多的信息: 优化前/后的
LLVM IR 汇编语言。

5.17.3　详情模式

使用 -v 可以开启详情模式, bpftrace 会在运行时打印出额外的信息。比如:

```
# bpftrace -v -e 'k:vfs_read { @[pid] = count(); }'
Attaching 1 probe...

Program ID: 5994

Bytecode:
0: (85) call bpf_get_current_pid_tgid#14
1: (77) r0 >>= 32
2: (7b) *(u64 *)(r10 -16) = r0
3: (18) r1 = 0xffff892f8c92be00
5: (bf) r2 = r10
6: (07) r2 += -16
7: (85) call bpf_map_lookup_elem#1
8: (b7) r1 = 1
9: (15) if r0 == 0x0 goto pc+2
 R0=map_value(id=0,off=0,ks=8,vs=8,imm=0) R1=inv1 R10=fp0
10: (79) r1 = *(u64 *)(r0 +0)
 R0=map_value(id=0,off=0,ks=8,vs=8,imm=0) R1=inv1 R10=fp0
11: (07) r1 += 1
12: (7b) *(u64 *)(r10 -8) = r1
13: (18) r1 = 0xffff892f8c92be00
15: (bf) r2 = r10
16: (07) r2 += -16
17: (bf) r3 = r10
18: (07) r3 += -8
19: (b7) r4 = 0
20: (85) call bpf_map_update_elem#2
21: (b7) r0 = 0
22: (95) exit

from 9 to 12: safe
processed 22 insns, stack depth 16

Attaching kprobe:vfs_read
Running...
^C

@[6169]: 1
@[28178]: 1
[...]
```

程序 ID 可以如第 2 章中所介绍的,配合 bpftool 使用,用来打印 BPF 的内核状态。

BPF 字节码也会被打印出来，后面跟的是它所挂载的探针。

和 -d 一样，这个级别的信息主要对 bpftrace 核心开发者有用。普通用户在使用 bpftrace 时，并不需要操心实际执行的 BPF 字节码。

5.18　小结

bpftrace 是一个强大的跟踪器，其高级编程语言十分简洁。本章描述了它的特点、工具和单行程序例子。本章还讲述了 bpftrace 编程语言，并且提供了关于探针、控制流、变量和函数的细节。本章最后以 bpftrace 的调试和内部运作细节作为结束。

接下来的章节会讲述性能分析的目标对象，既包括 BCC 也包括 bpftrace。bpftrace 的一个优势在于它的代码是如此简洁，可以在本书中直接作为全文引用。

## 第6章

CPU

所有的计算机程序都运行于 CPU 之上，所以很自然，CPU 是常见的性能分析的关注点。如果你发现某个程序明显受限于 CPU 资源（CPU-Bound），那么你就可以用到本章提到的 CPU 工具来进一步定位并分析问题。市面上有各种各样的采样式性能剖析器（Sampling Profiler）以及各种各样的性能指标来帮助你理解程序的 CPU 用量。不过，（这可能会出乎你的意料），BPF 跟踪系统仍然可以在很多地方帮助你进行深度分析。

学习目标

- 理解 CPU 的运行模式、CPU 调度器的行为及 CPU 缓存。
- 理解如何使用 BPF 来分析 CPU 调度器、CPU 用量及硬件性能。
- 学习一个行之有效的 CPU 性能分析策略。
- 分析和解决大量短期程序占用 CPU 资源的问题。
- 展示以及量化运行队列（run queue）中的延迟。
- 通过跟踪系统调用（syscall）来理解系统 CPU 使用时间。
- 调查软中断（soft interrupt）和硬中断（hard interrupt）占用的 CPU 资源。
- 使用各种 bpftrace 单行程序来定制分析 CPU 用量。

本章一开始，将先简要介绍 CPU 调度器和 CPU 缓存的行为，这些背景知识可以帮助你理解 CPU 用量分析的过程。接下来，会解释在 CPU 用量分析中 BPF 能够起作用的地方，并且提供一个整体的性能分析策略。为了避免重新发明轮子和帮助你进行深入分析，这里笔者会先简要介绍传统的 CPU 分析工具，然后关注 BPF 相关工具，以及一系列 BPF 小程序。本章最后还提供了一些可选练习。

6.1 背景知识

本节涵盖了 CPU 的基础知识、BPF 的分析能力，以及一套 CPU 性能分析策略。

6.1.1 CPU 基础知识

CPU 的运行模式

CPU 和其他硬件资源都是由系统内核（Kernel）管理的，系统内核运行于一个特殊的模式下——系统模式（System mode）。用户态应用程序运行于用户模式（User mode）之下，只能向系统内核发一些请求来访问各种资源。这些系统请求的类型包括显式请求，例如，系统调用（Syscall），也包括隐式请求，例如，由内存访问导致的缺页中断（Page fault）等。系统内核不但会统计 CPU 所有非空闲的时间，还会统计 CPU 停留在用户模式和系统模式中的时长。各种性能工具都会将用户模式和系统模式分开统计。

系统内核一般来说只会按需运行，例如，在处理系统调用的时候，或者处理中断时才会运行。当然也有例外情况，例如，系统内核中有一些后台资源清理线程也会占用 CPU 资源。例如，在多节点系统（NUMA）中，内核中有一个在不同节点之间调度内存页的进程，即使在没有用户态程序请求的情况下，这个进程也会占用很多 CPU 资源（有些选项可以调整甚至禁止该程序的运行）。一些文件系统实现中还包含后台进程，负责在后台进行数据完整性校验等任务。

CPU 调度器

系统内核需要在不同的程序之间共享 CPU 资源，这项工作是通过 CPU 调度器来进行的。系统内核中的调度单元主要是用户进程和系统进程中的线程（Thread），这些线程也叫任务（Task）。其他类型的调度单元还包括中断处理程序：这些可能是软件运行过程中产生的软中断，也可能是硬件发出的硬中断。

图 6-1 是 CPU 调度器的图示，展示了多个线程在运行队列（run queue）中排队等待运行的状态，以及不同的线程运行状态的切换过程。

图 6-1 中描述了三种线程运行状态：ON—PROC，指正在 CPU 上运行的线程；RUNNABLE，指可以运行，但正在运行队列中排队等待的线程；SLEEP，指正在等待其他事件，包括不可中断的等待（uninterruptable wait）的线程。在运行队列中，线程是按照优先级排序的。这个值可以由系统内核和用户进程来设置，通过调节这个值可以提高重要任务的运行性能。（运行队列是系统 CPU 调度器的最初的实现模式，我们现在仍用这个术语和抽象形式来描述任务调度系统。然而，现在的 Linux CFS 调度器实际上使用的是红黑树维护内部状态。）

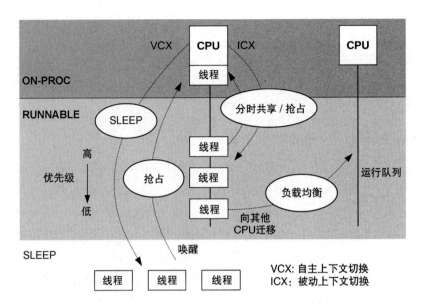

图 6-1　CPU 调度器

本书用以下几个术语来指代线程的几种状态："on-CPU"指代 ON-PROC，"off-CPU"指代其他所有的状态，包括所有不在 CPU 上运行的状态。

有两种方式可以让线程脱离 CPU 执行：1）主动脱离，它发生在线程阻塞于 I/O、锁或者主动休眠（sleep）时；2）被动脱离，如果线程运行时长超过了调度器分配给其的 CPU 时间，或者高优先级抢占低优先级任务时，就会被调度器调离 CPU，以便让其他线程运行。当 CPU 从一个进程／线程切换到另外一个进程／线程运行时，需要更换内存寻址信息和其他的上下文信息，我们将这种行为称为"上下文切换"。[1]

图 6-1 还展示了线程迁移的过程。如果目前 CPU 空闲，并且运行队列中有可运行状态的线程等待执行，CPU 调度器可以将这个线程迁移到该 CPU 的队列中，以便尽快运行。作为一种性能优化，CPU 调度器中有一些逻辑专门用来判断迁移的成本与收益，尽可能将繁忙的线程运行在同一个 CPU 之上，以便最大程度利用 CPU 缓存。

CPU 缓存

图 6-1 展示了软件范畴中的 CPU 资源（调度器），图 6-2 展示的是硬件范畴中的 CPU 缓存。

1　同时还有运行模式切换：非阻塞性的 Linux 系统调用可能只需在用户态和内核态中切换（和具体 CPU 有关）。

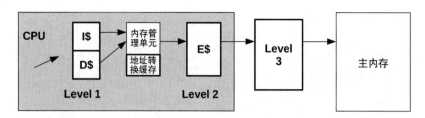

图 6-2　硬件缓存结构

CPU 中一般包含多个层次的缓存，不同型号的 CPU 中的缓存大小和延迟各不相同。CPU 缓存从 L1 缓存开始（第一层缓存，Level 1），L1 分为指令缓存（I$）和数据缓存（D$）两部分，大小在千字节（KB）级别，访问速度为纳秒级别。CPU 缓存的最后一层，是 LLC，大小在兆字节（MB）级别，速度相对较慢。对一个具有三层缓存的处理器来说，LLC 也被称为 L3 缓存。L1 和 L2 缓存通常是每个 CPU 核独占的，而 L3 缓存通常是在 CPU 槽内所有核共享的。内存管理单元 MMU 负责将虚拟内存地址转换为物理内存地址，它也有专用的缓存，称为地址转换缓存（TLB）。

在过去的几十年中，CPU 的时钟速度不断提高，核心数量不断增加，硬件线程也在不断增加。通过增加 CPU 缓存的大小，内存带宽有所提高，且内存访问延迟在不断降低。然而，内存性能提高的水平并没有和 CPU 保持同步。现在越来越多的程序的性能都受限于内存性能，而非 CPU 性能。

扩展阅读

以上是在使用工具中不可缺少的一些基础知识，与 CPU 相关的软件和硬件知识在 *Systems Performance*[Gregg 136] 一书的第 6 章中有更深入的讨论。

6.1.2　BPF 的分析能力

传统性能分析工具中提供了对 CPU 各种用量的测量。例如，可以展示每个进程的 CPU 使用率、上下文切换的速度、运行队列的长度等。接下来我们会简要介绍这些传统工具。

BPF 跟踪工具可以提供更多细节信息，可回答以下这些问题：

- 创建了哪些新进程？运行时长是多长？
- 为什么 CPU 系统时间很高？是由于系统调用导致的吗？具体是哪些系统调用？
- 线程每次唤醒时在 CPU 上花费多长时间？
- 线程在运行队列中等待的时间有多长？
- 运行队列最长的时候有多少线程在等待执行？
- 不同 CPU 之间的运行队列是否均衡？

- 为什么某个线程会主动脱离 CPU ？脱离时间有多长？
- 哪些软中断和硬中断占用了 CPU 时间？
- 当其他运行队列中有需要运行的程序时，哪些 CPU 仍然处于空闲状态？
- 应用程序处理每个请求时的 LLC 的命中率是多少？

这些问题都可以由 BPF 程序来回答，具体包括使用在 CPU 调度器和系统调用事件中埋入的跟踪点，用 kprobes 来跟踪调度器内部函数，用 uprobes 来跟踪应用程序内部函数，以及利用 PMC 来获取定时采样 CPU 数据和 CPU 内部数据等。这些数据源也可以混合使用：一个 BPF 程序可以用 uprobes 来获取应用程序执行上下文信息，同时将其与 PMC 数据对应起来展示。这样的程序就可以展示应用程序在处理请求时的 LLC 命中率。

BPF 程序收集的信息可以按每个事件来展示，也可按统计分布情况展示。通过获取程序调用栈信息，可以展示每个事件的触发原因。使用系统内核中的 BPF 映射表和输出缓冲器，这类操作都是十分高效的。

事件源

表 6-1 列出了测量 CPU 用量的各种事件源。

表 6-1　测量 CPU 用量的各种事件源

事件类型	事件源
内核态函数	kprobes、kretprobes
用户态函数	uprobes、uretprobes
系统调用	系统调用跟踪点
软中断	irq:softirq* 跟踪点
硬中断	irq:irq_handler* 跟踪点
运行队列	workqueue 跟踪点（见第 14 章）
定时采样	PMC 或是基于定时器的采样器
CPU 电源控制事件	power 跟踪点
CPU 周期	PMC 数据

额外消耗

跟踪 CPU 调度器事件时，效率尤其重要，因为上下文切换这样的调度器事件每秒可能触发几百万次。虽然 BPF 程序通常很短，执行效率很高（运行时长在微秒级），但是如果每次上下文切换时都执行该程序，累积起来的性能消耗也是很可观的，甚至大到影响系统的行为。在最糟糕的情况下，针对调度器的跟踪可能会消耗 10% 的系统性能。如果 BPF 程序缺乏优化，那么这种额外消耗可能会过高，甚至导致系统无法使用。

在考虑到额外消耗之后，使用 BPF 进行调度器跟踪比较适合短期的、临时的性能分析。通过一些小测试可以量化额外消耗的大小：如果 CPU 每秒的利用率是恒定的，那么当 BPF 工具运行和不运行时的区别是多少？

避免 CPU 工具产生过多额外消耗的方式，一般是避免跟踪调度器中的高频事件，而改为测量额外消耗很低的低频事件——例如进程创建事件、线程迁移事件等（每秒最多几千次）。定时采样这类分析的额外消耗则受限于固定的频率，所以几乎可以忽略不计。

6.1.3 分析策略

如果你对 CPU 性能分析不熟悉的话，可能会觉得无从下手——不知道用哪个工具针对哪个目标进行分析。笔者建议你采用以下分析策略来逐步进行：

1. 在花时间使用分析工具之前，先保证待分析的对象处于 CPU 运行状态。检查系统中的整体 CPU 利用率（例如，用 mpstat(1)），并且保证每个 CPU 都处于在线状态（检查是否有些 CPU 由于某些原因处于下线状态）。

2. 确认系统负载确实受限于 CPU。

   a. 系统中所有 CPU 的使用率是否都很高，还是仅某个 CPU 使用率高（例如，用 mpstat(1)）。

   b. 检查系统中运行队列的延迟（例如，使用 BCC runqlat(1)）。系统中的一些软件限制——例如容器的设置——可以限制进程所能使用的 CPU 资源，进而导致某些程序在空闲系统上仍然受限于 CPU。通过分析运行队列延迟，可以识别这种类型的反常规情景。

3. 先量化整个系统中的 CPU 使用量的百分比，然后再按进程、CPU 模式、CPU ID 来分解。这可以用传统工具来进行（如 mpstat(1)、top(1) 等）。可以通过某种模式或者某个 CPU 的高使用率情况寻找某个进程。

   a. 如果系统时间占比高，那么可按照进程和系统调用类型来统计系统调用的频率和数量，同时检查系统调用的参数来识别值得优化的地方（例如，使用 perf(1)、bpftrace 单行程序，以及 BCC sysstat(8)）。

4. 用性能剖析器（Profiler）来采样应用程序的调用栈信息，再用 CPU 火焰图来展示。很多 CPU 问题都可以通过检查火焰图来分析。

5. 针对某个 CPU 使用率高的任务，可考虑开发一些定制工具来获取更多的上下文信息。性能剖析器通常可以展示哪些函数正在运行，但是不能展示调用参数和函数内部的信息，理解 CPU 用量时可能需要这些信息。例如，

   a. 内核模式：如果某个文件系统针对文件进行 stat() 消耗了很多 CPU 资源，那么文件名是什么？（这可以用 BCC statsnoop(8) 来获取，也可以通过 BPF 工

具的内核跟踪点和 kprobes 来获取。）

　　b. 用户模式：如果某个应用程序忙于处理请求，那么这些请求到底是什么？（如果没有针对这个程序的特定工具，可以考虑用 USDT 或 uprobes 来开发这种工具。）

6. 测量硬中断的资源消耗，这些信息可能对基于定时器的分析器不可见（例如 BCC hardirqs(1)）。

7. 从本章中提到的 BPF 工具中选择一个执行。

8. 利用 PMC 来测量每时钟周期内的 CPU 指令执行量（IPC），以理解宏观层面 CPU 的阻塞情况。还有其他的 PMC 可以进一步帮助分析低缓存命中率（如 BCC llcstat）、温控导致的阻塞等问题。

接下来的章节会详细解释这个过程中使用的工具。

6.2　传统工具

　　传统工具（参见表 6-2）可以按进程 / 线程或按 CPU 来提供 CPU 使用率信息、主动和被动上下文切换率、运行队列平均长度，以及运行队列等待时长。性能剖析器可以展示和量化正在运行的软件，基于 PMC 的工具可以展示 CPU 每个时钟周期内的运行效率。

表 6-2　传统工具

工具	类型	介绍
uptime	内核统计	展示系统负载平均值和系统运行时间
top	内核统计	按进程展示 CPU 使用时间，以及系统层面的 CPU 模式时间
mpstat	内核统计	按每个 CPU 展示每种 CPU 模式的时间
perf	内核统计、硬件统计、事件跟踪	（定时采样）调用栈信息、事件统计、PMC 跟踪、跟踪点、USDT probes、kprobes 以及 uprobes 等
Ftrace	内核统计、事件跟踪	汇报内核函数调用统计，以及 kprobes 和 uprobes 事件跟踪

　　除了解决生产问题以外，传统工具同时可以为你深入使用 BPF 工具提供一些线索。以下是基于信息源和测量类型的工具分类：内核统计、硬件统计和事件跟踪等。

　　下面的章节将针对每个工具简要介绍它们的关键功能。更多的用例和解释请参考帮助文档（man page），或其他信息，例如 *Systems Performance*[Gregg 13b] 这本书。

6.2.1　内核统计

　　内核统计工具利用的是内核通过 /proc 接口显露的统计数据。这些工具的优势是，这些信息都是在内核中直接实现的，所以使用起来的额外消耗非常小。另外，这些工具经常可以由非 root 用户使用。

负载平均值

uptime(1) 是能够打印系统负载平均值的工具之一：

```
$ uptime
  00:34:10 up  6:29,  1 user,  load average: 20.29, 18.90, 18.70
```

最后三个数字分别是系统负载在 1 分钟、5 分钟和 15 分钟内的平均值。通过比较这些数据，可以分析系统负载在过去 15 分钟内是在上升、下降，还是维持不变。上面这行输出，是在生产环境中一个 48-CPU 的云实例上产生的，通过比较 1 分钟平均负载值 20.29 和 15 分钟平均负载值 18.70 展示了系统负载有轻微的上升。

负载平均值其实并不是简单的数学均值（mean），而是按指数衰减的累加值，它们的实际含义要比 1 分钟、5 分钟、15 分钟更广。这条信息实际展示了系统中的负载需求：系统中处于可运行状态的，以及处于不可中断等待状态的任务的数量[72]。如果假设平均负载值是 CPU 负载值的话，那么将这个数量简单除以 CPU 的数量，如果比值超过 1.0，那么系统中的 CPU 资源就处于饱和状态。然而，由于平均负载值通常包含了不可中断任务（处于 I/O 和锁等待状态），所以不能简单地将其理解为 CPU 利用率。这些值一般只能用来进行负载趋势分析。可以用例如基于 BPF 的 offcputime(8) 工具来分析系统负载到底是由 CPU 资源饱和导致的，还是由不可中断状态的等待所导致的。针对 offcputime(8) 的信息可参见 6.3.9 节，有关如何测量不可中断的 I/O 的信息可参见第 14 章。

top

top(1) 工具按表格形式展示了使用 CPU 的进程的信息，以及系统全局概况：

```
$ top
top - 00:35:49 up  6:31,  1 user,  load average: 21.35, 19.96, 19.12
Tasks: 514 total,   1 running, 288 sleeping,   0 stopped,   0 zombie
%Cpu(s): 33.2 us,  1.4 sy,  0.0 ni, 64.9 id,  0.0 wa,  0.0 hi,  0.4 si,  0.0 st
KiB Mem : 19382528+total,  1099228 free, 18422233+used,  8503712 buff/cache
KiB Swap:        0 total,        0 free,        0 used.  7984072 avail Mem

   PID USER      PR  NI    VIRT    RES    SHR S  %CPU %MEM     TIME+ COMMAND
  3606 www       20   0  0.197t 0.170t  38776 S  1681 94.2   7186:36 java
  5737 snmp      20   0   22712   6676   4256 S   0.7  0.0   0:57.96 snmp-pass
   403 root      20   0       0      0      0 I   0.3  0.0   0:00.17 kworker/41:1
   983 root      20   0    9916    128      0 S   0.3  0.0   1:29.95 rngd
 29535 bgregg    20   0   41020   4224   3072 R   0.3  0.0   0:00.11 top
```

```
    1 root      20   0  225308    8988    6656 S   0.0  0.0    0:03.09 systemd
    2 root      20   0       0       0       0 S   0.0  0.0    0:00.01 kthreadd
[...]
```

这是生产环境中一台机器上的输出，其中只有一个进程正在大量占用 CPU：按所有的 CPU 累计，一个 java 进程占用了 1681% 的 CPU 时间。这个系统有 48 个 CPU，那么这个输出展示了该 java 进程消耗了 35% 的全局 CPU 资源。这同时和系统中平均 34.6% 的 CPU 使用率相对应（在表头的概要中展示：33.2% 的 user 模式和 1.4% 的 system 模式）。

top(1) 对识别某个意外进程占用大量 CPU 的情况非常有用。常见的一种情况是，某种软件 bug 导致某个线程进入死循环，通过 top(1) 工具可以很容易识别出来——CPU 占用率为 100%。利用性能剖析器和 BPF 工具可以进一步确认该进程确实处于死循环中，而不是正在忙着处理请求。

top(1) 在默认情况下会自动刷新屏幕，以便将整个屏幕用作一个实时仪表盘使用。但是这也是一个问题：系统中出现的问题，可能在你截屏之前就消失了。很多时候你需要将工具的输出和截屏填入工单系统中来跟踪性能问题。有一些工具，例如，pidstat(1)，可以滚动打印某个进程的 CPU 使用量，这就很合适。同时，如果有监控系统的话，它们可能已经记录了每个进程的 CPU 用量信息。

top(1) 工具有几个变体，例如 htop(1)，它提供了更多的定制选项。但是，很多 top(1) 的变体都关注于展示形式上的优化，而不是性能指标方面的进步，这导致它们可能看起来更漂亮，但是其实并不能比原始的 top(1) 更有效地展示问题。有几个特例：tiptop(1)，包含了 PMC 信息；atop(1)，利用进程事件展示短期进程的信息；以及 biotop(8) 和 tcptop(8) 工具，利用了 BPF 技术（是由笔者开发的）。

mpstat

mpstat(1) 可以用来检视每个 CPU 的指标：

```
$ mpstat -P ALL 1
Linux 4.15.0-1027-aws (api-...)     01/19/2019     _x86_64_      (48 CPU)

12:47:47 AM  CPU    %usr   %nice   %sys %iowait   %irq  %soft %steal %guest %gnice   %idle
12:47:48 AM  all   35.25    0.00   1.47    0.00   0.00   0.46   0.00   0.00   0.00   62.82
12:47:48 AM    0   44.55    0.00   1.98    0.00   0.00   0.99   0.00   0.00   0.00   52.48
12:47:48 AM    1   33.66    0.00   1.98    0.00   0.00   0.00   0.00   0.00   0.00   64.36
12:47:48 AM    2   30.21    0.00   2.08    0.00   0.00   0.00   0.00   0.00   0.00   67.71
12:47:48 AM    3   31.63    0.00   1.02    0.00   0.00   0.00   0.00   0.00   0.00   67.35
12:47:48 AM    4   26.21    0.00   0.00    0.00   0.00   0.97   0.00   0.00   0.00   72.82
12:47:48 AM    5   68.93    0.00   1.94    0.00   0.00   3.88   0.00   0.00   0.00   25.24
```

```
12:47:48 AM    6  26.26  0.00  3.03    0.00  0.00  0.00  0.00  0.00  0.00  70.71
12:47:48 AM    7  32.67  0.00  1.98    0.00  0.00  1.98  0.00  0.00  0.00  63.37
[...]
```

上述输出被截断了，因为在这个 48 个 CPU 的系统上该工具每秒会输出 48 行数据：每个 CPU 一行。这个输出可以用来识别负载均衡问题——某些 CPU 使用率高，而其他的 CPU 使用率低。CPU 负载不平衡可能由一系列原因导致，例如，应用程序配置问题、线程池过小不足以使用所有 CPU，也可能是软件将某个进程和容器限制在某几个 CPU 之上，又或者是软件本身的 bug 导致的。

CPU 时间按各种运行状态被进一步进行了分解，包括硬中断（%irq）、软中断（%soft）等。这些可以进一步用 hardirq(8) 和 softirq(8) 等 BPF 工具来调查。

6.2.2 硬件统计

硬件也能提供很多有用的统计信息——尤其是 CPU 提供的性能监控计数器（PMC），PMC 在第 2 章中进行过一些介绍。

perf(1)

Linux 中的 perf(1) 是一个支持从不同来源收集和展示的复合工具。它的第一版是在 Linux 2.6.31 中加入的（2009 年），这个工具是标准的 Linux 性能剖析器，代码存放在 Linux 代码树的 tools/perf 目录中。笔者之前发布了一个 perf 的详细使用向导[73]。这个工具的多个高级功能之一，就是它可以以计数模式使用 PMC：

```
$ perf stat -d gzip file1

 Performance counter stats for 'gzip file1':

      3952.239208  task-clock (msec)        #    0.999 CPUs utilized
                6  context-switches         #    0.002 K/sec
                0  cpu-migrations           #    0.000 K/sec
              127  page-faults              #    0.032 K/sec
   14,863,135,172  cycles                   #    3.761 GHz                    (62.35%)
   18,320,918,801  instructions             #    1.23  insn per cycle        (74.90%)
    3,876,390,410  branches                 #  980.809 M/sec                 (74.90%)
      135,062,519  branch-misses            #    3.48% of all branches       (74.97%)
    3,725,936,639  L1-dcache-loads          #  942.741 M/sec                 (75.09%)
      657,864,906  L1-dcache-load-misses    #   17.66% of all L1-dcache hits (75.16%)
       50,906,146  LLC-loads                #   12.880 M/sec                 (50.01%)
        1,411,636  LLC-load-misses          #    2.77% of all LL-cache hits  (49.87%)
```

  perf stat 命令带有 -e 参数统计各种事件的信息。如果没有参数，那么就默认统计一系列基本的 PMC；如果有 -d 参数，那么就会加上一些更详细的 PMC 数据。该工具的输出和使用方式会根据 Linux 版本的不同而不同，同时还取决于你的 CPU 所提供的 PMC。上面这个例子是基于 Linux 4.15 的输出。

  你可以通过 perf list 命令获取当前处理器和 perf 工具支持的 PMC 列表：

```
$ perf list
[...]
  mem_load_retired.l3_hit
        [Retired load instructions with L3 cache hits as data sources Supports address
when precise (Precise event)]
  mem_load_retired.l3_miss
        [Retired load instructions missed L3 cache as data sources Supports address when
precise (Precise event)]
[...]
```

  下面的输出展示了你可以传入的 -e 的参数列表。例如，可以要求跨所有的 CPU 累计，（使用 -a 参数，这个参数最近刚刚成为默认开启），同时每 1000 毫秒输出一次：

```
# perf stat -e mem_load_retired.l3_hit -e mem_load_retired.l3_miss -a -I 1000
#          time          counts unit events
     1.001228842         675,693      mem_load_retired.l3_hit
     1.001228842         868,728      mem_load_retired.l3_miss
     2.002185329         746,869      mem_load_retired.l3_hit
     2.002185329         965,421      mem_load_retired.l3_miss
     3.002952548       1,723,796      mem_load_retired.l3_hit
[...]
```

这个输出显示了系统中这些事件发生的速率（每秒）。

  可用的 PMC 共有几百个，这些信息都被记载在处理器生产商的手册中[Intel 16, AMD 10]。你也可以将 PMC 与模型特定的寄存器(MSR)配合使用来展示 CPU 内部部件的性能情况、CPU 的时钟频率信息、温度信息、电量使用情况、CPU 内部总线和内存总线的使用率等。

tlbstat

  作为使用 PMC 的一个例子，笔者开发了 tlbstat 这个工具，其可用来统计地址转换缓存（TLB）相关的 PMC 信息。笔者的目标是分析为了绕过 Meltdown 安全问题对 Linux 内核内存页表隔离（KPTI）相关补丁的性能影响[74-75]：

```
# tlbstat -C0 1
K_CYCLES  K_INSTR   IPC  DTLB_WALKS  ITLB_WALKS  K_DTLBCYC  K_ITLBCYC  DTLB% ITLB%
2875793   276051    0.10 89709496    65862302    787913     650834     27.40 22.63
2860557   273767    0.10 88829158    65213248    780301     644292     27.28 22.52
2885138   276533    0.10 89683045    65813992    787391     650494     27.29 22.55
2532843   243104    0.10 79055465    58023221    693910     573168     27.40 22.63
[...]
```

tlbstat 打印以下几个列。

- K_CYCLES：CPU 周期信息（单位为千个）。
- K_INSTR：CPU 指令信息（单位为千个）。
- IPC：每周期的指令数量。
- DTLB_WALKS：数据 TLB 查询（计数）。
- ITLB_WALKS：指令 TLB 查询 (计数)。
- K_DTLBCYC：进行数据 TLB 查询时，至少有一个缺页中断处理程序（PMH）活跃时的周期数量（单位为千个）。
- K_ITLBCYC：进行指令 TLB 查询时，至少有一个缺页中断处理程序（PMH）活跃时的周期数量（单位为千个）。
- DTLB%：数据 TLB 活跃周期与总周期数的比例。
- ITLB%：指令 TLB 活跃周期与总周期数的比例。

上述输出是在一个压力测试中、KPTI 额外消耗最高的时候产生的：DTLB 占用了 27% 的 CPU，ITLB 占用了 22% 的 CPU。这意味着，一半以上的系统 CPU 都被内存管理单元进行虚拟地址和物理地址转换的过程所占用。如果 tlbstat 在你的生产环境中输出了类似的结果，那么你就应该集中精力优化 TLB 了。

6.2.3　硬件采样

perf(1) 还可以用另外一种方式读取 PMC 数据。在这种方式下，根据一个给定的数值 N，每当 PMC 数值超过 N 的倍数时，便产生中断以便让内核抓取事件信息。正如下面这个例子，这条命令指示内核抓取所有 CPU L3 缓存未命中时的调用栈信息，抓取时长为 10 秒（这里用 sleep 10 作为一条无用指令来设置时长）：

```
# perf record -e mem_load_retired.l3_miss -c 50000 -a -g -- sleep 10
[ perf record: Woken up 1 times to write data ]
[ perf record: Captured and wrote 3.355 MB perf.data (342 samples) ]
```

采样结果可以用 perf report 指令来摘要输出，或者使用 perf list 指令来逐条输出：

```
# perf list
kworker/u17:4 11563 [007] 2707575.286552: mem_load_retired.l3_miss:
        7fffba5d8c52 move_freepages_block ([kernel.kallsyms])
        7fffba5d8e02 steal_suitable_fallback ([kernel.kallsyms])
        7fffba5da4a8 get_page_from_freelist ([kernel.kallsyms])
        7fffba5dc3fb __alloc_pages_nodemask ([kernel.kallsyms])
        7fffba63a8ea alloc_pages_current ([kernel.kallsyms])
        7fffc01faa5b crypt_page_alloc ([kernel.kallsyms])
        7fffba5d3781 mempool_alloc ([kernel.kallsyms])
        7fffc01fd870 kcryptd_crypt ([kernel.kallsyms])
        7fffba4a983e process_one_work ([kernel.kallsyms])
        7fffba4a9aa2 worker_thread ([kernel.kallsyms])
        7fffba4b0661 kthread ([kernel.kallsyms])
        7fffbae02205 ret_from_fork ([kernel.kallsyms])
[...]
```

这条输出展示了调用栈采样结果中的一条。调用栈信息从子调用向父调用排序，在这个示例中，展示了导致 L3 缓存未命中时的内核调用栈。

注意，在这种方式下，你应该尽量选择那些支持精确事件采样（PEBS）的 PMC，以便减少中断滑坡（interrupt skid）错误的发生。

PMC 硬件采样事件也可以触发 BPF 程序运行。例如，相比之前将全部调用栈采样数据利用 perf 缓冲区传递到用户态的做法，可以改为使用 BPF 直接在内核态进行频率统计，从而提高效率。

6.2.4 定时采样

很多性能剖析器都支持基于定时器的采样分析（以固定时间间隔截取指令指针位置或者程序调用栈信息）。这种类型的性能分析粒度比较粗，信息收集成本低，可以很容易看出哪些程序在占用 CPU 资源。这类性能剖析器有的只能在用户态运行，有的可以在内核态运行。一般来说，内核态的性能剖析器更好，因为它们可以同时截取用户态和内核态的程序调用栈，信息更为完整。

perf

perf(1) 是一个运行于内核态的性能剖析器，同时支持基于软件定时器和基于 PMC 的定时采样：默认采用当前平台上最精确的定时模式。在下面这个例子中，该命令以 99Hz（每秒采样 99 次）的频率在所有的 CPU 上采样，采样时长 30 秒：

```
# perf record -F 99 -a -g -- sleep 30
[ perf record: Woken up 1 times to write data ]
[ perf record: Captured and wrote 0.661 MB perf.data (2890 samples) ]
```

这里选择了 99Hz，而不是 100Hz，是为了避免和程序内部的其他定时器相冲突，从而避免结果中产生偏差（在第 18 章中有更多解释）。

之所以选择大概 100Hz，而不是 10Hz 或 1000Hz，是基于额外消耗与信息粒度的双重考虑。如果频率设置得太低，那么样本数量不够，不能完全展现执行状态，可能会错过一些短的代码调用栈。如果频率设置得太高，那么高频采样本身的额外消耗会导致性能下降，使结果出现偏差。

当这条 perf(1) 指令运行时，会将结果写入 perf.data 文件中：这个过程会使用一个内核中的缓冲区，以便将信息批量写入文件系统。输出结果显示，在这条命令执行过程中，只需被唤醒一次来写入数据。

可以用 perf report 命令摘要输出全部结果，或者使用 perf script 来逐条输出。例如：

```
# perf report -n --stdio
[...]
# Children      Self       Samples  Command  Shared Object     Symbol
# ........      ........    .......  .......  ................. ........................
................
#
    99.41%     0.08%           2    iperf    libpthread-2.27.so [.] __libc_write
            |
            --99.33%--__libc_write
                      |
                      --98.51%--entry_SYSCALL_64_after_hwframe
                                |
                                --98.38%--do_syscall_64
                                          |
                                          --98.29%--sys_write
                                                    |
                                                    --97.78%--vfs_write
                                                              |
[...]
```

perf report 的摘要结果以从父函数到子函数的形式展示了整棵调用树信息（在一些旧版本中，默认是以反序输出的）。不过，单从这条输出中无法得出有效的结论——完整输出超过了 6000 行。而 perf script 的输出结果，包含了每一条信息的详细内容，共计超过 60 000 行。在比较繁忙的系统中，这些命令的输出可能会更多，甚至达到目前的十倍以上。在这种情况下，可以用火焰图的形式更好地展示这些调用栈信息。

CPU 火焰图

第 2 章中介绍过火焰图，可以用来可视化调用栈信息。这种火焰图非常适合展示 CPU 性能分析结果，现在已经很常见了。

图 6-3 所示的火焰图展示的就是上一节的输出结果。

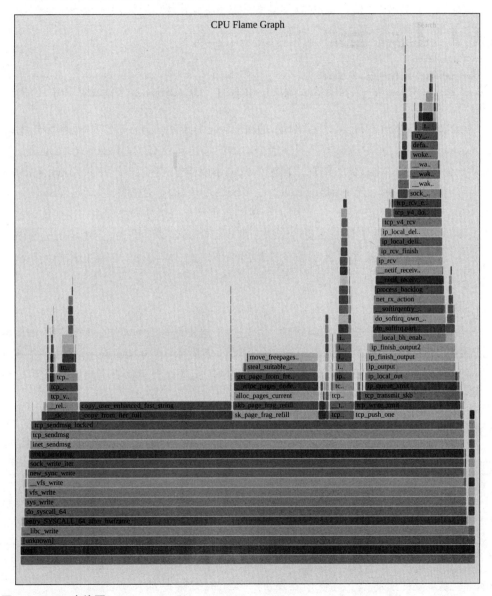

图 6-3 CPU 火焰图

当我们用火焰图的方式展示数据时，显而易见，一个名为 iperf 的进程消耗了很多

CPU，而且可以看到具体的调用函数：sock_sendmsg()，这个函数的两个子调用占用了很多 CPU 时间，copy_user_enhanced_fast_string() 和 move_freepages_block()，在图中以一个长条的形式表现出来。而在图片右侧，则是一个高塔，展示了调用一直持续到内核的 TCP 接收处理器函数中。这个结果是 iperf 针对 localhost 进行性能测试时的采样信息。

以下是利用 perf(1) 指令以 49Hz 的频率采样 30 秒，并且产生 CPU 火焰图的全部命令：

```
# git clone https://github.com/brendangregg/FlameGraph
# cd FlameGraph
# perf record -F 49 -ag -- sleep 30
# perf script --header | ./stackcollapse-perf.pl | ./flamegraph.pl > flame1.svg
```

stackcollapse-perf.pl 将 perf script 的输出转化为 flamegraph.pl 可以接受的标准格式。FlameGraph 代码仓库中有很多其他性能分析器的输出转化脚本。FlameGraph.pl 程序生成了一个 SVG 文件格式的火焰图，自带 JavaScript 以便在浏览器中交互。Flamegraph.pl 命令有很多定制选项：用 flamegraph.pl -help 可获取更多信息。

建议你将 perf script --header 的信息保留下来以备未来使用。Netflix 开发了基于 d3 的新的火焰图工具，以及对应的读取 perf script 输出的工具，FlameScope。该工具可以将性能分析结果展示为按秒聚合的热力图，以便可以按时间片段分析火焰图 [76-77]。

周期采样

当 perf(1) 以定时采样方式运行时，首先会尝试使用基于 PMC 的硬件 CPU 周期溢出事件来进行采样，这个事件会产生一个不可以掩盖的中断（NMI），在对应的中断处理函数中会进行调用栈采样。但是，很多云服务厂商的虚拟机都没有启用 PMC，这可以通过 dmesg 命令来检查：

```
# dmesg | grep PMU
[    2.827349] Performance Events: unsupported p6 CPU model 85 no PMU driver,
software events only.
```

在这些系统上运行时，perf(1) 会改为采用基于 hrtimer 的软中断采样。可以通过 perf -v 命令来看到：

```
# perf record -F 99 -a -v
Warning:
The cycles event is not supported, trying to fall back to cpu-clock-ticks
[...]
```

软中断模式通常也可以应对大部分性能分析场景。但是，要注意，有一些内核代码路径是没法进行软中断的：这些函数的执行过程中明确禁止了 IRQ。例子包括一些 CPU 调度器函数和一些硬件事件处理函数，这会导致采样结果中缺少这种代码路径。

有关 PMC 的更多信息，可以参看 2.12 节。

6.2.5 事件统计与事件跟踪

一些事件跟踪器同样可以进行 CPU 性能分析。可以采用的传统的 Linux 工具有 perf(1) 和 Ftrace，这些工具不仅能够跟踪事件、记录事件相关信息，还可以在内核态中进行事件统计。

perf

perf(1) 命令可以跟踪跟踪点、kprobes 和 uprobes，最近还添加了对 USDT probes 的跟踪功能。这些信息可以用来分析到底是什么占用了 CPU。

正如下面的例子所示，假设某种原因导致整个系统的所有 CPU 使用率都很高，但是 top(1) 命令却显示没有一个具体进程用量很高。造成这种现象的原因可能是系统中存在大量执行时间超短的进程。为了验证这种假设，我们可以用 `perf stat` 来跟踪系统中的 sched_process_exec 跟踪点，以便展示所有 exec() 这类系统调用的发生频率：

```
# perf stat -e sched:sched_process_exec -I 1000
#           time             counts unit events
    1.000258841              169         sched:sched_process_exec
    2.000550707              168         sched:sched_process_exec
    3.000676643              167         sched:sched_process_exec
    4.000880905              167         sched:sched_process_exec
[...]
```

结果展示，exec 每秒发生了超过 160 次。可以用 `perf record` 来记录每个事件的具体信息，同时用 `perf script` 来展示每条信息[1]：

```
# perf record -e sched:sched_process_exec -a
^C[ perf record: Woken up 1 times to write data ]
[ perf record: Captured and wrote 3.464 MB perf.data (95 samples) ]
# perf script
```

---

1 为什么这里不用strace(1)命令呢？因为当前的strace(1)实现采用的是断点调试中断，这会大幅降低目标进程的速度（性能下降到大概只有原先的1%），这在生产环境中是很危险的，无法使用。现在在开发中有很多strace的替代实现，包括perf trace命令，以及基于BPF的命令。同时，在这个例子中，我们需要统计整个系统中的exec()系统调用，strace命令现在还没有这个功能。

```
     make 28767 [007] 712132.535241: sched:sched_process_exec: filename=/usr/bin/make
pid=28767 old_pid=28767
       sh 28768 [004] 712132.537036: sched:sched_process_exec: filename=/bin/sh pid=28768
old_pid=28768
    cmake 28769 [007] 712132.538138: sched:sched_process_exec: filename=/usr/bin/cmake
pid=28769 old_pid=28769
     make 28770 [001] 712132.548034: sched:sched_process_exec: filename=/usr/bin/make
pid=28770 old_pid=28770
       sh 28771 [004] 712132.550399: sched:sched_process_exec: filename=/bin/sh pid=28771
old_pid=28771
[...]
```

这个输出展示了运行的全部进程名字，包括 make、sh、cmake 等，这说明系统中可能正在编译程序。这种大量短期程序消耗资源的现象非常普遍，以至于我们为此开发了一个专用的 BPF 工具——execsnoop(8)。这个命令的输出包括进程名字、PID、CPU、时间戳（秒级）、事件名字，以及事件参数。

perf(1) 中还包括一个针对 CPU 调度器的专用分析命令——perf sched。这条命令采用先记录后分析的方式来分析 CPU 调度器的行为，同时提供了几种不同的报告形式：每次唤醒的 CPU 占用时长，调度器延迟的平均值和最大值，以及以 ASCII 格式展示的每个 CPU 线程执行和迁移情况。如下面这个例子：

```
# perf sched record -- sleep 1
[ perf record: Woken up 1 times to write data ]
[ perf record: Captured and wrote 1.886 MB perf.data (13502 samples) ]
# perf sched timehist
Samples do not have callchains.
           time    cpu  task name             wait time  sch delay  run time
                        [tid/pid]               (msec)     (msec)    (msec)
--------------- ------ -------------------   --------- --------- ---------
[...]
 991963.885740 [0001]  :17008[17008]            25.613     0.000     0.057
 991963.886009 [0001]  sleep[16999]           1000.104     0.006     0.269
 991963.886018 [0005]  cc1[17083]               19.908     0.000     9.948
[...]
```

输出信息很多，按行展示了所有 CPU 调度器上下文切换事件的摘要信息，包括休眠时长（wait time）、调度器延迟（sch delay），以及 CPU 运行时长（run time），单位均为毫秒。输出显示一条 sleep(1) 命令休眠了 1 秒，同时 1 条 cc1 进程运行了 9.9 毫秒，并且休眠了 19.9 毫秒。

perf sched 子命令可以分析很多类型的 CPU 调度器问题，包括内核中 CPU 调度器实现中的 bug（内核中的 CPU 调度器实现是一段非常复杂的代码，因为这段代码需要处理的需求非常复杂），然而，这种先记录后分析的工作方式成本也很高：这个例子是在一个 8-CPU 系统上记录了 1 秒的信息，产生了 1.9MB 的 perf.data 文件。在一个 CPU 更多、更忙的系统上长期记录，很可能会产生几百 MB 的文件，产生文件所消耗的 CPU 以及写入文件系统的过程可能就会对分析过程产生影响。

为了更好地理解各种调度器事件，perf(1) 的输出一般都需要进行可视化处理。perf(1) 同时还有一个 timechart 子命令来专门生成各种视图。

如果可能的话，笔者建议避免使用 perf sched，而应采用 BPF 工具。这是因为，BPF 可以在内核态中直接进行摘要统计，直接输出结果（例如，在 6.3.3 节和 6.3.4 节中介绍的 runqlat(8) 和 runqlen(8) 工具）。

Ftrace

Ftrace 是一系列跟踪工具的集合，由 Steven Rostedt 开发，最早在 Linux 2.6.27（2008 年）加入内核。正如 perf(1) 一样，它可以利用各种内核跟踪点和事件来跟踪 CPU 的使用情况。

如下面所示的例子，笔者的 perf-tools 集 [78] 里面的很多工具都使用了 Ftrace 的跟踪技术，并且包括用 funccount(8) 工具来统计函数调用。这个例子通过统计所有函数名开头为 "ext" 的调用来统计 ext4 文件系统的函数调用情况：

```
# perf-tools/bin/funccount 'ext*'
Tracing "ext*"... Ctrl-C to end.
^C
FUNC                         COUNT
[...]
ext4_do_update_inode          523
ext4_inode_csum.isra.56       523
ext4_inode_csum_set           523
ext4_mark_iloc_dirty          523
ext4_reserve_inode_write      523
ext4_inode_table              551
ext4_get_group_desc           564
ext4_nonda_switch             586
ext4_bio_write_page           604
ext4_journal_check_start     1001
ext4_es_can_be_merged        1111
ext4_file_getattr            7159
ext4_getattr                 7285
```

这里笔者已经将输出截断，只展示了那些最经常调用的函数。调用频率最高的是 ext4_getattr()，在跟踪过程中一共被调用了 7285 次。

每个函数调用都会消耗CPU资源,而这些函数的名字通常显示了它们的用途是什么。如果函数名称不够清楚,那么一般也很容易在网上找到这些函数的源代码,可直接查看。对Linux内核来说更是如此,因为所有的代码都是开源的。

Ftrace自带了很多非常有用的功能,最近还增加了直方图和更多的调用频率统计功能。但是,和BPF相比,Ftrace没有定制编程功能,所以不能用它来自定义获取和展示数据。

6.3　BPF工具

本节将描述哪些 BPF 工具可以用来进行 CPU 性能分析和问题调试,这些工具展示在图 6-4 里,在表 6-3 中也进行了展示。

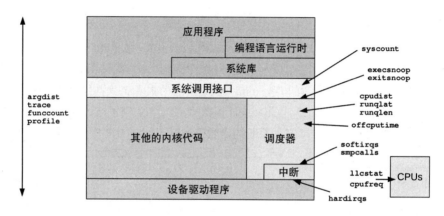

图 6-4　用来进行 CPU 性能分析的 BPF 工具

这些工具要么来自第 4 章和第 5 章中提到的 BCC 和 bpftrace 代码库,要么是在写作本书的时候编写的。有些工具同时出现在 BCC 和 bpftrace 仓库中。表 6-3 列出了这些工具的来源(BT 指代 bpftrace)。

表 6-3　与 CPU 相关的工具

工具	源	分析对象	描述
execsnoop	BCC/BT	调度	列出新进程的运行信息
exitsnoop	BCC	调度	列出进程运行时长和退出的原因
runqlat	BCC/BT	调度	统计 CPU 运行队列的延迟信息
runqlen	BCC/BT	调度	统计 CPU 运行队列的长度
runqslower	BCC	调度	当运行队列中等待时长超过阈值时打印
cpudist	BCC	调度	统计在 CPU 上运行的时间
cpufreq	本书	CPU	按进程来采样 CPU 运行频率信息
profile	BCC	CPU	采样 CPU 运行的调用栈信息

续表

工具	源	分析对象	描述
offcputime	BCC/本书	调度	统计线程脱离 CPU 时的跟踪信息和等待时长
syscount	BCC/BT	系统调用	按类型和进程统计系统调用次数
argdist	BCC	系统调用	可以用来进行系统调用分析
trace	BCC	系统调用	可以用来进行系统调用分析
funccount	BCC	软件	统计函数调用次数
softirqs	BCC	中断	统计软中断时间
hardirqs	BCC	中断	统计硬中断时间
smpcalls	本书	内核	统计 SMP 模式下的远程 CPU 调用信息
llcstat	BCC	PMC	按进程统计 LLC 命中率

来自 BCC 和 bpftrace 的工具，请到代码库中获取全部的工具调用选项列表，以及它们的功能说明。下文摘选了一些重要的功能说明。

6.3.1 execsnoop

execsnoop(8)[1] 来自 BCC 和 bpftrace 工具集，是一个跟踪全系统中的新进程执行信息的工具。利用这个工具可以找到消耗大量 CPU 的短期进程，并且可以用来分析软件执行过程，包括启动脚本等。

下面是 BCC 版本的输出例子：

```
# execsnoop
PCOMM            PID    PPID   RET ARGS
sshd             33096  2366     0 /usr/sbin/sshd -D -R
bash             33118  33096    0 /bin/bash
groups           33121  33119    0 /usr/bin/groups
ls               33123  33122    0 /bin/ls /etc/bash_completion.d
lesspipe         33125  33124    0 /usr/bin/lesspipe
basename         33126  33125    0 /usr/bin/basename /usr/bin/lesspipe
dirname          33129  33128    0 /usr/bin/dirname /usr/bin/lesspipe
tput             33130  33118    0 /usr/bin/tput setaf 1
dircolors        33132  33131    0 /usr/bin/dircolors -b
```

---

1 笔者利用DTrace在2014年3月24日构建了execsnoop的第一个版本，用来解决笔者在Solaris环境下遇到的短期进程导致的性能问题。在此之前，笔者采用的分析方式是启用系统中的进程审计功能，或者BSM审计功能，再从日志里筛选执行事件，但是这两种方式都存在问题：进程审计功能会将进程名和参数名截断为8个字符。相比之下，execsnoop工具可以随时在系统中启用，不需要启用特殊审计模式，并且可以展示出完整命令行以外的更多信息。execsnoop在macOS X、Solaris和一些BSD上都被默认安装。笔者在2016年2月7日完成了BCC版本，并且在2017年11月15日完成了bpftrace版本，为此笔者还向bpftrace中加入了join()内置函数。

```
ls              33134   33133   0 /bin/ls /etc/bash_completion.d
mesg            33135   33118   0 /usr/bin/mesg n
sleep           33136   2015    0 /bin/sleep 30
sh              33143   33139   0 /bin/sh -c command -v debian-sa1 > /dev/null &&...
debian-sa1      33144   33143   0 /usr/lib/sysstat/debian-sa1 1 1
sa1             33144   33143   0 /usr/lib/sysstat/sa1 1 1
sadc            33144   33143   0 /usr/lib/sysstat/sadc -F -L -S DISK 1 1 /var/lo...
sleep           33148   2015    0 /bin/sleep 30
[...]
```

这个工具记录了当用户以 SSH 方式登录系统时的所有进程启动情况，包括 sshd(8)、groups(1)、mesg(1) 等。它还展示了系统行为记录仪（sar）记录这个进程日志的情况，包括 sa1(8) 和 sadc(8) 两个进程。

execsnoop(8) 可以用来寻找高频出现、消耗资源的短期进程。这些进程由于执行时长非常短，可能在传统工具，例如 top，或其他系统监控进程抓取信息之前就消失了。第 1 章展示了这样的一个例子：一个启动脚本循环不停地试图启动一个应用程序，导致了系统中的性能问题。这样的问题可以很轻易地用 execsnoop(8) 来发现。execsnoop(8) 在多种生产环境问题调试中都发挥了作用：后台任务造成的性能浮动，应用程序启动过慢或者启动失败，容器启动慢或者启动失败问题等。

execsnoop(8) 直接跟踪 execve(2) 系统调用（是最常用的 exec(2) 变体），可以直接打印 execve(2) 的调用参数和返回值。这样可以抓取那些通过 fork(2)/clone(2)->exec(2) 产生的新进程，以及那些自己主动调用 exec(2) 的进程。有些应用程序可以绕过 exec(2) 直接产生新进程，例如，某些利用 fork(2) 和 clone(2) 直接生成工作进程池的程序。这些输出不会被包含在 execsnoop(8) 里面，因为它们没有调用 execve(2)。不过这种情况并不常见：应用程序通常应该创造线程池，而非进程池。

由于进程创建的频率一般很低（小于每秒 1000 次），因此这个工具的额外消耗是可以忽略不计的。

BCC

BCC 版本支持以下几种选项。

- **-x**：包含 exec() 失败的情况。
- **-n pattern**：只输出命令符合模式的结果。
- **-l pattern**：只输出命令参数符合模式的结果。
- **--max args args**：输出命令参数个数的上限，默认为 20。

bpftrace

下列代码描述了 bpftrace 版本的 execsnoop(8) 的核心功能。这个版本只打印一些基本信息，并不支持任何选项：

```
#!/usr/local/bin/bpftrace

BEGIN
{
        printf("%-10s %-5s %s\n", "TIME(ms)", "PID", "ARGS");
}

tracepoint:syscalls:sys_enter_execve
{
        printf("%-10u %-5d ", elapsed / 1000000, pid);
        join(args->argv);
}
```

BEGIN 块中打印了一个表头。为了抓取 exec() 事件，我们跟踪了 syscall:sys_enter_execve 跟踪点来打印出进程起始运行事件、进程 ID，以及命令名和参数值。调用 join() 函数可将跟踪点读取的 args->agrv 的信息合为一行，以便和命令一行输出。

在 bpftrace 的未来版本中可能会将 join() 从直接输出改为返回一个字符串[1]，这样可以将代码改为如下的样子：

```
tracepoint:syscalls:sys_enter_execve
{
        printf("%-10u %-5d %s\n", elapsed / 1000000, pid, join(args->argv));
}
```

BCC 版本同时跟踪 execve() 系统调用的起始点和返回点，这样可以输出调用的结果。bpftrace 版本的程序也可以很容易地进行这样的扩展。[2]

第 13 章中有一个类似的工具，threadsnoop(8)，其可以用来跟踪线程的创建，而非进程的创建。

---

1 请参看bpftrace的26号主题[67]。

2 这个bpftrace程序和之后的程序可以进一步扩展以展示更多细节信息。这里笔者没有这样做是为了保持代码段短小，便于读者理解。

6.3.2 exitsnoop

exitsnoop(8)[1] 是一个 BCC 工具，可以跟踪进程退出事件，打印出进程的总运行时长和退出原因。运行时长是指进程从创建到终止的时长，包括 CPU 运行时间和非运行时间。正如 execsnoop(8) 那样，exitsnoop(8) 可以帮助调试短时进程的问题，从另一个角度理解问题。例如：

```
# exitsnoop
PCOMM          PID    PPID   TID    AGE(s)  EXIT_CODE
cmake          8994   8993   8994   0.01    0
sh             8993   8951   8993   0.01    0
sleep          8946   7866   8946   1.00    0
cmake          8997   8996   8997   0.01    0
sh             8996   8995   8996   0.01    0
make           8995   8951   8995   0.02    0
cmake          9000   8999   9000   0.02    0
sh             8999   8998   8999   0.02    0
git            9003   9002   9003   0.00    0
DOM Worker     5111   4183   8301   221.25  0
sleep          8967   26663  8967   7.31    signal 9 (KILL)
git            9004   9002   9004   0.00    0
[...]
```

本输出展示了很多短期进程退出的情况，例如，cmake(1)、sh(1)、make(1)：系统上正在编译代码。一个 sleep(1) 进程在一秒之后成功退出（退出代码为 0），另外一个 sleep(1) 进程在 7.31 秒后收到 KILL 信号所以退出。这个输出中还包括一个 DOM Worker 线程，其在执行 221.25 秒后退出。

该工具使用的是 sched:sched_process_exit 跟踪点和它的参数信息，同时利用 bpf_get_current_task() 以便从 task 结构体中读取起始信息（这并不是一个稳定接口）。由于跟踪点本身的执行频率不高，所以这个工具的额外消耗可以忽略不计。

命令行使用说明如下：

```
exitsnoop [options]
```

参数包括如下几项。

- **-p PID**：仅测量该进程。
- **-t**：包含时间戳信息。

1　该程序由 Arturo Martin-de-Nicolas 于 2019 年 5 月 4 日创建。

- **-x**：仅关注失败情景（退出代码不为 0）。

目前尚不存在 bpftrace 版本的 exitsnoop(8)，不过这个可以作为学习 bpftrace 编程的一个练习作业。[1]

6.3.3　runqlat

runqlat(8)[2] 是基于 BCC 和 bpftrace 的 CPU 调度器延迟分析工具，CPU 调度器延迟通常被称为运行队列延迟（实际上，目前的内部实现已经不再是简单的队列）。在需求超过供给，CPU 资源处于饱和状态时，这个工具可以用来识别和量化问题的严重性。runqlat(8) 统计的信息是每个线程（任务）等待 CPU 的耗时。

下面的输出是用 BCC 版本的 runqlat(8) 在 48-CPU 的生产 API 机器中，系统 CPU 使用率大约为 42% 的时候生成的。runqlat(8) 的参数是"10 1"，意为每 10 秒输出一次，仅输出一次：

```
# runqlat 10 1
Tracing run queue latency... Hit Ctrl-C to end.

    usecs               : count    distribution
      0 -> 1            : 3149     |                                        |
      2 -> 3            : 304613   |****************************************|
      4 -> 7            : 274541   |************************************     |
      8 -> 15           : 58576    |*******                                 |
     16 -> 31           : 15485    |**                                      |
     32 -> 63           : 24877    |***                                     |
     64 -> 127          : 6727     |                                        |
    128 -> 255          : 1214     |                                        |
    256 -> 511          : 606      |                                        |
    512 -> 1023         : 489      |                                        |
   1024 -> 2047         : 315      |                                        |
   2048 -> 4095         : 122      |                                        |
   4096 -> 8191         : 24       |                                        |
   8192 -> 16383        : 2        |                                        |
```

1　如果你公开发表你的程序，请注明BCC版本的原创作者：Arturo Martin-de-Nicolas。

2　笔者基于DTrace创建了第一版，dispqlat.d，发表于2012年8月13日，灵感来源于2005年1月出版的*Dynamic Tracing Guide*[Sun 05]一书中的例子，以及DTrace中的sched provider probe。dispq是dispatcher queue的简称，run queue的另外一个名字。笔者在2016年2月7日开发了BCC版本的runqlat，bpftrace版本于2018年9月17日发表。

上面的输出显示，在大部分时间内，线程的等待时间小于 15 微秒，分布在 2 微秒到 15 微秒之间。这说明延迟很低——表示系统状态正常——这也是一个 CPU 利用率处于 42% 的系统的正常行为。在上面的例子中，运行队列延迟偶尔会升高至 8 ～ 16 微秒这个区间，但是这明显是一些离群点。

runqlat(8) 利用对 CPU 调度器的线程唤醒事件和线程上下文切换事件的跟踪来计算线程从唤醒到运行之间的时间间隔。在一个比较繁忙的生产系统中，这类事件发生的频率可能很高，每秒可超过一万次。即使 BPF 程序已经是最优化的实现，在这种频率下如果每个事件的处理过程超过一微秒，也会对系统造成不小的影响，[1] 所以在使用中要多加注意。

配置错误的软件编译过程

下面用另外一个例子做对比。这次的系统是一个有 36 个 CPU 的编译服务器，但是由于一个错误导致编译过程中的并行值被设置成了 72，这导致了 CPU 超载的发生：

```
# runqlat 10 1
Tracing run queue latency... Hit Ctrl-C to end.

     usecs               : count    distribution
         0 -> 1          : 1906     |***                                     |
         2 -> 3          : 22087    |****************************************|
         4 -> 7          : 21245    |**************************************   |
         8 -> 15         : 7333     |*************                           |
        16 -> 31         : 4902     |********                                |
        32 -> 63         : 6002     |**********                              |
        64 -> 127        : 7370     |*************                           |
       128 -> 255        : 13001    |***********************                 |
       256 -> 511        : 4823     |********                                |
       512 -> 1023       : 1519     |**                                      |
      1024 -> 2047       : 3682     |******                                  |
      2048 -> 4095       : 3170     |*****                                   |
      4096 -> 8191       : 5759     |**********                              |
      8192 -> 16383      : 14549    |**************************              |
     16384 -> 32767      : 5589     |**********                              |
     32768 -> 65535      : 372      |                                        |
     65536 -> 131071     : 10       |                                        |
```

输出显示，现在延迟分布呈三峰状态，最高峰处于 8 ～ 16 毫秒区间，这说明每个

1　简单算来，如果在一个10-CPU的系统中，上下文切换频率为每秒100万次，那么给每次上下文切换处理时间增加1毫秒就会消耗10%的CPU资源（100%×(1×1 000 000/10×1 000 000)）。第18章中有一些BPF额外消耗的实际测量数据，一般来说，针对每个事件的额外消耗远小于1微秒。

线程的等待时间是很显著的。

　　这种问题也可以通过其他工具和系统性能指标观测出来。例如，sar(1) 可以同时展示 CPU 利用率（-u）和运行队列性能指标（-q）：

```
# sar -uq 1
Linux 4.18.0-virtual (...)    01/21/2019    _x86_64_      (36 CPU)

11:06:25 PM    CPU     %user    %nice    %system    %iowait    %steal    %idle
11:06:26 PM    all     88.06    0.00     11.94      0.00       0.00      0.00

11:06:25 PM    runq-sz  plist-sz  ldavg-1   ldavg-5   ldavg-15   blocked
11:06:26 PM    72       1030      65.90     41.52     34.75      0
[...]
```

　　上面的 sar(1) 命令输出显示 CPU 空闲时间为 0%，平均运行队列长度为 72（包括正在运行的线程和等待运行的线程）——这已经超过了系统的 36 个 CPU 的数量。

　　第 15 章有另外一个 runqlat(8) 的例子，可以按容器分别展示运行队列延迟值。

BCC

　　BCC 版本的命令使用方式如下：

```
runqlat [options] [interval [count]]
```

　　选项包括如下几个。

- **-m**：以毫秒为单位输出。
- **-P**：给每个进程 ID 打印一个分布图。
- **--pidnss**：给每个 PID 命名空间打印一个直方图。
- **-p PID**：仅跟踪给定的 PID 进程。
- **-T**：输出中包含时间戳。

　　在需要给定时输出结果加上时间戳时，-T 选项就很有用了。例如，runqlat -T 1，可以每秒输出一次。

bpftrace

　　下面这段代码是基于 bpftrace 的 runqlat(8) 实现，展示了该工具的核心功能。这个版本不支持任何选项：

```
#!/usr/local/bin/bpftrace
```

```
#include <linux/sched.h>

BEGIN
{
        printf("Tracing CPU scheduler... Hit Ctrl-C to end.\n");
}

tracepoint:sched:sched_wakeup,
tracepoint:sched:sched_wakeup_new
{
        @qtime[args->pid] = nsecs;
}

tracepoint:sched:sched_switch
{
        if (args->prev_state == TASK_RUNNING) {
                @qtime[args->prev_pid] = nsecs;
        }

        $ns = @qtime[args->next_pid];
        if ($ns) {
                @usecs = hist((nsecs - $ns) / 1000);
        }
        delete(@qtime[args->next_pid]);
}

END
{
        clear(@qtime);
}
```

这段代码在 sched_wakeup 和 sched_wakeup_new 两个跟踪点上记录内核线程 ID（args->pid）和时间戳信息。

在 sched_switch 处理函数中，如果线程状态仍然是可运行态（TASK_RUNNING），则记录 args->prev_pid 和对应的时间戳。这是为了处理被动上下文切换的情况，在这种情况下线程脱离 CPU 之后，马上返回到运行队列中。同时，在这个处理函数里检查了是否已经记录了下一个运行的线程的时间戳，如果是，则计算时间戳的差值并记录到 @usec 这个直方图中。

因为这里需要使用 TASK_RUNNING 常数，所以用 #include linux/sched.h 包含了头文件。

BCC 版本可以按 PID 分别输出结果，基于 bpftrace 的版本也可以通过在 @usec 映射中增加一个新的 pid 键名来做到。BCC 版本的另外一个功能是可以忽略 PID 为 0 的线程的延迟值，因为这是内核的空闲线程。[1] 同样地，bpftrace 版本也可以很容易地支持这个功能。

6.3.4 runqlen

runqlen(8)[2] 是一个基于 BCC 和 bpftrace 的工具，用来采样 CPU 运行队列的长度信息，可以统计有多少线程正在等待运行，并且以线性直方图的方式输出。这个结果可以作为一个成本较低的统计信息来分析运行队列延迟高的问题。

下面这个例子显示了在一个 48-CPU、CPU 利用率为 42% 左右的生产 API 机器上，运行 BCC 版本的 runqlen(8) 的输出。（这和前面运行 runqlat(8) 例子的是同一台机器。）runqlen(8) 的参数是"10 1"，表示每 10 秒输出一次，仅输出一次：

```
# runqlen 10 1
Sampling run queue length... Hit Ctrl-C to end.

    runqlen       : count     distribution
       0          : 47284     |****************************************|
       1          : 211       |                                        |
       2          : 28        |                                        |
       3          : 6         |                                        |
       4          : 4         |                                        |
       5          : 1         |                                        |
       6          : 1         |                                        |
```

输出结果显示，大部分时间运行队列的长度为 0，意味着线程不需要等待可以立即执行。

笔者在这里将运行队列长度分类为二级指标，而运行队列延迟为一类指标。因为运行队列延迟是直接地且按比例地影响系统性能，而运行队列长度则不一定。设想一下，在超市排队等待结账时，哪个指标对你来说更重要：是队伍的长度还是实际等待的时长？显而易见，runqlat(8) 的作用更大。那么为什么要使用 runqlen(8) 呢？

首先，runqlen(8) 可以进一步定性分析 runqlat(8) 发现的系统问题，解释为什么运行队列延迟这么高。其次，runqlen(8) 的采样频率是 99Hz，而 runqlat(8) 需要跟踪 CPU 调度器事件。相比 runqlat(8) 的事件跟踪消耗，定时采样的消耗几乎可以忽略不计。对

1　感谢Ivan Babrou的贡献。

2　笔者2005年6月27日写了第一个版本，叫作dispqlen.d，以便定性分析每个CPU的运行队列。笔者于2016年12月12日完成了BCC版本，而bpftrace版本是在2018年10月7日完成的。

7 天 24 小时的监控来说，应该优先使用 runqlen(8) 来识别问题（因为消耗较低），再用 runqlat(8) 来量化延迟。

四个线程，一个 CPU

在这个例子中，一个受限于 CPU 的进程有四个线程，固定在 CPU 0 上运行。执行 runqlen(8) 的时候加上了 -C 参数，以便按 CPU 输出结果：

```
# runqlen -C
Sampling run queue length... Hit Ctrl-C to end.
^C

cpu = 0
    runqlen       : count     distribution
       0          : 0         |                                        |
       1          : 0         |                                        |
       2          : 0         |                                        |
       3          : 551       |****************************************|

cpu = 1
    runqlen       : count     distribution
       0          : 41        |****************************************|

cpu = 2
    runqlen       : count     distribution
       0          : 126       |****************************************|
[...]
```

CPU 0 的运行队列长度为 3：一个线程在 CPU 上执行，另三个线程正在等待。这种按 CPU 进行的分别输出在识别 CPU 调度器的负载均衡问题上很有用。

BCC

命令行使用说明如下：

```
runqlen [options] [interval [count]]
```

命令选项包括如下几个。

- **-C**：每个 CPU 输出一个直方图。
- **-O**：运行队列占有率信息，运行队列不为 0 的时长百分比。
- **-T**：在输出中包括时间戳信息。

运行队列占有率展示了运行队列长度不为 0（有线程在等待时）的时间比例，如果你需要一个固定指标来进行监控、报警和绘图的话，这个指标很有用。

bpftrace

下面这段代码是 bpftrace 版本的 runqlen(8) 实现，展示了该工具的核心功能。这个版本不支持任何选项：

```
#!/usr/local/bin/bpftrace

#include <linux/sched.h>

struct cfs_rq_partial {
        struct load_weight load;
        unsigned long runnable_weight;
        unsigned int nr_running;
};

BEGIN
{
        printf("Sampling run queue length at 99 Hertz... Hit Ctrl-C to end.\n");
}

profile:hz:99
{
        $task = (struct task_struct *)curtask;
        $my_q = (struct cfs_rq_partial *)$task->se.cfs_rq;
        $len = $my_q->nr_running;
        $len = $len > 0 ? $len - 1 : 0;          // subtract currently running task
        @runqlen = lhist($len, 0, 100, 1);
}
```

这段程序需要读取 cfs_rq 结构体的 nr_running 成员变量，但是这个结构体的定义并不在标准的内核头文件中，所以这个程序定义了一个 cfs_rq_partial 结构体，用来读取对应的成员变量值。在 BTF 可用之后就可能不需要这样做了（参见第 2 章）。

这段程序主要处理的事件是 profile:hz:99 探针，这个探针以 99Hz 的频率采样所有 CPU 的运行队列长度。读取方式是通过从当前 task 结构体找到当前的运行队列结构体，再读取其中的长度信息。这些结构体的名字和成员的名字可能要根据内核源代码的变动进行修改。

可以通过给 @runqlen 映射增加一个 cpu 键来扩展 bpftrace 版本，以便按每个 CPU 输出直方图。

6.3.5　runqslower

runqslower(8)[1] 是一个 BCC 工具，它可以列出运行队列中等待延迟超过阈值的线程名字，可以输出受延迟影响的进程名和对应的延迟时长。下面这个例子是在 48-CPU、系统 CPU 利用率在 45% 左右的生产 API 机器中产生的：

```
# runqslower
Tracing run queue latency higher than 10000 us
TIME      COMM            PID       LAT(us)
17:42:49  python3         4590        16345
17:42:50  pool-25-thread- 4683        50001
17:42:53  ForkJoinPool.co 5898        11935
17:42:56  python3         4590        10191
17:42:56  ForkJoinPool.co 5912        13738
17:42:56  ForkJoinPool.co 5908        11434
17:42:57  ForkJoinPool.co 5890        11436
17:43:00  ForkJoinPool.co 5477        10502
17:43:01  grpc-default-wo  5794        11637
17:43:02  tomcat-exec-296 6373        12083
[...]
```

这个输出展示了在 13 秒内，超过默认阈值 10 000 微秒（10 毫秒）的运行队列延迟发生了 10 次。这对一个还有 55% CPU 空闲率的服务器来说可能是有点出人意料的。服务器上运行了一个很繁忙的多线程应用程序，可能在 CPU 调度器将线程迁移到其他 CPU 之前会造成运行队列不均衡的问题。这个工具可以用来确认哪个应用程序受到了影响。

目前这个工具使用的是内核中的 ttwu_do_wakeup() 函数、wake_up_new_task() 函数和 finish_task_switch() 函数所对应的 kprobes。未来的版本可能会像之前 bpftrace 版本的 runqlat(8) 一样，改为使用 CPU 调度器跟踪点。这个程序的额外消耗与 runqlat(8) 类似，即使 runqslower(8) 不产生任何输出，在一个繁忙的系统上使用 kprobes 也会造成不可忽视的性能损耗。

命令行使用说明如下：

```
runqslower [options] [min_us]
```

命令行选项包括以下一项。

1　Ivan Babrou 于 2018 年 5 月 2 日写成。

■ **-p PID**：仅测量给定的进程。

默认的阈值为 10 000 微秒。

6.3.6 cpudist

cpudist(8)[1] 是一个 BCC 工具，用来展示每次线程唤醒之后在 CPU 上执行的时长分布。这可以帮助定性分析 CPU 的使用率，以便为未来设计和优化提供决策信息。例如，在一个 48-CPU 的生产机器上的输出如下：

```
# cpudist 10 1
Tracing on-CPU time... Hit Ctrl-C to end.

     usecs               : count    distribution
         0 -> 1          : 103865   |***************************             |
         2 -> 3          : 91142    |***********************                 |
         4 -> 7          : 134188   |***********************************     |
         8 -> 15         : 149862   |****************************************|
        16 -> 31         : 122285   |********************************        |
        32 -> 63         : 71912    |*******************                     |
        64 -> 127        : 27103    |*******                                 |
       128 -> 255        : 4835     |*                                       |
       256 -> 511        : 692      |                                        |
       512 -> 1023       : 320      |                                        |
      1024 -> 2047       : 328      |                                        |
      2048 -> 4095       : 412      |                                        |
      4096 -> 8191       : 356      |                                        |
      8192 -> 16383      : 69       |                                        |
     16384 -> 32767      : 42       |                                        |
     32768 -> 65535      : 30       |                                        |
     65536 -> 131071     : 22       |                                        |
    131072 -> 262143     : 20       |                                        |
    262144 -> 524287     : 4        |                                        |
```

这个输出显示了生产应用程序在 CPU 上执行的时间很短：在 0 到 127 微秒之间。

这是一个大量使用 CPU 的任务，忙碌的线程数量超过可用的 CPU 数量，下面是按毫秒输出的直方图信息（-m）：

---

1 笔者在2005年4月27日创建了cpudist工具，展示出每个进程、内核和空闲线程的CPU占用时长。Sasha Goldshtein于2016年6月29日创建了BCC版本的cpudist，可以按进程输出分布图。

```
# cpudist -m
Tracing on-CPU time... Hit Ctrl-C to end.
^C
    msecs               : count     distribution
       0 -> 1           : 521       |****************************************|
       2 -> 3           : 60        |****                                    |
       4 -> 7           : 272       |********************                    |
       8 -> 15          : 308       |***********************                 |
      16 -> 31          : 66        |*****                                   |
      32 -> 63          : 14        |*                                       |
```

这里显示了 CPU 使用时长分布的一个高峰在 4 ～ 15 毫秒区间：这很可能是因为线程超过了 CPU 调度器分配的运行时长，从而进行了被动上下文切换。

这个工具在分析某个 Netflix 的变更的性能影响时发挥了作用，如某个机器学习程序执行速度变快了三倍。perf(1) 命令展示了上下文切换频率下降了，而 cpudist(8) 则解释了具体的性能变化。变更之前每个线程只能运行 0 ～ 3 微秒就被上下文切换中断了。

cpudist(8) 在内部跟踪 CPU 调度器的上下文切换事件，这些事件在繁忙的生产环境中发生的频率非常高（每秒可能超过一百万次）。和 runqlat(8) 一样，这个工具的额外消耗可能很显著，使用时需要多加小心。

命令行使用说明如下：

```
cpudist [options] [interval [count]]
```

命令行选项包括如下几项。

- **-m**：以毫秒为单位输出（默认单位为微秒）。
- **-O**：输出脱离 CPU 的时间，而不是在 CPU 上执行的时间。
- **-P**：每个进程打印一个直方图。
- **-p PID**：仅测量给定的进程。

目前没有 bpftrace 版本的 cpudist(8)，笔者想将这个实现作为一个作业留给你完成。

6.3.7   cpufreq

cpufreq(8)[1] 采样 CPU 频率信息，可以作为全系统直方图显示，也可以按进程名

---

1 笔者在写作本书的过程中，于2019年4月24日时完成了cpufreq。该程序是基于Joel Fernandes的一些早期代码写成的，还参考了Connor O'Brien写的Android BPF工具time_in_state。这个工具使用内核中的sched跟踪点，所以能够更精确地跟踪CPU频率的变化。

分别输出直方图。这个命令只在使用支持频率调整的 CPU 调度器下才起作用，例如 powersave。这个命令可用来输出应用程序运行时的对应的 CPU 频率信息。例如：

```
# cpufreq.bt
Sampling CPU freq system-wide & by process. Ctrl-C to end.
^C
[...]

@process_mhz[snmpd]:
[1200, 1400)           1 |@@@@@@@@@@@@@@@@@@@@@@@@@@@@@@@@@@@@@@@@@@@@@@@@@@@@|

@process_mhz[python3]:
[1600, 1800)           1 |@                                                 |
[1800, 2000)           0 |                                                  |
[2000, 2200)           0 |                                                  |
[2200, 2400)           0 |                                                  |
[2400, 2600)           0 |                                                  |
[2600, 2800)           2 |@@@                                               |
[2800, 3000)           0 |                                                  |
[3000, 3200)          29 |@@@@@@@@@@@@@@@@@@@@@@@@@@@@@@@@@@@@@@@@@@@@@@@@@@@@|

@process_mhz[java]:
[1200, 1400)         216 |@@@@@@@@@@@@@@@@@@@@@@@@@@@@@@@@@@@@@@@@@@@@@@@@@@@@|
[1400, 1600)          23 |@@@@@                                             |
[1600, 1800)          18 |@@@@                                              |
[1800, 2000)          16 |@@@                                               |
[2000, 2200)          12 |@@                                                |
[2200, 2400)           0 |                                                  |
[2400, 2600)           4 |                                                  |
[2600, 2800)           2 |                                                  |
[2800, 3000)           1 |                                                  |
[3000, 3200)          18 |@@@@                                              |


@system_mhz:
[1200, 1400)       22041 |@@@@@@@@@@@@@@@@@@@@@@@@@@@@@@@@@@@@@@@@@@@@@@@@@@@@|
[1400, 1600)         903 |@@                                                |
[1600, 1800)         474 |@                                                 |
[1800, 2000)         368 |                                                  |
[2000, 2200)          30 |                                                  |
[2200, 2400)           3 |                                                  |
[2400, 2600)          21 |                                                  |
[2600, 2800)          33 |                                                  |
```

```
[2800, 3000)          15 |                                                          |
[3000, 3200)         270 |                                                          |
[...]
```

上面这些输出，显示了整个系统的 CPU 频率处于 1200 ～ 1400MHz 区间，这显示了该系统基本上处于空闲状态。同样地，java 进程运行过程中的频率数据也类似，只有在少数采样点（共 18 个样本），频率上升到 3000 ～ 3200MHz 区间。该应用程序大部分时间都在等待磁盘 I/O，导致 CPU 进入省电模式。而 python3 进程的大部分时间在全功率情况下运行。

这个工具通过跟踪内核中有频率变化的跟踪点来计算 CPU 的运算频率，并且以100Hz 的频率采样。性能上的额外损耗可以低至忽略不计。之前的输出是在一个采用了 powersave 频率调整器的系统之上运行得出的，这个可以通过 /sys/devices/system/cpu/cpufreq/.../scaling_governor 来设置。当设置为 performance 频率调整器时，该工具将不会有任何输出，因为 CPU 永远处于最高频率，没有频率改变的事件，也就无从跟踪。

以下是笔者在一个生产系统上得出的结果：

```
@process_mhz[nginx]:
[1200, 1400)          35 |@@@@@@@@@@@@@@@@@@@@@@@@@@@@@@@@@@@@@          |
[1400, 1600)          17 |@@@@@@@@@@@@@@@@@                             |
[1600, 1800)          16 |@@@@@@@@@@@@@@@                              |
[1800, 2000)          17 |@@@@@@@@@@@@@@@@@                             |
[2000, 2200)           0 |                                             |
[2200, 2400)           0 |                                             |
[2400, 2600)           0 |                                             |
[2600, 2800)           0 |                                             |
[2800, 3000)           0 |                                             |
[3000, 3200)           0 |                                             |
[3200, 3400)           0 |                                             |
[3400, 3600)           0 |                                             |
[3600, 3800)          50 |@@@@@@@@@@@@@@@@@@@@@@@@@@@@@@@@@@@@@@@@@@@@@@@@@@@@|
```

该输出显示了生产环境中的一个应用程序 nginx，大部分时间处于低 CPU 频率模式下运行。CPU 频率调整器默认被设置为 powersave，而不是 performance 模式。

cpufreq(8) 的 bpftrace 源代码如下：

```
#!/usr/local/bin/bpftrace

BEGIN
{
        printf("Sampling CPU freq system-wide & by process. Ctrl-C to end.\n");
```

```
}

tracepoint:power:cpu_frequency
{
        @curfreq[cpu] = args->state;
}

profile:hz:100
/@curfreq[cpu]/
{
        @system_mhz = lhist(@curfreq[cpu] / 1000, 0, 5000, 200);
        if (pid) {
                @process_mhz[comm] = lhist(@curfreq[cpu] / 1000, 0, 5000, 200);
        }
}

END
{
        clear(@curfreq);
}
```

该程序通过使用 power:cpu_frequency 跟踪点来跟踪 CPU 频率的变化，以 CPU 为键存入 @curfreq BPF 映射表中，以供未来采样时读取。直方图范围为 0 ～ 5000MHz，每 200MHz 为一个区间，如果有需要，这些参数可以在源代码中进行调整。

6.3.8　profile

profile(8)[1] 是一个定时采样调用栈信息并且汇报调用栈出现频率信息的 BCC 工具。这是 BCC 工具中分析 CPU 占用信息最有用的工具之一，因为该工具可以同时记录几乎所有占用 CPU 的代码调用栈。（有关其他的 CPU 占用分析请参看 6.3.14 节中的 hardirq 工具。）该工具的额外消耗几乎可以忽略不计，因为该工具是定时采样，采样频率可以随时调整。

默认情况下，该工具以 49Hz 的频率同时采样所有 CPU 的用户态和内核态的调用栈。

1　采样式性能剖析器的历史很久远，1982年就出现了gprof[Graham 82]（Jay Fenlason在1988年为GNU项目重写了该程序）。笔者于2016年7月15日完成了BCC版本的profile工具的创建，该工具是基于Sasha Goldshtein、Andrew Birchall、Evgeny Vereshchagin以及Teng Qin的代码完成的。第一个版本并不支持直接采样内核态调用栈的信息，笔者使用了一个后门：在内核中添加了一个perf采样的跟踪点，以便与perf_event_open()结合使用。Peter Zijistra希望能直接在内核中添加合适的BPF性能分析支持，从而拒绝了笔者的这个补丁。后来 Alexei Starovoitov为其添加了相应的支持。

命令行参数可以被调整，所有的设置参数会同时首先输出在结果的第一行中。例如：

```
# profile
Sampling at 49 Hertz of all threads by user + kernel stack... Hit Ctrl-C to end.
^C

    sk_stream_alloc_skb
    sk_stream_alloc_skb
    tcp_sendmsg_locked
    tcp_sendmsg
    sock_sendmsg
    sock_write_iter
    __vfs_write
    vfs_write
    ksys_write
    do_syscall_64
    entry_SYSCALL_64_after_hwframe
    __GI___write
    [unknown]
    -                iperf (29136)
        1

[...]

    __free_pages_ok
    __free_pages_ok
    skb_release_data
    __kfree_skb
    tcp_ack
    tcp_rcv_established
    tcp_v4_do_rcv
    __release_sock
    release_sock
    tcp_sendmsg
    sock_sendmsg
    sock_write_iter
    __vfs_write
    vfs_write
    ksys_write
    do_syscall_64
    entry_SYSCALL_64_after_hwframe
    __GI___write
    [unknown]
```

```
-                    iperf (29136)
    1889

get_page_from_freelist
get_page_from_freelist
__alloc_pages_nodemask
skb_page_frag_refill
sk_page_frag_refill
tcp_sendmsg_locked
tcp_sendmsg
sock_sendmsg
sock_write_iter
__vfs_write
vfs_write
ksys_write
do_syscall_64
entry_SYSCALL_64_after_hwframe
__GI___write
[unknown]
-                    iperf (29136)
    2673
```

上面这段程序将调用栈信息按函数作为一个列表输出，列表之后有一个"–"短横线以及进程名，括号中包括进程 PID 信息，输出的最后是调用栈信息的个数。调用栈信息是按出现频率的高低输出的，从出现频率最低到最高。

上面的完整输出有 17 254 行之多，这里笔者只节选了第一个调用栈信息，和最后两个调用栈信息。出现频率最高的调用栈，从 vfs_write() 起始，一直到正在 CPU 上运行的 get_page_from_freelist() 函数，在采样期间一共出现了 2673 次。

CPU 火焰图

火焰图是调用栈展示方式的一种，可以帮助你快速理解 profile(8) 命令的输出。有关火焰图的介绍请参阅第 2 章。

要支持生成火焰图，profile(8) 的命令可以以 -f 参数调用，以便折叠输出：整个调用栈以一整行输出，每个函数以分号分割。例如，下面的命令将 30 秒的采样信息输出到 out.stacks01 文件中，并且在输出中标记内核函数（-a）：

```
# profile -af 30 > out.stacks01
# tail -3 out.stacks01
iperf;
[unknown];__GI___write;entry_SYSCALL_64_after_hwframe_[k];do_syscall_64_[k];ksys_writ
```

```
e_[k];vfs_write_[k];__vfs_write_[k];sock_write_iter_[k];sock_sendmsg_[k];tcp_sendmsg_
[k];tcp_sendmsg_locked_[k];_copy_from_iter_full_[k];copyin_[k];copy_user_enhanced_fas
t_string_[k];copy_user_enhanced_fast_string_[k] 5844
iperf;
[unknown];__GI___write;entry_SYSCALL_64_after_hwframe_[k];do_syscall_64_[k];ksys_writ
e_[k];vfs_write_[k];__vfs_write_[k];sock_write_iter_[k];sock_sendmsg_[k];tcp_sendmsg_
[k];release_sock_[k];__release_sock_[k];tcp_v4_do_rcv_[k];tcp_rcv_established_[k];tcp
_ack_[k];__kfree_skb_[k];skb_release_data_[k];__free_pages_ok_[k];__free_pages_ok_[k]
10713
iperf;
[unknown];__GI___write;entry_SYSCALL_64_after_hwframe_[k];do_syscall_64_[k];ksys_writ
e_[k];vfs_write_[k];__vfs_write_[k];sock_write_iter_[k];sock_sendmsg_[k];tcp_sendmsg_
[k];tcp_sendmsg_locked_[k];sk_page_frag_refill_[k];skb_page_frag_refill_[k];__alloc_p
ages_nodemask_[k];get_page_from_freelist_[k];get_page_from_freelist_[k] 15088
```

这里只显示了输出的后三行。完整的输出可以直接输入给之前的火焰图脚本，以生成 CPU 火焰图：

```
$ git clone https://github.com/brendangregg/FlameGraph
$ cd FlameGraph
$ ./flamegraph.pl --color=java < ../out.stacks01 > out.svg
```

flamegraph.pl 支持多种调色板，这里选择的 java 调色板可按照内核函数标记（"_[k]"）选择不同的颜色，最终生成的 SVG 图片展示在图 6-5 中。

在图 6-5 中，消耗 CPU 时间最长的函数调用路径最终终结于 get_page_from_freelist_()以及 __free_pages_ok_()——这是图中最宽的部分，宽度与采样结果中的出现频率成比例。在浏览器中，这个 SVG 图片支持单击缩放功能，可以单击较窄的部分查看完整的函数名称。

profile(8) 工具与其他性能分析工具的主要差别就是，其频率统计是在内核态中完成的，这十分高效。其他内核态的分析工具，例如，perf(1) 等，需要将所有的采样信息发送到内核态，进行处理后才能得出统计信息。这种处理过程会消耗很多 CPU 资源，同时根据不同的调用方式，记录采样信息的过程可能还会消耗文件系统与磁盘 I/O。而profile(8) 命令则避免了这些额外开销。

命令行使用说明如下：

```
profile [options] [-F frequency]
```

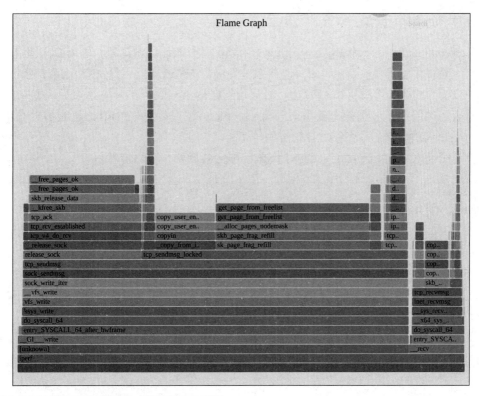

图 6-5　以 BPF 采样信息生成的 CPU 火焰图

命令行参数包括如下几项。

- **-U**：仅输出用户态调用栈信息。
- **-K**：仅输出内核态调用栈信息。
- **-a**：在函数名称上加上标记（例如，为内核态函数加上 "_[k]"）。
- **-d**：在用户态和内核态调用栈之间加上分隔符。
- **-f**：以折叠方式输出。
- **-p PID**：仅跟踪给定的进程。

bpftrace

profile(8) 的核心功能可以用下面的 bpftrace 单行程序得出：

```
bpftrace -e 'profile:hz:49 /pid/ { @samples[ustack, kstack, comm] = count(); }'
```

这里，程序以用户态调用栈 ustack、内核态调用栈 kstack 和进程名称（comm）为键保存出现频率信息。同时，过滤了 PID 为 0 的情况，以便忽略 CPU 空闲线程。这行程序可以按需要进一步修改。

6.3.9　offcputime

offcputime(8)[1] 是一个 BCC 和 bpftrace 工具，用于统计线程阻塞和脱离 CPU 运行的时间，同时输出调用栈信息，以便理解阻塞原因。在 CPU 分析过程中，这个工具可以用来分析为什么线程没有在 CPU 上运行。这正好是 profile(8) 工具的对立面；这两个工具结合起来覆盖了线程的全部生命周期：profile(8) 工具覆盖在 CPU 之上运行的分析，而 offcputime(8) 则分析脱离 CPU 运行的时间。

下面这个例子展示了 BCC 版本的 offcputime(8) 跟踪 5 秒的输出：

```
# offcputime 5
Tracing off-CPU time (us) of all threads by user + kernel stack for 5 secs.

[...]

    finish_task_switch
    schedule
    schedule_timeout
    wait_woken
    sk_stream_wait_memory
    tcp_sendmsg_locked
    tcp_sendmsg
    inet_sendmsg
    sock_sendmsg
    sock_write_iter
    new_sync_write
    __vfs_write
    vfs_write
    SyS_write
    do_syscall_64
    entry_SYSCALL_64_after_hwframe
    __write
    [unknown]
    -                iperf (14657)
        5625
```

---

1 2005年，笔者首创了脱离CPU时间的分析方法论，并且创造了基于DTrace sched跟踪点和sched::off-cpu探针的分析工具。笔者第一次将这个工具解释给Adelaide的Sun的一名工程师时，他说不应该称之为"off-CPU"，因为，CPU并不是处于关闭状态。笔者的第一个off-CPU分析工具记录在2010年笔者编写的DTrace一书[Gregg 11]中，工具名为uoffcpu.d和koffcpu.d。2015年2月26日，笔者为Linux发布了一个基于perf的off-CPU分析工具，这个工具的额外消耗巨大。最终，在2016年1月13日，笔者基于BCC完成了这个高效的脱离CPU运行时间工具，在2019年2月16日写作本书的过程中完成了bpftrace版本。

```
[...]

    finish_task_switch
    schedule
    schedule_timeout
    wait_woken
    sk_wait_data
    tcp_recvmsg
    inet_recvmsg
    sock_recvmsg
    SYSC_recvfrom
    sys_recvfrom
    do_syscall_64
    entry_SYSCALL_64_after_hwframe
    recv
    -                iperf (14659)
        1021497

[...]

    finish_task_switch
    schedule
    schedule_hrtimeout_range_clock
    schedule_hrtimeout_range
    poll_schedule_timeout
    do_select
    core_sys_select
    sys_select
    do_syscall_64
    entry_SYSCALL_64_after_hwframe
    __libc_select
    [unknown]
    -                offcputime (14667)
        5004039
```

　　输出被截断后只显示了几百个调用栈中的其中三个。每个调用栈首先展示内核态函数（如果有的话），然后是用户态函数，之后是进程名字、PID，以及该调用栈出现的全部时间（单位是微秒）。上述第一个调用栈显示，iperf(1) 命令被阻塞在 sk_stream_wait_memory() 函数上，等待内存加载，等待时长为 5 毫秒。第二个调用栈显示 iperf(1) 正在通过 sk_wait_data() 函数等待 socket 数据，等待时长为 1.02 秒。最后一个调用栈显示

offcputime(8) 工具自己正在等待 select(2) 系统调用，时长为 5.00 秒。这应该就是命令行中指定的 5 秒超时时间。

注意，在所有的三个调用栈信息中，用户态调用栈信息是不完整的。这是因为它们都使用了 libc，而当前版本不支持帧指针（frame pointer）。这个问题在 offcputime(8) 中要比在 profile(8) 中更明显，因为大部分的阻塞调用都会经过类似 libc 和 libpthread 这样的系统库。有关不完整的调用栈信息和对应的解决方案，请参看第 2 章、第 12 章、第 13 章及第 18 章等，尤其请参见 13.2.9 节。

offcputime(8) 可以用来调查各种各样的生产问题，这包括长时间锁等待之类的问题，可以通过对应的函数调用栈信息来分析。

offcputime(8) 通过跟踪上下文切换事件来记录一个线程脱离 CPU 的时间和返回 CPU 的时间，同时记录调用栈信息。为了效率，这些时间和调用栈信息的记录是在内核中进行频率统计的。不论如何，上下文切换事件仍然是比较频繁的，该工具在比较繁忙的生产环境中的额外消耗可能比较显著（可能超过 10%）。这个工具最好还是短期运行，以减少对生产环境的影响。

脱离 CPU 时间的火焰图

与 profile(8) 命令一样，offcputime(8) 的输出信息太多，可能以火焰图方式分析起来更好，不过，这里用到的火焰图和第 2 章中介绍的火焰图并不一样。offcputime(8) 的输出可以以 off-CPU 时间火焰图的方式来展示。[1]

下面这个例子生成了一个内核调用栈 5 秒的火焰图：

```
# offcputime -fKu 5 > out.offcputime01.txt
$ flamegraph.pl --hash --bgcolors=blue --title="Off-CPU Time Flame Graph" \
    < out.offcputime01.txt > out.offcputime01.svg
```

这里笔者用了 --bgcolors 参数来将背景颜色设置为蓝色，这样可与 CPU 火焰图相区别。同时，可以用 --colors 来改变调用栈的颜色，这是笔者习惯用的颜色，笔者公布的很多 off-CPU 火焰图都是以蓝色为背景的。[2]

这些命令输出的是图 6-6 所示的火焰图。

该火焰图中的大部分时间主要由线程休眠等待任务组成。可以通过单击名字来缩放火焰图以详细检视具体的应用程序。有关 off-CPU 火焰图的更多例子，包括完整的用户态调用栈信息，请参看第 12 章、第 13 章和第 14 章。

---

1   这些是 Yichun Zhang 首先发表的[80]。

2   笔者现在习惯将 off-CPU 火焰图的背景颜色设置为蓝色，其他的颜色与 CPU 火焰图一样，这样显得统一。

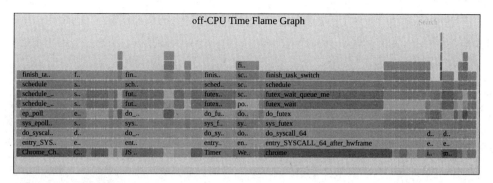

图 6-6　off-CPU 火焰图

BCC

命令行使用说明如下：

```
offcputime [options] [duration]
```

命令行参数包括如下几项。

- **-f**：以折叠的方式输出。
- **-p PID**：仅输出给定的进程。
- **-u**：仅包括用户态线程。
- **-k**：仅包括内核态线程。
- **-U**：仅包括用户态调用栈信息。
- **-K**：仅包括内核态调用栈信息。

这些命令行参数可以通过仅跟踪某个进程或某类调用栈信息来降低额外消耗。

bpftrace

下面这段代码是 bpftrace 版本的 offcputime(8) 实现，展现了其核心功能。这个版本支持传入一个 PID 参数来跟踪某个特定进程：

```
#!/usr/local/bin/bpftrace

#include <linux/sched.h>

BEGIN
{
        printf("Tracing nanosecond time in off-CPU stacks. Ctrl-C to end.\n");
}
```

```
kprobe:finish_task_switch
{
        // record previous thread sleep time
        $prev = (struct task_struct *)arg0;
        if ($1 == 0 || $prev->tgid == $1) {
                @start[$prev->pid] = nsecs;
        }

        // get the current thread start time
        $last = @start[tid];
        if ($last != 0) {
                @[kstack, ustack, comm] = sum(nsecs - $last);
                delete(@start[tid]);
        }
}

END
{
        clear(@start);
}
```

这个程序使用 finish_task_swtich() kprobe 给脱离 CPU 的线程记录一个时间戳，并且将启动的线程的所有脱离 CPU 的时间进行合计。

6.3.10　syscount

syscount(8)[1] 是一个 BCC 和 bpftrace 工具，用来统计系统中的系统调用数量。在本章中我们加入了这个工具，因为这个工具可以用来调查系统 CPU 占用时间长的问题。

下面这段输出展示了 BCC 版本的 syscount(8) 在一个生产系统中每秒系统调用的数量（-i 1）：

```
# syscount -i 1
Tracing syscalls, printing top 10... Ctrl+C to quit.
[00:04:18]
SYSCALL              COUNT
futex                152923
read                 29973
```

1　笔者2014年7月7日在perf-tools工具集中基于Ftrace和perf(1)创建了该工具。Sasha Goldshtein于2017年2月15日研发了BCC版本。

```
epoll_wait          27865
write               21707
epoll_ctl            4696
poll                 2625
writev               2460
recvfrom             1594
close                1385
sendto               1343
```

[...]

上面这段输出展示了每秒之内的前 10 个系统调用，以及一个时间戳信息。最频繁的系统调用是 futex(2)，每秒调用超过 150 000 次。有关系统调用的更多信息，请参看 man 帮助文档，另外可以用其他的 BPF 工具来查看这些系统调用的参数信息（例如，BCC 版本的 trace(8)，或者 bpftrace 小程序）。在有些情况下，运行 strace(1) 是理解某个系统调用情况的最简单方式，但是一定要记住，目前基于 ptrace 的 strace(1) 实现会导致应用程序性能下降至不足原先的 1%。这在很多生产环境中是会造成严重问题的，例如，导致系统延迟上升，或者导致负载均衡系统自动迁移等。只有在 BPF 工具不能满足需求的时候，才考虑使用 strace(1)。

可以用 -P 选项来指定跟踪某个进程：

```
# syscount -Pi 1
Tracing syscalls, printing top 10... Ctrl+C to quit.
[00:04:25]
PID     COMM            COUNT
3622    java            294783
990     snmpd              124
2392    redis-server        64
4790    snmp-pass           32
27035   python              31
26970   sshd                24
2380    svscan              11
2441    atlas-system-ag      5
2453    apache2              2
4786    snmp-pass            1
```

[...]

从上述输出可看到，java 进程大概每秒执行 300 000 次系统调用。利用其他工具还可以看到这个进程在当前 48-CPU 的系统上只占用了 1.6% 的系统时间。

这个工具利用的是 raw_syscall:sys_enter 这个跟踪点，而没有使用常见的 syscalls:sys_enter_* 跟踪点。使用这个跟踪点的原因是它能够看到全部的系统调用。缺点是，这个跟踪点只能提供系统调用的 ID，必须要转换成具体的名字，BCC 提供了一个库函数——syscall_name()——可解决这个问题。

在系统调用量很大的情况下，这个工具的额外开销也会上升。作为一个测试，笔者写了一个测试程序，系统中的一个 CPU 大概每秒可以处理 320 万次系统调用。当运行该程序时，这个测试程序的性能下降了 30%。这可以推测出该工具在生产环境下的性能损耗：在一个 48-CPU 的系统中，如果系统调用每秒执行 300 000 次，那么平均每个 CPU 每秒处理 6000 次，那么预期的最终额外损耗大概是 0.06%（30%×6250/3200000）。笔者试图在生产系统中直接测量这个数据，但是数值实在太小，得不出结果。

BCC

命令行使用说明如下：

```
syscount [options] [-i interval] [-d duration]
```

命令行选项包括如下几项。

- **-T TOP**：仅打印调用频率最高的 *N* 个结果。
- **-L**：打印系统调用的总耗时（延迟）。
- **-P**：按进程分别统计。
- **-p PID**：仅统计给定的进程。

有关 -L 选项的例子参见第 13 章。

bpftrace

syscount(8) 有对应的 bpftrace 版本，覆盖了核心功能。但是你也可以使用以下这个小程序：

```
# bpftrace -e 't:syscalls:sys_enter_* { @[probe] = count(); }'
Attaching 316 probes...
^C

[...]
@[tracepoint:syscalls:sys_enter_ioctl]: 9465
@[tracepoint:syscalls:sys_enter_epoll_wait]: 9807
@[tracepoint:syscalls:sys_enter_gettid]: 10311
@[tracepoint:syscalls:sys_enter_futex]: 14062
@[tracepoint:syscalls:sys_enter_recvmsg]: 22342
```

在这个示例中，跟踪了系统中的所有 316 个系统调用跟踪点（以当前内核版本为准），同时按探针的名字分别进行了频率统计。在这个实现中，程序启动和退出时需要逐个注册每个跟踪点，这需要消耗一定的时间。如果像 BCC 版本一样，使用单独的 raw_syscall:sys_enter 跟踪点就更好了，但是这样需要增加从 ID 转换回名字的步骤。可参见第 14 章中的例子。

6.3.11 argdist 和 trace

在第 4 章中，我们介绍了 argdist(8) 和 trace(8) 这两个 BCC 工具，它们可以针对每个事件自定义处理方法。作为 syscount(8) 工具的补充，如果你发现某个系统调用的调用频率很高，那么就可以使用这些工具来详细调查。

例如，在上文的 syscount(8) 输出中，read(2) 系统调用出现得很频繁，那么就可以使用 argdist(8) 来通过内核中的跟踪点或者内核函数来统计该调用的参数和返回值。要使用跟踪点，还需要知道参数的名字，可以通过 tplist(8) 工具的 -v 选项来输出：

```
# tplist -v syscalls:sys_enter_read
syscalls:sys_enter_read
    int __syscall_nr;
    unsigned int fd;
    char * buf;
    size_t count;
```

参数中的 count，是 read(2) 调用缓存的大小。接下来可以用 argdist(8) 输出直方图信息（-H）：

```
# argdist -H 't:syscalls:sys_enter_read():int:args->count'
[09:08:31]
     args->count        : count     distribution
         0 -> 1          : 169       |*****************                       |
         2 -> 3          : 243       |************************                |
         4 -> 7          : 1         |                                        |
         8 -> 15         : 0         |                                        |
        16 -> 31         : 384       |****************************************|
        32 -> 63         : 0         |                                        |
        64 -> 127        : 0         |                                        |
       128 -> 255        : 0         |                                        |
       256 -> 511        : 0         |                                        |
       512 -> 1023       : 0         |                                        |
      1024 -> 2047       : 267       |***************************             |
      2048 -> 4095       : 2         |                                        |
```

```
    4096 -> 8191        : 23         |**                                                    |
```

[...]

上述输出显示，很多 read(2) 调用集中在 16 ～ 31 字节的区间里，以及 1024 ～ 2047
字节的区间里。argdist(8) 还有一个 -C 选项，以便输出频率统计信息。

上面这个输出显示的是 read(2) 调用请求读取的数量，因为我们是在跟踪系统调用。
接下来我们可以将这个值与系统调用的返回值进行对比，也就是实际读取的字节数量：

```
# argdist -H 't:syscalls:sys_exit_read():int:args->ret'
[09:12:58]
    args->ret         : count    distribution
         0 -> 1       : 481      |****************************************|
         2 -> 3       : 116      |*********                               |
         4 -> 7       : 1        |                                        |
         8 -> 15      : 29       |**                                      |
        16 -> 31      : 6        |                                        |
        32 -> 63      : 31       |**                                      |
        64 -> 127     : 8        |                                        |
       128 -> 255     : 2        |                                        |
       256 -> 511     : 1        |                                        |
       512 -> 1023    : 2        |                                        |
      1024 -> 2047    : 13       |*                                       |
      2048 -> 4095    : 2        |                                        |
```

[...]

结果显示，有很多 0 字节或者 1 字节的读取结果。

由于 argdist(8) 使用的是内核态中的统计计数，所以它可以用于那些调用非常频繁
的系统调用。trace(8) 可以打印出每个事件，适合调查那些调用不频繁的系统调用，可
以显示出每个事件的时间戳和其他一些信息。

bpftrace

这个级别的系统调用分析也可以用下面的 bpftrace 小程序来进行。例如，用直方图
统计读取系统调用的请求字节数：

```
# bpftrace -e 't:syscalls:sys_enter_read { @ = hist(args->count); }'
Attaching 1 probe...
^C

@:
```

```
[1]                 1102 |@@@@@@@@@@@@@@@@@@@@@@@@@@@@@@@@@@@@@@@@@@@@@@@@@@@@|
[2, 4)               902 |@@@@@@@@@@@@@@@@@@@@@@@@@@@@@@@@@@@@@@@@@@         |
[4, 8)                20 |                                                 |
[8, 16)               17 |                                                 |
[16, 32)             538 |@@@@@@@@@@@@@@@@@@@@@@@@@@                        |
[32, 64)              56 |@@                                               |
[64, 128)              0 |                                                 |
[128, 256)             0 |                                                 |
[256, 512)             0 |                                                 |
[512, 1K)              0 |                                                 |
[1K, 2K)             119 |@@@@@                                            |
[2K, 4K)              26 |@                                                |
[4K, 8K)             334 |@@@@@@@@@@@@@@@                                  |
```

以及返回值：

```
# bpftrace -e 't:syscalls:sys_exit_read { @ = hist(args->ret); }'
Attaching 1 probe...
^C

@:
(..., 0)             105 |@@@@                                             |
[0]                   18 |                                                 |
[1]                 1161 |@@@@@@@@@@@@@@@@@@@@@@@@@@@@@@@@@@@@@@@@@@@@@@@@@@@@|
[2, 4)               196 |@@@@@@@@                                         |
[4, 8)                 8 |                                                 |
[8, 16)              384 |@@@@@@@@@@@@@@@@                                 |
[16, 32)              87 |@@@                                              |
[32, 64)             118 |@@@@@                                            |
[64, 128)             37 |@                                                |
[128, 256)             6 |                                                 |
[256, 512)            13 |                                                 |
[512, 1K)              3 |                                                 |
[1K, 2K)               3 |                                                 |
[2K, 4K)              15 |                                                 |
```

bpftrace 针对负值有一个单独的统计区间（(..., 0)），read(2) 的返回值如果为负就说明出现了错误。接下来你可以用 bpftrace 单行程序来单独统计这些错误值出现的频率：

```
# bpftrace -e 't:syscalls:sys_exit_read /args->ret < 0/ {
    @ = lhist(- args->ret, 0, 100, 1); }'
```

```
Attaching 1 probe...
^C

@:
[11, 12)              123 |@@@@@@@@@@@@@@@@@@@@@@@@@@@@@@@@@@@@@@@@@@@@@@@@@@@@|
```

上面的输出显示出错的代码全部都是 11。根据 Linux 头文件内的定义（asm-generic/errno-base.h）：

```
#define EAGAIN          11      /* Try again */
```

错误值 11 的意思是"重试"，这个错误是在运行过程正常出现的错误。

6.3.12　funccount

第 4 章中介绍了 funccount(8)，它是一个可以统计事件和函数调用频率的 BCC 工具。这个工具可以显示函数调用的频率，可以用来调查系统中软件占用 CPU 的问题。profile(8) 可能可以显示哪个函数正在占用 CPU，但是不能解释为什么 [1]：是因为这个函数执行过程很慢，还是因为这个函数每秒被调用了几百万次。

在下面的例子中，我们在一个繁忙的生产系统中统计了内核中以 tcp_ 开头的所有函数，也就是 TCP 相关函数的调用频率：

```
# funccount 'tcp_*'
Tracing 316 functions for "tcp_*"... Hit Ctrl-C to end.
^C
FUNC                            COUNT
[...]
tcp_stream_memory_free          368048
tcp_established_options         381234
tcp_v4_md5_lookup               402945
tcp_gro_receive                 484571
tcp_md5_do_lookup               510322
Detaching...
```

上面的输出显示，tcp_md5_do_lookup() 函数调用最频繁，跟踪过程中共计调用了 510 322 次。

1　profile(8)不能直接回答这个问题。profile(8)这类的性能分析器是通过定时采样CPU指令指针的方式工作的，如果有对应函数的反汇编字节，那么也许可以通过对比的方式分析该函数到底是调用次数很频繁，还是正在一个循环中。但是在实际中，这样做会很难，详情参见2.12.2节。

可以利用 -i 选项来定时输出结果。例如，之前 profile(8) 的输出中显示 get_page_ from_freelist() 长期占据了 CPU，那么到底是因为它执行慢，还是调用频繁呢？通过按 秒统计调用次数可以看出：

```
# funccount -i 1 get_page_from_freelist
Tracing 1 functions for "get_page_from_freelist"... Hit Ctrl-C to end.

FUNC                                    COUNT
get_page_from_freelist                  586452

FUNC                                    COUNT
get_page_from_freelist                  586241
[...]
```

这个函数每秒被调用超过 50 万次。

这个工具是通过函数动态跟踪来统计的：对内核态函数使用 kprobes，对用户态函 数使用 uprobes（第 2 章中对 kprobes 和 uprobes 有详细介绍）。这个工具的额外消耗与函 数的调用频率呈正比。对有些函数来说，例如，malloc() 和 get_page_from_freelist()，一 般调用次数都很频繁，所以如果跟踪这些函数有可能会降低目标应用程序的性能，性能 损耗会超过 10%，所以应该小心使用。有关额外消耗的计算请参看 18.1 节。

命令行使用说明如下：

```
funccount [options] [-i interval] [-d duration] pattern
```

命令行选项包括如下两项。

- **-r**：使用正则表达式过滤。
- **-p PID**：仅跟踪给定的进程。

模式匹配如下所述。

- *name* 或者 *p:name*：跟踪内核名称为 *name()* 的函数。
- *lib:name*：跟踪用户态 *lib* 库中的 *name()* 函数。
- *path:name*：跟踪用户态 *path* 路径下的文件中的 *name()* 函数。
- *t:system*：*name*：跟踪系统中的 *system:name* 跟踪点。
- ***：可以匹配任何字符串。

更多例子可参见 4.5 节。

bpftrace

funccount(8) 的核心功能可以用下面的 bpftrace 单行程序来完成：

```
# bpftrace -e 'k:tcp_* { @[probe] = count(); }'
Attaching 320 probes...
[...]
@[kprobe:tcp_release_cb]: 153001
@[kprobe:tcp_v4_md5_lookup]: 154896
@[kprobe:tcp_gro_receive]: 177187
```

这段程序可以进一步修改，例如，下面的调整可以定时输出结果：

```
interval:s:1 { print(@); clear(@); }
```

和 BCC 版本一样，跟踪调用频繁的函数时要多加注意，额外消耗有可能会很高。

6.3.13　softirqs

softirqs(8) 是一个 BCC 工具，可以显示系统中软中断消耗的 CPU 时间。全系统的软中断消耗信息在很多工具中都能看到。例如，mpstat(1) 中以 %soft 这个值显示。同时，软中断事件的计数记录在 /proc/softirqs 中。BCC 版的 softirqs(8) 与其他工具的不同之处在于，这个工具不仅可以处理计数，还可以输出每个 IRQ 的处理时间。

举例说明，对一个 48-CPU 的生产环境来说，下面是一个 10 秒的跟踪结果：

```
# softirqs 10 1
Tracing soft irq event time... Hit Ctrl-C to end.

SOFTIRQ          TOTAL_usecs
net_tx                   633
tasklet                30939
rcu                   143859
sched                 185873
timer                 389144
net_rx               1358268
```

上面这个输出显示，大部分时间都消耗在处理 net_rx 软中断上，共计耗时 1358 毫秒。这个数字是很客观的，在这个 48-CPU 的系统上相当于 3% 的 CPU 时间。

softirqs(8) 内部使用 irq:softirq_enter 和 irq:softirq_exit 跟踪点。这个工具的额外消耗与事件发生的频率有关，在一个繁忙的生产环境、网络通信频繁的情况下可能会很显著，在使用的时候要小心。

命令行使用说明如下：

```
softirqs [options] [interval [count]]
```

参数选项包括如下几项。

- **-d**：将 IRQ 时间以直方图显示。
- **-T**：输出中包含时间戳。

-d 可以用来分析 IRQ 时间的分布情况，以便识别中断处理中某些耗时很长的情况。

bpftrace

bpftrace 版本的 softirqs(8) 还不存在，但是是可以写出来的。下面这个单行程序可以作为一个起点，按向量 ID 来记录 IRQ 调用频率：

```
# bpftrace -e 'tracepoint:irq:softirq_entry { @[args->vec] = count(); }'
Attaching 1 probe...
^C

@[3]: 11
@[6]: 45
@[0]: 395
@[9]: 405
@[1]: 524
@[7]: 561
```

这些向量 ID 可以用查表的方式转换成软中断的名字，和 BCC 版本一样。记录 IRQ 处理时间需要用到 irq:softirq_exit 跟踪点。

6.3.14 hardirqs

hardirqs(8)[1] 是一个 BCC 工具，用来显示系统处理硬中断的时间。有很多其他工具提供了全系统的硬中断信息。例如，mpstat(1) 工具中以 %irq 输出了硬中断处理比例。硬中断事件计数记录在 /proc/interrupts 中。BCC 版本的 hardirqs(8) 与其他工具的主要区别就在于其在计数之外，还可以显示每个硬中断的处理时间。

---

1 笔者于2005年6月28日创建了inttimes.d，其可以打印出处理时间的总和，笔者又在2005年5月9日创建了intoncpu.d，以便输出直方图。这些工具是基于2005年1月出版的"Dynamic Tracing Guide"[Sun 05]中的intr.d写成的。笔者同时开发了一个DTrace工具，以便按CPU分析硬中断，但是没有将这个功能迁移到Linux中来，因为Linux中的/proc/interrupts 已经有了这个功能。笔者在2015年10月20日又开发了hardirqs(8)的BCC版本，同时支持统计计数和直方图功能。

例如，在下面这个 48-CPU 的生产系统中跟踪 10 秒的结果：

```
# hardirqs 10 1
Tracing hard irq event time... Hit Ctrl-C to end.

HARDIRQ                        TOTAL_usecs
ena-mgmnt@pci:0000:00:05.0              43
nvme0q0                                46
eth0-Tx-Rx-7                        47424
eth0-Tx-Rx-6                        48199
eth0-Tx-Rx-5                        48524
eth0-Tx-Rx-2                        49482
eth0-Tx-Rx-3                        49750
eth0-Tx-Rx-0                        51084
eth0-Tx-Rx-4                        51106
eth0-Tx-Rx-1                        52649
```

上面这个输出显示了几个名为 eth0-Tx-Rx* 的硬中断在 10 秒内总计处理时间为 50 毫秒。

hardirqs(8) 可以提供那些 CPU 性能分析器看不到的 CPU 用量信息。请参看 6.2.4 节，介绍了如何在缺少硬件 PMU 的云系统上进行性能分析。

这个工具动态跟踪内核中的 handle_irq_event_percpu() 函数，不过未来的版本可能会切换到 irq:irq_handler_entry 和 irq:irq_handler_exit 两个跟踪点。

命令行使用说明如下：

```
hardirqs [options] [interval [count]]
```

命令行选项包括如下几项。

- **-d**：以直方图方式输出 IRQ 时间信息。
- **-T**：输出中包含时间戳。

-d 选项可以用来分析处理时间的分布情况，找到是否有处理时间超长的情况。

6.3.15　smpcalls

smpcalls(8)[1] 是一个基于 bpftrace 的工具，可以用来跟踪系统中 SMP 调用的时间（也

1　笔者为本书在2019年1月23日写成了smpcalls.bt。这个名字来自笔者之前编写的一个工具，xcallsbypid.d（以跨CPU调用为名，cross calls），写于2005年9月17日。

称为跨 CPU 调用）。这个调用，可以让一个 CPU 在其他 CPU 之上执行程序，在多 CPU 系统上可能会是消耗很高的调用过程。例如，下面这个 36-CPU 系统上的输出：

```
# smpcalls.bt
Attaching 8 probes...
Tracing SMP calls. Hit Ctrl-C to stop.
^C

@time_ns[do_flush_tlb_all]:
[32K, 64K)             1 |@@@@@@@@@@@@@@@@@@@@@@@@@@@@@@@@@@@@@@@@@@@@@@@@@@@@|
[64K, 128K)            1 |@@@@@@@@@@@@@@@@@@@@@@@@@@@@@@@@@@@@@@@@@@@@@@@@@@@@|

@time_ns[remote_function]:
[4K, 8K)               1 |@@@@@@@@@@@@@@@@@@@@@@@@@@@                        |
[8K, 16K)              1 |@@@@@@@@@@@@@@@@@@@@@@@@@@@                        |
[16K, 32K)             0 |                                                 |
[32K, 64K)             2 |@@@@@@@@@@@@@@@@@@@@@@@@@@@@@@@@@@@@@@@@@@@@@@@@@@@@|

@time_ns[do_sync_core]:
[32K, 64K)            15 |@@@@@@@@@@@@@@@@@@@@@@@@@@@@@@@@@@@@@@@@@@@@@@@@@@@@|
[64K, 128K)           9 |@@@@@@@@@@@@@@@@@@@@@@@@@@@@@@@                     |

@time_ns[native_smp_send_reschedule]:
[2K, 4K)               7 |@@@@@@@@@@@@@@@@@@                                |
[4K, 8K)               3 |@@@@@@@@                                         |
[8K, 16K)             19 |@@@@@@@@@@@@@@@@@@@@@@@@@@@@@@@@@@@@@@@@@@@@@@@@@@@@|
[16K, 32K)            3 |@@@@@@@@                                          |

@time_ns[aperfmperf_snapshot_khz]:
[1K, 2K)               5 |@                                                |
[2K, 4K)              12 |@@@                                              |
[4K, 8K)             12 |@@@                                              |
[8K, 16K)             6 |@                                                |
[16K, 32K)            1 |                                                 |
[32K, 64K)          196 |@@@@@@@@@@@@@@@@@@@@@@@@@@@@@@@@@@@@@@@@@@@@@@@@@@@@|
[64K, 128K)          20 |@@@@@                                            |
```

笔者第一次运行这个工具就发现了系统中的一个问题：aperfmperf_snapshot_khz 这个函数调用很频繁，并且消耗很高，达到了 128 微秒。

smpcalls(8) 的源代码如下：

```
#!/usr/local/bin/bpftrace
```

```
BEGIN
{
        printf("Tracing SMP calls. Hit Ctrl-C to stop.\n");
}

kprobe:smp_call_function_single,
kprobe:smp_call_function_many
{
        @ts[tid] = nsecs;
        @func[tid] = arg1;
}

kretprobe:smp_call_function_single,
kretprobe:smp_call_function_many
/@ts[tid]/
{
        @time_ns[ksym(@func[tid])] = hist(nsecs - @ts[tid]);
        delete(@ts[tid]);
        delete(@func[tid]);
}

kprobe:native_smp_send_reschedule
{
        @ts[tid] = nsecs;
        @func[tid] = reg("ip");
}

kretprobe:native_smp_send_reschedule
/@ts[tid]/
{
        @time_ns[ksym(@func[tid])] = hist(nsecs - @ts[tid]);
        delete(@ts[tid]);
        delete(@func[tid]);
}

END
{
        clear(@ts);
        clear(@func);
}
```

大部分 SMP 调用是通过 smp_call_function_single() 和 smp_call_function_many() 两

个内核态函数的 kprobes 来跟踪的。这些函数的第二个参数是要在其他 CPU 上运行的函数指针，bpftrace 中的变量名是 arg1，按线程 ID 为键保存在 kretprobes 里。然后由 bpftrace 的 ksym() 函数转化为函数名称。

这两个函数无法跟踪一个特殊的 SMP 调用——smp_send_reschedule()，这个函数需要通过 native_smp_send_reschedule() 来跟踪。笔者希望在未来的内核版本中可以加入 SMP 调用的跟踪点，这样可以简化跟踪过程。

可以修改代码中的 @time_ns 直方图的键，以包含内核中的调用栈和进程名：

```
@time_ns[comm, kstack, ksym(@func[tid])] = hist(nsecs - @ts[tid]);
```

这样调用时间长的调用就被记录了更多的信息：

```
@time_ns[snmp-pass,
    smp_call_function_single+1
    aperfmperf_snapshot_cpu+90
    arch_freq_prepare_all+61
    cpuinfo_open+14
    proc_reg_open+111
    do_dentry_open+484
    path_openat+692
    do_filp_open+153
    do_sys_open+294
    do_syscall_64+85
    entry_SYSCALL_64_after_hwframe+68
, aperfmperf_snapshot_khz]:
[2K, 4K)             2 |@@                                                  |
[4K, 8K)             0 |                                                    |
[8K, 16K)            1 |@                                                   |
[16K, 32K)           1 |@                                                   |
[32K, 64K)          51 |@@@@@@@@@@@@@@@@@@@@@@@@@@@@@@@@@@@@@@@@@@@@@@@@@@@@@@|
[64K, 128K)         17 |@@@@@@@@@@@@@@@@@                                    |
```

这个输出展示了 snmp-pass 进程（一个系统监控工具），正在使用 open() 系统调用，最终调用到了 cpuinfo_open()，导致执行了缓慢的跨 CPU 调用。

使用另外一个 BPF 工具，opensnoop(8)，我们可以再次得到确认：

```
# opensnoop.py -Tn snmp-pass
TIME(s)         PID     COMM        FD ERR PATH
0.000000000     2440    snmp-pass    4   0 /proc/cpuinfo
0.000841000     2440    snmp-pass    4   0 /proc/stat
1.022128000     2440    snmp-pass    4   0 /proc/cpuinfo
```

1.024696000	2440	snmp-pass	4	0	/proc/stat
2.046133000	2440	snmp-pass	4	0	/proc/cpuinfo
2.049020000	2440	snmp-pass	4	0	/proc/stat
3.070135000	2440	snmp-pass	4	0	/proc/cpuinfo
3.072869000	2440	snmp-pass	4	0	/proc/stat

[...]

输出显示，snmp-pass 每秒读取一次 /proc/cpuinfo，这个文件中唯一改变的是"cpu MHz"部分，另外的大部分信息都不会改变。

通过审查软件源代码，可以发现该程序读取 /proc/cpuinfo 只是为了统计系统中的 CPU 数量，根本没有使用"cpu MHz"这个值。这是一个做无用功的典型代表，解决了这个问题可以很容易提高性能。

在 Intel 处理器上，SMP 调用最终是以 x2APIC IPI 调用（跨处理器中断）实现的，包括 x2apic_send_IPI() 函数。这个函数也可以进行跟踪，详情参见 6.4.2 节。

6.3.16 llcstat

llcstat(8)[1] 是一个 BCC 工具，其利用 PMC 来按进程输出最后一级缓存的命中率。有关 PMC 的介绍在第 2 章。

例如，在这个 48-CPU 的生产环境下的输出：

```
# llcstat
Running for 10 seconds or hit Ctrl-C to end.
PID      NAME          CPU    REFERENCE       MISS     HIT%
0        swapper/15    15     1007300         1000     99.90%
4435     java          18     22000           200      99.09%
4116     java          7      11000           100      99.09%
4441     java          38     32200           300      99.07%
17387    java          17     10800           100      99.07%
4113     java          17     10500           100      99.05%
[...]
```

上面这个输出中显示，java 进程（线程）的缓存命中率非常高，超过 99%。

这个工具是靠 PMC 的溢出采样功能工作的，当缓存命中，或者未命中时，根据采样频率，触发一个 BPF 程序以记录目前运行的进程，并且记录统计信息。默认阈值为 100，可以用 -c 参数进行调整。这种 1% 的采样频率可以保证额外消耗相对较低（需要的话可以提高）；然而，单靠这种采样是有一些问题的。例如，一个进程有可能触发未

---

1   这个工具是2016年10月19日由Teng Qin写成的，是第一个使用PMC的BCC工具。

命中计数超过了缓存查找的计数，这显然是不对的（因为从理论上来说，未命中肯定是缓存查找的一部分）。

命令行使用说明如下：

```
llcstat [options] [duration]
```

命令行选项包括如下项目。

- **-c SAMPLE PERIOD**：采样频率设置为 *N* 分之一。

llcstat(8) 的特殊之处除了它是定时采样之外，还是第一个使用 PMC 的 BCC 工具。

6.3.17 其他工具

其他值得一提的 BPF 工具包括：

- bpftrace 版本的 cpuwalk(8) 工具采样每个 CPU 上运行的进程名，并且以线性直方图的方式输出。这样可以统计 CPU 之间的负载均衡情况。
- BCC 中的 cpuunclaimed(8) 工具采样 CPU 运行队列的长度，关注在某个 CPU 上有排队线程的情况下有多少其他 CPU 处于空闲状态。这有时候是由于进程的 CPU 黏合度设置导致的，但是如果这种情况出现得非常频繁，可能是由于 CPU 调度器的配置错误，或者是由于某种 Bug 导致的。
- bpftrace 中的 loads(8) 工具展示了如何用 BPF 工具计算系统负载值。正如之前讨论过的，这些数字很有误导性。
- vltrace 是 Intel 开发的一个工具，是基于 BPF 的 strace(1) 替代品，可以用来分析消耗 CPU 时间的系统调用 [79]。

6.4 BPF单行程序

这一节提供了一些 BCC 版本和 bpftrace 版本的单行程序。这些程序尽可能地同时以 BCC 和 bpftrace 来实现。

6.4.1 BCC 工具

跟踪新进程，包括进程参数：

```
execsnoop
```

输出哪个程序在执行哪个新的进程：

```
trace 't:syscalls:sys_enter_execve "-> %s", args->filename'
```

按进程统计系统调用的数量：

```
syscount -P
```

按系统调用名称来统计调用的数量：

```
syscount
```

以 49Hz 的频率采样进程 ID 为 189 的用户态调用栈：

```
profile -F 49 -U -p 189
```

采样所有的调用栈信息和进程信息：

```
profile
```

统计以"vfs_"开头的内核函数的调用频率：

```
funccount 'vfs_*'
```

跟踪通过 pthread_create() 创建的新线程：

```
trace /lib/x86_64-linux-gnu/libpthread-2.27.so:pthread_create
```

6.4.2   bpftrace 版本

跟踪新进程，包括进程参数：

```
bpftrace -e 'tracepoint:syscalls:sys_enter_execve { join(args->argv); }'
```

输出哪个进程执行了哪个新进程：

```
bpftrace -e 'tracepoint:syscalls:sys_enter_execve { printf("%s -> %s\n", comm,
    str(args->filename)); }'
```

按进程统计系统调用的数量：

```
bpftrace -e 'tracepoint:raw_syscalls:sys_enter { @[comm] = count(); }'
```

按进程 ID 统计系统调用的数量：

```
bpftrace -e 'tracepoint:raw_syscalls:sys_enter { @[pid, comm] = count(); }'
```

按系统调用的探针名字来统计系统调用的数量：

```
bpftrace -e 'tracepoint:syscalls:sys_enter_* { @[probe] = count(); }'
```

按系统调用的函数名来统计系统调用的数量：

```
bpftrace -e 'tracepoint:raw_syscalls:sys_enter {
    @[sym(*(kaddr("sys_call_table") + args->id * 8))] = count(); }'
```

以 99Hz 的频率采样正在运行的进程名：

```
bpftrace -e 'profile:hz:99 { @[comm] = count(); }'
```

以 49Hz 的频率采样进程 ID 为 189 的用户态调用栈信息：

```
bpftrace -e 'profile:hz:49 /pid == 189/ { @[ustack] = count(); }'
```

采样所有的进程名和调用栈信息：

```
bpftrace -e 'profile:hz:49 { @[ustack, stack, comm] = count(); }'
```

按 99Hz 的频率采样正在运行的 CPU，并且以线性直方图输出：

```
bpftrace -e 'profile:hz:99 { @cpu = lhist(cpu, 0, 256, 1); }'
```

统计内核中以"vfs_"开头的函数调用频率：

```
bpftrace -e 'kprobe:vfs_* { @[func] = count(); }'
```

按名字和内核调用栈来统计 SMP 调用：

```
bpftrace -e 'kprobe:smp_call* { @[probe, kstack(5)] = count(); }'
```

按名字和内核调用栈来统计 Intel x2APIC 调用：

```
bpftrace -e 'kprobe:x2apic_send_IPI* { @[probe, kstack(5)] = count(); }'
```

跟踪通过 pthread_create() 创建的新线程：

```
bpftrace -e 'u:/lib/x86_64-linux-gnu/libpthread-2.27.so:pthread_create {
  printf("%s by %s (%d)\n", probe, comm, pid); }'
```

6.5 可选练习

如果没有特别说明，以下练习都可以用 bpftrace 和 BCC 实现。

1. 用 execsnoop(8) 来跟踪 man ls 命令产生的新进程。
2. 用 execsnoop(8) 的 -t 参数来跟踪生产系统 10 分钟，并将结果输出到一个日志文件。找到了什么进程？
3. 在一个测试系统上，给一个 CPU 进行压力测试。以下这个命令创建了两个 CPU 繁忙的线程，并将它们绑定在 CPU 0 上：

```
taskset -c 0 sh -c 'while :; do :; done' &
taskset -c 0 sh -c 'while :; do :; done' &
```

接下来用 uptime(1)（负载平均值）、mpstat(1) (-P ALL)、runqlen(8) 和 runqlat(8) 来分析 CPU 0 上的进程情况。（记得分析结束之后杀掉这些进程。）

4. 开发一个只采样 CPU 0 的内核调用栈的工具 / 单行程序。

5. 利用 profile(8) 抓取内核 CPU 调用栈信息，以分析下面这行程序的 CPU 使用量：

```
dd if=/dev/nvme0n1p3 bs=8k iflag=direct | dd of=/dev/null bs=1
```

把 infile（if=）修改为本地磁盘（用 df -h 找一个可选项）。可以直接分析全系统的性能，或者过滤每个 dd(1) 进程。

6. 给第 5 个练习的程序生成 CPU 火焰图。

7. 利用 offcputime(8) 来抓取内核 CPU 调用栈，以分析第 5 个练习中哪里阻塞消耗了时间。

8. 给第 7 个练习生成一个 off-CPU 火焰图。

9. 使用 execsnoop(8) 只能看到利用 exec(2)（execve(2)）创建的进程，有一些进程会使用 fork(2) 或者 clone(2)，而不是 exec(2)（例如，创建工作进程池）。书写一个新工具 procsnoop(8) 来尽可能地输出新进程的所有信息。可以跟踪 fork() 和 clone()，或者使用 sched 跟踪点，或者用一些其他的方法做到。

10. 开发一个 bpftrace 版本的 softirqs(8)，让其可以输出软中断的名字。

11. 用 bpftrace 开发一个 cpudist(8) 工具。

12. 用 cpudist(8)（任意版本）分别针对主动上下文切换和被动上下文切换输出直方图。

13. （高级功能，未解决的问题）开发一个工具，输出线程等待在 CPU 黏合度上耗费的时间：线程处于可运行的状态，也有其他可用的 CPU，但是由于缓存热度的原因没有进行迁移。（参看 kernel.sched_migration_cost_ns 和 task_hot()——这两个函数可能被内联了，无法直接跟踪——还有 can_migrate_task() 函数）。

6.6　小结

本章介绍了系统中 CPU 资源的使用，以及如何利用传统工具进行分析：统计数据、性能分析器，以及跟踪器等。本章同时展示了如何使用 BPF 工具来发现短期进程的问题，详细分析了运行队列的延迟信息，分析了 CPU 使用效率，统计函数的调用频率，以及统计软中断和硬中断的 CPU 用量。

第7章
内存

Linux 操作系统采用的是虚拟内存机制，每个进程都有自己的虚拟内存地址空间，仅当实际使用内存的时候才会映射到物理内存地址之上。这种设计允许超额使用物理内存，Linux 中的内存管理机制包括页换出守护进程（page out daemon）、物理换页设备（swap device），以及（在极端情况下）直接杀掉内存溢出的进程（OOM Killer）。Linux 使用空闲的内存作为文件系统缓存，有关信息请参看第 8 章。

本章将展示如何使用 BPF 工具以全新的视角审查应用程序的内存用量，这些工具还可以帮助你理解系统内核在内存紧张的时候如何响应。由于 CPU 的速度和可扩展性的提高逐渐超过了内存速度的增长，所以内存 I/O 逐渐成为新的性能瓶颈。理解应用程序对内存的使用可以帮助你找到更多的性能提升点。

学习目标：

- 理解内存分配机制和换页行为的特点。
- 学习一种使用跟踪器进行内存用量分析的策略。
- 使用传统工具理解系统中内存的用量。
- 利用 BPF 工具找到代码路径中的哪些部分造成了堆内存和常驻内存（RSS）的增长。
- 按文件名和调用栈来给缺页错误（page fault）分类。
- 分析虚拟内存扫描器（VM scanner）带来的性能损耗。
- 分析内存回收（memory reclaim）的性能损耗。
- 识别哪些进程正在等待页换入（swap-in）。
- 利用 bpftrace 单行程序自定义分析内存用量。

本章从一些内存分析的基础信息开始，专注于应用程序在内存方面的用量分析，简要介绍虚拟内存和物理内存的分配，以及换页机制。然后讨论哪些性能问题可以使用

BPF 分析，并且将介绍一个整体的分析策略。先简要介绍传统内存分析工具的功能，然后介绍 BPF 工具，最后介绍一系列有用的 BPF 单行程序。本章末尾还包含了一些可选练习。

第 14 章针对内核内存分析提供了更多的工具。

7.1　背景知识

本节将介绍内存系统的基本知识、BPF 的分析能力，并将介绍与内存分析相关的一个整体策略。

7.1.1　内存基础知识

内存分配器

图 7-1 展示了常用的用户态和内核态软件内存分配器的内部结构。对使用 libc 内存分配器的进程来说，存储在进程虚拟内存地址空间的一段动态区间中的内存，被称为堆内存（Heap）。libc 提供了一系列内存分配的函数，包括 malloc() 和 free() 等。释放内存时，libc 会将被释放内存的地址记录下来，以便提供给未来的 malloc() 使用。只有在内存用尽时 libc 才需要扩展堆内存。一般来说，libc 没有必要缩小堆内存，因为这些都是虚拟内存，而不是真正的物理内存。

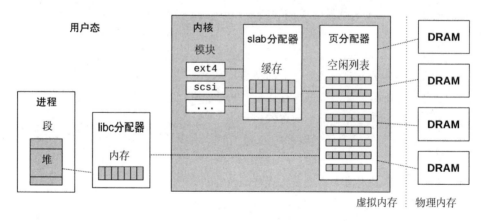

图 7-1　内存分配器

将虚拟内存地址映射为物理内存地址是由内核和 CPU 共同负责的。出于效率考虑，内存映射是按组进行的，称为页（page），每个页的大小与 CPU 实现细节有关；一般来说，4KB 是常见大小，但是大部分 CPU 还支持更大的页尺寸——Linux 称之为巨页（huge page）。内核为每个 CPU 和 DRAM 组维护一组空闲内存列表（freelist），这样可以直接响应内存分配需求。同时，内核软件本身的内存分配需求也从这个空闲内存列表直接获取，一般通过内核内存分配器进行，例如，slab 分配器。

其他的内存分配库有 tcmalloc 和 jemalloc，在 JVM 这样的编程语言运行时内部经常会提供自带的内存分配机制以及对应的垃圾回收机制。其他的内存分配器也可能将一些内存分配在堆地址之外的私有段地址中。

内存页和换页机制

图 7-2 展示了用户态的一个典型的内存页的生命周期。

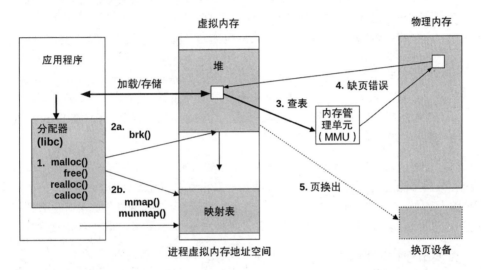

图 7-2　内存页的生命周期

包括下面几个步骤。

1. 应用程序发起内存分配请求（例如，libc malloc()）。

2. 应用程序库代码要么直接从空闲列表中响应请求，要么先扩展虚拟内存地址空间再分配。根据内存分配库的不同实现，有以下两种选项：

   a. 利用 brk() 系统调用来扩展堆的尺寸，以便用新的堆地址响应请求。

   b. 利用 mmap() 系统调用来创建一个新的内存段地址。

3. 内存分配之后，应用程序试图使用 store/load 指令来使用之前分配的内存地址，这就要调用 CPU 内部的内存管理单元来进行虚拟地址到物理地址的转换。这时揭露了虚拟内存的真相：该虚拟地址其实并没有对应的物理地址！这会导致 MMU 产生一个错误：缺页错误（page fault）。

4. 缺页错误由系统内核处理。在对应的处理函数中，内核会在物理内存空闲列表中找到一个空闲地址并映射到该虚拟地址。接下来内存会通知 MMU 以便未来直接查找该映射。现在该用户进程就占据了一个新的物理内存页。进程所使用的全部物理内存数量称为常驻集大小（Resident set Size，RSS）。

5. 当系统内存需求超过一定水平时，内核中的页换出守护进程（kswapd）就开始寻找可以释放的内存页。该进程会释放以下列出的三种内存页之一（在图 7-2 中只描述了应用程序内存页，因为这张图只展示了用户内存页的生命周期）。

   a. 文件系统页：从磁盘中读出并且是没有修改过的页（术语为有磁盘备份的页（backed by disk），这些页可以立即被释放，等需要的时候可以再读取回来。这些页包括应用程序可执行代码、数据，以及文件系统的元数据等。

   b. 被修改过的文件系统页：这些页被称为"脏页"，这些页需要先写回磁盘才能被释放。

   c. 应用程序内存页：这些页被称为匿名页（anonymous memory），因为这些页不是来源于某个文件的。如果系统中有换页设备（swap device），那么这些页可以先存入换页设备，再被释放。将内存页写入换页设备（在 linux 系统上）称为换页。

内存分配请求一般来说是比较频繁的：对一个比较繁忙的用户态应用程序来说，每秒内存分配可能超过数百万次。内存加载和存储指令以及 MMU 查表操作就更频繁了：每秒数十亿次。在图 7-2 中，这些箭头都是以粗体显示的。其他的操作就没有那么频繁了，包括 brk() 和 mmap() 调用、缺页错误，以及页换出操作（图中以细箭头描绘）。

页换出守护进程

页换出守护进程（kswapd）会被定期唤醒，它会批量扫描活跃页的 LRU 列表和非活跃页的 LRU 列表以寻找可以释放的内存。当空闲内存低于某个阈值的时候，该进程就会被唤醒，当空闲内存高于另外一个阈值时才会休息，如图 7-3 所示。

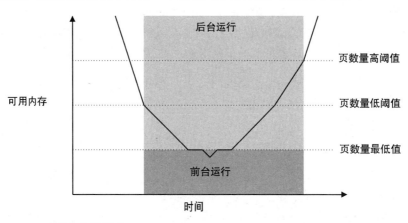

图 7-3　kswapd 唤醒和运行模式

kswapd 负责协调在后台进行页换出操作；除非 CPU 和磁盘 I/O 极为紧张，否则这些操作不会影响应用程序的性能。如果 kswapd 释放内存的速度不够快，导致页数量低于系统中配置的最低页数量，那么它就会切换到直接回收模式；在这种模式下，页回收会直接在前台运行，直接释放内存以便应对新的内存分配请求。在这种模式中，内存分配会阻塞直到有新的页被释放为止 [gorman 04, 81]。

在直接回收模式下，kswapd 可以直接调用内核模块的收缩（shrinker）函数：这些函数释放的内存很有可能来自内核的缓存区域，包括内核中的 slab 缓存。

换页设备

当系统内存不够时，换页设备允许系统以一种降级模式运行：进程可以继续申请内存，但是不经常使用的页将会被换入换出到对应的换页设备上，但是这一般会导致应用程序运行速度大幅下降。有些生产系统根本不会配置换页设备；这里的逻辑是，这种降级运行模式对关键系统来说并不合适，再说这些系统一般有很多其他健康的备份实例，通过负载均衡系统将服务切换到这些备份实例上运行，要比使用开始换页的实例更好。（例如，对 Netflix 的大部分云实例来说，恰恰如此。）当一个没有配置换页设备的系统出现内存不足的情况时，内核会调用内存溢出进程终止程序杀掉某个进程。为了避免被杀掉，应用程序应该配置为避免超出系统内存的上限。

内存溢出进程终止程序（OOM Killer）

Linux 的内存溢出进程终止程序是释放内存的最后一道防线：该程序使用预定规则来选择要杀掉的进程，并且负责杀掉它。预定规则中定义将除内核关键任务和 init（PID 1）进程之外的占用内存最多的进程杀死。Linux 中提供了调整 OOM Killer 的行为的全局和每进程配置参数。

页压缩

随着时间的推移，释放的内存页会逐渐碎片化，这样使内核分配一个较大的连续空间越来越困难。内核中有一个压缩程序来移动内存页，以便扩大连续区间 [81]。

文件系统缓存和缓冲区

Linux 会借用空闲内存作为文件系统的缓存，如果有需要的话会再释放。这种设计导致在 Linux 启动之后空闲内存会不断变小。对此不熟悉的用户会担心系统内存真的减少了，但实际上这些内存都用作了文件系统缓存。同时，文件系统需要使用一定内存作为写回缓冲区。

在 Linux 中，可以通过换页操作（vm.swappniess）来调整是优先释放文件系统缓存还是优先进行其他的内存释放操作。

缓存和缓冲区在第 8 章有详细介绍。

扩展阅读

这里只简要介绍了一些使用本书列出的工具之前必备的基本信息。更高级的话题，包括内核页分配机制和 NUMA 系统，在第 14 章中有详细介绍。内存分配和换页操作在 *System Performance*[Gregg 13b] 一书的第 7 章中有更详细的介绍。

7.1.2　BPF 的分析能力

传统性能工具可以从各种角度提供内存用量的信息。例如，可以按虚拟内存和物理内存分别显示用量，以及显示各种页操作的频率。这些传统工具将会在下一节中进行介绍。

BPF 跟踪工具可以给各种内存行为提供更多的信息，可以回答以下问题：

- 为什么进程的物理内存占用（RSS）不停增长？
- 哪些代码路径会导致缺页错误的发生？
- 缺页错误来自哪些文件？
- 哪些进程阻塞于页换入操作？
- 全系统范围内创建了哪些内存映射？
- 内存溢出（OOM Kill）事件发生时系统状态如何？
- 哪些应用程序代码路径正在申请内存分配？
- 应用程序分配了哪些类型的对象？
- 是否有分配一段时间后还是没有释放的内存？（这意味着可能是泄漏的内存。）

这些问题可以用 BPF 跟踪软件事件及系统调用和缺页错误相关的跟踪点来分析；还可以使用 kprobes 跟踪内核中内存分配的函数；或使用 uprobes 来跟踪库函数、应用程序运行时，以及应用程序自带的内存分配器；或使用 USDT 探针来跟踪 libc 内存分配器事件；以及使用 PMC 对内存访问进行溢出采样。这些事件数据源可以被同一个 BPF 程序同时使用，以便跨各个子系统关联上下文信息。

BPF 可以跟踪各种内存事件，包括内存分配、内存映射、缺页错误、换页操作等；在跟踪这些事件的大部分情况下都可以抓取对应的调用栈信息，以便理解事件发生的原因。

事件源

表 7-1 列出了跟踪内存活动的各种事件源。

表 7-1 内存活动的各种事件源

事件类型	事件源
用户态内存分配	使用 uprobes 跟踪内存分配器函数，使用 USDT probes 跟踪 libc
内核态内存分配	使用 kprobes 跟踪内存分配器函数，以及 kmem 跟踪点
堆内存扩展	brk 系统调用跟踪点
共享内存函数	系统调用跟踪点
缺页错误	kprobes、软件事件，以及 exception 跟踪点
页迁移	migration 跟踪点
页压缩	compaction 跟踪点
VM 扫描器	vmscan 跟踪点
内存访问周期	PMC

以下列出的是 libc 中可用的 USDT 探针：

```
# bpftrace -l usdt:/lib/x86_64-linux-gnu/libc-2.27.so
[...]
usdt:/lib/x86_64-linux-gnu/libc-2.27.so:libc:memory_mallopt_arena_max
usdt:/lib/x86_64-linux-gnu/libc-2.27.so:libc:memory_mallopt_arena_test
usdt:/lib/x86_64-linux-gnu/libc-2.27.so:libc:memory_tunable_tcache_max_bytes
usdt:/lib/x86_64-linux-gnu/libc-2.27.so:libc:memory_tunable_tcache_count
usdt:/lib/x86_64-linux-gnu/libc-2.27.so:libc:memory_tunable_tcache_unsorted_limit
usdt:/lib/x86_64-linux-gnu/libc-2.27.so:libc:memory_mallopt_trim_threshold
usdt:/lib/x86_64-linux-gnu/libc-2.27.so:libc:memory_mallopt_top_pad
usdt:/lib/x86_64-linux-gnu/libc-2.27.so:libc:memory_mallopt_mmap_threshold
usdt:/lib/x86_64-linux-gnu/libc-2.27.so:libc:memory_mallopt_mmap_max
usdt:/lib/x86_64-linux-gnu/libc-2.27.so:libc:memory_mallopt_perturb
usdt:/lib/x86_64-linux-gnu/libc-2.27.so:libc:memory_heap_new
usdt:/lib/x86_64-linux-gnu/libc-2.27.so:libc:memory_sbrk_less
usdt:/lib/x86_64-linux-gnu/libc-2.27.so:libc:memory_arena_reuse
usdt:/lib/x86_64-linux-gnu/libc-2.27.so:libc:memory_arena_reuse_wait
usdt:/lib/x86_64-linux-gnu/libc-2.27.so:libc:memory_arena_new
usdt:/lib/x86_64-linux-gnu/libc-2.27.so:libc:memory_arena_reuse_free_list
usdt:/lib/x86_64-linux-gnu/libc-2.27.so:libc:memory_arena_retry
usdt:/lib/x86_64-linux-gnu/libc-2.27.so:libc:memory_heap_free
usdt:/lib/x86_64-linux-gnu/libc-2.27.so:libc:memory_heap_less
usdt:/lib/x86_64-linux-gnu/libc-2.27.so:libc:memory_heap_more
usdt:/lib/x86_64-linux-gnu/libc-2.27.so:libc:memory_sbrk_more
usdt:/lib/x86_64-linux-gnu/libc-2.27.so:libc:memory_mallopt_free_dyn_thresholds
usdt:/lib/x86_64-linux-gnu/libc-2.27.so:libc:memory_malloc_retry
usdt:/lib/x86_64-linux-gnu/libc-2.27.so:libc:memory_memalign_retry
usdt:/lib/x86_64-linux-gnu/libc-2.27.so:libc:memory_realloc_retry
usdt:/lib/x86_64-linux-gnu/libc-2.27.so:libc:memory_calloc_retry
```

```
usdt:/lib/x86_64-linux-gnu/libc-2.27.so:libc:memory_mallopt
usdt:/lib/x86_64-linux-gnu/libc-2.27.so:libc:memory_mallopt_mxfast
```

这些探针可以帮助理解 libc 内存分配器的内部活动。

额外开销

如前所述，内存分配事件每秒会发生数百万次。虽然 BPF 程序已经被深度优化，但每秒调用事件几百万次仍会累积成不小的开销。根据所跟踪事件的发生频率不同，以及对应的 BPF 程序，运行时仍有可能造成 10% 左右的性能损耗。在极端情况下甚至可能将软件运行速度降至原先的 1/10。

为了应对这种额外开销，图 7-2 用粗箭头展示了哪些路径是频繁发生的，用细箭头展示了哪些路径是不频繁发生的。很多内存用量问题都可以利用这些低频事件来分析：缺页错误、页换出、brk() 调用、mmap() 调用等。跟踪这些事件的额外开销基本可以忽略不计。

跟踪 malloc() 的一个原因是为了展示调用 malloc() 的应用程序代码路径。这些代码路径可以用另外的方法展示：第 6 章中介绍了如何定时采样在 CPU 之上运行的调用栈信息。在 CPU 火焰图中搜索"malloc"是一个识别大量调用该函数的代码路径的简单而粗粒度的好方式，且不需要单独跟踪这些函数。

未来通过使用动态库从用户态到用户态的跳跃机制，而不是用内核态陷阱的方法实现的 uprobes 性能可能会有 10 倍到 100 倍的提升（参见 2.8.4 节）。

7.1.3 分析策略

如果你刚刚开始学习内存性能分析，那么下面是一个推荐采用的分析策略：

1. 检查系统信息中是否有 OOM Killer 杀掉进程的信息（例如，使用 dmesg(1)）。

2. 检查系统中是否配置了换页设备，以及使用的换页空间大小；并且检查这些换页设备是否有活跃的 I/O 操作（例如，使用 swap(1)、iostat(1)、vmstat(1)）。

3. 检查系统中空闲内存的数量，以及整个系统的缓存使用情况（例如，使用 free(1)）。

4. 按进程检查内存用量（例如，使用 top(1) 和 ps(1)）。

5. 检查系统中缺页错误的发生频率，并且检查缺页错误发生时的调用栈信息，这可以解释 RSS 增长的原因。

6. 检查缺页错误和哪些文件有关。

7. 通过跟踪 brk() 和 mmap() 调用来从另一个角度审查内存用量。

8. 从本章中列出的 BPF 工具中寻找合适的工具并执行。

9. 使用 PMC 测量硬件缓存命空率和内存访问（最好启用 PEBS），以便分析导致内存 I/O 发生的函数和指令信息（例如，使用 perf(1)）。

下面我们会详细介绍这些工具。

7.2 传统工具

传统性能工具提供了很多基于容量的内存用量统计信息，例如，全系统和分进程的虚拟内存和物理内存用量，包括一定程度的进程内部内存段和 slab 的分拆统计信息。除此之外，如果要想得到缺页错误的发生频率这种信息，还需要跟踪对应的内存分配库、运行时、语言或者应用程序中的每次内存分配操作；或者，可以使用例如 Valgrind 这样的虚拟机分析技术，但是这种分析技术可能导致应用程序性能的大幅下降。BPF 工具相对来说额外消耗更低，分析过程更高效。

即使传统性能工具不能完全解决问题，它们也可以为使用 BPF 工具提供很多有用的信息。表 7-2 分类列出了传统工具，以及它们所使用的跟踪技术。

表 7-2　传统工具

工具	类型	描述
dmesg	内核日志	OOM Killer 事件的详细信息
swapon	内核统计数据	换页设备的使用量
free	内核统计数据	全系统的内存用量
ps	内核统计数据	每进程的统计信息，包括内存用量
pmap	内核统计数据	按内存段列出进程内存用量
vmstat	内核统计数据	各种各样的统计信息，包括内存
sar	内核统计数据	可以显示换页错误和页扫描的频率
perf	软件事件、硬件统计、硬件采样	内存相关的 PMC 统计信息和事件采样信息

下面一节将简要介绍这些工具的关键功能。有关更全面的使用方式和介绍请参考 man 帮助文档，以及其他资源，包括 *System Performance*[Gregg 13b] 一书。本书第 14 章还将介绍如何使用 slabtop(1) 来分析内核 slab 的分配情况。

7.2.1 内核日志

每当内核中的 OOM Killer 需要杀掉某个进程时，它会将细节信息写入系统日志，可以用 dmesg(1) 来查看。例如：

```
# dmesg
[2156747.865271] run invoked oom-killer: gfp_mask=0x24201ca, order=0, oom_score_adj=0
[...]
```

```
[2156747.865330] Mem-Info:
[2156747.865333] active_anon:3773117 inactive_anon:20590 isolated_anon:0
[2156747.865333]  active_file:3 inactive_file:0 isolated_file:0
[2156747.865333]  unevictable:0 dirty:0 writeback:0 unstable:0
[2156747.865333]  slab_reclaimable:3980 slab_unreclaimable:5811
[2156747.865333]  mapped:36 shmem:20596 pagetables:10620 bounce:0
[2156747.865333]  free:18748 free_pcp:455 free_cma:0
[...]
[2156747.865385] [ pid ]   uid  tgid total_vm      rss nr_ptes nr_pmds swapents
oom_score_adj name
[2156747.865390] [  510]     0   510     4870       67      15       3        0
0 upstart-udev-br
[2156747.865392] [  524]     0   524    12944      237      28       3        0
-1000 systemd-udevd
[...]
[2156747.865574] Out of memory: Kill process 23409 (perl) score 329 or sacrifice child
[2156747.865583] Killed process 23409 (perl) total-vm:5370580kB, anon-rss:5224980kB,
file-rss:4kB
```

上面的输出包括了全系统的内存用量信息、进程表，以及需要被杀掉的目标进程。在进行深入的内存分析之前，一定要先检查一下 dmesg(1) 的输出。

7.2.2　内核统计信息

内核统计工具使用的是内核中的统计数据源，这些数据源以 /proc 接口提供，例如，/proc/meminfo、/proc/swaps。这些工具的一个优势是，这些统计信息已经在内核中默认启用了，使用这些数据的额外消耗非常小。它们也经常可以被非 root 用户读取。

swapon

swapon(1) 工具可以显示系统中是否配置了换页设备，以及有多少容量正在被使用，例如：

```
$ swapon
NAME       TYPE      SIZE USED PRIO
/dev/dm-2 partition 980M   0B   -2
```

上面的输出显示了系统中配置了 980MB 的换页分区，目前没有被使用。现在很多系统都不会配置换页设备了，在这种情况下，swapon 不会有任何输出。

如果某个换页设备有活跃的 I/O 操作，那么在 vmstat(1) 的输出中的 si 和 so 两列中可以看到，也可以用 iostat(1) 看到该设备的 I/O 信息。

free

free(1) 工具统计全系统的内存用量信息，展示系统中的空闲内存。下面这个例子使用了 -m 参数，以便按兆字节为单位显示：

```
$ free -m
              total        used        free      shared  buff/cache   available
Mem:         189282      183022        1103           4        5156        4716
Swap:             0           0           0
```

上面这段 free(1) 的输出格式近年来已经进行了优化，以消除歧义：输出结果中增加了一栏"available"指示可用内存，以便展示所有可用的内存，这包括了文件系统缓存占用的部分。这样一来，比起只有"free"这一栏信息要更明显。"free"这一栏信息显示的是那些完全没有被使用的内存。如果只看"free"这一栏的数据就认为系统内存资源不足，这是不正确的，应该看"available"这一栏。

文件系统缓存页占用的内存由"buff/cache"这一栏展示，其包括两个类型：I/O 缓冲区，以及文件系统缓存页。可以使用 -w（宽幅显示）参数展示这两个数据栏。

上面这个例子是在一个拥有 184GB 内存的生产系统上生成的，有大概 4GB 的可用内存。对全系统内存使用情况的更详细介绍，请参看 /proc/meminfo。

ps

ps(1) 进程状态命令可以按进程显示内存用量：

```
$ ps aux
USER    PID %CPU %MEM    VSZ      RSS TTY      STAT START   TIME COMMAND
[...]
root   2499  0.0  0.0  30028     2720 ?        Ss   Jan25   0:00 /usr/sbin/cron -f
root   2703  0.0  0.0      0        0 ?        I    04:13   0:00 [kworker/41:0]
pcp    2951  0.0  0.0 116716     3572 ?        S    Jan25   0:00 /usr/lib/pcp/bin/pmwe...
root   2992  0.0  0.0      0        0 ?        I    Jan25   0:00 [kworker/17:2]
root   3741  0.0  0.0      0        0 ?        I    Jan25   0:05 [kworker/0:3]
www    3785 1970 95.7 213734052 185542800 ? Sl Jan25 15123:15 /apps/java/bin/java...
[...]
```

上面这些输出包括以下几栏信息。

- **%MEM**：该进程所使用的物理内存占系统全部内存的比例。
- **VSZ**：虚拟内存的大小。
- **RSS**：常驻集大小，也就是该进程所使用的全部物理内存。

上面这个输出显示 java 进程消耗了系统物理内存的 95.7%。ps(1) 命令还可以只打印与内存统计信息有关的栏目（例如，ps -eo pid、pmem、vsz、rss）。更多信息可以在 /proc 目录下的文件中找到，请参看 /proc/PID/status。

pmap

pmap(1) 命令可以按地址空间段展示进程内存用量。例如：

```
$ pmap -x 3785
3785:    /apps/java/bin/java -Dnop -XX:+UseG1GC -...
XX:+ParallelRefProcEnabled -XX:+ExplicitGCIn
Address           Kbytes      RSS    Dirty Mode  Mapping
0000000000400000       4        0        0 r-x-- java
0000000000400000       0        0        0 r-x-- java
0000000000600000       4        4        4 rw--- java
0000000000600000       0        0        0 rw--- java
00000000006c2000    5700     5572     5572 rw---  [ anon ]
00000000006c2000       0        0        0 rw---  [ anon ]
[...]
00007f2ce5e61000       0        0        0 ----- libjvm.so
00007f2ce6061000     832      832      832 rw--- libjvm.so
00007f2ce6061000       0        0        0 rw--- libjvm.so
[...]
ffffffffff600000       4        0        0 r-x--  [ anon ]
ffffffffff600000       0        0        0 r-x--  [ anon ]
---------------- ------- ------- -------
total kB    213928940 185743916 185732800
```

上面这个输出可以帮助找到库函数和映射文件所使用的内存的大小。如果加上 -x 命令行选项，则会输出一个单独的栏 "dirty"，这包括在内存中修改过但是还没有被完全保存到磁盘上的页的数量。

vmstat

vmstat(1) 命令按时间展示各种全系统的统计数据，包括内存、CPU，以及存储 I/O。例如，下面这个命令每秒输出一次统计信息：

```
$ vmstat 1
procs -----------memory---------- ---swap-- -----io---- -system-- ------cpu-----
 r  b   swpd   free   buff  cache   si   so    bi    bo   in    cs us sy id wa st
12  0      0 1075868  13232 5288396    0    0    14    26   16    19 38  2 59  0  0
14  0      0 1075000  13232 5288932    0    0     0     0 28751 77964 22  1 77  0  0
 9  0      0 1074452  13232 5289440    0    0     0     0 28511 76371 18  1 81  0  0
15  0      0 1073824  13232 5289828    0    0     0     0 32411 86088 26  1 73  0  0
```

上面的"free""buff""cache"栏目分别以 KB 为单位显示了空闲内存、存储 I/O 缓冲区占用的内存，以及文件系统缓存占用的内存数量。"si"和"so"栏分别展示了页换入和页换出操作的数量，如果系统中存在这些操作的话。

第一行输出的是"自系统启动以来"的统计信息，这一行的大部分栏目是自从系统启动以来的平均值。然而，"memory"栏显示的仍然是系统内存的当前状态。而第二行和之后的行显示的都是一秒之内的统计信息。

sar

sar(1) 命令是一个可以打印不同目标、不同监控指标的复合工具。其中 -B 命令行选项打印的是页统计信息：

```
# sar -B 1
Linux 4.15.0-1031-aws (...)        01/26/2019          _x86_64_    (48 CPU)

06:10:38 PM  pgpgin/s pgpgout/s   fault/s  majflt/s  pgfree/s pgscank/s pgscand/s
pgsteal/s    %vmeff
06:10:39 PM     0.00      0.00    286.00      0.00  16911.00      0.00      0.00
0.00         0.00
06:10:40 PM     0.00      0.00     90.00      0.00  19178.00      0.00      0.00
0.00         0.00
06:10:41 PM     0.00      0.00    187.00      0.00  18949.00      0.00      0.00
0.00         0.00
06:10:42 PM     0.00      0.00    110.00      0.00  24266.00      0.00      0.00
0.00         0.00
[...]
```

上面的输出是在一个繁忙的生产环境中的服务器上进行的。这段输出非常宽，以至于这里不得不换行显示，影响了阅读效果。结果中显示缺页错误（fault/s）出现的频率很低——每秒少于 300 次。同时，目前没有任何页扫描在进行（"pgscan"栏），这意味着系统中不存在内存紧缺的情况。

以下这行输出是系统在进行软件编译时截取的：

```
# sar -B 1
Linux 4.18.0-rc6-virtual (...)  01/26/2019      _x86_64_    (36 CPU)

06:16:08 PM  pgpgin/s pgpgout/s   fault/s  majflt/s  pgfree/s pgscank/s pgscand/s
pgsteal/s    %vmeff
06:16:09 PM  1968.00    302.00 1454167.00      0.00 1372222.00      0.00      0.00
0.00         0.00
06:16:10 PM  1680.00    171.00 1374786.00      0.00 1203463.00      0.00      0.00
```

```
0.00        0.00
06:16:11 PM    1100.00      581.00 1453754.00       0.00 1457286.00      0.00        0.00
0.00        0.00
06:16:12 PM    1376.00      227.00 1527580.00       0.00 1364191.00      0.00        0.00
0.00        0.00
06:16:13 PM     880.00       68.00 1456732.00       0.00 1315536.00      0.00        0.00
0.00        0.00
[...]
```

现在缺页错误出现的频率变得很高——每秒超过一百万次。这是因为在软件编译过程中经常需要生成大量短期进程，而每个新进程在第一次启动的时候都会产生很多缺页错误。

7.2.3   硬件统计和硬件采样

有很多 PMC 可以用来观测内存 I/O 事件。这里要明确一点，这些 PMC 统计的是处理器中的 CPU 单元到主内存之间的 I/O 操作，中间还涉及了 CPU 缓存。正如第 2 章中所介绍的，PMC 可以以两种方式使用：累计和采样。累计方式提供的是统计信息，额外消耗几乎为零。而采样模式则将发生的事件存入一个文件中供后期分析。

下面这个例子用 perf(1) 命令以累计模式来统计末级缓存（LLC）的加载和未命中事件，按全系统方式统计（-a），并且每秒统计一次（-I 1000）：

```
# perf stat -e LLC-loads,LLC-load-misses -a -I 1000
#         time         counts unit events
    1.000705801      8,402,738       LLC-loads
    1.000705801      3,610,704       LLC-load-misses   #   42.97% of all LL-cache hits
    2.001219292      8,265,334       LLC-loads
    2.001219292      3,526,956       LLC-load-misses   #   42.32% of all LL-cache hits
    3.001763602      9,586,619       LLC-loads
    3.001763602      3,842,810       LLC-load-misses   #   43.91% of all LL-cache hits
[...]
```

为了方便使用者，perf(1) 已经意识到这些 PMC 是相互关联的，所以它直接输出了未命中的百分比。LLC 未命中是测量系统主内存 I/O 的一种指标，因为如果一个内存加载请求没有命中 LLC，它就会变成一次主内存的读取请求。

下面，perf(1) 以采样方式运行，记录十万分之一的 L1 数据缓存未命中事件的详细信息：

```
# perf record -e L1-dcache-load-misses -c 100000 -a
^C[ perf record: Woken up 1 times to write data ].
```

```
[ perf record: Captured and wrote 3.075 MB perf.data (612 samples) ]
# perf report -n --stdio
# Overhead  Samples  Command  Shared Object        Symbol
# ........  .......  .......  ...................  ..................................
#
    30.56%   187     cksum    [kernel.kallsyms]    [k] copy_user_enhanced_fast_string
     8.33%    51     cksum    cksum                [.] 0x0000000000001cc9
     2.78%    17     cksum    cksum                [.] 0x0000000000001cb4
     2.45%    15     cksum    [kernel.kallsyms]    [k] generic_file_read_iter
     2.12%    13     cksum    cksum                [.] 0x0000000000001cbe
[...]
```

这里，我们使用了一个很大的采样频率值（-c 100 000），因为 L1 缓存请求是非常频繁的，如果采样过于频繁，将会影响正在运行的软件的性能。如果你对某个 PMC 的发生频率不确定，应该先使用 perf stat 命令以累计方式查看，这样就可以计算出一个合理的采样频率。

perf 报告的输出展示了 L1 dcache 未命中时的软件调用栈信息。在使用内存相关的 PMC 时，建议启用 PEBS，以便得到更准确的指令指针采样信息。当使用 perf 时，在对应的事件名称后面加上 :p、:pp（更好）或 :ppp（最佳）来启用 PEBS，后缀中 p 越多，结果就越精确。（请参看 perf-list(1) man 帮助文档中有关 p 修饰符的一节。）

7.3　BPF工具

本节将介绍可以用来分析内存性能，以及调试问题的 BPF 工具，参见图 7-4。

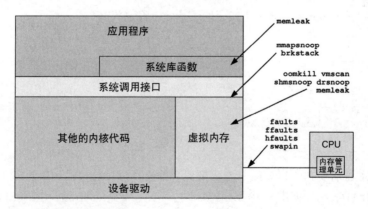

图 7-4　与内存分析相关的 BPF 工具

这些工具要么来自第 4 章中介绍过的 BCC 仓库，以及第 5 章介绍的 bpftrace 仓库，要么是在笔者写作本书的时候创建的。有些工具同时出现于 BCC 和 bpftrace 代码库中。

表 7-3 列出了所有工具的来源信息（BT 是 bpftrace 的简写）。

表 7-3　内存相关工具

工具	来源	目标	介绍
oomkill	BCC/BT	OOM	展示 OOM Killer 事件的详细信息
memleak	BCC	调度	展示可能有内存泄漏的代码路径
mmapsnoop	本书	系统调用	跟踪全系统的 mmap(2) 调用
brkstack	本书	系统调用	展示 brk() 调用对应的用户态代码调用栈
shmsnoop	BCC	系统调用	跟踪共享内存相关的调用信息
faults	本书	Faults	按用户调用栈展示缺页错误
ffaults	本书	Faults	按文件名展示缺页错误
vmscan	本书	VM	测量 VM 扫描器的收缩和回收时间
drsnoop	BCC	VM	跟踪直接回收时间，并且显示延迟信息
swapin	本书	VM	按进程展示页换入信息
hfaults	本书	Faults	按进程展示巨页的缺页错误信息

对于来自 BCC 和 bpftrace 的工具，请参照对应的代码库以了解全部的工具命令行选项和功能信息。下面只简单介绍它们最重要的功能。

第 14 章提供了更多内核内存分析的 BPF 工具：kmem(8)、kpages(8)、slabratetop(8) 和 numamove(8)。

7.3.1　oomkill

oomkill(8)[1] 是一个 BCC 和 bpftrace 工具，用来跟踪 OOM Killer 事件的信息，以及打印出平均负载等详细信息。平均负载信息可以在 OOM 发生时提供整个系统状态的一些上下文信息，展示出系统整体是正在变忙还是处于稳定状态。

下面这个例子显示了在一个 48-CPU 的生产系统中运行 BCC 版本的 oomkill(8) 的输出：

```
# oomkill
Tracing OOM kills... Ctrl-C to stop.
08:51:34 Triggered by PID 18601 ("perl"), OOM kill of PID 1165 ("java"), 18006224 pages,
loadavg: 10.66 7.17 5.06 2/755 18643
[...]
```

这个输出显示了 PID 18601 (perl) 需要更多的内存，这导致了 PID 1165（java）进程被杀掉。PID 1165 已经使用了 18 006 224 个内存页；根据处理器的设置和进程内存的设

1　笔者于2016年2月9日创建了BCC版本，目的是为了打印出生产系统中偶尔发生的OOM事件的更多信息。bpftrace版本写于2018年9月7日。

置，内存页大小通常为 4KB。这里的负载平均值显示了在 OOM Kill 发生时，系统趋向于更繁忙了。

这个工具使用 kprobes 来跟踪 oom_kill_process() 函数，以便打印各种详细信息。在这个例子中，负载平均值是从 /proc/loadavg 获取的。在调试 OOM 事件时，这个工具还可以增加一些更多的细节信息。同时，使用内核中的 oom 跟踪点，可以展示更多任务选择方面的细节信息，这个工具还没有使用该跟踪点。

BCC 版本的工具暂时不支持命令行参数。

bpftrace

下面这些代码是 bpftrace 版本的 oomkill(8)：

```
#!/usr/local/bin/bpftrace

#include <linux/oom.h>

BEGIN
{
        printf("Tracing oom_kill_process()... Hit Ctrl-C to end.\n");
}

kprobe:oom_kill_process
{
        $oc = (struct oom_control *)arg1;
        time("%H:%M:%S ");
        printf("Triggered by PID %d (\"%s\"), ", pid, comm);
        printf("OOM kill of PID %d (\"%s\"), %d pages, loadavg: ",
            $oc->chosen->pid, $oc->chosen->comm, $oc->totalpages);
        cat("/proc/loadavg");
}
```

这段程序跟踪了 oom_kill_process() 函数，将第二个参数强制转型为 oom_control 结构体，这其中包含了"牺牲"的进程的详细信息。这段代码打印出导致 OOM 发生的当前进程（pid、comm）的信息，并且打印出目标进程的细节信息，最后用一个 system() 调用来打印平均负载信息。

7.3.2　memleak

memleak(8)[1] 是一个 BCC 工具，可以用来跟踪内存分配和释放事件对应的调用栈信

1　这个工具由Sasha Goldshtein于2016年2月7日发布。

息。随着时间的推移，这个工具可以显示长期不被释放的内存。下面这个例子展示了使用 memleak(8) 跟踪一个 bash 进程的输出：[1]

```
# memleak -p 3126
Attaching to pid 3228, Ctrl+C to quit.

[09:14:15] Top 10 stacks with outstanding allocations:
[...]
        960 bytes in 1 allocations from stack
                xrealloc+0x2a [bash]
                strvec_resize+0x2b [bash]
                maybe_make_export_env+0xa8 [bash]
                execute_simple_command+0x269 [bash]
                execute_command_internal+0x862 [bash]
                execute_connection+0x109 [bash]
                execute_command_internal+0xc18 [bash]
                execute_command+0x6b [bash]
                reader_loop+0x286 [bash]
                main+0x969 [bash]
                __libc_start_main+0xe7 [libc-2.27.so]
                [unknown]
        1473 bytes in 51 allocations from stack
                xmalloc+0x18 [bash]
                make_env_array_from_var_list+0xc8 [bash]
                make_var_export_array+0x3d [bash]
                maybe_make_export_env+0x12b [bash]
                execute_simple_command+0x269 [bash]
                execute_command_internal+0x862 [bash]
                execute_connection+0x109 [bash]
                execute_command_internal+0xc18 [bash]
                execute_command+0x6b [bash]
                reader_loop+0x286 [bash]
                main+0x969 [bash]
                __libc_start_main+0xe7 [libc-2.27.so]
                [unknown]

[...]
```

　　默认情况下，每5秒输出一次，展示所有内存分配对应的调用栈信息，以及目前

1　为了保证基于帧指针的调用栈信息可用，并且使用的是常规的malloc进程，这个bash进程是用以下命令编译的：CFLAGS=-fno-omit-frame-pointer ./configure --without-gnu-malloc。

有多少字节的内存尚未被释放。最后一个调用栈显示 execute_command() 和 make_env_array_rom_var_list() 函数被分配了 1473 字节内存。

单靠 memleak(8) 无法判断这些内存分配操作是真正的内存泄漏（即，分配的内存没有任何引用，永远不会被释放），还是只是内存用量的正常增长，或者仅仅是真正的长期内存。为了区分这几种类型，需要阅读和理解这些代码路径的真正意图。

如果没有 -p PID 命令行参数，那么 memleak(8) 跟踪的是内核中的内存分配信息：

```
# memleak
Attaching to kernel allocators, Ctrl+C to quit.
[...]
[09:19:30] Top 10 stacks with outstanding allocations:
[...]
        15384576 bytes in 3756 allocations from stack
                __alloc_pages_nodemask+0x209 [kernel]
                alloc_pages_vma+0x88 [kernel]
                handle_pte_fault+0x3bf [kernel]
                __handle_mm_fault+0x478 [kernel]
                handle_mm_fault+0xb1 [kernel]
                __do_page_fault+0x250 [kernel]
                do_page_fault+0x2e [kernel]
                page_fault+0x45 [kernel]
[...]
```

在跟踪用户态进程时，memleak(8) 跟踪的是用户态内存分配函数：malloc()、calloc() 和 free() 等。对内核态内存来说，使用的是 kmem 跟踪点：kmem:kmalloc、kmem:kfree 等。

命令行使用说明如下：

```
memleak [options] [-p PID] [-c COMMAND] [interval [count]]
```

命令行选项包括如下几项。

- **-s RATE**：采样频率，通过使用 RATE 分之一的采样频率来降低额外消耗。
- **-o OLDER**：忽略那些存活时间小于 OLDER 毫秒的内存分配。

内存分配，尤其是用户态的内存分配可能会非常频繁——每秒数百万次。根据应用程序的繁忙程度，使用这个命令可能会导致性能下降至原先的十分之一以下。目前来说，这意味着 memleak(8) 更多的是一个调试工具，而不是日常性能分析工具。正如之前所说，这要等待 uprobes 的性能优化。

7.3.3   mmapsnoop

mmapsnoop(8)[1] 跟踪全系统的 mmap(2) 系统调用并打印出映射请求的详细信息，这对内存映射调试来说是很有用的。如下面这个例子：

```
# mmapsnoop.py
PID    COMM          PROT MAP   OFFS(KB)  SIZE(KB)  FILE
6015   mmapsnoop.py  RW-  S---  0         260       [perf_event]
6015   mmapsnoop.py  RW-  S---  0         260       [perf_event]
[...]
6315   java          R-E  -P--  0         2222      libjava.so
6315   java          RW-  -PF-  168       8         libjava.so
6315   java          R--  -P--  0         43        ld.so.cache
6315   java          R-E  -P--  0         2081      libnss_compat-2.23.so
6315   java          RW-  -PF-  28        8         libnss_compat-2.23.so
6315   java          R-E  -P--  0         2146      libnsl-2.23.so
6315   java          RW-  -PF-  84        8         libnsl-2.23.so
6315   java          R--  -P--  0         43        ld.so.cache
6315   java          R-E  -P--  0         2093      libnss_nis-2.23.so
6315   java          RW-  -PF-  40        8         libnss_nis-2.23.so
6315   java          R-E  -P--  0         2117      libnss_files-2.23.so
6315   java          RW-  -PF-  40        8         libnss_files-2.23.so
6315   java          R--  S---  0         2         passwd
[...]
```

这段输出从 perf_event 的环形缓冲区映射开始，BCC 工具使用这个缓冲区来获取事件输出。在新进程启动时，可以看到 java 进程的映射信息，这些映射带有保护标识和映射标识。

保护标识（PROT）有如下几个。

- **R**：PROT_READ
- **W**：PROT_WRITE
- **E**：PROT_EXEC

映射标识（MAP）有如下几个。

- **S**：MAP_SHARED
- **P**：MAP_PRIVATE
- **F**：MAP_FIXED

---

1   笔者在2010年为DTrace[Gregg 11]一书写了mmap.d，BCC版本是2019年2月3日为本书写成的。

- **A**：MAP_ANON

mmapsnoop(8) 支持 -T 选项，以便输出一列时间戳信息。

这个工具使用的是 syscall:sys_enter_mmap 跟踪点。这个工具的额外消耗几乎可以忽略不计，因为新映射产生的频率相对较低。

第 8 章将详细介绍针对内存映射文件的分析，同时会介绍 mmapfiles(8) 和 fmapfaults(8) 两个工具。

7.3.4 brkstack

一般来说，应用程序的数据存放于堆内存中，堆内存通过 brk(2) 系统调用进行扩展。跟踪 brk(2) 调用，并且展示导致增长的用户态调用栈信息相对来说是很有用的分析信息。同时还有一个 sbrk(2) 变体调用。在 Linux 中，sbrk(2) 是以库函数形式实现的，内部仍然使用 brk(2) 系统调用。

brk(2) 可以用 syscall:syscall_enter_brk 跟踪点来跟踪，同时该跟踪点对应的调用栈信息，可以用 BCC 版本的 trace(8) 来获取每个事件的信息，也可以用 stackcount(8) 来获取频率统计信息，还可以用 bpftrace 版本的单行程序来获取，甚至可以用 perf(1) 命令获取。下面的例子使用的是 BCC 工具：

```
# trace -U t:syscalls:sys_enter_brk
# stackcount -PU t:syscalls:sys_enter_brk
```

例如：

```
# stackcount -PU t:syscalls:sys_enter_brk
Tracing 1 functions for "t:syscalls:sys_enter_brk"... Hit Ctrl-C to end.
^C
[...]

  brk
  __sbrk
  __default_morecore
  sysmalloc
  _int_malloc
  tcache_init
  __libc_malloc
  malloc_hook_ini
  __libc_malloc
  JLI_MemAlloc
  JLI_List_new
```

```
main
__libc_start_main
_start
  java [8395]
  1

[unknown]
  cron [8385]
  2
```

这个被截断的输出展示了一个来自 java 进程的 brk(2) 调用栈信息，包括 JLI_List_new()、JLI_MemAlloc() 以及 sbrk(3)：从结果看来，某个列表对象的扩展触发了堆的扩展。第二个来自 cron 的调用栈是不完整的。为了让 java 栈信息可以完整输出，笔者在这里使用了一个启用帧指针的 libc，这在 13.2.9 节有详细描述。

brk(2) 的调用频率是很低的，同时调用栈信息显示的可能是某个尺寸巨大、比较特殊的分配请求，也可能是一个常规的一字节小请求导致的扩展。这里显示的代码路径需要详细分析才能理解。因为堆的扩展不会很频繁，所以跟踪的额外消耗可以忽略不计，这使得 brk 跟踪是一个分析内存增长开销很低的手段。相比之下，直接跟踪那些频繁调用的函数开销会很大（例如，跟踪 malloc() 的开销可能非常大，导致方案不可行）。另外一个额外消耗很低的分析内存增长的工具是 faults(8)，将在 7.3.6 节中讲述，这个工具可以跟踪缺页错误事件。

根据文件名记忆和寻找对应的工具要比直接记住一行程序更容易一些，所以这里描述的是 bpftrace 版本的 brkstack(8) 工具的重要内容[1]：

```
#!/usr/local/bin/bpftrace

tracepoint:syscalls:sys_enter_brk
{
        @[ustack, comm] = count();
}
```

1　笔者于2019年1月26日写作本书时完成了这个工具。笔者使用跟踪brk()调用栈信息这个手段进行分析已经有几年了，之前笔者还发布过brk(2)火焰图[82]。

7.3.5　shmsnoop

shmsnoop(8)[1] 是一个 BCC 工具，可以跟踪 System V 的共享内存系统调用：shmget(2)、shmat(2)、shmdt(2) 以及 shmctl(2)。这个工具可以用来调试共享内存的用量信息。例如，在一个应用程序的启动过程中：

```
# shmsnoop
PID    COMM      SYS         RET ARGs
12520  java      SHMGET    58c000a key: 0x0, size: 65536, shmflg: 0x380 (IPC_
CREAT|0600)
12520  java      SHMAT 7fde9c033000 shmid: 0x58c000a, shmaddr: 0x0, shmflg: 0x0
12520  java      SHMCTL      0 shmid: 0x58c000a, cmd: 0, buf: 0x0
12520  java      SHMDT       0 shmaddr: 0x7fde9c033000
1863   Xorg      SHMAT 7f98cd3b9000 shmid: 0x58c000a, shmaddr: 0x0, shmflg: 0x1000 (SHM_
RDONLY)
1863   Xorg      SHMCTL      0 shmid: 0x58c000a, cmd: 2, buf: 0x7ffdddd9e240
1863   Xorg      SHMDT       0 shmaddr: 0x7f98cd3b9000
[...]
```

这个输出显示了 java 进程通过 shmget(2) 分配共享内存，接着又显示 java 进行了几种不同的共享内存操作，以及对应的参数信息。shmget(2) 调用的返回结果是 0x58c000a，这个标识符接下来由 java 和 Xorg 进程同时使用；换句话说，它们在共享内存。

这个工具跟踪共享内存相关的系统调用，这些调用触发的频率很低，所以本工具的额外消耗可以忽略不计。

命令行使用说明如下：

```
shmsnoop [options]
```

命令行选项包括如下几项。

- **-T**：包括时间戳信息。
- **-p PID**：仅关注给定的进程。

7.3.6　faults

跟踪缺页错误和对应的调用栈信息，可以为内存用量分析提供一个新的视角：这里截取的并不是触发分配的代码路径，而是首次使用该内存触发缺页错误的代码路径。缺

1　该工具由 Jiri Olsa 于 2018 年 10 月 8 日写成。

页错误会直接导致 RSS 的增长，所以这里截取的调用栈信息可以用来解释进程内存用量的增长。正如 brk() 一样，可以通过单行程序来直接跟踪这个事件并进行分析，例如，用 BCC 和 stackcount(8) 来对用户态和内核态的缺页错误对应的频率统计信息进行分析的话，可以采用：

```
# stackcount -U t:exceptions:page_fault_user
# stackcount t:exceptions:page_fault_kernel
```

下面是一个利用 -P 参数跟踪某个进程的结果：

```
# stackcount -PU t:exceptions:page_fault_user
Tracing 1 functions for "t:exceptions:page_fault_user"... Hit Ctrl-C to end.
^C
[...]

  PhaseIdealLoop::Dominators()
  PhaseIdealLoop::build_and_optimize(LoopOptsMode)
  Compile::optimize_loops(PhaseIterGVN&, LoopOptsMode) [clone .part.344]
  Compile::Optimize()
  Compile::Compile(ciEnv*, C2Compiler*, ciMethod*, int, bool, bool, bool, Directiv...
  C2Compiler::compile_method(ciEnv*, ciMethod*, int, DirectiveSet*)
  CompileBroker::invoke_compiler_on_method(CompileTask*)
  CompileBroker::compiler_thread_loop()
  JavaThread::thread_main_inner()
  Thread::call_run()
  thread_native_entry(Thread*)
  start_thread
  __clone
    C2 CompilerThre [9124]
    1824


  __memset_avx2_erms
  PhaseCFG::global_code_motion()
  PhaseCFG::do_global_code_motion()
  Compile::Code_Gen()
  Compile::Compile(ciEnv*, C2Compiler*, ciMethod*, int, bool, bool, bool, Directiv...
  C2Compiler::compile_method(ciEnv*, ciMethod*, int, DirectiveSet*)
  CompileBroker::invoke_compiler_on_method(CompileTask*)
  CompileBroker::compiler_thread_loop()
  JavaThread::thread_main_inner()
  Thread::call_run()
  thread_native_entry(Thread*)
```

```
start_thread
__clone
C2 CompilerThre [9124]
2934
```

这个输出展示了某个 java 进程的启动过程，及其中的 C2 编译器线程在将代码编译到指令码的过程中触发内存缺页错误的情况。

缺页错误火焰图

缺页错误对应的调用栈信息可以用火焰图的方式展示，以便观察。（火焰图于第 2 章进行了介绍。）下面是使用笔者最原始的火焰图生成软件 [37] 生成的火焰图代码，效果如图 7-5 所示。

```
# stackcount -f -PU t:exceptions:page_fault_user > out.pagefaults01.txt
$ flamegraph.pl --hash --width=800 --title="Page Fault Flame Graph" \
    --colors=java --bgcolor=green < out.pagefaults01.txt > out.pagefaults01.svg
```

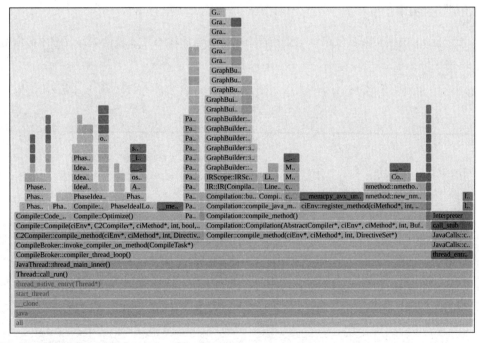

图 7-5 缺页错误火焰图

图 7-5 中目前关注的区域显示了触发缺页错误、导致内存增长的 java 编译器线程的代码路径。

Netflix 在内部主机分析工具 Vector 中，加入了自动生成缺页错误火焰图的功能，这样每个 Netflix 工程师都可以一键生成这种火焰图（可参见第 17 章）。

bpftrace

为了方便使用，下面是一个 bpftrace 版本的 faults(8)[1]，专门用来抓取导致缺页错误的调用栈信息：

```
#!/usr/local/bin/bpftrace

software:page-faults:1
{
        @[ustack, comm] = count();
}
```

这个工具使用软件缺页错误事件，溢出采样频率为 1：每次缺页错误发生时，BPF 程序就会运行，这样会以进程名和用户态调用栈信息进行频率统计。

7.3.7　ffaults

ffaults(8)[2] 根据文件名来跟踪缺页错误。例如，下面的输出是在软件编译过程中截取的：

```
# ffaults.bt
Attaching 1 probe...

[...]
@[cat]: 4576
@[make]: 7054
@[libbfd-2.26.1-system.so]: 8325
@[libtinfo.so.5.9]: 8484
@[libdl-2.23.so]: 9137
@[locale-archive]: 21137
@[cc1]: 23083
@[ld-2.23.so]: 27558
@[bash]: 45236
@[libopcodes-2.26.1-system.so]: 46369
@[libc-2.23.so]: 84814
@[]: 537925
```

1　笔者于2019年1月27日为本书编写，笔者以前也曾经用其他不同的跟踪工具分析过同样的缺页错误[82]。

2　笔者于2019年1月26日为本书编写。

这个输出显示了大部分的缺页错误来自没有文件名对应的区域——也就是应用程序堆内存——一共发生了 537 925 次缺页错误。在跟踪过程中，libc 库发生了 84 814 次缺页错误。因为在软件编译过程中会产生很多短时程序，它们在访问自己新的地址空间时就会产生缺页错误。

ffaults(8) 的源代码是：

```
#!/usr/local/bin/bpftrace

#include <linux/mm.h>

kprobe:handle_mm_fault
{
        $vma = (struct vm_area_struct *)arg0;
        $file = $vma->vm_file->f_path.dentry->d_name.name;
        @[str($file)] = count();
}
```

这个工具使用 kprobes 来跟踪 handle_mm_fault() 内核函数，并且从该函数的调用参数中提取文件名信息。文件相关的缺页错误的出现频率和系统上运行的程序有关；可以用 perf(1) 或者 sar(1) 程序先来检查。当缺页错误出现频率较高时，该程序可能会带来一定的性能影响。

7.3.8 vmscan

vmscan(8)[1] 使用 vmscan 跟踪点来观察页换出守护进程（kswapd）的操作，该进程在系统内存压力上升时负责释放内存以便重用。需要注意的是，虽然这里内核函数的名字还在使用 scanner，但是为了效率，在内核中已经采用链表方式来管理活跃内存和不活跃内存了。

在一个 36-CPU、正在经受内存压力的生产环境中运行 vmscan(8) 的结果如下：

```
# vmscan.bt
Attaching 10 probes...
TIME         S-SLABms   D-RECLAIMms   M-RECLAIMms  KSWAPD  WRITEPAGE
21:30:25            0             0             0       0          0
21:30:26            0             0             0       0          0
21:30:27          276           555             0       2          1
```

1　笔者于2019年1月26日为本书写成。使用这些跟踪点的更早的工具来自Mel Gorman的trace-vmscan-postprocess.pl，在2009年就已经被包括在Linux源代码中了。

```
21:30:28          5459          7333          0     15     72
21:30:29            41             0          0     49     35
21:30:30             1           454          0      2      2
21:30:31             0             0          0      0      0
^C

@direct_reclaim_ns:
[256K, 512K)        5 |@                                                           |
[512K, 1M)         83 |@@@@@@@@@@@@@@@@@@@@@@@@                                     |
[1M, 2M)          174 |@@@@@@@@@@@@@@@@@@@@@@@@@@@@@@@@@@@@@@@@@@@@@@@@@@@@@@@@@@@@@@@|
[2M, 4M)          136 |@@@@@@@@@@@@@@@@@@@@@@@@@@@@@@@@@@@@@@@@@@@@@@@@              |
[4M, 8M)           66 |@@@@@@@@@@@@@@@@@@@@@@                                       |
[8M, 16M)          68 |@@@@@@@@@@@@@@@@@@@@@@@                                      |
[16M, 32M)          8 |@@                                                          |
[32M, 64M)          3 |                                                            |
[64M, 128M)         0 |                                                            |
[128M, 256M)        0 |                                                            |
[256M, 512M)       18 |@@@@@                                                       |

@shrink_slab_ns:
[128, 256)      12228 |@@@@@@@@@@@@@@@@@@@@@@@@@@@@@@@@@@@@@@                        |
[256, 512)      19859 |@@@@@@@@@@@@@@@@@@@@@@@@@@@@@@@@@@@@@@@@@@@@@@@@@@@@@@@@@@@@@@@@|
[512, 1K)        1899 |@@@@                                                        |
[1K, 2K)         1052 |@@                                                          |
[2K, 4K)          546 |@                                                           |
[4K, 8K)          241 |                                                            |
[8K, 16K)         122 |                                                            |
[16K, 32K)        518 |@                                                           |
[32K, 64K)        600 |@                                                           |
[64K, 128K)        49 |                                                            |
[128K, 256K)       19 |                                                            |
[256K, 512K)        7 |                                                            |
[512K, 1M)          6 |                                                            |
[1M, 2M)            8 |                                                            |
[2M, 4M)            4 |                                                            |
[4M, 8M)            7 |                                                            |
[8M, 16M)          29 |                                                            |
[16M, 32M)         11 |                                                            |
[32M, 64M)          3 |                                                            |
[64M, 128M)         0 |                                                            |
[128M, 256M)        0 |                                                            |
[256M, 512M)       19 |                                                            |
```

每秒输出的列包括如下几个。

- **S-SLABms**：收缩 slab 所花的全部时间，以毫秒为单位。这是从各种内核缓存中回收内存。
- **D-RECLAIMms**：直接回收所花的时间，以毫秒为单位。这是前台回收过程，在此期间内存被换入磁盘中，并且内存分配处于阻塞状态。
- **M-RECLAIMms**：内存 cgroup 回收所花的时间，以毫秒为单位。如果使用了内存 cgroups，此列显示当 cgroup 超出内存限制，导致该 cgroup 进行内存回收的时间。
- **KSWAPD**：kswapd 唤醒的次数。
- **WRITEPAGE**：kswapd 写入页的数量。

这些时间是所有 CPU 上的时间累计，这些输出可以帮助测量例如 vmstat(1) 等其他工具看不到的消耗。

这里应该尤其关注直接回收所花的时间（D-RECLAIMms）：这种类型的回收是"不好的"，但又是必须进行的，通常这会造成性能问题。一般通过 vm sysctl 调优配置选项可以让背景回收进程早点开始，这样就不需要进行前台直接回收了。

直方图部分展示了直接回收和 slab 收缩的时间，以纳秒为单位。

vmscan(8) 的源代码如下：

```
#!/usr/local/bin/bpftrace


tracepoint:vmscan:mm_shrink_slab_start { @start_ss[tid] = nsecs; }
tracepoint:vmscan:mm_shrink_slab_end /@start_ss[tid]/
{
        $dur_ss = nsecs - @start_ss[tid];
        @sum_ss = @sum_ss + $dur_ss;
        @shrink_slab_ns = hist($dur_ss);
        delete(@start_ss[tid]);
}


tracepoint:vmscan:mm_vmscan_direct_reclaim_begin { @start_dr[tid] = nsecs; }
tracepoint:vmscan:mm_vmscan_direct_reclaim_end /@start_dr[tid]/
{
        $dur_dr = nsecs - @start_dr[tid];
        @sum_dr = @sum_dr + $dur_dr;
        @direct_reclaim_ns = hist($dur_dr);
        delete(@start_dr[tid]);
}
```

```
tracepoint:vmscan:mm_vmscan_memcg_reclaim_begin { @start_mr[tid] = nsecs; }
tracepoint:vmscan:mm_vmscan_memcg_reclaim_end /@start_mr[tid]/
{
        $dur_mr = nsecs - @start_mr[tid];
        @sum_mr = @sum_mr + $dur_mr;
        @memcg_reclaim_ns = hist($dur_mr);
        delete(@start_mr[tid]);
}


tracepoint:vmscan:mm_vmscan_wakeup_kswapd { @count_wk++; }

tracepoint:vmscan:mm_vmscan_writepage { @count_wp++; }

BEGIN
{
        printf("%-10s %10s %12s %12s %6s %9s\n", "TIME",
            "S-SLABms", "D-RECLAIMms", "M-RECLAIMms", "KSWAPD", "WRITEPAGE");

}

interval:s:1
{
        time("%H:%M:%S");
        printf("   %10d %12d %12d %6d %9d\n",
            @sum_ss / 1000000, @sum_dr / 1000000, @sum_mr / 1000000,
            @count_wk, @count_wp);
        clear(@sum_ss);
        clear(@sum_dr);
        clear(@sum_mr);
        clear(@count_wk);
        clear(@count_wp);
}
```

这个工具使用了各种 vmscan 跟踪点来记录发生的事件，同时记录直方图统计信息，以及时间累计信息。

7.3.9 drsnoop

drsnoop(8)[1] 是一个 BCC 工具，用来跟踪内存释放过程中的直接回收部分，可以显示受到影响的进程，以及对应的延迟：直接回收所需的时间。这可以用来定量分析在内存

---

1 该工具由 Ethercflow 于 2019 年 2 月 10 日创建。

受限的系统中对应用程序的性能影响。例如：

```
# drsnoop -T
TIME(s)           COMM          PID      LAT(ms)  PAGES
0.000000000       java          11266    1.72     57
0.004007000       java          11266    3.21     57
0.011856000       java          11266    2.02     43
0.018315000       java          11266    3.09     55
0.024647000       acpid         1209     6.46     73
[...]
```

这个输出显示了 java 进程的所有直接回收操作，时间范围在 1 ～ 7 毫秒之间。这些直接回收所带来的时间影响可以用来定量分析对应用程序的性能影响。

这个工具内部跟踪的是 mm_vmscan_direct_reclaim_begin 和 mm_vmscan_direct_reclaim_end 跟踪点。这些应该都是低频事件（仅在短时间内集中出现），所以这里的额外消耗可以忽略不计。

命令行使用说明如下：

```
drsnoop [options]
```

命令行选项包括如下几项。

- **-T**：包括时间戳信息。
- **-p PID**：仅关注给定的进程。

7.3.10　swapin

swapin(8)[1] 展示了哪个进程正在从换页设备中换入页，前提是系统中有正在使用的换页设备。例如，该系统将一些内存换出，并且在笔者用 vmstat(1) 观察的时候换入了 36KB 的页（"si" 列）：

```
# vmstat 1
procs -----------memory---------- ---swap-- -----io---- -system-- ------cpu-----
 r  b   swpd   free   buff  cache   si   so    bi    bo   in   cs us sy id wa st
[...]
46 11  29696 1585680  4384 1828440    0    0 88047  2034 21809 37316 81 18  0  1  0
```

---

1 笔者在2005年7月25日创建了一个类似工具，名为anonpgpid.d。这个工具是为了解决笔者之前经常遇到的一个性能问题：可以看到系统正在换页，但是无法知道具体哪个进程受到了影响。bpftrace版本于2019年1月26日为本书完成。

```
776 57  29696 2842156  7976 1865276   36   0 52832 2283 18678 37025 85 15  0  1  0
294 135 29696 448580   4620 1860144    0   0 36503 5393 16745 35235 81 19  0  0  0
[...]
```

同时，可以用 swapin(8) 识别出是哪个进程进行了换页操作：

```
# swapin.bt
Attaching 2 probes...

[...]
06:57:43

06:57:44
@[systemd-logind, 1354]: 9

06:57:45
[...]
```

这个输出显示，systemd-logind（PID 1354）进行了 9 次换页操作。如果说页大小是 4KB，那么这就正好符合 vmstat(1) 所看到的 36KB 的换入量。笔者通过 ssh(1) 远程登录进系统，由于 login 软件中的某个部件被换出了，所以导致登录过程比一般情况下要慢。

换页操作在应用程序使用那些已经被换出到换页设备上的内存时触发。这是一个很重要的由于换页导致的应用性能影响指标。其他的换页相关指标，例如扫描和换出操作，并不直接影响应用程序的性能。

swapin(8) 的源代码如下：

```
#!/usr/local/bin/bpftrace

kprobe:swap_readpage
{
        @[comm, pid] = count();
}

interval:s:1
{
        time();
        print(@);
        clear(@);
}
```

这个工具使用 kprobes 来跟踪 swap_readpage() 内核函数，这会在触发换页所在的进程上下文中运行，所以 bpftrace 中的 comm 和 pid 反映的都是触发换页操作的进程的信息。

7.3.11 hfaults

hfaults(8)[1] 通过跟踪巨页相关的缺页错误信息，按进程展示详细信息，同时可以用来确保巨页确实被启用了。例如：

```
# hfaults.bt
Attaching 2 probes...
Tracing Huge Page faults per process... Hit Ctrl-C to end.
^C
@[884, hugemmap]: 9
```

这个输出中包括一个测试程序 hugemap，PID 为 884，触发了 9 个缺页错误。

hfault(8) 的源代码如下：

```
#!/usr/local/bin/bpftrace

BEGIN
{
        printf("Tracing Huge Page faults per process... Hit Ctrl-C to end.\n");
}

kprobe:hugetlb_fault
{
        @[pid, comm] = count();
}
```

如果需要的话，可以从该函数的参数中抓取更多的详细信息，包括 mm_struct 结构体和 vm_area_struct 结构体。ffaults(8)（参见 7.3.7 节）是通过 vm_area_struct 结构体来抓取文件名信息的。

7.3.12 其他工具

还有两个 BPF 工具值得一提。

- 第 5 章中提到的来自 BCC 的 llcstat(8)：可以按进程展示末级缓存的命中率。
- 第 5 章中提到的来自 BCC 的 profile(8)：它可以采样调用栈信息，可以作为一个粗粒度、低成本获取调用 malloc() 的代码路径的方式。

1　Amer Ather 为本书于 2019 年 5 月 6 日写成。

7.4 BPF单行程序

这一节将展示一些 BCC 和 bpftrace 单行程序。如果可能的话，这些单行程序分别用 BCC 和 bpftrace 来实现。

7.4.1 BCC

根据用户态调用栈信息统计进程堆内存扩展（brk()）：

```
stackcount -U t:syscalls:sys_enter_brk
```

根据用户态调用栈信息统计缺页错误：

```
stackcount -U t:exceptions:page_fault_user
```

通过跟踪点来统计 vmscan 操作：

```
funccount 't:vmscan:*'
```

按进程展示 hugepage_madvise() 调用：

```
trace hugepage_madvise
```

统计页迁移事件：

```
funccount t:migrate:mm_migrate_pages
```

统计页压缩事件：

```
trace t:compaction:mm_compaction_begin
```

7.4.2 bpftrace

根据用户态调用栈信息统计进程堆内存扩展（brk()）：

```
bpftrace -e tracepoint:syscalls:sys_enter_brk { @[ustack, comm] = count(); }
```

按进程统计缺页错误：

```
bpftrace -e 'software:page-fault:1 { @[comm, pid] = count(); }'
```

根据用户态调用栈信息统计缺页错误：

```
bpftrace -e 'tracepoint:exceptions:page_fault_user { @[ustack, comm] = count(); }'
```

通过跟踪点来统计 vmscan 操作：

```
bpftrace -e 'tracepoint:vmscan:* { @[probe] = count(); }'
```

按进程展示 hugepage_madvise() 调用：

```
bpftrace -e 'kprobe:hugepage_madvise { printf("%s by PID %d\n", probe, pid); }'
```

统计页迁移事件：

```
bpftrace -e 'tracepoint:migrate:mm_migrate_pages { @ = count(); }'
```

统计页压缩事件：

```
bpftrace -e 't:compaction:mm_compaction_begin { time(); }'
```

7.5　可选练习

如果没有额外说明，这些练习都是可以通过 bpftrace 或者 BCC 来完成的：

1. 在生产环境中或者某个服务器上运行 vmscan(8) 10 分钟，如果发现在直接回收过程中（D-RECLAIMms）有时间消耗，那么运行 drsnoop(8) 来测量事件的具体信息。

2. 修改 vmscan(8) 以便每 20 行打印一次头信息，这样可以确保头信息一直在屏幕上。

3. 在应用程序启动时（可以是生产环境或者是某个桌面应用程序）利用 fault(8) 来统计缺页错误对应的调用栈信息。这可能需要修改或者找到一个支持抓取调用栈和符号的应用程序（参见第 13 章和第 18 章）。

4. 从第 3 个练习的结果中创建一个缺页错误火焰图。

5. 开发一个工具使用 brk(2) 和 mmap(2) 跟踪进程的虚拟内存增长情况。

6. 开发一个工具打印出 brk(2) 导致的堆内存扩展的大小。可以使用系统调用跟踪点，也可以使用 kprobes、libc USDT probes 等。

7. 开发一个工具显示页压缩所花的时间。可以使用 compaction:mm_compaction_begin 和 compaction:mm_compaction_end 跟踪点，打印出每个事件的时间，并且以直方图方式显示。

8. 开发一个工具显示 slab 收缩所需的时间，按 slab 名称展示（或者按收缩函数的名字展示）。

9. 在测试环境中，使用 memleak(8) 找到某个软件的长期内存占有量。同时测量 memleak(8) 所带来的性能影响。

10. （进阶，未解决的问题）开发一个工具来调查频繁换页的问题：展示出每个内存页在换页设备上存活的时间，以直方图方式统计。这可能需要测量换出和换入的时间。

7.6　小结

本章简要介绍了进程是如何使用虚拟内存和物理内存的，同时讲述了传统工具分析内存的方法，它们关注的是不同类型的内存用量分析。本章还介绍了如何使用 BPF 工具来测量 OOM Killer、用户态内存分配、内存映射、缺页错误、vmscan、直接回收，以及页换入等内存事件的发生频率和时间消耗。

第8章

文件系统

以往针对文件系统的分析往往关注于磁盘 I/O 和磁盘性能方面，现在文件系统本身的性能已经成为一个值得关注的重要分析目标了。应用程序往往直接与文件系统交互，文件系统中大量使用了缓存技术、预读取技术、写缓冲技术和异步 I/O 技术，这些都是为了避免向应用程序直接暴露速度较慢的磁盘 I/O。

由于在文件系统分析领域传统工具很少，所以 BPF 跟踪技术在这里就可以大展身手了。通过跟踪文件系统，可以测量出应用程序等待 I/O 的全部耗时，包括磁盘 I/O、锁，以及其他消耗 CPU 的事件。这种分析既可以显示造成问题的进程，也可以显示正在被操作的文件，这种有用的信息往往很难从磁盘层面分析出来。

学习目标

- 理解文件系统的组成部分：VFS、缓存和写回缓冲。
- 理解可以使用 BPF 分析的文件系统组件。
- 掌握一套有效的文件系统性能分析策略。
- 按文件、操作类型，以及进程来定性分析文件系统负载。
- 测量文件系统操作的延迟分布，识别双峰分布的问题以及延迟超长的问题。
- 测量文件系统的写回操作延迟。
- 分析页缓存以及预读取的性能。
- 观察目录及 inode 缓存的行为。
- 使用 bpftrace 单行程序开展针对文件系统的自定义分析。

本章从文件系统分析必备的背景知识开始讲起，将简要介绍 I/O 软件栈与缓存的信息。接下来探索 BPF 适用的领域，并且提供了一套整体的分析策略。随后，笔者关注于具体工具，从传统文件系统工具开始，一直深入到 BPF 工具，还提供了一系列 BPF 单行程序。本章最后还包括可选练习。

8.1 背景知识

本节将介绍文件系统的基础知识，BPF 适用的领域，同时提供了一套推荐的分析策略。

8.1.1 文件系统基础知识

I/O 软件栈

一个常见的 I/O 软件栈如图 8-1 所示，该图展示了从应用程序到底层磁盘设备的整条 I/O 路径。

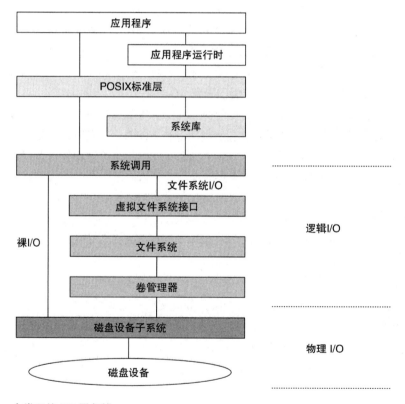

图 8-1　一个常见的 I/O 服务栈

图 8-1 中包含了几个术语：逻辑 I/O（logical I/O）指的是向文件系统发送的请求。如果这些请求最终必须要由磁盘设备服务，那么它们就变成了物理 I/O（physical I/O）不是所有的 I/O 都会转化为物理 I/O：很多逻辑读操作可以直接从文件系统缓存中返回，而不必发往磁盘设备。虽然现在很少使用了，但图中仍然出现了"裸 I/O"一词：这是

一种应用程序绕过文件系统层直接使用磁盘设备的方式。

文件系统的访问接口称为虚拟文件系统层（VFS），这是一套通用的内核接口，可以用同样的系统调用对接不同的文件系统实现，这样可以很容易添加新的文件系统支持。该接口层提供了 read、write、open、close 等操作接口，这些操作最终会映射到具体的文件系统实现函数。

在文件系统之下还有可能存在一层卷管理器层，负责管理存储设备。同时，这里还有一层块 I/O 子系统，管理具体发送到设备上的请求，其中包括队列、请求合并，以及其他一些功能。这些信息在第 9 章中会提到。

文件系统缓存

如图 8-2 所示，Linux 使用了多级缓存技术以提高通过文件系统访问存储设备的性能。

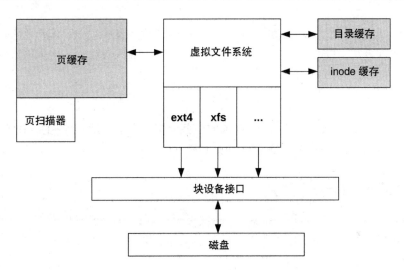

图 8-2 Linux 文件系统缓存

这些缓存包括如下内容。

- **页缓存**：该缓存的内容是虚拟内存页，包括文件的内容，以及 I/O 缓冲的信息（该内容曾经存放于另外一个单独的缓冲缓存中），该缓存的主要作用是提高文件性能和目录 I/O 性能
- **inode 缓存**：inodes（索引节点）是文件系统用来描述所存对象的一个数据结构体。VFS 层有一个通用版本的 inode，Linux 维护这个缓存，是因为检查权限以及读取其他元数据的时候，对这些结构体的读取非常频繁。
- **目录缓存**：又叫 dcache，这个缓存包括目录元素名到 VFS inode 之间的映射信息，这可以提高路径名查找的速度。

页缓存相比其他两种缓存来说尺寸是最大的，因为它不仅缓存文件的内容，还包括那些被修改过但是还没有写回到磁盘的页内容。有很多种情况会触发"脏"页写回操作，包括预先设定的定时写回（例如，每 30 秒），还包括显性的 sync() 调用，以及第 7 章中介绍的页换出守护进程（kswapd）。

预读取

文件系统中的一个功能是预读取（Read-Ahead），又叫预缓存。该功能如果检测到一个顺序式的读操作，就会预测出接下来会被使用的页，主动将其加载到页缓存中。这种预读取一般只能对顺序式读取操作提高性能，并不能为乱序读取提高性能。Linux 同时还支持一个显性 readahead() 系统调用。

写回

Linux 支持以写回模式（Write-Back）处理文件系统写操作。该模式先在内存中缓存要修改的页，再在一段时间后由内核的工作线程将修改写入磁盘，这样可以避免应用程序阻塞于较慢的磁盘 I/O。

扩展阅读

上面这些只是在使用工具之前必备的一些基础知识，文件系统的详细介绍请见 *System Performance* 一书的第 8 章 [Gregg 13b]。

8.1.2 BPF 的分析能力

传统性能工具主要关注于磁盘 I/O 的性能分析，而忽视了文件系统的性能分析。BPF 工具可以填补这些可观察性上的空缺，展示每个文件系统的每个操作、延迟信息和内部函数调用情况。

BPF 能够帮助回答以下问题：

- 发往文件系统的请求有哪些？可以按类型分别计数。
- 文件系统的读请求大小如何？
- 有多少写 I/O 是同步请求？
- 文件访问模式是随机请求还是顺序请求？
- 哪些文件正在被访问？按进程和代码路径统计？按字节数和 I/O 数量统计？
- 发生了哪些文件系统错误？哪些类型的文件错误，是哪个进程造成的？
- 文件系统的延迟来源是哪里？是磁盘，某段代码调用路径，还是锁？
- 文件系统延迟的分布情况如何？
- Dcache 和 Icache 的命中率和命空率的比例如何？

- 对读操作来说，页缓存的命中率如何？

- 预读取 / 预缓存的效果如何？这些是否需要调整？

如图 8-1 所示，可以通过跟踪这些 I/O 所涉及的各层系统来找到这些问题的答案。

事件源

表 8-1 列出了 I/O 类型以及对应的可以测量的事件源。

表 8-1 I/O 类型和事件源

I/O 类型	事件源
应用程序和库函数 I/O	uprobes
系统调用 I/O	系统调用跟踪点
文件系统 I/O	ext4 (…) 跟踪点、kprobes
缓存命中（读）、写回（写）	kprobes
缓存命空（读）、写入（写）	kprobes
页缓存写回	writeback 跟踪点
物理磁盘 I/O	block 跟踪点、kprobes
裸 I/O	kprobes

从应用程序层一直到物理设备层都提供了观测点。根据各文件系统的具体实现，文件系统 I/O 可以从文件系统跟踪点上观测。例如，ext4 提供了超过一百个跟踪点。

额外开销

逻辑 I/O，尤其是对文件系统缓存读和写来说，有可能是非常频繁的：每秒可超过10 万次。使用这些跟踪点的时候要非常小心，因为这种频率下的性能损耗可能是很可观的。同时，在进行 VFS 跟踪时也要小心，VFS 在很多网络 I/O 代码路径中也经常被用到，所以每个网络包都会产生性能影响，网络包的发生频率也可能很高[1]。

在大多数服务器上，物理磁盘 I/O 相对较低（小于 1000 IOPS），跟踪这些事件的额外消耗几乎可以忽略不计。对某些存储服务器和数据库服务器来说可能不是这样的：可以先用 iostat(1) 检查 I/O 的频率。

8.1.3 分析策略

如果你对文件系统性能分析不熟悉，下面是一个推荐的分析策略。下一节会详细解释这些工具：

---

1 这里需要注意，Linux使用硬件分段托管或者软件分段托管技术来减少这一层所需要处理的包数量，所以这些事件的发生频率有可能比实际线路传输的包频率要低很多；可以参看第10章中介绍的netsize(8)工具。

1. 先识别系统中挂载的文件系统：可使用 df(1) 和 mount(8)。

2. 检查挂载的文件系统的容量：过去，当某些文件系统接近 100% 容量的时候会有性能下降的情况，这是因为它们采用的是寻找空余块的算法（例如，FFS、ZFS[1]）。

3. 在用不熟悉的 BPF 工具来分析自己不熟悉的生产环境负载之前，可先用这些工具来分析一个已知的负载。你可以找一台空闲的机器，产生一种固定的负载来分析，比如，使用 fio(1) 这个工具。

4. 使用 opensnoop(8) 来观察正在打开哪些文件。

5. 使用 filelife(8) 来检查是否存在短期文件的问题。

6. 查找非常慢的文件系统操作，按进程和文件名详细观察（使用 ext4slower(8)、btrfsslower(8)、zfsslower(8) 等，或者使用一个性能损耗可能偏高但是通用的工具，如 fileslower(8)）。这可能可以帮助你找到一个可以消除的负载来源，或者定量分析某个性能问题以便进行后续调优。

7. 检查文件系统的延迟分布（利用 ext4dist(8)、btrfsdist(8)、zfsdist(8) 等）。这有可能会显示导致性能问题的延迟呈双峰分布或者离群的情况。这些问题可以继续用其他工具来进一步分析。

8. 检查一段时间内页缓存的命中率（例如，用 cachestat(8)）：是否其他类型的负载会改变命中率，或者是否有调优手段可改变这个值？

9. 使用 vfsstat(8) 来比较逻辑 I/O 和 iostat 提供的物理 I/O 的区别：理想的情况是，逻辑 I/O 的数量应该远大于物理 I/O 的，这意味着缓存正在发挥作用。

10. 检查和使用本章列出的各种 BPF 工具。

8.2　传统工具

因为传统性能分析一般只关注磁盘的性能，所以几乎没有什么传统工具可以用来观测文件系统。这一节简单介绍如何使用 df(1)、mount(1)、strace(1)、perf(1) 和 fatrace(1) 来分析文件系统。

值得注意的是，在通常情况下，文件系统性能分析一般是微基准工具的关注范围，而不是性能观察工具所关注的范畴。例如，一个关注文件系统性能的微基准工具是 fio(1)。

1　zpool的80%规则，然而笔者记得，笔者在构建存储产品时曾经将这个值提升到了99%。同时，请参看"ZFS Recommend Storage Pool Practice guide"中的"Pool performance can degrade when a pool is very full"一节[83]。

8.2.1 df

df(1) 显示了文件系统的磁盘用量：

```
$ df -h
Filesystem      Size  Used Avail Use% Mounted on
udev            93G     0   93G    0% /dev
tmpfs           19G  4.0M   19G    1% /run
/dev/nvme0n1   9.7G  5.1G  4.6G   53% /
tmpfs           93G     0   93G    0% /dev/shm
tmpfs          5.0M     0  5.0M    0% /run/lock
tmpfs           93G     0   93G    0% /sys/fs/cgroup
/dev/nvme1n1   120G   18G  103G   15% /mnt
tmpfs           19G     0   19G    0% /run/user/60000
```

上面这个输出中包含了一些虚拟文件系统，使用 tmpfs 设备加载。这些文件系统通常包含系统的运行状态信息。

这里应该先检查基于磁盘的文件系统的使用百分比（Use% 这一列）。例如，在上面的输出中，"/" 和 "/mnt" 的使用率分别为 53% 和 15%。一旦一个文件系统使用率超过 90%，它的性能就可能下降。这是因为随着可用空间的减少，空余块越来越少，并且越来越分散，会导致顺序式的写负载变成随机写负载。但是也不一定完全是这样：这取决于文件系统的内部实现。不管怎么说，应该首先观察这个指标值。

8.2.2 mount

mount(1) 可以将文件系统挂载到系统上，并且可以列出这些文件系统的类型和挂载参数：

```
$ mount
sysfs on /sys type sysfs (rw,nosuid,nodev,noexec,relatime)
proc on /proc type proc (rw,nosuid,nodev,noexec,relatime,gid=60243,hidepid=2)
udev on /dev type devtmpfs
(rw,nosuid,relatime,size=96902412k,nr_inodes=24225603,mode=755)
devpts on /dev/pts type devpts
(rw,nosuid,noexec,relatime,gid=5,mode=620,ptmxmode=000)
tmpfs on /run type tmpfs (rw,nosuid,noexec,relatime,size=19382532k,mode=755)
/dev/nvme0n1 on / type ext4 (rw,noatime,nobarrier,data=ordered)
[...]
```

这个输出显示 "/"（根文件系统）文件系统的类型是 "ext4"；挂载参数包括 "noatime"，这个参数是一个性能优化参数，通过避免记录访问时间戳来提高性能。

8.2.3　strace

　　strace(1) 可以跟踪系统中的系统调用，可以用这个命令来观察系统中的文件系统操作。在下面这个例子中，我们使用了 -ttt 选项，将系统时钟时间戳以微秒单位作为第一列输出，同时使用 -T 在最后一列中记录系统调用所花费的时间。所有的时间都以秒为单位：

```
$ strace cksum -tttT /usr/bin/cksum
[...]
1548892204.789115 openat(AT_FDCWD, "/usr/bin/cksum", O_RDONLY) = 3 <0.000030>
1548892204.789202 fadvise64(3, 0, 0, POSIX_FADV_SEQUENTIAL) = 0 <0.000049>
1548892204.789308 fstat(3, {st_mode=S_IFREG|0755, st_size=35000, ...}) = 0 <0.000025>
1548892204.789397 read(3, "\177ELF\2\1\1\0\0\0\0\0\0\0\0\0\3\0"
\0\1\0\0\0\0\33\0\0\0\0\0"..., 65536) = 35000 <0.000072>
1548892204.789526 read(3, "", 28672)     = 0 <0.000024>
1548892204.790011 lseek(3, 0, SEEK_CUR) = 35000 <0.000024>
1548892204.790087 close(3)               = 0 <0.000025>
[...]
```

　　strace(1) 会将系统调用的参数以用户可读的方式打印出来。

　　上述所有这些信息对性能分析来说都是非常有用的，但是这里也有一个问题：strace(1) 历史上是用 ptrace(2) 来实现的，ptrace(2) 内部的实现方式是在系统调用的开始处和结束处添加一个断点来记录相关信息。这种实现方式会大幅降低目标软件的运行速度，甚至会降低至原先的 1%，这会导致在生产系统中使用 strace(1) 是非常危险的。strace(1) 更像是一个代码调试工具。

　　有好几个项目试图用缓存跟踪的方式来开发一个 strace(1) 的替代品。其中的一个例子是 perf(1)，在下面的章节中会有介绍。

8.2.4　perf

　　Linux 中的 perf(1) 复合工具可以跟踪文件系统跟踪点，利用 kprobes 来跟踪 VFS 和文件系统的内部函数，同时 perf(1) 还包括一个 trace 子命令，是一个高效版本的 strace(1) 实现。例如：

```
# perf trace cksum /usr/bin/cksum
[...]
0.683 ( 0.013 ms): cksum/20905 openat(dfd: CWD, filename: 0x4517a6cc)       = 3
0.698 ( 0.002 ms): cksum/20905 fadvise64(fd: 3, advice: 2)                  = 0
0.702 ( 0.002 ms): cksum/20905 fstat(fd: 3, statbuf: 0x7fff45169610)        = 0
```

```
0.713 ( 0.059 ms): cksum/20905 read(fd: 3, buf: 0x7fff45169790, count: 65536)   = 35000
0.774 ( 0.002 ms): cksum/20905 read(fd: 3, buf: 0x7fff45172048, count: 28672)   = 0
0.875 ( 0.002 ms): cksum/20905 lseek(fd: 3, whence: CUR)                         = 35000
0.879 ( 0.002 ms): cksum/20905 close(fd: 3)                                      = 0
[...]
```

perf trace 的输出格式在每个 Linux 版本中都有所改进。（上面这个输出是在 Linux 5.0 版本下输出的。）Arnaldo Carvalho de Melo 一直在致力于改进 perf(1) 的输出格式，包括使用内核头文件解析技术和 BPF 技术来优化输出[84]；例如，在未来的版本中，应该可以显示出 openat() 调用参数中的文件名，而不是单纯的一个字符串指针地址。

perf(1) 命令常用的两个子命令是 stat 和 record，在文件系统实现中提供跟踪点时，也可以配合跟踪点使用。例如，下面这个例子通过使用 ext4 跟踪点来统计系统中的 ext4 调用：

```
# perf stat -e 'ext4:*' -a
^C
 Performance counter stats for 'system wide':

             0          ext4:ext4_other_inode_update_time
             1          ext4:ext4_free_inode
             1          ext4:ext4_request_inode
             1          ext4:ext4_allocate_inode
             1          ext4:ext4_evict_inode
             1          ext4:ext4_drop_inode
           163          ext4:ext4_mark_inode_dirty
             1          ext4:ext4_begin_ordered_truncate
             0          ext4:ext4_write_begin
           260          ext4:ext4_da_write_begin
             0          ext4:ext4_write_end
             0          ext4:ext4_journalled_write_end
           260          ext4:ext4_da_write_end
             0          ext4:ext4_writepages
             0          ext4:ext4_da_write_pages
[...]
```

ext4 文件系统提供了超过 100 个跟踪点，以方便用户跟踪文件系统的请求以及内部的处理过程。每个跟踪点都提供了一个格式化字符串来格式化相关的信息。如下面的例子（注意不要真的运行下面这个命令）：

```
# perf record -e ext4:ext4_da_write_begin -a
^C[ perf record: Woken up 1 times to write data ]
[ perf record: Captured and wrote 1376.293 MB perf.data (14394798 samples) ]
```

嘿嘿，有点尴尬。这个例子恰好说明了文件系统跟踪过程中特别需要注意的一点。因为 perf record 命令会将事件信息写入文件系统，如果你跟踪的是文件系统（或者是磁盘系统）的写事件，那么就会产生一个自反馈循环。如同上面这个例子这样，这个命令产生出了一个 1.3GB 的文件，包含 1400 万个事件采样。

上面这个例子所对应的格式化字符串如下：

```
# perf script
[...]
   perf 26768 [005] 275068.339717: ext4:ext4_da_write_begin: dev 253,1 ino 1967479 pos
5260704 len 192 flags 0
   perf 26768 [005] 275068.339723: ext4:ext4_da_write_begin: dev 253,1 ino 1967479 pos
5260896 len 8 flags 0
   perf 26768 [005] 275068.339729: ext4:ext4_da_write_begin: dev 253,1 ino 1967479 pos
5260904 len 192 flags 0
   perf 26768 [005] 275068.339735: ext4:ext4_da_write_begin: dev 253,1 ino 1967479 pos
5261096 len 8 flags 0
[...]
```

这个格式化字符串（其中的一个以粗体显示）包含了这个写请求对应的设备（dev）、inode、位置（pos）、长度（len）和开关（flag）。

不同的文件系统实现提供了不同的跟踪点，有的甚至没有任何跟踪点。例如，XFS 提供了大概 500 个跟踪点。如果你所使用的文件系统没有提供任何跟踪点，那么可以尝试用 kprobes 来跟踪文件系统的内部函数。

与后面提到的 BPF 工具的区别，正如下面这个例子所示，使用 bpftrace 来跟踪同一个跟踪点，将尺寸（length）信息以直方图的形式输出：

```
# bpftrace -e 'tracepoint:ext4:ext4_da_write_begin { @ = hist(args->len); }'
Attaching 1 probe...
^C

@:
[16, 32)             26 |@@@@@@@@                                            |
[32, 64)              4 |@                                                   |
[64, 128)            27 |@@@@@@@@                                            |
[128, 256)           15 |@@@@                                                |
[256, 512)           10 |@@@                                                 |
[512, 1K)             0 |                                                    |
[1K, 2K)              0 |                                                    |
[2K, 4K)             20 |@@@@@@                                              |
[4K, 8K)            164 |@@@@@@@@@@@@@@@@@@@@@@@@@@@@@@@@@@@@@@@@@@@@@@@@@@@@@@|
```

上面的输出展示出大部分的写尺寸在 4KB 到 8KB 之间。这个输出的统计过程是在内核态中进行的，并不需要向文件系统写入 perf.data 文件。这不仅避免了写入过程的额外消耗，更重要的是避免了上面提到的自反馈循环问题。

8.2.5　fatrace

fatrace(1) 是一个利用 Linux fanotify API（文件访问通知 API）的专用跟踪器。例子如下：

```
# fatrace
cron(4794): CW /tmp/#9346 (deleted)
cron(4794): RO /etc/login.defs
cron(4794): RC /etc/login.defs
rsyslogd(872): W /var/log/auth.log
sshd(7553): O /etc/motd
sshd(7553): R /etc/motd
sshd(7553): C /etc/motd
[...]
```

每一行输出包括进程名、PID、事件类型、全文件路径，以及一个状态信息。事件类型有打开（O）、读取（R）、写入（W）、关闭（C）。fatrace(1) 可以用来定性分析文件系统负载：可以知道系统访问了哪些文件，这样可以消除那些不必要的访问。

然而，对一个比较繁忙的系统来说，fatrace(1) 每秒可能会产生几万条输出，同时会消耗很多 CPU 资源。这可以在一定程度上通过过滤事件类型来缓解，例如，只输出打开事件：

```
# fatrace -f O
run(6383): O /bin/sleep
run(6383): RO /lib/x86_64-linux-gnu/ld-2.27.so
sleep(6383): O /etc/ld.so.cache
sleep(6383): RO /lib/x86_64-linux-gnu/libc-2.27.so
[...]
```

在下面的章节中，有一个专门实现这个功能的 BPF 工具：opensnoop(8)，这个命令提供了更多的命令行选项，同时也更高效。下面这个例子比较了在一个比较繁忙的系统中，BCC 版本的 opensnoop(8) 和 `fatrace -f O` 的 CPU 额外开销的差别：

```
# pidstat 10
[...]
09:38:54 PM   UID   PID   %usr %system  %guest   %wait    %CPU   CPU  Command
```

```
09:39:04 PM     0  6075  11.19  56.44   0.00    0.20  67.63      1 fatrace
[...]
09:50:32 PM     0  7079   0.90   0.20   0.00    0.00   1.10      2 opensnoop
[...]
```

opensnoop(8) 只需要 1.1% 的 CPU，而 fatrace(1) 则需要 67%[1] 的 CPU。

8.3 BPF工具

本节将介绍针对文件系统性能分析和问题调试的 BPF 工具，参见图 8-3。

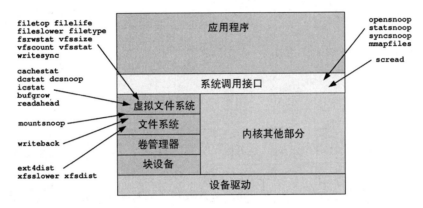

图 8-3   文件系统分析的 BPF 工具

这些工具要么存在于 BCC 或 bpftrace 仓库中（见第 4 章和第 5 章），要么是在写作本书的过程中创造的。有些工具同时有 BCC 和 bpftrace 版。表 8-2 列出了本书中介绍的工具的来源（BT 指代 bpftrace）。

表 8-2   文件系统相关工具

工具	来源	目标	介绍
opensnoop	BCC/BT	系统调用	跟踪文件打开信息
statsnoop	BCC/BT	系统调用	跟踪 stat(2) 调用的各种变体
syncsnoop	BCC/BT	系统调用	跟踪 sync(2) 调用以及各种变体，带时间戳信息
mmapfiles	本书	系统调用	统计 mmap(2) 涉及的文件
scread	本书	系统调用	统计 read(2) 涉及的文件
fmapfault	本书	页缓存	统计文件映射相关的缺页错误

---

1   这个结果是原样运行BCC版本opensnoop(8)的结果。通过优化内部循环过程（增加延迟以便增加缓冲），
    笔者能够将这个工具的额外消耗降低到0.6%。

续表

工具	来源	目标	介绍
filelife	BCC/ 本书	VFS	跟踪短时文件，按秒记录它们的生命周期
vfsstat	BCC/BT	VFS	统计常见的 VFS 操作
vfscount	BCC/BT	VFS	统计所有的 VFS 操作
vfssize	本书	VFS	展示 VFS 读 / 写的尺寸
fsrwstat	本书	VFS	按文件系统类型展示 VFS 读 / 写数量
fileslower	BCC/ 本书	VFS	展示较慢的文件读 / 写操作
filetop	BCC	VFS	按 IOPS 和字节数排序展示文件
filetype	本书	VFS	按文件类型和进程显示 VFS 读 / 写操作
writesync	本书	VFS	按 sync 开关展示文件写操作
cachestat	BCC	页缓存	页缓存相关统计
writeback	BT	页缓存	展示写回事件和对应的延迟信息
dcstat	BCC/ 本书	Dcache	目录缓存命中率统计信息
dcsnoop	BCC/BT	Dcache	跟踪目录缓存的查找操作
mountsnoop	BCC	VFS	跟踪系统中的挂载和卸载操作 (mount)
xfsslower	BCC	XFS	统计过慢的 XFS 操作
xfsdist	BCC	XFS	以直方图统计常见的 XFS 操作延迟
ext4dist	BCC/ 本书	ext4	以直方图统计常见的 ext4 操作延迟
icstat	本书	Icache	inode 缓存的命中率统计
bufgrow	本书	缓冲缓存	按进程和字节数统计缓冲缓存的增长
readahead	本书	VFS	展示预读取的命中率和效率

对来自 BCC 和 bpftrace 的工具，可以在对应的仓库中查看完整的工具命令行参数和功能说明。本节这里只摘选了一些重要的功能进行介绍。

在下面工具的介绍中同时讨论了如何将文件描述符（file descriptor）转换成文件名（参看 scread(8)）。

8.3.1　opensnoop

opensnoop(8)[1] 在第 1 章和第 4 章中都有介绍，其 BCC 和 bpftrace 版本都有。该工具跟踪文件打开事件，对发现系统中使用的数据文件、日志文件以及配置文件来说十分有用。该工具还可以揭示由于快速打开大量文件导致的性能问题，也可以帮助调试找不到

1　该工具的第一个版本opensnoop.d写于2004年3月9日。最初的实现很简单，但是很有用，通过这个工具能够看到全系统内打开的文件。笔者之前曾经用truss(1M)跟踪某个进程，或者使用BSM审计功能来达到类似的功能，但是这些都需要改变整个系统的状态。名字中的"snoop"来自Solaris网络监听器snoop(1M)，以及其对应的术语"snooping events"。opensnoop之后被笔者和其他人迁移到了很多不同的跟踪器实现上。笔者在2015年9月17日完成了BCC版本，2018年9月8日完成了bpftrace版本。

文件导致的问题。下面这个输出来自一个生产系统，使用了 -T 参数来输出时间戳信息：

```
# opensnoop -T
TIME(s)        PID    COMM      FD ERR PATH
0.000000000    3862   java    5248   0 /proc/loadavg
0.000036000    3862   java    5248   0 /sys/fs/cgroup/cpu,cpuacct/.../cpu.cfs_quota_us
0.000051000    3862   java    5248   0 /sys/fs/cgroup/cpu,cpuacct/.../cpu.cfs_period_us
0.000059000    3862   java    5248   0 /sys/fs/cgroup/cpu,cpuacct/.../cpu.shares
0.012956000    3862   java    5248   0 /proc/loadavg
0.012995000    3862   java    5248   0 /sys/fs/cgroup/cpu,cpuacct/.../cpu.cfs_quota_us
0.013012000    3862   java    5248   0 /sys/fs/cgroup/cpu,cpuacct/.../cpu.cfs_period_us
0.013020000    3862   java    5248   0 /sys/fs/cgroup/cpu,cpuacct/.../cpu.shares
0.021259000    3862   java    5248   0 /proc/loadavg
0.021301000    3862   java    5248   0 /sys/fs/cgroup/cpu,cpuacct/.../cpu.cfs_quota_us
0.021317000    3862   java    5248   0 /sys/fs/cgroup/cpu,cpuacct/.../cpu.cfs
0.021325000    3862   java    5248   0 /sys/fs/cgroup/cpu,cpuacct/.../cpu.shares
0.022079000    3862   java    5248   0 /proc/loadavg
[...]
```

输出的速度很快，展示了 java 进程每秒读取一组 4 个文件超过 100 次（笔者也是刚刚才发现这个问题[1]）。为了排版需求，笔者将输出中的文件名截断了。这些文件都是基于内存的系统监控文件，读取过程相对较快，但是 java 进程真的需要每秒读取 100 次吗？笔者下一步的分析步骤是抓取读取这些文件的代码调用栈信息。由于该 java 进程只读取这 4 个文件，所以笔者可以直接针对该 PID 记录打开跟踪点的调用栈信息：

```
stackcount -p 3862 't:syscalls:sys_enter_openat'
```

这条命令显示了完整的调用栈信息，甚至包括了 java 函数信息[2]。最后发现，这里的"罪魁祸首"原来是新引入的负载均衡软件。

opensnoop(8) 跟踪 open(2) 系统调用的相关变体：open(2) 和 openat(2)，因为 open(2) 事件的发生频率相对较低，所以该工具的额外消耗是可以忽略不计的。

BCC

命令行使用说明如下：

```
opensnoop [options]
```

1　笔者想在几个生产系统上运行 opensnoop(8) 来找到一些有意思的输出写入书里，在第一个系统上就发现了这个输出。

2　第18章介绍了如何抓取 java 调用栈信息和符号表信息。

命令行选项包括如下几个。

- **-x**：只显示打开失败的操作。
- **-p PID**：仅监控给定的进程。
- **-n NAME**：仅显示进程名字包含 NAME 的事件。

bpftrace

下面所示的是该工具的 **bpftrace** 版本的代码，包括了其核心功能。这个版本不支持任何命令行选项：

```
#!/usr/local/bin/bpftrace

BEGIN
{
        printf("Tracing open syscalls... Hit Ctrl-C to end.\n");
        printf("%-6s %-16s %4s %3s %s\n", "PID", "COMM", "FD", "ERR", "PATH");
}

tracepoint:syscalls:sys_enter_open,
tracepoint:syscalls:sys_enter_openat
{
        @filename[tid] = args->filename;
}

tracepoint:syscalls:sys_exit_open,
tracepoint:syscalls:sys_exit_openat
/@filename[tid]/
{
        $ret = args->ret;
        $fd = $ret > 0 ? $ret : -1;
        $errno = $ret > 0 ? 0 : - $ret;

        printf("%-6d %-16s %4d %3d %s\n", pid, comm, $fd, $errno,
            str(@filename[tid]));
        delete(@filename[tid]);
}

END
{
        clear(@filename);
}
```

这个程序跟踪了 open(2) 和 openat(2) 系统调用，同时从返回值中获取了文件描述符信息或者错误代码。文件名在探针入口处进行了缓存，这样可以在系统调用退出时和返回值一起打印。

8.3.2 statsnoop

statsnoop(8)[1] 是一个与 opensnoop(8) 类似的 BCC 和 bpftrace 工具，只不过是针对 stats(2) 类型的系统调用。stat(2) 返回的是文件的信息。这个工具和 opensnoop(8) 一样有用：可以帮助找到文件位置，找到性能问题，以及调试文件不存在导致的问题。生产系统中的一个输出例子如下，使用了 -t 命令行参数以包含时间戳：

```
# statsnoop -t
TIME(s)          PID    COMM              FD ERR PATH
0.000366347      9118   statsnoop         -1   2 /usr/lib/python2.7/encodings/ascii
0.238452415      744    systemd-resolve    0   0 /etc/resolv.conf
0.238462451      744    systemd-resolve    0   0 /run/systemd/resolve/resolv.conf
0.238470518      744    systemd-resolve    0   0 /run/systemd/resolve/stub-resolv.conf
0.238497017      744    systemd-resolve    0   0 /etc/resolv.conf
0.238506760      744    systemd-resolve    0   0 /run/systemd/resolve/resolv.conf
0.238514099      744    systemd-resolve    0   0 /run/systemd/resolve/stub-resolv.conf
0.238645046      744    systemd-resolve    0   0 /etc/resolv.conf
0.238659277      744    systemd-resolve    0   0 /run/systemd/resolve/resolv.conf
0.238667182      744    systemd-resolve    0   0 /run/systemd/resolve/stub-resolv.conf
[...]
```

这个输出展示了 systemd-resolve（事实上是 systemd-resolved 被截断之后的结果）在三个文件上循环调用 stat(2)。

笔者曾经发现过在生产系统中某些文件每秒莫名其妙调用 stat(2) 几万次的情况。万幸的是，该调用的速度相对较快，所以即使这样也没有造成很严重的性能问题。不过有一个例外，某个 Netflix 微服务占用了磁盘 100% 的 I/O，最终的原因是，一个磁盘监控程序不停地在一个大型文件系统上调用 stat(2)，而这些元数据信息没有完全进入缓存，所以导致每个 stat(2) 都变成了一个磁盘 I/O，从而导致了性能问题。

该工具跟踪 stat(2) 系统调用的各种变体：statfs(2)、statx(2)、newstat(2) 以及 newlstat(2)。除非 stat(2) 的调用频率极高，否则本工具的额外消耗可以忽略不计。

---

1 笔者于2007年9月9日创建了DTrace版本，作为opensnoop的辅助工具。笔者于2016年2月8日完成了BCC版本，于2018年9月8日完成了bpftrace版本。

BCC

命令行使用说明如下：

```
statsnoop [options]
```

命令行选项包括如下几项。

- **-x**：仅显示失败的 stat 调用。
- **-t**：增加一列时间戳信息（秒）。
- **-p PID**：仅测量给定的 PID。

bpftrace

下面所示的是该工具 bpftrace 版本的代码，涵盖了该工具的核心功能。这个版本不支持任何命令行选项：

```
#!/usr/local/bin/bpftrace

BEGIN
{
        printf("Tracing stat syscalls... Hit Ctrl-C to end.\n");
        printf("%-6s %-16s %3s %s\n", "PID", "COMM", "ERR", "PATH");
}

tracepoint:syscalls:sys_enter_statfs
{
        @filename[tid] = args->pathname;
}

tracepoint:syscalls:sys_enter_statx,
tracepoint:syscalls:sys_enter_newstat,
tracepoint:syscalls:sys_enter_newlstat
{
        @filename[tid] = args->filename;
}

tracepoint:syscalls:sys_exit_statfs,
tracepoint:syscalls:sys_exit_statx,
tracepoint:syscalls:sys_exit_newstat,
tracepoint:syscalls:sys_exit_newlstat
/@filename[tid]/
{
        $ret = args->ret;
```

```
        $errno = $ret >= 0 ? 0 : - $ret;

        printf("%-6d %-16s %3d %s\n", pid, comm, $errno,
            str(@filename[tid]));
        delete(@filename[tid]);
}

END
{
        clear(@filename);
}
```

这个程序在系统调用入口处保存文件名，在返回处读取并和返回值一起显示。

8.3.3　syncsnoop

syncsnoop(8)[1] 是一个 BCC 和 bpftrace 工具，可以配合时间戳展示 sync(2) 调用信息。sync(2) 的作用是将修改过的数据写回磁盘。以下是一个 bpftrace 版本的输出：

```
# syncsnoop.bt
Attaching 7 probes...
Tracing sync syscalls... Hit Ctrl-C to end.
TIME      PID    COMM           EVENT
08:48:31  14172  TaskSchedulerFo  tracepoint:syscalls:sys_enter_fdatasync
08:48:31  14172  TaskSchedulerFo  tracepoint:syscalls:sys_enter_fdatasync
08:48:31  14172  TaskSchedulerFo  tracepoint:syscalls:sys_enter_fdatasync
08:48:31  14172  TaskSchedulerFo  tracepoint:syscalls:sys_enter_fdatasync
08:48:31  14172  TaskSchedulerFo  tracepoint:syscalls:sys_enter_fdatasync
08:48:40  17822  sync           tracepoint:syscalls:sys_enter_sync
[...]
```

这个输出显示 "TaskSchedulerFo"（一个被截断的名字）连续调用了 5 次 fdatasync(2)。sync(2) 调用可能会触发一系列磁盘 I/O，导致系统性能出现波动。这里打印了时间戳信息，以便与性能监控软件记录的性能问题进行比对，确认是否是 sync(2) 造成的磁盘 I/O 导致的性能问题。

该工具跟踪的是 sync(2) 的各种变体：sync(2)、syncfs(2)、fsync(2)、fdatasync(2)、sync_file_range(2) 以及 msync(2)。由于 sync(2) 的调用频率极低，所以该工具的额外消耗

1　过去，笔者曾经遇到过磁盘同步导致的应用程序延迟上升的问题，这是由于一系列的写操作造成了磁盘读取操作的排队等待。这些同步操作一般不频繁，所以只要记录到秒级别就足够和性能监控上出现的性能问题对应起来了。笔者于 2015 年 8 月 13 日创建了 BCC 版本，于 2018 年 9 月 6 日创建了 bpftrace 版本。

可以忽略不计。

BCC 版本

该工具的 BCC 版本目前不支持任何选项,功能与 bpftrace 版本基本一致。

bpftrace

下面是该工具 bpftrace 版本的代码:

```
#!/usr/local/bin/bpftrace

BEGIN
{
        printf("Tracing sync syscalls... Hit Ctrl-C to end.\n");
        printf("%-9s %-6s %-16s %s\n", "TIME", "PID", "COMM", "EVENT");
}
tracepoint:syscalls:sys_enter_sync,
tracepoint:syscalls:sys_enter_syncfs,
tracepoint:syscalls:sys_enter_fsync,
tracepoint:syscalls:sys_enter_fdatasync,
tracepoint:syscalls:sys_enter_sync_file_range,
tracepoint:syscalls:sys_enter_msync
{
        time("%H:%M:%S   ");
        printf("%-6d %-16s %s\n", pid, comm, probe);
}
```

如果确定是 sync(2) 相关的调用造成了问题,那么可以使用自定义的 bpftrace 程序来详细跟踪对应调用,可以打印出对应的参数与返回值,以及对应的磁盘 I/O。

8.3.4　mmapfiles

mmapfiles(8)[1] 跟踪 mmap(2) 调用,并且统计映射入内存地址范围的文件频率信息。例如:

```
# mmapfiles.bt
Attaching 1 probe...
^C

@[usr, bin, x86_64-linux-gnu-ar]: 2
```

1　笔者于2005年10月18日创建了DTrace版本,在写作本书时于2019年1月26日创建了bpftrace版本。

```
@[lib, x86_64-linux-gnu, libreadline.so.6.3]: 2
@[usr, bin, x86_64-linux-gnu-objcopy]: 2
[...]
@[usr, bin, make]: 226
@[lib, x86_64-linux-gnu, libz.so.1.2.8]: 296
@[x86_64-linux-gnu, gconv, gconv-modules.cache]: 365
@[/, bin, bash]: 670
@[lib, x86_64-linux-gnu, libtinfo.so.5.9]: 672
@[/, bin, cat]: 1152
@[lib, x86_64-linux-gnu, libdl-2.23.so]: 1240
@[lib, locale, locale-archive]: 1424
@[/, etc, ld.so.cache]: 1449
@[lib, x86_64-linux-gnu, ld-2.23.so]: 2879
@[lib, x86_64-linux-gnu, libc-2.23.so]: 2879
@[, , ]: 8384
```

上面的例子跟踪的是软件编译过程。输出中的每个文件都包含文件名以及两个父目录信息。输出中的最后一个值没有任何名字信息，这是程序私有数据的匿名映射。

mmapfile(8) 的 bpftrace 版的源代码如下：

```
#!/usr/local/bin/bpftrace

#include <linux/mm.h>

kprobe:do_mmap
{
        $file = (struct file *)arg0;
        $name = $file->f_path.dentry;
        $dir1 = $name->d_parent;
        $dir2 = $dir1->d_parent;
        @[str($dir2->d_name.name), str($dir1->d_name.name),
            str($name->d_name.name)] = count();
}
```

这段程序利用 kprobes 来跟踪内核的 do_mmap() 函数，同时从 struct file* 参数中通过 dentry 结构体来读取文件名信息。该 dentry 结构体中只包含路径中的文件名，为了展示文件的具体位置，这里读取并打印了文件的父目录和父目录的父目录信息。[1] 由于 mmap() 调用相对不频繁，所以该工具的额外消耗可以忽略不计。

1　笔者提交了一个建议，希望BPF内核中增加一个辅助函数能够返回一个给定的file结构体或者dentry结构体对应的完整的路径信息，这和内核中的d_path()功能类似。

这里用作汇总的键可以很容易加入进程名，这样可以显示是哪个进程进行了映射操作（@[comm, ...]），同时也可以加入用户态调用栈信息（@[comm, ustack, ...]）。

第 7 章包括了一个针对每个 mmap() 事件的工具：mmapsnoop(8)。

8.3.5　scread

scread(8)[1] 跟踪 read(2) 系统调用，同时展示了对应的文件名信息。例如：

```
# scread.bt
Attaching 1 probe...
^C
@filename[org.chromium.BkPmzg]: 1
@filename[locale.alias]: 2
@filename[chrome_200_percent.pak]: 4
@filename[passwd]: 7
@filename[17]: 44
@filename[scriptCache-current.bin]: 48
[...]
```

上面的输出显示 "scriptCache-current.bin" 在跟踪过程中被 read(2) 读取了 48 次。这提供了从系统调用视角观察 I/O 的一种途径；后面的 filetop(8) 工具从 VFS 层面提供了另外一个视角。这些工具可以帮助定性分析文件使用模式，从中可以找到效率不高的部分。

scread(8) 的 bpftrace 版的源代码如下：

```
#!/usr/local/bin/bpftrace

#include <linux/sched.h>
#include <linux/fs.h>
#include <linux/fdtable.h>

tracepoint:syscalls:sys_enter_read
{
        $task = (struct task_struct *)curtask;
        $file = (struct file *)*($task->files->fdt->fd + args->fd);
        @filename[str($file->f_path.dentry->d_name.name)] = count();
}
```

这中间涉及从文件描述符表中提取的文件名信息。

1　笔者于2019年1月26日写作本书时完成了该工具。

文件描述符到文件名的转换

这个工具包含了一个如何从文件描述符（FD）提取文件名的例子。目前有至少两种方式可以做到：

1. 通过 task_struct 找到文件描述符表，同时利用 FD 作为索引值找到对应的 file 结构体。文件名可以从这个结构体中读取。scread(2) 用的就是这种方法。不过这种方法并不十分稳定：找到文件描述符表的方式（task->files->fdt->fd）利用了内核中的一些内部实现细节，每个内核版本都不一定一样，所以这会导致该脚本无法跨版本使用。[1]
2. 通过跟踪 open(2) 系统调用，构造一个以 PID 和 FD 为键的哈希表，值为对应的文件名和路径名。这样就可以在处理 read(2) 以及其他系统调用的时候进行查询了。虽然这样增加了一个额外的探针（带来了额外的性能消耗），但是却比较稳定。

本书中介绍的很多工具（如 fmapfault(8)、filelife(8)、vfssize(8) 等）都需要输出文件名信息。然而这些工具都跟踪的是 VFS 层的相关函数，有直接对应的 file 结构体。虽然该结构体仍然是一个不稳定的接口，但是相比找到文件名字符串还是更容易一些。另外，跟踪 VFS 层函数的一个优势是，某个操作仅有一个需要跟踪的函数，而系统调用有各种变体（例如，read(2)、readv(2)、preadv(2)、pread64() 等），这些可能都需要同时跟踪。

8.3.6 fmapfault

fmapfault(8)[2] 跟踪内存映射文件的缺页错误，按进程名和文件名来统计。例如：

```
# fmapfault.bt
Attaching 1 probe...
^C

@[dirname, libc-2.23.so]: 1
@[date, libc-2.23.so]: 1
[...]
@[cat, libc-2.23.so]: 901
@[sh, libtinfo.so.5.9]: 962
@[sed, ld-2.23.so]: 984
@[sh, libc-2.23.so]: 997
```

---

1 目前已经有一些正在考虑的变更请求了。Dave Waston正在考虑如何对它进行重构以提高性能。Matthew Wilox正在尝试将其改为task_struct->files_struct->maple_node->fd[i][85-86]。

2 笔者在写作本书的时候于2019年1月26日完成本工具。

```
@[cat, ld-2.23.so]: 1252
@[sh, ld-2.23.so]: 1427
@[as, libbfd-2.26.1-system.so]: 3984
@[as, libopcodes-2.26.1-system.so]: 68455
```

该输出是在软件编译过程中产生的，列出了编译进程以及对应的产生缺页错误的函数库信息。

本书后面介绍的工具，例如，filetop(8)、fileslower(8)、xfsslower(8) 和 ext4dist(8) 等，通过 read(2) 和 write(2) 系统调用（以及变体）来展示文件 I/O 信息。但是这并不是文件读取和修改的唯一途径：文件映射是另外一种方式，这种方式避免了直接进行系统调用。fmapfault(8) 通过跟踪文件缺页错误以及新页映射的创建，提供了查看这类操作的方式。注意，文件实际的读写操作频率可能高于缺页错误发生的频率。

fmapfault(8) 的 bpftrace 版的源代码如下：

```
#!/usr/local/bin/bpftrace

#include <linux/mm.h>

kprobe:filemap_fault
{
        $vf = (struct vm_fault *)arg0;
        $file = $vf->vma->vm_file->f_path.dentry->d_name.name;
        @[comm, str($file)] = count();
}
```

该程序通过使用 kprobes 来跟踪 filemap_fault() 内核函数，并且可通过参数中的 vm_fault 结构体来确定映射中的文件名信息。这些细节随着内核改变需要进行改变。在一个发生缺页错误频率较高的系统中，该工具的额外消耗可能比较明显。

8.3.7　filelife

filelife(8)[1] 是一个 BCC 和 bpftrace 工具，用来展示短期文件的生命周期：这些文件在跟踪过程中产生并且随后就被删除了。

下面这个输出来自 BCC 版本的 filelife(8)，是在软件编译过程中执行的：

```
# filelife
TIME     PID    COMM          AGE(s)  FILE
```

1　笔者为了调试短期文件的用量于2015年2月8日创建了BCC版本，于2019年1月31日写作本书时完成了 bpftrace版本。这个工具源自2011年编写的DTrace一书[Gregg 11]中的vfslife.d。

```
17:04:51 3576    gcc                0.02    cc9JENsb.s
17:04:51 3632    rm                 0.00    kernel.release.tmp
17:04:51 3656    rm                 0.00    version.h.tmp
17:04:51 3678    rm                 0.00    utsrelease.h.tmp
17:04:51 3698    gcc                0.01    ccTtEADr.s
17:04:51 3701    rm                 0.00    .3697.tmp
17:04:51 736     systemd-udevd      0.00    queue
17:04:51 3703    gcc                0.16    cc05cPSr.s
17:04:51 3708    rm                 0.01    .purgatory.o.d
17:04:51 3711    gcc                0.01    ccgk4xfE.s
17:04:51 3715    rm                 0.01    .stack.o.d
17:04:51 3718    gcc                0.01    ccPiKOgD.s
17:04:51 3722    rm                 0.01    .setup-x86_64.o.d
[...]
```

这个输出显示在编译过程中产生了很多短期文件，这些文件在不到一秒的时间内就被删除了（参见 AGE(s) 列）。

笔者曾经用这个工具发现了一些小的性能优化点：应用程序在没有必要的情况下使用了一些临时文件。

该工具利用 kprobes 跟踪 VFS 中的 vfs_create() 和 vfs_unlink() 函数，以跟踪文件创建和删除信息。由于这些调用不频繁，所以该工具的额外消耗可以忽略不计。

BCC

命令行使用说明如下：

```
Filelife [options]
```

命令行选项包括如下项目。

- **-p PID**：仅测量给定的进程。

bpftrace

下面是该工具 bpftrace 版本的源代码：

```
#!/usr/local/bin/bpftrace

#include <linux/fs.h>

BEGIN
{
        printf("%-6s %-16s %8s %s\n", "PID", "COMM", "AGE(ms)", "FILE");
}
```

```
kprobe:vfs_create,
kprobe:security_inode_create
{
        @birth[arg1] = nsecs;
}

kprobe:vfs_unlink
/@birth[arg1]/
{
        $dur = nsecs - @birth[arg1];
        delete(@birth[arg1]);
        $dentry = (struct dentry *)arg1;
        printf("%-6d %-16s %8d %s\n", pid, comm, $dur / 1000000,
            str($dentry->d_name.name));
}
```

新的内核中可能不会使用 vfs_create() 函数，所以文件创建信息也可以从 security_inode_create() 函数中获取，或者在 inode 创建访问控制钩子（LSM）时获取（如果同一个文件两个事件都发生了，那么后发生的事件会覆盖之前的时间戳信息，然而这不会对文件的生命周期计算产生过大影响）。文件诞生的时间戳信息以这些函数的 arg1 为键保存起来，这个参数是 dentry 结构体的指针地址，这里用作全局唯一 ID。同时从 dentry 结构体中获取文件名。

8.3.8　vfsstat

vfsstat(8)[1] 是一个 BCC 和 bpftrace 工具，可以摘要统计常见的 VFS 调用：读 / 写（I/O）、创建、打开，以及 fsync。这个工具可以提供一个最高层级的虚拟文件系统操作负载分析。下面这个输出是在生产环境中一个 36-CPU 的 Hadoop 生产服务器上运行 BCC 版本的 vfsstat(8) 的结果：

```
# vfsstat
TIME         READ/s   WRITE/s CREATE/s   OPEN/s  FSYNC/s
02:41:23:   1715013     38717        0     5379        0
02:41:24:    947879     30903        0    10547        0
02:41:25:   1064800     34387        0    57883        0
02:41:26:   1150847     36104        0     5105        0
02:41:27:   1281686     33610        0     2703        0
```

1　笔者于2015年8月14日创建了BCC版本，2018年9月6日创建了bpftrace版本。

```
02:41:28:   1075975    31496       0     6204        0
02:41:29:    868243    34139       0     5090        0
02:41:30:    889394    31388       0     2730        0
02:41:31:   1124013    35483       0     8121        0
17:21:47:     11443     7876       0      507        0
[...]
```

输出中显示了系统当前负载每秒读取操作超过 100 万次。另外一个有意思的细节信息是：文件打开操作每秒超过 5000 次。这些都是相对较慢的操作，需要内核进行路径查找，并创建文件操作符，同时如果没有缓存的话，还需要创建文件元信息结构体。我们可以用 opensnoop(8) 来进一步调查，以便减少每秒打开操作的数量。

vfsstat(8) 通过 kprobes 来跟踪以下函数：vfs_read()、vfs_write()、vfs_fsync()、vfs_open() 以及 vfs_create()，将每秒统计信息以表格形式打印。VFS 函数的调用可能很频繁，正如在上面这个真实案例中所示，每秒超过 100 万次，所以这个工具的额外消耗是不可忽视的（例如，在这个频率下的消耗应该是在 1% ～ 3% 之间）。这个工具适合用来进行临时调查，而不是 24×7 监控。对监控来说，一般需要额外消耗小于 0.1%。

这个工具一般只在调查初期有用。VFS 操作同时包含文件系统和网络系统，所以你需要用其他工具来进一步拆分这些操作（例如，vfssize(8)）以区分二者。

BCC

命令行使用说明如下：

```
vfsstat [interval [count]]
```

该命令行是仿照其他传统工具设计的（vmstat）。

bpftrace

下面是 bpftrace 版本的 vfsstat(8)，打印同样的数据信息：

```
#!/usr/local/bin/bpftrace

BEGIN
{
        printf("Tracing key VFS calls... Hit Ctrl-C to end.\n");
}

kprobe:vfs_read*,
kprobe:vfs_write*,
kprobe:vfs_fsync,
kprobe:vfs_open,
```

```
kprobe:vfs_create
{
        @[func] = count();
}

interval:s:1
{
        time();
        print(@);
        clear(@);
}

END
{
        clear(@);
}
```

这个输出每秒产生一次，显示一个计数列表。这里使用了通配符来匹配 vfs_read 和 vfs_write 的变体：vfs_readv() 等。如果需要的话，这里可以使用定位参数设定一个自定义的输出周期。

8.3.9 vfscount

除了用 vfsstat(8)[1] 统计 5 个 VFS 函数之外，还可以统计所有的 VFS 函数（一共超过 50 个），BCC 和 bpftrace 版本的 vfscount(8) 可以用来统计调用频率。例如，下面是 BCC 版本的输出：

```
# vfscount
Tracing... Ctrl-C to end.
^C
ADDR             FUNC                        COUNT
ffffffffb8473d01 vfs_fallocate                  1
ffffffffb849d301 vfs_kern_mount                 1
ffffffffb84b0851 vfs_fsync_range                2
ffffffffb8487271 vfs_mknod                      3
ffffffffb8487101 vfs_symlink                   68
ffffffffb8488231 vfs_unlink                   376
ffffffffb8478161 vfs_writev                   525
ffffffffb8486d51 vfs_rmdir                    638
ffffffffb8487971 vfs_rename                   762
```

---

1 笔者首次创建BCC版本是在2015年8月14日，bpftrace版本于2018年9月6日完成。

ffffffffb84874c1	vfs_mkdir	768
ffffffffb84a2d61	vfs_getxattr	894
ffffffffb84da761	vfs_lock_file	1601
ffffffffb848c861	vfs_readlink	3309
ffffffffb84b2451	vfs_statfs	18346
ffffffffb8475ea1	vfs_open	108173
ffffffffb847dbf1	vfs_statx_fd	193851
ffffffffb847dc71	vfs_statx	274022
ffffffffb847dbb1	vfs_getattr	330689
ffffffffb847db21	vfs_getattr_nosec	331766
ffffffffb84790a1	vfs_write	355960
ffffffffb8478df1	vfs_read	712610

在跟踪时，vfs_read() 函数是被调用最频繁的，总共被调用了 712 610 次，而 vfs_allocate() 仅被调用了 1 次。该工具的额外消耗与 vfsstat(8) 类似，在 VFS 调用频繁的时候是不可忽视的。

该工具也可以用 BCC 版的 funccount(8) 以及 bpftrace(8) 直接实现：

```
# funccount 'vfs_*'
# bpftrace -e 'kprobe:vfs_* { @[func] = count(); }'
```

这样统计 VFS 调用只能提供一个简单的高层统计信息，具体分析还需要进一步深入。这些调用可能来自任何一个使用 VFS 的子系统，包括 sockets（网络）、/dev 文件以及 /proc 文件。后面将提到的 fsrwstat() 则提供了一种区分各种子系统的方式。

8.3.10　vfssize

vfssize(8)[1] 是一个 bpftrace 工具，可以以直方图方式统计 VFS 读取尺寸和写入尺寸，并按进程名、VFS 文件名以及操作类型进行分类。下面是在一个 48-CPU 的 API 生产服务器上运行的结果：

```
# vfssize
Attaching 5 probes...

@[tomcat-exec-393, tomcat_access.log]:
[8K, 16K)         31 |@@@@@@@@@@@@@@@@@@@@@@@@@@@@@@@@@@@@@@@@@@@@@@@@@@@@|

[...]
```

1　笔者在写作本书时于2019年4月17日完成。

```
@[kafka-producer-, TCP]:
[4, 8)              2061 |@@@@@@@@@@@@@@@@@@@@@@@@@@@@@@@@@@@@@@@@@@@@@@@@@@@@|
[8, 16)                0 |                                                  |
[16, 32)               0 |                                                  |
[32, 64)            2032 |@@@@@@@@@@@@@@@@@@@@@@@@@@@@@@@@@@@@@@@@@@@@@@@@@@@ |

@[EVCACHE_..., FIFO]:
[1]                 6376 |@@@@@@@@@@@@@@@@@@@@@@@@@@@@@@@@@@@@@@@@@@@@@@@@@@@@|

[...]

@[grpc-default-wo, TCP]:
[4, 8)               101 |                                                  |
[8, 16)            12062 |@@@@@@@@@@@@@@@@@@@@@@@@@@@@@@@@@@@@@@@@@@@@@@@@@@@@|
[16, 32)            8217 |@@@@@@@@@@@@@@@@@@@@@@@@@@@@@@@@@@@@@@              |
[32, 64)            7459 |@@@@@@@@@@@@@@@@@@@@@@@@@@@@@@@@@@              |
[64, 128)           5488 |@@@@@@@@@@@@@@@@@@@@@@@@              |
[128, 256)          2567 |@@@@@@@@@@@              |
[256, 512)         11030 |@@@@@@@@@@@@@@@@@@@@@@@@@@@@@@@@@@@@@@@@@@@@@@@@@@  |
[512, 1K)           9022 |@@@@@@@@@@@@@@@@@@@@@@@@@@@@@@@@@@@@@@@@            |
[1K, 2K)            6131 |@@@@@@@@@@@@@@@@@@@@@@@@@@              |
[2K, 4K)            6276 |@@@@@@@@@@@@@@@@@@@@@@@@@@              |
[4K, 8K)            2581 |@@@@@@@@@@@@              |
[8K, 16K)            950 |@@@@              |

@[grpc-default-wo, FIFO]:
[1]               266897 |@@@@@@@@@@@@@@@@@@@@@@@@@@@@@@@@@@@@@@@@@@@@@@@@@@@@|
```

这个输出显示了 VFS 中其实包括网络以及 FIFO 操作。进程名字"grpc-default-wo"（被截断的名字）在跟踪过程中进行了 266 897 次 1 字节的读取操作：这看起来好像是一个性能优化点，可以提高 I/O 尺寸。该进程名同时进行了很多次 TCP 读和写，尺寸呈双峰分布。这个输出只包含一个具体的文件系统文件，tomcat_access.log，其由 tomcat-exec-393 进行了 31 次读写操作。

vfssize(8) 的 bpftrace 版的源代码如下：

```
#!/usr/local/bin/bpftrace

#include <linux/fs.h>

kprobe:vfs_read,
kprobe:vfs_readv,
kprobe:vfs_write,
kprobe:vfs_writev
```

```
{
        @file[tid] = arg0;
}

kretprobe:vfs_read,
kretprobe:vfs_readv,
kretprobe:vfs_write,
kretprobe:vfs_writev
/@file[tid]/
{
        if (retval >= 0) {
                $file = (struct file *)@file[tid];
                $name = $file->f_path.dentry->d_name.name;
                if ((($file->f_inode->i_mode >> 12) & 15) == DT_FIFO) {
                        @[comm, "FIFO"] = hist(retval);
                } else {
                        @[comm, str($name)] = hist(retval);
                }
        }
        delete(@file[tid]);
}

END
{
        clear(@file);
}
```

该程序从 vfs_read()、vfs_readv()、vfs_write() 以及 vfs_writev() 的第一个参数中读取 file 结构体，并且从 kretprobe 中获取对应的尺寸信息。万幸的是，对网络协议来说，协议名称是保存在文件名中的。（这源自 proto 结构体，具体请参看第 10 章）。对 FIFO 管道来说，文件名字符串中没有任何信息，所以在上面的程序中，直接输出为"FIFO"。

vfssize(8) 可以进一步改进，增加"probe"为键值，这样可以按类型区分结果，也可以增加 PID 之类的信息。

8.3.11   fsrwstat

fsrwstat(8)[1] 展示了如何定制 vfsstat，以便在输出中增加文件系统类型。以下是一个例子：

---

1   这个工具笔者于2019年2月1日为本书写成，思路来源于笔者在2011年编写的DTrace[Gregg 11]一书中的 fsrwcount.d工具。

```
# fsrwstat
Attaching 7 probes...
Tracing VFS reads and writes... Hit Ctrl-C to end.

18:29:27
@[sockfs, vfs_write]: 1
@[sysfs, vfs_read]: 4
@[sockfs, vfs_read]: 5
@[devtmpfs, vfs_read]: 57
@[pipefs, vfs_write]: 156
@[pipefs, vfs_read]: 160
@[anon_inodefs, vfs_read]: 164
@[sockfs, vfs_writev]: 223
@[anon_inodefs, vfs_write]: 292
@[devpts, vfs_write]: 2634
@[ext4, vfs_write]: 104268
@[ext4, vfs_read]: 10495

[...]
```

这个输出中的第一列是不同的文件系统类型，这样可以将 socket I/O 和 ext4 I/O 区分开来。这个输出展示了当前系统 ext4 读写操作负载很重的情况（IOPS 超过 100 000）。

fsrwstat(8) 的 bpftrace 版的源代码如下：

```
#!/usr/local/bin/bpftrace

#include <linux/fs.h>

BEGIN
{
        printf("Tracing VFS reads and writes... Hit Ctrl-C to end.\n");
}

kprobe:vfs_read,
kprobe:vfs_readv,
kprobe:vfs_write,
kprobe:vfs_writev
{
        @[str(((struct file *)arg0)->f_inode->i_sb->s_type->name), func] =
            count();
}
```

```
interval:s:1
{
        time(); print(@); clear(@);
}

END
{
        clear(@);
}
```

该程序跟踪四个 VFS 函数，同时按照函数名和文件系统类型进行频率统计。由于 struct file * 是这四个函数的第一个参数，所以可以将 arg0 直接强制转化为这种类型，同时通过其中的成员参数读取文件系统类型。这里采用的路径是 file->inode->superblock->file_system_type->name。由于这里用了 kprobes，这种读取路径是一个不稳定的接口，所以有可能在未来的内核版本中进行修改。

fsrwstat(8) 可以添加其他的 VFS 调用信息，只要有方法从这些函数的参数中读取文件系统名称就可以（从 arg0、arg1、arg2 等读取都可以）。

8.3.12 fileslower

fileslower(8)[1] 是一个 BCC 和 bpftrace 工具，用于显示延迟超过某个阈值的同步模式的文件读取和写入操作。下面这个输出来自 BCC 版本的 fileslower(8)，其跟踪超过 10 毫秒（默认阈值）的读写操作，该输出是在一个 36-CPU 的 Hadoop 生产服务器上产生的：

```
# fileslower
Tracing sync read/writes slower than 10 ms
TIME(s)   COMM      TID      D BYTES    LAT(ms)  FILENAME
0.142     java      111264   R 4096       25.53  part-00762-37d00f8d...
0.417     java      7122     R 65536      22.80  file.out.index
1.809     java      70560    R 8192       21.71  temp_local_3c9f655b...
2.592     java      47861    W 64512      10.43  blk_2191482458
2.605     java      47785    W 64512      34.45  blk_2191481297
4.454     java      47799    W 64512      24.84  blk_2191482039
4.987     java      111264   R 4096       10.36  part-00762-37d00f8d...
5.091     java      47895    W 64512      15.72  blk_2191483348
5.130     java      47906    W 64512      10.34  blk_2191484018
5.134     java      47799    W 504        13.73  blk_2191482039_1117768266.meta
5.303     java      47984    R 30         12.50  spark-core_2.11-2.3.2...
```

---

1 BCC版本写于2016年2月6日，bpftrace版本是笔者在写作本书时于2019年1月31日写成的。

```
5.383     java            47899  W 64512     11.27 blk_2191483378
5.773     java            47998  W 64512     10.83 blk_2191487052
[...]
```

这个输出展示了一个 java 进程的写入时间高达 34 毫秒，以及对应的读取和写入的文件名。"D"列展示了 I/O 的方向：R 表示读取，W 表示写入。"TIME(s)"列显示出缓慢的读取和缓慢的写入并不是特别频繁——每秒只出现几次。

同步读和同步写对应用程序的性能影响很大，因为进程完全被这些操作所阻塞。在本章我们讨论了，很多时候针对文件系统的性能分析要比单纯的磁盘 I/O 性能分析更有帮助，这就是一个例子。在下一章中，我们还会测量磁盘 I/O 延迟，但是在那个层面上应用程序的性能并不一定会受到影响。在分析磁盘 I/O 的时候，很容易找到看起来延迟很高，但实际上并不影响应用程序性能的情况。然而，如果 fileslower(8) 显示了高延迟问题，那么很有可能应用程序的确受到了影响。

同步读和同步写会阻塞整个进程。很有可能——但并不 100% 肯定——这会导致应用程序层面的问题。应用程序可能使用一个在后台运行的 I/O 线程来写入磁盘，又或者是在提前预热缓存。这种类型的应用程序可能在使用同步 I/O，但是却不影响应用程序响应请求。

这个工具曾经被用来证明应用程序的延迟问题来源于文件系统，反之亦然，也可以展示当应用程序有延迟问题的时候，实际上并没有缓慢的 I/O 发生。

fileslower(8) 的工作方式是跟踪同步读和同步写的 VFS 代码路径。在当前的实现中，它会跟踪所有的 VFS 读取和写入操作，内部过滤只关注同步 I/O 操作。所以，这个工具的额外消耗可能要比预想的稍大。

BCC

命令行使用说明如下：

```
fileslower [options] [min_ms]
```

命令行选项包括如下项目。

- **-p PID**：仅测量给定的进程。

min_ms 参数是最低时间阈值，单位为毫秒。如果这个参数的值为 0，那么就会打印出所有的同步读和同步写操作。这个工具的输出根据实际事件的发生频率，可能会每秒打印几千条。除非有确切的需求这么做，一般来说不应该使用这个值。如果没有提供这个参数，那么默认采用 10 毫秒这个值。

bpftrace

下面这段代码是该工具 bpftrace 版本的源代码：

```bpftrace
#!/usr/local/bin/bpftrace

#include <linux/fs.h>

BEGIN
{
        printf("%-8s %-16s %-6s T %-7s %7s %s\n", "TIMEms", "COMM", "PID",
            "BYTES", "LATms", "FILE");
}

kprobe:new_sync_read,
kprobe:new_sync_write
{
        $file = (struct file *)arg0;
        if ($file->f_path.dentry->d_name.len != 0) {
                @name[tid] = $file->f_path.dentry->d_name.name;
                @size[tid] = arg2;
                @start[tid] = nsecs;
        }
}

kretprobe:new_sync_read
/@start[tid]/
{
        $read_ms = (nsecs - @start[tid]) / 1000000;
        if ($read_ms >= 1) {
                printf("%-8d %-16s %-6d R %-7d %7d %s\n", nsecs / 1000000,
                    comm, pid, @size[tid], $read_ms, str(@name[tid]));
        }
        delete(@start[tid]); delete(@size[tid]); delete(@name[tid]);
}
kretprobe:new_sync_write
/@start[tid]/
{
        $write_ms = (nsecs - @start[tid]) / 1000000;
        if ($write_ms >= 1) {
                printf("%-8d %-16s %-6d W %-7d %7d %s\n", nsecs / 1000000,
                    comm, pid, @size[tid], $write_ms, str(@name[tid]));
        }
        delete(@start[tid]); delete(@size[tid]); delete(@name[tid]);
```

```
}

END
{
        clear(@start); clear(@size); clear(@name);
}
```

这段程序使用 kprobes 来跟踪 new_sync_read() 和 new_sync_write() 内核函数。由于 kprobes 是一个不稳定的接口，所以这段代码并不一定能够兼容不同版本的内核。笔者之前已经遇到过在某些版本上，某些内核函数无法被跟踪的问题（由于被内联处理了）。BCC 版本使用了不同的解决方案，它跟踪的是高层函数 __vfs_read() 和 __vfs_write()，在内部过滤出同步读写操作。

8.3.13 filetop

filetop(8)[1] 是一个 BCC 工具，功能类似 top(1)，但是它主要关注文件。该工具可以显示读写最频繁的文件的文件名。下面这个输出是在 36-CPU 的 Hadoop 生产服务器上产生的：

```
# filetop
Tracing... Output every 1 secs. Hit Ctrl-C to end

02:31:38 loadavg: 39.53 36.71 32.66 26/3427 30188

TID     COMM        READS  WRITES R_KB    W_KB   T FILE
113962  java        15171  0      60684   0      R part-00903-37d00f8d-ecf9-4...
23110   java        7      0      7168    0      R temp_local_6ba99afa-351d-4...
25836   java        48     0      3072    0      R map_4141.out
26890   java        46     0      2944    0      R map_5827.out
26788   java        42     0      2688    0      R map_4363.out
26788   java        18     0      1152    0      R map_4756.out.merged
70560   java        130    0      1085    0      R temp_local_1bd4386b-b33c-4...
70560   java        130    0      1079    0      R temp_local_a3938a84-9f23-4...
70560   java        127    0      1053    0      R temp_local_3c9f655b-06e4-4...
26890   java        16     0      1024    0      R map_11374.out.merged
26890   java        15     0      960     0      R map_5262.out.merged
26788   java        15     0      960     0      R map_20423.out.merged
26788   java        14     0      896     0      R map_4371.out.merged
26890   java        14     0      896     0      R map_10138.out.merged
26890   java        13     0      832     0      R map_4991.out.merged
```

---

1 笔者在2016年2月6日完成了BCC版本，灵感来自Willam LeFebvre的top(1)工具。

```
25836  java              13      0      832      0      R map_3994.out.merged
25836  java              13      0      832      0      R map_4651.out.merged
25836  java              13      0      832      0      R map_16267.out.merged
25836  java              13      0      832      0      R map_15255.out.merged
26788  java              12      0      768      0      R map_6917.out.merged
[...]
```

　　默认情况下，这个工具只显示前 20 个文件，按读取字节数排序，每秒刷新屏幕一次。上面这个输出显示"part-00903-37d00f8d"这个文件（文件名已经被截断）在一秒内读取的字节数最多，高达 60MB，读取次数 15 171 次。这里没有显示出平均读取尺寸，但是从这些值可以计算出平均值为 4KB。

　　这个工具适合用来定性分析负载信息，以及观察文件操作的情况。正如你可以用 top(1) 来观察意料之外的大量消耗 CPU 的进程一样，这个工具可以帮助展示大量消耗 I/O 的文件。

　　filetop(8) 默认仅展示普通文件。[1] 可以通过添加 -a 选项来输出所有的文件，包括 TCP socket：

```
# filetop -a
[...]
TID    COMM        READS  WRITES R_KB   W_KB   T FILE
32857  java        718    0      15756  0      S TCP
120597 java        12     0      12288  0      R temp_local_3807d4ca-b41e-3...
32770  java        502    0      10118  0      S TCP
32507  java        199    0      4212   0      S TCP
88371  java        186    0      1775   0      R temp_local_215ae692-35a4-2...
[...]
```

　　输出的列包括如下几个。

- **TID**：线程 ID。
- **COMM**：进程 / 线程名。
- **READS**：周期内的读取次数。
- **WRITES**：周期内的写入次数。
- **R_KB**：周期内的总读取字节数。
- **W_KB**：周期内的总写入字节数。
- **T**：文件类型，R 表示普通文件、S 表示网络 socket、O 表示其他。
- **FILE**：文件名。

1　这里的"普通文件"指的是内核代码中的DT_REG类型。其他文件类型包括DT_DIR目录、DT_BLK特殊块设备等。

该工具使用 kprobes 来跟踪 vfs_read() 和 vfs_write() 内核函数。文件类型通过 inode 的类型读取，使用的是 S_ISREG() 和 S_ISSOCK() 两个内核宏。

该工具的额外消耗，在 VFS 读写非常频繁的时候不可以忽视。由于该工具要统计各种信息，还需要读取文件名，所以额外消耗比其他工具要稍高一些。

命令行使用说明如下：

```
filetop [options] [ interval [count] ]
```

命令行选项包括如下几项。

- **-C**：不要清空屏幕，继续滚动输出。
- **-r ROWS**：打印给定的行数（默认值 20）。
- **-p PID**：仅测量给定的进程。

-C 选项可以用来保存所使用的终端滚动缓冲区，这样可以记录一段时间内的输出，以分析趋势信息。

8.3.14 writesync

writesync(8)[1] 是一个 bpftrace 工具，它跟踪常规文件的 VFS 写入操作，展示哪些写入操作使用了同步写标识（O_SYNC 或者 O_DSYNC）。例如：

```
# writesync.bt
Attaching 2 probes...
Tracing VFS write sync flags... Hit Ctrl-C to end.
^C

@regular[cronolog, output_20190520_06.log]: 1
@regular[VM Thread, gc.log]: 2
@regular[cronolog, catalina_20190520_06.out]: 9
@regular[tomcat-exec-142, tomcat_access.log]: 15
[...]

@sync[dd, outfile]: 100
```

这个输出显示了一系列文件的普通写入操作，以及来自"dd"进程的 100 个写入操作，文件名是"outfile"。这里笔者用 dd(1) 进行了一个测试：

```
dd if=/dev/zero of=outfile oflag=sync count=100
```

1　笔者在写作本书时于2019年5月19日完成。

同步写操作必须要等待存储 I/O 完全完成，即写穿透（write-through）模式，而普通的写入操作只要写入缓存就成功了，即写回模式（write-back）。所以这导致同步 I/O 很慢，如果这里不需要同步模式，那么可以去掉这个标识来大幅提高性能。

writesync(8) 的 bpftrace 版的源代码如下：

```
#!/usr/local/bin/bpftrace

#include <linux/fs.h>
#include <asm-generic/fcntl.h>

BEGIN
{
        printf("Tracing VFS write sync flags... Hit Ctrl-C to end.\n");
}

kprobe:vfs_write,
kprobe:vfs_writev
{
        $file = (struct file *)arg0;
        $name = $file->f_path.dentry->d_name.name;
        if ((($file->f_inode->i_mode >> 12) & 15) == DT_REG) {
                if ($file->f_flags & O_DSYNC) {
                        @sync[comm, str($name)] = count();
                } else {
                        @regular[comm, str($name)] = count();
                }
        }
}
```

这段程序会检查该文件是否为普通文件（DT_REG），同时检查是否存在 O_DSYNC 标识（在 O_SYNC 内部也会设置该标识）。

8.3.15　filetype

filetype(8)[1] 是一个 bpftrace 工具，跟踪 VFS 的读取和写入操作，同时记录文件类型和进程名。例如，在一个 36-CPU 的生产系统上进行软件编译时的输出如下：

```
# filetype.bt
Attaching 4 probes...
```

1　笔者在写作本书时于2019年2月2日完成。

```
^C

@[regular, vfs_read, expr]: 1
@[character, vfs_read, bash]: 10
[...]
@[socket, vfs_write, sshd]: 435
@[fifo, vfs_write, cat]: 464
@[regular, vfs_write, sh]: 697
@[regular, vfs_write, as]: 785
@[regular, vfs_read, objtool]: 932
@[fifo, vfs_read, make]: 1033
@[regular, vfs_read, as]: 1437
@[regular, vfs_read, gcc]: 1563
@[regular, vfs_read, cat]: 2196
@[regular, vfs_read, sh]: 8391
@[regular, vfs_read, fixdep]: 11299
@[fifo, vfs_read, sh]: 15422
@[regular, vfs_read, cc1]: 16851
@[regular, vfs_read, make]: 39600
```

这段输出显示出大部分文件类型都是"regular",这些都是普通文件,在软件编译过程中由各种工具读取和写入(make(1)、cc1(1)、gcc(1) 等)。这个输出中同时包括 sshd 的 socket 写入操作,这是 SSH 服务器在发送网络包。同时还包括来自 bash 进程的字符模式读取操作,这应该就是 bash 进程从 /dev/pts/1 字符设备中读取用户输入。

上面的输出同时包括 FIFO[1] 读取和写入操作。下面演示了它们扮演的角色:

```
window1$ tar cf - dir1 | gzip > dir1.tar.gz
window2# filetype.bt
Attaching 4 probes...
^C
[...]
@[regular, vfs_write, gzip]: 36
@[fifo, vfs_write, tar]: 191
@[fifo, vfs_read, gzip]: 191
@[regular, vfs_read, tar]: 425
```

FIFO 类型指的是 shell 管道。这里的 tar(1) 命令正在读取普通文件,并将文件内容写入 FIFO 管道。gzip(1) 从 FIFO 读取文件,并且写入一个普通文件。这些都在上面的输出中有展示。

1　FIFO:先入先出型特殊文件(也叫命名管道),详情见 FIFO(7) 的手册页。

filetype(8) 的 bpftrace 版的源代码如下：

```
#!/usr/local/bin/bpftrace

#include <linux/fs.h>

BEGIN
{
        // from uapi/linux/stat.h:
        @type[0xc000] = "socket";
        @type[0xa000] = "link";
        @type[0x8000] = "regular";
        @type[0x6000] = "block";
        @type[0x4000] = "directory";
        @type[0x2000] = "character";
        @type[0x1000] = "fifo";
        @type[0] = "other";
}

kprobe:vfs_read,
kprobe:vfs_readv,
kprobe:vfs_write,
kprobe:vfs_writev
{
        $file = (struct file *)arg0;
        $mode = $file->f_inode->i_mode;
        @[@type[$mode & 0xf000], func, comm] = count();
}

END
{
        clear(@type);
}
```

在 BEGIN 代码块中，首先建立了一个哈希表（@type），将 inode 文件模式映射为字符串，这些在 kprobes 跟踪 VFS 函数时会查找。

写完这个工具两个月之后，笔者在开发另外一个 socket I/O 工具时发现并没有一个 VFS 工具可以按 include/linux/fs.h 列出文件类型（DT_FIFO、DT_CHR 等），于是笔者写了下面这个工具（不包括 DT_ 这个前缀）：

```
#!/usr/local/bin/bpftrace

#include <linux/fs.h>
```

```
BEGIN
{
        printf("Tracing VFS reads and writes... Hit Ctrl-C to end.\n");
        // from include/linux/fs.h:
        @type2str[0] = "UNKNOWN";
        @type2str[1] = "FIFO";
        @type2str[2] = "CHR";
        @type2str[4] = "DIR";
        @type2str[6] = "BLK";
        @type2str[8] = "REG";
        @type2str[10] = "LNK";
        @type2str[12] = "SOCK";
        @type2str[14] = "WHT";
}

kprobe:vfs_read,
kprobe:vfs_readv,
kprobe:vfs_write,
kprobe:vfs_writev
{
        $file = (struct file *)arg0;
        $type = ($file->f_inode->i_mode >> 12) & 15;
        @[@type2str[$type], func, comm] = count();
}

END
{
        clear(@type2str);
}
```

写作本章时，笔者才发现这实际上写成了 filetype(8) 的第二个版本，使用了不同的内核头文件进行文件类型查找。所以本书这里同时包含了两个版本，以展示有的时候可以用多种方式来达到同一个目的。

8.3.16 cachestat

cachestat(8)[1] 是一个 BCC 工具，可以展示页缓存的命中率统计信息。这个工具可以

---

1 笔者最开始是用Ftrace创建了该工具的第一版，包含在笔者的perf-tools工具集中，是2014年12月8日笔者在澳大利亚的Yulara（近Uluru）度假时完成的[87]。由于这个工具十分依赖于内核内部实现，所以这个工具的头文件中包括一个注释，里面写到该工具就像是一个沙雕城堡：新的内核版本可以很轻易地导致工具失效。Allan McAleavy于2015年11月6日将该工具迁移到了BCC上。

用来检查页缓存的命中率和有效程度，在应用程序调优的过程中也可以帮助展示缓存相关的性能信息。例如，在一个 36-CPU 的 Hadoop 生产服务器上的输出如下：

```
# cachestat
    HITS   MISSES  DIRTIES HITRATIO   BUFFERS_MB   CACHED_MB
   53401     2755    20953   95.09%           14       90223
   49599     4098    21460   92.37%           14       90230
   16601     2689    61329   86.06%           14       90381
   15197     2477    58028   85.99%           14       90522
   18169     4402    51421   80.50%           14       90656
   57604     3064    22117   94.95%           14       90693
   76559     3777     3128   95.30%           14       90692
   49044     3621    26570   93.12%           14       90743
[...]
```

这个输出显示页缓存命中率经常超过 90%，但是将系统和应用程序从 90% 命中率优化到近 100% 可带来很显著的性能提高（影响要远远大于这 10% 的区别），因为这时应用程序可以完全在内存中运行，而不需要等待任何磁盘 I/O。

Cassandra、Elasticsearch 和 PostgreSQL 这类的大型云数据库一般都大量使用页缓存，以确保一般情况下经常访问的数据永远在内存中。这意味着在规划这种数据存储时，最重要的问题往往是最活跃的数据集是否能够完全存入预期的内存容量中。Netflix 团队利用 cachestat(8) 工具来管理这类有状态的服务，该工具可以帮助回答上面这个问题，同时也可以帮助选择不同的数据压缩算法，或者回答是否向集群中添加内存可以提高应用程序性能这种问题。

我们可以通过一系列简单的例子来更好地解释 cachestat(8) 的输出。下面是在一个闲置系统上的输出，在其中创建了一个 1GB 大小的文件。-T 选项可以用来在结果中包含时间戳一列：

```
# cachestat -T
TIME        HITS    MISSES  DIRTIES HITRATIO   BUFFERS_MB   CACHED_MB
21:06:47       0         0        0   0.00%            9         191
21:06:48       0         0   120889   0.00%            9         663
21:06:49       0         0   141167   0.00%            9        1215
21:06:50     795         0        1 100.00%            9        1215
21:06:51       0         0        0   0.00%            9        1215
```

DIRTIES 一列显示了写入页缓存的页数量（脏页）。同时，CACHED_MB 列增加了 1024MB：正好是新创建的文件大小。

接下来我们将这个文件写入磁盘，并且从页缓存中将其去掉（该操作会将所有的页缓存中的内存页全部删除）：

```
# sync
# echo 3 > /proc/sys/vm/drop_caches
```

现在我们读取两次该文件，同时使用 cachestat(8) 每 10 秒记录一次：

```
# cachestat -T 10
TIME        HITS   MISSES   DIRTIES HITRATIO   BUFFERS_MB   CACHED_MB
21:08:58     771        0         1  100.00%            8         190
21:09:08   33036    53975        16   37.97%            9         400
21:09:18      15    68544         2    0.02%            9         668
21:09:28     798    65632         1    1.20%            9         924
21:09:38       5    67424         0    0.01%            9        1187
21:09:48    3757    11329         0   24.90%            9        1232
21:09:58    2082        0         1  100.00%            9        1232
21:10:08  268421       11        12  100.00%            9        1232
21:10:18       6        0         0  100.00%            9        1232
21:10:19     784        0         1  100.00%            9        1232
```

这个文件在 21:09:08 和 21:09:48 之间被读取了一次，可以看到 MISSES 频率变高，HITRATIO 下降，同时 CACHED_MB 变大了 1024MB。21:10:08 该文件被读取了第二次，现在是完全从页缓存中命中了（100%）。

cachestat(8) 内部使用 kprobes 来跟踪以下几个内核函数。

- **mark_page_accessed()**：用来测量缓存访问。
- **mark_buffer_dirty()**：用来测量缓存写入。
- **add_to_page_cache_lru()**：用来测量页添加操作。
- **account_page_dirtied()**：用来测量脏页的数量。

虽然这个工具展示了很重要的页缓存命中率的信息，但是由于使用的是 kprobes，和内核实现细节是绑定在一起的，所以在不同的内核版本上需要进行一定的修改。目前这个工具的最大作用是展示这类工具是可以被写成的。[1]

这些页缓存函数可能会被很频繁地调用：每秒可能会被调用几百万次。在极端情况

---

[1] 当笔者第一次在LSFMM主题演讲上展示cachestat(8)时，Linux内存管理开发者们肯定地说在未来的内核版本中这个工具一定会失效，同时解释了在未来版本中准确计算这些数据的难度（多谢Mel Gorman）。然而，对某些公司来说，比如Netflix，我们还是能够保障这个工具对负载和内核发挥作用的。然而，要将这个工具开发成一个稳健的普适工具，笔者认为需要A）某个人花几个星期学习内核代码，测试不同的负载情况，并且与内存管理开发者合作解决这个问题。B）在内核中增加/proc统计信息，这样这个工具就只需读取这些计数器了。

下，该工具的额外消耗可能在 30% 以上，不过在一般情况下应该没有这么高。在生产系统中使用该工具之前应该先在测试环境中进行测试。

命令行使用说明如下：

```
cachestat [options] [interval [count]]
```

同时还有一个 -T 命令行选项，可在输出中增加一列时间戳信息。

同时还有另外一个 cachetop(8)[1]BCC 工具，该工具使用 curses 库，按进程统计 cachestat(8)，并且以和 top(1) 类似的方式进行显示。

8.3.17 writeback

writeback(8)[2] 是一个 bpftrace 工具，展示了页缓存的写回操作：页扫描的时间、脏页写入磁盘的时间、写回事件的类型，以及持续的时间。例如，在一个 36-CPU 系统上的输出如下：

```
# writeback.bt
Attaching 4 probes...
Tracing writeback... Hit Ctrl-C to end.
TIME      DEVICE   PAGES   REASON         ms
03:42:50  253:1    0       periodic       0.013
03:42:55  253:1    40      periodic       0.167
03:43:00  253:1    0       periodic       0.005
03:43:01  253:1    11268   background     6.112
03:43:01  253:1    11266   background     7.977
03:43:01  253:1    11314   background     22.209
03:43:02  253:1    11266   background     20.698
03:43:02  253:1    11266   background     7.421
03:43:02  253:1    11266   background     11.382
03:43:02  253:1    11266   background     6.954
03:43:02  253:1    11266   background     8.749
03:43:02  253:1    11266   background     14.518
03:43:04  253:1    38836   sync           64.655
03:43:04  253:1    0       sync           0.004
03:43:04  253:1    0       sync           0.002
03:43:09  253:1    0       periodic       0.012
03:43:14  253:1    0       periodic       0.016
[...]
```

---

1 cachetop(8)由Emmanuel Bretelle于2016年7月13日完成。

2 笔者于2018年9月14日完成了bpftrace版本。

上面这段输出先由每 5 秒一次的周期性（periodic）写回操作开始。这些操作涉及的页数量不多（0，40，0）。接下来有一系列的后台（background）写回操作，每次写入几万个页，同时每个写回消耗 6 ～ 22 毫秒。这是在系统空闲内存低的情况下进行的异步页写回操作。如果这个操作的时间和其他监控程序发现的应用程序性能问题（例如，云监控工具等）的时间相吻合，那么就有可能说明应用程序受到了文件系统写回操作的影响。写回操作的行为可以调节（例如，通过 sysctl(8) 和 vm.dirty_writeback_centisecs）。3:43:04 发生了一次同步写回，64 毫秒写入了 38 836 个页。

writeback(8) 的 bpftrace 版的源代码如下：

```
#!/usr/local/bin/bpftrace

BEGIN
{
        printf("Tracing writeback... Hit Ctrl-C to end.\n");
        printf("%-9s %-8s %-8s %-16s %s\n", "TIME", "DEVICE", "PAGES",
            "REASON", "ms");

        // see /sys/kernel/debug/tracing/events/writeback/writeback_start/format
        @reason[0] = "background";
        @reason[1] = "vmscan";
        @reason[2] = "sync";
        @reason[3] = "periodic";
        @reason[4] = "laptop_timer";
        @reason[5] = "free_more_memory";
        @reason[6] = "fs_free_space";
        @reason[7] = "forker_thread";
}

tracepoint:writeback:writeback_start
{
        @start[args->sb_dev] = nsecs;
        @pages[args->sb_dev] = args->nr_pages;
}

tracepoint:writeback:writeback_written
/@start[args->sb_dev]/
{
        $sb_dev = args->sb_dev;
        $s = @start[$sb_dev];
        $lat = $s ? (nsecs - $s) / 1000 : 0;
        $pages = @pages[args->sb_dev] - args->nr_pages;
```

```
        time("%H:%M:%S  ");
        printf("%-8s %-8d %-16s %d.%03d\n", args->name, $pages,
            @reason[args->reason], $lat / 1000, $lat % 1000);

        delete(@start[$sb_dev]);
        delete(@pages[$sb_dev]);
}

END
{

        clear(@reason);
        clear(@start);
}
```

这段程序创建了一个 @reason 映射表，将原因标识符映射为用户可读的字符串。通过测量写回操作的时间、按设备分类，并输出 writeback_written 跟踪点上面的其他所有信息。页数量是通过检查 args->nr_pages 参数的下降计算的，和内核统计方式一样（详见 fs/fs-writeback.c 中 wb_writeback() 的源代码）。

8.3.18　dcstat

dcstat(8)[1] 是一个 BCC 和 bpftrace 工具，可以展示目录缓存（dcache）的统计信息。下面是 dcstat(8) 在 36-CPU 的 Hadoop 服务器上的 BCC 版本的输出：

```
# dcstat
TIME          REFS/s      SLOW/s      MISS/s      HIT%
22:48:20:     661815      27942       20814       96.86
22:48:21:     540677      87375       80708       85.07
22:48:22:     271719      4042        914         99.66
22:48:23:     434353      4765        37          99.99
22:48:24:     766316      5860        607         99.92
22:48:25:     567078      7866        2279        99.60
22:48:26:     556771      26845       20431       96.33
22:48:27:     558992      4095        747         99.87
22:48:28:     299356      3785        105         99.96
[...]
```

1　笔者于2004年3月10日创建了一个类似的工具，称为dnlcstat，目的是为了统计Solaris的目录查找缓存，利用的是内核中的Kstat统计信息。笔者于2016年2月9日完成了BCC版本的dcstat(8)，于2019年3月26日写作本书时完成了bpftrace版本。

输出中展示命中率超过 99%，每秒超过 500 000 次查找。列信息如下所述。

- **REF/s**：dcache 每秒的查找次数。
- **SLOW/s**：从 Linux 2.5.11 之后，dcache 为一些常用的记录（"/""/user"）的查找进行了优化，以优化 CPU 缓存的使用 [88]。这一列显示了没有使用这种优化的查找，也就是慢速查找的次数。
- **MISS/s**：dcache 查找失败的次数。目录记录可能还在内存中，但是 dcache 没有返回。
- **HIT%**：命中次数与总查找次数的比率。

这个程序使用 kprobes 来跟踪 lookup_fast() 内核函数，以及用 kretprobes 跟踪 d_lookup()。由上面的输出可见，根据系统负载的不同，这些函数的调用可能很频繁，该工具的额外消耗是不可忽视的。使用之前应该先在测试环境中进行测试。

BCC

命令行使用说明如下：

```
dcstat [interval [count]]
```

这是基于传统工具设计实现的（例如 vmstat(1)）。

bpftrace

下面是 bpftrace 版本的输出：

```
# dcstat.bt
Attaching 4 probes...
Tracing dcache lookups... Hit Ctrl-C to end.
    REFS     MISSES   HIT%
  234096      16111   93%
  495104      36714   92%
  461846      36543   92%
  460245      36154   92%
[...]
```

源代码如下：

```
#!/usr/local/bin/bpftrace

BEGIN
{
        printf("Tracing dcache lookups... Hit Ctrl-C to end.\n");
```

```
        printf("%10s %10s %5s%%\n", "REFS", "MISSES", "HIT%");
}


kprobe:lookup_fast { @hits++; }

kretprobe:d_lookup /retval == 0/ { @misses++; }

interval:s:1
{
        $refs = @hits + @misses;
        $percent = $refs > 0 ? 100 * @hits / $refs : 0;
        printf("%10d %10d %4d%%\n", $refs, @misses, $percent);
        clear(@hits);
        clear(@misses);
}


END
{
        clear(@hits);
        clear(@misses);
}
```

这里使用了一个三元操作符以避免除 0 错误的发生，在极端情况下有可能测量的结果是 0 命中和 0 命空。[1]

8.3.19 dcsnoop

dcsnoop(8)[2] 是一个 BCC 和 bpftrace 工具，跟踪目录缓存（dcache）的查找操作，展示每次查找的详细信息。根据查找的频率，这个工具的输出可能有很多，可能每秒多达几千行。下面这个是 BCC 版的 dcsnoop(8) 的输出结果，这里使用了 -a 来显示所有的查找：

```
# dcsnoop -a
TIME(s)      PID     COMM          T FILE
0.005463     2663    snmpd         R proc/sys/net/ipv6/conf/eth0/forwarding
0.005471     2663    snmpd         R sys/net/ipv6/conf/eth0/forwarding
0.005479     2663    snmpd         R net/ipv6/conf/eth0/forwarding
```

---

1 注意，BPF实际上有针对除0错误的保护[89]，不过在将程序发送到BPF之前有必要进行检查，以免被BPF校验器拒绝。

2 笔者最初用DTrace实现了dnlcsnoop，写于2004年3月17日。BCC版本写于2016年2月9日，bpftrace版本写于2018年9月8日。

```
0.005487    2663    snmpd              R ipv6/conf/eth0/forwarding
0.005495    2663    snmpd              R conf/eth0/forwarding
0.005503    2663    snmpd              R eth0/forwarding
0.005511    2663    snmpd              R forwarding
[...]
```

输出中显示，/proc/sys/net/ipv6/conf/eth0/forwarding 这个路径由 snmpd 进行查找，同时展示了路径是如何被逐步查找的。"T"这一列表示类型，R 表示查找，M 表示命空。

这个工具和 dcstat(8) 的工作方式类似，都使用的是 kprobes。对中等负载来说，这个工具的额外消耗预计是很高的，因为每个事件都打印一条输出。这个工具的目标使用方式是短期使用来调查 dcstat(8) 展示的命空问题。

BCC

dcstat(8) 的 BCC 版本仅支持一个命令行选项，-a，以便同时展示查找操作和命空操作。默认只显示命空操作。

bpftrace

下面是该工具 bpftrace 版本的源代码：

```
#!/usr/local/bin/bpftrace

#include <linux/fs.h>
#include <linux/sched.h>

// from fs/namei.c:
struct nameidata {
        struct path     path;
        struct qstr     last;
        // [...]
};

BEGIN
{
        printf("Tracing dcache lookups... Hit Ctrl-C to end.\n");
        printf("%-8s %-6s %-16s %1s %s\n", "TIME", "PID", "COMM", "T", "FILE");
}

// comment out this block to avoid showing hits:
kprobe:lookup_fast
{
        $nd = (struct nameidata *)arg0;
```

```
        printf("%-8d %-6d %-16s R %s\n", elapsed / 1000000, pid, comm,
                str($nd->last.name));
}


kprobe:d_lookup
{
        $name = (struct qstr *)arg1;
        @fname[tid] = $name->name;
}


kretprobe:d_lookup
/@fname[tid]/
{
        if (retval == 0) {
                printf("%-8d %-6d %-16s M %s\n", elapsed / 1000000, pid, comm,
                        str(@fname[tid]));
        }
        delete(@fname[tid]);
}
```

这个程序需要使用来自 nameidata 结构体中的"last"成员变量,这并不包含在内核头文件中,所以我们需要在程序中自己声明。

8.3.20 mountsnoop

mountsnoop(8)[1] 是一个 BCC 工具,输出挂载的文件系统。这个工具可以用来调试问题,尤其适合在容器环境下查看容器启动时加载的文件系统。输出的例子如下:

```
# mountsnoop
COMM              PID     TID     MNT_NS       CALL
systemd-logind    1392    1392    4026531840   mount("tmpfs", "/run/user/116", "tmpfs",
MS_NOSUID|MS_NODEV, "mode=0700,uid=116,gid=65534,size=25778348032") = 0
systemd-logind    1392    1392    4026531840   umount("/run/user/116", MNT_DETACH) = 0
[...]
```

上面的输出展示了 systemd-logind 针对 /run/user/116 的 tmpfs 系统进行了 mount(2) 和 unmount(2) 操作。

这个工具通过跟踪 mount(2) 和 umount(2) 系统调用,同时使用 kprobes 来跟踪系统调用的内核函数。由于挂载操作是不频繁的操作,所以该工具的额外消耗是可以忽略不计的。

---

1   Omar Sandoval 于2016年10月14日完成。

8.3.21 xfsslower

xfsslower(8)[1] 是一个 BCC 工具，可以跟踪常见的 XFS 文件系统操作：对超过阈值的慢速操作打印出每个事件的详细信息。跟踪的操作有 read、write、open、fsync。

下面展示了 BCC 版本的 xfsslower(8) 在一台 36-CPU 的生产系统上跟踪耗时超过 10 毫秒（默认值）的输出：

```
# xfsslower
Tracing XFS operations slower than 10 ms
TIME     COMM         PID    T BYTES   OFF_KB    LAT(ms) FILENAME
02:04:07 java         5565   R 63559   360237    17.16 shuffle_2_63762_0.data
02:04:07 java         5565   R 44203   151427    12.59 shuffle_0_12138_0.data
02:04:07 java         5565   R 39911   106647    34.96 shuffle_0_12138_0.data
02:04:07 java         5565   R 65536   340788    14.80 shuffle_2_101288_0.data
02:04:07 java         5565   R 65536   340744    14.73 shuffle_2_103383_0.data
02:04:07 java         5565   R 64182   361925    59.44 shuffle_2_64928_0.data
02:04:07 java         5565   R 44215   108517    12.14 shuffle_0_12138_0.data
02:04:07 java         5565   R 63370   338650    23.23 shuffle_2_104532_0.data
02:04:07 java         5565   R 63708   360777    22.61 shuffle_2_65806_0.data
[...]
```

上面的输出显示，java 进程的频繁读取操作超过 10 毫秒。

与 fileslower(8) 类似，这个工具的跟踪点与应用程序非常近，所以这里测量的延迟很可能会直接影响应用程序。

这个工具使用 kprobes 来跟踪文件系统中 file_operations 结构体中的内核函数，可以从 Linux 的 fs/xfs/xfs_file.c 中看到：

```
const struct file_operations xfs_file_operations = {
        .llseek         = xfs_file_llseek,
        .read_iter      = xfs_file_read_iter,
        .write_iter     = xfs_file_write_iter,
        .splice_read    = generic_file_splice_read,
        .splice_write   = iter_file_splice_write,
        .unlocked_ioctl = xfs_file_ioctl,
#ifdef CONFIG_COMPAT
        .compat_ioctl   = xfs_file_compat_ioctl,
#endif
        .mmap           = xfs_file_mmap,
        .mmap_supported_flags = MAP_SYNC,
```

---

1 笔者于2016年2月11日写成，灵感来自笔者2011年在DTrace一书[Gregg 11]中编写的zfsslower.d。

```
    .open           = xfs_file_open,
    .release        = xfs_file_release,
    .fsync          = xfs_file_fsync,
    .get_unmapped_area = thp_get_unmapped_area,
    .fallocate      = xfs_file_fallocate,
    .remap_file_range = xfs_file_remap_range,
};
```

这个程序通过跟踪 xfs_file_read_iter() 函数来识别读操作，跟踪 xfs_file_write_iter() 函数来识别写操作等。这些函数有可能根据内核版本的不同而不同，所以这个工具在使用时可能需要进行一定的修改。该工具的额外消耗和相应的操作频率有关，同时也和超过阈值的事件发生频率有关。对大量使用读写操作的负载来说，即使没有任何事件超过阈值，该工具的额外消耗也是不可忽视的。

命令行使用说明如下：

```
xfsslower [options] [min_ms]
```

命令行选项包括如下项目。

- **-p PID**：仅测量给定的进程。

min_ms 参数是指最低阈值，单位为毫秒。如果这里指定为 0，那么就会打印出所有的事件。这样的输出，根据事件发生的频率，可能每秒有几千条。除非有特殊的情况需要这样做，否则不建议这样做。如果没有命令行参数，则会使用默认的 10 毫秒阈值。

下一个工具展示了一个 bpftrace 程序，将相同的函数以延迟直方图形式进行统计，而不会输出每个事件。

8.3.22 xfsdist

xfsdist(8)[1] 是一个 BCC 和 bpftrace 工具，作用是观测 XFS 文件系统，以直方图方式统计常见的操作延迟，常见的操作有 read、write、open、fsync。下面的输出是来自 BCC 版本的 xfsdist(8)，这是其在 36-CPU 的生产系统上的 Hadoop 服务器上运行 10 秒的结果：

```
# xfsdist 10 1
Tracing XFS operation latency... Hit Ctrl-C to end.
```

1　笔者于2016年2月12日写成了BCC版本，2018年9月8日完成了bpftrace版本。这个工具的灵感来自笔者2012年写成的zfsdist.d DTrace工具。

```
23:55:23:

operation = 'read'
     usecs                : count    distribution
         0 -> 1           : 5492     |****************************            |
         2 -> 3           : 4384     |***********************                 |
         4 -> 7           : 3387     |******************                      |
         8 -> 15          : 1675     |*********                               |
        16 -> 31          : 7429     |****************************************|
        32 -> 63          : 574      |***                                     |
        64 -> 127         : 407      |**                                      |
       128 -> 255         : 163      |                                        |
       256 -> 511         : 253      |*                                       |
       512 -> 1023        : 98       |                                        |
      1024 -> 2047        : 89       |                                        |
      2048 -> 4095        : 39       |                                        |
      4096 -> 8191        : 37       |                                        |
      8192 -> 16383       : 27       |                                        |
     16384 -> 32767       : 11       |                                        |
     32768 -> 65535       : 21       |                                        |
     65536 -> 131071      : 10       |                                        |

operation = 'write'
     usecs                : count    distribution
         0 -> 1           : 414      |                                        |
         2 -> 3           : 1327     |                                        |
         4 -> 7           : 3367     |**                                      |
         8 -> 15          : 22415    |*************                           |
        16 -> 31          : 65348    |****************************************|
        32 -> 63          : 5955     |***                                     |
        64 -> 127         : 1409     |                                        |
       128 -> 255         : 28       |                                        |

operation = 'open'
     usecs                : count    distribution
         0 -> 1           : 7557     |****************************************|
         2 -> 3           : 263      |*                                       |
         4 -> 7           : 4        |                                        |
         8 -> 15          : 6        |                                        |
        16 -> 31          : 2        |                                        |
```

上面这个输出分别展示了读取、写入、打开延迟直方图，同时还带有累计值，表明目前的负载主要由写入组成。读取直方图显示出双峰分布，很多操作只需 0 ～ 7 微秒，而另外一个分布集中于 16 ～ 31 微秒。这两个延迟显示它们都来自页缓存。这里的区别有可能是因为读取操作的尺寸不同，或者不同类型的读取操作使用了不同的代码路径。
较慢的读取延迟高达 65 ～ 131 微秒这个区间：这些可能涉及了存储设备，而且这里应
该涉及了队列等待时间。

写入直方图展示了大部分的写操作延迟在 16 ～ 31 微秒区间：这是很快的，很有可
能是因为使用了写回缓存模式。

BCC

命令行使用说明如下：

```
xfsdist [options] [interval [count]]
```

命令行选项包括如下几项。

- **-m**：以毫秒为单位打印结果（默认单位为微秒）。
- **-p PID**：仅测量给定的进程。

周期（interval）和数量（count）参数可以用来连续观测一段时间，以展示变化趋势。

bpftrace

下面是该工具 bpftrace 版本的源代码，包括了主要的核心功能。这个版本不支持任
何命令行参数：

```
#!/usr/local/bin/bpftrace

BEGIN
{
        printf("Tracing XFS operation latency... Hit Ctrl-C to end.\n");
}

kprobe:xfs_file_read_iter,
kprobe:xfs_file_write_iter,
kprobe:xfs_file_open,
kprobe:xfs_file_fsync
{
        @start[tid] = nsecs;
        @name[tid] = func;
}

kretprobe:xfs_file_read_iter,
kretprobe:xfs_file_write_iter,
kretprobe:xfs_file_open,
kretprobe:xfs_file_fsync
```

```
/@start[tid]/
{
        @us[@name[tid]] = hist((nsecs - @start[tid]) / 1000);
        delete(@start[tid]);
        delete(@name[tid]);
}

END
{
        clear(@start);
        clear(@name);
}
```

这段程序使用了 XFS 中的 file_operations 结构体。在接下来的 ext4 小节中我们可以看到，不是所有的文件系统实现都包含一个这么简单的映射的。

8.2.23 ext4dist

BCC 中有一个 ext4dist(8)[1] 工具，与 xfsdist(8) 的功能类似，但是在 ext4 文件系统上起作用的。具体的输出和使用方式请参见 xfsdist(8) 一节。

这两个工具有一个区别，也正好可以说明使用 kprobes 的难度。这是 Linux 4.8 版本中的 ext4_file_operation 结构体：

```
const struct file_operations ext4_file_operations = {
        .llseek          = ext4_llseek,
        .read_iter       = generic_file_read_iter,
        .write_iter      = ext4_file_write_iter,
        .unlocked_ioctl  = ext4_ioctl,
[...]
```

上面输出中粗体显示的是 generic_file_read_iter() 函数，这并不是一个 ext4 专用函数。这就存在一个问题，如果跟踪这个通用函数的话，那么同时你就也会看到其他文件系统类型的操作，输出数据就会受到污染。

这里的解决办法是跟踪 generic_file_read_iter() 函数，但是通过检查该函数的参数来检查某个操作是否是 ext4 文件系统中的操作。BPF 代码通过检查 kiocb *icb 结构体的参数，跳过那些不是 ext4 文件系统的操作。

---

1 笔者在2016年2月12日完成了本工具，灵感来自笔者2012年写成的zfsdist.d DTrace工具，bpftrace版本在写作本书时于2019年2月2日完成。

```
// ext4 filter on file->f_op == ext4_file_operations
struct file *fp = iocb->ki_filp;
if ((u64)fp->f_op != EXT4_FILE_OPERATIONS)
    return 0;
```

这里的 EXT4_FILE_OPERATIONS 会被替换为 ext4_file_operations 结构体的实际地址，这是在程序启动时通过读取 /proc/kallsyms 来做到的。这算是一个小窍门，不过这的确能解决问题。不过这样做的话，该工具的性能会受到需要跟踪所有 generic_file_read_iter() 函数调用的影响，有可能会影响到也使用这个函数的其他文件系统，同时还有可能影响该 BPF 程序中的其他测试部分。

随后 Linux 4.10 发布了，修改了该程序所使用的函数。现在我们就可以看到一个真实的内核修改导致 kprobes 变动的案例，而不是仅仅作为理论上的假设。file_operations 这个结构体现在变成了：

```
const struct file_operations ext4_file_operations = {
        .llseek         = ext4_llseek,
        .read_iter      = ext4_file_read_iter,
        .write_iter     = ext4_file_write_iter,
        .unlocked_ioctl = ext4_ioctl,
[...]
```

和之前的版本相比，这里多了一个 ext4_file_read_iter() 函数，我们可以直接对其进行跟踪，所以就不再需要从通用函数中提取 ext4 部分了。

bpftrace

为了庆祝这个变更成功发布，笔者为 Linux 4.10 和后续版本写成了 ext4dist(8) 工具。示范输出如下：

```
# ext4dist.bt
Attaching 9 probes...
Tracing ext4 operation latency... Hit Ctrl-C to end.
^C

@us[ext4_sync_file]:
[1K, 2K)          2 |@@@@@@@@@@@@@@@@@@@@@@@@@@@@@@@@@@@@@@@@@@@@@@@@@@@@|
[2K, 4K)          1 |@@@@@@@@@@@@@@@@@@@@@@@@@@@               |
[4K, 8K)          0 |                                         |
[8K, 16K)         1 |@@@@@@@@@@@@@@@@@@@@@@@@@@@               |
```

```
@us[ext4_file_write_iter]:
[1]                 14 |@@@@@@                                                        |
[2, 4)              28 |@@@@@@@@@@@@                                                  |
[4, 8)              72 |@@@@@@@@@@@@@@@@@@@@@@@@@@@@@@@@                               |
[8, 16)            114 |@@@@@@@@@@@@@@@@@@@@@@@@@@@@@@@@@@@@@@@@@@@@@@@@@@@@@@@@@@@@@@@@@|
[16, 32)            26 |@@@@@@@@@@@                                                   |
[32, 64)            61 |@@@@@@@@@@@@@@@@@@@@@@@@@@@                                    |
[64, 128)            5 |@@                                                            |
[128, 256)           0 |                                                              |
[256, 512)           0 |                                                              |
[512, 1K)            1 |                                                              |

@us[ext4_file_read_iter]:
[0]                  1 |                                                              |
[1]                  1 |                                                              |
[2, 4)             768 |@@@@@@@@@@@@@@@@@@@@@@@@@@@@@@@@@@@@@@@@@@@@@@@@@@@@@@@@@@@@@@@@@|
[4, 8)             385 |@@@@@@@@@@@@@@@@@@@@@@@@@@@@@@                                 |
[8, 16)            112 |@@@@@@@@                                                      |
[16, 32)            18 |@                                                             |
[32, 64)             5 |                                                              |
[64, 128)            0 |                                                              |
[128, 256)         124 |@@@@@@@@@                                                     |
[256, 512)          70 |@@@@@                                                         |
[512, 1K)            3 |                                                              |

@us[ext4_file_open]:
[0]               1105 |@@@@@@@@@@@                                                   |
[1]                221 |@@                                                            |
[2, 4)            5377 |@@@@@@@@@@@@@@@@@@@@@@@@@@@@@@@@@@@@@@@@@@@@@@@@@@@@@@@@@@@@@@@@@|
[4, 8)             359 |@@@                                                           |
[8, 16)             42 |                                                              |
[16, 32)             5 |                                                              |
[32, 64)             1 |                                                              |
```

直方图的单位是微秒，这个输出显示，延迟全部在 1 毫秒之内。

源代码如下：

```
#!/usr/local/bin/bpftrace

BEGIN
{
        printf("Tracing ext4 operation latency... Hit Ctrl-C to end.\n");
}
```

```
kprobe:ext4_file_read_iter,
kprobe:ext4_file_write_iter,
kprobe:ext4_file_open,
kprobe:ext4_sync_file
{
        @start[tid] = nsecs;
        @name[tid] = func;
}

kretprobe:ext4_file_read_iter,
kretprobe:ext4_file_write_iter,
kretprobe:ext4_file_open,
kretprobe:ext4_sync_file
/@start[tid]/
{
        @us[@name[tid]] = hist((nsecs - @start[tid]) / 1000);
        delete(@start[tid]);
        delete(@name[tid]);
}

END
{
        clear(@start);
        clear(@name);
}
```

这里使用了一个"@us"映射来说明输出的单位是微秒。

8.3.24　icstat

icstat(8)[1] 跟踪 inode 缓存的查找操作，并且打印出每秒统计结果。例如：

```
# icstat.bt
Attaching 3 probes...
Tracing icache lookups... Hit Ctrl-C to end.
     REFS    MISSES   HIT%
        0         0    0%
```

1　笔者写作本书时于2019年2月2日完成了本工具。笔者写的第一个inode缓存统计工具是2014年3月11日完成的inodestat7。笔者敢肯定，之前还有更早的inode缓存统计工具（如果没记错的话，是包含在SE Toolkit中的）。

```
    21647            0   100%
    38925        35250     8%
    33781        33780     0%
      815          806     1%
        0            0     0%
        0            0     0%
[...]
```

这里的输出显示出第一秒查找操作全部命中，随后几秒大部分都是命空。笔者所运行的命令是 find /var-ls，这个命令遍历 inode 并且打印出 inode 的信息。

icstat(8) 的 bpftrace 版的源代码是：

```
#!/usr/local/bin/bpftrace

BEGIN
{
        printf("Tracing icache lookups... Hit Ctrl-C to end.\n");
        printf("%10s %10s %5s\n", "REFS", "MISSES", "HIT%");
}

kretprobe:find_inode_fast
{
        @refs++;
        if (retval == 0) {
                @misses++;
        }
}

interval:s:1
{
        $hits = @refs - @misses;
        $percent = @refs > 0 ? 100 * $hits / @refs : 0;
        printf("%10d %10d %4d%%\n", @refs, @misses, $percent);
        clear(@refs);
        clear(@misses);
}

END
{
        clear(@refs);
        clear(@misses);
}
```

正如 dcstat(8) 一样，计算百分比的时候我们先检查了 @ref 是否是 0，以避免出现除 0 错误。

8.3.25　bufgrow

bufgrow(8)[1] 是一个 bpftrace 工具，用来查看缓冲缓存的内部情况。这可以展示页缓存中的块页的增长情况（也就是缓冲缓存区，用来缓冲块 I/O 操作）。输出中显示了哪个进程导致了缓冲区的增长，以 KB 为单位。例如：

```
# bufgrow.bt
Attaching 1 probe...
^C

@kb[dd]: 101856
```

在跟踪的过程中，dd 进程导致缓冲缓存区增长了大概 100MB。这是因为笔者正在使用 dd(1) 工具向一个块设备写入作为测试，在这个过程中缓冲缓存大概增长了 100MB：

```
# free -wm
         total      used      free    shared   buffers     cache   available
Mem:     70336       471     69328        26         2       534       68928
Swap:        0         0         0
[...]
# free -wm
         total      used      free    shared   buffers     cache   available
Mem:     70336       473     69153        26       102       607       68839
Swap:        0         0         0
```

bufgrow(8) 的 bpftrace 版的源代码如下：

```
#!/usr/local/bin/bpftrace

#include <linux/fs.h>

kprobe:add_to_page_cache_lru
{
        $as = (struct address_space *)arg1;
        $mode = $as->host->i_mode;
        // match block mode, uapi/linux/stat.h:
```

1　笔者在写作本书时于2019年2月3日写成。

```
        if ($mode & 0x6000) {
                @kb[comm] = sum(4);          // page size
        }
}
```

该工具使用 kprobes 跟踪 add_to_page_cache_lru() 函数，同时根据块类型进行过滤。由于块类型需要进行一次结构体类型转换，以及指针解引用操作，所以这里使用了一个 if 语句，而没有直接在探针上进行过滤。这个函数的调用相对频繁，所以在繁忙的系统中运行本工具可能有一定的性能损耗。

8.3.26　readahead

readahead(8)[1] 工具跟踪文件系统的自动预读取（而不是 readahead(2) 系统调用），同时显示预读取的页面在跟踪过程中是否被使用了，以及读取页和使用页之间的时间间隔。例如：

```
# readahead.bt
Attaching 5 probes...
^C
Readahead unused pages: 128

Readahead used page age (ms):
@age_ms:
[1]                   2455 |@@@@@@@@@@@@@@@                                      |
[2, 4)                8424 |@@@@@@@@@@@@@@@@@@@@@@@@@@@@@@@@@@@@@@@@@@@@@@@@@@@@@@|
[4, 8)                4417 |@@@@@@@@@@@@@@@@@@@@@@@@@@@@                          |
[8, 16)               7680 |@@@@@@@@@@@@@@@@@@@@@@@@@@@@@@@@@@@@@@@@@@@@@@@@@     |
[16, 32)              4352 |@@@@@@@@@@@@@@@@@@@@@@@@@@@@                          |
[32, 64)                 0 |                                                    |
[64, 128)                0 |                                                    |
[128, 256)             384 |@@                                                  |
```

这段输出展示了在跟踪过程中，预读取了 128 个页，但是最终没有使用（这并不是很多）。直方图内显示出有几千个页面被预读取并且最终被使用了，大部分延迟在 32 毫秒之内。如果这个时间是几秒的话，这可能说明预读取过于积极了，应该进行调优。

这个工具的构造目的是帮助分析 Netflix 生产环境中使用 SSD 的预读取操作行为。在 SSD 设备上，比起磁盘设备，预读取的作用没有那么大，甚至可能会对性能有负面影响。

1　笔者在2019年2月3日写作本书时完成本工具。之前笔者曾经多次提到该工具的必要性，这次终于完成了。

这个生产问题在第 9 章介绍 biosnoop(8) 时将进行详细描述。

readahead(8) 的 bpftrace 版的源代码是：

```
#!/usr/local/bin/bpftrace

kprobe:__do_page_cache_readahead    { @in_readahead[tid] = 1; }
kretprobe:__do_page_cache_readahead { @in_readahead[tid] = 0; }

kretprobe:__page_cache_alloc
/@in_readahead[tid]/
{
        @birth[retval] = nsecs;
        @rapages++;
}

kprobe:mark_page_accessed
/@birth[arg0]/
{
        @age_ms = hist((nsecs - @birth[arg0]) / 1000000);
        delete(@birth[arg0]);
        @rapages--;
}

END
{
        printf("\nReadahead unused pages: %d\n", @rapages);
        printf("\nReadahead used page age (ms):\n");
        print(@age_ms); clear(@age_ms);
        clear(@birth); clear(@in_readahead); clear(@rapages);
}
```

　　该程序利用 kprobes 来跟踪几个内核函数。这段程序在 __do_page_cache_readahead()
函数中设置了一个线程本地标识，这样在页分配的时候就可以检查这个标识以确定是不
是用来储存预读取结果的。如果是与预读取相关的，那么就保存一个时间戳，以页结构
体地址为键存入映射。随后在访问该页的时候，检查对应的延迟并存入直方图中。没有
被使用的页数量的计数方法就是累计所有预读取相关的页分配数量，再减去被使用的页
数量。

　　如果修改内核代码的话，那么这个工具也需要随之修改。同时，由于页缓存操作很
频繁，跟踪页缓存相关的函数并且给每个页都储存额外的元数据的话可能会导致不可忽
视的额外消耗。在一个相对繁忙的系统中，该工具的额外消耗可能高达 30%，所以该工

具只适用于短期分析。

在第 9 章的结尾，我们将展示一个 bpftrace 单行程序，可以统计读操作和预读取块 I/O 的比例。

8.3.27　其他工具

其他值得说的 BPF 工具有如下一些。

- ext4slower(8)、ext4dist(8)：ext4 版本的 xfsslower(8) 和 xfsdist(8)，BCC 版本。
- btrfsslower(8)、btrfsdist(8)：btrfs 版本的 xfsslower(8) 和 xfsdist(8)，BCC 版本。
- zfsslower(8)、zfsdist(8)：zfs 版本的 xfsslower(8) 和 xfsdist(8)，BCC 版本。
- nfsslower(8)、nfsdist(8)：NFS 版本的 xfsslower(8) 和 xfsdist(8)，BCC 版本，适用于 NFSv3 和 NFSv4 版本。

8.4　BPF单行程序

这一节将展示一些 BCC 和 bpftrace 单行程序。在可能的情况下，同样的单行程序同时有 BCC 和 bpftrace 版本。

8.4.1　BCC

按进程名跟踪通过 open(2) 打开的文件：

```
opensnoop
```

按进程名跟踪通过 creat(2) 创建的文件：

```
trace 't:syscalls:sys_enter_creat "%s", args->pathname'
```

按文件名统计 newstat(2) 调用：

```
argdist -C 't:syscalls:sys_enter_newstat():char*:args->filename'
```

按系统调用方式统计 read 系统调用：

```
funccount 't:syscalls:sys_enter_*read*'
```

按系统调用方式统计 write 系统调用：

```
funccount 't:syscalls:sys_enter_*write*'
```

展示 read() 系统调用的请求大小分布：

```
argdist -H 't:syscalls:sys_enter_read():int:args->count'
```

展示 read() 系统调用的实际读取字节数（以及错误）：

```
argdist -H 't:syscalls:sys_exit_read():int:args->ret'
```

按错误代码统计 read() 系统调用的错误：

```
argdist -C 't:syscalls:sys_exit_read():int:args->ret:args->ret<0'
```

统计 VFS 调用：

```
funccount 'vfs_*'
```

统计 ext4 跟踪点：

```
funccount 't:ext4:*'
```

统计 XFS 跟踪点：

```
funccount 't:xfs:*'
```

按进程名和调用栈信息统计 ext4 文件读取操作：

```
stackcount ext4_file_read_iter
```

按进程名和用户态调用栈信息统计 ext4 文件读取操作：

```
stackcount -U ext4_file_read_iter
```

跟踪 ZFS spa_sync() 时间：

```
trace -T 'spa_sync "ZFS spa_sync()"'
```

按进程名和调用栈信息统计使用 read_pages 向存储设备进行的文件系统读取操作：

```
stackcount -P read_pages
```

按调用栈和进程名统计所有通过 ext4 向存储设备进行的读取操作：

```
stackcount -P ext4_readpages
```

8.4.2　bpftrace

按进程名统计通过 open(2) 打开的文件：

```
bpftrace -e 't:syscalls:sys_enter_open { printf("%s %s\n", comm,
    str(args->filename)); }'
```

按进程名统计通过 creat(2) 创建的文件：

```
bpftrace -e 't:syscalls:sys_enter_creat { printf("%s %s\n", comm,
    str(args->pathname)); }'
```

按文件名统计 newstat(2) 调用：

```
bpftrace -e 't:syscalls:sys_enter_newstat { @[str(args->filename)] = count(); }'
```

按系统调用方式统计 read 系统调用：

```
bpftrace -e 'tracepoint:syscalls:sys_enter_*read* { @[probe] = count(); }'
```

按系统调用方式统计 write 系统调用：

```
bpftrace -e 'tracepoint:syscalls:sys_enter_*write* { @[probe] = count(); }'
```

展示 read() 系统调用的请求大小分布：

```
bpftrace -e 'tracepoint:syscalls:sys_enter_read { @ = hist(args->count); }'
```

展示 read() 系统调用的实际读取字节数（以及错误）：

```
bpftrace -e 'tracepoint:syscalls:sys_exit_read { @ = hist(args->ret); }'
```

统计 VFS 调用：

```
bpftrace -e 'kprobe:vfs_* { @[probe] = count(); }'
```

统计 ext4 跟踪点：

```
bpftrace -e 'tracepoint:ext4:* { @[probe] = count(); }'
```

统计 XFS 跟踪点：

```
bpftrace -e 'tracepoint:xfs:* { @[probe] = count(); }'
```

按进程名和调用栈信息统计 ext4 文件读取操作：

```
bpftrace -e 'kprobe:ext4_file_read_iter { @[comm] = count(); }'
```

按进程名和用户态调用栈信息统计 ext4 文件读取操作：

```
bpftrace -e 'kprobe:ext4_file_read_iter { @[ustack, comm] = count(); }'
```

跟踪 ZFS spa_sync() 时间：

```
bpftrace -e 'kprobe:spa_sync { time("%H:%M:%S ZFS spa_sinc()\n"); }'
```

按进程名和 PID 来统计 dcache 查找操作：

```
bpftrace -e 'kprobe:lookup_fast { @[comm, pid] = count(); }'
```

按进程名和调用栈信息统计使用 read_pages 向存储设备进行的文件系统读取操作：

```
bpftrace -e 'kprobe:read_pages { @[kstack] = count(); }'
```

按调用栈和进程名统计所有通过 ext4 向存储设备进行的读取操作：

```
bpftrace -e 'kprobe:ext4_readpages { @[kstack] = count(); }'
```

8.4.3　BPF 单行程序示例

正如之前笔者给每个工具添加的输出示例，下面是一些单行程序的输出示例，以便很好地解释这些单行程序的作用。

按系统调用方式统计 read 系统调用

```
# funccount -d 10 't:syscalls:sys_enter_*read*'
Tracing 9 functions for "t:syscalls:sys_enter_*read*"... Hit Ctrl-C to end.

FUNC                              COUNT
syscalls:sys_enter_pread64            3
syscalls:sys_enter_readlinkat        34
syscalls:sys_enter_readlink         294
syscalls:sys_enter_read         9863782
Detaching...
```

在这个例子中，使用了 -d 10 选项来运行 10 秒。这个单行程序，以及类似使用 "*write" 和 "*open" 的程序可以用来识别具体哪个系统调用变体正在被使用，以便接下来仔细审查。这个输出是在一个 36-CPU 的生产服务器上运行的，该服务器主要使用 read(2)，在跟踪的 10 秒内大概被调用了 1000 万次。

展示 read() 系统调用的实际读取字节数的分布（以及错误）

```
# bpftrace -e 'tracepoint:syscalls:sys_exit_read { @ = hist(args->ret); }'
Attaching 1 probe...
^C

@:
(..., 0)             279 |                                                    |
[0]                 2899 |@@@@@@                                              |
[1]                15609 |@@@@@@@@@@@@@@@@@@@@@@@@@@@@@@@@@@@@@                 |
[2, 4)                73 |                                                    |
[4, 8)               179 |                                                    |
[8, 16)              374 |                                                    |
[16, 32)            2184 |@@@@                                                |
[32, 64)            1421 |@@@                                                 |
[64, 128)           2758 |@@@@@                                               |
[128, 256)          3899 |@@@@@@@@                                            |
[256, 512)          8913 |@@@@@@@@@@@@@@@@@@@                                  |
[512, 1K)          16498 |@@@@@@@@@@@@@@@@@@@@@@@@@@@@@@@@@@@@@@@               |
[1K, 2K)           16170 |@@@@@@@@@@@@@@@@@@@@@@@@@@@@@@@@@@@@@                 |
```

```
[2K, 4K)          19885 |@@@@@@@@@@@@@@@@@@@@@@@@@@@@@@@@@@@@@@        |
[4K, 8K)          23926 |@@@@@@@@@@@@@@@@@@@@@@@@@@@@@@@@@@@@@@@@@@@@@@|
[8K, 16K)          9974 |@@@@@@@@@@@@@@@@@@@                          |
[16K, 32K)         7569 |@@@@@@@@@@@@@@                              |
[32K, 64K)         1909 |@@@@                                        |
[64K, 128K)         551 |@                                           |
[128K, 256K)        149 |                                            |
[256K, 512K)          1 |                                            |
```

这个输出显示出大部分的 read 请求字节数在 512B 到 8KB 之间。同时也显示了 15 609 个读取只返回了 1 字节，这可能是性能优化的一个目标。这个问题可以通过下面这个程序来抓取 1 字节读取对应的堆栈信息：

```
bpftrace -e 'tracepoint:syscalls:sys_exit_read /args->ret == 1/ { @[ustack] = count(); }'
```

还有 2899 个读取返回了 0 字节，根据 read 对象的不同这可能是正常情况，因为可能的确没有更多的字节可读取了。输出中还有 279 个读取返回了负值，这些都是错误值，可以单独进行分析。

统计 XFS 跟踪点

```
# funccount -d 10 't:xfs:*'
Tracing 496 functions for "t:xfs:*"... Hit Ctrl-C to end.
FUNC                            COUNT
xfs:xfs_buf_delwri_queued           1
xfs:xfs_irele                       1
xfs:xfs_inactive_symlink            2
xfs:xfs_dir2_block_addname          4
xfs:xfs_buf_trylock_fail            5
[...]
xfs:xfs_trans_read_buf           9548
xfs:xfs_trans_log_buf           11800
xfs:xfs_buf_read                13320
xfs:xfs_buf_find                13322
xfs:xfs_buf_get                 13322
xfs:xfs_buf_trylock             15740
xfs:xfs_buf_unlock              15836
xfs:xfs_buf_rele                20959
xfs:xfs_perag_get               21048
xfs:xfs_perag_put               26230
xfs:xfs_file_buffered_read      43283
xfs:xfs_getattr                 80541
xfs:xfs_write_extent           121930
```

```
xfs:xfs_update_time                    137315
xfs:xfs_log_reserve                    140053
xfs:xfs_log_reserve_exit               140066
xfs:xfs_log_ungrant_sub                140094
xfs:xfs_log_ungrant_exit               140107
xfs:xfs_log_ungrant_enter              140195
xfs:xfs_log_done_nonperm               140264
xfs:xfs_iomap_found                    188507
xfs:xfs_file_buffered_write            188759
xfs:xfs_writepage                      476196
xfs:xfs_releasepage                    479235
xfs:xfs_ilock                          581785
xfs:xfs_iunlock                        589775
Detaching...
```

　　XFS 的跟踪点太多了，所以这个输出已经被截断了。这些输出有助于帮助你跟踪
XFS 的内部实现，以便调查问题的原因。

按调用栈和进程名统计所有通过 ext4 向存储设备进行的读取操作

```
# stackcount -P ext4_readpages
Tracing 1 functions for "ext4_readpages"... Hit Ctrl-C to end.
^C
  ext4_readpages
  read_pages
  __do_page_cache_readahead
  filemap_fault
  ext4_filemap_fault
  __do_fault
  __handle_mm_fault
  handle_mm_fault
  __do_page_fault
  async_page_fault
  __clear_user
  load_elf_binary
  search_binary_handler
  __do_execve_file.isra.36
  __x64_sys_execve
  do_syscall_64
  entry_SYSCALL_64_after_hwframe
  [unknown]
    head [28475]
    1
```

```
ext4_readpages
read_pages
__do_page_cache_readahead
ondemand_readahead
generic_file_read_iter
__vfs_read
vfs_read
kernel_read
prepare_binprm
__do_execve_file.isra.36
__x64_sys_execve
do_syscall_64
entry_SYSCALL_64_after_hwframe
[unknown]
  bash [28475]
  1

Detaching...
```

这个输出中只包含了两个事件，但是确实是笔者想要用作例子的事件：第一个事件展示了一个缺页错误，最终导致调用了 ext4_readpages()，并最终从磁盘进行了读取（实际来源是 execve(2) 系统调用正在读取的可执行文件）；第二个事件展示了一个常规的 read(2) 操作触发了预读取，最后调用了 ext4_readpages()。这既有针对地址空间的读取，也有文件操作的读取。输出中包含的内核堆栈信息可以帮助理解该事件的来龙去脉。这些堆栈信息来自 Linux 4.18，不同的内核版本会有不同。

8.5 可选练习

除非特别说明，否则这些练习都可以用 bpftrace 和 BCC 完成。

1. 使用 creat(2) 和 unlink(2) 系统调用跟踪点重写 filelife(8)。

2. 将 filelife(8) 改为使用这些系统调用跟踪点的优势和劣势是什么？

3. 开发一个可以分行输出本地文件系统和 TCP 统计的 vfsstat(8)。（可参见 vfssize(8) 和 fsrwstat(8)。）预期的输出格式为：

```
# vfsstatx
TIME          FS    READ/s   WRITE/s  CREATE/s   OPEN/s  FSYNC/s
02:41:23:    ext4  1715013    38717         0     5379        0
02:41:23:     TCP     1431     1311         0        5        0
```

```
02:41:24:    ext4    947879    30903         0    10547         0
02:41:24:    TCP     1231      982           0    4            0
[...]
```

4. 开发一个显示逻辑文件系统 I/O（通过 VFS 或者文件系统接口）和物理文件系统 I/O（通过 block 跟踪点）的工具。

5. 开发一个工具分析文件描述符泄露问题：也就是在跟踪过程中被分配但是没有释放的文件描述符。一个可能的解决方案可能是跟踪内核函数 __alloc_fd() 和 __close_fd()。

6. （高级）开发一个工具，可以按挂载点显示文件系统 I/O。

7. （高级，未解决）开发一个工具展示页缓存访问的事件分布。这个工具的难点在哪里？

8.6   小结

本章简要介绍了进行文件系统分析的 BPF 工具，它们可以用来跟踪系统调用、VFS 调用、文件系统调用，以及文件系统跟踪点；跟踪写回和预读取操作；同时还可以跟踪页缓存、dentry 缓存、inode 缓存，以及缓冲缓存。本章还介绍了各种能够展示文件系统操作的延迟分布图的工具，这样可以识别多峰分布的情况，以及特殊情况，这些工具可以用来解决应用程序的性能问题。

第9章

磁盘I/O

磁盘 I/O 是一个很常见的性能问题来源，因为在负载较高的磁盘系统中，I/O 延迟可能会高达几十毫秒——这比 CPU 和内存操作一般所需的纳秒级和微秒级延迟高出了几个数量级。使用 BPF 工具进行性能分析可以帮助优化，甚至彻底避免磁盘 I/O，这通常可以大幅提高应用程序的性能。

本书用"磁盘 I/O"这个术语来指代任何与存储有关的 I/O：可以是旋转磁盘，可以是闪存，也可以是网络存储。这些存储设备在 Linux 中的展现形式是一致的，可以用同一套分析工具进行分析。

在应用程序与存储设备之间往往还存在一个文件系统层。文件系统层会利用缓存技术、预读取技术、缓冲区技术，以及异步 I/O 技术来避免让缓慢的磁盘 I/O 阻塞应用程序。因此，笔者建议在进行性能分析时，如第 8 章所述，先从文件系统层入手。

跟踪技术早已在磁盘 I/O 分析工具中被广泛使用：笔者于 2004 年发布的 iosnoop(8) 和 2005 年完成的 iotop(8) 工具，是最早最受欢迎的磁盘 I/O 分析工具。这些工具包含在不同的操作系统发行版中。笔者同时还开发了这些工具的 BPF 版本——biosnoop(8) 和 biotop(8)，在这个版本中终于在工具名字中的 io 之前加上了 b，因为这些工具处理的是块（block）设备 I/O。这些工具和其他磁盘 I/O 分析工具在本章中都有描述。

学习目标

- 理解 I/O 软件栈以及 Linux I/O 调度器的职责。
- 学习一个有效的磁盘 I/O 性能分析策略。
- 如何识别磁盘 I/O 延迟超高的问题。
- 分析磁盘 I/O 延迟呈多峰分布的问题。
- 识别产生磁盘 I/O 的代码路径，以及对应的延迟情况。

- 分析 I/O 调度器的延迟。
- 使用 bpftrace 单行程序来自定义分析磁盘 I/O。

本章从介绍磁盘 I/O 分析的背景知识开始，简要介绍整个 I/O 软件栈。同时，在本章中探索了 BPF 技术可以用来分析哪些性能问题，并且提供了一个可供采纳的整体分析策略。接下来，本章关注于工具介绍，将先介绍传统磁盘工具，再介绍 BPF 工具，还包括一系列 BPF 单行程序。本章最后还提供了可选练习。

9.1 背景知识

本节涵盖了磁盘系统的基础知识、BPF 相关的分析能力，以及磁盘分析的整体策略。

9.1.1 磁盘系统基础知识

块 I/O 软件栈

Linux 块 I/O 软件栈的主要组件如图 9-1 所示

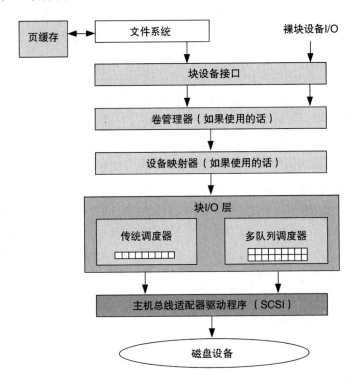

图 9-1 Linux 块 I/O 软件栈

这里使用"块 I/O"这个术语，是因为对这些设备的访问是以块为单位的，一般以512 字节的扇区为单位。块设备接口层是来自 UNIX 的概念。在 Linux 中为了提高 I/O 性能，为块 I/O 层添加了调度器，还添加了卷管理器——将多个设备分组管理，以及磁盘映射器——创建虚拟设备。

内部实现

接下来介绍的 BPF 工具会使用内核 I/O 软件栈中定义的一些结构体。简单介绍如下：I/O 在各个层之间以一个 request 结构体来传递（见 include/linux/blkdev.h），在系统底层则以 bio 结构体来传递（见 include/linux/blk_types.h）。

rwbs

为了提供跟踪和观察能力，内核中使用一个字符串来描述每个 I/O 的类型，称为rwbs。这个字符串在内核的 blk_fill_rwbs() 函数中定义和填充，字符串中使用以下字符。

- R：读取
- W：写入
- M：元数据
- S：同步
- A：预读取
- F：强制清空缓冲区或者强制从设备直接读取
- D：丢弃
- E：擦除
- N：无

这些字符可以进行组合。例如，"WM"是指写入元数据操作。

I/O 调度器

I/O 在块 I/O 层会进入一个队列，由调度器进行调度。传统调度器仅在 Linux 5.0 或更老的版本中才有，而新版本中则采用多队列调度器。传统调度器包括如下几种。

- **Noop**：无调度（空操作）。
- **Deadline**：以截止时间为主要目标进行调度，对实时系统比较有用。
- **CFQ**：完全公平队列调度器，该调度器和 CPU 调度器类似，将 I/O 时间分片分配给不同的进程。

传统调度器存在的问题是，它们使用一个全局共享请求队列，该队列由一个单独的锁来保护，这个全局锁在高 I/O 情况下会变成性能瓶颈。多队列驱动程序（blk-mq，来自 Linux 3.13 版本）针对每个 CPU 使用不同的请求提交队列，并且针对多个设备使用多个分发队列。这样，由于请求可以同步提交，也可以直接在产生 I/O 的 CPU 上直接处理，就比传统调度器的性能好很多，还降低了 I/O 延迟。这对支持基于闪存的存储设备，或者其他支持超百万级 IOPS[90] 的设备来说是必不可少的。

现在可用的多队列调度器包括如下几种。

- **None**：无队列。
- **BFQ**：基于预算的公平队列调度器，与 CFQ 类似，但是在考虑 I/O 时间的同时还要考虑带宽因素。
- **mq-deadline**：多队列版本的 Deadline 调度器。
- **Kyber**：根据设备性能自动调节读写队列长度的调度器，以便保障目标读写延迟。

Linux 5.0 版本删除了传统调度器和传统 I/O 软件栈的代码，现在所有的调度器都默认支持多队列了。

磁盘 I/O 性能

图 9-2 展示了操作系统中针对磁盘 I/O 使用的术语。

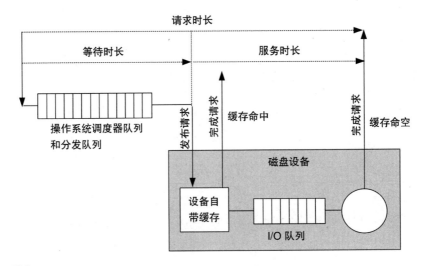

图 9-2　磁盘 I/O

对操作系统来讲，等待时长指的是在块服务层调度器队列和设备分发队列中等待的时间。服务时长指的是从向设备发布请求到请求完成的时间。这可能也包括在设备自带队列中等待的时间。请求时长是指从 I/O 进入操作系统队列到请求完成的总时长。在这里，请求时长是最重要的指标，因为在同步 I/O 中这就是应用程序必须等待的时间。

图 9-2 中没有包含的一个指标是：磁盘使用率。磁盘使用率看起来好像是一个对容量规划很有用的指标：当磁盘使用率接近 100% 时，基本可以肯定会有性能问题发生。

然而，对操作系统来说，磁盘使用率的计算方式仅仅是基于磁盘服务时长的，并没有考虑基于多设备的虚拟磁盘情况，也没有考虑到设备自带队列等情况。这可能会导致在有些情况下磁盘使用率这个指标有误导性，例如，某个使用率已经达到 90% 的设备，可能还可以接受远超过 10% 的额外负载。不过除此之外，磁盘使用率仍然是一个十分有用的指标。与饱和度有关的指标，例如等待时长等，是针对磁盘性能问题更好的指标。

9.1.2 BPF 的分析能力

传统性能分析工具针对存储 I/O 提供了一些信息：IOPS、平均延迟、平均队列长度，以及按进程统计 I/O 数量等。下面的章节将介绍这些传统工具。

BPF 跟踪工具可以针对磁盘操作提供更多的信息，并能回答以下问题：

- 具体都有哪些磁盘 I/O 请求？分别是什么类型的，各有多少，以及 I/O 请求的尺寸是多少？
- 请求时长是多少？排队等待时长是多少？
- 是否存在延迟超标的情况
- 延迟分布是否呈多峰分布？
- 是否有任何磁盘错误？
- 具体发布了哪些 SCSI 命令？
- 是否有任何超时情况？

要回答这些问题，可以通过跟踪 I/O 在块 I/O 软件栈中的传递过程来完成。

事件源

表 9-1 列出了测量磁盘 I/O 的事件源。

表 9-1 可用于测量磁盘 I/O 的事件源

事件类型	事件源
块接口层和块 I/O 层	block 跟踪点、kprobes
I/O 调度器事件	kprobes
SCSI I/O	scsi 跟踪点、kprobes
设备驱动程序 I/O	kprobes

利用这些事件，可以从块 I/O 接口层一直深入设备驱动程序层。

以下面的事件为例，展示了 block:block_rq_issue 的调用参数，该跟踪点是将块 I/O 发向设备时触发：

```
# bpftrace -lv tracepoint:block:block_rq_issue
tracepoint:block:block_rq_issue
```

```
dev_t dev;
sector_t sector;
unsigned int nr_sector;
unsigned int bytes;
char rwbs[8];
char comm[16];
__data_loc char[] cmd;
```

如同"I/O 请求的尺寸是多少"这样的问题，可以使用下面的单行程序跟踪这个跟踪点：

```
bpftrace -e 'tracepoint:block:block_rq_issue { @bytes = hist(args->bytes); }'
```

同时使用几个不同的跟踪点，还可以测量各层之间的耗时。

9.1.3   分析策略

如果对磁盘 I/O 分析不熟悉的话，下面是一个可以采用的整体分析策略。下一节将会详细介绍这些工具的细节。

1. 对应用程序性能问题来说，先从文件系统层分析着手，如第 8 章所述。
2. 检查基本的磁盘性能指标：请求时长、IOPS、使用率（例如，使用 iostat(1)）。注意高使用率(仅作为参考指标)，以及高于常值的请求时长(延迟)和 IOPS 情况。

    a. 如果你不知道系统中正常的 IOPS 频率和延迟，可以使用一个微基准工具在一个空闲系统上使用（例如，fio(1) 的工具），产生一些已知负载，再用 iostat(1) 来测量。

3. 跟踪块 I/O 延迟的分布情况，检查是否有多峰分布的情况，以及延时超标的情况（例如，使用 BCC biolatency(8)）。
4. 单独跟踪具体的块 I/O，找寻系统中的一些行为模式，例如是否有大量写入请求导致读队列增长等（可以使用 BCC biosnoop(8)）。
5. 使用本章中介绍的其他工具和单行程序。

再详细解释一下上面说的第 1 步。如果直接从分析磁盘 I/O 开始，那么可能会很快发现高延迟问题，接下来的问题就变成了：延迟高究竟是不是性能问题的根源呢？注意，应用程序很可能使用的是异步磁盘 I/O，不受磁盘延迟影响。即使是这样，高延迟也仍然是一个值得分析的问题，但是处于完全不同的分析目的：应该判断目前的负载是否与其他同步 I/O 在争抢资源，以及磁盘设备容量规划问题等。

9.2　传统工具

本节将介绍 iostat(1) 工具，其用来获取磁盘系统的统计数据；使用 perf(1) 跟踪块 I/O；以及 blktrace(8) 和 SCSI 日志工具。

9.2.1　iostat

iostat(1) 按磁盘分别输出 I/O 统计信息，可以提供 IOPS、吞吐量、I/O 请求时长，以及使用率的信息。该工具可以由任何用户执行，一般来说是分析磁盘 I/O 时所执行的第一个命令。该命令所显示的统计数据，是在内核中默认启用的，所以该工具的额外开销可以忽略不计。

iostat(1) 提供了很多自定义输出格式的命令行选项。一个很有用的选项组合是 -dxz 1，这个组合仅显示磁盘使用率（-d），使用更多的列（-x），忽略指标为 0 的设备（-z），同时每秒输出一次（1）。该输出较宽，在这里我们先展示左半部分，然后再展示右半部分；这是笔者在调查某个生产问题的时候的输出：

```
# iostat -dxz 1
Linux 4.4.0-1072-aws (...)      12/18/2018    _x86_64_      (16 CPU)


Device:          rrqm/s    wrqm/s      r/s       w/s     rKB/s     wKB/s \ ...
xvda             0.00       0.29      0.21      0.17      6.29      3.09 / ...
xvdb             0.00       0.08     44.39      9.98   5507.39   1110.55 \ ...
                                                                         / ...
Device:          rrqm/s    wrqm/s      r/s       w/s     rKB/s     wKB/s \ ...
xvdb             0.00       0.00    745.00      0.00  91656.00      0.00 / ...
                                                                         \ ...
Device:          rrqm/s    wrqm/s      r/s       w/s     rKB/s     wKB/s \ ...
xvdb             0.00       0.00    739.00      0.00  92152.00      0.00 \ ...
```

上述输出中的这些列是当前负载的摘要信息，这对负载画像来说非常有用。前两列提供了有关磁盘 I/O 合并的信息：当系统发现一个新的读或者写 I/O 请求与队列中的另外一个 I/O 位置相邻时，这两个 I/O 就会被合并，目的是提高性能。

全部的列如下所示。

- rrqm/s：每秒进入队列和被合并的读请求。
- wrqm/s：每秒进入队列和被合并的写请求。
- r/s：每秒完成的读请求（合并之后）。
- w/s：每秒完成的写请求（合并之后）。

- rKB/s：每秒从磁盘设备中读取的千字节。
- wKB/s：每秒向磁盘设备中写入的千字节。

输出中的第一组（包括 xvda 和 xvdb 设备）是自启动之后的汇总信息，这可以用来与后续的每秒输出进行对比。输出中展示，xvdb 正常情况下读取的吞吐量为每秒5507KB，但是目前的"rKB/s"列展示了每秒超过 90 000KB。这说明系统目前的读负载要比通常情况下高。

基于这些输出列，我们可以利用简单的数学计算得出平均的读尺寸和写尺寸。将rKB/s 列的数据与 r/s 列的数据相除，可以得出平均读尺寸是 124KB。新版本的 iostat(1)中直接包括了这些值，列名为 rareq-sz（平均读请求尺寸）和 wareq-sz（平均写请求尺寸）。

右半部分的输出如下：

```
... \ avgrq-sz avgqu-sz   await r_await w_await  svctm  %util
... /    49.32     0.00   12.74    6.96   19.87   3.96   0.15
... \   243.43     2.28   41.96   41.75   42.88   1.52   8.25
... /
... \ avgrq-sz avgqu-sz   await r_await w_await  svctm  %util
... /   246.06    25.32   33.84   33.84    0.00   1.35 100.40
... \
... / avgrq-sz avgqu-sz   await r_await w_await  svctm  %util
... \   249.40    24.75   33.49   33.49    0.00   1.35 100.00
```

这些输出按设备展示了实际的设备输出性能。分列介绍如下。

- avgrq-sz：平均请求尺寸，单位为扇区（512 字节）。
- avgqu-sz：等待队列平均长度，包括在驱动程序队列中等待与在设备内部队列中等待的请求。
- await：平均 I/O 请求时长（也就是设备的响应时间），包括在驱动程序队列中等待的时间，以及设备实际响应的时长（单位为毫秒）。
- r_await：与 await 一样，但是仅包括读请求（单位为毫秒）。
- w_await：与 await 一样，但是仅包括写请求（单位为毫秒）。
- svctm：平均（推测的）设备 I/O 响应时间（单位为毫秒）。
- %util：设备忙于处理 I/O 请求的时间百分比（使用率）。

对最终性能来说最重要的指标是 await。如果应用程序和文件系统使用了某种应对写延迟的技术（例如，写入缓存），那么 w_await 就可能没有那么重要，可以只关注 r_await 指标。

在统计资源利用率和进行容量规划时，%util 是一个重要指标，但是一定要记住该指标只测量了繁忙度（磁盘的非空闲时间比），这对由多个设备组成的虚拟设备来说可能意义不大，那些设备的利用率往往需要以实际负载来理解：IOPS（r/s 与 w/s），以及吞吐量（rKB/s 和 wKB/s）。

该输出展示了，磁盘使用率高达 100%，同时平均读 I/O 时长为 33 毫秒。对该负载和该设备来说，实际性能是符合预期的。这里真正的问题实际上是被读取的文件尺寸过大，无法完全缓存在页缓存中，只能从磁盘读取。

9.2.2 perf

在第 6 章介绍 PMC 分析和执行栈定时采样的时候介绍过 perf(1)。该命令的跟踪能力也可以用来进行磁盘分析，尤其是它使用 block 跟踪点的能力。

例如，下面这个命令跟踪进入队列的请求（block_rq_insert）、发往存储设备的请求（block_rq_issue），以及完成的请求（block_rq_complete）：

```
# perf record -e block:block_rq_insert,block:block_rq_issue,block:block_rq_complete -a
^C[ perf record: Woken up 7 times to write data ]
[ perf record: Captured and wrote 6.415 MB perf.data (20434 samples) ]
# perf script
    kworker/u16:3 25003 [004] 543348.164811:   block:block_rq_insert: 259,0 RM 4096 ()
2564656 + 8 [kworker/u16:3]
    kworker/4:1H     533 [004] 543348.164815:   block:block_rq_issue: 259,0 RM 4096 ()
2564656 + 8 [kworker/4:1H]
         swapper       0 [004] 543348.164887:   block:block_rq_complete: 259,0 RM ()
2564656 + 8 [0]
  kworker/u17:0 23867  [005] 543348.164960:   block:block_rq_complete: 259,0 R ()
3190760 + 256 [0]
             dd 25337  [001] 543348.165046:   block:block_rq_insert: 259,0 R 131072 ()
3191272 + 256 [dd]
             dd 25337  [001] 543348.165050:   block:block_rq_issue: 259,0 R 131072 ()
3191272 + 256 [dd]
             dd 25337  [001] 543348.165111:   block:block_rq_complete: 259,0 R ()
3191272 + 256 [0]
[...]
```

输出中包含了很多细节信息，首先是当事件发生时正在 CPU 上执行的进程，该进程可能是导致事件发生的进程，也可能不是。其他细节信息包括时间戳、磁盘的主序号（major number）和副序号（minor number）、一个包含 I/O 类型的字符串（rwbs，如前文所述），以及该 I/O 其他相关的细节信息。

过去笔者曾经写过工具用来后期处理这些事件信息，以便计算延迟直方图，或者可视化展示访问模式[1]。然而，对一个繁忙的系统来说，这意味着要将所有的块事件输出到用户态，再进行后期处理。相比之下，BPF 可以直接在内核态中更高效地处理这些事件，仅将统计结果输出到用户态。可以看下面的 biosnoop(8) 工具介绍。

9.2.3　blktrace

blktrace(8) 是一个跟踪块 I/O 事件的专用工具，可以使用 btrace(8) 前台程序来跟踪所有的事件：

```
# btrace /dev/nvme2n1
259,0    2        1     0.000000000   430  Q  WS 2163864 + 8 [jbd2/nvme2n1-8]
259,0    2        2     0.000009556   430  G  WS 2163864 + 8 [jbd2/nvme2n1-8]
259,0    2        3     0.000011109   430  P   N [jbd2/nvme2n1-8]
259,0    2        4     0.000013256   430  Q  WS 2163872 + 8 [jbd2/nvme2n1-8]
259,0    2        5     0.000015740   430  M  WS 2163872 + 8 [jbd2/nvme2n1-8]
[...]
259,0    2       15     0.000026963   430  I  WS 2163864 + 48 [jbd2/nvme2n1-8]
259,0    2       16     0.000046155   430  D  WS 2163864 + 48 [jbd2/nvme2n1-8]
259,0    2       17     0.000699822   430  Q  WS 2163912 + 8 [jbd2/nvme2n1-8]
259,0    2       18     0.000701539   430  G  WS 2163912 + 8 [jbd2/nvme2n1-8]
259,0    2       19     0.000702820   430  I  WS 2163912 + 8 [jbd2/nvme2n1-8]
259,0    2       20     0.000704649   430  D  WS 2163912 + 8 [jbd2/nvme2n1-8]
259,0   11        1     0.000664811     0  C  WS 2163864 + 48 [0]
259,0   11        2     0.001098435     0  C  WS 2163912 + 8 [0]
[...]
```

针对每个 I/O，会有多个事件输出。列中包括：

1. 设备的主序号和副序号
2. CPU ID
3. 序列号
4. 操作时长，单位为秒
5. 进程 ID
6. 操作识别符（参看 blkparse(1)）：Q 表示 Queued（入队），G 表示 Get Request（分配 Request 结构体），P 表示 Plug，M 表示 Merge（合并），D 表示 Issued（请求已发送），C 表示 Complete（请求已完成）等。

1　参见 perf-tools 中的 iolatency(8)[78]：该工具使用 Ftrace 从跟踪缓存中访问每个事件的跟踪信息，这样可避免创建和写入 perf.data 的额外消耗。

7. RWBS 描述符（参看本章前面的"rwbs"一节）：W 表示写入，S 表示同步请求等。

8. 地址和尺寸 [设备]。

该输出可以使用 Chris Mason 编写的 seekwatcher[91] 工具来进行后期处理和可视化展示。

与 perf(1) 工具需要将每个事件分别输出一样，在比较繁忙的磁盘 I/O 情况下，blktrace 的额外开销可能是比较可观的。利用内核态内部的 BPF 跟踪技术可以大幅降低这种额外开销。

9.2.4　SCSI 日志

Linux 包括一个内置的 SCSI 事件日志设施，可以使用 sysctl(8) 或者修改 /proc 来启用。例如，下面两个命令会将日志记录级别设置为最高（警告，根据当前磁盘负载，这个命令可能会写入大量的系统日志）：

```
# sysctl -w dev.scsi.logging_level=0x1b6db6db
# echo 0x1b6db6db > /proc/sys/dev/scsi/logging_level
```

这里数值的格式是一个位域（bitfield），将 10 个不同的事件类型的日志级别定义为从 1 ～ 7，具体定义请见 drivers/scsi/scsci_logging.h。sg3-utils 包中提供了一个 scsi_logging_level(8) 工具来直接设置这个值。例如：

```
scsi_logging_level -s --all 3
```

事件例子如下：

```
# dmesg
[...]
[542136.259412] sd 0:0:0:0: tag#0 Send: scmd 0x0000000001fb89dc
[542136.259422] sd 0:0:0:0: tag#0 CDB: Test Unit Ready 00 00 00 00 00 00
[542136.261103] sd 0:0:0:0: tag#0 Done: SUCCESS Result: hostbyte=DID_OK
driverbyte=DRIVER_OK
[542136.261110] sd 0:0:0:0: tag#0 CDB: Test Unit Ready 00 00 00 00 00 00
[542136.261115] sd 0:0:0:0: tag#0 Sense Key : Not Ready [current]
[542136.261121] sd 0:0:0:0: tag#0 Add. Sense: Medium not present
[542136.261127] sd 0:0:0:0: tag#0 0 sectors total, 0 bytes done.
[...]
```

这些日志可以帮助调试错误和超时问题。虽然输出中包含了时间戳信息（第一列），但是由于缺乏进一步的标识符，直接利用这个值来计算 I/O 时长是很困难的。

可以使用 BPF 跟踪技术来自定义记录 SCSI 级别和其他 I/O 软件栈级别的日志，这项技术可以在内核态提供更多的识别细节信息，其中包括 I/O 延迟信息。

9.3 BPF工具

本节包含了可以进行磁盘性能分析和问题调试的 BPF 工具，如图 9-3 所示。

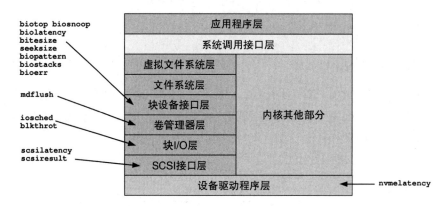

图 9-3 磁盘分析相关的 BPF 工具

这些工具要么存在于第 4 章和第 5 章所介绍的 BCC 和 bpftrace 仓库中，要么是在写作本书的时候完成的。有的工具同时有 BCC 和 bpftrace 版本。表 9-2 列出了这些工具的来源（BT 是 bpftrace 的简写）。

表 9-2 磁盘相关的工具

工具	来源	目标	介绍
biolatency	BCC/BT	块 I/O	以直方图形式统计块 I/O 延迟
biosnoop	BCC/BT	块 I/O	按 PID 和延迟阈值跟踪块 I/O
biotop	BCC	块 I/O	top 工具的磁盘版：按进程统计块 I/O
bitesize	BCC/BT	块 I/O	按进程统计磁盘 I/O 请求尺寸直方图
seeksize	本书	块 I/O	展示 I/O 寻址（seek）的平均距离
biopattern	本书	块 I/O	识别随机 / 顺序式磁盘访问模式
biostacks	本书	块 I/O	展示磁盘 I/O 相关的初始化软件栈信息
bioerr	本书	块 I/O	跟踪磁盘错误
mdflush	BCC/BT	MD	跟踪 MD 的写空请求
iosched	本书	I/O sched	统计 I/O 调度器的延迟
scsilatency	本书	SCSI	展示 SCSI 命令延迟分布情况
scsiresult	本书	SCSI	展示 SCSI 命令结果代码
nvmelatency	本书	NVME	统计 NVME 驱动程序的命令延迟

对来自 BCC 和 bpftrace 的工具来说，请直接去这些仓库查看更完整的和更新的工具

选项和功能介绍。这里选择介绍一些最重要的分析能力。文件系统有关的工具请参看第8章。

9.3.1 biolatency

biolatency(8)[1] 是一个 BCC 和 bpftrace 工具，其以直方图方式统计块 I/O 设备的延迟信息。这里使用的"设备延迟"指的是从向设备发出请求到请求完成的全部时间，这包括在操作系统内部排队的时间。

下面是 BCC 版本的 biolatency(8) 在生产环境中一台 Hadoop 实例上的输出，其跟踪块 I/O 10 秒：

```
# biolatency 10 1
Tracing block device I/O... Hit Ctrl-C to end.

     usecs              : count    distribution
        0 -> 1          : 0        |                                        |
        2 -> 3          : 0        |                                        |
        4 -> 7          : 0        |                                        |
        8 -> 15         : 0        |                                        |
       16 -> 31         : 0        |                                        |
       32 -> 63         : 0        |                                        |
       64 -> 127        : 15       |                                        |
      128 -> 255        : 4475     |************                            |
      256 -> 511        : 14222    |****************************************|
      512 -> 1023       : 12303    |**********************************      |
     1024 -> 2047       : 5649     |***************                         |
     2048 -> 4095       : 995      |**                                      |
     4096 -> 8191       : 1980     |*****                                   |
     8192 -> 16383      : 3681     |**********                              |
    16384 -> 32767      : 1895     |*****                                   |
    32768 -> 65535      : 721      |**                                      |
    65536 -> 131071     : 394      |*                                       |
   131072 -> 262143     : 65       |                                        |
   262144 -> 524287     : 17       |                                        |
```

该输出展示了延迟呈双峰分布，一峰位于 128 ～ 2047 微秒区间，而另外一峰位于

---

1 笔者在2011年写作DTrace一书[Gregg 11]时完成了iolatency.d工具，这里的命名模式模仿了笔者其他的io工具，iosnoop和iotop等。由于这里io的定义不明确，产生了一些歧义。在创作BPF工具的时候，笔者在这些工具名前面添加了"b"以明确代表块I/O。BCC版本的biolatency于2015年9月20日完成，bpftrace版本于2018年9月13日完成。

4～32 毫秒区间。有了这个双峰分布的信息，理解产生这种分布模式的原因就可以帮助将一部分慢速 I/O 调优为快速 I/O。例如，如果慢速的 I/O 都是随机 I/O 或大尺寸 I/O（这些可以使用其他 BPF 工具来区分），那么就可以有针对性地进行调整。输出中最慢的 I/O 耗时高达 262～524 毫秒，这可能由设备中的长时间排队导致。

biolatency(8) 和之后的 biosnoop(8) 工具已经被用来解决了很多生产问题。这些工具对分析云环境下的多租户磁盘设备特别有用，这些设备的性能信号非常复杂，经常会出现低于 SLO 的情况。刚开始使用小型云主机时，Netflix 的云数据库团队使用 biolatency(8) 和 biosnoop(8) 工具来识别主机上呈不可接受的双峰分布或其他延迟问题的存储设备，将这些主机从分布式缓存以及分布式数据库层面剔除。进一步分析之后，团队决定根据这些信息改变他们的部署策略，现在的部署过程采用更大，但是数量更少的实例，在实例选择上，选择足够大的实例可以确保这些主机有其专用的存储设备。这种改变在没有增加基础设施成本的情况下消除了延迟过高的问题。

biolatency(8) 工具通过使用 kprobes 来跟踪各种块 I/O 内核函数。该工具完成的时候，BCC 还不具备使用内核跟踪点的能力，所以该工具采用了 kprobes。该工具的额外开销在磁盘 IOPS 不高（<1000）的系统上是可以忽略不计的。

排队等待时间

BCC 版的 biolatency(8) 提供了一个 -Q 选项来同时输出操作系统排队时长：

```
# biolatency -Q 10 1
Tracing block device I/O... Hit Ctrl-C to end.

     usecs               : count    distribution
        0 -> 1           : 0        |                                        |
        2 -> 3           : 0        |                                        |
        4 -> 7           : 0        |                                        |
        8 -> 15          : 0        |                                        |
       16 -> 31          : 0        |                                        |
       32 -> 63          : 0        |                                        |
       64 -> 127         : 1        |                                        |
      128 -> 255         : 2780     |**********                              |
      256 -> 511         : 10386    |****************************************|
      512 -> 1023        : 8399     |********************************        |
     1024 -> 2047        : 4154     |***************                         |
     2048 -> 4095        : 1074     |****                                    |
     4096 -> 8191        : 2078     |********                                |
     8192 -> 16383       : 7688     |*****************************           |
    16384 -> 32767       : 4111     |***************                         |
    32768 -> 65535       : 818      |***                                     |
```

```
    65536 -> 131071    : 220      |                              |                         |
   131072 -> 262143    : 103      |                              |                         |
   262144 -> 524287    : 48       |                              |                         |
   524288 -> 1048575   : 6        |                              |                         |
```

该输出与之前相比区别不大：这次有更多的 I/O 落入慢速区间。iostat(1) 命令也确认了队列长度相对较小（avgqu-sz < 1）。

磁盘

系统中可能有多个存储设备：操作系统专用的磁盘，存储池相应的设备，以及可移除的存储设备。biolatency(8) 的 -D 选项可以按每个磁盘输出直方图，这样可以展示不同磁盘的性能。例如：

```
# biolatency -D
Tracing block device I/O... Hit Ctrl-C to end.
^C
[...]
disk = 'sdb'
    usecs               : count    distribution
        0 -> 1          : 0        |                                        |
        2 -> 3          : 0        |                                        |
        4 -> 7          : 0        |                                        |
        8 -> 15         : 0        |                                        |
       16 -> 31         : 0        |                                        |
       32 -> 63         : 0        |                                        |
       64 -> 127        : 0        |                                        |
      128 -> 255        : 1        |                                        |
      256 -> 511        : 25       |**                                      |
      512 -> 1023       : 43       |****                                    |
     1024 -> 2047       : 206      |*********************                   |
     2048 -> 4095       : 8        |                                        |
     4096 -> 8191       : 8        |                                        |
     8192 -> 16383      : 392      |****************************************|

disk = 'nvme0n1'
    usecs               : count    distribution
        0 -> 1          : 0        |                                        |
        2 -> 3          : 0        |                                        |
        4 -> 7          : 0        |                                        |
        8 -> 15         : 12       |                                        |
       16 -> 31         : 72       |                                        |
       32 -> 63         : 5980     |****************************************|
```

```
      64 -> 127         : 1240      |********                              |
     128 -> 255         : 74        |                                      |
     256 -> 511         : 13        |                                      |
     512 -> 1023        : 4         |                                      |
    1024 -> 2047        : 23        |                                      |
    2048 -> 4095        : 10        |                                      |
    4096 -> 8191        : 63        |                                      |
```

该输出展示了两个不同的磁盘设备：nvme0n1，一个基于闪存的磁盘设备，I/O 延迟在 32 ～ 127 微秒区间；而 sdb，一个外接 USB 存储设备，I/O 延迟成毫秒级双峰分布。

I/O 标识

BCC 版本的 biolatency(8) 同时包括了 -F 选项，可以按不同的 I/O 标识输出直方图。例如，以 -m 输出毫秒直方图的代码如下：

```
# biolatency -Fm
Tracing block device I/O... Hit Ctrl-C to end.
^C

[...]

flags = Read
     msecs               : count    distribution
         0 -> 1          : 180      |*************                         |
         2 -> 3          : 519      |**************************************|
         4 -> 7          : 60       |****                                  |
         8 -> 15         : 123      |********                              |
        16 -> 31         : 68       |*****                                 |
        32 -> 63         : 0        |                                      |
        64 -> 127        : 2        |                                      |
       128 -> 255        : 12       |                                      |
       256 -> 511        : 0        |                                      |
       512 -> 1023       : 1        |                                      |

flags = Sync-Write
     msecs               : count    distribution
         0 -> 1          : 8        |***                                   |
         2 -> 3          : 26       |***********                           |
         4 -> 7          : 37       |***************                       |
         8 -> 15         : 65       |**************************            |
        16 -> 31         : 93       |**************************************|
        32 -> 63         : 20       |********                              |
        64 -> 127        : 6        |**                                    |
```

```
     128 -> 255       : 0          |                                    |
     256 -> 511       : 4          |*                                   |
     512 -> 1023      : 17         |*******                             |

flags = Flush
    msecs             : count      distribution
       0 -> 1         : 2          |****************************************|

flags = Metadata-Read
    msecs             : count      distribution
       0 -> 1         : 3          |****************************************|
       2 -> 3         : 2          |**************************               |
       4 -> 7         : 0          |                                         |
       8 -> 15        : 1          |*************                            |
      16 -> 31        : 1          |*************                            |
```

不同的存储设备在处理这些带有不同标识符的 I/O 的时候行为可能不同；分别输出不同的直方图可以帮助识别这一点。上面的输出中展示了同步写请求的延迟呈双峰分布，慢速区间位于 512 ～ 1023 毫秒区间。

这些 I/O 标识符也可以从 block 跟踪点中的 rwbs 变量中获得：有关这部分的详细介绍，请参看本章前面的"rwbs"一节。

BCC

命令行使用说明如下：

```
biolatency [options] [interval [count]]
```

命令行选项包括如下几项。

- **-m**：以毫秒为单位输出（默认为微秒）。
- **-Q**：包含操作系统排队时间。
- **-D**：按磁盘分别输出。
- **-F**：按 I/O 标识符分组输出。
- **-T**：输出中带有时间戳信息。

将输出周期（interval）设置为 1，会输出每秒直方图信息。这个信息可以用延迟热力图来展示，以每秒为列，延迟区间为行，I/O 数量为颜色深度 [Gregg 10]。使用 Vector 的例子可以参见第 17 章。

bpftrace

下面是 bpftrace 版本的代码，覆盖了核心功能。这个版本不支持任何选项：

```
#!/usr/local/bin/bpftrace

BEGIN
{
        printf("Tracing block device I/O... Hit Ctrl-C to end.\n");
}

kprobe:blk_account_io_start
{
        @start[arg0] = nsecs;
}

kprobe:blk_account_io_done
/@start[arg0]/
{
        @usecs = hist((nsecs - @start[arg0]) / 1000);
        delete(@start[arg0]);
}

END
{
        clear(@start);
}
```

该工具需要在每个 I/O 起始的时候记录一个时间戳，以便统计延迟信息。然而，多个不同的 I/O 可能会同时进行，所以单独的一个全局时间戳变量是不行的，必须针对每个 I/O 记录不同的时间戳信息。在很多其他 BPF 工具中，这个问题通常通过以线程 ID 为键记录在一个哈希表中解决。但是对磁盘 I/O 来说这也不行，因为磁盘 I/O 可能从一个线程开始，在另外一个线程中完成，这样线程 ID 会改变。这里采用的解决方法是从这些函数中读取第一个参数 arg0，这是该 I/O 的 request 结构体的地址，将这个内存地址作为哈希表的键。只要内核在发起请求和完成请求期间不改变内存地址，就可以将这个地址当作全局标识符。

跟踪点

BCC 和 bpftrace 版本的 biolatency(8) 应该尽量使用 block 跟踪点，但是这样做有一个难处，request 结构体指针的信息目前在这些跟踪点的参数中不可用，所以必须使用另外一个键来全局标识这些 I/O。一个可用的方法是使用设备 ID 和扇区号码，那么程序的核心部分可以用下面的代码来修改（biolatency-tp.bt）：

```
[...]
tracepoint:block:block_rq_issue
{
        @start[args->dev, args->sector] = nsecs;
}

tracepoint:block:block_rq_complete
/@start[args->dev, args->sector]/
{
        @usecs = hist((nsecs - @start[args->dev, args->sector]) / 1000);
        delete(@start[args->dev, args->sector]);
}
[...]
```

这样做假设不会有针对同一个设备和同一个扇区的多个并行 I/O。同时，这样统计的只是设备时间，而不包括操作系统排队的时间。

9.3.2 biosnoop

biosnoop(8)[1] 是一个 BCC 和 bpftrace 工具，可以针对每个磁盘 I/O 打印一行信息。下面这个输出展示了 BCC 版本的 biosnoop(8) 在一个 Hadoop 生产实例上的输出：

```
# biosnoop
TIME(s)      COMM           PID    DISK    T SECTOR      BYTES    LAT(ms)
0.000000     java           5136   xvdq    R 980043184   45056    0.35
0.000060     java           5136   xvdq    R 980043272   45056    0.40
0.000083     java           5136   xvdq    R 980043360   4096     0.42
[...]
```

1　笔者2000年在澳大利亚Newcastle大学做系统管理员时，有一台共享服务器出现了磁盘性能问题，当时怀疑是由于某个研究员运行的批处理任务导致的。然而除非我能证明这个任务是产生大量磁盘I/O的原因，否则他们不同意将批处理任务迁移到另外的服务器上。没有任何工具可以显示这个信息。当时笔者和另外一个资深系统管理员Doug Scott所构思的方法是：在观察iostat(1)的同时向它们的进程发送SIGSTOP，几秒之后再发送SIGCONT，这样，在这几秒中，磁盘I/O大幅下降，证明了正是它们的程序导致了这些I/O。为了创造一种侵入性更小的观察方式，我在Adrian Cockcroft的*Sun Performance and Turning*[Cockcroft 98]书中找到了Sun的TNF/prex跟踪工具，在2003年12月3日创建了psio(1M)，一个可以按进程打印磁盘I/O的工具[185]。该工具可以同时跟踪每一个磁盘I/O。DTrace也在同一个月进入了beta测试，笔者最终在没有DTrace I/O接口的情况下重写了磁盘跟踪工具，名为iosnoop(1M)，于2004年3月12日完成。这个作品在*The Register*的"DTrace announcement"中有提到[Vance 04]。BCC版本的biosnoop(8)于2015年9月16日完成，bpftrace版本于2017年11月15日完成。

```
0.143724    java              5136    xvdy    R 5153784     45056      1.08
0.143755    java              5136    xvdy    R 5153872     40960      1.10
0.185374    java              5136    xvdm    R 2007186664  45056      0.34
0.189267    java              5136    xvdy    R 979232832   45056     14.00
0.190330    java              5136    xvdy    R 979232920   45056     15.05
0.190376    java              5136    xvdy    R 979233008   45056     15.09
0.190403    java              5136    xvdy    R 979233096   45056     15.12
0.190409    java              5136    xvdy    R 979233184   45056     15.12
0.190441    java              5136    xvdy    R 979233272   36864     15.15
0.190176    java              5136    xvdm    R 2007186752  45056      5.13
0.190231    java              5136    xvdm    R 2007186840  45056      5.18
[...]
```

该输出中展示了 PID 为 5136 的 java 进程正在读取不同的磁盘。有 6 个读取请求延迟在 15 毫秒左右。仔细观察 TIME(s) 列的数据，该列展示了 I/O 完成时间，这些请求都在 1 毫秒之内完成，并且是发往同一个磁盘（xvdy）的。那么可以判断这些请求是在同时排队等待：延迟一同升高至 14.00 到 15.15 区间是另外一个线索，表示这些请求是同时在队列中排队等待的。同时这里的扇区号码也是连续的：45 056 字节刚好是 88×512 字节 / 扇区。

作为一个在生产环境中使用这个工具的例子：Netflix 中运行有状态服务的团队经常使用 biosnoop(8) 来跟踪预读取导致的重度 I/O 进程的性能问题。Linux 试图智能地将数据预读取到操作系统页缓存中，但是采用默认设置，有可能会导致直接使用快速固态硬盘的数据库系统出现性能问题。在确认了过于积极的预读取是性能问题的根本原因之后，这些团队随后根据每个线程 I/O 请求尺寸和延迟情况分析的结果进行了代码优化，通过采用合适的 madvise 选项和 Direct I/O 选项，或者采取减小默认的预读取值到 16KB 的方式来提高应用程序的性能。对以直方图方式分析 I/O 尺寸的方法请参看第 8 章中的 vfssize(8) 和本章中的 bitesize(8)；同时可以参看第 8 章中的 readahead(8) 工具，这个工具正是最近为了分析这个这问题所创建的。

biosnoop(8) 输出的列包括如下几项。

- TIME(s)：I/O 完成时间，单位为秒。
- COMM：进程名，如果缓存中有的话。
- PID：进程 ID，如果缓存中有的话。
- DISK：存储设备名。
- T：R 表示读取，W 表示写入。
- SECTOR：磁盘地址，单位为 512B 扇区。

- BYTES：I/O 尺寸。
- LAT(ms)：从向设备发送 I/O 到 I/O 完成的时间。

该工具和 biolatency(8) 的工作原理一致：跟踪内核中的块 I/O 函数。未来的版本应该改为使用 block 跟踪点。这个工具的额外开销比 biolatency(8) 要高一些，因为它需要为每个事件打印一条输出。

操作系统排队时间

BCC 版本的 biosnoop(8) 的 -Q 选项可以用来展示从 I/O 创建到发送到设备的时间，这个时间基本上都是操作系统队列的排队时间，但是也可能包括内存分配和锁获取的时间。例如：

```
# biosnoop -Q
TIME(s)       COMM          PID     DISK   T SECTOR    BYTES   QUE(ms) LAT(ms)
19.925329     cksum         20405   sdb    R 249631    16384    17.17   1.63
19.933890     cksum         20405   sdb    R 249663    122880   17.81   8.51
19.942442     cksum         20405   sdb    R 249903    122880   26.35   8.51
19.944161     cksum         20405   sdb    R 250143    16384    34.91   1.66
19.952853     cksum         20405   sdb    R 250175    122880   15.53   8.59
[...]
```

排队时间展示于 QUE(ms) 列中。这个读取高排队等待时间的例子来自一个采用 CFQ I/O 调度器的 USB 闪存盘。写 I/O 的排队更严重：

```
# biosnoop -Q
TIME(s)       COMM          PID     DISK    T SECTOR    BYTES   QUE(ms) LAT(ms)
[...]
2.338149      ?             0               W 0         8192     0.00    2.72
2.354710      ?             0               W 0         122880   0.00   16.17
2.371236      kworker/u16:1 18754   sdb     W 486703    122880  2070.06 16.51
2.387687      cp            20631   nvme0n1 R 73365192  262144   0.01    3.23
2.389213      kworker/u16:1 18754   sdb     W 486943    122880  2086.60 17.92
2.404042      kworker/u16:1 18754   sdb     W 487183    122880  2104.53 14.81
2.421539      kworker/u16:1 18754   sdb     W 487423    122880  2119.40 17.43
[...]
```

写入的排队等待时间超过了 2 秒。注意，前几个 I/O 缺少一些列的详细信息，因为这些 I/O 是在跟踪之前就进入队列的，biosnoop(8) 没有缓存这些信息，所以仅能显示设备延迟信息。

BCC

命令行使用说明如下：

```
biosnoop [options]
```

命令行选项有 -Q，表示包括操作系统排队时间。

bpftrace

下面是该工具 bpftrace 版本的源代码，该代码跟踪 I/O 的整个处理时长，包括排队时间：

```
#!/usr/local/bin/bpftrace

BEGIN
{
        printf("%-12s %-16s %-6s %7s\n", "TIME(ms)", "COMM", "PID", "LAT(ms)");
}

kprobe:blk_account_io_start
{
        @start[arg0] = nsecs;
        @iopid[arg0] = pid;
        @iocomm[arg0] = comm;
}

kprobe:blk_account_io_done
/@start[arg0] != 0 && @iopid[arg0] != 0 && @iocomm[arg0] != ""/
{
        $now = nsecs;
        printf("%-12u %-16s %-6d %7d\n",
            elapsed / 1000000, @iocomm[arg0], @iopid[arg0],
            ($now - @start[arg0]) / 1000000);

        delete(@start[arg0]);
        delete(@iopid[arg0]);
        delete(@iocomm[arg0]);
}

END
{
        clear(@start);
        clear(@iopid);
        clear(@iocomm);
}
```

blk_account_io_start() 函数在有 I/O 进入队列的时候就会触发，一般具有进程上下文的信息。随后的事件，如向设备发送 I/O 事件和 I/O 完成事件就不一定具有进程上下文信息了，所以不能在这些事件中依赖 pid 和 comm 内置变量。这里的解决办法是，在 blk_account_io_start() 处理过程中将它们保存在一个 BPF 映射中，以请求 ID 为键，后面再读取。

与 biolatency(8) 一样，这个工具可以用 block 跟踪点重写（参见 9.5 节）。

9.3.3　biotop

biotop(8)[1] 是一个 BCC 工具，是 top(1) 的磁盘版。下面展示了在一个 Hadoop 生产实例上运行的输出，带有 -C 选项，以避免刷新屏幕：

```
# biotop -C
Tracing... Output every 1 secs. Hit Ctrl-C to end
06:09:47 loadavg: 28.40 29.00 28.96 44/3812 124008

PID     COMM            D MAJ MIN  DISK      I/O  Kbytes  AVGms
123693  kworker/u258:0  W 202 4096 xvdq     1979   86148   0.93
55024   kworker/u257:8  W 202 4608 xvds     1480   64068   0.73
123693  kworker/u258:0  W 202 5376 xvdv      143    5700   0.52
5381    java            R 202 176  xvdl       81    3456   3.01
43297   kworker/u257:0  W 202 80   xvdf       48    1996   0.56
5383    java            R 202 112  xvdh       27    1152  16.05
5383    java            R 202 5632 xvdw       27    1152   3.45
5383    java            R 202 224  xvdo       27    1152   6.79
5383    java            R 202 96   xvdg       24    1024   0.52
5383    java            R 202 192  xvdm       24    1024  39.45
5383    java            R 202 5888 xvdx       24    1024   0.64
5383    java            R 202 5376 xvdv       24    1024   4.74
5383    java            R 202 4096 xvdq       24    1024   3.07
5383    java            R 202 48   xvdd       24    1024   0.62
5383    java            R 202 5120 xvdu       24    1024   4.20
5383    java            R 202 208  xvdn       24    1024   2.54
5383    java            R 202 80   xvdf       24    1024   0.66
5383    java            R 202 64   xvde       24    1024   8.08
5383    java            R 202 32   xvdc       24    1024   0.63
5383    java            R 202 160  xvdk       24    1024   1.42
[...]
```

1　笔者于2015年7月15日使用DTrace完成了第1版iotop，BCC版写于2016年2月6日，灵感来自William LeFebvre编写的top(1)。

这个输出展示了一个 java 进程正在从很多不同的磁盘上读取数据。列表的最上面是 kworker 线程在发送写入请求：这是后台线程在进行缓存清空操作，真正产生脏页的进程在这个时候就不知道了（但是可以用第 8 章介绍的文件系统工具来识别）。

这个工具与 biolatency(8) 使用同样的事件，所以额外开销应该是类似的。

命令行使用说明如下：

```
biotop [options] [interval [count]]
```

命令行选项包括如下两项。

- **-C**：不要刷新屏幕。
- **-r ROWS**：每次打印给定的行数。

默认输出截断为 20 行，这可以通过 -r 选项进行调整。

9.3.4　bitesize

bitesize(8)[1] 是一个 BCC 和 bpftrace 工具，可以展示磁盘 I/O 的尺寸。下面显示的是 BCC 版本的工具运行于 Hadoop 生产实例的输出：

```
# bitesize
Tracing... Hit Ctrl-C to end.
^C
[...]

Process Name = kworker/u257:10
     Kbytes              : count     distribution
         0 -> 1          : 0        |                                        |
         2 -> 3          : 0        |                                        |
         4 -> 7          : 17       |                                        |
         8 -> 15         : 12       |                                        |
        16 -> 31         : 79       |*                                       |
        32 -> 63         : 3140     |****************************************|

Process Name = java
     Kbytes              : count     distribution
         0 -> 1          : 0        |                                        |
         2 -> 3          : 3        |                                        |
```

1　笔者于2004年3月31日在DTrace I/O接口还不存在之前，使用DTrace完成了该工具的第一个版本bitesize.d。Allan McAleay于2016年2月5日创建了BCC版本，笔者于2018年9月7日创建了bpftrace版本。

```
     4 -> 7        : 60      |                                          |
     8 -> 15       : 68      |                                          |
    16 -> 31       : 220     |**                                        |
    32 -> 63       : 3996    |******************************************|
```

输出中展示了 kworker 和 java 进程调用 I/O 的尺寸基本上在 32KB 到 63KB 区间。检查 I/O 尺寸可以帮助进行如下优化：

- 顺序型的负载应该尝试使用最大的 I/O 尺寸，以达到最好的性能。不过增大尺寸有的时候也可能会对性能有轻微影响；根据内存分配策略和设备内部逻辑的不同，可能有一个最佳尺寸（例如，128KB）。
- 随机访问的负载应该尽量将 I/O 请求尺寸与应用程序记录尺寸保持一致。过大的 I/O 尺寸会读取不需要的数据，污染页缓存；而过小的 I/O 尺寸会导致过多的 I/O 请求，增加额外开销。

该工具使用的是 block:block_rq_issue 跟踪点。

BCC

bitesize(8) 目前不支持任何命令行选项。

bpftrace

下面是 bpftrace 版本的源代码：

```
#!/usr/local/bin/bpftrace

BEGIN
{
        printf("Tracing block device I/O... Hit Ctrl-C to end.\n");
}

tracepoint:block:block_rq_issue
{
        @[args->comm] = hist(args->bytes);
}

END
{
        printf("\nI/O size (bytes) histograms by process name:");
}
```

这个跟踪点提供了进程名字（args->comm）、尺寸（args->bytes）。这里 insert 跟踪点在请求插入操作系统队列中的时候会被触发。后续跟踪点，例如 completion，并不提供 args->comm，comm 的内置变量也无法使用，因为这些跟踪点是与发送请求的进程异步触发的（例如，是由设备完成请求的中断触发的）。

9.3.5　seeksize

seeksize(8)[1] 是一个 bpftrace 工具，可以显示进程请求磁盘设备寻址多少个扇区。这个问题仅适用于旋转式磁盘[2]，这种设备的磁头必须要从一个扇区物理移动到另外一个扇区，这个过程需要一定的时间，会造成延迟。输出示例如下：

```
# seeksize.bt
Attaching 3 probes...
Tracing block I/O requested seeks... Hit Ctrl-C to end.
^C
[...]

@sectors[tar]:
[0]                  8220 |@@@@@@@@@@@@@@@@@@@@@@@@@@@@@@@@@@@@@@@@@@@@@@@@@@@@|
[1]                     0 |                                                  |
[2, 4)                  0 |                                                  |
[4, 8)                  0 |                                                  |
[8, 16)               882 |@@@@@                                             |
[16, 32)             1897 |@@@@@@@@@@@                                       |
[32, 64)             1588 |@@@@@@@@@                                         |
[64, 128)            1502 |@@@@@@@@@                                         |
[128, 256)           1105 |@@@@@@                                            |
[256, 512)            734 |@@@@                                              |
[512, 1K)             501 |@@@                                               |
[1K, 2K)              302 |@                                                 |
[2K, 4K)              194 |@                                                 |
[4K, 8K)               82 |                                                  |
[8K, 16K)               0 |                                                  |
[16K, 32K)              0 |                                                  |
[32K, 64K)              6 |                                                  |
[64K, 128K)           191 |@                                                 |
```

1　笔者于2004年9月11日用DTrace完成了该工具的第一版seeksize.d，在当时，旋转磁盘的寻址是一个大问题。笔者于2018年10月18日为一个博客帖子完成了bpftrace版本，在2019年3月20日为本书进行了重写。

2　大部分情况下都是如此。闪存驱动器也存在闪存地址转换层的逻辑，笔者也注意到了在闪存中长距离寻址和短距离寻址的性能差别——小于1%：这可能是因为闪存内部也存在类似TLB的缓存，在命空时有性能影响。

```
[128K, 256K)            0 |                                                    |
[256K, 512K)            0 |                                                    |
[512K, 1M)              0 |                                                    |
[1M, 2M)                1 |                                                    |
[2M, 4M)              840 |@@@@@                                               |
[4M, 8M)              887 |@@@@@                                               |
[8M, 16M)             441 |@@                                                  |
[16M, 32M)            124 |                                                    |
[32M, 64M)            220 |@                                                   |
[64M, 128M)           207 |@                                                   |
[128M, 256M)          205 |@                                                   |
[256M, 512M)            3 |                                                    |
[512M, 1G)            286 |@                                                   |

@sectors[dd]:
[0]                 29908 |@@@@@@@@@@@@@@@@@@@@@@@@@@@@@@@@@@@@@@@@@@@@@@@@@@@@@@|
[1]                     0 |                                                    |
[...]
[32M, 64M)              0 |                                                    |
[64M, 128M)             1 |                                                    |
```

上面这个输出中显示了一个名为"dd"的进程在正常情况下不请求任何寻址操作：在跟踪过程中 29 908 次请求的偏移量都是 0。这是符合预期的，因为这是笔者运行 dd(1) 命令生成的一个顺序型的负载。这里笔者同时运行了一个 tar(1) 文件系统备份进程，这个进程生成的是混合型的负载，即有些是顺序型的，有些是随机型的。

seeksize(8) 的源代码如下：

```
#!/usr/local/bin/bpftrace

BEGIN
{
        printf("Tracing block I/O requested seeks... Hit Ctrl-C to end.\n");
}

tracepoint:block:block_rq_issue
{
        if (@last[args->dev]) {
                // calculate requested seek distance
                $last = @last[args->dev];
                $dist = (args->sector - $last) > 0 ?
                    args->sector - $last : $last - args->sector;

                // store details
```

```
                @sectors[args->comm] = hist($dist);
        }
        // save last requested position of disk head
        @last[args->dev] = args->sector + args->nr_sector;
}

END
{
        clear(@last);
}
```

该工具检查每个设备 I/O 请求的扇区偏移量，与之前记录的位置进行对比。如果这个代码改用 block_rq_completion 跟踪点，那么可以展示磁盘上实际进行的寻址操作。但是这个代码目前使用 block_rq_issue 跟踪点回答的是另外一个问题：应用程序请求的随机程度如何？这个随机程度在 Linux I/O 调度器和设备调度器处理之后，可能会发生变化。笔者最初写这个程序是为了证明某个应用程序是产生随机负载的源头，所以这里选择的是测量请求的随机程度，而不是实际寻址的随机程度。

下面这个工具，biopattern(8)，测量的是 I/O 完成情况的随机程度。

9.3.6　biopattern

Biopattern(8)[1] 是一个 bpftrace 工具，可以识别 I/O 的模式：随机型或者顺序型。例如：

```
# biopattern.bt
Attaching 4 probes...
TIME      %RND  %SEQ   COUNT    KBYTES
00:05:54   83    16    2960     13312
00:05:55   82    17    3881     15524
00:05:56   78    21    3059     12232
00:05:57   73    26    2770     14204
00:05:58    0   100       1         0
00:05:59    0     0       0         0
00:06:00    0    99    1536    196360
00:06:01    0   100   13444   1720704
00:06:02    0    99   13864   1771876
00:06:03    0   100   13129   1680640
00:06:04    0    99   13532   1731484
[...]
```

1　笔者于2005年7月25日使用DTrace创造了该工具的第一个版本iopattern，是基于Ryan Matteson提供的一个小样实现的（小样中包含了更多的列）。笔者于2019年3月19日写作本书时完成了bpftrace版本。

这个例子从一个文件系统备份负载开始，大部分都是随机 I/O。在 06:00 的时候转换为一个顺序型读取负载，99% 或 100% 的顺序型，最终展示了一个很高的吞吐量（参看 KBYTES 列）。

biopattern(8) 的 bpftrace 版的源代码如下：

```
#!/usr/local/bin/bpftrace

BEGIN
{
        printf("%-8s %5s %5s %8s %10s\n", "TIME", "%RND", "%SEQ", "COUNT",
            "KBYTES");
}

tracepoint:block:block_rq_complete
{
        if (@lastsector[args->dev] == args->sector) {
                @sequential++;
        } else {
                @random++;
        }
        @bytes = @bytes + args->nr_sector * 512;
        @lastsector[args->dev] = args->sector + args->nr_sector;
}

interval:s:1
{
        $count = @random + @sequential;
        $div = $count;
        if ($div == 0) {
                $div = 1;
        }
        time("%H:%M:%S ");
        printf("%5d %5d %8d %10d\n", @random * 100 / $div,
            @sequential * 100 / $div, $count, @bytes / 1024);
        clear(@random); clear(@sequential); clear(@bytes);
}

END
{
        clear(@lastsector);
        clear(@random); clear(@sequential); clear(@bytes);
}
```

这个工具跟踪块 I/O 完成事件，为每个设备记录其最后使用的扇区号（磁盘地址），与接下来的 I/O 相比较，看新的 I/O 是否与之前的地址相连，如果相连，就是顺序型负载，否则就是随机型负载。[1]

这个工具可以改为使用 block:block_rq_insert 跟踪点，这样就可以展示负载请求的随机程度（与 seeksize(8) 类似）。

9.3.7　biostacks

biostacks(8)[2] 是一个 bpftrace 工具，可以跟踪完整的 I/O 延迟（从进入操作系统队列到设备完成 I/O 请求），同时显示初始化该 I/O 请求的调用栈信息。例如：

```
# biostacks.bt
Attaching 5 probes...
Tracing block I/O with init stacks. Hit Ctrl-C to end.
^C
[...]

@usecs[
    blk_account_io_start+1
    blk_mq_make_request+1069
    generic_make_request+292
    submit_bio+115
    swap_readpage+310
    read_swap_cache_async+64
    swapin_readahead+614
    do_swap_page+1086
    handle_pte_fault+725
    __handle_mm_fault+1144
    handle_mm_fault+177
    __do_page_fault+592
    do_page_fault+46
    page_fault+69
]:
[16K, 32K)            1 |                                                    |
[32K, 64K)           32 |                                                    |
[64K, 128K)        3362 |@@@@@@@@@@@@@@@@@@@@@@@@@@@@@@@@@@@@@@@@@@@@@@@@@@@@@@|
[128K, 256K)         38 |                                                    |
[256K, 512K)          0 |                                                    |
[512K, 1M)            0 |                                                    |
```

1　在跟踪技术出现之前，笔者一般使用iostat(1)的输出来识别随机型和顺序型负载，如果服务时长值高且I/O尺寸小则为随机型，如果服务时长值低，I/O尺寸大则为顺序型。

2　笔者于2019年3月19日写作本书时完成。笔者在2018年一个Facebook内部演讲中现场完成了一个类似的工具，这是第一次将I/O初始化调用栈与完成时间同时显示。

```
[1M, 2M)          1 |                                              |
[2M, 4M)          1 |                                              |
[4M, 8M)          1 |                                              |

@usecs[
    blk_account_io_start+1
    blk_mq_make_request+1069
    generic_make_request+292
    submit_bio+115
    submit_bh_wbc+384
    ll_rw_block+173
    __breadahead+68
    __ext4_get_inode_loc+914
    ext4_iget+146
    ext4_iget_normal+48
    ext4_lookup+240
    lookup_slow+171
    walk_component+451
    path_lookupat+132
    filename_lookup+182
    user_path_at_empty+54
    vfs_statx+118
    SYSC_newfstatat+53
    sys_newfstatat+14
    do_syscall_64+115
    entry_SYSCALL_64_after_hwframe+61
]:
[8K, 16K)         18 |@@@@@@@@@@                                    |
[16K, 32K)        20 |@@@@@@@@@@@@                                  |
[32K, 64K)        10 |@@@@@@                                        |
[64K, 128K)       56 |@@@@@@@@@@@@@@@@@@@@@@@@@@@@@@@@@@@@@          |
[128K, 256K)      81 |@@@@@@@@@@@@@@@@@@@@@@@@@@@@@@@@@@@@@@@@@@@@@@@@|
[256K, 512K)       7 |@@@@                                          |
```

　　笔者曾经碰到过磁盘 I/O 很高但是没有任何应用程序与其对应的问题。这种问题是由文件系统的后台进程导致的（在一个案例中，是 ZFS 的后台文件校对进程，周期性校验所有的文件导致的）。biostack(8) 可以识别磁盘 I/O 的真正原因，因为它可以展示内核调用栈信息。

　　上面的输出包含两个很有意思的调用栈。第一个是由缺页错误触发了一次页换入操作：这就是一个换页操作的例子[1]。第二个是一个 newfstatat() 系统调用最终转为了预读取操作。

1　Linux术语，指的是将页从换页设备中交换出来。"交换"在其他内核中可能意味着迁移整个进程。

biostack(8) 的 bpftrace 版的源代码如下：

```
#!/usr/local/bin/bpftrace

BEGIN
{
        printf("Tracing block I/O with init stacks. Hit Ctrl-C to end.\n");
}

kprobe:blk_account_io_start
{
        @reqstack[arg0] = kstack;
        @reqts[arg0] = nsecs;
}

kprobe:blk_start_request,
kprobe:blk_mq_start_request
/@reqts[arg0]/
{
        @usecs[@reqstack[arg0]] = hist(nsecs - @reqts[arg0]);
        delete(@reqstack[arg0]);
        delete(@reqts[arg0]);
}

END
{
        clear(@reqstack); clear(@reqts);
}
```

该工具在 I/O 初始化的时候保存内核调用栈信息和时间戳信息，在 I/O 完成的时候读取保存的调用栈信息和时间戳信息。这些都保存在一个 BPF 映射表中，以 request 结构体的指针为键，也就是被跟踪的内核函数的第一个参数 arg0。内核调用栈信息使用 kstack 内置函数进行记录，这里可以改成用 ustack 来记录用户态调用栈，也可以改为同时记录两个。

自 Linux 5.0 起，内核改为仅支持多队列模式，blk_start_request() 函数已经从内核中被移除了。在这之后的内核中，这个工具会打印出一个警告：

```
Warning: could not attach probe kprobe:blk_start_request, skipping.
```

可以忽略这个警告，也可以把对应的 kprobes 从工具中删除。这个工具也可以用跟踪点进行重写。可以参看 9.3.1 节中的"跟踪点"小节。

9.3.8　bioerr

bioerr(8)[1] 跟踪块 I/O 错误，并且打印细节信息。例如，在笔者的笔记本电脑中运行 bioerr(8) 工具的输出为：

```
# bioerr.bt
Attaching 2 probes...
Tracing block I/O errors. Hit Ctrl-C to end.
00:31:52 device: 0,0, sector: -1, bytes: 0, flags: N, error: -5
00:31:54 device: 0,0, sector: -1, bytes: 0, flags: N, error: -5
00:31:56 device: 0,0, sector: -1, bytes: 0, flags: N, error: -5
00:31:58 device: 0,0, sector: -1, bytes: 0, flags: N, error: -5
00:32:00 device: 0,0, sector: -1, bytes: 0, flags: N, error: -5
[...]
```

这个输出很出乎意料，本来预计不会有任何错误，但是实际运行才发现真的有错误。每两秒会有一个发往设备 0, 0 的尺寸为 0 的请求。这看起来很奇怪，返回错误值为 –5（EIO）。

之前的 biostacks(8) 工具正是为了调查这种问题而写的。在这种情况下，不需要查看延迟，而只想看对设备 0,0 进行的 I/O。可以通过调整 biostacks(8) 来进行，也可以用一个 bpftrace 的单行程序来完成。（在这种情况下，需要检查跟踪点被触发时内核调用栈是否还有意义，如果已经没有意义了，就需要切换为使用 kprobes 跟踪 blk_account_io_start() 来抓取和 I/O 初始化相关的调用栈）：

```
# bpftrace -e 't:block:block_rq_issue /args->dev == 0/ { @[kstack]++ }'
Attaching 1 probe...
^C

@[
    blk_peek_request+590
    scsi_request_fn+51
    __blk_run_queue+67
    blk_execute_rq_nowait+168
    blk_execute_rq+80
    scsi_execute+227
    scsi_test_unit_ready+96
    sd_check_events+248
    disk_check_events+101
```

1　笔者于2019年3月19日为本书写成。

```
        disk_events_workfn+22
        process_one_work+478
        worker_thread+50
        kthread+289
        ret_from_fork+53
]: 3
```

这展示了设备 0 的 I/O 是从一个函数 scsi_test_unit_ready() 产生的。查看之上的调用函数可以发现，这个调用的目的是检查 USB 可移除设备。作为一个实验，笔者在跟踪 scsi_test_unit_ready() 的同时插入了一个 USB 闪存盘，返回的错误值就发生了变化，这是笔记本电脑正在检测 USB 驱动器。

bioerr(8) 的 bpftrace 版的源代码如下：

```
#!/usr/local/bin/bpftrace

BEGIN
{
        printf("Tracing block I/O errors. Hit Ctrl-C to end.\n");
}

tracepoint:block:block_rq_complete
/args->error != 0/
{
        time("%H:%M:%S ");
        printf("device: %d,%d, sector: %d, bytes: %d, flags: %s, error: %d\n",
            args->dev >> 20, args->dev & ((1 << 20) - 1), args->sector,
            args->nr_sector * 512, args->rwbs, args->error);
}
```

这里设备标识符（args->dev）与主序号和副序号对应的逻辑，来自下面这个跟踪点的格式文件：

```
# cat /sys/kernel/debug/tracing/events/block/block_rq_complete/format
name: block_rq_complete
[...]

print fmt: "%d,%d %s (%s) %llu + %u [%d]", ((unsigned int) ((REC->dev) >> 20)), ((unsigned
int) ((REC->dev) & ((1U << 20) - 1))), REC->rwbs, __get_str(cmd), (unsigned long long)
REC->sector, REC->nr_sector, REC->error
```

即使有 bioerr(8) 这个得力的工具，也可以改用 perf(1) 来过滤错误信息。输出也包括了 /sys 格式化文件的同样的字符串。例如：

```
# perf record -e block:block_rq_complete --filter 'error != 0'
# perf script
    ksoftirqd/2     22 [002] 2289450.691041: block:block_rq_complete: 0,0 N ()
18446744073709551615 + 0 [-5]
[...]
```

可以定制 BPF 工具以加入更多信息，这就超过了 perf(1) 的标准能力。

例如，上述返回的错误值为 –5 EIO，其实是从块错误代码映射过来的。所以查看原始块错误代码可能很有意思，这些可以从跟踪处理错误的函数中得来。举例如下：

```
# bpftrace -e 'kprobe:blk_status_to_errno /arg0/ { @[arg0]++ }'
Attaching 1 probe...
^C

@[10]: 2
```

这里实际的错误值是块 I/O 状态 10，也就是 BLK_STS_IOERR。这个错误在 linux/blk_types.h 中有定义：

```
#define BLK_STS_OK 0
#define BLK_STS_NOTSUPP         ((__force blk_status_t)1)
#define BLK_STS_TIMEOUT         ((__force blk_status_t)2)
#define BLK_STS_NOSPC           ((__force blk_status_t)3)
#define BLK_STS_TRANSPORT       ((__force blk_status_t)4)
#define BLK_STS_TARGET          ((__force blk_status_t)5)
#define BLK_STS_NEXUS           ((__force blk_status_t)6)
#define BLK_STS_MEDIUM          ((__force blk_status_t)7)
#define BLK_STS_PROTECTION      ((__force blk_status_t)8)
#define BLK_STS_RESOURCE        ((__force blk_status_t)9)
#define BLK_STS_IOERR           ((__force blk_status_t)10)
```

bioerr(8) 可以优化为直接打印出 BLK_STS 对应的名字，而非错误数字。这些代码实际上是从 SCSI 结果代码中映射而来的，这些可以从跟踪 scsi 事件而来。笔者接下来会在 9.3.11 节和 9.3.12 节展示 SCSI 跟踪技术。

9.3.9　mdflush

mdflush(8)[1] 是一个 BCC 和 bpftrace 工具，可以跟踪来自 md 的缓冲清空请求。md 是

---

[1]　笔者于2015年2月13日完成了BCC版本，2018年9月8日完成了bpftrace版本。

多重设备驱动程序，用在某些系统上实现软 RAID。例如，以下是 BCC 版本的 mdflush(8) 在一个使用 md 的生产服务器上的输出：

```
# mdflush
Tracing md flush requests... Hit Ctrl-C to end.
TIME     PID    COMM             DEVICE
23:43:37 333    kworker/0:1H     md0
23:43:37 4038   xfsaild/md0      md0
23:43:38 8751   filebeat         md0
23:43:43 5575   filebeat         md0
23:43:48 5824   filebeat         md0
23:43:53 5575   filebeat         md0
23:43:58 5824   filebeat         md0
[...]
```

md 缓冲清空请求一般来说是不频繁的，它有可能导致一阵磁盘写入的高峰，从而影响系统性能。如果能知道这些请求是何时发生的，就可以和监控仪表盘上的其他指标相对比，这样可以看出是否与延迟问题或其他问题同时发生。

该输出展示了 filebeat 进程每 5 秒进行一次 md 缓冲清空操作（笔者也是刚刚发现这个）。filebeat 是一个将日志文件发送给 Logstash 和 Elasticsearch 的服务。

这个程序使用 kprobes 跟踪 md_flush_request() 函数。由于这个事件的发生频率较低，所以本工具的额外开销可以忽略不计。

BCC

mdflush(8) 目前不支持任何命令行选项。

bpftrace

下面是 bpftrace 版本的源代码：

```
#!/usr/local/bin/bpftrace

#include <linux/genhd.h>
#include <linux/bio.h>

BEGIN
{
        printf("Tracing md flush events... Hit Ctrl-C to end.\n");
        printf("%-8s %-6s %-16s %s", "TIME", "PID", "COMM", "DEVICE");
}
```

```
kprobe:md_flush_request
{
        time("%H:%M:%S ");
        printf("%-6d %-16s %s\n", pid, comm,
            ((struct bio *)arg1)->bi_disk->disk_name);
}
```

程序通过从 bio 结构体中读取磁盘名。

9.3.10　iosched

iosched(8)[1] 跟踪 I/O 请求在 I/O 调度器中排队的时间，并且按调度器名称分组显示。例如：

```
# iosched.bt
Attaching 5 probes...
Tracing block I/O schedulers. Hit Ctrl-C to end.
^C

@usecs[cfq]:
[2, 4)                 1 |                                                    |
[4, 8)                 3 |@                                                   |
[8, 16)               18 |@@@@@@@                                             |
[16, 32)               6 |@@                                                  |
[32, 64)               0 |                                                    |
[64, 128)              0 |                                                    |
[128, 256)             0 |                                                    |
[256, 512)             0 |                                                    |
[512, 1K)              6 |@@                                                  |
[1K, 2K)               8 |@@@                                                 |
[2K, 4K)               0 |                                                    |
[4K, 8K)               0 |                                                    |
[8K, 16K)             28 |@@@@@@@@@@@                                         |
[16K, 32K)           131 |@@@@@@@@@@@@@@@@@@@@@@@@@@@@@@@@@@@@@@@@@@@@@@@@@@@@@@|
[32K, 64K)            68 |@@@@@@@@@@@@@@@@@@@@@@@@@@@                          |
```

这个输出展示了系统正在使用 CFQ 调度器，排队等待时间一般在 8 ～ 64 毫秒。

iosched(8) 的源代码如下：

1　笔者于2019年3月20日为本书写成。

```
#!/usr/local/bin/bpftrace

#include <linux/blkdev.h>

BEGIN
{
        printf("Tracing block I/O schedulers. Hit Ctrl-C to end.\n");
}

kprobe:__elv_add_request
{
        @start[arg1] = nsecs;
}

kprobe:blk_start_request,
kprobe:blk_mq_start_request
/@start[arg0]/
{
        $r = (struct request *)arg0;
        @usecs[$r->q->elevator->type->elevator_name] =
            hist((nsecs - @start[arg0]) / 1000);
        delete(@start[arg0]);
}

END
{
        clear(@start);
}
```

　　这个工具在请求通过 _elv_add_request() 函数加入 I/O 调度器时记录一个时间戳，然后在 I/O 向设备发送时读取时间戳，计算排队时间。这样，只跟踪那些经过了某个 I/O 调度器的 I/O 请求，并且仅关注排队时间。调度器（也叫升降梯）名称是从 request 结构体中获取的。

　　由于 Linux 5.0 切换到了多队列模式，因此 blk_start_request() 函数已经从内核中被移除了。在后续版本中，使用这个工具会打印出一个跳过 blk_start_request() 的报警信息，可以忽略这个报警信息，也可以将这个 kprobe 直接从代码中移除。

9.3.11 scsilatency

scsilatency(8)[1] 是一个跟踪 SCSI 命令以及对应的延迟分布的工具。例如：

```
# scsilatency.bt
Attaching 4 probes...
Tracing scsi latency. Hit Ctrl-C to end.
^C

@usecs[0, TEST_UNIT_READY]:
[128K, 256K)           2 |@@@@@@@@@@@@@@@@@@@@@@@@@@@@@@@@@@   |
[256K, 512K)           2 |@@@@@@@@@@@@@@@@@@@@@@@@@@@@@@@@@@   |
[512K, 1M)             0 |                                   |
[1M, 2M)               1 |@@@@@@@@@@@@@@@@                    |
[2M, 4M)               2 |@@@@@@@@@@@@@@@@@@@@@@@@@@@@@@@@@@   |
[4M, 8M)               3 |@@@@@@@@@@@@@@@@@@@@@@@@@@@@@@@@@@@@@@@@@@@@@@@@@@@|
[8M, 16M)              1 |@@@@@@@@@@@@@@@@                    |

@usecs[42, WRITE_10]:
[2K, 4K)               2 |@                                  |
[4K, 8K)               0 |                                   |
[8K, 16K)              2 |@                                  |
[16K, 32K)            50 |@@@@@@@@@@@@@@@@@@@@@@@@@@@@@@@@@@@@@@@@@@@@    |
[32K, 64K)            57 |@@@@@@@@@@@@@@@@@@@@@@@@@@@@@@@@@@@@@@@@@@@@@@@@@@@|

@usecs[40, READ_10]:
[4K, 8K)              15 |@                                  |
[8K, 16K)           676 |@@@@@@@@@@@@@@@@@@@@@@@@@@@@@@@@@@@@@@@@@@@@@@@@@@@|
[16K, 32K)          447 |@@@@@@@@@@@@@@@@@@@@@@@@@@@@@@@@@@     |
[32K, 64K)            2 |                                   |
[...]
```

上述输出为每一个 SCSI 命令打印了一个延迟直方图，同时展示了 opcode 代码和命令名（如果可用的话）。

scsilatency(8) 的源代码如下：

```
!/usr/local/bin/bpftrace

#include <scsi/scsi_cmnd.h>
```

1　笔者于2019年3月21日为本书写成，灵感来源于2011年编写的DTrace[Gregg 11]一书中的类似工具。

```
BEGIN
{
        printf("Tracing scsi latency. Hit Ctrl-C to end.\n");
        // SCSI opcodes from scsi/scsi_proto.h; add more mappings if desired:
        @opcode[0x00] = "TEST_UNIT_READY";
        @opcode[0x03] = "REQUEST_SENSE";
        @opcode[0x08] = "READ_6";
        @opcode[0x0a] = "WRITE_6";
        @opcode[0x0b] = "SEEK_6";
        @opcode[0x12] = "INQUIRY";
        @opcode[0x18] = "ERASE";
        @opcode[0x28] = "READ_10";
        @opcode[0x2a] = "WRITE_10";
        @opcode[0x2b] = "SEEK_10";
        @opcode[0x35] = "SYNCHRONIZE_CACHE";
}

kprobe:scsi_init_io
{
        @start[arg0] = nsecs;
}

kprobe:scsi_done,
kprobe:scsi_mq_done
/@start[arg0]/
{
        $cmnd = (struct scsi_cmnd *)arg0;
        $opcode = *$cmnd->req.cmd & 0xff;
        @usecs[$opcode, @opcode[$opcode]] = hist((nsecs - @start[arg0]) / 1000);
}

END
{
        clear(@start); clear(@opcode);
}
```

SCSI 命令对应的代码很多，这个工具仅将一部分 opcode 转换成了名称。由于 opcode 数值和名字一起输出，如果没有对应的名字，也可以从 scsi/scsi_proto.h 中得出，这个工具可以被进一步改进以加入这些对应关系。

内核中有 scsi 跟踪点，下一个工具就使用了其中一个跟踪点，但是这些跟踪点缺乏一个全局唯一标识符，必须有标识符才能在 BPF 映射表中作为键保存时间戳信息。

由于 Linux 5.0 切换为只包括多队列实现，scsi_done() 函数已经被移除了，因此对应的 kprobe:scsi_done 也被移除了。

在 Linux 5.0 之后，该工具会打印一条报警：跳过了 scsi_done() kprobe，可以忽略这条警告，对应的 kprobe 也可以从代码中移除。

9.3.12 scsiresult

scsiresult(8)[1] 工具统计 SCSI 命令的结果：主机代码和状态代码，例如：

```
# scsiresult.bt
Attaching 3 probes...
Tracing scsi command results. Hit Ctrl-C to end.
^C

@[DID_BAD_TARGET, SAM_STAT_GOOD]: 1
@[DID_OK, SAM_STAT_CHECK_CONDITION]: 10
@[DID_OK, SAM_STAT_GOOD]: 2202
```

该输出包括了 2202 条 DID_OK 和 SAM_STAT_GOOD 结果，只有 1 条是 DID_BAD_TARGET 和 SAM_STAT_GOOD。这些代码是在内核源代码中定义的，见 include/scsi/sci.h：

```
#define DID_OK          0x00   /* NO error                        */
#define DID_NO_CONNECT  0x01   /* Couldn't connect before timeout period  */
#define DID_BUS_BUSY    0x02   /* BUS stayed busy through time out period */
#define DID_TIME_OUT    0x03   /* TIMED OUT for other reason      */
#define DID_BAD_TARGET  0x04   /* BAD target.                     */
[...]
```

这个工具可以识别 SCSI 设备返回的一些异常结果。

scsiresult(8) 的源代码如下：

```
#!/usr/local/bin/bpftrace

BEGIN
{
        printf("Tracing scsi command results. Hit Ctrl-C to end.\n");

        // host byte codes, from include/scsi/scsi.h:
        @host[0x00] = "DID_OK";
```

1　笔者于2019年3月21日写作本书时完成，灵感来自2011年编写的DTrace一书[Gregg 11]中的类似工具。

```
        @host[0x01] = "DID_NO_CONNECT";
        @host[0x02] = "DID_BUS_BUSY";
        @host[0x03] = "DID_TIME_OUT";
        @host[0x04] = "DID_BAD_TARGET";
        @host[0x05] = "DID_ABORT";
        @host[0x06] = "DID_PARITY";
        @host[0x07] = "DID_ERROR";
        @host[0x08] = "DID_RESET";
        @host[0x09] = "DID_BAD_INTR";
        @host[0x0a] = "DID_PASSTHROUGH";
        @host[0x0b] = "DID_SOFT_ERROR";
        @host[0x0c] = "DID_IMM_RETRY";
        @host[0x0d] = "DID_REQUEUE";
        @host[0x0e] = "DID_TRANSPORT_DISRUPTED";
        @host[0x0f] = "DID_TRANSPORT_FAILFAST";
        @host[0x10] = "DID_TARGET_FAILURE";
        @host[0x11] = "DID_NEXUS_FAILURE";
        @host[0x12] = "DID_ALLOC_FAILURE";
        @host[0x13] = "DID_MEDIUM_ERROR";

        // status byte codes, from include/scsi/scsi_proto.h:
        @status[0x00] = "SAM_STAT_GOOD";
        @status[0x02] = "SAM_STAT_CHECK_CONDITION";
        @status[0x04] = "SAM_STAT_CONDITION_MET";
        @status[0x08] = "SAM_STAT_BUSY";
        @status[0x10] = "SAM_STAT_INTERMEDIATE";
        @status[0x14] = "SAM_STAT_INTERMEDIATE_CONDITION_MET";
        @status[0x18] = "SAM_STAT_RESERVATION_CONFLICT";
        @status[0x22] = "SAM_STAT_COMMAND_TERMINATED";
        @status[0x28] = "SAM_STAT_TASK_SET_FULL";
        @status[0x30] = "SAM_STAT_ACA_ACTIVE";
        @status[0x40] = "SAM_STAT_TASK_ABORTED";
}

tracepoint:scsi:scsi_dispatch_cmd_done
{
        @[@host[(args->result >> 16) & 0xff], @status[args->result & 0xff]] =
            count();
}

END
{
        clear(@status);
        clear(@host);
}
```

该工具使用 scsi:scsi_dispatch_cmd_done 跟踪点，从结果中获取主机代码和状态代码，再将其对应为内核名字。内核中的 include/trace/events/scsi.h 中有对该跟踪点的格式化字符串的查找表。

结果中同时包含了驱动结果和消息字节，但是这个工具并没有输出。该字节格式如下：

```
driver_byte << 24 | host_byte << 16 | msg_byte << 8 | status_byte
```

这个工具可以使用这些字节代码和其他的细节信息作为额外的映射键。跟踪点上还有其他的细节信息：

```
# bpftrace -lv t:scsi:scsi_dispatch_cmd_done
tracepoint:scsi:scsi_dispatch_cmd_done
    unsigned int host_no;
    unsigned int channel;
    unsigned int id;
    unsigned int lun;
    int result;
    unsigned int opcode;
    unsigned int cmd_len;
    unsigned int data_sglen;
    unsigned int prot_sglen;
    unsigned char prot_op;
    __data_loc unsigned char[] cmnd;
```

更多的信息可以通过 kprobes 跟踪 scsi 函数获得，但是这些接口不是稳定接口。

9.3.13　nvmelatency

nvmelatency(8)[1] 通过跟踪 nvme 存储驱动程序，按磁盘和 nvme 命令代码展示命令延迟。这可能有助于细化在更高的块 I/O 层发现的延迟问题。例如：

```
# nvmelatency.bt
Attaching 4 probes...
Tracing nvme command latency. Hit Ctrl-C to end.
^C

@usecs[nvme0n1, nvme_cmd_flush]:
[8, 16)                 2 |@@@@@@@@@                                          |
```

1　笔者于2019年3月21日为本书完成，灵感基于2011年编写的DTrace一书[Gregg 11]中的类似工具。

```
[16, 32)              7 |@@@@@@@@@@@@@@@@@@@@@@@@@@@@@@@@@         |
[32, 64)              6 |@@@@@@@@@@@@@@@@@@@@@@@@@@@@             |
[64, 128)            11 |@@@@@@@@@@@@@@@@@@@@@@@@@@@@@@@@@@@@@@@@@@@@@@@@@@@@|
[128, 256)            0 |                                          |
[256, 512)            0 |                                          |
[512, 1K)             3 |@@@@@@@@@@@@@                             |
[1K, 2K)              8 |@@@@@@@@@@@@@@@@@@@@@@@@@@@@@@@@@@@        |
[2K, 4K)              1 |@@@@                                      |
[4K, 8K)              4 |@@@@@@@@@@@@@@@@                          |

@usecs[nvme0n1, nvme_cmd_write]:
[8, 16)               3 |@@@@                                      |
[16, 32)             37 |@@@@@@@@@@@@@@@@@@@@@@@@@@@@@@@@@@@@@@@@@@@@@@@@@@@@|
[32, 64)             20 |@@@@@@@@@@@@@@@@@@@@@@@@@@@               |
[64, 128)             6 |@@@@@@@@                                 |
[128, 256)            0 |                                          |
[256, 512)            0 |                                          |
[512, 1K)             0 |                                          |
[1K, 2K)              0 |                                          |
[2K, 4K)              0 |                                          |
[4K, 8K)              7 |@@@@@@@@@                                |

@usecs[nvme0n1, nvme_cmd_read]:
[32, 64)           7653 |@@@@@@@@@@@@@@@@@@@@@@@@@@@@@@@@@@@@@@@@@@@@@@@@@@@@|
[64, 128)           568 |@@@                                      |
[128, 256)           45 |                                          |
[256, 512)            4 |                                          |
[512, 1K)             0 |                                          |
[1K, 2K)              0 |                                          |
[2K, 4K)              0 |                                          |
[4K, 8K)              1 |                                          |
```

这个输出展示了目前只有一个磁盘正在被使用，nvme0n1，显示了3组nvme命令类型对应的延迟分布。

nvme相关的跟踪点最近刚刚被加入Linux，但是这个工具是在一个没有这个跟踪点的系统上完成的，这也说明这个工具可以使用kprobes和存储设备驱动程序来完成。笔者先从统计不同I/O负载之下的调用的nvme函数开始：

```
# bpftrace -e 'kprobe:nvme* { @[func] = count(); }'
Attaching 184 probes...
^C
```

```
@[nvme_pci_complete_rq]: 5998
@[nvme_free_iod]: 6047
@[nvme_setup_cmd]: 6048
@[nvme_queue_rq]: 6071
@[nvme_complete_rq]: 6171
@[nvme_irq]: 6304
@[nvme_process_cq]: 12327
```

通过查看这些函数对应的源代码可以发现，延迟可以通过记录从 nvme_setup_cmd() 到 nvme_complete_rq() 的时间得出。

即使最终使用工具的系统上并没有这些跟踪点，也可以通过查看新版代码中的跟踪点实现来帮助工具开发。通过检查内核中 nvme 跟踪点是如何实现的[187]，笔者可以更快地开发这个工具，因为跟踪点的实现源代码中展示了如何正确读取 nvme opcode。

nvmelatency(8) 的源代码如下：

```
#!/usr/local/bin/bpftrace

#include <linux/blkdev.h>
#include <linux/nvme.h>

BEGIN
{
        printf("Tracing nvme command latency. Hit Ctrl-C to end.\n");
        // from linux/nvme.h:
        @ioopcode[0x00] = "nvme_cmd_flush";
        @ioopcode[0x01] = "nvme_cmd_write";
        @ioopcode[0x02] = "nvme_cmd_read";
        @ioopcode[0x04] = "nvme_cmd_write_uncor";
        @ioopcode[0x05] = "nvme_cmd_compare";
        @ioopcode[0x08] = "nvme_cmd_write_zeroes";
        @ioopcode[0x09] = "nvme_cmd_dsm";
        @ioopcode[0x0d] = "nvme_cmd_resv_register";
        @ioopcode[0x0e] = "nvme_cmd_resv_report";
        @ioopcode[0x11] = "nvme_cmd_resv_acquire";
        @ioopcode[0x15] = "nvme_cmd_resv_release";
}

kprobe:nvme_setup_cmd
{
        $req = (struct request *)arg1;
        if ($req->rq_disk) {
```

```
                @start[arg1] = nsecs;
                @cmd[arg1] = arg2;
        } else {
                @admin_commands = count();
        }
}

kprobe:nvme_complete_rq
/@start[arg0]/
{
        $req = (struct request *)arg0;
        $cmd = (struct nvme_command *)@cmd[arg0];
        $disk = $req->rq_disk;
        $opcode = $cmd->common.opcode & 0xff;
        @usecs[$disk->disk_name, @ioopcode[$opcode]] =
            hist((nsecs - @start[arg0]) / 1000);
        delete(@start[tid]); delete(@cmd[tid]);
}

END
{
        clear(@ioopcode); clear(@start); clear(@cmd);
}
```

如果一个请求没有对应的磁盘，那么这就是一个管理命令。这个工具可以解码和统计管理命令的时间（参看 include/linux/nvme.h 中的 nvme_admin_opcode）。为了保持代码简短，笔者在这里只是统计了管理命令并分别进行了显示。

9.4 BPF单行程序

本节介绍 BCC 和 bpftrace 单行程序。在尽可能的情况下，同样的单行程序分别用 BCC 和 bpftrace 实现。

9.4.1 BCC

统计块 I/O 跟踪点调用：

```
funccount t:block:*
```

以直方图方式统计块 I/O 尺寸：

```
argdist -H 't:block:block_rq_issue():u32:args->bytes'
```

统计块 I/O 请求的用户态调用栈：

```
stackcount -U t:block:block_rq_issue
```

统计块 I/O 的类型标记：

```
argdist -C 't:block:block_rq_issue():char*:args->rwbs'
```

按设备和 I/O 类型跟踪块 I/O 错误：

```
trace 't:block:block_rq_complete (args->error) "dev %d type %s error %d", args->dev,
args->rwbs, args->error'
```

统计 SCSI opcode：

```
argdist -C 't:scsi:scsi_dispatch_cmd_start():u32:args->opcode'
```

统计 SCSI 结果代码：

```
argdist -C 't:scsi:scsi_dispatch_cmd_done():u32:args->result'
```

统计 nvme 驱动程序函数：

```
funccount 'nvme*'
```

9.4.2　bpftrace

统计块 I/O 跟踪点：

```
bpftrace -e 'tracepoint:block:* { @[probe] = count(); }'
```

以直方图方式统计块 I/O 尺寸：

```
bpftrace -e 't:block:block_rq_issue { @bytes = hist(args->bytes); }'
```

统计块 I/O 请求的用户态调用栈：

```
bpftrace -e 't:block:block_rq_issue { @[ustack] = count(); }'
```

统计块 I/O 的类型标记：

```
bpftrace -e 't:block:block_rq_issue { @[args->rwbs] = count(); }'
```

按 I/O 类型统计总字节数：

```
bpftrace -e 't:block:block_rq_issue { @[args->rwbs] = sum(args->bytes); }'
```

按设备和 I/O 类型跟踪块 I/O 错误：

```
bpftrace -e 't:block:block_rq_complete /args->error/ {
    printf("dev %d type %s error %d\n", args->dev, args->rwbs, args->error); }'
```

以直方图方式统计块 I/O plug 时间：

```
bpftrace -e 'k:blk_start_plug { @ts[arg0] = nsecs; }
k:blk_flush_plug_list /@ts[arg0]/ { @plug_ns = hist(nsecs - @ts[arg0]);
delete(@ts[arg0]); }'
```

统计 SCSI opcode：

```
bpftrace -e 't:scsi:scsi_dispatch_cmd_start { @opcode[args->opcode] = count(); }'
```

统计 SCSI 结果代码（包括全部 4 字节）：

```
bpftrace -e 't:scsi:scsi_dispatch_cmd_done { @result[args->result] = count(); }'
```

统计 blk_mq 请求的 CPU 分布：

```
bpftrace -e 'k:blk_mq_start_request { @swqueues = lhist(cpu, 0, 100, 1); }'
```

统计 scsi 驱动程序函数：

```
bpftrace -e 'kprobe:scsi* { @[func] = count(); }'
```

统计 nvme 驱动程序函数：

```
funccount 'nvme*'
```

9.4.3　BPF 单行程序示例

这里包含了一些单行程序的输出，有助于解释这些单行程序。

统计块 I/O 的类型标记

```
# bpftrace -e 't:block:block_rq_issue { @[args->rwbs] = count(); }'
Attaching 1 probe...
^C

@[N]: 2
@[WFS]: 9
@[FF]: 12
@[N]: 13
@[WSM]: 23
@[WM]: 64
@[WS]: 86
@[R]: 201
@[R]: 285
@[W]: 459
@[RM]: 1112
```

```
@[RA]: 2128
@[R]: 3635
@[W]: 4578
```

这行程序根据记录了 I/O 类型的 rwbs 值来进行频率统计。在跟踪过程中，总共有 3635 次读（"R"），以及 2128 次预读取 I/O（"RA"）。本章前面的 "rwbs" 一节解释了 rwbs 值的详细情况。

这个单行程序可以回答负载的定性分析问题，例如：

- 块请求中的读请求和预读取请求的比例如何？
- 块请求中的写请求和同步写请求的比例如何？

通过将 count() 改为 sum(args->bytes)，这个单行程序可以按 I/O 类型统计总字节数。

9.5　可选练习

如果没有特别说明，这些练习都可以用 bpftrace 和 BCC 完成：

1. 修改 biolatency(8) 以输出线性直方图，范围为 0 到 100 毫秒，每个区间 1 毫秒。
2. 修改 biolatency(8) 以每秒打印一次线性直方图统计。
3. 开发一个按 CPU 统计磁盘 I/O 完成事件的工具，检查这些中断是否平均分布在所有的 CPU 上。这也可以用一个线性直方图来统计。
4. 开发一个类似 biosnoop(8) 的工具，打印出每个块 I/O 的事件信息，以 CSV 格式输出到文件中，仅包含以下字段：完成时长、方向、延迟（毫秒）。这里的方向是读或者写。
5. 保存上述第 4 题开发的工具的 2 分钟的输出结果，用画图软件生成一个散点图，以红色标记读，以蓝色标记写。
6. 保存上述第 2 题开发的工具的 2 分钟的输出结果，用画图软件按延迟热力图形式展示。（也可以开发一个定制的画图软件，例如，使用 awk(1) 将计数栏变成 HTML 表格中的行，以值来选择背景颜色）。
7. 使用 block 跟踪点重写 biosnoop(8)。
8. 修改 seeksize(8) 以展示存储设备实际的寻址距离：以完成事件进行测量。
9. 开发一个统计磁盘 I/O 超时的工具。一个解决方案是用 block 跟踪点和 BLK_STS_TIMEOUT 值（参看 bioerr(8)）。
10. （进阶，未解决）开发一个工具来展示块 I/O 合并的长度，以直方图统计。

9.6 小结

本章展示了如何使用 BPF 跟踪整个存储 I/O 软件栈的各个层，有跟踪块 I/O 层的工具，有跟踪 I/O 调度器的工具，以及跟踪 SCSI 和 nvme 驱动程序的工具。

第10章

网络

随着分布式云计算模式的广泛应用，数据中心内部和云计算环境中的网络流量的大幅上升，应用程序外网流量越来越多，网络性能在系统性能分析中越来越重要了。随着服务器处理数据包的速度接近每秒数百万包的量级，高效率的网络分析工具也越来越重要。扩展版 BPF 技术设计的初衷就是高效处理网络包，所以特意针对这些特点来设计和构建。适用于容器网络连接和安全策略的 Cilium 项目，Facebook 的 Katran 高效网络负载均衡器，以及 DDoS（分布式拒绝服务攻击）防御技术等，都是 BPF 技术在高频网络生产环境中应用的案例。[1]

网络 I/O 涉及很多不同的软件层与协议实现，包括应用程序层，网络协议库，系统调用，TCP 或 UDP，IP 协议，以及网络接口的设备驱动程序等。这些都可以用本章中介绍的 BPF 工具进行跟踪，以便进行负载画像和延迟测量。

学习目标：

- 学习网络协议栈分层与扩展技术的总览知识，包括接收缩放和发送缩放技术、TCP 缓冲区，以及队列管理器。
- 学习一个行之有效的网络性能分析策略。
- 用网络套接字、TCP 和 UDP 负载画像，识别问题所在。
- 测量不同的延迟指标：连接延迟、首字节延迟、连接时长。
- 学习一个有效的跟踪和分析 TCP 重传的策略。
- 调查网络协议栈之间的延迟情况。
- 定量分析在软件网络队列和硬件网络队列中所花费的时间。
- 使用 bpftrace 单行程序来自定义分析。

1　这些都是开源项目[93-94]。

本章从进行网络协议分析必备的背景知识讲起，简要介绍网络分层技术和扩展性技术，然后探索 BPF 所能回答的问题，同时提供一个可以采用的整体分析策略。接下来关注于工具的介绍，先介绍传统工具，再介绍 BPF 工具，包括一系列 BPF 单行程序。本章结尾包含可选练习。

10.1　背景知识

本节覆盖了网络方面的基础知识、BPF 的分析能力，以及网络分析的一个推荐策略，还包括常见的跟踪错误的做法。

10.1.1　网络基础知识

本章假设你已经具备简单的 IP 和 TCP 的基础知识，了解包括 TCP 三次握手过程、ACK 包的处理，主动 / 被动连接等术语，这里不再赘述。

网络软件栈

Linux 网络软件栈如图 10-1 所示，图中展示了数据在一般情况下是如何在网卡（NIC）和应用程序之间流动的。

这里的主要组件包括如下内容。

- **网络套接字**：发送和接收数据的端点。也包括 TCP 使用的发送和接收缓冲区。
- **TCP（传送控制协议）**：广泛使用的、有序可靠的数据传输协议，自带错误检查。
- **UDP（用户数据包协议）**：简单的消息传送协议，不具备 TCP 的传输保障，也没有 TCP 的额外消耗。
- **IP（因特网协议）**：在网络中，主机之间传送数据包的网络协议。版本有 IPv4 和 IPv6。
- **ICMP（因特网控制信息协议）**：一个 IP 级别的支持协议，负责传送有关路由和错误的信息。
- **队列管理器**：一个可选的网络层，可用于流量分类（tc）、调度、数据包修改、流量过滤，以及流量整形等[95]。 1
- **设备驱动程序**：驱动程序内部有可能有自己的驱动程序内部队列（网卡的 RX-ring 和 TX-ring，接收环形缓冲区与发送环形缓冲区）。

1　这些队列的详细信息来自2013年在*Linux Journal*上发表的"Queueing in the Linux Network Stack"，作者是 Dan Siemon。非常凑巧的是，写完这段文字90分钟之后，笔者就在iovisor的一个会议上碰到了Dan Siemon，当面向他致谢。

- NIC（网络接口卡）：包含物理网络端口的设备。也可能是虚拟设备，例如隧道接口、veth 虚拟网卡设备，以及回送接口 loopback。

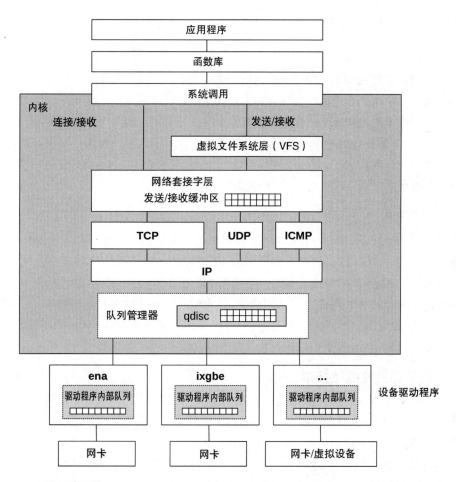

图 10-1 Linux 网络软件栈

图 10-1 展示了最常见的数据流路径，但是对某些负载来说也可以通过采用其他路径来提高性能。这些其他的路径一般包括内核绕过技术，以及新的基于 BPF 的 XDP 技术等。

内核绕过技术

应用程序可以使用数据层开发套件（DPDK）这样的技术来绕过内核网络软件栈，这样可以提高性能，提高网络包处理能力。这种技术需要应用程序在用户态实现自己的网络软件栈，使用 DPDK 软件库和内核用户态 I/O 驱动（UIO）或者虚拟 I/O 驱动（VFIO）

来直接向网卡设备驱动程序发送数据。可以通过直接从网卡内存中读取数据包的技术来避免数据的多次复制。

由于这种技术绕过了内核中的整个网络软件栈，导致无法使用传统工具的跟踪功能和性能指标，性能分析会很困难。

XDP

高速数据路径技术（XDP）为网络数据包提供了另外一条通道：一个可以使用扩展BPF编程的快速处理通道，与现有的内核软件栈可以直接集成，无须绕过[Høiland-Jørgensen 18]。由于这种技术使用网卡驱动程序中内置的 BPF 钩子直接访问原始网络帧数据，因而可以避免 TCP/IP 软件栈处理的额外消耗，而直接告诉网卡是应该传递还是丢弃数据包。当有需要时，这种技术还可以回退到正常的网络栈处理过程。这种技术的应用场景包括快速 DDoS 缓解，以及软件定义路由（SDR）等场景。

内部实现

理解内核中的网络处理实现有助于你深入理解后面将要介绍的各种 BPF 工具。关键信息包括：数据包在内核中使用 sk_buff 结构体（网络套接字缓冲区）来传递。网络套接字是用 sock 结构体定义的，该结构体在各网络协议结构体的开头部分存放，例如 tcp_sock 结构体。网络协议使用 proto 结构体挂载到网络套接字结构体上，例如 tcp_prot、udp_prot 等；该结构体中定义了一系列该网络协议需要的回调函数，包括 connect、sendmsg 和 recvmsg 等函数。

发送和接收缩放技术

如果不使用某种网络数据包的 CPU 负载均衡技术的话，一个单独的网卡一般只会向一个 CPU 发送中断。这有可能导致该 CPU 资源全部用于处理中断和进行网络软件栈处理，而成为全系统的瓶颈。有很多种技术通过降低中断频率，以及将网卡中断处理和数据包处理分散给各种 CPU 分别处理，来提高网络的扩展能力和性能。这些技术包括新的 API 接口（NAPI），接收方缩放技术（RSS）[1]，入包导向技术（RPS），入流导向技术（RFS），硬件加速 RFS 技术，以及出包导向技术（XPS）。这些在内核源代码中都有相应文档[96]。

网络套接字接收缩放技术

一般来说，高频被动 TCP 连接的接收是由一个单独的线程调用 accept(2)，再将连接转移到一个工作线程池来完成的。为了提高这方面的性能，Linux 3.9 中添加了一个

---

1 RSS是完全由网卡硬件处理的。有些网卡支持运行BPF网络程序（例如，netronome），这样可以使用BPF编程RSS[97]。

setsockopt(3) 选项 SO_REUSEPORT，允许一系列进程或线程绑定在同一个网络套接字地址之上，这些进程和线程全都可以调用 accept(2)。接下来内核会将新连接的处理平均分配给这些线程。可以使用 SO_ATTACH_REUSEPORT_EBPF 选项来挂载一段 BPF 程序进行自定义导流处理：Linux 4.5 中添加了对 UDP 的支持，Linux 4.6 中添加了对 TCP 的支持。

TCP 积压队列

当内核收到一个 TCP SYN 包时，就会开启一个新的被动 TCP 连接。内核在握手完成之前必须跟踪该连接的状态，这在过去曾经被攻击者以 SYN 洪水攻击的形式所利用，以耗尽内核内存为目的。Linux 使用两个队列来解决这个问题：一个是 SYN 积压队列，只保存非常有限的元数据信息，可以适应 SYN 洪水攻击的场景；同时还有一个专门的监听积压队列来存放握手完成的连接，以供应用程序处理。这些在图 10-2 中有展示。

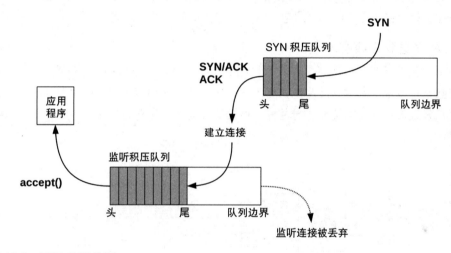

图 10-2　TCP SYN 队列

当出现 SYN 洪水攻击的情况时，数据包可以从 SYN 积压队列中被直接丢弃。当应用程序无法及时接收连接时也可以从监听积压队列中被丢弃。正常的远端主机会在一定时间后重试连接。

除了这两个队列之外，TCP 监听相关的代码路径也被修改为无锁实现，这样可以进一步提升对 SYN 洪水攻击的响应能力[98]。[1]

TCP 重传

TCP 使用下面两项技术进行丢包检测和重传。

1　在修改了最后一个假共享问题之后，Eric Dumazet，网络协议开发者，在他的系统上进行压测，达到了每秒处理600万个SYN数据包的性能[99]。

- **基于定时器的重传**：在等待 ACK 包超时之后就会发生重传。这个时长就是 TCP 重传超时值，这个值是基于连接往返时间（RTT）动态计算的。在 Linux 中，第一次重传至少为 200 毫秒（TCP_RTO_MIN），接下来的重传会等待更长时间，每次加倍以便进行指数型回退。
- **快速重传**：当收到重复的 ACK 包时，TCP 会假设有数据包丢弃发生，并且立刻重传。

基于定时器的重传机制经常是性能问题的来源，在网络连接中会增加 200ms 或更高的延迟。拥塞控制算法也可能在重传发生时限制网络连接的吞吐量。

重传发生时，即使后面的包正确抵达目的地，也可能需要从第一个丢失的包开始重传所有的数据包。选择性响应（SACK）是一项 TCP 扩展技术，经常用来避免这种情况：允许远端主机直接响应后续的网络包，这样可避免重传，提高性能。

TCP 发送和接收缓冲区

TCP 数据吞吐量可以通过采用调整网络套接字发送和接收缓冲区来提高。Linux 会根据连接活动情况动态调整缓冲区大小，同时还允许手动调节这些缓冲区的最小值、默认值，以及最大值。大的缓冲区通过每个连接消耗更多内存来提高性能。这些在图 10-3 中有展示。

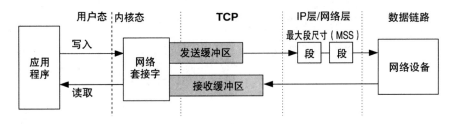

图 10-3   TCP 发送和接收缓冲区

网络设备和网络连接可以处理的最大网络包的尺寸为 MSS（最大段尺寸），这个值可能小到 1500 字节。为了避免网络软件栈处理很多很小的网络包的性能损耗，TCP 使用通用分段托管技术（Generic segmentation offload，GSO）来发送高达 64KB 的数据包（超大包），这些包只有在实际发送给网络设备之前才会被切分成 MSS 大小的数据段。如果网卡和驱动程序都支持 TCP 分段托管技术（TSO），那么 GSO 会将包分段工作直接交给设备进行，以进一步提高网络软件栈的吞吐量。同时，还有一项 GRO 技术，通用接收托管技术，与 GSO 互补 [100]。GRO 和 GSO 技术都是在内核软件中实现的，而 TSO 是在网卡硬件上实现的。

TCP 拥塞控制算法

Linux 支持多种不同的 TCP 拥塞控制算法，包括 Cubic（默认）、Reno、Tahoe、DCTCP 和 BRR 等。这些算法检测到网络拥塞时，会调整发送和接收的窗口大小，以便让网络连接运行得更通畅。

队列管理器（Queueing Discipline）

这个可选层可以用来管理网络包的流量分类（tc）、调度、修改、过滤以及整形操作。Linux 提供了很多不同的队列管理算法，可以用 tc(8) 命令来配置。每个操作都有对应的 man 页面，可以用下面的 man(1) 命令来列出所有的页面：

```
# man -k tc-
tc-actions (8)       - independently defined actions in tc
tc-basic (8)         - basic traffic control filter
tc-bfifo (8)         - Packet limited First In, First Out queue
tc-bpf (8)           - BPF programmable classifier and actions for ingress/egress
queueing disciplines
tc-cbq (8)           - Class Based Queueing
tc-cbq-details (8)   - Class Based Queueing
tc-cbs (8)           - Credit Based Shaper (CBS) Qdisc
tc-cgroup (8)        - control group based traffic control filter
tc-choke (8)         - choose and keep scheduler
tc-codel (8)         - Controlled-Delay Active Queue Management algorithm
tc-connmark (8)      - netfilter connmark retriever action
tc-csum (8)          - checksum update action
tc-drr (8)           - deficit round robin scheduler
tc-ematch (8)        - extended matches for use with "basic" or "flow" filters
tc-flow (8)          - flow based traffic control filter
tc-flower (8)        - flow based traffic control filter
tc-fq (8)            - Fair Queue traffic policing
tc-fq_codel (8)      - Fair Queuing (FQ) with Controlled Delay (CoDel)
[...]
```

BPF 可以通过使用 BPF_PROG_TYPE_SCHED_CLS 和 BPF_PROG_TYPE_SCHED_ACT 两种程序类型来进一步增强这一层的能力。

其他的性能优化

还有一些其他的提升网络软件栈性能的算法，包括如下几项。

- Nagle：通过延迟发送来增加数据包的合并，以减少小网络包的数量。
- 字节数限制队列（BQL）：该项技术自动调整驱动程序内置队列的大小，避免队列空闲，也避免过度排队导致数据包延迟过高问题的发生。该项技术通过暂停对驱动程序队列插入数据包的方式工作，在 Linux 3.3 中被引入 [95]。

- **节奏控制**：这个算法控制发送数据包的时机，避免密集传输导致的性能问题。
- **TCP 小队列（TSQ）**：这个算法控制网络软件栈队列中的数据包数量，来避免例如缓冲区肿胀（bufferbloat）等问题 [101]。
- **早发时间（EDT）**：该项技术通过使用一个定时转盘来排序向网络设备发送的网络包，而不使用队列技术。该项技术根据策略和流量给每个数据包设置一个时间戳。该项技术在 Linux 4.20 中被引进，同时具有与 BQL 和 TSQ 类似的能力 [Jacobson 18]。

这些算法经常组合起来使用，以提高网络性能。一个 TCP 包在到达网卡之前，可以被某个拥塞控制算法、TSO、TSQ、节奏控制算法或队列管理器所修改。

测量延迟

通过测量网络延迟观察网络性能，可以帮助确认瓶颈到底存在于发送端程序、接收端程序，还是网络本身。可以测量的延迟有如下几项 [Gregg 13b]。

- **名字解析延迟**：主机将名字翻译为 IP 地址的时间，一般采用 DNS 解析，是常见的性能问题来源。
- **Ping 延迟**：ICMP echo 包从发送到接收的时间。这个延迟测量的是网络和每个主机内核网络软件栈处理网络包的时间。
- **TCP 连接延迟**：从发送 SYN 包到收到 SYN、ACK 包的时间。由于这里不涉及应用程序层，因此测量的是网络和每个主机内核网络软件栈处理网络包的时间，再加上一些额外的 TCP 内核处理时间。TCP 快速打开技术（TFO）通过在 SYN 包中加入加密的 Cookie 来验证客户端，允许服务器无须等待三次握手而直接发送数据，从而消除后续连接的连接延迟。
- **TCP 首字节延迟**：也被称为 TTFB，指的是从连接建立到客户端收到第一个字节的时间。这个时间包括各主机上 CPU 调度和应用程序的工作时间，所以这个指标衡量的更多的是应用程序的性能和当前负载，而不是 TCP 连接延迟。
- **网络往返时间（RTT）**：网络中数据包在两端往返所需的时间。内核可能使用这个信息指导拥塞控制算法。
- **连接时长**：网络连接从初始化到关闭的时间。有些协议，例如 HTTP，利用保活机制保持连接活跃以便给后续请求使用，这样可以避免重复建立连接的开销和延迟。

使用上述这些指标可以帮助使用排除法来定位延迟来源。这些指标和其他信息，例如将事件发生频率和吞吐量信息等组合使用，可以用来理解网络健康情况。

扩展阅读

本节简要介绍了使用网络分析工具所需的基础知识。Linux 网络软件栈的实现文档在内核源代码库的 Documentation/networking 中 [102]。网络性能在 *Systems Performance*[Gregg 13a] 一书的第 10 章中有详细介绍。

10.1.2　BPF 的分析能力

传统网络性能工具使用的是内核内部的统计信息，以及网络抓包能力。BPF 跟踪工具可以提供更多信息，回答类似下面的问题：

- 目前发生的网络套接字 I/O 有哪些，为什么会发生？对应的用户态调用栈是什么？
- 有哪些新 TCP 连接被创建，是哪个进程创建的？
- 目前是否有网络套接字、TCP，以及 IP 级的错误发生？
- TCP 窗口的尺寸是多少？是否有 0 字节传送发生？
- 各个软件栈层面的 I/O 尺寸分别是多少？发送给设备的 I/O 尺寸是多少？
- 哪些包是被网络软件栈丢弃了的？原因是什么？
- TCP 连接延迟、首字节延迟、连接时长分别是多少？
- 内核网络软件栈各层之间的延迟是多少？
- 网络包在 qdisc 队列中的等待时间是多长？在网络驱动程序内置队列中的等待时长是多长？
- 目前正在使用哪些高层协议？

这些问题可以通过 BPF 进行跟踪点插桩来回答，在跟踪点覆盖范围之外可以使用 kprobes 和 uprobes 技术来获取更多信息。

事件源

表 10-1 中列出了网络事件和对应的事件源

表 10-1　网络事件和事件源

网络事件	事件源
应用程序协议	uprobes
网络套接字	syscall 跟踪点
TCP	tcp 跟踪点、kprobes
UDP	kprobes
IP 和 ICMP	kprobes
网络包	skb 跟踪点、kprobes
qdisc 和驱动程序内置队列	qdisc 和 net 跟踪点、kprobes
XDP	xdp 跟踪点
网络设备驱动程序	kprobes

在很多情况下，由于跟踪点不够导致必须使用 kprobes。跟踪点稀少的原因是因为历史上（BPF 出现之前）的需求不够强烈。现在 BPF 技术促进了新的跟踪点的添加，最初的 TCP 跟踪点是在 Linux 4.15 和 4.16 被加入内核中的。Linux 5.2 版本中的 TCP 跟踪点有：

```
# bpftrace -l 'tracepoint:tcp:*'
tracepoint:tcp:tcp_retransmit_skb
tracepoint:tcp:tcp_send_reset
tracepoint:tcp:tcp_receive_reset
tracepoint:tcp:tcp_destroy_sock
tracepoint:tcp:tcp_rcv_space_adjust
tracepoint:tcp:tcp_retransmit_synack
tracepoint:tcp:tcp_probe
```

未来的内核中可能会添加更多的网络协议跟踪点。对各种协议添加发送和接收跟踪点看起来好像很简单，但是这往往需要修改某些性能敏感的代码路径，所以在添加时必须特别小心测量未启用状态下的额外开销。

额外开销

网络事件的发生频率可能会很高，在某些服务器和负载的情况下可能超过每秒数百万个数据包的量级。万幸的是，BPF 最初就是为高效包过滤所设计的，每个事件处理所需的额外开销很小。但是不管怎么说，当这个微小的开销乘以每秒几百万或者几千万个事件之后，仍然可能会累积为不可忽视的性能损耗。

幸运的是，很多观察工作并不需要跟踪每个具体的包，可以通过跟踪一些低频事件来完成，这样额外消耗就很小了。例如，TCP 重传可以通过只跟踪 tcp_retransimit_skb() 内核函数来观察，而不需要跟踪每个具体的网络包。笔者在最近的一个生产问题调查中刚好遇到了这种情况：服务器包速率超过每秒 10 万次，而重传率只有每秒 1000 次。不论每个包的跟踪开销有多少，选择跟踪重传事件而不是跟踪每个数据包就可以将额外开销降低至原先的 1%。

当确实需要跟踪每个数据包时，使用裸跟踪点（第 2 章中有介绍）要比使用跟踪点和 kprobes 更高效。

常见的网络性能分析通过抓包进行（如 tcpdump(8)、libpcap 等），这种做法不仅给每个网络包添加了额外开销，还增加了将数据包写入文件系统时的 CPU、内存和存储的开销，还需要在后期进行读取处理时的开销。相比起来，使用 BPF 跟踪每个网络包本身就将效率提升了很多。因为 BPF 直接在内核内存中保存统计信息，而不需要使用抓包文件。

10.1.3 分析策略

如果你对网络性能分析经验不多，笔者建议采用下述的分析策略。下一节会详细介绍这里所涉及的工具。

该分析策略从对负载定性分析开始，找出低效之处（第 1，2 步），然后检查各接口的限制（第 3 步），以及不同的延迟源（第 4，5，6 步）。在这之后，可能可以使用实验分析法（第 7 步）——但是要记住，这可能会对生产负载产生影响——接下来可以使用更高级和自定义的分析工具（第 8，9，10 步）。

1. 使用基于计数器的工具来理解基本的网络统计信息：网络包速率和吞吐量，如果正在使用 TCP，那么查看 TCP 连接率和 TCP 重传率（例如，使用 ss(8)、nstat(8)、netstat(1) 和 sar(1) 工具）。

2. 通过跟踪新 TCP 连接的建立和时长来定性分析负载，并且寻找低效之处（例如，使用 BCC tcplife(8)）。例如，你可能会发现为了读取远端资源而频繁建立的连接，这些可以通过本地缓存来解决。

3. 检查是否到达了网络接口吞吐量上限（例如，使用 sar(1) 或者 nicstat(1) 中的接口使用率百分比）。

4. 跟踪 TCP 重传和其他的不常见 TCP 事件（例如，BCC tcpretrans(8)、tcpdrop(8) 和 skb:kfree_skb 跟踪点）。

5. 测量主机名字解析延迟（DNS），因为这往往是一个常见的性能问题（例如，BCC gethostlatency(8)）。

6. 从各个不同的角度测量网络延迟：连接延迟、首字节延迟、软件栈各层之间的延迟等。

   a. 注意，网络延迟测试在有不同负载的情况下可能由于网络中的缓存肿胀问题而有大幅变化（排队过量导致的延迟）。如果可能的话，应该在有负载的情况下和空闲网络中分别测量这些延迟，以进行比较。

7. 使用负载生成工具来探索主机之间的网络吞吐量上限，同时检查在已知负载情况下发生的网络事件（例如，使用 iperf(1) 和 netperf(1)）。

8. 从本章"BPF 工具"一节列出的工具中选择并执行。

9. 使用高频 CPU 性能分析抓取内核调用栈信息，以量化 CPU 资源在网络协议和驱动程序之间的使用情况。

10. 使用跟踪点和 kprobes 来探索网络软件栈的内部情况。

10.1.4 常见的跟踪错误

下面是一些在开发 BPF 网络分析工具时经常发生的错误。

- 事件可能不在应用程序上下文中触发。收到数据包时，有可能是空闲线程正在 CPU 上执行，而且这时可能有 TCP 连接建立和状态的改变。如果在这些事件发生时检查在 CPU 上执行的 PID 和进程名，并不能获取和该连接对应的应用程序信息。这时需要选择那些在应用程序上下文中触发的事件，或者使用某个标识符（例如，使用 sock 结构体）来缓存应用程序上下文信息，后续再读取。
- 系统中可能存在快路径和慢路径之分。如果一段程序只跟踪其中一个路径，看起来也能够正常工作。使用一些已知的负载来确保包数量和字节数量与预期相符。
- TCP 中有满套接字和不满套接字之分：不满套接字指的是三次握手没有完成之前的套接字，或者是处于 TCP_TIME_WAIT 状态的套接字。在不满套接字中，socket 结构体的有些字段可能处于无效状态。

10.2　传统工具

传统性能工具可以展示内核中的各种统计信息，包括包速率、各种事件、吞吐量，并且列出开放套接字的状态。这类统计信息往往被各种监控工具收集并用来绘图。另外一类工具通过抓包进行分析，允许检查每个包的头部信息和内容。

除了解决问题之外，传统工具还可以为你使用 BPF 工具提供线索。这些工具在表 10-2 中按照事件源和测量类型（内核统计或者抓包）进行了列出。

表 10-2　传统工具

工具	类型	介绍
ss	内核统计	网络套接字统计
ip	内核统计	IP 统计
nstat	内核统计	网络软件栈统计
netstat	内核统计	显示网络软件栈统计和状态的复合工具
sar	内核统计	显示网络和其他统计信息的复合工具
nicstat	内核统计	网络接口统计
ethtool	驱动程序统计	网络接口驱动程序统计
tcpdump	抓包	抓包分析

下面一节将简要介绍这些观察工具的关键功能。这些工具的使用方法和更多解释请参看对应的 man 页面和其他资源，包括 *Systems Performance* 一书 [Gregg 13]。

注意，还有一类工具可以进行网络实验分析，包括微基准工具，如 iperf(1) 和 netperf(1)；ICMP 工具，如 ping(1)；以及网络路由发现工具，如 traceroute(1) 和 pathchar。Flent GUI 也包括了自动网络测试 [103]。同时还有静态分析工具：在没有任何负载的情况下检查系统和硬件的配置[Elling 00]。这些实验型工具和静态分析工具在其他的图书中也有介绍（如参考资料 [Gregg 13a]）。

这里会先介绍 ss(8)、ip(8) 和 nstat(8) 工具，因为这些工具来自网络内核工程团队所维护的 iproute2 软件包。这个包中的工具一般来说都支持 Linux 内核的最新特性。

10.2.1 ss

ss(8) 是一个套接字统计工具，可以简要输出当前打开的套接字信息。默认的输出提供了网络套接字的高层信息，例如：

```
# ss
Netid State     Recv-Q Send-Q  Local Address:Port       Peer Address:Port
[...]
tcp   ESTAB     0      0        100.85.142.69:65264      100.82.166.11:6001
tcp   ESTAB     0      0        100.85.142.69:6028       100.82.16.200:6101
[...]
```

这个输出是目前状态的一个快照。第一列中显示了该套接字使用的协议：这些都是 TCP 协议。由于这个输出中包括所有目前已经建立的连接以及对应的 IP 地址信息，因此可以用来给当前的负载进行定性分析，以及可以用来回答如下问题：有多少客户端连接，对某个依赖服务有多少并行连接等。

可以使用命令行选项获取更多信息。例如，可以只显示 TCP 套接字（-t），显示 TCP 内部信息（-i），显示扩展套接字信息（-e），显示进程信息（-p）和内存用量（-m）：

```
# ss -tiepm
State     Recv-Q Send-Q   Local Address:Port      Peer Address:Port

ESTAB     0      0        100.85.142.69:65264     100.82.166.11:6001
 users:(("java",pid=4195,fd=10865)) uid:33 ino:2009918 sk:78 <->
        skmem:(r0,rb12582912,t0,tb12582912,f266240,w0,o0,bl0,d0) ts sack bbr ws
cale:9,9 rto:204 rtt:0.159/0.009 ato:40 mss:1448 pmtu:1500 rcvmss:1448 advmss:14
48 cwnd:152 bytes_acked:347681 bytes_received:1798733 segs_out:582 segs_in:1397
data_segs_out:294 data_segs_in:1318 bbr:(bw:328.6Mbps,mrtt:0.149,pacing_gain:2.8
8672,cwnd_gain:2.88672) send 11074.0Mbps lastsnd:1696 lastrcv:1660 lastack:1660
pacing_rate 2422.4Mbps delivery_rate 328.6Mbps app_limited busy:16ms rcv_rtt:39.
822 rcv_space:84867 rcv_ssthresh:3609062 minrtt:0.139
[...]
```

这个输出中有很多细节信息。粗体标记的是两端的地址，以及以下信息。

- **"java", pid=4195**：进程名为"java"，PID 为 4195。
- **fd=10865**：文件标识符为 10865（PID 4195 为进程内部编号）。
- **rto:204**：TCP 重传的超时为 204 毫秒。
- **rtt:0.159/0.009**：平均往返时间是 0.159 毫秒，0.009 毫秒为平均偏差。
- **mss:1448**：最大段尺寸为 1448 字节。
- **cwnd:152**：拥塞窗口尺寸为 152×mss。
- **bytes_acked:347681**：成功传输了 340KB。
- **bbr:...**：BBR 拥塞控制相关的统计信息。
- **pacing_rate 2422.4Mbps**：节奏控制率为 2422.4Mb/s。

这个工具使用的是 netlink 接口，这个接口通过使用 AF_NETLINK 类型的套接字来从内核获取信息。

10.2.2　ip

ip(8) 是一个管理路由、网络设备、接口以及隧道的工具。对可观察性来说，这个工具也可以用来打印各种对象的统计信息：link、address、route 等。例如，下面打印了接口（link）的统计信息（-s）：

```
# ip -s link
1: lo: <LOOPBACK,UP,LOWER_UP> mtu 65536 qdisc noqueue state UNKNOWN mode DEFAULT
group default qlen 1000
    link/loopback 00:00:00:00:00:00 brd 00:00:00:00:00:00
    RX: bytes  packets  errors  dropped overrun mcast
    26550075   273178   0       0       0       0
    TX: bytes  packets  errors  dropped carrier collsns
    26550075   273178   0       0       0       0
2: eth0: <BROADCAST,MULTICAST,UP,LOWER_UP> mtu 1500 qdisc mq state UP mode DEFAULT group
default qlen 1000
    link/ether 12:c0:0a:b0:21:b8 brd ff:ff:ff:ff:ff:ff
    RX: bytes  packets  errors  dropped overrun mcast
    512473039143 568704184 0      0       0       0
    TX: bytes  packets  errors  dropped carrier collsns
    573510263433 668110321 0      0       0       0
```

从上面的输出中可以看到各种错误类型。对接收（RX）来说，有接收错误（receive error）、丢弃（drop）、overrun（溢出）；对发送（TX）来说，有发送错误（transmit error），丢弃（drop）、物理层错误（carrier error）、冲突（collision）等。这些错误可能是性能问题的来源，不同的错误也可能是由网络硬件故障导致的。

通过打印 route 对象可以显示路由表：

```
# ip route
default via 100.85.128.1 dev eth0
default via 100.85.128.1 dev eth0 proto dhcp src 100.85.142.69 metric 100
100.85.128.0/18 dev eth0 proto kernel scope link src 100.85.142.69
100.85.128.1 dev eth0 proto dhcp scope link src 100.85.142.69 metric 100
```

路由配置错误也是一类性能问题的来源。

10.2.3　nstat

nstat(8) 可以打印出由内核维护的各种网络指标，以及对应的 SNMP 名字：

```
# nstat -s
#kernel
IpInReceives              462657733          0.0
IpInDelivers              462657733          0.0
IpOutRequests             497050986          0.0
[...]
TcpActiveOpens            362997             0.0
TcpPassiveOpens           9663983            0.0
TcpAttemptFails           12718              0.0
TcpEstabResets            14591              0.0
TcpInSegs                 462181482          0.0
TcpOutSegs                938958577          0.0
TcpRetransSegs            129212             0.0
TcpOutRsts                52362              0.0
[...]
```

默认情况下，运行该工具会重置这些计数器，可以使用 -s 选项来避免重置。重置是很有用的，因为可以再运行一次 nstat(8) 来获取两次间隔中的统计计数，而不是取得启动以来的数据。如果有可以用一个命令重现的网络问题，那么就可以在这条命令之前和之后分别运行 nstat(8) 来展示哪个计数器发生了改变。

nstat(8) 同时有一个守护进程模式（-d），可以定期获取统计信息，这些会在最后一栏输出。

10.2.4　netstat

netstat(8) 是一个用来汇报各种类型的网络统计信息的传统工具。该工具的命令行选项包括如下几项。

- **(default)**：列出所有处于打开状态的套接字。
- **-a**：列出所有套接字的信息。
- **-s**：网络软件栈统计信息。
- **-i**：网络接口统计信息。
- **-r**：列出路由表。

例如，使用 -a 命令行选项可展示所有的套接字，利用 -n 选项可避免 IP 地址解析（否则，使用这个命令可能会产生大量的名称解析请求），使用 -p 选项可展示对应的进程信息：

```
# netstat -anp
Active Internet connections (servers and established)
Proto Recv-Q Send-Q Local Address      Foreign Address   State      PID/Program name
tcp        0      0 192.168.122.1:53   0.0.0.0:*         LISTEN     8086/dnsmasq
tcp        0      0 127.0.0.53:53      0.0.0.0:*         LISTEN     1112/systemd-resolv
tcp        0      0 0.0.0.0:22         0.0.0.0:*         LISTEN     1440/sshd
[...]
tcp        0      0 10.1.64.90:36426   10.2.25.52:22     ESTABLISHED 24152/ssh
[...]
```

这里使用 -i 选项会打印出网络接口的统计信息。在一个生产环境下的云主机上有如下输出：

```
# netstat -i
Kernel Interface table
Iface  MTU     RX-OK RX-ERR RX-DRP RX-OVR    TX-OK TX-ERR TX-DRP TX-OVR Flg
eth0   1500 743442015      0      0  0    882573158      0      0      0 BMRU
lo     65536   427560      0      0  0       427560      0      0      0 LRU
```

这里 eth0 网络接口是系统的主要接口。输出中还包括了接收（RX-）和发送（TX-）统计。

- **OK**：成功传递的数据包数量。
- **ERR**：错误的包数量。
- **DRP**：丢弃的包数量。
- **OVR**：溢出的包数量。

可以使用额外的 -c 选项来改为持续输出，每秒输出一次。

使用 -s 选项可打印网络软件栈的统计信息。例如，在下面这个繁忙的生产系统中，输出如下（已截断）：

```
# netstat -s
Ip:
    Forwarding: 2
    454143446 total packets received
    0 forwarded
    0 incoming packets discarded
    454143446 incoming packets delivered
    487760885 requests sent out
    42 outgoing packets dropped
    2260 fragments received ok
    13560 fragments created
Icmp:
[...]
Tcp:
    359286 active connection openings
    9463980 passive connection openings
    12527 failed connection attempts
    14323 connection resets received
    13545 connections established
    453673963 segments received
    922299281 segments sent out
    127247 segments retransmitted
    0 bad segments received
    51660 resets sent
Udp:
[...]
TcpExt:
    21 resets received for embryonic SYN_RECV sockets
    12252 packets pruned from receive queue because of socket buffer overrun
    201219 TCP sockets finished time wait in fast timer
    11727438 delayed acks sent
    1445 delayed acks further delayed because of locked socket
    Quick ack mode was activated 17624 times
    169257582 packet headers predicted
    76058392 acknowledgments not containing data payload received
    111925821 predicted acknowledgments
    TCPSackRecovery: 1703
    Detected reordering 876 times using SACK
    Detected reordering 19 times using time stamp
    2 congestion windows fully recovered without slow start
[...]
```

这个输出展示了自系统启动以来的统计信息。输出中的信息很多：你可以计算出不同网络协议的包速率、连接速率（TCP 主动连接和被动连接）、错误速率、吞吐量以及其他事件的频率。笔者在这里将自己优先观察的性能指标以粗体标出了。

这个工具的信息是以人类可读的形式输出的，并不适合用其他软件，例如，不适合用监控工具来解析读取。其他工具可从 /proc/net/snmp 和 /proc/net/netstat 来读取（甚至应该使用 nstat(8)）。

10.2.5　sar

系统活动报表工具 sar(1)，可以打印出各种网络统计信息报表。可以实时使用 sar(1)，也可以将其配置为监控模式，定期记录信息。sar(1) 中的网络相关选项有如下项目。

- **-n DEV**：网络接口统计信息。
- **-n EDEV**：网络接口错误统计信息。
- **-n IP,IP6**：IPv4 和 IPv6 数据包统计信息。
- **-n EIP,EIP6**：IPv4 和 IPv6 错误统计信息。
- **-n ICMP,ICMP6**：IPv4 和 IPv6 ICMP 统计信息。
- **-n EICMP,EICMP6**：IPv4 和 IPv6 ICMP 错误统计信息。
- **-n TCP**：TCP 统计信息。
- **-n ETCP**：TCP 错误统计信息。
- **-n SOCK,SOCK6**：IPv4 和 IPv6 套接字用量。

作为一个示例，下面展示了在生产环境中一台 Hadoop 主机上使用了 4 个命令行选项的输出，每秒输出一次：

```
# sar -n SOCK,TCP,ETCP,DEV 1
Linux 4.15.0-34-generic (...)        03/06/2019    _x86_64_      (36 CPU)

08:06:48 PM     IFACE   rxpck/s   txpck/s     rxkB/s     txkB/s    rxcmp/s   txcmp/s
rxmcst/s   %ifutil
08:06:49 PM      eth0 121615.00 108725.00 168906.73 149731.09       0.00      0.00
0.00     13.84
08:06:49 PM        lo   600.00    600.00   11879.12   11879.12       0.00      0.00
0.00      0.00


08:06:48 PM    totsck   tcpsck    udpsck    rawsck    ip-frag    tcp-tw
08:06:49 PM      2133      108         5         0          0      7134

08:06:48 PM  active/s passive/s     iseg/s     oseg/s
```

```
08:06:49 PM     16.00    134.00  15230.00 109267.00

08:06:48 PM  atmptf/s estres/s retrans/s isegerr/s  orsts/s
08:06:49 PM     0.00     8.00     1.00      0.00     14.00
[...]
```

上面这些行每秒重复一次，这些信息可以用来计算：

- 处于打开状态的 TCP 套接字的数量（tcpsck）。
- 目前的 TCP 连接速率（active/s + passive/s）。
- TCP 重传速率（retrans/s + oseg/s）。
- 网络接口包速率和吞吐率（rxpck/s + txpck/s，rxkB/s + txkB/s）。

对这个云主机来说，网络接口错误为零：对物理机来说应该同时检查 EDEV 这组信息，看网络接口错误率是否为零。

10.2.6 nicstat

这个工具打印的是网络接口统计信息，是按照 iostat(1)[1] 来设计的。例如：

```
# nicstat 1
    Time     Int   rKB/s    wKB/s    rPk/s    wPk/s     rAvs     wAvs %Util  Sat
20:07:43    eth0  122190  81009.7  89435.8  61576.8   1399.0   1347.2  10.0  0.00
20:07:43      lo 13000.0  13000.0    646.7    646.7  20583.5  20583.5   0.00  0.00
    Time     Int   rKB/s    wKB/s    rPk/s    wPk/s     rAvs     wAvs %Util  Sat
20:07:44    eth0  268115  42283.6   185199  40329.2   1482.5   1073.6  22.0  0.00
20:07:44      lo  1869.3   1869.3    400.3    400.3   4782.1   4782.1   0.00  0.00
    Time     Int   rKB/s    wKB/s    rPk/s    wPk/s     rAvs     wAvs %Util  Sat
20:07:45    eth0  146194  40685.3   102412  33270.4   1461.8   1252.2  12.0  0.00
20:07:45      lo  1721.1   1721.1    109.1    109.1  16149.1  16149.1   0.00  0.00
[...]
```

这个输出中包括了一些饱和度统计信息，与各种错误统计一起，可以用来识别网络接口的饱和程度。同时可以使用 -U 选项来分别输出读写使用率，这样可以用来区分到底在哪个方向接近上限。

10.2.7 ethtool

ethtool(8) 可以利用 -i 和 -k 选项检查网络接口的静态配置信息，也可以使用 -S 选

---

1 该工具是笔者于2004年7月18日为Solaris开发的，Tim Cook开发了对应的Linux版本。

项来打印驱动程序的统计信息。例如：

```
# ethtool -S eth0
NIC statistics:
     tx_timeout: 0
     suspend: 0
     resume: 0
     wd_expired: 0
     interface_up: 1
     interface_down: 0
     admin_q_pause: 0
     queue_0_tx_cnt: 100219217
     queue_0_tx_bytes: 84830086234
     queue_0_tx_queue_stop: 0
     queue_0_tx_queue_wakeup: 0
     queue_0_tx_dma_mapping_err: 0
     queue_0_tx_linearize: 0
     queue_0_tx_linearize_failed: 0
     queue_0_tx_napi_comp: 112514572
     queue_0_tx_tx_poll: 112514649
     queue_0_tx_doorbells: 52759561
[...]
```

这行命令从内核中的 ethtool 框架中获取统计信息，大部分网络设备驱动程序都支持该框架。网络设备驱动程序也可以定义自己的 ethtool 指标。

使用 -i 选项可展示驱动细节信息，使用 -k 可展示网络接口的可调节项。例如：

```
# ethtool -i eth0
driver: ena
version: 2.0.3K
[...]
# ethtool -k eth0
Features for eth0:
rx-checksumming: on
[...]
tcp-segmentation-offload: off
        tx-tcp-segmentation: off [fixed]
        tx-tcp-ecn-segmentation: off [fixed]
        tx-tcp-mangleid-segmentation: off [fixed]
        tx-tcp6-segmentation: off [fixed]
udp-fragmentation-offload: off
generic-segmentation-offload: on
```

```
generic-receive-offload: on
large-receive-offload: off [fixed]
rx-vlan-offload: off [fixed]
tx-vlan-offload: off [fixed]
ntuple-filters: off [fixed]
receive-hashing: on
highdma: on
[...]
```

上面这行命令是在一个使用 ena 驱动的云主机上运行的，tcp-segmentation-offload（TCP 分段托管）目前处于关闭状态，-K 选项可以用来调节这些开关。

10.2.8 tcpdump

最后，tcpdump(8) 可以用来抓取网络包进行分析，术语为"网络包嗅探"。例如，嗅探 en0 接口（-i），将结果输出（-w）到文件中，接着读取（-r），并且不进行名字解析（-n）[1]：

```
# tcpdump -i en0 -w /tmp/out.tcpdump01
tcpdump: listening on en0, link-type EN10MB (Ethernet), capture size 262144 bytes
^C451 packets captured
477 packets received by filter
0 packets dropped by kernel
# tcpdump -nr /tmp/out.tcpdump01
reading from file /tmp/out.tcpdump01, link-type EN10MB (Ethernet)
13:39:48.917870 IP 10.0.0.65.54154 > 69.53.1.1.4433: UDP, length 1357
13:39:48.921398 IP 108.177.1.2.443 > 10.0.0.65.59496: Flags [P.], seq
3108664869:3108664929, ack 2844371493, win 537, options [nop,nop,TS val 2521261
368 ecr 4065740083], length 60
13:39:48.921442 IP 10.0.0.65.59496 > 108.177.1.2.443: Flags [.], ack 60, win 505,
options [nop,nop,TS val 4065741487 ecr 2521261368], length 0
13:39:48.921463 IP 108.177.1.2.443 > 10.0.0.65.59496: Flags [P.], seq 0:60, ack 1,
win 537, options [nop,nop,TS val 2521261793 ecr 4065740083], length 60
[...]
```

tcpdump(8) 的输出文件可以用其他工具读取，例如，Wireshark GUI[104]。Wireshark 可以用来检查包头，同时可以跟踪某个 TCP 连接，可以进行包重组，这样可以深入研究客户端和服务器之间发送和接收的全部字节。

即使在内核和 libpcap 库中已经针对抓包操作进行了优化，在繁忙的机器上也仍然

---

1 如果读取文件的时候打开名字解析的话，可能会造成额外的网络请求。

可能开销很大，因为抓包不仅需要消耗 CPU 来收集信息，还需要 CPU、内存，以及磁盘资源来存储信息，还需要再消耗资源进行后处理。根据包头信息使用过滤器来选择性地进行记录，可以降低这些额外开销。然而，那些不符合条件的网络包仍然需要消耗一定的 CPU 来处理。[1] 由于过滤器表达式必须应用于每个包，所以要求效率一定要高。这就是伯克利数据包过滤器（BPF）的创作目的。该技术从包过滤表达式开始，后续慢慢扩展为本书中的跟踪工具所使用的基础技术。有关 tcpdump(8) 的过滤器示例，请参看 2.2 节。

　　虽然抓包工具好像能够展示非常详细的网络信息，但实际上它们只能看到在网络内部传输的信息。内核状态是这些工具的盲区，它们看不到具体哪个进程发送了数据包，也看不到对应的调用栈信息，更看不到套接字和 TCP 的内核状态。这些信息只能用 BPF 跟踪工具获得。

10.2.9　/proc

　　之前介绍的很多工具的统计信息都来自 /proc 下的文件，特别是 /proc/net 目录下的各种文件。这个目录可以在命令行下列出：

```
$ ls /proc/net/
anycast6       if_inet6             ip_tables_names    ptype       sockstat6
arp            igmp                 ip_tables_targets  raw         softnet_stat
bnep           igmp6                ipv6_route         raw6        stat/
connector      ip6_flowlabel        l2cap              rfcomm      tcp
dev            ip6_mr_cache         mcfilter           route       tcp6
dev_mcast      ip6_mr_vif           mcfilter6          rt6_stats   udp
dev_snmp6/     ip6_tables_matches   netfilter/         rt_acct     udp6
fib_trie       ip6_tables_names     netlink            rt_cache    udplite
fib_triestat   ip6_tables_targets   netstat            sco         udplite6
hci            ip_mr_cache          packet             snmp        unix
icmp           ip_mr_vif            protocols          snmp6       wireless
icmp6          ip_tables_matches    psched             sockstat    xfrm_stat
$ cat /proc/net/snmp
Ip: Forwarding DefaultTTL InReceives InHdrErrors InAddrErrors ForwDatagrams
InUnknownProtos InDiscards InDelivers OutRequests OutDiscards OutNoRoutes
ReasmTimeout ReasmReqds ReasmOKs ReasmFails FragOKs FragFails FragCreates
Ip: 2 64 45794729 0 28 0 0 0 45777774 40659467 4 6429 0 0 0 0 0 0 0
[...]
```

　　netstat(1) 和 sar(1) 工具已经展示了这里面的大部分信息。正如之前所说，这些工

1　在移交给包处理器之前，每个 skb 结构体都需要被复制一次，在这之后才能进行过滤操作（请参看 dev_queue_xmit_nit()），基于 BPF 的工具则可以避免这次复制。

具包括了全系统内的包速率统计、TCP 主动连接和被动连接的速率、TCP 重传速率、ICMP 错误率等更多信息。

同时，还有 /proc/interrupts 和 /proc/softirqs 文件，这些文件可以展示网络设备中断在各个 CPU 之间的分布情况。例如，在一个双 CPU 系统上：

```
$ cat /proc/interrupts
          CPU0         CPU1
[...]
 28:    1775400           80    PCI-MSI 81920-edge    ena-mgmnt@pci:0000:00:05.0
 29:        533      5501189    PCI-MSI 81921-edge    eth0-Tx-Rx-0
 30:    4526113          278    PCI-MSI 81922-edge    eth0-Tx-Rx-1
$ cat /proc/softirqs
                    CPU0         CPU1
[...]
    NET_TX:       332966           34
    NET_RX:     10915058     11500522
[...]
```

该系统的 eth0 接口使用 ena 驱动。上述输出展示了 eth0 在每个 CPU 上都有一个队列，接收软中断是两个 CPU 分别处理的。（发送软中断在上述输出中好像是不均衡的，但是大部分情况下网络软件栈会跳过软中断而直接向设备发送信息。）mpstat(8) 工具有一个 -I 选项，用来打印中断统计。

BPF 工具的创作目的是为了扩展，而不是重复 /proc 和传统工具提供的网络可观察性能力。例如，有一个 BPF 工具，sockstat(8)，其用来列出全系统套接字指标，这样的信息在 /proc 中是不存在的。但是，工具集中并没有诸如 tcpstat(8)、udpstat(8) 和 ipstat(8) 此类的工具，因为这些工具虽然可以使用 BPF 技术编写，但是同样可以仅使用 /proc 中现成的信息来编写。甚至，netstat(1) 和 sar(1) 已经提供了相关信息，所以根本没有必要再次编写。

下述的 BPF 工具通过按进程 ID、进程名、IP 地址、端口、事件对应的调用栈信息、内核状态、自定义延迟信息等来进一步提高网络软件栈的可观察性。虽然这些工具好像已经覆盖了所有信息，但实际上并不是。这些工具是设计为与 /proc/net 中的信息和传统工具配合使用，以进一步提高网络观察能力的。

10.3　BPF工具

本节将介绍的 BPF 工具可用于网络性能分析和排障，图 10-4 显示了这些工具。

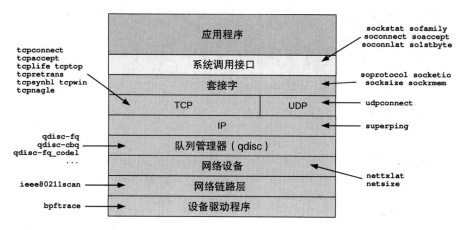

图 10-4　网络分析用到的 BPF 工具

在图 10-4 中，bpftrace 被写为用于观察设备驱动程序，相关的例子请参看 10.4.3 节。图中的其他工具都是来自第 4 章介绍的 BCC 仓库或第 5 章介绍的 bpftrace 仓库。有些工具在 BCC 和 bpftrace 仓库中都有。表 10-3 列出了工具的来源信息（在这里用 BT 指代 bpftrace）。

表 10-3　网络相关工具

工具	来源	目标	介绍
sockstat	本书	套接字	套接字统计信息总览
sofamily	本书	套接字	按进程统计新套接字协议
soprotocol	本书	套接字	按进程统计新套接字传输协议
soconnect	本书	套接字	跟踪套接字的 IP 协议主动连接的细节信息
soaccept	本书	套接字	跟踪套接字的 IP 协议被动连接的细节信息
socketio	本书	套接字	套接字细节信息统计，包括 I/O 统计
socksize	本书	套接字	按进程展示套接字 I/O 尺寸直方图
sormem	本书	套接字	展示套接字接收缓冲区用量和溢出情况
soconnlat	本书	套接字	统计 IP 套接字连接延迟，带调用栈信息
so1stbyte	本书	套接字	统计 IP 套接字的首字节延迟
tcpconnect	BCC/BT/ 本书	TCP	跟踪 TCP 主动连接（connect()）
tcpaccept	BCC/BT/ 本书	TCP	跟踪 TCP 被动连接（accept()）
tcplife	BCC/ 本书	TCP	跟踪 TCP 连接时长，带连接细节信息
tcptop	BCC	TCP	按目的地展示 TCP 发送和接收吞吐量
tcpretrans	BCC/BT	TCP	跟踪 TCP 重传，带地址和 TCP 状态
tcpsynbl	本书	TCP	以直方图展示 TCP SYN 积压队列
tcpwin	本书	TCP	跟踪 TCP 发送中的阻塞窗口的细节信息
tcpnagle	本书	TCP	跟踪 TCP 中 nagle 算法的用量，以及发送延迟

续表

工具	来源	目标	介绍
udpconnect	本书	UDP	跟踪本机发起的 UDP 连接
gethostlatency	本书 /BT	DNS	通过库函数调用跟踪 DNS 查找延迟
ipecn	本书	IP	跟踪 IP 入栈显式阻塞通知（ECN）的细节
superping	本书	ICMP	测量网络软件栈中的 ICMP echo 时间
qdisc-fq(..)	本书	qdiscs	展示 FQ 队列管理器的延迟
netsize	本书	网络	展示网络设备 I/O 尺寸
nettxlat	本书	网络	展示网络设备发送延迟
skbdrop	本书	skbs	跟踪 sk_buff 丢弃情况，带内核调用栈信息
skblife	本书	skbs	在网络软件栈各层之间跟踪 sk_buff 的延迟
ieee80211scan	本书	WiFi	跟踪 IEEE 802.11 WiFi 扫描情况

对来自 BCC 和 bpftrace 的工具来说，请参看对应的仓库获取完整的和最新的工具选项和能力列表。下面将简要介绍这些工具的最重要的功能。

10.3.1 sockstat

sockstat(8)[1] 工具打印套接字统计信息，统计每秒套接字相关的系统调用次数。例如，在一个生产环境中的边缘服务器上的输出如下：

```
# sockstat.bt
Attaching 10 probes...
Tracing sock statistics. Output every 1 second.
01:11:41
@[tracepoint:syscalls:sys_enter_bind]: 1
@[tracepoint:syscalls:sys_enter_socket]: 67
@[tracepoint:syscalls:sys_enter_connect]: 67
@[tracepoint:syscalls:sys_enter_accept4]: 89
@[kprobe:sock_sendmsg]: 5280
@[kprobe:sock_recvmsg]: 10547

01:11:42
[...]
```

输出中首先显示的是时间戳（如"21:22:56"），然后是各种套接字事件的统计。这个例子中展示了, sock_recvmsg() 每秒调用 10 547 次, sock_sendmsg() 每秒调用 5280 次, 同时, accept4(2) 和 connect(2) 分别调用不到 100 次。

---

1 笔者于2019年4月14日写作本书时完成。

该工具的作用是提供一个套接字统计信息的简介，以便进行工作负载画像分析，作为未来进一步分析的起点。输出中包括了探针的名字，以便进一步进行分析：例如，如果输出中的 kprobe:sock_sendmsg 事件频率较高，那么可以用下面这个 bpftrace 单行程序来获取对应的进程名：[1]

```
# bpftrace -e 'kprobe:sock_sendmsg { @[comm] = count(); }'
Attaching 1 probe...
^C

@[sshd]: 1
@[redis-server]: 3
@[snmpd]: 6
@[systemd-resolve]: 28
@[java]: 17377
```

可以通过在映射表中加入 ustack 这个键来检查对应的用户态调用栈信息。

sockstat(8) 工具通过使用内核跟踪点来跟踪关键的套接字相关的系统调用，利用 kprobes 来跟踪 sock_recvmsg() 和 sock_sendmsg() 内核函数。这里 kprobes 的额外消耗可能不容忽视，在网络吞吐量很高的环境下可能会影响观测结果。

sockstat(8) 的源代码如下：

```
#!/usr/local/bin/bpftrace

BEGIN
{
        printf("Tracing sock statistics. Output every 1 second.\n");
}

tracepoint:syscalls:sys_enter_accept*,
tracepoint:syscalls:sys_enter_connect,
tracepoint:syscalls:sys_enter_bind,
tracepoint:syscalls:sys_enter_socket*,
kprobe:sock_recvmsg,
kprobe:sock_sendmsg
{
        @[probe] = count();
}

interval:s:1
```

---

1   注意，对本工具和后续的工具来说，应用程序可以通过向/proc/self/commn写入来改变它们的comm字符串。

```
{
        time();
        print(@);
        clear(@);
}
```

这里使用了 kprobes 技术，是一种捷径。这些信息也可以通过系统调用跟踪点来获得。可以在源代码中添加对 recvfrom(2)、recvmsg(2)、sendto(2) 以及 sendmsg(2) 系统调用跟踪点来跟踪这些事件。对 read(2) 和 write(2) 来说就比较复杂了，需要先处理对应的文件描述符，根据不同的文件类型来筛选套接字的读写信息。

10.3.2 sofamily

sofamily(8)[1] 通过跟踪 accept(2) 和 connect(2) 系统调用来跟踪新的套接字连接，同时展示对应的进程名和协议类型。这个工具适合用来进行负载画像分析：定量分析目前的系统负载，并且寻找是否有意料之外的套接字使用信息，以便接下来进行后续分析。例如，在一台生产环境中的边缘服务器上的输出如下：

```
# sofamily.bt
Attaching 7 probes...
Tracing socket connect/accepts. Ctrl-C to end.
^C

@accept[sshd, 2, AF_INET]: 2
@accept[java, 2, AF_INET]: 420

@connect[sshd, 2, AF_INET]: 2
@connect[sshd, 10, AF_INET6]: 2
@connect[(systemd), 1, AF_UNIX]: 12
@connect[sshd, 1, AF_UNIX]: 34
@connect[java, 2, AF_INET]: 215
```

输出展示了在跟踪过程中，java 进程执行了 420 个 AF_INET（IPv4）连接接收（accept）和 215 次连接发起（connect），这符合该服务器的预期负载。输出中分别以映射表形式展示了连接接收（@accept）和连接发起（@connect），同时以进程名、地址类型号码为键。如果地址类型号码有对应的名字，则显示对应的名字。

地址类型号码和名字的对应关系（如 AF_INET == 2）是 Linux 内核特有的，在

---

1 笔者于2019年4月10日写作本书时创作。

include/linux/socket.h 头文件中定义。（这个表格包含在接下来几页中。）其他的内核也有类似的映射表。

　　由于这里跟踪的函数调用相对不频繁（与网络包相关的事件频率相比），因此这个工具的额外消耗可以忽略不计。

　　sofamily(8) 的源代码如下：

```
#!/usr/local/bin/bpftrace

#include <linux/socket.h>

BEGIN
{
        printf("Tracing socket connect/accepts. Ctrl-C to end.\n");
        // from linux/socket.h:
        @fam2str[AF_UNSPEC] = "AF_UNSPEC";
        @fam2str[AF_UNIX] = "AF_UNIX";
        @fam2str[AF_INET] = "AF_INET";
        @fam2str[AF_INET6] = "AF_INET6";
}

tracepoint:syscalls:sys_enter_connect
{
        @connect[comm, args->uservaddr->sa_family,
            @fam2str[args->uservaddr->sa_family]] = count();
}

tracepoint:syscalls:sys_enter_accept,
tracepoint:syscalls:sys_enter_accept4
{
        @sockaddr[tid] = args->upeer_sockaddr;
}

tracepoint:syscalls:sys_exit_accept,
tracepoint:syscalls:sys_exit_accept4
/@sockaddr[tid]/
{
        if (args->ret > 0) {
                $sa = (struct sockaddr *)@sockaddr[tid];
                @accept[comm, $sa->sa_family, @fam2str[$sa->sa_family]] =
                    count();
        }
        delete(@sockaddr[tid]);
```

```
}

END
{
        clear(@sockaddr); clear(@fam2str);
}
```

这里的地址类型号码是通过 sockaddr 结构体的 sa_family 成员变量读出的。这个变量的类型是 sa_family_t，实际上是一个无符号短整型数（unsigned short）。这个工具将数字直接输出，同时也根据 linux/socket.h 的下述表格将常见的地址类型与字符串名字进行转换，以便提高可读性：

```
/* Supported address families. */
#define AF_UNSPEC       0
#define AF_UNIX         1       /* UNIX domain sockets        */
#define AF_LOCAL        1       /* POSIX name for AF_UNIX     */
#define AF_INET         2       /* Internet IP Protocol       */
#define AF_AX25         3       /* Amateur Radio AX.25        */
#define AF_IPX          4       /* Novell IPX                 */
#define AF_APPLETALK    5       /* AppleTalk DDP              */
#define AF_NETROM       6       /* Amateur Radio NET/ROM      */
#define AF_BRIDGE       7       /* Multiprotocol bridge       */
#define AF_ATMPVC       8       /* ATM PVCs                   */
#define AF_X25          9       /* Reserved for X.25 project  */
#define AF_INET6        10      /* IP version 6               */
[..]
```

这个头文件在运行 bpftrace 程序时会自动包含，所以下面这一行：

```
@fam2str[AF_INET] = "AF_INET";
```

变成了：

```
@fam2str[2] = "AF_INET";
```

这样就会将 2 与 "AF_INET" 相对应。

对 connect(2) 系统调用来说，所有的信息都是在入口处获取的。对 accept(2) 系统调用来说则不同：在入口处将 sockaddr 结构体指针存入一个哈希表，在函数出口处再查询以读取地址类型信息。这是因为 sockaddr 结构体是在系统调用内部填充的，所以必须最后再读取。同时对 accept(2) 的返回值也进行了检查（该调用是否成功？）；否则，sockaddr 结构体的内容可能是无效的。这段程序也可以修改为以同样的方式检查

connect(2)，以便只输出连接成功的 connect(2) 调用。soconnect(8) 工具就会对 connect(2)
系统调用的不同返回结果分别输出。

10.3.3   soprotocol

soprotocol(8)[1] 按进程名和传输协议来跟踪新套接字连接的建立。这是另外一个业务
负载画像工具，专门针对传输协议。例如，在下面的生产环境边缘服务器上的输出如下：

```
# soprotocol.bt
Attaching 4 probes...
Tracing socket connect/accepts. Ctrl-C to end.
^C

@accept[java, 6, IPPROTO_TCP, TCP]: 1171

@connect[setuidgid, 0, IPPROTO, UNIX]: 2
@connect[ldconfig, 0, IPPROTO, UNIX]: 2
@connect[systemd-resolve, 17, IPPROTO_UDP, UDP]: 79
@connect[java, 17, IPPROTO_UDP, UDP]: 80
@connect[java, 6, IPPROTO_TCP, TCP]: 559
```

这个输出显示，在跟踪过程中，java 进程进行了 559 个 TCP 接收和 1171 个 TCP 连接。
输出中分别展示了两个映射表，@accept 和 @connect，以进程名、协议号、协议号名字，
以及协议模块名为键。

由于这些调用的频率相对较低（与网络包事件相比），本工具的额外消耗可以忽略
不计。

soprotocol(8) 的源代码如下：

```
#!/usr/local/bin/bpftrace

#include <net/sock.h>

BEGIN
{
        printf("Tracing socket connect/accepts. Ctrl-C to end.\n");
        // from include/uapi/linux/in.h:
        @prot2str[IPPROTO_IP] = "IPPROTO_IP";
        @prot2str[IPPROTO_ICMP] = "IPPROTO_ICMP";
```

---

1   笔者于2019年4月13日写作本书时完成。

```
        @prot2str[IPPROTO_TCP] = "IPPROTO_TCP";
        @prot2str[IPPROTO_UDP] = "IPPROTO_UDP";
}

kprobe:security_socket_accept,
kprobe:security_socket_connect
{
        $sock = (struct socket *)arg0;
        $protocol = $sock->sk->sk_protocol & 0xff;
        @connect[comm, $protocol, @prot2str[$protocol],
            $sock->sk->__sk_common.skc_prot->name] = count();
}

END
{
        clear(@prot2str);
}
```

该程序提供了一个简单的协议号与协议名的转换表，包括四个常见协议，这些包含在 in.h 头文件中：

```
#if __UAPI_DEF_IN_IPPROTO
/* Standard well-defined IP protocols.  */
enum {
  IPPROTO_IP = 0,              /* Dummy protocol for TCP        */
#define IPPROTO_IP            IPPROTO_IP
  IPPROTO_ICMP = 1,           /* Internet Control Message Protocol   */
#define IPPROTO_ICMP          IPPROTO_ICMP
  IPPROTO_IGMP = 2,           /* Internet Group Management Protocol   */
#define IPPROTO_IGMP          IPPROTO_IGMP
  IPPROTO_IPIP = 4,           /* IPIP tunnels (older KA9Q tunnels use 94) */
#define IPPROTO_IPIP          IPPROTO_IPIP
  IPPROTO_TCP = 6,            /* Transmission Control Protocol       */
#define IPPROTO_TCP           IPPROTO_TCP
[...]
```

这里的 bpftrace @prot2str 表格可以根据需要进行扩展。

协议模块名，如上述输出中的 "TCP" "UDP" 等，是 sock 结构体中的 __sk_common.skc_prot->name 的字符串内容。这个字符串十分便于使用，笔者在其他工具中也用这个字符串来打印传输协议。下面是 net/ipv4/tcp_ipv4.c 的一个例子：

```
struct proto tcp_prot = {
```

```
    .name                    = "TCP",
    .owner                   = THIS_MODULE,
    .close                   = tcp_close,
    .pre_connect             = tcp_v4_pre_connect,
[...]
```

　　name 这个字段的内容（"TCP"）是 Linux 内核的一个实现细节。虽然很便于使用，但是未来内核版本中的这个字段的内容可能会改变，甚至会消失。相比之下，传输协议号，应该会永远存在——这就是笔者选择在输出中同时包含两个信息的原因。

　　accept(2) 和 connect(2) 的系统调用跟踪点没有提供简单的获取协议的方式，同时目前也没有其他跟踪点可以替代。于是，我们在这里改为使用 kprobes 跟踪 LSM security_socket_* 函数，这些函数的第一个参数是 sock 结构体，而且接口相对稳定。

10.3.4　soconnect

　　soconnect(8)[1] 展示了 IP 协议套接字的 connect 请求，例如：

```
# soconnect.bt
Attaching 4 probes...
PID      PROCESS      FAM ADDRESS              PORT   LAT(us) RESULT
11448    ssh          2   127.0.0.1            22         43 Success
11449    ssh          2   10.168.188.1         22      45134 Success
11451    curl         2   100.66.96.2          53          6 Success
11451    curl         10  2406:da00:ff00::36d0:a866  80     3 Network unreachable
11451    curl         2   52.43.200.64         80          7 Success
11451    curl         2   52.39.122.191        80          3 Success
11451    curl         2   52.24.119.28         80         19 In progress
[...]
```

　　输出中首先展示了两个 ssh(1) 连接，目的端口是 22。接下来的一个 curl(1) 进程以目的端口号 53 连接请求（DNS），然后是一个目的端口为 80 的 IPv6 连接请求，结果为"网络无法连接（Network unreachable）"，后续的 IPv4 连接成功。输出中的列包括如下几个。

- **PID**：调用 connect(2) 的进程 ID。
- **PROCESS**：调用 connect(2) 的进程名。
- **FAM**：地址类型号（参见前面 sofamily(8) 的介绍）。
- **ADDRESS**：IP 地址。

1　笔者在2011年编写DTrace一书[Greg 11]时创作了本工具，bpftrace版本于2019年4月9日完成。

- **PORT**：远端端口号。
- **LAT(us)**：connect(2) 系统调用本身的延迟（时长）（见下面的讨论）。
- **RESULT**：系统调用错误状态。

注意，如果这里 IPv6 的地址过长可能导致列溢出（正如上述例子这样）。[1]

该工具跟踪了 connect(2) 系统调用跟踪点。使用该跟踪点的好处是，带有进程上下文信息，可以可靠地得到系统调用发起方的信息。后面将介绍的 tcpconnect(8) 工具，相比之下由于在 TCP 协议栈中的层次较深，有可能无法获取相对应的进程信息。这些 connect(2) 系统调用与网络包事件和其他事件相比频率较低，所以该工具的额外开销可以忽略不计。

这里的延迟只包含了 connect() 系统调用本身的时长。对类似 ssh(1) 这样的应用程序来说，该数值还包含了与远端主机建立连接的网络延迟。而其他类型的应用程序可能创建的是非阻塞性的套接字（SOCK_NONBLOCK），所以 connect() 系统调用可能在连接真正建立之前就返回了。这些可以在上面的输出中看到，最后一个 curl(1) 的连接返回状态为 "正在进行"（In progress）。如果需要测量这些非阻塞调用的完整的连接延迟，需要跟踪更多的事件；在下面的 soconnlat(8) 工具中将会进行介绍。

soconnect(8) 的源代码如下：

```
#!/usr/local/bin/bpftrace

#include <linux/in.h>
#include <linux/in6.h>

BEGIN
{
        printf("%-6s %-16s FAM %-16s %-5s %8s %s\n", "PID", "PROCESS",
            "ADDRESS", "PORT", "LAT(us)", "RESULT");
        // connect(2) has more details:
        @err2str[0] = "Success";
        @err2str[EPERM] = "Permission denied";
        @err2str[EINTR] = "Interrupted";
        @err2str[EBADF] = "Invalid sockfd";
        @err2str[EAGAIN] = "Routing cache insuff.";
        @err2str[EACCES] = "Perm. denied (EACCES)";
        @err2str[EFAULT] = "Sock struct addr invalid";
```

1　你可能会问，为什么这里笔者没有将列宽度设置得更长。如果这样做的话，结果中的每一行都会发生折行，而不仅仅是那一行。笔者尽量将所有工具的默认输出限制在80个字符之内，这样输出结果可以直接在本书、PPT、E-mail、工单系统、聊天室中不折行直接使用。有些BCC工具针对IPv6有宽屏模式。

```
        @err2str[ENOTSOCK] = "FD not a socket";
        @err2str[EPROTOTYPE] = "Socket protocol error";
        @err2str[EAFNOSUPPORT] = "Address family invalid";
        @err2str[EADDRINUSE] = "Local addr in use";
        @err2str[EADDRNOTAVAIL] = "No port available";
        @err2str[ENETUNREACH] = "Network unreachable";
        @err2str[EISCONN] = "Already connected";
        @err2str[ETIMEDOUT] = "Timeout";
        @err2str[ECONNREFUSED] = "Connect refused";
        @err2str[EALREADY] = "Not yet completed";
        @err2str[EINPROGRESS] = "In progress";
}


tracepoint:syscalls:sys_enter_connect
/args->uservaddr->sa_family == AF_INET ||
    args->uservaddr->sa_family == AF_INET6/
{
        @sockaddr[tid] = args->uservaddr;
        @start[tid] = nsecs;
}


tracepoint:syscalls:sys_exit_connect
/@start[tid]/
{
        $dur_us = (nsecs - @start[tid]) / 1000;
        printf("%-6d %-16s %-3d ", pid, comm, @sockaddr[tid]->sa_family);

        if (@sockaddr[tid]->sa_family == AF_INET) {
                $s = (struct sockaddr_in *)@sockaddr[tid];
                $port = ($s->sin_port >> 8) | (($s->sin_port << 8) & 0xff00);
                printf("%-16s %-5d %8d %s\n",
                    ntop(AF_INET, $s->sin_addr.s_addr),
                    $port, $dur_us, @err2str[- args->ret]);
        } else {
                $s6 = (struct sockaddr_in6 *)@sockaddr[tid];
                $port = ($s6->sin6_port >> 8) | (($s6->sin6_port << 8) & 0xff00);
                printf("%-16s %-5d %8d %s\n",
                    ntop(AF_INET6, $s6->sin6_addr.in6_u.u6_addr8),
                    $port, $dur_us, @err2str[- args->ret]);
        }

        delete(@sockaddr[tid]);
        delete(@start[tid]);
```

```
}

END
{
        clear(@start); clear(@err2str); clear(@sockaddr);
}
```

该程序在系统调用入口处从 args->uservaddr 中读取 sockaddr 结构体指针，与一个时间戳共同存储，这样在系统调用出口处可以重新获取。sockaddr 结构体中包含了连接的细节信息，但是首先需要根据 sin_family 的值将类型转化为 sockaddr_in 结构体（IPv4）或者 sockaddr_in6 结构体（IPv6）。根据 connect(2) man 页面中的介绍，工具中包括了一个错误值与错误信息之间的对应表。

还使用了比特位操作符将端口号从网络序转换为主机序。

10.3.5　soaccept

soaccept(8)[1] 展示了 IP 协议套接字的接收请求，例如：

```
# soaccept.bt
Attaching 6 probes...
PID    PROCESS          FAM ADDRESS          PORT  RESULT
4225   java             2   100.85.215.60    65062 Success
4225   java             2   100.85.54.16     11742 Success
4225   java             2   100.82.213.228   18500 Success
4225   java             2   100.85.209.40    20150 Success
4225   java             2   100.82.21.89     27278 Success
4225   java             2   100.85.192.93    32490 Success
[...]
```

输出中显示了 java 进程接收了不同来源的多个连接。输出中的端口是远端主机的临时端口。后续介绍的 tcpaccept(8) 工具可同时展示双方端口。这里的列包含如下几项。

- **PID**：调用 accept(2) 的进程 ID。
- **COMM**：调用 accept(2) 的进程名。
- **FAM**：地址类型号（可参看 10.3.2 节的介绍）。
- **ADDRESS**：IP 地址。
- **PORT**：远端端口。

1　该工具是笔者于2011年为DTrace一书[Greg 11]完成的，bpftrace版本于2019年4月13日完成。

- **RESULT**：系统调用错误值。

该工具内部使用 accept(2) 系统调用跟踪点。正如 soconnect(8) 一样，该跟踪点带有进程上下文信息，所以用户可以可靠地识别调用 accept(8) 的用户态程序。这些跟踪点的频率相对较低，所以该工具的额外开销几乎可以忽略不计。

soaccept(8) 的源代码如下：

```
#!/usr/local/bin/bpftrace

#include <linux/in.h>
#include <linux/in6.h>

BEGIN
{
        printf("%-6s %-16s FAM %-16s %-5s %s\n", "PID", "PROCESS",
            "ADDRESS", "PORT", "RESULT");
        // accept(2) has more details:
        @err2str[0] = "Success";
        @err2str[EPERM] = "Permission denied";
        @err2str[EINTR] = "Interrupted";
        @err2str[EBADF] = "Invalid sockfd";
        @err2str[EAGAIN] = "None to accept";
        @err2str[ENOMEM] = "Out of memory";
        @err2str[EFAULT] = "Sock struct addr invalid";
        @err2str[EINVAL] = "Args invalid";
        @err2str[ENFILE] = "System FD limit";
        @err2str[EMFILE] = "Process FD limit";
        @err2str[EPROTO] = "Protocol error";
        @err2str[ENOTSOCK] = "FD not a socket";
        @err2str[EOPNOTSUPP] = "Not SOCK_STREAM";
        @err2str[ECONNABORTED] = "Aborted";
        @err2str[ENOBUFS] = "Memory (ENOBUFS)";
}

tracepoint:syscalls:sys_enter_accept,
tracepoint:syscalls:sys_enter_accept4
{
        @sockaddr[tid] = args->upeer_sockaddr;
}

tracepoint:syscalls:sys_exit_accept,
tracepoint:syscalls:sys_exit_accept4
/@sockaddr[tid]/
```

```
{
        $sa = (struct sockaddr *)@sockaddr[tid];
        if ($sa->sa_family == AF_INET || $sa->sa_family == AF_INET6) {
                printf("%-6d %-16s %-3d ", pid, comm, $sa->sa_family);
                $error = args->ret > 0 ? 0 : - args->ret;

                if ($sa->sa_family == AF_INET) {
                        $s = (struct sockaddr_in *)@sockaddr[tid];
                        $port = ($s->sin_port >> 8) |
                            (($s->sin_port << 8) & 0xff00);
                        printf("%-16s %-5d %s\n",
                            ntop(AF_INET, $s->sin_addr.s_addr),
                            $port, @err2str[$error]);
                } else {
                        $s6 = (struct sockaddr_in6 *)@sockaddr[tid];
                        $port = ($s6->sin6_port >> 8) |
                            (($s6->sin6_port << 8) & 0xff00);
                        printf("%-16s %-5d %s\n",
                            ntop(AF_INET6, $s6->sin6_addr.in6_u.u6_addr8),
                            $port, @err2str[$error]);
                }
        }

        delete(@sockaddr[tid]);
}

END
{
        clear(@err2str); clear(@sockaddr);
}
```

和 soconnect(8) 类似，该工具在系统调用出口处处理 sockaddr 结构体。错误代码的描述信息根据 accept(2) 的 man 页面进行了相应修改。

10.3.6 socketio

socketio(8)[1] 按进程、方向、协议和端口来展示套接字的 I/O 统计信息。输出如下：

```
# socketio.bt
Attaching 4 probes...
```

1　socketio.d最初是笔者为2011年编写的DTrace一书[Gregg 11]完成的，bpftrace版本于2019年4月11日为本书完成。

```
^C
@io[sshd, 13348, write, TCP, 49076]: 1
@io[redis-server, 2583, write, TCP, 41154]: 5
@io[redis-server, 2583, read, TCP, 41154]: 5
@io[snmpd, 1242, read, NETLINK, 0]: 6
@io[snmpd, 1242, write, NETLINK, 0]: 6
@io[systemd-resolve, 1016, read, UDP, 53]: 52
@io[systemd-resolve, 1016, read, UDP, 0]: 52
@io[java, 3929, read, TCP, 6001]: 1367
@io[java, 3929, write, TCP, 8980]: 24979
@io[java, 3929, read, TCP, 8980]: 44462
```

上述输出中的最后一行展示了 PID 为 3929 的 java 进程在跟踪过程中，在 TCP 8980 的套接字上进行了 44 462 次读取操作。映射表中的 5 个键分别为：进程名、进程 ID、操作方向、协议和端口。

该工具跟踪 sock_recvmsg() 和 sock_sendmsg() 内核函数。为了解释笔者为什么在这里选择这些函数，需要先看一下 net/socket.c 中的 socket_file_ops 结构体：

```
/*
 *    Socket files have a set of 'special' operations as well as the generic file
ones. These don't appear
 *    in the operation structures but are done directly via the socketcall()
multiplexor.
 */

static const struct file_operations socket_file_ops = {
      .owner =        THIS_MODULE,
      .llseek =       no_llseek,
      .read_iter =    sock_read_iter,
      .write_iter =   sock_write_iter,
[...]
```

代码中定义了套接字的读写函数分别为 sock_read_iter() 和 sock_write_iter()，笔者也优先尝试了跟踪这两个函数。但是在多重负载的测试中，显示这两个函数会遗失一些信息。上面代码片段中的注释解释了这是为什么：有一些特殊的操作函数没有出现在 operation 结构体中，这些操作也会读写套接字。这包括通过系统调用和其他代码路径调用的 sock_recvmsg() 和 sock_sendmsg() 函数，其中，sock_read_iter() 和 sock_write_iter() 函数也调用了这两个函数。所以，这两个函数就成为所有路径的交集，适合用来跟踪所有的套接字 I/O。

对网络 I/O 繁忙的系统来说，这些函数可能会被调用得非常频繁，这样会导致该工具的额外消耗不可忽视。

　　socketio(8) 的源代码如下：

```
!/usr/local/bin/bpftrace

#include <net/sock.h>

kprobe:sock_recvmsg
{
        $sock = (struct socket *)arg0;
        $dport = $sock->sk->__sk_common.skc_dport;
        $dport = ($dport >> 8) | (($dport << 8) & 0xff00);
        @io[comm, pid, "read", $sock->sk->__sk_common.skc_prot->name, $dport] =
            count();
}

kprobe:sock_sendmsg
{
        $sock = (struct socket *)arg0;
        $dport = $sock->sk->__sk_common.skc_dport;
        $dport = ($dport >> 8) | (($dport << 8) & 0xff00);
        @io[comm, pid, "write", $sock->sk->__sk_common.skc_prot->name, $dport] =
            count();
}
```

　　这里的目标端口是网络字节序（大端序），在添加到 @io 映射表之前需要先将其转化为主机字节序（x86 处理器是小端序）。[1] 通过简单修改代码，可以将统计 I/O 调用次数改为统计实际传输的字节数；作为一个例子，请参看下一个工具 socksize(8) 的代码。

　　socketio(8) 使用 kprobes 跟踪内核内部的实现细节，改变内核代码可能导致工具停止工作。下一些功夫的话，是可以将这个工具用系统调用跟踪点重新实现的。这样就需要跟踪 sendto(2)、sendmsg(2)、sendmmsg(2)、recvfrom(2)、recvmsg(2) 和 recvmmsg(2) 这些系统调用。对有些套接字类型，例如 UNIX 套接字来说，同时还需要跟踪 read(2) 和 write(2) 等系统调用。如果有套接字 I/O 专用的跟踪点的话，工具开发就相对容易了，但是目前这些还不存在。

---

[1]　如果需要修改代码以便在大端序处理器上运行的话，该工具需要测试处理器字节序，可根据需要转换：例如，使用#ifdef LITTLE_ENDIAN。

10.3.7   socksize

socksize(8)[1] 按进程和操作方向统计套接字的 I/O 数量和字节数。对下面这个生产环境中 48-CPU 的边缘服务器来说：

```
# socksize.bt
Attaching 2 probes...
^C

@read_bytes[sshd]:
[32, 64)               1 |@@@@@@@@@@@@@@@@@@@@@@@@@@@@@@@@@@@@@@@@@@@@@@@@@@@@|

@read_bytes[java]:
[0]                  431 |@@@@@                                              |
[1]                    4 |                                                   |
[2, 4)                10 |                                                   |
[4, 8)               542 |@@@@@@                                             |
[8, 16)             3445 |@@@@@@@@@@@@@@@@@@@@@@@@@@@@@@@@@@@@@@@@@@           |
[16, 32)            2635 |@@@@@@@@@@@@@@@@@@@@@@@@@@@@@@@@                     |
[32, 64)            3497 |@@@@@@@@@@@@@@@@@@@@@@@@@@@@@@@@@@@@@@@@@@           |
[64, 128)            776 |@@@@@@@@@                                          |
[128, 256)           916 |@@@@@@@@@@                                         |
[256, 512)          3123 |@@@@@@@@@@@@@@@@@@@@@@@@@@@@@@@@@@@@@@               |
[512, 1K)           4199 |@@@@@@@@@@@@@@@@@@@@@@@@@@@@@@@@@@@@@@@@@@@@@@@@@@@@@|
[1K, 2K)            2972 |@@@@@@@@@@@@@@@@@@@@@@@@@@@@@@@@@@@@@                |
[2K, 4K)            1863 |@@@@@@@@@@@@@@@@@@@@@@                              |
[4K, 8K)            2501 |@@@@@@@@@@@@@@@@@@@@@@@@@@@@@                        |
[8K, 16K)           1422 |@@@@@@@@@@@@@@@@@                                  |
[16K, 32K)           148 |@                                                  |
[32K, 64K)            29 |                                                   |
[64K, 128K)            6 |                                                   |

@write_bytes[sshd]:
[32, 64)               1 |@@@@@@@@@@@@@@@@@@@@@@@@@@@@@@@@@@@@@@@@@@@@@@@@@@@@@|

@write_bytes[java]:
[8, 16)               36 |                                                   |
[16, 32)               6 |                                                   |
[32, 64)            6131 |@@@@@@@@@@@@@@@@@@@@@@@@@@@@@@@@@@@@@@@@@@@@@@@@@@@@@|
[64, 128)           1382 |@@@@@@@@@@@                                        |
[128, 256)            30 |                                                   |
```

<hr/>

1　笔者为本书于2019年4月12日完成该工具，灵感来自统计磁盘I/O的bitesize工具。

```
[256, 512)              87 |                                                    |
[512, 1K)              169 |@                                                   |
[1K, 2K)               522 |@@@@                                                |
[2K, 4K)              3607 |@@@@@@@@@@@@@@@@@@@@@@@@@@@@@@@@@@@@@                 |
[4K, 8K)              2673 |@@@@@@@@@@@@@@@@@@@@@@@@@@@                          |
[8K, 16K)              394 |@@@                                                 |
[16K, 32K)             815 |@@@@@@                                              |
[32K, 64K)             175 |@                                                   |
[64K, 128K)              1 |                                                    |
[128K, 256K)             1 |                                                    |
```

这里展示的主要应用程序是 java，而该程序的 I/O 读写尺寸均呈双峰分布。这样分布有几个可能的原因：不同的代码路径，或者不同的消息内容。这个工具可以添加调用栈信息和应用程序上下文信息，以回答这些问题。

socksize(8) 和 socketio(8) 类似，跟踪内核中的 sock_recvmsg() 和 sock_sendmsg() 函数。socksize(8) 的源代码如下：

```
#!/usr/local/bin/bpftrace

#include <linux/fs.h>
#include <net/sock.h>

kprobe:sock_recvmsg,
kprobe:sock_sendmsg
{
        @socket[tid] = arg0;
}


kretprobe:sock_recvmsg
{
        if (retval < 0x7fffffff) {
                @read_bytes[comm] = hist(retval);
        }
        delete(@socket[tid]);
}


kretprobe:sock_sendmsg
{
        if (retval < 0x7fffffff) {
                @write_bytes[comm] = hist(retval);
        }
        delete(@socket[tid]);
```

```
}

END
{
        clear(@socket);
}
```

这些函数的返回值是传输的字节数，如果为负值则是错误代码。为了过滤这些错误情况，应该进行 if(retval >=0) 测试；但是，retval 在这里的类型是 64 位无符号整型数，而 sock_recvmsg() 和 sock_sendmsg() 返回的是 32 位有符号整型数。这里的解决方案是进行强制类型转换 int(retval)，但是 bpftrace 目前还不支持这个功能，所以这里使用了 0x7fffffff 来进行测试。[1]

根据需要，可以给映射表添加更多的键，例如，PID、端口号、用户态调用栈信息等。映射表也可以从 hist() 改为 stats()，以提供另外一种形式的统计信息。

```
# socksize.bt
Attaching 2 probes...
^C

@read_bytes[sshd]: count 1, average 36, total 36
@read_bytes[java]: count 19874, average 1584, total 31486578

@write_bytes[sshd]: count 1, average 36, total 36
@write_bytes[java]: count 11061, average 3741, total 41379939
```

上面的输出展示了 I/O 的数量（"count"）、平均字节数（"average"），以及总吞吐量字节数（"total"）。在跟踪过程中，java 进程一共写入了 41MB。

10.3.8　sormem

sormem(8)[2] 跟踪套接字的接收队列，以直方图方式展示队列长度与可调节的上限的对比。如果接收队列超过了上限，网络数据包就会被丢弃，造成性能问题。例如，在一个生产环境中的边缘服务器上运行该工具的输出如下：

```
# sormem.bt
Attaching 4 probes...
Tracing socket receive buffer size. Hit Ctrl-C to end.
```

1　bpftrace int 类型强制转换由 Bas Smit 提交了一个原型实现，应该会尽快合并。参看 bpftrace PR #772。

2　笔者于 2019 年 4 月 14 日为本书写成。

```
^C

@rmem_alloc:
[0]                 72870 |@@@@@@@@@@@@@@@@@@@@@@@@@@@@@@@         |
[1]                     0 |                                      |
[2, 4)                  0 |                                      |
[4, 8)                  0 |                                      |
[8, 16)                 0 |                                      |
[16, 32)                0 |                                      |
[32, 64)                0 |                                      |
[64, 128)               0 |                                      |
[128, 256)              0 |                                      |
[256, 512)              0 |                                      |
[512, 1K)          113831 |@@@@@@@@@@@@@@@@@@@@@@@@@@@@@@@@@@@@@@@@|
[1K, 2K)              113 |                                      |
[2K, 4K)              105 |                                      |
[4K, 8K)            99221 |@@@@@@@@@@@@@@@@@@@@@@@@@@@@@@@@@@@@    |
[8K, 16K)           26726 |@@@@@@@@@                             |
[16K, 32K)          58028 |@@@@@@@@@@@@@@@@@@@@                   |
[32K, 64K)          31336 |@@@@@@@@@@@                           |
[64K, 128K)         15039 |@@@@@                                 |
[128K, 256K)         6692 |@@@                                   |
[256K, 512K)          697 |                                      |
[512K, 1M)             91 |                                      |
[1M, 2M)               45 |                                      |
[2M, 4M)               80 |                                      |

@rmem_limit:
[64K, 128K)         14447 |@                                     |
[128K, 256K)          262 |                                      |
[256K, 512K)            0 |                                      |
[512K, 1M)              0 |                                      |
[1M, 2M)                0 |                                      |
[2M, 4M)                0 |                                      |
[4M, 8M)                0 |                                      |
[8M, 16M)          410158 |@@@@@@@@@@@@@@@@@@@@@@@@@@@@@@@@@@@@@@@@|
[16M, 32M)              7 |                                      |
```

@rmem_alloc 展示了为接收缓冲区分配了多少内存。@rmem_limit 是接收缓冲区的上限，可以通过 sysctl(8) 来调节。该例子展示了上限基本处于 8 ～ 16MB 这个区间，而实际分配的内存则相对较少，在 512 ～ 256KB 区间。

以下是一个人为创造的负载例子，以便解释这种现象：这里使用 iperf(1) 生成的吞吐量进行测试，配合 sysctl(1) 的 tcp_rmem 设置（在调节时需要注意，过大的缓冲区尺寸会由于 skb 合并的原因导致延迟增加 [105]）：

```
# sysctl -w net.ipv4.tcp_rmem='4096 32768 10485760'
# sormem.bt
Attaching 4 probes...
Tracing socket receive buffer size. Hit Ctrl-C to end.
[...]

@rmem_limit:
[64K, 128K)            17 |                                                    |
[128K, 256K)       26319 |@@@@                                                |
[256K, 512K)          31 |                                                    |
[512K, 1M)             0 |                                                    |
[1M, 2M)              26 |                                                    |
[2M, 4M)               0 |                                                    |
[4M, 8M)               8 |                                                    |
[8M, 16M)         320047 |@@@@@@@@@@@@@@@@@@@@@@@@@@@@@@@@@@@@@@@@@@@@@@@@@@@@@@|
```

现在我们将 rmem 的上限调小：

```
# sysctl -w net.ipv4.tcp_rmem='4096 32768 100000'
# sormem.bt
Attaching 4 probes...
Tracing socket receive buffer size. Hit Ctrl-C to end.
[...]

@rmem_limit:
[64K, 128K)       656221 |@@@@@@@@@@@@@@@@@@@@@@@@@@@@@@@@@@@@@@@@@@@@@@@@@@@@@@|
[128K, 256K)       34058 |@@                                                  |
[256K, 512K)          92 |                                                    |
```

输出中显示 rmem_limit 目前处于 64 ～ 128KB 区间，和配置的 100KB 字节一致。注意，如果 net.ipv4.tcp_moderate_rcvbuf 处于启用状态的话，这会帮助将缓冲区大小尽快调整到这个上限值。

该工具使用 kprobes 跟踪内核的 sock_rcvmsg() 函数，这可能会在负载繁忙的情况下导致不小的额外开销。

sormem(8) 的源代码如下：

```
#!/usr/local/bin/bpftrace
```

```
#include <net/sock.h>

BEGIN
{
        printf("Tracing socket receive buffer size. Hit Ctrl-C to end.\n");
}

kprobe:sock_recvmsg
{
        $sock = ((struct socket *)arg0)->sk;
        @rmem_alloc = hist($sock->sk_backlog.rmem_alloc.counter);
        @rmem_limit = hist($sock->sk_rcvbuf & 0xffffffff);
}

tracepoint:sock:sock_rcvqueue_full
{
        printf("%s rmem_alloc %d > rcvbuf %d, skb size %d\n", probe,
            args->rmem_alloc, args->sk_rcvbuf, args->truesize);
}

tracepoint:sock:sock_exceed_buf_limit
{
        printf("%s rmem_alloc %d, allocated %d\n", probe,
            args->rmem_alloc, args->allocated);
}
```

当达到缓冲区上限时有两个 sock 跟踪点可以使用，这个工具也跟踪了这两个跟踪点。[1] 如果出现这些事件，那么会打印一行事件的详细信息。（在上面的输出中，这些事件并没有触发。）

10.3.9 soconnlat

soconnlat(8)[2] 以直方图形式统计套接字连接延迟，同时带有用户态调用栈信息。这个工具提供了套接字用量的另外一种视图：与 soconnect(8) 根据 IP 地址和端口来区分不同的连接不同，这个工具使用代码路径帮你识别不同的连接。示例输出如下：

1　跟踪点 sock:sock_exceed_buf_limit 在新的内核版本（5.0）中扩展包含了额外的参数：现在可以根据 /arg->kind == SK_MEM_RECV/ 来单独过滤接收事件。

2　笔者于 2019 年 4 月 12 日为本书完成，灵感来自笔者的磁盘 I/O 统计工具 bitesize。

```
# soconnlat.bt
Attaching 12 probes...
Tracing IP connect() latency with ustacks. Ctrl-C to end.
^C

@us[
    __GI___connect+108
    Java_java_net_PlainSocketImpl_socketConnect+368
    Ljava/net/PlainSocketImpl;::socketConnect+197
    Ljava/net/AbstractPlainSocketImpl;::doConnect+1156
    Ljava/net/AbstractPlainSocketImpl;::connect+476
    Interpreter+5955
    Ljava/net/Socket;::connect+1212
    Lnet/sf/freecol/common/networking/Connection;::<init>+324
    Interpreter+5955
    Lnet/sf/freecol/common/networking/ServerAPI;::connect+236
    Lnet/sf/freecol/client/control/ConnectController;::login+660
    Interpreter+3856
    Lnet/sf/freecol/client/control/ConnectController$$Lambda$258/1471835655;::run+92
    Lnet/sf/freecol/client/Worker;::run+628
    call_stub+138
    JavaCalls::call_helper(JavaValue*, methodHandle const&, JavaCallArguments*, Th...
    JavaCalls::call_virtual(JavaValue*, Handle, Klass*, Symbol*, Symbol*, Thread*)...
    thread_entry(JavaThread*, Thread*)+108
    JavaThread::thread_main_inner()+446
    Thread::call_run()+376
    thread_native_entry(Thread*)+238
    start_thread+208
    __clone+63
, FreeColClient:W]:
[32, 64)               1 |@@@@@@@@@@@@@@@@@@@@@@@@@@@@@@@@@@@@@@@@@@@@@@@@@@@@|

@us[
    __connect+71
, java]:
[128, 256)            69 |@@@@@@@@@@@@@@@@@@@@@@@@@@@            |
[256, 512)            28 |@@@@@@@@@@@@                         |
[512, 1K)            121 |@@@@@@@@@@@@@@@@@@@@@@@@@@@@@@@@@@@@@@@@@@@@@@@@@@@@|
[1K, 2K)             53 |@@@@@@@@@@@@@@@@@@@@@@                |
```

    输出中包含两个调用栈信息：第一个调用栈来自一个开源 Java 游戏，代码路径显示了为什么这段代码正在调用 connect()。这条代码路径仅出现了一次，连接延迟在 32 微

秒到 64 微秒之间。第二个 java 调用栈创建了 200 个连接，延迟在 128 微秒到 2 毫秒之间。但是第二个调用栈的信息并不完整，只显示到 __connect+71 就没有了。这是因为 Java 应用程序使用了默认的 libc 库函数，编译中没有关闭忽略帧指针的功能。有关修复这个问题的方法，请参见 13.2.9 节。

这里的连接延迟展示了跨网络建立连接所需的时间，对 TCP 来说，包括 3 次握手的过程。这里同样包含了远端主机处理 SYN 包和相应的内核延迟：由于这些经常在中断过程中被快速处理了，所以连接延迟基本上以网络往返时长为主。

这个工具跟踪了 connect(2)、select(2) 和 poll(2) 一类的系统调用的跟踪点。在繁忙的系统中，select(2) 和 poll(2) 的调用可能比较频繁，导致这个工具的额外消耗不可忽视。

soconnlat(8) 的源代码如下：

```
#!/usr/local/bin/bpftrace

#include <asm-generic/errno.h>
#include <linux/in.h>

BEGIN
{
        printf("Tracing IP connect() latency with ustacks. Ctrl-C to end.\n");
}

tracepoint:syscalls:sys_enter_connect
/args->uservaddr->sa_family == AF_INET ||
    args->uservaddr->sa_family == AF_INET6/
{
        @conn_start[tid] = nsecs;
        @conn_stack[tid] = ustack();
}

tracepoint:syscalls:sys_exit_connect
/@conn_start[tid] && args->ret != - EINPROGRESS/
{
        $dur_us = (nsecs - @conn_start[tid]) / 1000;
        @us[@conn_stack[tid], comm] = hist($dur_us);
        delete(@conn_start[tid]);
        delete(@conn_stack[tid]);
}

tracepoint:syscalls:sys_exit_poll*,
tracepoint:syscalls:sys_exit_epoll*,
tracepoint:syscalls:sys_exit_select*,
```

```
tracepoint:syscalls:sys_exit_pselect*
/@conn_start[tid] && args->ret > 0/
{
        $dur_us = (nsecs - @conn_start[tid]) / 1000;
        @us[@conn_stack[tid], comm] = hist($dur_us);
        delete(@conn_start[tid]);
        delete(@conn_stack[tid]);
}

END
{
        clear(@conn_start); clear(@conn_stack);
}
```

这段程序解决了前面在 soconnect(8) 工具中讨论的问题。连接延迟在这里被测试为 connect(2) 系统调用的时间，但是如果返回值为 EINPROGRESS 状态的话，真正的连接完成是在后续完成的——当 poll(2) 和 select(2) 系统调用成功发现该文件描述符的事件的时候。对这个工具来说，正确的做法是，在 poll(2) 和 select(2) 系统调用的入口处记录所有的参数，同时在出口处再次检查，以确保连接时返回的文件描述符产生了对应的事件。但是，这个工具采取了一个捷径，假设 connect(2) 调用返回 EINPROGESS 之后，同线程中的第一次 select(2) 或 poll(2) 成功就是针对同一个连接的。这个假设在大部分事件中是成立的，但是一定要记住这个工具在应用程序调用 connect(2)，并且在同一个线程上处理另外一个事件的时候，就会出现错误。你可以通过检查自己的应用程序使用这些系统调用的方式，来优化这段代码。

例如，下面这段代码测量了在一台生产环境中的边缘服务器上，应用程序中正在使用 poll(2) 系统调用占用的文件描述符数量：

```
# bpftrace -e 't:syscalls:sys_enter_poll { @[comm, args->nfds] = count(); }'
Attaching 1 probe...
^C

@[python3, 96]: 181
@[java, 1]: 10300
```

在跟踪的过程中，java 使用 poll(2) 仅等待一个文件描述符，所以笔者描述的上述情景就更不可能发生了，除非 java 在使用 poll(2) 分别等待不同的文件描述符。类似的测试可以用来测量其他的 poll(2) 和 select(2) 系统调用。

这段输出中同时抓到了 python3 在使用 poll(2) 等待 96 个文件描述符？通过向映射表中添加 PID 信息，笔者找到了对应的 python3 进程，同时使用 lsof(8) 工具列出了该进程所有的文件描述符。笔者发现确实有 96 个文件描述符处于打开状态，但是这是由于一个代码错误导致的。由于该进程在生产环境中频繁地调用等待信息，笔者认为这是一个值得修复的错误，可以节省一些 CPU 周期。[1]

10.3.10　so1stbyte

so1stbyte(8)[2] 跟踪从发出 connect(2) 开始到从该套接字返回第一个字节之间的延迟。虽然 soconnlat(8) 测量了连接建立中的内核和网络延迟，但 so1stbyte(8) 包括了远端主机应用程序调度运行并且产生数据的时间。这个延迟展示了远端主机的繁忙程度，如果在一定时间内持续观测，可以展示远端主机负载上升、延迟升高的情况。例如：

```
# so1stbyte.bt
Attaching 21 probes...
Tracing IP socket first-read-byte latency. Ctrl-C to end.
^C

@us[java]:
[256, 512)             4 |                                                    |
[512, 1K)              5 |@                                                   |
[1K, 2K)              34 |@@@@@@                                              |
[2K, 4K)             212 |@@@@@@@@@@@@@@@@@@@@@@@@@@@@@@@@@@@@@@@@@             |
[4K, 8K)             260 |@@@@@@@@@@@@@@@@@@@@@@@@@@@@@@@@@@@@@@@@@@@@@@@@@@@@@@|
[8K, 16K)             35 |@@@@@@@                                             |
[16K, 32K)             6 |@                                                   |
[32K, 64K)             1 |                                                    |
[64K, 128K)            0 |                                                    |
[128K, 256K)           4 |                                                    |
[256K, 512K)           3 |                                                    |
[512K, 1M)             1 |                                                    |
```

输出中显示 java 进程的连接经常在 16 毫秒后收到第一个字节。

本工具跟踪了 connect(2)、read(2)、recv(2) 族类的系统调用跟踪点。因为这些系统调用比较频繁，运行时的额外开销不能忽视。

so1stbyte(8) 的源代码如下：

```
#!/usr/local/bin/bpftrace
```

1　在下结论之前，笔者检查了服务器的uptime（负载）、CPU数量，以及通过ps(1)检查了进程的CPU占用率（该进程应该处于闲置状态），来计算这个问题究竟消耗了多少CPU：实际上只有0.02%。

2　笔者于2011年为编写DTrace一书[Gregg 11]完成了so1stbyte.d程序，本版本于2019年4月16日完成。

```
#include <asm-generic/errno.h>
#include <linux/in.h>

BEGIN
{
        printf("Tracing IP socket first-read-byte latency. Ctrl-C to end.\n");
}

tracepoint:syscalls:sys_enter_connect
/args->uservaddr->sa_family == AF_INET ||
    args->uservaddr->sa_family == AF_INET6/
{
        @connfd[tid] = args->fd;
        @connstart[pid, args->fd] = nsecs;
}

tracepoint:syscalls:sys_exit_connect
{
        if (args->ret != 0 && args->ret != - EINPROGRESS) {
                // connect() failure, delete flag if present
                delete(@connstart[pid, @connfd[tid]]);
        }
        delete(@connfd[tid]);
}

tracepoint:syscalls:sys_enter_close
/@connstart[pid, args->fd]/
{
        // never called read
        delete(@connstart[pid, @connfd[tid]]);
}

tracepoint:syscalls:sys_enter_read,
tracepoint:syscalls:sys_enter_readv,
tracepoint:syscalls:sys_enter_pread*,
tracepoint:syscalls:sys_enter_recvfrom,
tracepoint:syscalls:sys_enter_recvmsg,
tracepoint:syscalls:sys_enter_recvmmsg
/@connstart[pid, args->fd]/
{
        @readfd[tid] = args->fd;
}
```

```
tracepoint:syscalls:sys_exit_read,
tracepoint:syscalls:sys_exit_readv,
tracepoint:syscalls:sys_exit_pread*,
tracepoint:syscalls:sys_exit_recvfrom,
tracepoint:syscalls:sys_exit_recvmsg,
tracepoint:syscalls:sys_exit_recvmmsg
/@readfd[tid]/
{
        $fd = @readfd[tid];
        @us[comm, pid] = hist((nsecs - @connstart[pid, $fd]) / 1000);
        delete(@connstart[pid, $fd]);
        delete(@readfd[tid]);
}

END
{
        clear(@connstart); clear(@connfd); clear(@readfd);
}
```

这个工具在 connect(2) 系统调用的入口处向 @connstart 映射表中记录了一个时间戳信息,以进程 ID 和文件描述符为键。如果 connect(2) 返回错误(除非是非阻塞模式,并且返回值是 EINPROGRESS)或者发起了 close(2) 系统调用,那么就从表中删除这个时间戳。在该套接字文件描述符的第一个 read 或者 recv 系统调用入口时,将文件描述符记录在 @readfd 映射表中,在出口处再读取。最后,从 @connstart 映射表中读取出开始时间进行计算。

这里计算的时间长度与之前描述的 TCP 首字节延迟类似,仅有一个小区别:包括了 connect(2) 系统调用的延迟。

拦截某个套接字的第一次读取需要跟踪多个系统调用跟踪点,这样导致这些读取路径上增加了额外开销。这个额外消耗和跟踪事件的数量可以通过以下措施予以减少:改为使用 kprobes 跟踪 sock_recvmsg(),以 sock 结构体指针作为唯一 ID,而不需要使用 PID 和 FD。同时这带来的问题是,kprobe 是一个不稳定的接口。

10.3.11 tcpconnect

tcpconnect(8)[1] 是一个 BCC 工具,其可以跟踪新的 TCP 主动连接。和之前的套接字

---

1 笔者为2011年编写的DTrace一书[Greg11]完成了一个类似工具,名为tcpconnect.d。BCC版本完成于2015年9月25日,2019年4月7日完成了使用bpftrace跟踪点的tcpconnect-tp(8)版本。

工具不一样的是，tcpconnect(8) 和下面介绍的其他 TCP 工具跟踪的是较为底层的 TCP 网络代码，而非套接字相关的系统调用。tcpconnect(8) 的名字来源于套接字的 connect(2) 系统调用，虽然是针对本机的连接，但它们往往被称为对外连接（outbound connection）。

tcpconnect(8) 适合进行业务负载画像：确定连接的双方，以及连接的速率。下面是 BCC 版本的 tcpconnect(8) 的输出：

```
# tcpconnect.py -t
TIME(s)   PID    COMM         IP SADDR            DADDR             DPORT
0.000     4218   java         4  100.1.101.18     100.2.51.232      6001
0.011     4218   java         4  100.1.101.18     100.2.135.216     6001
0.072     4218   java         4  100.1.101.18     100.2.135.94      6001
0.073     4218   java         4  100.1.101.18     100.2.160.87      8980
0.124     4218   java         4  100.1.101.18     100.2.177.63      6001
0.212     4218   java         4  100.1.101.18     100.2.58.22       6001
0.214     4218   java         4  100.1.101.18     100.2.43.148      6001
[...]
```

上面所示的输出中抓取了针对同一个端口（6001），但是不同远端主机的连接。输出中的列包括如下几项。

- **TIME(s)**：连接建立的时间，单位为秒，从第一个事件发生开始计数。
- **PID**：发起连接的进程 ID。由于 TCP 级别的事件中可能带有进程上下文信息，所以这里的信息有可能不准确。如果需要准确的 PID 信息，请使用套接字级别的跟踪工具。
- **COMM**：发起连接的进程名。与 PID 一样，这里的信息不一定准确。如果需要准确的进程信息，请使用套接字级别的跟踪工具。
- **IP**：IP 地址协议。
- **SADDR**：源地址。
- **DADDR**：目标地址。
- **DPORT**：目标端口。

该工具支持 IPv4 和 IPv6 协议，但是 IPv6 地址可能比较长，导致输出行错位。

该工具跟踪的是 TCP 连接创建的相关事件，而不是数据包相关的事件。在这台生产服务器上，网络数据包的速率为每秒 50 000 个左右，而 TCP 连接建立的速率只有每秒 350 个。通过使用 TCP 连接事件，避免使用数据包事件，可以将该工具的额外开销降低至原先的 1%，以至于额外开销可以忽略不计。

该工具的 BCC 版本目前跟踪的是 tcp_v4_connect() 和 tcp_v6_connect() 内核函数。未来的版本可能会改为使用 sock:inet_sock_set_state 跟踪点。

BCC

命令行使用说明如下：

```
tcpconnect [options]
```

命令行选项包括如下几项。

- **-t**：输出中包括一列时间戳。
- **-p PID**：仅跟踪给定的进程。
- **-P PORT[,PORT, …]**：仅跟踪给定的目的端口。

bpftrace

下面是 tcpconnect-tp(8) 的源代码，这是 tcpconnect(8) 的 bpftrace 版本，使用的是 sock:inet_sock_set_state 跟踪点：

```
#!/usr/local/bin/bpftrace

#include <net/tcp_states.h>
#include <linux/socket.h>

BEGIN
{
        printf("%-8s %-6s %-16s %-3s ", "TIME", "PID", "COMM", "IP");
        printf("%-15s %-15s %-5s\n", "SADDR", "DADDR", "DPORT");
}

tracepoint:sock:inet_sock_set_state
/args->oldstate == TCP_CLOSE && args->newstate == TCP_SYN_SENT/
{
        time("%H:%M:%S ");
        printf("%-6d %-16s %-3d ", pid, comm, args->family == AF_INET ? 4 : 6);
        printf("%-15s %-15s %-5d\n", ntop(args->family, args->saddr),
            ntop(args->family, args->daddr), args->dport)
}
```

上面的代码靠检查从 TCP_CLOSE 到 TCP_SYN_SENT 的状态变化来检测新的 TCP 连接。

bpftrace 仓库中还包括一个针对没有 sock:inet_sock_set_state 跟踪点的 Linux 内核的旧版工具，跟踪的是 tcp_connect() 内核函数。[1]

1　由Dale Hamel于2018年11月23日完成，为了此工具还给bpftrace添加了ntop()内置函数。

10.3.12 tcpaccept

tcpaccept(8)[1] 是一个 BCC 和 bpftrace 工具，可以跟踪新的 TCP 被动连接；该工具是 tcpconnect(8) 的另外一半，名字来自套接字系统调用 accept(2)。虽然连接是从本机发起的，但是这些连接统一被称为入站连接（inbound connections）。正如 tcpconnect(8) 一样，该工具适合进行工作负载画像：判断谁正在连接本系统及连接速率如何。

下面的输出来自 BCC 版本的 tcpaccept(8)，在一台 48-CPU 的生产系统上运行，带有命令行选项 -t 以便打印一列时间戳信息：

```
# tcpaccept -t
TIME(s)   PID   COMM      IP RADDR          RPORT LADDR        LPORT
0.000     4218  java      4  100.2.231.20   53422 100.1.101.18 6001
0.004     4218  java      4  100.2.236.45   36400 100.1.101.18 6001
0.013     4218  java      4  100.2.221.222  29836 100.1.101.18 6001
0.014     4218  java      4  100.2.194.78   40416 100.1.101.18 6001
0.016     4218  java      4  100.2.239.62   53422 100.1.101.18 6001
0.016     4218  java      4  100.2.199.236  28790 100.1.101.18 6001
0.021     4218  java      4  100.2.192.209  35840 100.1.101.18 6001
0.022     4218  java      4  100.2.215.219  21450 100.1.101.18 6001
0.026     4218  java      4  100.2.231.176  47024 100.1.101.18 6001
[...]
```

上面的输出中显示了很多来自不同远端地址的、目的端口为 6001 的本机连接，PID 为 4218 的 java 进程接收了这些连接。输出中的列信息与 tcpconnect(8) 类似，有以下几点不同。

- **RADDR**：远端地址
- **RPORT**：远端端口
- **LADDR**：本机地址
- **LPORT**：本机端口

该工具内部跟踪的是 inet_csk_accept() 内核函数。这个名字相对于常见的高层 TCP 函数来说可能不太寻常，你可能会奇怪为什么会选择这个函数来跟踪。原因是，这个函数是内核 tcp_prot 结构体中 accept 对应的函数（源文件为 net/ipv4/tcp_ipv4.c）。

---

1 笔者为2011年编写的DTrace一书[Gregg 11]创建了类似的tcpaccept.d工具，以及更早在2006年开发DTrace TCP模块的时候创建的连接统计工具（tcpaccept1.d和tcpaccept2.d）[106]。这是笔者在参加旧金山CEC2006的前一天晚上熬夜完成的，结果直接导致第二天睡过了头，差点没有赶上会议。BCC版本于2015年10月13日完成，tcpaccept-tp(8)版本完成于2019年4月7日。

```
struct proto tcp_prot = {
        .name                 = "TCP",
        .owner                = THIS_MODULE,
        .close                = tcp_close,
        .pre_connect          = tcp_v4_pre_connect,
        .connect              = tcp_v4_connect,
        .disconnect           = tcp_disconnect,
        .accept               = inet_csk_accept,
        .ioctl                = tcp_ioctl,
[...]
```

该工具支持显示 IPv6 地址，但是输出结果太长可能会导致列错乱。下面是在另外一台生产服务器上运行的结果：

```
# tcpaccept -t
TIME(s)  PID   COMM      IP RADDR              LADDR              LPORT
0.000    7013  java      6  ::ffff:100.1.54.4  ::ffff:100.1.58.46  13562
0.103    7013  java      6  ::ffff:100.1.7.19  ::ffff:100.1.58.46  13562
0.202    7013  java      6  ::ffff:100.1.58.59 ::ffff:100.1.58.46  13562
[...]
```

输出中显示的 IPv6 地址都是 IPv4 的映射地址。

BCC

命令行使用说明如下：

```
tcpaccept [options]
```

tcpaccpt(8) 与 tcpconnect(8) 的命令行选项类似，包括如下几个。

- **-t**：输出中包括一列时间戳信息。
- **-p PID**：仅跟踪给定的进程。
- **-P PORT,[PORT....]**：仅跟踪给定的本地端口。

bpftrace

下面是 tcpaccept-fp(8) 的源代码，这是 bpftrace 版本的 tcpaccept(8)，为本书而写成。该工具使用的是 sock:inet_sock_set_state 跟踪点：

```
#!/usr/local/bin/bpftrace

#include <net/tcp_states.h>
```

```
#include <linux/socket.h>

BEGIN
{
        printf("%-8s %-3s %-14s %-5s %-14s %-5s\n", "TIME", "IP",
            "RADDR", "RPORT", "LADDR", "LPORT");
}


tracepoint:sock:inet_sock_set_state
/args->oldstate == TCP_SYN_RECV && args->newstate == TCP_ESTABLISHED/
{
        time("%H:%M:%S ");
        printf("%-3d %-14s %-5d %-14s %-5d\n", args->family == AF_INET ? 4 : 6,
            ntop(args->family, args->daddr), args->dport,
            ntop(args->family, args->saddr), args->sport);
}
```

由于在 TCP 状态转换的时候，CPU 上运行的进程并一定是连接建立时的进程，所以这里没有抓取 pid 和 comm 内置变量。输出如下：

```
# tcpaccept-tp.bt
Attaching 2 probes...
TIME     IP  RADDR          RPORT LADDR          LPORT
07:06:46 4   127.0.0.1      63998 127.0.0.1      28527
07:06:47 4   127.0.0.1      64002 127.0.0.1      28527
07:06:48 4   127.0.0.1      64004 127.0.0.1      28527
[...]
```

bpftrace 仓库中还有 tcpaccept(8)[1] 的一个版本，和 BCC 版本一样，动态跟踪内核中的 inet_csk_accept() 函数。该函数对应用程序进程来说是同步调用的，所以这里使用 pid 和 comm 内置变量抓取了 PID 和进程名。代码摘要如下：

```
[...]
kretprobe:inet_csk_accept
{
        $sk = (struct sock *)retval;
        $inet_family = $sk->__sk_common.skc_family;

        if ($inet_family == AF_INET || $inet_family == AF_INET6) {
                $daddr = ntop(0);
```

1　该版本由Dale Hamel于2018年11月23日完成。

```
                $saddr = ntop(0);
                if ($inet_family == AF_INET) {
                        $daddr = ntop($sk->__sk_common.skc_daddr);
                        $saddr = ntop($sk->__sk_common.skc_rcv_saddr);
                } else {
                        $daddr = ntop(
                            $sk->__sk_common.skc_v6_daddr.in6_u.u6_addr8);
                        $saddr = ntop(
                            $sk->__sk_common.skc_v6_rcv_saddr.in6_u.u6_addr8);
                }
                $lport = $sk->__sk_common.skc_num;
                $dport = $sk->__sk_common.skc_dport;
                $qlen  = $sk->sk_ack_backlog;
                $qmax  = $sk->sk_max_ack_backlog;
[...]
```

该程序从 sock 结构体中抓取了协议细节信息。同时该程序还读取了 TCP 监听积压日志的状态，这里作为一个例子，展示了如何利用这些工具获取更多的信息。这里抓取 TCP 监听日志是为了分析 Shopify 公司的一个生产问题，当 Redis 处于负载峰值的时候性能会下降：最后发现，问题的根源是 TCP 监听溢出。[1] 给 tcpaccept.bt 添加一列信息可以显示当前的监听积压程度，这样方便进行业务负载画像和容量规划。

目前有一个 bfptrace 变量作用域的变更，可能会导致 if 语句中初始化的变量作用域仅限于该 if 语句范围之内，这样会造成上面这个程序所示的问题，因为 $daddr 和 $saddr 需要在 if 语句范围之外使用。为了避免这个问题，该程序会先将这两个变量初始化为 ntop(0)（ntop(0) 返回的类型是 inet，打印的时候是以字符串输出的）。在目前的 bpftrace 版本中（0.9.1）是没有必要的，这里加上是为了确保未来该程序还能正常运行。

10.3.13　tcplife

tcplife(8)[2] 是一个 BCC 和 bpftrace 工具，用来跟踪 TCP 连接的时长：可以显示进程的连接时长、吞吐量，以及在可能的情况下显示对应的进程 ID 和进程名。

下面是 BCC 版本的 tcplife(8) 在一个 48-CPU 的生产进程中的输出：

1　生产案例由 Dale Hamel 提供。

2　该工具来自 Julia Evans 的一条推特："我很希望有一个工具可以给出某个端口上所有连接的统计信息"[108]。基于这个需求，笔者于 2016 年 10 月 18 日创建了 BCC 版本的 tcplife(8)。后来，笔者在 2019 年 4 月 17 日上午合并了来自 Matheus Marchini 提交的一个 bpftrace 修改之后，创建了 tcplife(8) 的 bpftrace 版本。这个工具是笔者开发的所有工具中最受欢迎的一个。由于这个工具非常高效地提供了网络流的信息，并且可以以有向图的形式可视化展示，因此很多监控工具都会使用这个工具。

```
# tcplife
PID    COMM    LADDR         LPORT RADDR          RPORT TX_KB RX_KB MS
4169   java    100.1.111.231 32648 100.2.0.48     6001      0     0 3.99
4169   java    100.1.111.231 32650 100.2.0.48     6001      0     0 4.10
4169   java    100.1.111.231 32644 100.2.0.48     6001      0     0 8.41
4169   java    100.1.111.231 40158 100.2.116.192  6001      7    33 3590.91
4169   java    100.1.111.231 56940 100.5.177.31   6101      0     0 2.48
4169   java    100.1.111.231 6001  100.2.176.45   49482     0     0 17.94
4169   java    100.1.111.231 18926 100.5.102.250  6101      0     0 0.90
4169   java    100.1.111.231 44530 100.2.31.140   6001      0     0 2.64
4169   java    100.1.111.231 44406 100.2.8.109    6001     11    28 3982.11
34781  sshd    100.1.111.231 22    100.2.17.121   41566     5     7 2317.30
4169   java    100.1.111.231 49726 100.2.9.217    6001     11    28 3938.47
4169   java    100.1.111.231 58858 100.2.173.248  6001      9    30 2820.51
[...]
```

输出中展示了一系列连接，正如上面输出中的"MS"时长一列，单位为毫秒，这些连接要么时长很短（20毫秒以内），要么时长很长（超过3秒）。这是一个监听在端口6001的应用程序池。上面输出中的大部分连接都是向远端主机端口6001发起的连接，只有一个连接是向本机6001端口发起的。同时还有一个ssh连接，归属于sshd进程，本地端口为22，这是一个入站连接。

该工具跟踪的是TCP套接字状态变化事件，当状态变成TCP_CLOSE的时候打印摘要信息。这些状态改变事件相比网络包事件频率要低得多，所以该工具要比基于抓包的嗅探器效率高得多。这使得tcplife(8)可以作为TCP流记录器在Netflix生产服务器上持续运行。

最初的tcplife(8)版本是使用kprobes来跟踪tcp_set_state()内核函数的。从Linux 4.16之后，添加了一个专门的跟踪点：sock:inet_sock_set_state。tcplife(8)工具默认会使用这个跟踪点，其他情况才改为使用kprobes。这两个事件也有一个小区别，从下面这个单行程序的输出可以看出，这个程序统计的是每个TCP状态号出现的次数。

```
# bpftrace -e 'k:tcp_set_state { @kprobe[arg1] = count(); }
    t:sock:inet_sock_set_state { @tracepoint[args->newstate] = count(); }'
Attaching 2 probes...
^C

@kprobe[4]: 12
@kprobe[5]: 12
@kprobe[9]: 13
@kprobe[2]: 13
```

```
@kprobe[8]: 13
@kprobe[1]: 25
@kprobe[7]: 25

@tracepoint[3]: 12
@tracepoint[4]: 12
@tracepoint[5]: 12
@tracepoint[2]: 13
@tracepoint[9]: 13
@tracepoint[8]: 13
@tracepoint[7]: 25
@tracepoint[1]: 25
```

看到了吗，tcp_set_state() 看不到状态号 3，也就是 TCP_SYN_RECV。这是因为 kprobes 依赖的是内核中的实现细节，内核中在 TCP_SYN_RECV 下并不会调用 tcp_set_state()：因为没有这个需求。这种实现细节通常对最终用户来说是不可见的。但是在添加这个跟踪点的时候，如果不添加这个状态会比较奇怪，所以跟踪点中特意补上了状态改变。

BCC

命令行使用说明如下：

```
tcplife [options]
```

命令行选项包括如下几项

- **-t**：在结果中添加一列时间（HH:MM:SS）。
- **-w**：以宽列显示（以便显示 IPv6 地址）。
- **-p PID**：仅跟踪指定的进程。
- **-L PORT[,PORT,…]**：仅跟踪指定的本地端口。
- **-D PORT[,PORT,…]**：仅跟踪指定的远端端口。

bpftrace

下面是该工具 bpftrace 版本的源代码，是笔者写作本书时完成的，涵盖了主要核心功能。这个版本使用 kprobes 跟踪 tcp_set_state() 函数，以便在低版本内核中运行，并且不支持命令行选项：

```
#!/usr/local/bin/bpftrace

#include <net/tcp_states.h>
```

```
#include <net/sock.h>
#include <linux/socket.h>
#include <linux/tcp.h>

BEGIN
{
        printf("%-5s %-10s %-15s %-5s %-15s %-5s ", "PID", "COMM",
            "LADDR", "LPORT", "RADDR", "RPORT");
        printf("%5s %5s %s\n", "TX_KB", "RX_KB", "MS");
}

kprobe:tcp_set_state
{
        $sk = (struct sock *)arg0;
        $newstate = arg1;

        /*
         * This tool includes PID and comm context. From TCP this is best
         * effort, and may be wrong in some situations. It does this:
         * - record timestamp on any state < TCP_FIN_WAIT1
         *      note some state transitions may not be present via this kprobe
         * - cache task context on:
         *      TCP_SYN_SENT: tracing from client
         *      TCP_LAST_ACK: client-closed from server
         * - do output on TCP_CLOSE:
         *      fetch task context if cached, or use current task
         */

        // record first timestamp seen for this socket
        if ($newstate < TCP_FIN_WAIT1 && @birth[$sk] == 0) {
                @birth[$sk] = nsecs;
        }

        // record PID & comm on SYN_SENT
        if ($newstate == TCP_SYN_SENT || $newstate == TCP_LAST_ACK) {
                @skpid[$sk] = pid;
                @skcomm[$sk] = comm;
        }

        // session ended: calculate lifespan and print
        if ($newstate == TCP_CLOSE && @birth[$sk]) {
                $delta_ms = (nsecs - @birth[$sk]) / 1000000;
                $lport = $sk->__sk_common.skc_num;
                $dport = $sk->__sk_common.skc_dport;
```

```
            $dport = ($dport >> 8) | (($dport << 8) & 0xff00);
            $tp = (struct tcp_sock *)$sk;
            $pid = @skpid[$sk];
            $comm = @skcomm[$sk];
            if ($comm == "") {
                    // not cached, use current task
                    $pid = pid;
                    $comm = comm;
            }

            $family = $sk->__sk_common.skc_family;
            $saddr = ntop(0);
            $daddr = ntop(0);
            if ($family == AF_INET) {
                    $saddr = ntop(AF_INET, $sk->__sk_common.skc_rcv_saddr);
                    $daddr = ntop(AF_INET, $sk->__sk_common.skc_daddr);
            } else {
                    // AF_INET6
                    $saddr = ntop(AF_INET6,
                        $sk->__sk_common.skc_v6_rcv_saddr.in6_u.u6_addr8);
                    $daddr = ntop(AF_INET6,
                        $sk->__sk_common.skc_v6_daddr.in6_u.u6_addr8);
            }
            printf("%-5d %-10.10s %-15s %-5d %-15s %-6d ", $pid,
                $comm, $saddr, $lport, $daddr, $dport);
            printf("%5d %5d %d\n", $tp->bytes_acked / 1024,
                $tp->bytes_received / 1024, $delta_ms);

            delete(@birth[$sk]);
            delete(@skpid[$sk]);
            delete(@skcomm[$sk]);
    }
}

END
{
        clear(@birth); clear(@skpid); clear(@skcomm);
}
```

该工具的逻辑有些复杂，所以笔者在 BCC 和 bpftrace 版本的源代码中都添加了一段注释，解释如下：

- 测量某个套接字第一次状态转换事件开始到 TCP_CLOSE 的时长。这就作为连接时长打印。

- 从内核中的 tcp_sock 结构体中获取吞吐量统计信息。这样就不需要跟踪每个包的数量再进行统计。这些吞吐量信息是 2015 年加入内核的 [109]。

- 默认在 TCP_SYN_SENT 和 TCP_LAST_ACK 状态时缓存用户进程信息，如果在 TCP_CLOSE 的时候仍然没有缓存进程信息，那么就最后抓取一次。这个逻辑基本能够可靠地抓取进程信息，但是在这里仍然依赖内核中的实现细节信息。未来的内核变更可能会导致这套逻辑失效，这就需要改为使用套接字事件来缓存进程信息（见前述工具）。

Netflix 的网络工程师们扩展了 BCC 版本的工具，从 sock 和 tcp_sock 结构体中记录了更多的有用信息。

该工具的 bpftrace 版本可以改为使用 sock:inet_sock_set_state 跟踪点，由于这个跟踪点不仅适用于 TCP，因此需要额外检查 args->protocol == IPPROTO_TCP。使用这个跟踪点有助于提高工具的稳定性，但是始终不能绕过不稳定的部分，比如，还是需要从 tcp_sock 结构体中获取吞吐量信息。

10.3.14 tcptop

tcptop(8)[1] 是一个 BCC 工具，可以展示使用 TCP 的进程。例如，在一个 36-CPU 的 Hadoop 生产实例上运行的结果如下：

```
# tcptop
09:01:13 loadavg: 33.32 36.11 38.63 26/4021 123015

PID     COMM    LADDR               RADDR               RX_KB   TX_KB
118119  java    100.1.58.46:36246   100.2.52.79:50010   16840   0
122833  java    100.1.58.46:52426   100.2.6.98:50010    0       3112
122833  java    100.1.58.46:50010   100.2.50.176:55396  3112    0
120711  java    100.1.58.46:50010   100.2.7.75:23358    2922    0
121635  java    100.1.58.46:50010   100.2.5.101:56426   2922    0
121219  java    100.1.58.46:50010   100.2.62.83:40570   2858    0
121219  java    100.1.58.46:42324   100.2.4.58:50010    0       2858
122927  java    100.1.58.46:50010   100.2.2.191:29338   2351    0
[...]
```

输出顶部显示了一个连接在跟踪周期中的接收超过 16MB。默认情况下，每秒更新

---

1 笔者于2005年用DTrace创造了tcptop，灵感来自William LeFebvre的top(1)工具。笔者于2016年9月2日创建了 BCC版本。

一次屏幕。

该工具跟踪的是 TCP 发送和接收的代码路径，将数据记录在高效的 BPF 映射表中。即使是这样，这些事件的频率也是比较高的，在网络吞吐量高的系统中，该工具的额外消耗可能是比较可观的。

该工具实际跟踪的内核函数是 tcp_sendmsg() 和 tcp_cleanup_rbuf()。这里笔者选择 tcp_clean_rbuf()，是由于这个函数的参数同时包括了 sock 结构体和尺寸两个参数。如果要从 tcp_recvmsg() 获取同样的信息则需要两个不同的 kprobe，同时还意味着额外开销更大：一个入口 kprobe 以获取 sock 结构体，另外一个出口 kprobe 以获取尺寸信息。

需要注意，tcptop(8) 目前无法统计使用 sendfile(2) 系统调用产生的 TCP 流量，因为这个调用可能不会调用 tcp_sendmsg()。如果你的负载中用到了 sendfile(2)，请到网上查看 tcptop(8) 的最新版本，或者自己为其添加支持。

命令行使用说明如下：

```
tcptop [options] [interval [count]]
```

命令行选项包括如下两项。

- **-c**：不要清除屏幕。
- **-p PID**：仅测量给定的进程。

未来可能会增加一个限制显示行数的命令行选项。

10.3.15　tcpsnoop

tcpsnoop(8) 是笔者开发的一个广受欢迎的 Solaris DTrace 工具。如果该工具有对应的 BPF 版本的话，现在就到了该介绍它的时候，但是，这里笔者有意没有将这个工具进行迁移。下面的介绍都源自 Solaris 版本。这里单独为这个工具列出一节，是为了和你分享我在这个工具上得到的一些经验教训。

tcpsnoop(8) 为每个网络包打印一行输出，包括地址、包大小、进程 ID、用户 ID 等。例如：

```
solaris# tcpsnoop.d
  UID    PID LADDR           LPORT DR RADDR         RPORT  SIZE CMD
    0    242 192.168.1.5        23 <- 192.168.1.1   54224    54 inetd
    0    242 192.168.1.5        23 -> 192.168.1.1   54224    54 inetd
    0    242 192.168.1.5        23 <- 192.168.1.1   54224    54 inetd
    0    242 192.168.1.5        23 <- 192.168.1.1   54224    78 inetd
    0    242 192.168.1.5        23 -> 192.168.1.1   54224    54 inetd
    0  20893 192.168.1.5        23 -> 192.168.1.1   54224    57 in.telnetd
```

```
  0  20893 192.168.1.5          23 <- 192.168.1.1      54224      54 in.telnetd
[...]
```

笔者在 2004 年开发这个工具的时候，网络事件分析仍然主要依靠网络包嗅探器：Solaris 平台使用 snoop(1M)，而 Linux 平台使用 tcpdump(8)。这些工具的一个主要盲点是它们不会显示进程 ID。笔者想要开发一个工具来展示到底哪个进程正在产生网络流量，这个工具看起来就是一个显而易见的解决方案：修改 snoop(1M)，以加入一列 PID 信息。笔者在测试的时候，特意将这个工具和 snoop(1M) 同时运行，以确保这两个工具可以看到同样的数据包信息。

这种做法实际上非常困难：首先需要在套接字级别事件中抓取 PID 信息，然后在 MTU 分包处理之后再取得包尺寸信息。这样做需要跟踪数据传输代码、TCP 握手代码，以及例如处理发往没有监听的数据包等事件所需要的代码。最后笔者确实成功了，但是该工具需要跟踪内核中的 11 个不同函数，同时需要读取数个内核内部数据结构，由于它过于依赖内核的各种内部实现，因而导致该工具十分脆弱。工具本身也超过了 500 行代码。

在接下来的六年时间内，Solaris 内核更新了十几次，有 7 次更新导致 tcpsnoop(8) 失效。修复这个工具更是噩梦：为一个内核版本修复很容易，但是需要在所有之前的内核版本上测试是否能正常工作。由于发布一个通用版本已经不太可能，笔者不得不为特定的内核版本发布特定的工具版本。

这里有两个教训。第一，内核代码的修改很频繁，代码中使用的 kprobes 和结构体越多，工具就越可能失效。本书中介绍的工具都特意尽可能减少对 kprobes 的使用，这样未来的维护者维护起来会比较容易。如果可能的话，应该尽量使用内核跟踪点。

第二，这个工具的出发点压根就是错误的。如果目标是为了识别哪个进程正在产生网络流量，根本不需要进行网络包级别的跟踪。这里完全可以开发一个工具来统计数据传输层的流量，是的，这样做可能会忽略 TCP 握手之类的数据包，但是精确度也应该足够了。如上述的例子，socketio(8) 和 tcptop(8)，都只使用了两个 kprobes，而 tcplife(8) 只用了一个内核跟踪点，以及少量的结构体成员。

10.3.16 tcpretrans

tcppretrans(8)[1] 是一个 BCC 和 bpftrace 工具，可以跟踪 TCP 重传信息，展示 IP 地址、端口，以及 TCP 连接状态。下面是 BCC 版本的 tcpretrans(8) 在一个生产实例上的输出：

---

1 笔者利用写 DTrace 一书的机会于 2011 年创造了一系列类似的 TCP 重传跟踪工具[110]。笔者于 2014 年 7 月 28 日完成了 Ftrace 版本的 tcpretrans(8)，BCC 版本完成于 2016 年 2 月 14 日。Matthias Tafelmeier 为该工具添加了累计模式。Dale Hamel 于 2018 年 11 月 23 日完成了 bpftrace 版本。

```
# tcpretrans
Tracing retransmits ... Hit Ctrl-C to end
TIME     PID    IP LADDR:LPORT          T> RADDR:RPORT          STATE
00:20:11 72475  4  100.1.58.46:35908    R> 100.2.0.167:50010    ESTABLISHED
00:20:11 72475  4  100.1.58.46:35908    R> 100.2.0.167:50010    ESTABLISHED
00:20:11 72475  4  100.1.58.46:35908    R> 100.2.0.167:50010    ESTABLISHED
00:20:12 60695  4  100.1.58.46:52346    R> 100.2.6.189:50010    ESTABLISHED
00:20:12 60695  4  100.1.58.46:52346    R> 100.2.6.189:50010    ESTABLISHED
00:20:12 60695  4  100.1.58.46:52346    R> 100.2.6.189:50010    ESTABLISHED
00:20:12 60695  4  100.1.58.46:52346    R> 100.2.6.189:50010    ESTABLISHED
00:20:13 60695  6  ::ffff:100.1.58.46:13562 R> ::ffff:100.2.51.209:47356 FIN_WAIT1
00:20:13 60695  6  ::ffff:100.1.58.46:13562 R> ::ffff:100.2.51.209:47356 FIN_WAIT1
[...]
```

该输出展示了一些低频重传的发生，每秒只有几个（注意观察 TIME 这列信息），而且这些重传主要发生在 ESTABLISHED 状态的连接中。如果 ESTABLISHED 状态下的重传发生较多，可能是由于外部网络问题造成的。而 SYN_SENT 状态下面的高频重传可能意味着远端应用程序过载，导致无法及时处理 SYN 积压队列中积压的 SYN 包。

该工具跟踪内核中的 TCP 重传事件，由于这些事件的发生频率较低，所以该工具的额外开销可以忽略不计。比起传统抓包工具分析丢包的方式，先抓取全部数据包再统计分析来说，这里的开销要小得多。抓包工具只能看到网络中实际传输的数据包，而 tcpretrans(8) 可以从内核中直接打印 TCP 状态，同时还可以按需在内核中读取其他信息。

在 Netflix 内部，该工具曾经被用来处理一个由于网络流量超过外部限制导致大量丢包和重传的问题的调试。用该工具的同时还可以在不同的生产实例上进行跟踪，在不需要抓包的情况下分析源地址、目的地址、TCP 连接状态等细节信息，对问题的解决给予了很大帮助。

Shopify 也在生产环境网络问题排查中使用了该工具，由于网络负载过高，除了额外开销大之外，tcpdump(8) 的丢包率过大以至于分析结果根本无效。通过使用 tcpretrans(8) 和 tcpdrop(8)（后面会介绍）这两个工具进行分析，收集了足够的信息，将问题归结为一个外部原因：在这个案例中，问题是由一个防火墙在高负载情况下丢包造成的。

BCC

命令行使用说明如下：

```
tcpretrans [options]
```

命令行选项包括如下两项。

- **-l**：包括所有的丢包率探测数据（增加一个针对 tcp_send_loss_probe() 的 kprobe）。
- **-c**：按每个 TCP 流分别统计重传率。

当使用 -c 命令行选项时，tcpretrans(8) 的行为从打印每个丢包事件改为打印统计信息。

bpftrace

下面是该工具 bpftrace 版本的源代码，涵盖了该工具的核心功能。这个版本的工具不支持任何命令行选项：

```
#!/usr/local/bin/bpftrace

#include <linux/socket.h>
#include <net/sock.h>

BEGIN
{
        printf("Tracing TCP retransmits. Hit Ctrl-C to end.\n");
        printf("%-8s %-8s %20s %21s %6s\n", "TIME", "PID", "LADDR:LPORT",
            "RADDR:RPORT", "STATE");

        // See include/net/tcp_states.h:
        @tcp_states[1] = "ESTABLISHED";
        @tcp_states[2] = "SYN_SENT";
        @tcp_states[3] = "SYN_RECV";
        @tcp_states[4] = "FIN_WAIT1";
        @tcp_states[5] = "FIN_WAIT2";
        @tcp_states[6] = "TIME_WAIT";
        @tcp_states[7] = "CLOSE";
        @tcp_states[8] = "CLOSE_WAIT";
        @tcp_states[9] = "LAST_ACK";
        @tcp_states[10] = "LISTEN";
        @tcp_states[11] = "CLOSING";
        @tcp_states[12] = "NEW_SYN_RECV";
}

kprobe:tcp_retransmit_skb
{
        $sk = (struct sock *)arg0;
        $inet_family = $sk->__sk_common.skc_family;

        if ($inet_family == AF_INET || $inet_family == AF_INET6) {
```

```
        $daddr = ntop(0);
        $saddr = ntop(0);
        if ($inet_family == AF_INET) {
                $daddr = ntop($sk->__sk_common.skc_daddr);
                $saddr = ntop($sk->__sk_common.skc_rcv_saddr);
        } else {
                $daddr = ntop(
                    $sk->__sk_common.skc_v6_daddr.in6_u.u6_addr8);
                $saddr = ntop(
                    $sk->__sk_common.skc_v6_rcv_saddr.in6_u.u6_addr8);
        }
        $lport = $sk->__sk_common.skc_num;
        $dport = $sk->__sk_common.skc_dport;

        // Destination port is big endian, it must be flipped
        $dport = ($dport >> 8) | (($dport << 8) & 0x00FF00);

        $state = $sk->__sk_common.skc_state;
        $statestr = @tcp_states[$state];

        time("%H:%M:%S ");
        printf("%-8d %14s:%-6d %14s:%-6d %6s\n", pid, $saddr, $lport,
            $daddr, $dport, $statestr);
    }
}


END
{
    clear(@tcp_states);
}
```

该版本跟踪的是 tcp_retransimit_skb() 内核函数。tcp:tcp_retransmit_skb 跟踪点和 tcp:tcp_retransmit_synact 跟踪点是在 Linux 4.15 引入的，该工具可以改为使用这些跟踪点。

10.3.17　tcpsynbl

tcpsynbl(8)[1] 跟踪的是 TCP SYN 积压队列的长度和上限。该工具在每次内核检查积压队列的时候都会记录积压队列的长度，并以直方图形式统计输出。例如，在一台 48-CPU 边缘生产服务器上的输出如下：

1　笔者于2012年使用DTrace创建了一个类似的TCP SYN积压队列工具[110]，bpftrace版本于2019年4月19日完成。

```
# tcpsynbl.bt
Attaching 4 probes...
Tracing SYN backlog size. Ctrl-C to end.
^C
@backlog[backlog limit]: histogram of backlog size

@backlog[128]:
[0]                     2 |@@@@@@@@@@@@@@@@@@@@@@@@@@@@@@@@@@@@@@@@@@@@@@@@@@@@|

@backlog[500]:
[0]                  2783 |@@@@@@@@@@@@@@@@@@@@@@@@@@@@@@@@@@@@@@@@@@@@@@@@@@@@|
[1]                     9 |                                                  |
[2, 4)                  4 |                                                  |
[4, 8)                  1 |                                                  |
```

这里的第一个直方图显示了统计过程中建立了两个新连接，积压队列的上限为 128，而队列长度为 0。第二个直方图显示了两千多个连接建立时，积压队列的上限为 500，队列长度大多数情况下处于 0，但是有的时候会上升到 4 ～ 8 这个区间。如果积压队列超过了上限，该工具会打印一行输出，警告有一个 SYN 包已经被丢弃，这会导致客户端必须进行重传，也就会导致连接延迟上升。

积压队列的上限是可以动态调整的，它是 listen(2) 系统调用的第二个参数：

```
int listen(int sockfd, int backlog);
```

同时，系统中还存在一个全局上限，通过 /proc/sys/net/core/somaxconn 设置。

该工具跟踪新连接建立事件，在建立时检查积压队列的上限和长度。由于该事件的频率相比其他事件来说较低，所以该工具的额外开销可以忽略不计。

tcpsynbl(8) 的源代码如下：[1]

```
#!/usr/local/bin/bpftrace

#include <net/sock.h>

BEGIN
{
        printf("Tracing SYN backlog size. Ctrl-C to end.\n");
}
```

1　该工具目前需要用以下方式解决int类型转换的问题：& 0xffffffff。未来在bpftrace版本升级后，就应该不需要这样做了。

```
kprobe:tcp_v4_syn_recv_sock,
kprobe:tcp_v6_syn_recv_sock
{
        $sock = (struct sock *)arg0;
        @backlog[$sock->sk_max_ack_backlog & 0xffffffff] =
            hist($sock->sk_ack_backlog);
        if ($sock->sk_ack_backlog > $sock->sk_max_ack_backlog) {
                time("%H:%M:%S dropping a SYN.\n");
        }
}

END
{
        printf("\n@backlog[backlog limit]: histogram of backlog size\n");
}
```

如果积压队列长度超过了上限，该工具通过调用 time() 内置函数输出一行抛弃 SYN 包的消息，包含时间戳信息。在上面的输出中，这种情况并没有发生，所以看不到这个输出。

10.3.18 tcpwin

tcpwin(8)[1] 跟踪 TCP 发送拥塞窗口的尺寸，以及其他的内核参数，以便分析拥塞控制算法的性能。该工具会生成一系列以逗号分隔的输出，以便将数据导入绘图软件。例如，下面的命令运行 tcpwin.bt，并将输出存入一个文本文件：

```
# tcpwin.bt > out.tcpwin01.txt

^C
# more out.tcpwin01.txt
Attaching 2 probes...
event,sock,time_us,snd_cwnd,snd_ssthresh,sk_sndbuf,sk_wmem_queued
rcv,0xffff9212377a9800,409985,2,2,87040,2304
rcv,0xffff9216fe306e80,534689,10,2147483647,87040,0
rcv,0xffff92180f84c000,632704,7,7,87040,2304
rcv,0xffff92180b04f800,674795,10,2147483647,87040,2304
[...]
```

---

1 笔者于2019年4月20日完成该工具，灵感来自tcp_probe模块，以及之前使用绘图软件分析拥塞窗口尺寸的经历。

输出的第二行是表头，接下来是每个事件的详细信息。输出中的第二栏数据是 sock 结构体的内存地址，这个信息可以用来区分每个连接。使用 awk(1) 工具可以统计不同 sock 结构体内存地址的出现频率：

```
# awk -F, '$1 == "rcv" { a[$2]++ } END { for (s in a) { print s, a[s] } }'
out.tcpwin01.txt
[...]
0xffff92166fede000 1
0xffff92150a03c800 4564
0xffff9213db2d6600 2
[...]
```

上面的输出显示在跟踪过程中，大部分 TCP 接收事件都与 0xffff92150a03c800 地址有关。可以用下面这行命令来从输出中截取和该地址有关的事件信息，带表头信息，并存入另外一个文件 out.csv：

```
# awk -F, '$2 == "0xffff92150a03c800" || NR == 2' out.tcpwin01.txt > out.csv
```

接下来，将该 CSV 文件引入 R 统计软件进行绘图（参见图 10-5）。

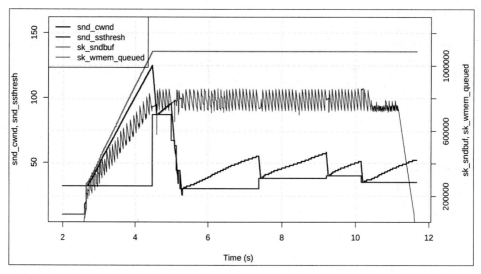

图 10-5　TCP 拥塞窗口和发送缓冲区时序图

该系统目前使用 cubic TCP 拥塞控制算法，从图 10-5 中可见，发送拥塞窗口尺寸随着时间推移不断增大，但是在拥塞发生时（丢包）会立刻下降。这在跟踪过程中发生了好几次，在图中以锯齿状显示，直到找到一个最优的窗口尺寸为止。

tcpwin(8) 的源代码如下：

```
#!/usr/local/bin/bpftrace

#include <net/sock.h>
#include <linux/tcp.h>

BEGIN
{
        printf("event,sock,time_us,snd_cwnd,snd_ssthresh,sk_sndbuf,");
        printf("sk_wmem_queued\n");
}

kprobe:tcp_rcv_established
{
        $sock = (struct sock *)arg0;
        $tcps = (struct tcp_sock *)arg0; // see tcp_sk()
        printf("rcv,0x%llx,%lld,%d,%d,%d,%d\n", arg0, elapsed / 1000,
            $tcps->snd_cwnd, $tcps->snd_ssthresh, $sock->sk_sndbuf,
            $sock->sk_wmem_queued);
}
```

可以进一步扩展该工具。输出中第一栏的信息为事件类型，但是该工具目前只使用了"rcv"这一个类型。你可以添加更多的 kprobes 和内核跟踪点，以便输出更多的信息。例如，在套接字连接建立时添加一个"new"事件，可以输出对应的 IP 地址和 TCP 端口信息。

有一个专门进行 TCP 拥塞控制分析的内核模块，tcp_probe，这个模块在 Linux 4.16 中被转化为了一个内核跟踪点：tcp:tcp_probe。可以以此跟踪点为基础重写 tcpwin(8) 工具，但是要注意，这个跟踪点的参数并不包括所有的套接字细节信息。

10.3.19 tcpnagle

tcpnagle(8)[1] 跟踪在 TCP 发送代码路径上的 TCP nagle 算法的使用情况，以直方图的方式统计发送延迟的时长：这些延迟可能由 nagle 算法和其他事件导致。例如，下面所示的是在一台边缘生产服务器上的输出：

```
# tcpnagle.bt
Attaching 4 probes...
```

---

1 笔者于2019年4月23日写作本书时完成该工具。

```
Tracing TCP nagle and xmit delays. Hit Ctrl-C to end.
^C

@blocked_us:
[2, 4)                 3 |@@@@@@@@@@@@@@@@@@@@@@@@@@@@@@@@@@@@@@@@@@@@@@@@@@@@|
[4, 8)                 2 |@@@@@@@@@@@@@@@@@@@@@@@@@@@@@@@@@@@              |

@nagle[CORK]: 2
@nagle[OFF|PUSH]: 5
@nagle[ON]: 32
@nagle[PUSH]: 11418
@nagle[OFF]: 226697
```

输出显示，在跟踪过程中，在大部分时间内，nagle 算法要么处于 OFF 模式（可能是由于应用程序调用 setsockopt(2)，传入参数 TCP_NODELAY），或是处于 PUSH 模式（可能是由于应用程序传入了参数 TCP_CORK）。延迟发送仅出现了 5 次，延迟时长最高到达了 4 ～ 8 微秒区间。

该工具跟踪的是一个 TCP 发送函数的入口和出口。这个函数的调用频率可能较高，所以该工具的额外开销在网络吞吐量高的系统中不能忽略。

tcpnagle(8) 的源代码如下：

```
#!/usr/local/bin/bpftrace

BEGIN
{
        printf("Tracing TCP nagle and xmit delays. Hit Ctrl-C to end.\n");
        // from include/net/tcp.h; add more combinations if needed:
        @flags[0x0] = "ON";
        @flags[0x1] = "OFF";
        @flags[0x2] = "CORK";
        @flags[0x3] = "OFF|CORK";
        @flags[0x4] = "PUSH";
        @flags[0x5] = "OFF|PUSH";
}

kprobe:tcp_write_xmit
{
        @nagle[@flags[arg2]] = count();
        @sk[tid] = arg0;
}

kretprobe:tcp_write_xmit
```

```
/@sk[tid]/
{
        $inflight = retval & 0xff;
        $sk = @sk[tid];
        if ($inflight && !@start[$sk]) {
                @start[$sk] = nsecs;
        }
        if (!$inflight && @start[$sk]) {
                @blocked_us = hist((nsecs - @start[$sk]) / 1000);
                delete(@start[$sk]);
        }
        delete(@sk[tid]);
}

END
{
        clear(@flags); clear(@start); clear(@sk);
}
```

在 tcp_write_xmit() 函数的入口处，该工具将 nonagle 这个参数（arg2）通过 @flags 变量查找表转换为一个字符串。同时，还记录了 sock 结构体的指针信息，以便在 kretprobes 中为每个连接记录一个时间戳信息，统计发送延迟的时长。发送延迟的时长的统计方法是，在第一次 tcp_write_xmit() 返回值不为 0 时（这意味着该函数由于某种原因并没有发送数据包，nagle 算法只是其中一个可能性），一直到该 sock 结构体对应的 tcp_write_xmit() 调用下一次返回 0 为止。

10.3.20　udpconnect

udpconnect(8)[1] 跟踪本机通过 connect(2) 系统调用发起的 UDP 连接（不包括无连接的 UDP 通信）。输出如下：

```
# udpconnect.bt
Attaching 3 probes...
TIME      PID    COMM          IP RADDR            RPORT
20:58:38  6039   DNS Res~er #540 4  10.45.128.25     53
20:58:38  2621   TaskSchedulerFo 4  127.0.0.53       53
20:58:39  3876   Chrome_IOThread 6  2001:4860:4860::8888 53
[...]
```

1　笔者于2019年4月20日写作本书时完成。

该输出显示了两个连接，远端目的端口都是 53，一个是 DNS 解析器进程发起的，另外一个则是 Chrome_IOThread 发起的。

该工具跟踪内核中的 UDP 连接函数。该函数的调用频率较低，所以该工具的额外开销可以忽略不计。

udpconnect(8) 的源代码如下：

```
#!/usr/local/bin/bpftrace

#include <net/sock.h>

BEGIN
{
        printf("%-8s %-6s %-16s %-2s %-16s %-5s\n", "TIME", "PID", "COMM",
            "IP", "RADDR", "RPORT");
}


kprobe:ip4_datagram_connect,
kprobe:ip6_datagram_connect
{
        $sa = (struct sockaddr *)arg1;
        if ($sa->sa_family == AF_INET || $sa->sa_family == AF_INET6) {
                time("%H:%M:%S ");
                if ($sa->sa_family == AF_INET) {
                        $s = (struct sockaddr_in *)arg1;
                        $port = ($s->sin_port >> 8) |
                            (($s->sin_port << 8) & 0xff00);
                        printf("%-6d %-16s 4  %-16s %-5d\n", pid, comm,
                            ntop(AF_INET, $s->sin_addr.s_addr), $port);
                } else {
                        $s6 = (struct sockaddr_in6 *)arg1;
                        $port = ($s6->sin6_port >> 8) |
                            (($s6->sin6_port << 8) & 0xff00);
                        printf("%-6d %-16s 6  %-16s %-5d\n", pid, comm,
                            ntop(AF_INET6, $s6->sin6_addr.in6_u.u6_addr8),
                            $port);
                }
        }
}
```

这里的 ip4_datagram_connect() 和 ip6_datagram_connect() 函数是来自 udp_prot 和 udv6_prot 结构体中的 connect 成员变量的，也就是内核中处理 UDP 协议连接的函数。

该工具所打印的细节信息与前文提到的类似工具一致。

同时，可以使用 socketio(8) 工具来分进程打印 UDP 发送和接收的信息。可以通过跟踪 udp_sendmsg() 和 udp_recvmsg() 函数来开发一个 UDP 专用工具，这样可以将额外开销仅限于 UDP 相关函数的调用，而避免影响所有的 socket 函数。

10.3.21　gethostlatency

gethostlatency(8)[1] 是一个 BCC 和 bpftrace 工具，可以跟踪地址解析库函数的调用，getaddrinfo(3) 和 gethostbyname(3) 等用来跟踪主机地址解析调用（DNS）过程。例如：

```
# gethostlatency
TIME      PID    COMM              LATms HOST
13:52:39  25511  ping               9.65 www.netflix.com
13:52:42  25519  ping               2.64 www.netflix.com
13:52:49  24989  DNS Res~er #712   43.09 docs.google.com
13:52:52  25527  ping              99.26 www.cilium.io
13:52:53  19025  DNS Res~er #709    2.58 drive.google.com
13:53:05  21903  ping             279.09 www.kubernetes.io
13:53:06  25459  TaskSchedulerFo   23.87 www.informit.com
[...]
```

输出中显示了全系统范围内的各种地址解析调用。输出中的第一个是 ping(1) 命令解析 www.netflix.com，耗时 9.65 毫秒。后续的一个解析仅仅消耗了 2.64 毫秒（应该是由于缓存在起作用）。输出中还可以看到其他的线程和解析请求，最慢的请求是 www.kubernetes.io，耗时 279 毫秒。[2]

该工具使用用户态动态跟踪技术对库函数插桩。在 uprobe 执行过程中，它会记录主机地址信息和时间戳信息，然后在 uretprobe 执行过程中计算耗时，并且连同之前记录的主机地址信息一起打印输出。由于这些事件的发生频率较低，因此该工具的额外开销可以忽略不计。

DNS 是常见的生产延迟因素。Shopify 公司在一个 Kubernetes 集群中使用该工具的 bpftrace 版本统计生产环境中的 DNS 延迟问题。统计数据显示，并没有某一个特定服务器和特定的主机地址解析时间过长，而是当并发解析过多的时候延迟就会上升。这个问题经后期进一步分析发现，是云环境中对每个主机的并发 UDP 连接的限制导致的。调高这个上限，就解决了该问题。

1　笔者2011年编写的DTrace一书[Gregg 11]中包含了一个类似工具，名为getaddrinfo.d。笔者于2016年1月28日完成了BCC版本，bpftrace版本于2018年9月8日完成。

2　美国境内解析.io域名过慢是一个已知问题，这应该是由于距离.io名称解析服务器的物理位置较远导致的[112]。

BCC

命令行使用说明如下：

```
gethostlatency [options]
```

该工具仅支持一个 -p PID 命令行选项，仅跟踪指定的进程。

bpftrace

下面是该工具的 bpftrace 版本的源代码，该版本不支持任何命令行选项：

```
#!/usr/local/bin/bpftrace

BEGIN
{
        printf("Tracing getaddr/gethost calls... Hit Ctrl-C to end.\n");
        printf("%-9s %-6s %-16s %6s %s\n", "TIME", "PID", "COMM", "LATms",
            "HOST");
}

uprobe:/lib/x86_64-linux-gnu/libc.so.6:getaddrinfo,
uprobe:/lib/x86_64-linux-gnu/libc.so.6:gethostbyname,
uprobe:/lib/x86_64-linux-gnu/libc.so.6:gethostbyname2
{
        @start[tid] = nsecs;
        @name[tid] = arg0;
}

uretprobe:/lib/x86_64-linux-gnu/libc.so.6:getaddrinfo,
uretprobe:/lib/x86_64-linux-gnu/libc.so.6:gethostbyname,
uretprobe:/lib/x86_64-linux-gnu/libc.so.6:gethostbyname2
/@start[tid]/
{
        $latms = (nsecs - @start[tid]) / 1000000;
        time("%H:%M:%S  ");
        printf("%-6d %-16s %6d %s\n", pid, comm, $latms, str(@name[tid]));
        delete(@start[tid]);
        delete(@name[tid]);
}
```

　　该工具跟踪的几个不同的名称解析函数调用都来自 /lib/x86_64-linux-gnu/libc.so.6。如果程序使用了其他的名称解析函数库，或者这些函数是应用程序直接实现的，或者是以静态链接方式使用的（静态编译），那么就需要修改该工具以便跟踪这些额外函数。

10.3.22 ipecn

ipecn(8)[1] 跟踪 IPv4 显式拥塞通知消息（ECN），目前仍是一个概念性工具。例如：

```
# ipecn.bt
Attaching 3 probes...
Tracing inbound IPv4 ECN Congestion Encountered. Hit Ctrl-C to end.
10:11:02 ECN CE from: 100.65.76.247
10:11:02 ECN CE from: 100.65.76.247
10:11:03 ECN CE from: 100.65.76.247
10:11:21 ECN CE from: 100.65.76.247
[...]
```

输出中显示了来自 100.65.76.247 的拥塞发生通知（Congestion Encountered，CE）消息。CE 消息可能由网络中的交换机和路由器产生，以便通知远端主机拥塞的发生。同时该消息也可能来自内核中的 qdisc 策略，但是这往往仅用于测试和模拟场景（使用 netem qdisc）。数据中心 TCP（Datacenter TCP，DCTCP）拥塞控制算法也会使用 ECN[Alizadeh 10, 113]。

ipecn(8) 跟踪内核中的 ip_rcv() 函数，从 IP 包头信息中读取 ECN 状态。由于这会增加每个接收数据包的额外开销，所以这种方法的效果并不理想，这就是笔者将这个工具称为概念性工具的原因。如果可以跟踪一个内核专门处理 ECN 状态的函数就最好了，这些函数的调用频率相对较低。但是这些函数目前是内联处理的，并不能直接跟踪（在笔者所使用的内核中是这样）。当然，如果有一个 ECN 专门的内核跟踪点就最好了。

ipecn(8) 的 bpftrace 版的源代码如下：

```
#!/usr/local/bin/bpftrace

#include <linux/skbuff.h>
#include <linux/ip.h>

BEGIN
{
        printf("Tracing inbound IPv4 ECN Congestion Encountered. ");
        printf("Hit Ctrl-C to end.\n");
}

kprobe:ip_rcv
{
        $skb = (struct sk_buff *)arg0;
```

---

1 笔者于2019年5月28日写作本书时完成，建议来自Sargun Dhillon。

```
// get IPv4 header; see skb_network_header():
$iph = (struct iphdr *)($skb->head + $skb->network_header);
// see INET_ECN_MASK:
if (($iph->tos & 3) == 3) {
        time("%H:%M:%S ");
        printf("ECN CE from: %s\n", ntop($iph->saddr));
}
}
```

这段代码也可以作为一个解释从 sk_buff 解析 IPv4 包头信息的例子使用。该代码使用了与 skb_network_header() 函数类似的逻辑，但是当这个函数变化的时候也需要更新代码（这也是需要一个更稳定的跟踪点的理由。）该工具同时可以扩展为跟踪发送路径，以及添加对 IPv6 的支持（见 10.5 节）

10.3.23   superping

superping(8)[1] 是一个从内核网络软件栈中测量 ICMP echo 请求回复延迟的工具，以便与 ping(8) 汇报的往返时长进行对比。旧版本的 ping(8) 是从用户态进行往返时长测量的，在繁忙的系统中这可能会包含 CPU 调度器延迟，从而导致汇报的值偏大。同时，如果内核中缺少对套接字时间戳的支持（SIOCGSTAMP 或者 SO_TIMESTAMP），那么也会采用这种方式进行测量。

由于笔者系统中的内核版本和 ping(8) 版本都很新，所以为了演示旧的测量方式，必须传入 -U 命令行开关，以便进行用户态时间的测量。例如，在下面的一个终端中输入：

```
terminal1# ping -U 10.0.0.1
PING 10.0.0.1 (10.0.0.1) 56(84) bytes of data.
64 bytes from 10.0.0.1: icmp_seq=1 ttl=64 time=6.44 ms
64 bytes from 10.0.0.1: icmp_seq=2 ttl=64 time=6.60 ms
64 bytes from 10.0.0.1: icmp_seq=3 ttl=64 time=5.93 ms
64 bytes from 10.0.0.1: icmp_seq=4 ttl=64 time=7.40 ms
64 bytes from 10.0.0.1: icmp_seq=5 ttl=64 time=5.87 ms
[...]
```

而在另一个终端中使用 superping(8)：

```
terminal2# superping.bt
Attaching 6 probes...
Tracing ICMP echo request latency. Hit Ctrl-C to end.
```

---

1   笔者在2011年编写DTrace一书[Gregg 11]时包括了该工具，2019年4月20日写作本书时完成了当前版本。

```
IPv4 ping, ID 28121 seq 1: 6392 us
IPv4 ping, ID 28121 seq 2: 6474 us
IPv4 ping, ID 28121 seq 3: 5811 us
IPv4 ping, ID 28121 seq 4: 7270 us
IPv4 ping, ID 28121 seq 5: 5741 us
[...]
```

将两个输出进行对比：在目前的系统负载下，ping(8) 所汇报的时间要多 0.10 毫秒。如果不使用 -U 选项，ping(8) 会使用套接字时间戳进行测量，这里的差值基本都会小于 0.01 毫秒。

该工具跟踪每个 ICMP 包的发送和接收，使用一个 BPF 映射表记录时间戳信息，通过对比 ICMP 包头的细节信息来将 echo 请求和回复进行对应。由于该工具仅跟踪原始 IP 包，而非 TCP 包，所以该工具的额外开销可以忽略不计。

superping(8) 的源代码如下：

```
#!/usr/local/bin/bpftrace

#include <linux/skbuff.h>
#include <linux/icmp.h>
#include <linux/ip.h>
#include <linux/ipv6.h>
#include <linux/in.h>

BEGIN
{
        printf("Tracing ICMP ping latency. Hit Ctrl-C to end.\n");
}

/*
 * IPv4
 */
kprobe:ip_send_skb
{
        $skb = (struct sk_buff *)arg1;
        // get IPv4 header; see skb_network_header():
        $iph = (struct iphdr *)($skb->head + $skb->network_header);
        if ($iph->protocol == IPPROTO_ICMP) {
                // get ICMP header; see skb_transport_header():
                $icmph = (struct icmphdr *)($skb->head +
                    $skb->transport_header);
                if ($icmph->type == ICMP_ECHO) {
```

```
                        $id = $icmph->un.echo.id;
                        $seq = $icmph->un.echo.sequence;
                        @start[$id, $seq] = nsecs;
                }
        }
}


kprobe:icmp_rcv
{
        $skb = (struct sk_buff *)arg0;
        // get ICMP header; see skb_transport_header():
        $icmph = (struct icmphdr *)($skb->head + $skb->transport_header);
        if ($icmph->type == ICMP_ECHOREPLY) {
                $id = $icmph->un.echo.id;
                $seq = $icmph->un.echo.sequence;
                $start = @start[$id, $seq];
                if ($start > 0) {
                        $idhost = ($id >> 8) | (($id << 8) & 0xff00);
                        $seqhost = ($seq >> 8) | (($seq << 8) & 0xff00);
                        printf("IPv4 ping, ID %d seq %d: %d us\n",
                            $idhost, $seqhost, (nsecs - $start) / 1000);
                        delete(@start[$id, $seq]);
                }
        }
}


/*
 * IPv6
 */
kprobe:ip6_send_skb
{
        $skb = (struct sk_buff *)arg0;
        // get IPv6 header; see skb_network_header():
        $ip6h = (struct ipv6hdr *)($skb->head + $skb->network_header);
        if ($ip6h->nexthdr == IPPROTO_ICMPV6) {
                // get ICMP header; see skb_transport_header():
                $icmp6h = (struct icmp6hdr *)($skb->head +
                    $skb->transport_header);
                if ($icmp6h->icmp6_type == ICMPV6_ECHO_REQUEST) {
                        $id = $icmp6h->icmp6_dataun.u_echo.identifier;
                        $seq = $icmp6h->icmp6_dataun.u_echo.sequence;
                        @start[$id, $seq] = nsecs;
                }
```

```
        }
}

kprobe:icmpv6_rcv
{
        $skb = (struct sk_buff *)arg0;
        // get ICMPv6 header; see skb_transport_header():
        $icmp6h = (struct icmp6hdr *)($skb->head + $skb->transport_header);
        if ($icmp6h->icmp6_type == ICMPV6_ECHO_REPLY) {
                $id = $icmp6h->icmp6_dataun.u_echo.identifier;
                $seq = $icmp6h->icmp6_dataun.u_echo.sequence;
                $start = @start[$id, $seq];
                if ($start > 0) {
                        $idhost = ($id >> 8) | (($id << 8) & 0xff00);
                        $seqhost = ($seq >> 8) | (($seq << 8) & 0xff00);
                        printf("IPv6 ping, ID %d seq %d: %d us\n",
                            $idhost, $seqhost, (nsecs - $start) / 1000);
                        delete(@start[$id, $seq]);
                }
        }
}

END { clear(@start); }
```

IPv4 和 IPv6 的 ICMP 包是由不同的内核函数处理的，所以这里要分别进行跟踪。该代码是网络包头分析的另外一个例子：使用 BPF 来读取 IPv4、IPv6、ICMP、ICMPv6 包头信息。从 sk_buff 中读取这些包头信息要依赖内核代码的实现，并且使用 skb_network_header() 和 skb_transport_header() 两个函数。和 kprobes 一样，这些都不是稳定的接口，如果内核代码改变的话，该工具也需要随之更新。

10.3.24 qdisc-fq

qdisc-fq(8)[1] 工具展示公平队列（Fair Queue，FQ）qdisc 所消耗的时间。例如，在一台繁忙的边缘生产服务器上的输出如下：

```
# qdisc-fq.bt
Attaching 4 probes...
Tracing qdisc fq latency. Hit Ctrl-C to end.
^C
```

1　笔者于2019年4月21日为本书完成。

```
@us:
[0]                 6803 |@@@@@@@@@@@                                            |
[1]                20084 |@@@@@@@@@@@@@@@@@@@@@@@@@@@@@@@@@@                      |
[2, 4)             29230 |@@@@@@@@@@@@@@@@@@@@@@@@@@@@@@@@@@@@@@@@@@@@@@@@@@@@@@@@@|
[4, 8)               755 |@                                                     |
[8, 16)              210 |                                                      |
[16, 32)              86 |                                                      |
[32, 64)              39 |                                                      |
[64, 128)             90 |                                                      |
[128, 256)            65 |                                                      |
[256, 512)            61 |                                                      |
[512, 1K)             26 |                                                      |
[1K, 2K)               9 |                                                      |
[2K, 4K)               2 |                                                      |
```

上面的输出显示，网络包在该队列中通常的等待时间小于 4 微秒，有一部分样本在 2～4 微秒区间。如果系统中有队列延迟问题，那么这里的直方图输出会显示更高的延迟。

该工具跟踪的是 qdisc 的入队（enqueue）和出队（dequeue）函数。在网络 I/O 频繁的系统中，这些事件的发生频率可能较高，该工具的额外开销不能忽视。

qdisc-fq(8) 的源代码如下：

```
#!/usr/local/bin/bpftrace

BEGIN
{
        printf("Tracing qdisc fq latency. Hit Ctrl-C to end.\n");
}

kprobe:fq_enqueue
{
        @start[arg0] = nsecs;
}

kretprobe:fq_dequeue
/@start[retval]/
{
        @us = hist((nsecs - @start[retval]) / 1000);
        delete(@start[retval]);
}
```

```
END
{
        clear(@start);
}
```

fq_enqueue() 的参数，以及 fq_dequeue() 的返回值都是 sk_buff 结构体的内存地址，我们使用这个全局唯一的键存储时间戳。

注意，该工具只有在系统中已经加载了 FQ qdisc 调度器的时候才能工作。否则，该工具会输出一条错误信息：

```
# qdisc-fq.bt
Attaching 4 probes...
cannot attach kprobe, Invalid argument
Error attaching probe: 'kretprobe:fq_dequeue'
```

可以用下面的命令来加载 FQ 内核调度器模块：

```
# modprobe sch_fq
# qdisc-fq.bt
Attaching 4 probes...
Tracing qdisc fq latency. Hit Ctrl-C to end.
^C
#
```

不过，如果系统中没有使用这个 qdisc，那么也不会有任何队列相关的事件来测量。可以使用 tc(1) 来配置系统，添加与管理各种 qdisc 调度器。

10.3.25 qdisc-cbq、qdisc-cbs、qdisc-codel、qdisc-fq_codel、qdisc-red、qdisc-tbf

系统中有很多种类型的 qdisc 调度器，之前的 qdisc-fq(8) 工具可以被简单修改以跟踪各种其他调度器。例如，下面是一个跟踪基于类的队列 qdisc 管理器（Class based Queuing，CBQ）：

```
# qdisc-cbq.bt
Attaching 4 probes...
Tracing qdisc cbq latency. Hit Ctrl-C to end.
^C

@us:
```

```
[0]                152 |@@                                                       |
[1]                766 |@@@@@@@@@@@@                                             |
[2, 4)            2033 |@@@@@@@@@@@@@@@@@@@@@@@@@@@@@@@@@@@@@@                     |
[4, 8)            2279 |@@@@@@@@@@@@@@@@@@@@@@@@@@@@@@@@@@@@@@@@@@                 |
[8, 16)           2663 |@@@@@@@@@@@@@@@@@@@@@@@@@@@@@@@@@@@@@@@@@@@@@@@@@@@@@@@@@@@@|
[16, 32)           427 |@@@@@@@@                                                 |
[32, 64)            15 |                                                         |
[64, 128)            1 |                                                         |
```

这里所跟踪的入队和出队函数都来自 Qdisc_ops 结构体，这里也定义了这些函数的参数和返回值（include/net/sch_generic.h）：

```
struct Qdisc_ops {
        struct Qdisc_ops        *next;
        const struct Qdisc_class_ops    *cl_ops;
        char                    id[IFNAMSIZ];
        int                     priv_size;
        unsigned int            static_flags;

        int                     (*enqueue)(struct sk_buff *skb,
                                        struct Qdisc *sch,
                                        struct sk_buff **to_free);
        struct sk_buff *        (*dequeue)(struct Qdisc *);
[...]
```

这就是为什么 skb_buff 结构体的地址是入队函数的第一个参数，同时也是出队函数的返回值。

每个调度器都声明了该 Qdisc_ops 结构体。对 CBQ qdisc 来说（net/sched/sch_cbq.c）：

```
static struct Qdisc_ops cbq_qdisc_ops __read_mostly = {
        .next           =       NULL,
        .cl_ops         =       &cbq_class_ops,
        .id             =       "cbq",
        .priv_size      =       sizeof(struct cbq_sched_data),
        .enqueue        =       cbq_enqueue,
        .dequeue        =       cbq_dequeue,
[...]
```

那么可以通过将 qdisc-fq(8) 的 fq_enqueue 函数修改为 cbq_enqueue、fq_dequeue 修改为 cbq_dequeue 来产生一个 qdisc-cbq.bt 工具。表 10-4 所示的是其他类型的 qdisc 的替换表。

表 10-4 其他类型的 qdisc 的替换表

BPF 工具	qdisc	入队函数	出队函数
qdisc-cbq.bt	基于类的队列	cbq_enqueue()	cbq_dequeue()
qdisc-cbs.bt	基于信用的整形器	cbs_enqueue())	cbs_dequeue()
qdisc-codel.bt	延迟可控的主动队列管理器	codel_qdisc_enqueue()	codel_qdisc_dequeue()
qdisc-fq_codel.bt	延迟可控的公平队列	fq_codel_enqueue()	fq_codel_dequeue()
qdisc-red	随机早期检测	red_enqueue()	red_dequeue()
qdisc-tbf	令牌桶过滤器	tbf_enqueue()	tbf_dequeue()

作为一个简单的练习，可以创建一个 shell 脚本 qdisclat 内部包装 bpftrace，使用参数中传入的 qdisc 名称来调用特定的 bpftrace 函数来展示对应的延迟信息。

10.3.26　netsize

netsize(8)[1] 从网络设备层展示发送和接收的包的大小，可以同时显示软件分段托管之前和之后的大小（GSO 和 GRO）。该输出可以用来调查发送之前的碎片化情况。例如，下面是在一台繁忙的生产服务器上的输出：

```
# netsize.bt
Attaching 5 probes...
Tracing net device send/receive. Hit Ctrl-C to end.
^C

@nic_recv_bytes:
[32, 64)           16291 |@@@@@@@@@@@@@@@@@@@@@@@@@@@@@@@@@@@@@@@@@@@@@@@@@@@@|
[64, 128)            668 |@@                                                |
[128, 256)            19 |                                                  |
[256, 512)            18 |                                                  |
[512, 1K)             24 |                                                  |
[1K, 2K)             157 |                                                  |


@nic_send_bytes:
[32, 64)             107 |                                                  |
[64, 128)            356 |                                                  |
[128, 256)           139 |                                                  |
[256, 512)            31 |                                                  |
[512, 1K)             15 |                                                  |
```

1　笔者于2019年4月21日为本书完成。

```
[1K, 2K)            45850  |@@@@@@@@@@@@@@@@@@@@@@@@@@@@@@@@@@@@@@@@@@@@@@@@@@@@@@|


@recv_bytes:
[32, 64)            16417  |@@@@@@@@@@@@@@@@@@@@@@@@@@@@@@@@@@@@@@@@@@@@@@@@@@@@@@|
[64, 128)             688  |@@                                                  |
[128, 256)             20  |                                                    |
[256, 512)             33  |                                                    |
[512, 1K)              35  |                                                    |
[1K, 2K)              145  |                                                    |
[2K, 4K)                1  |                                                    |
[4K, 8K)                5  |                                                    |
[8K, 16K)               3  |                                                    |
[16K, 32K)              2  |                                                    |


@send_bytes:
[32, 64)              107  |@@@                                                 |
[64, 128)             356  |@@@@@@@@@@                                          |
[128, 256)            139  |@@@@                                                |
[256, 512)             29  |                                                    |
[512, 1K)              14  |                                                    |
[1K, 2K)              131  |@@@@                                                |
[2K, 4K)              151  |@@@@@                                               |
[4K, 8K)              269  |@@@@@@@@                                            |
[8K, 16K)             391  |@@@@@@@@@@@@                                        |
[16K, 32K)           1563  |@@@@@@@@@@@@@@@@@@@@@@@@@@@@@@@@@@@@@@@@@@@@@@@@@@@@@@|
[32K, 64K)            494  |@@@@@@@@@@@@@@@                                     |
```

输出显示了网卡（NIC）所见的包尺寸（@nic_recv_bytes、@nic_send_bytes），以及内核网络栈中的包尺寸（@recv_bytes、@send_bytes）。输出显示，当前服务器正在接收很多小数据包，它们经常小于 64B，而发送尺寸则在 8 ~ 64KB 区间（在分段之后，网卡实际处理的包大小尺寸处于 1 ~ 2KB 区间）。这可能是因为系统 MTU 被配置为了 1500B。

该网络接口并不支持 TCP 分段托管（TSO），所以系统中会使用 GSO 进行分段。如果支持 TSO 并且已经启用，那么 @nic_send_bytes 直方图显示的尺寸会更大，这是因为分段会在 NIC 硬件中进行。

在网络中切换为巨帧（jumbo frame）可以提高网络包的大小，也能提高系统的吞吐量。然而在数据中心使用巨帧可能带来其他的问题，例如可能会消耗更多的交换机内存，以及可能会加重 TCP 多对一通信的缓冲溢出问题。

可以将该工具的输出与socksize(8)的输出进行对比。

该工具跟踪net device跟踪点，并将尺寸信息记录在BPF映射表中。该工具的额外开销在网络I/O频繁的系统中不容忽视。

有一个Linux工具，名为iptraf-ng(8)，也可以展示网络包尺寸的直方图信息。然而，iptraf-ng(8)的工作原理是基于包嗅探以及在用户态进行包处理。相比netsize(8)直接在内核态进行统计，iptraf-ng(8)的这种做法的额外开销较大。作为一个例子，下面对比了在本机运行iperf(1)性能基准测试时两个工具的CPU开销：

```
# pidstat -p $(pgrep iptraf-ng) 1
Linux 4.15.0-47-generic (lgud-bgregg)     04/22/2019     _x86_64_     (8 CPU)

11:32:15 AM  UID    PID    %usr %system  %guest   %wait    %CPU  CPU Command
11:32:16 AM    0  30825   18.00   74.00    0.00    0.00   92.00    2 iptraf-ng
11:32:17 AM    0  30825   21.00   70.00    0.00    0.00   91.00    1 iptraf-ng
11:32:18 AM    0  30825   21.00   71.00    0.00    1.00   92.00    6 iptraf-ng
[...]
# pidstat -p $(pgrep netsize) 1
Linux 4.15.0-47-generic (lgud-bgregg)     04/22/2019     _x86_64_     (8 CPU)

11:33:39 AM  UID    PID    %usr %system  %guest   %wait    %CPU  CPU Command
11:33:40 AM    0  30776    0.00    0.00    0.00    0.00    0.00    5 netsize.bt
11:33:41 AM    0  30776    0.00    0.00    0.00    0.00    0.00    7 netsize.bt
11:33:42 AM    0  30776    0.00    0.00    0.00    0.00    0.00    1 netsize.bt
[...]
```

iptraf-ng(8)需要大概90%的CPU时间进行包尺寸直方图的统计，而netsize(8)的消耗则为0%。这就是两种做法的关键区别，但是请注意，这里并没有显示内核态中的额外消耗。

netsize(8)的源代码如下：

```
#!/usr/local/bin/bpftrace

BEGIN
{
        printf("Tracing net device send/receive. Hit Ctrl-C to end.\n");
}

tracepoint:net:netif_receive_skb
{
        @recv_bytes = hist(args->len);
```

```
}

tracepoint:net:net_dev_queue
{
        @send_bytes = hist(args->len);
}

tracepoint:net:napi_gro_receive_entry
{
        @nic_recv_bytes = hist(args->len);
}

tracepoint:net:net_dev_xmit
{
        @nic_send_bytes = hist(args->len);
}
```

该工具使用 net 跟踪点来观察网络包的发送和接收路径。

10.3.27 nettxlat

nettxlat(8)[1] 展示了网络设备的发送延迟：从网络包由设备驱动层加入硬件 TX 环形队列开始计时，到内核收到硬件信号通知包发送完成（NAPI 是常见选择）、内核释放网络包为止。例如，一台繁忙的边缘生产服务器上的输出如下：

```
# nettxlat.bt
Attaching 4 probes...
Tracing net device xmit queue latency. Hit Ctrl-C to end.
^C

@us:
[4, 8)              2230 |                                                    |
[8, 16)           150679 |@@@@@@@@@@@@@@@@@@@@@@@@@@@@                         |
[16, 32)          275351 |@@@@@@@@@@@@@@@@@@@@@@@@@@@@@@@@@@@@@@@@@@@@@@@@@@@@@@|
[32, 64)           59898 |@@@@@@@@@@                                          |
[64, 128)          27597 |@@@@@                                               |
[128, 256)           276 |                                                    |
[256, 512)             9 |                                                    |
[512, 1K)              3 |                                                    |
```

该输出显示硬件队列时间通常小于 128 微秒。

---

1 笔者于2019年4月21日为本书完成。

nettxlat(8) 的源代码如下：

```
#!/usr/local/bin/bpftrace

BEGIN
{
        printf("Tracing net device xmit queue latency. Hit Ctrl-C to end.\n");
}

tracepoint:net:net_dev_start_xmit
{
        @start[args->skbaddr] = nsecs;
}

tracepoint:skb:consume_skb
/@start[args->skbaddr]/
{
        @us = hist((nsecs - @start[args->skbaddr]) / 1000);
        delete(@start[args->skbaddr]);
}

tracepoint:net:net_dev_queue
{
        // avoid timestamp reuse:
        delete(@start[args->skbaddr]);
}

END
{
        clear(@start);
}
```

该工具测量 net:net_dev_start_xmit 跟踪点和 skb:consume_skb 跟踪点之间的时间，前者是网络包发送到设备队列的时间，后者是设备发送完成的时间。

在一些特殊情况下，某个数据包可能不会流经 skb:consume_skb 这个路径：这会导致某个记录的时间戳会被另外一个 sk_buff 重复使用，导致统计结果出现离群点。这可以通过在 net:net_dev_queue 事件触发的时候删除时间戳的方法来避免。

下面是按设备名分别输出直方图的例子，通过修改下列源代码行将 nettxlat(8) 改为 nettxlat-dev(8)：

```
[...]
#include <linux/skbuff.h>
```

```
#include <linux/netdevice.h>
[...]
tracepoint:skb:consume_skb
/@start[args->skbaddr]/
{
        $skb = (struct sk_buff *)args->skbaddr;
        @us[$skb->dev->name] = hist((nsecs - @start[args->skbaddr]) / 1000);
[...]
```

输出如下：

```
# nettxlat-dev.bt
Attaching 4 probes...
Tracing net device xmit queue latency. Hit Ctrl-C to end.
^C

@us[eth0]:
[4, 8)                 65 |                                                    |
[8, 16)              6438 |@@@@@@@@@@@@@@@@@@@@@@@@@@@@@@                       |
[16, 32)            10899 |@@@@@@@@@@@@@@@@@@@@@@@@@@@@@@@@@@@@@@@@@@@@@@@@@@@@@@|
[32, 64)             2265 |@@@@@@@@@@                                          |
[64, 128)             977 |@@@@                                                |
[...]
```

　　该服务器只有 eth0 一个接口，如果系统上有其他接口，那么就会为每个接口打印一个直方图。

　　注意，这个修改会降低该工具的稳定性，因为这个工具现在需要读取不稳定的结构体的内部信息，而不是仅使用跟踪点参数了。

10.3.28　skbdrop

　　skbdrop(8)[1] 跟踪不常见的 skb 丢弃事件，可以展示对应的内核调用栈信息以及对应的网络计数器信息。例如，在一个生产服务器上的输出如下：

```
# bpftrace --unsafe skbdrop.bt
Attaching 3 probes...
Tracing unusual skb drop stacks. Hit Ctrl-C to end.
^C#kernel
IpInReceives                    28717               0.0
```

1　笔者在2019年4月21日写作本书时完成。

```
IpInDelivers                    28717           0.0
IpOutRequests                   32033           0.0
TcpActiveOpens                  173             0.0
TcpPassiveOpens                 278             0.0
[...]
TcpExtTCPSackMerged             1               0.0
TcpExtTCPSackShiftFallback      5               0.0
TcpExtTCPDeferAcceptDrop        278             0.0
TcpExtTCPRcvCoalesce            3276            0.0
TcpExtTCPAutoCorking            774             0.0
[...]

[...]
@[
    kfree_skb+118
    skb_release_data+171
    skb_release_all+36
    __kfree_skb+18
    tcp_recvmsg+1946
    inet_recvmsg+81
    sock_recvmsg+67
    SYSC_recvfrom+228
]: 50
@[
    kfree_skb+118
    sk_stream_kill_queues+77
    inet_csk_destroy_sock+89
    tcp_done+150
    tcp_time_wait+446
    tcp_fin+216
    tcp_data_queue+1401
    tcp_rcv_state_process+1501
]: 142
@[
    kfree_skb+118
    tcp_v4_rcv+361
    ip_local_deliver_finish+98
    ip_local_deliver+111
    ip_rcv_finish+297
    ip_rcv+655
    __netif_receive_skb_core+1074
    __netif_receive_skb+24
]: 276
```

输出一开始，展示了跟踪过程中网络计数器的变化信息。接下来是 skb 丢弃事件对应的调用栈和计数信息。上述输出显示，最频繁的丢弃路径是 tcp_v4_rcv()，总计丢弃 276 次。网络计数器则展示了类似的数据：TcpPassiveOpens 和 TcpExtTCPDeferAcceptDrop 为 278。（计数器显示的数据略高的原因是，获取这些信息也需要耗费时间，在此期间它们增高了。）这也展示，这些事件可能都是相关的。

该工具使用 skb:kfree_skb 跟踪点，并同时在跟踪过程中自动运行 nstat(8) 工具来获取网络统计信息。该工具需要在系统中安装 nstat(8) 才能正常运行，它通常被包含于 iproute2 包中。

skb:kfree_skb 跟踪点与 skb:consume_skb 相对应。consume_skb 跟踪点是在正常 skb 释放代码路径中触发的，而 kfree_skb 则在不常见的路径中触发，这些值通常需要进一步调查。

skbdrop(8) 的源代码如下：

```
#!/usr/local/bin/bpftrace

BEGIN
{
        printf("Tracing unusual skb drop stacks. Hit Ctrl-C to end.\n");
        system("nstat > /dev/null");
}

tracepoint:skb:kfree_skb
{
        @[kstack(8)] = count();
}

END
{
        system("nstat; nstat -rs > /dev/null");
}
```

在代码的开始处，在 BEGIN 动作块中将 nstat(8) 的计数器设置为 0，接下来在 END 动作块中打印出统计值，并再次将 nstat(8) 重置为原始状态。在跟踪过程中，这会与其他使用 nstat(8) 的工具相互干扰。注意，执行的时候需要使用 bpftrace --unsafe 命令行选项，因为这里使用了 system() 函数。

10.3.29　skblife

skblife(8)[1] 测量的是一个 skb_buff(skb) 结构体的生命周期时长，这个结构体代表了内核中一个完整的数据包。测量这个生命周期时长可以显示内核网络栈中是否存在延迟情况，包括锁等待的情况。例如，一台繁忙的生产服务器上的输出如下：

```
# skblife.bt
Attaching 6 probes...
^C

@skb_residency_nsecs:
[1K, 2K)             163 |                                                    |
[2K, 4K)             792 |@@@                                                 |
[4K, 8K)            2591 |@@@@@@@@@@                                          |
[8K, 16K)          3022 |@@@@@@@@@@@@                                         |
[16K, 32K)        12695 |@@@@@@@@@@@@@@@@@@@@@@@@@@@@@@@@@@@@@@@@@@@@@@@@@@@@@@|
[32K, 64K)        11025 |@@@@@@@@@@@@@@@@@@@@@@@@@@@@@@@@@@@@@@@@@@@@@@@       |
[64K, 128K)        3277 |@@@@@@@@@@@@@                                       |
[128K, 256K)       2954 |@@@@@@@@@@@@                                        |
[256K, 512K)       1608 |@@@@@@                                              |
[512K, 1M)         1594 |@@@@@@                                              |
[1M, 2M)            583 |@@                                                  |
[2M, 4M)            435 |@                                                   |
[4M, 8M)            317 |@                                                   |
[8M, 16M)           104 |                                                    |
[16M, 32M)           10 |                                                    |
[32M, 64M)           12 |                                                    |
[64M, 128M)           1 |                                                    |
[128M, 256M)          1 |                                                    |
```

该输出显示 sk_buff 的生命周期时长通常处于 16 ～ 64 微秒区间，但是偶尔会有出现在 128 ～ 256 微秒区间的情况。这些情况可以使用之前介绍的各种延迟工具以及其他工具进一步调查，以便证实延迟确实来自这些位置。

该工具跟踪的是内核 slab 缓存分配函数，在 sk_buff 分配和释放的时候触发。这些分配的频率是非常高的，这个工具在繁忙系统中的额外开销会比较显著。这个工具适合用于短期临时分析，不适合用来进行长期监控。

1　笔者于2019年4月4日写作本书时完成。

skblife(8) 的源代码是：

```
#!/usr/local/bin/bpftrace

kprobe:kmem_cache_alloc,
kprobe:kmem_cache_alloc_node
{
        $cache = arg0;
        if ($cache == *kaddr("skbuff_fclone_cache") ||
            $cache == *kaddr("skbuff_head_cache")) {
                @is_skb_alloc[tid] = 1;
        }
}

kretprobe:kmem_cache_alloc,
kretprobe:kmem_cache_alloc_node
/@is_skb_alloc[tid]/
{
        delete(@is_skb_alloc[tid]);
        @skb_birth[retval] = nsecs;
}

kprobe:kmem_cache_free
/@skb_birth[arg1]/
{
        @skb_residency_nsecs = hist(nsecs - @skb_birth[arg1]);
        delete(@skb_birth[arg1]);
}

END
{
        clear(@is_skb_alloc);
        clear(@skb_birth);
}
```

这里对 kmem_cache_alloc() 函数进行了插桩，通过检查 cache 参数来识别分配的是不是 sk_buff 缓存。如果是的话，在 kretprobe 函数出口插桩中会记录 sk_buff 的地址和时间戳，之后在 kmem_cache_free() 中会进行匹配。

上述方法有几个弊端：在进行 GSO 时，sk_buff 有可能会被分段成新的 sk_buff，而在 GRO 操作时有可能会和其他的 sk_buff 合并。TCP 也有可能会将几个 sk_buff 合并（tcp_try_coalesce()）。这意味着，虽然可以测量每个具体的 sk_buff 的生命周期时长，但是完整的网络包时长可能无法统计。可以改进该工具，以便记录这些代码路径：在创建新的

sk_buff 时，同时复制最原始的创建时间戳。

由于该工具跟踪所有的 kmem 缓存分配和释放函数调用（而非仅仅针对 sk_buff），所以该工具的额外开销可能比较显著。在未来的内核版本中可能会得到改进。内核目前已有 skb:consume_skb 和 skb:free_skb 跟踪点。如果可以增加一个 alloc skb 跟踪点，那么该工具就可以换为使用该跟踪点，这样可降低额外开销。

10.3.30　ieee80211scan

ieee80211scan(8)[1] 跟踪 IEEE 802.11 WiFi 扫描。输出如下：

```
# ieee80211scan.bt
Attaching 5 probes...
Tracing ieee80211 SSID scans. Hit Ctrl-C to end.
13:55:07 scan started (on-CPU PID 1146, wpa_supplicant)
13:42:11 scanning channel 2GHZ freq 2412: beacon_found 0
13:42:11 scanning channel 2GHZ freq 2412: beacon_found 0
13:42:11 scanning channel 2GHZ freq 2412: beacon_found 0
[...]
13:42:13 scanning channel 5GHZ freq 5660: beacon_found 0
13:42:14 scanning channel 5GHZ freq 5785: beacon_found 1
13:42:14 scanning channel 5GHZ freq 5785: beacon_found 1
13:42:14 scanning channel 5GHZ freq 5785: beacon_found 1
13:42:14 scanning channel 5GHZ freq 5785: beacon_found 1
13:42:14 scanning channel 5GHZ freq 5785: beacon_found 1
13:42:14 scan completed: 3205 ms
```

上述输出显示，本次扫描有可能是由 wpa_supplicant 进程发起的，扫描了几个不同的频率和频段。完整的扫描耗时 3205 毫秒。这些输出可以帮助调试 WiFi 问题。

该工具跟踪 ieee80211 扫描函数。由于这些函数的使用频率较低，所以该工具的额外开销可以忽略不计。

ieee80211scan(8) 的源代码如下：

```
#!/usr/local/bin/bpftrace

#include <net/mac80211.h>
```

1　笔者于2019年4月23日写作本书时完成。该工具的灵感来自2004年，笔者当时在一个酒店住宿时，笔记本电脑怎么也连接不上WiFi热点，而且没有任何错误信息，于是干脆自己写了一个WiFi扫描跟踪工具。后来，笔者曾经用DTrace技术开发了一个类似的工具，但是没有公开发表。

```
BEGIN
{
        printf("Tracing ieee80211 SSID scans. Hit Ctrl-C to end.\n");
        // from include/uapi/linux/nl80211.h:
        @band[0] = "2GHZ";
        @band[1] = "5GHZ";
        @band[2] = "60GHZ";
}


kprobe:ieee80211_request_scan
{
        time("%H:%M:%S ");
        printf("scan started (on-CPU PID %d, %s)\n", pid, comm);
        @start = nsecs;
}


kretprobe:ieee80211_get_channel
/retval/
{
        $ch = (struct ieee80211_channel *)retval;
        $band = 0xff & *retval; // $ch->band; workaround for #776
        time("%H:%M:%S ");
        printf("scanning channel %s freq %d: beacon_found %d\n",
            @band[$band], $ch->center_freq, $ch->beacon_found);
}


kprobe:ieee80211_scan_completed
/@start/
{
        time("%H:%M:%S ");
        printf("scan compeleted: %d ms\n", (nsecs - @start) / 1000000);
        delete(@start);
}


END
{
        clear(@start); clear(@band);
}
```

　　该程序也可以额外显示扫描过程中使用的不同标记和设置。注意，目前这个工具使用一个全局 @start 记录时间戳，假设同一时期只有一个正在进行的扫描，如果同时有多个并行扫描，那么需要在这个映射表中给每个扫描增加一个键。

10.3.31 其他工具

其他值得一提的 BPF 工具有如下几个。

- **solisten(8)**：BCC 工具，可以打印套接字 listen() 调用的细节。[1]
- **tcpstates(8)**：BCC 工具，在每个 TCP 连接状态变化时就打印一行输出，包括 IP 地址、端口信息，以及每个状态所经历的时间。
- **tcpdrop(8)**：BCC 和 bpftrace 工具，当在内核中通过 tcp_drop() 函数丢弃 tcp 包时，打印 IP 地址、TCP 状态信息，以及内核调用栈信息。
- **sofdsnoop(8)**：BCC 工具，跟踪所有通过 UNIX 套接字传递的文件描述符信息。
- **profile(8)**：在第 6 章中有详细描述，通过采样内核调用栈信息来分析网络相关代码路径所占的时间比例。
- **hardirq(8) 和 softirq(8)**：第 6 章中有详细描述，可以测量网络硬中断和软中断所消耗的时间。
- **filetype(8)**：第 8 章中介绍过的工具，跟踪 vfs_read() 和 vfs_write()，通过 inode 识别网络套接字的读写。

tcpstate(8) 的输出如下：

```
# tcpstates
SKADDR             C-PID C-COMM LADDR     LPORT  RADDR     RPORT OLDSTATE -> NEWSTATE     MS
ffff88864fd55a00   3294  record 127.0.0.1 0      127.0.0.1 28527 CLOSE    -> SYN_SENT     0.00
ffff88864fd55a00   3294  record 127.0.0.1 0      127.0.0.1 28527 SYN_SENT -> ESTABLISHED  0.08
ffff88864fd56300   3294  record 127.0.0.1 0      0.0.0.0   0     LISTEN   -> SYN_RECV     0.00
[...]
```

该工具使用 sock:inet_sock_set_state 跟踪点。

10.4 BPF单行程序

本小节将介绍一些 BCC 和 bpftrace 单行程序。如果可能的话，会同时展示 BCC 和 bpftrace 版本。

10.4.1 BCC

按错误代码统计失败的套接字 connect(2) 调用：

---

1 solisten(8)由Jean-Tiare Le Bigot于2016年3月4日添加。

```
argdist -C 't:syscalls:sys_exit_connect():int:args->ret:args->ret<0'
```

按用户态调用栈统计套接字 connect(2) 调用：

```
stackcount -U t:syscalls:sys_enter_connect
```

以直方图形式统计 TCP 发送的字节数：

```
argdist -H 'p::tcp_sendmsg(void *sk, void *msg, int size):int:size'
```

以直方图形式统计 TCP 接收的字节数：

```
argdist -H 'r::tcp_recvmsg():int:$retval:$retval>0'
```

统计所有的 TCP 函数的调用频率（对所有的 TCP 操作都添加额外开销）：

```
funccount 'tcp_*'
```

以直方图形式统计 UDP 发送的字节数：

```
argdist -H 'p::udp_sendmsg(void *sk, void *msg, int size):int:size'
```

以直方图形式统计 UDP 接收的字节数：

```
argdist -H 'r::udp_recvmsg():int:$retval:$retval>0'
```

统计所有的 UDP 函数的调用频率（对所有的 UDP 操作都添加额外开销）：

```
funccount 'udp_*'
```

统计网络包发送的调用栈信息：

```
stackcount t:net:net_dev_xmit
```

统计 ieee80211 层的函数的调用频率（对所有网络包都添加额外开销）：

```
funccount 'ieee80211_*'
```

统计所有 ixgbevf 设备驱动函数的调用频率（对 ixgbevf 驱动添加额外开销）：

```
funccount 'ixgbevf_*'
```

10.4.2 bpftrace

按 PID 和进程名统计套接字 accept(2) 调用：

```
bpftrace -e 't:syscalls:sys_enter_accept* { @[pid, comm] = count(); }'
```

按 PID 和进程名统计套接字 connect(2) 调用：

```
bpftrace -e 't:syscalls:sys_enter_connect { @[pid, comm] = count(); }'
```

按进程名和错误代码统计失败的 connect(2) 调用：

```
bpftrace -e 't:syscalls:sys_exit_connect /args->ret < 0/ { @[comm, - args->ret] =
    count(); }'
```

按用户态调用栈统计套接字 connect(2) 调用：

```
bpftrace -e 't:syscalls:sys_enter_connect { @[ustack] = count(); }'
```

按发送 / 接收、在 CPU 上运行的、进程名[1] 统计套接字发送和接收的次数：

```
bpftrace -e 'k:sock_sendmsg,k:sock_recvmsg { @[func, pid, comm] = count(); }'
```

按在 CPU 上运行的 PID 和进程名统计套接字发送和接收的字节数：

```
bpftrace -e 'kr:sock_sendmsg,kr:sock_recvmsg /(int32)retval > 0/ { @[pid, comm] =
    sum((int32)retval); }'
```

按在 CPU 上运行的 PID 和进程名统计 TCP connect 调用：

```
bpftrace -e 'k:tcp_v*_connect { @[pid, comm] = count(); }'
```

按在 CPU 上运行的 PID 和进程名统计 TCP accept 调用：

```
bpftrace -e 'k:inet_csk_accept { @[pid, comm] = count(); }'
```

统计 TCP 的发送和接收次数：

```
bpftrace -e 'k:tcp_sendmsg,k:tcp*recvmsg { @[func] = count(); }'
```

按在 CPU 上运行的 PID 和进程名统计 TCP 发送 / 接收的次数：

```
bpftrace -e 'k:tcp_sendmsg,k:tcp_recvmsg { @[func, pid, comm] = count(); }'
```

以直方图形式统计 TCP 发送的字节数：

```
bpftrace -e 'k:tcp_sendmsg { @send_bytes = hist(arg2); }'
```

以直方图形式统计 TCP 接收的字节数：

```
bpftrace -e 'kr:tcp_recvmsg /retval >= 0/ { @recv_bytes = hist(retval); }'
```

按类型与远端主机（仅支持 IPv4）统计 TCP 重传：

```
bpftrace -e 't:tcp:tcp_retransmit_* { @[probe, ntop(2, args->saddr)] = count(); }'
```

统计所有的 TCP 函数的调用频率（对所有的 TCP 函数添加额外开销）：

```
bpftrace -e 'k:tcp_* { @[func] = count(); }'
```

按在 CPU 上运行的 PID 和进程名统计 UDP 发送和接收的次数：

1　前述的 socket 系统调用是在用户态进程上下文中完成的，所以可以可靠地获取 PID 和 comm 变量。而这些 kprobes 是在内核内部调用的，目前在 CPU 上执行的进程有可能和该连接对应的进程不同，所以 bpftrace 显示的 PID 和进程名可能是错误的。虽然大部分情况下都是正确的，但是仍存在不正确的可能。

```
bpftrace -e 'k:udp*_sendmsg,k:udp*_recvmsg { @[func, pid, comm] = count(); }'
```

以直方图形式统计 UDP 发送的字节数：

```
bpftrace -e 'k:udp_sendmsg { @send_bytes = hist(arg2); }'
```

以直方图形式统计 UDP 接收的字节数：

```
bpftrace -e 'kr:udp_recvmsg /retval >= 0/ { @recv_bytes = hist(retval); }'
```

统计所有的 UDP 函数的调用频率（为所有 UDP 包增加额外开销）：

```
bpftrace -e 'k:udp_* { @[func] = count(); }'
```

统计发送数据包时的内核态调用栈：

```
bpftrace -e 't:net:net_dev_xmit { @[kstack] = count(); }'
```

按每个设备进行 CPU 直方图统计：

```
bpftrace -e 't:net:netif_receive_skb { @[str(args->name)] = lhist(cpu, 0, 128, 1); }'
```

统计所有 ieee80211 层函数的调用频率（对所有数据包增加额外开销）：

```
bpftrace -e 'k:ieee80211_* { @[func] = count()'
```

统计所有 ixgbevf 设备驱动函数的调用频率（对所有 ixgbevf 添加额外开销）：

```
bpftrace -e 'k:ixgbevf_* { @[func] = count(); }'
```

统计所有 iwl 设备驱动中的跟踪点的调用频率（对 iwl 添加额外开销）：

```
bpftrace -e 't:iwlwifi:*,t:iwlwifi_io:* { @[probe] = count(); }'
```

10.4.3　BPF 单行程序示例

下面为每个工具提供了一些输出示例，有助于帮助你理解。

统计发送数据包时的内核态调用栈

```
# bpftrace -e 't:net:net_dev_xmit { @[kstack] = count(); }'
Attaching 1 probe...
^C
[...]

@[
    dev_hard_start_xmit+945
    sch_direct_xmit+882
    __qdisc_run+1271
    __dev_queue_xmit+3351
```

```
    dev_queue_xmit+16
    ip_finish_output2+3035
    ip_finish_output+1724
    ip_output+444
    ip_local_out+117
    __ip_queue_xmit+2004
    ip_queue_xmit+69
    __tcp_transmit_skb+6570
    tcp_write_xmit+2123
    __tcp_push_pending_frames+145
    tcp_rcv_established+2573
    tcp_v4_do_rcv+671
    tcp_v4_rcv+10624
    ip_protocol_deliver_rcu+185
    ip_local_deliver_finish+386
    ip_local_deliver+435
    ip_rcv_finish+342
    ip_rcv+212
    __netif_receive_skb_one_core+308
    __netif_receive_skb+36
    netif_receive_skb_internal+168
    napi_gro_receive+953
    ena_io_poll+8375
    net_rx_action+1750
    __do_softirq+558
    irq_exit+348
    do_IRQ+232
    ret_from_intr+0
    native_safe_halt+6
    default_idle+146
    arch_cpu_idle+21
    default_idle_call+59
    do_idle+809
    cpu_startup_entry+29
    start_secondary+1228
    secondary_startup_64+164
]: 902
@[
    dev_hard_start_xmit+945
    sch_direct_xmit+882
    __qdisc_run+1271
    __dev_queue_xmit+3351
    dev_queue_xmit+16
```

```
        ip_finish_output2+3035
        ip_finish_output+1724
        ip_output+444
        ip_local_out+117
        __ip_queue_xmit+2004
        ip_queue_xmit+69
        __tcp_transmit_skb+6570
        tcp_write_xmit+2123
        __tcp_push_pending_frames+145
        tcp_push+1209
        tcp_sendmsg_locked+9315
        tcp_sendmsg+44
        inet_sendmsg+278
        sock_sendmsg+188
        sock_write_iter+740
        __vfs_write+1694
        vfs_write+341
        ksys_write+247
        __x64_sys_write+115
        do_syscall_64+339
        entry_SYSCALL_64_after_hwframe+68
]: 10933
```

　　该单行程序会产生很多页输出，这里仅仅包含了最后两个调用栈。最后一个调用栈展示了一个 write(2) 系统调用会途径 VFS 层、套接字层、TCP 层、IP 层、网络设备层，最后向驱动程序层传送数据包。这展示了从应用程序到设备驱动层的完整调用栈。

　　第一个调用栈就更有意思了。它从一个空闲线程接收到中断开始，运行 net_rx_action() 软中断，途径 ena 驱动中的 ena_io_poll()、NAPI（新的网络设备 API）网络接口接收路径、IP 层、tcp_rcv_established()，最后到 __tcp_push_pending_frames()。这里真正的代码路径其实是 tcp_rcv_established() -> tcp_data_snd_check() -> tcp_push_pending_frames() -> tcp_push_pending_frames()。但是由于中间两个函数很小，会被编译器内联处理，所以在调用栈信息中就看不到了。这里展示的是 TCP 在包接收路径中检查是否有待发送的数据包的逻辑。

统计所有 ixgbevf 设备驱动函数调用（对所有 ixgbevf 增加额外开销）

```
# bpftrace -e 'k:ixgbevf_* { @[func] = count(); }'
Attaching 116 probes...
^C

@[ixgbevf_get_link_ksettings]: 2
```

```
@[ixgbevf_get_stats]: 2
@[ixgbevf_obtain_mbx_lock_vf]: 2
@[ixgbevf_read_mbx_vf]: 2
@[ixgbevf_service_event_schedule]: 3
@[ixgbevf_service_task]: 3
@[ixgbevf_service_timer]: 3
@[ixgbevf_check_for_bit_vf]: 5
@[ixgbevf_check_for_rst_vf]: 5
@[ixgbevf_check_mac_link_vf]: 5
@[ixgbevf_update_stats]: 5
@[ixgbevf_read_reg]: 21
@[ixgbevf_alloc_rx_buffers]: 36843
@[ixgbevf_features_check]: 37842
@[ixgbevf_xmit_frame]: 37842
@[ixgbevf_msix_clean_rings]: 66417
@[ixgbevf_poll]: 67013
@[ixgbevf_maybe_stop_tx]: 75684
@[ixgbevf_update_itr.isra.39]: 132834
```

上述这些 kprobes 可以用来分析网络设备的内部工作原理。不要忘记检查该驱动是否支持跟踪点。下面就是一个例子。

统计所有 iwl 设备跟踪点（对 iwl 增加额外开销）

```
# bpftrace -e 't:iwlwifi:*,t:iwlwifi_io:* { @[probe] = count(); }'
Attaching 15 probes...
^C

@[tracepoint:iwlwifi:iwlwifi_dev_hcmd]: 39
@[tracepoint:iwlwifi_io:iwlwifi_dev_irq]: 3474
@[tracepoint:iwlwifi:iwlwifi_dev_tx]: 5125
@[tracepoint:iwlwifi_io:iwlwifi_dev_iowrite8]: 6654
@[tracepoint:iwlwifi_io:iwlwifi_dev_ict_read]: 7095
@[tracepoint:iwlwifi:iwlwifi_dev_rx]: 7493
@[tracepoint:iwlwifi_io:iwlwifi_dev_iowrite32]: 19525
```

这行程序只展示了众多 iwl 跟踪点中的两组。

10.5 可选练习

如果没有特殊说明，下列练习都可以用 BCC 和 bpftrace 完成。

1. 开发一个 solife(8) 工具，为某个套接字文件描述符按每个连接打印从 connect(2) 和 accept(2)（以及变体）直到 close(2) 调用的时长。可以参照 tcplife(8)，但是并不一定需要全部列的输出（其中有些列的信息可能比较难获取）。

2. 开发一个 tcpbind(8) 工具，打印每条 TCP bind 事件的细节。

3. 为 tcpwin.bt 添加"retrains"事件类型，打印套接字地址和时间戳信息。

4. 为 tcpwin.bt 添加"new"事件类型，打印套接字地址、时间、IP 地址、TCP 端口等信息。应该仅在 TCP 状态切换为 ESTABLISHED 时输出。

5. 修改 tcplife(8) 以 DOT 格式输出连接细节，以便用绘图软件绘图（例如，GraphViz）。

6. 开发一个 udplife(8) 工具，展示 UDP 连接的生命周期时长，与 tcplife(8) 类似。

7. 扩展 ipecn.bt，跟踪向外发送的 CE 事件，并且支持 IPv6。CE 事件可以通过使用 netem qdisc 来产生。下面的命令可以将 eth0 上现有的 qdisc 替换为产生 1% ECN CE 事件的 netem qdisc：

```
tc qdisc replace dev eth0 root netem loss 1% ecn
```

在使用该 qdisc 开发时，要注意它会在比 IP 更低的层面插入 CE 事件。如果你跟踪的是 ip_output() 函数，可能就看不到 CE 事件，因为它们会在更后面才会被添加。

8. （进阶）开发一个工具按主机展示 TCP 往返时长。该工具可以按每个主机展示平均 RTT，也可以针对每个主机进行 RTT 直方图统计。该工具可以记录每个发送包的序列号和时间戳，并且在收到 ACK 的时候进行统计。或者，可以使用 tcp_sock 结构体的 rtt_min 字段，或者使用其他方法。如果使用第一个方法，可以从 $skb 变量中的 sk_buff * 中读取 TCP 头信息（如果使用 bpftrace 的话）：

```
$tcph = (struct tcphdr *)($skb->head + $skb->transport_header);
```

9. （进阶，未解决）开发一个工具展示 ARP 或者 IPv6 邻居探测的延迟，可以按事件逐个输出，也可以按直方图统计。

10. （进阶，未解决）开发一个工具展示完整的 sk_buff 时长，需要同时（如果启用的话）处理 GRO、GSO、tcp_try_coalesce()、skb_split()、skb_append()、skb_insert() 以及其他任何修改 sk_buff 的事件。该工具会比 skblife(8) 复杂得多。

11. （进阶，未解决）开发一个工具，可以将 sk_buff 的生命周期时长（如问题 9 中统计的）按组件或者等待状态拆分显示。

12. （进阶，未解决）开发一个工具，展示 TCP 定速（pacing）导致的延迟。

13. （进阶，未解决）开发一个工具，展示字节上限队列的延迟。

10.6　小结

本章简要介绍了 Linux 网络栈的特性，以及如何使用传统工具，如 netstat(8)、sar(1)、ss(8) 和 tcpdump(8) 进行分析。接下来使用 BPF 工具扩展了套接字层、TCP、UDP、ICMP、qdisc、网络设备驱动队列以及网络设备驱动的可观察性。新增的可观察性包括：高效显示新连接、连接时长、连接延迟、首字节延迟、SYN 积压队列长度、TCP 重传以及其他事件。

第11章
安全

本章介绍 BPF 的安全性和 BPF 在安全分析方面的应用，提供了一系列工具，用来提高安全性和对安全性能进行观测。你可以用这些工具检测入侵、为普通可执行程序和特权使用场景创建白名单，或者检测安全策略的执行。

学习目标

- 理解 BPF 安全性的使用场景。
- 检测新进程的执行，以检测恶意软件。
- 显示 TCP 连接和重置情况以检测可疑活动。
- 学习 Linux 中权限能力的使用并辅助白名单的创建。
- 理解其他取证来源，例如，shell 和控制台日志记录。

本章以安全任务的背景知识开始讲起，然后简要介绍 BPF 的能力、配置 BPF 安全、策略和 BPF 工具。

11.1 背景知识

"安全"一词涵盖了广泛的任务，包括：

- 安全分析
  - 用于实时取证的嗅探活动
  - 权限调试
  - 可执行文件的白名单
  - 对恶意软件的逆向工程
- 监控
  - 定制化审计

- 基于主机的入侵检测系统（HIDS）
- 基于容器的入侵检测系统（CIDS）
- 策略执行
  - 网络防火墙
  - 检测恶意软件、动态阻塞数据包以及其他入侵行为

安全工程与性能工程有些类似，这两者都需要对各种大量不同的软件进行分析。

11.1.1 BPF 的分析能力

BPF 可以帮助完成以下安全任务，包括分析、监控和策略执行。

对于安全性分析来说，BPF 可以回答的问题包括：

- 正在被执行的进程有哪些？
- 什么网络连接正在被建立，来自哪个进程？
- 什么系统权限正在被请求，被哪个进程请求？
- 系统内正在发生哪些权限拒绝错误？
- 是否在以给定参数调用当前内核函数和用户态函数（检测实时入侵行为）？

换一种方法，也可以根据可跟踪的目标列表来总结 BPF 跟踪的分析和监视功能，如图 11-1 所示。[1]

除了图中展示的许多特定目标之外，还可以使用 uprobes 和 kprobes 来插桩任何用户态和内核函数——这在零日漏洞检测时很有用。

零日漏洞检测

有时需要极快地检测新的软件漏洞是否正在被使用；理想情况下，在漏洞被公布的当天就开始检测（零日）。bpftrace 非常适合这种场景，作为一门非常容易编程的语言，可以用它在数分钟内创建定制化工具。bpftrace 不仅可以使用内核跟踪点和 USDT 事件，还能使用 kprobes 和 uprobes 以及它们的参数。

作为一个实际案例，在本书编写时，刚刚公布了一个 Docker 的利用 symlink-race 攻击的漏洞[115]。这涉及在使用 docker cp 时，循环中使用 RENAME_EXCHANGE 标志调用 renameat2(2) 系统调用。

1　在2017年，笔者与Alex Maestretti在BSidesSF会议中，在讲座*Linux Monitoring at Scale with eBPF*上使用了这张图[114]。

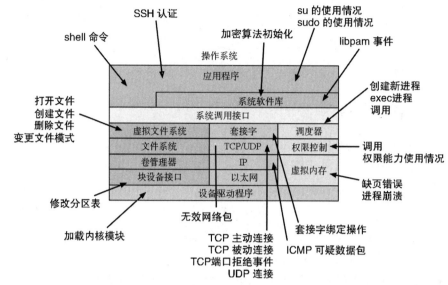

Netflix 2017

图 11-1   BPF 安全监控目标

有很多种方法可以检测该漏洞。因为使用带有 RENAME_EXCHANGE 标志的
renameat2(2) 的系统调用在笔者的生产系统上是不常见的活动（笔者在检测过程中没有
发现一个真实的使用场景），那么可以跟踪该系统调用和用 RENAME_EXCHANGE 标志
的组合来检测漏洞。比如，在主机上运行下面的代码来跟踪所有的容器：

```
# bpftrace -e 't:syscalls:sys_enter_renameat2 /args->flags == 2/ { time();
    printf("%s RENAME_EXCHANGE %s <-> %s\n", comm, str(args->oldname),
    str(args->newname)); }'
Attaching 1 probe...
22:03:47
symlink_swap RENAME_EXCHANGE totally_safe_path <-> totally_safe_path-stashed
22:03:47
symlink_swap RENAME_EXCHANGE totally_safe_path <-> totally_safe_path-stashed
22:03:47
symlink_swap RENAME_EXCHANGE totally_safe_path <-> totally_safe_path-stashed
[...]
```

通常情况下，运行该单行程序没有任何输出，但是在本例中，测试漏洞的概念证明代
码在运行该程序时打印了大量输出。输出中包括时间戳、进程名以及传给 renameat2(2) 的

文件名参数。另一种方法则是跟踪 docker cp 进程，通过系统调用或者内核函数来对符号链接进行操作。

在笔者的构想中，未来的漏洞披露会直接附带一个 bpftrace 单行程序或一个 BPF 检测工具。可以构建一个入侵检测系统，在全公司的基础设施中自动运行这些工具。这与当下的某些网络入侵检测系统的工作方式没有什么不同，比如 Snort[116]，该程序自动共享新蠕虫的检测规则。

安全监控

BPF 跟踪程序可以用于安全监控和入侵检测。当前的监控方案通常使用可加载内核模块来观测内核和数据包事件。然而，这些模块本身也引入了内核错误和漏洞的风险。BPF 程序自带验证程序，并使用现有的内核技术，相比起来更加安全。

BPF 跟踪还针对效率进行了优化。在 2016 年的一个内部学习中，笔者对比了 auditd 日志和具有类似功能的 BPF 程序的开销；BPF 技术使额外开销减少到原来的 1/6[117]。

BPF 监控的一个重要行为特点是在极高工作负载下的行为设计。BPF 输出缓冲区和映射表大小有限制，如果达到了这些上限，某些事件可能会被忽略。这可以被攻击者所利用，可以创造海量事件淹没系统，从而逃避适当的日志记录或策略执行。当这些限制被超过时 BPF 会收到通知，并且可以汇报到用户态以采取合适的措施。任何基于 BPF 跟踪构建的安全方案都需要记录这些溢出和事件缺失的情况，以满足"不可反悔"（Non-repudiation）的设计要求。

另外一种设计思路是，为每个 CPU 增加一个映射表来统计重要事件。与涉及键值的 perf 输出缓冲或映射表不同，在 BPF 系统中一旦创建了每个 CPU 的固定计数器映射，就不存在丢失事件的风险。这可以和 perf 事件的输出一起使用来提供更多细节：事件细节也许会丢失，但是事件计数肯定不会。

策略执行

很多策略执行技术已经在使用 BPF 了。尽管这个主题超出了本书的范畴，但是它们是 BPF 技术的重要应用，值得在此概述。

- **seccomp**：安全计算（seccomp）工具可以执行 BPF 程序（目前仅限于经典 BPF）来制定有关允许系统调用的决策[118]。seccomp 的可编程动作包括结束调用进程（SECCOMP_RET_KILL_PROCESS）和返回一个错误（SECCOMP_RET_ERRNO）。复杂的决策也可以利用 BPF 程序传递给用户空间程序执行（SECCOMP_RET_USER_NOTIF）；通过文件描述符可通知一个用户空间辅助程序，并且阻塞该进程。该辅助进程可以读取并处理事件，然后通过同样的文件描述符写回一个 seccomp_notif_resp 结构体[119]。

- **Cilium**：Cilium 为工作负载——不论是应用程序容器还是进程——都提供了透明安全的网络连接和负载均衡功能。它在不同的层面使用了多个不同 BPF 程序的组合，比如基于 XDP、cgroup 和 tc（流量控制）的钩子。tc 层是主要的网络数据路径，比如，使用 sch_clsact qdisc 配合一个 BPF 程序通过 cls_bpf 来修改、转发和丢弃数据包 [24, 120, 121]。

- **bpfilter**：bpfilter 是一个用 BPF 完全替代 iptables 防火墙的概念证明程序。为了帮助从 iptables 迁移，可以将一个发往内核的 iptables 规则集重定向给一个用户态的辅助程序来自动转换成 BPF[122-123]。

- **Landlock**：Landlock 是一个基于 BPF 的安全模块，使用 BPF 来提供内核资源的细粒度访问控制 [124]。一个示例场景是，基于一个可以从用户态更新的 BPF inode 映射表，来限制对文件系统的某个部分的访问。

- **KRSI**：内核运行时安全插桩（Kernel Runtime Security Instrumentation）是一个来自 Google 的 Linux 安全模块，用于可扩展的审计和策略执行。它使用一个新的 BPF 程序类型，BPF_PROG_TYPE_KRSI[186]。

一个新的 BPF 辅助函数，bpf_send_signal()，应该会被包含在即将发布的 Linux 5.3 版本内 [125]。这将启用一种新型的策略执行程序，该程序可以直接从 BPF 程序发送 SIGKILL 和其他信号到进程，而无须使用 seccomp。将前面的漏洞检测例子进一步引申，想象一下，一个 bpftrace 程序不仅可以检测到漏洞，还能马上将进程杀死。比如：

```
bpftrace --unsafe -e 't:syscalls:sys_enter_renameat2 /args->flags == 2/ {
    time(); printf("killing PID %d %s\n", pid, comm); signal(9); }'
```

这个工具可以作为到软件可以打上正确的补丁[1]前的一个临时解决方案。使用 signal() 必须格外小心：在这个例子中会杀掉所有使用 RENAME_EXCHANGE 调用 renameat2(2) 的进程，不分好坏。

可以用其他信号（例如，SIGABRT）来触发核心转储（core dump），以进行对恶意软件的取证和分析。

在 bpf_send_signal() 可用之前，用户态的跟踪器可以根据从 perf 缓冲区中读取的事件，终止进程。比如，使用 bpftrace 的 system()：

```
bpftrace --unsafe -e 't:syscalls:sys_enter_renameat2 /args->flags == 2/ {
    time(); printf("killing PID %d %s\n", pid, comm);
    system("kill -9 %d", pid); }'
```

1　过去，Red Hat曾经为漏洞缓解发布过类似的SystemTap跟踪工具，比如Bugzilla[126]。

system() 是一个通过 perf 输出缓冲区发给 bpftrace 的异步动作，会由 bpftrace 在事件发生之后的某个时间点来执行。这就引入了检测和强制执行之间的延迟，在某些环境下是不可接受的。bpf_send_signal() 在 BPF 程序执行时，在内核上下文中立即发送信号，解决了这个问题。

11.1.2 无特权 BPF 用户

在 Linux 5.2 中，对于无特权用户来说，尤其是那些没有 CAP_SYS_ADMIN 能力的用户来说，BPF 目前只能用于套接字过滤。在 kernel/bpf/syscall.c 中，bpf(2) 系统调用的源代码中存在下面的检测：

```
if (type != BPF_PROG_TYPE_SOCKET_FILTER &&
    type != BPF_PROG_TYPE_CGROUP_SKB &&
    !capable(CAP_SYS_ADMIN))
        return -EPERM;
```

该代码还允许 cgroup skb 程序检查并丢掉 cgroup 数据包。但是，这些程序需要 CAP_NET_ADMIN 能力附加到 BPF_CGROUP_INET_INGRESS 和 BPF_CGROUP_INET_EGRESS 事件之上。

对于没有 CAP_SYS_ADMIN 能力的用户来说，bpf(2) 系统调用会直接失败并返回 EPERM，BCC 工具将报告"需要超级用户权限才能运行"。bpftrace 程序目前会检查 UID 是否为 0，如果用户 UID 不为 0，将报告"bpftrace 目前只支持 root 用户运行"。这就是为什么本书中所有的 BPF 工具都在手册页的第 8 部分中：它们都是超级用户工具。

未来，BPF 应该会为非特权用户添加套接字过滤之外的能力。[1] 一个特殊的使用场景是容器环境，在容器内对主机的访问已经受限，并且有在容器中运行 BPF 工具的需求。（该使用场景在第 15 章有介绍。）

11.1.3 配置 BPF 安全策略

有许多系统控制（可调参数）可用于配置 BPF 的安全性。可以使用 sysctl(8) 命令或 /proc/sys 下的文件来配置。它们是：

```
# sysctl -a | grep bpf
kernel.unprivileged_bpf_disabled = 1
```

---

1 该提议在Puerto Rico举行的LSFMM 2019上进行了讨论[128]。一个提议建议添加一个/dev/bpf设备，当打开该设备时，内核会给进程设置一个task_struct标志来允许访问BPF，同时该设备会在exec时自动关闭（close-on-exec）。

```
net.core.bpf_jit_enable = 1
net.core.bpf_jit_harden = 0
net.core.bpf_jit_kallsyms = 0
net.core.bpf_jit_limit = 264241152
```

可以使用下面的任何一个命令来设置 kernel.unprivileged_bpf_disabled，以禁止非特权用户访问：

```
# sysctl -w kernel.unprivileged_bpf_disabled=1
# echo 1 > /proc/sys/kernel/unprivileged_bpf_disabled
```

这是一个一次性设置：如果再次将该可调参数设置为零会被拒绝。下面的 sysctls 可以用类似的命令设置。

net.core.bpf_jit_enable 控制启用 BPF 实时编译器（JIT）。这可以同时提高性能与安全性。作为 Spectre v2 漏洞的一个缓解方法，在 Linux 内核中添加了一个 CONFIG_BPF_JIT_ALWAYS_ON 编译选项来永久性地启用实时编译器，在代码层中直接排除 BPF 解释器。可选的设置有（在 Linux 5.2 中）如下几项 [127]。

- **0**：禁用 JIT（默认）。
- **1**：启用 JIT。
- **2**：启用 JIT，并将编译器调试跟踪写到内核日志（该设置应只用于调试环境，不能用在生产环境）。

该设置已经在包括 Netflix 和 Facebook 的公司中默认启用。注意，该 JIT 依赖于特定的处理器架构。Linux 内核中的 BPF JIT 编译器支持大部分主流的架构，包括 x86_64、arm64、ppc64、s390x、sparc64，甚至 mips64 和 riscv。x86_64 和 arm64 编译器是功能完备并经过生产环境测试的，其他架构则并不一定。

将 net.core.bpf_jit_harden 设置为 1 可以启用其他的保护措施，包括对 JIT 泼洒攻击的缓解，这是以牺牲一定性能为代价的 [129]。可用的设置包括（在 Linux 5.2 中）如下几项 [127]。

- **0**：禁用 JIT 强化（默认）。
- **1**：启用 JIT 强化，仅非特权用户。
- **2**：启用 JIT 强化，所有用户。

net.core.bpf_jit_kallsyms 通过 /proc/kallsyms 为特权用户发布编译好的 BPF JIT 镜像，包括辅助调试用的符号表 [130]。如果启用了 bpf_jit_harden，该设置就被禁用了。

net.core.bpf_jit_limit 为模块可以使用的内存设置了一个限制。当到达该限制时，非特权用户的请求会被阻塞并重定向到解释器（如果内核代码中有的话）。

更多 BPF 强化信息，可查看 Cilium 的 BPF 参考文档中由 BPF 维护者 Daniel Borkmann 编写的关于强化的章节 [131]。

11.1.4 分析策略

以下是一个针对其他 BPF 工具尚未涵盖的系统活动安全分析的建议策略：

1. 检查是否存在可以针对该行为插桩的内核跟踪点或 USDT 探针。
2. 检查是否可以跟踪 LSM 内核钩子：这些钩子以"security_"开头。
3. 适当地采用 kprobes/uprobes 来插桩原始代码。

11.2 BPF工具

本节介绍可以用于安全分析的主要 BPF 工具。这些工具显示在图 11-2 中。

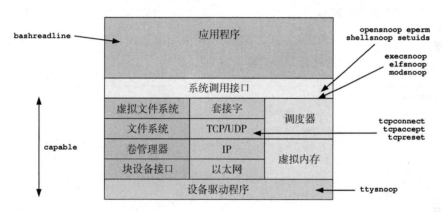

图 11-2 可用于安全分析的 BPF 工具

这些工具要么来自第 4、5 章介绍的 BCC 和 bpftrace 仓库，要么是在写作本书时开发的。表 11-1 列出了这些工具的来源（BT 是 bpftrace 的缩写）。

表 11-1 安全相关的工具

工具	来源	目标	描述
execsnoop	BCC/BT	系统调用	列出新程序的执行
elfsnoop	本书	内核	显示 ELF 文件加载
modsnoop	本书	内核	显示内核模块加载
bashreadline	BCC/BT	bash	列出输入的 bash 命令行命令
shellsnoop	本书	shells	镜像 shell 输出
ttysnoop	BCC/ 本书	TTY	镜像 tty 输出
opensnoop	BCC/BT	系统调用	列出打开的文件

续表

工具	来源	目标	描述
eperm	本书	系统调用	统计失败的 EPERM 和 EACCES 系统调用
tcpconnect	BCC/BT	TCP	跟踪 TCP 出站连接（主动）
tcpaccept	BCC/BT	TCP	跟踪 TCP 入站连接（被动）
tcpreset	本书	TCP	显示 TCP 连接重置：检测端口扫描
capable	BCC/BT	安全	跟踪内核安全能力检查
setuids	本书	系统调用	跟踪 setuid 系统调用：权限提升

有关 BCC 和 bpftrace 中的工具，请参见它们的仓库以获取工具选项和功能的完整列表和更新列表。以下一些工具已在前面的章节中进行了介绍，并在此处重新介绍。

要更深入地了解任何子系统，请参阅其他章节，尤其是第 10 章中的网络连接，第 8 章中的文件使用以及第 6 章中的软件执行部分。

11.2.1　execsnoop

execsnoop(8) 在第 6 章介绍过，它是一个用来跟踪新进程的 BCC 和 bpftrace 工具，可以用于识别可疑进程的执行。示例输出如下：

```
# execsnoop
PCOMM          PID    PPID   RET ARGS
ls             7777   21086    0 /bin/ls -F
a.out          7778   21086    0 /tmp/a.out
[...]
```

上面的输出显示了一个从 /tmp/a.out 运行的进程。

execsnoop(8) 跟踪 execve(2) 系统调用。这是创建一个新进程的典型步骤，该过程首先调用 fork(2) 或 clone(2) 创建一个新进程，然后调用 execve(2) 执行一个不同的程序。注意，这并不是执行软件的唯一方式：缓冲区溢出攻击可以直接将指令添加到现存进程，并在不涉及调用 execve(2) 的情况下直接运行恶意软件。

有关 execsnoop(8) 的更多信息请参看第 6 章。

11.2.2　elfsnoop

elfsnoop(8)[1] 是一个 bpftrace 工具，用于跟踪 Linux 中常用的可执行文件和链接格式（ELF）的二进制文件的执行。该工具跟踪位于内核深处的、一个所有 ELF 执行都必须

1　笔者在2019年2月25日为本书开发。

通过的函数。比如：

```
# elfsnoop.bt
Attaching 3 probes...
Tracing ELF loads. Ctrl-C to end
TIME      PID   INTERPRETER       FILE              MOUNT      INODE      RET
11:18:43 9022  /bin/ls           /bin/ls           /          29098068   0
11:18:45 9023  /tmp/ls           /tmp/ls           /          23462045   0
11:18:49 9029  /usr/bin/python   ./opensnoop.py    /          20190728   0
[...]
```

这显示了执行文件的各种信息。这里的列包括如下几项。

- **TIME**：HH:MM:SS 形式的时间戳。
- **PID**：进程 ID。
- **INTERPRETER**：用于脚本执行的解释器。
- **FILE**：被执行的文件。
- **MOUNT**：被执行文件使用的挂载点。
- **INODE**：被执行文件的 inode 数字，与挂载点一起，可以成为一个唯一标识符。
- **RET**：尝试运行的返回值。0 代表成功。

这里打印挂载点和 inode 数字，以便对被执行的二进制文件进行进一步验证。攻击者可能会以同样的名字创建他们自己的系统二进制文件（甚至在名字中使用控制字符，以便显示成同样的路径），但是这些攻击将无法欺骗挂载点和 inode 的组合。

该工具跟踪 load_elf_binary() 内核函数，该内核函数负责加载要执行的 ELF 程序。这个函数的调用频率应该很低，因此该工具的额外开销可以忽略不计。

elfsnoop(8) 的源代码如下：

```
#!/usr/local/bin/bpftrace

#include <linux/binfmts.h>
#include <linux/fs.h>
#include <linux/mount.h>

BEGIN
{
        printf("Tracing ELF loads. Ctrl-C to end\n");
        printf("%-8s %-6s %-18s %-18s %-10s %-10s RET\n",
            "TIME", "PID", "INTERPRETER", "FILE", "MOUNT", "INODE");
}
```

```
kprobe:load_elf_binary
{
        @arg0[tid] = arg0;
}

kretprobe:load_elf_binary
/@arg0[tid]/
{
        $bin = (struct linux_binprm *)@arg0[tid];
        time("%H:%M:%S ");
        printf("%-6d %-18s %-18s %-10s %-10d %3d\n", pid,
            str($bin->interp), str($bin->filename),
            str($bin->file->f_path.mnt->mnt_root->d_name.name),
            $bin->file->f_inode->i_ino, retval);
        delete(@arg0[tid]);
}
```

还可以改进该工具来打印关于要执行文件的额外信息，包括完整的文件路径。注意，bpftrace 目前对 printf() 有一个限制，只能传进 7 个参数，所以打印额外信息将需要多个 printf()。

11.2.3 modsnoop

modsnoop(8)[1] 是一个可以显示内核模块加载的 bpftrace 工具。例如：

```
# modsnoop.bt
Attaching 2 probes...
Tracing kernel module loads. Hit Ctrl-C to end.
12:51:38 module init: msr, by modprobe (PID 32574, user root, UID 0)
[...]
```

该输出显示 12:51:38 模块"msr"通过 modprobe(8) 工具被加载了，UID 为 0。加载内核模块是系统执行代码的另一种途径，也是各种后门工具的一种工作方式。这就成为安全跟踪的一个目标。

modsnoop(8) 的源代码如下：

```
#!/usr/local/bin/bpftrace
```

---

[1] 笔者于2019年3月14日为本书开发了此工具。

```
#include <linux/module.h>

BEGIN
{
        printf("Tracing kernel module loads. Hit Ctrl-C to end.\n");
}


kprobe:do_init_module
{
        $mod = (struct module *)arg0;
        time("%H:%M:%S ");
        printf("module init: %s, by %s (PID %d, user %s, UID %d)\n",
            $mod->name, comm, pid, username, uid);
}
```

该工具通过跟踪可访问内核模块结构体的 do_init_module() 内核函数实现。

还有一个 module:module_load 内核跟踪点，稍后介绍的单行程序会使用它。

11.2.4 bashreadline

bashreadline(8)[1] 是一个 BCC 和 bpftrace 工具，可以跟踪全系统中在 bash 中交互式输入的命令。比如，运行 BCC 版本：

```
# bashreadline
bashreadline
TIME       PID    COMMAND
11:43:51   21086  ls
11:44:07   21086  echo hello book readers
11:44:22   21086  eccho hi
11:44:33   21086  /tmp/ls
[...]
```

该输出显示了跟踪期间所输入的命令，包括 shell 的内置命令（echo）和失败的命令（eccho）。该工具跟踪 bash 的 readline() 函数，所以可以显示任何输入的命令。注意，尽管这可以跟踪系统中所有 shell 中的命令，却不能跟踪其他 shell 程序的命令，攻击者可能会安装他们自己的 shell（比如，一个 nanoshell）来躲避跟踪。

1　笔者在2016年1月28日开发了BCC第一版，并于2018年9月6日开发了bpftrace版。这些是使用BPF创建的易于演示的示例程序。从那时起，它们就吸引了安全专家的注意，尤其是在封闭的只能有一个shell可以运行的环境中用来记录活动。

bpftrace

下面是 bpftrace 版本的代码：

```
#!/usr/local/bin/bpftrace

BEGIN
{
        printf("Tracing bash commands... Hit Ctrl-C to end.\n");
        printf("%-9s %-6s %s\n", "TIME", "PID", "COMMAND");
}

uretprobe:/bin/bash:readline
{
        time("%H:%M:%S  ");
        printf("%-6d %s\n", pid, str(retval));
}
```

该工具使用 uretprobe 跟踪 /bin/bash 中的 readline() 函数。某些 Linux 发行版用不同的方法构建 bash，最后会使用 libreadline 库中的 readline()，请到 12.2.3 节查看更多信息和对 readline() 的跟踪。

11.2.5　shellsnoop

shellsnoop(8)[1] 是一个 BCC 和 bpftrace 工具，可以镜像另一个 shell 会话的输出。比如：

```
# shellsnoop 7866
bgregg:~/Build/bpftrace/tools> date
Fri May 31 18:11:02 PDT 2019
bgregg:~/Build/bpftrace/tools> echo Hello BPF
Hello BPF
bgregg:~/Build/bpftrace/tools> typo

Command 'typo' not found, did you mean:

  command 'typop' from deb terminology

Try: apt install <deb name>
```

1　笔者于2016年10月15日开发了BCC版本，2019年5月31日开发了bpftrace版本。它们都基于2004年3月24日的更早版本，受ttywatcher的启发。笔者早期开发的shellsnoop在2005年的Phrack ezine活动上被Boris Loza用于安全分析[132]。

上面的输出显示了来自 PID 为 7866 的 shell 会话的命令和输出。这是通过跟踪该进程到 STDOUT 或 STDERR 的写入实现的，包括该进程的子进程。捕捉命令的输出必须跟踪子进程，就像在该输出中看到的 date(1) 的输出那样。

shellsnoop(8) 还支持一个选项，可以生成一个可以重放的 shell 脚本。比如：

```
# shellsnoop -r 7866
echo -e 'd\c'
sleep 0.10
echo -e 'a\c'
sleep 0.06
echo -e 't\c'
sleep 0.07
echo -e 'e\c'
sleep 0.25
echo -e '
\c'
sleep 0.00
echo -e 'Fri May 31 18:50:35 PDT 2019
\c'
```

可以把该输出保存到文件并使用 bash(1) 来执行，它会以原始时间重放 shell 会话的输出。这有点诡异。

BCC

命令行使用说明如下：

```
shellsnoop [options] PID
```

参数包括如下两个。

- **s**：只打印 shell 输出（不包括子命令）。
- **-r**：生成重放 shell 脚本。

bpftrace

该 bpftrace 版本展示了工具的核心功能[1]：

```
#!/usr/local/bin/bpftrace
```

---

1 该工具现在会把每个输出截断为BPFTRACE_STRLEN(64)字节。我们正在努力提高此限制，未来字符串会从BPF堆栈存储切换到映射存储。

```
BEGIN
/$1 == 0/
{
        printf("USAGE: shellsnoop.bt PID\n");
        exit();
}


tracepoint:sched:sched_process_fork
/args->parent_pid == $1 || @descendent[args->parent_pid]/
{
        @descendent[args->child_pid] = 1;
}


tracepoint:syscalls:sys_enter_write
/(pid == $1 || @descendent[pid]) && (args->fd == 1 || args->fd == 2)/
{
        printf("%s", str(args->buf, args->count));
}
```

11.2.6   ttysnoop

ttysnoop(8)[1] 是一个可以镜像 tty 或 pts 设备输出的 BCC 和 bpftrace 工具。它可以用来实时观察一个可疑的登录会话。比如，观察 /dev/pts/16：

 # ttysnoop 16
```
$ uname -a
Linux lgud-bgregg 4.15.0-43-generic #46-Ubuntu SMP Thu Dec 6 14:45:28 UTC 2018 x86_64
x86_64 x86_64 GNU/Linux
$ gcc -o a.out crack.c
$ ./a.out
Segmentation fault
[...]
```

该输出复制了在 /dev/pts/16 上的用户看到的信息。这是通过跟踪 tty_write() 内核函数并打印写入内容实现的。

---

1 笔者于2016年10月15日开发了该BCC工具，受一个UNIX老工具ttywatcher以及笔者早期开发的cuckoo.d工具的启发。作为一名系统管理员，笔者曾使用ttywatcher在生产系统上实时观察一个非root入侵者下载各种权限提升的漏洞利用，编译并失败地运行它们。这个过程中最烦人的是：观察入侵者需要使用pico文本编辑器，而不是笔者最喜欢的vi。有关另外一个激动人心的TTY窥探故事，请参看参考资料[Stoll 89]，这个故事是cuckoo.d的灵感来源。笔者于2019年2月26日为本书开发了bpftrace版本。

BCC

命令行使用说明如下：

```
ttysnoop [options] device
```

选项包括如下项目。

- -c：不清屏。

这里的设备是指一个 pseudo 终端的全路径，比如 /dev/pts/2，或者只是数字 2，或者其他的 tty 设备路径，比如 /dev/tty0。在 /dev/console 上运行 ttysnoop(8) 显示系统控制台打印的内容。

bpftrace

下面是 bpftrace 版本的源代码：

```
#!/usr/local/bin/bpftrace

#include <linux/fs.h>

BEGIN
{
        if ($1 == 0) {
                printf("USAGE: ttysnoop.bt pts_device       # eg, pts14\n");
                exit();
        }
        printf("Tracing tty writes. Ctrl-C to end.\n");
}

kprobe:tty_write
{
        $file = (struct file *)arg0;
        // +3 skips "pts":
        if (str($file->f_path.dentry->d_name.name) == str($1 + 3)) {
                printf("%s", str(arg1, arg2));
        }
}
```

这个例子也是一个带有必需参数的 bpftrace 程序的示范。如果没有指定设备名称，会直接打印一个帮助信息，然后 bpftrace 就会退出。这里的退出很有必要，因为跟踪所有设备会把输出混在一起并和该工具的输出本身形成一个反馈回路。

11.2.7　opensnoop

opensnoop(8) 在第 8 章中介绍过，并在本章前面出现过；它是一个可以跟踪文件打开的 BCC 和 bpftrace 工具，可用于一系列的安全任务，比如理解恶意软件行为并监控文件使用情况。BCC 版本的示例输出如下：

```
# opensnoop
PID     COMM          FD ERR PATH
12748   opensnoop     -1   2 /usr/lib/python2.7/encodings/ascii.x86_64-linux-gnu.so
12748   opensnoop     -1   2 /usr/lib/python2.7/encodings/ascii.so
12748   opensnoop     -1   2 /usr/lib/python2.7/encodings/asciimodule.so
12748   opensnoop     18   0 /usr/lib/python2.7/encodings/ascii.py
12748   opensnoop     19   0 /usr/lib/python2.7/encodings/ascii.pyc
1222    polkitd       11   0 /etc/passwd
1222    polkitd       11   0 /proc/11881/status
1222    polkitd       11   0 /proc/11881/stat
1222    polkitd       11   0 /etc/passwd
1222    polkitd       11   0 /proc/11881/status
1222    polkitd       11   0 /proc/11881/stat
1222    polkitd       11   0 /proc/11881/cgroup
1222    polkitd       11   0 /proc/1/cgroup
1222    polkitd       11   0 /run/systemd/sessions/2
[...]
```

该输出显示 opensnoop(8) 查找并加载了一个名为"ascii"的 Python 模块：前三个打开没有成功。然后捕捉到 polkitd(8)（PolicyKit 的后台进程）打开 passwd 文件并检查进程状态。opensnoop(8) 通过跟踪 open(2) 的各种系统调用实现。

在第 8 章可查看关于 opensnoop(8) 的更多信息。

11.2.8　eperm

eperm(8)[1] 是一个 bpftrace 工具，可以统计因 EPERM "operation not permitted" 或 EACCES "permission denied" 错误失败的系统调用，这两种失败是安全分析感兴趣的。比如：

```
# eperm.bt
Attaching 3 probes...
Tracing EACCESS and EPERM syscall errors. Ctrl-C to end.
```

1　笔者于2019年2月25日为本书开发了此工具。

```
^C

@EACCESS[systemd-logind, sys_setsockopt]: 1

@EPERM[cat, sys_openat]: 1
@EPERM[gmain, sys_inotify_add_watch]: 6
```

输出显示了进程名称以及失败的系统调用，按失败原因分组。比如，该输出显示有一个来自 cat(1) 的 openat(2) 系统调用的 EPERM 失败。这些失败可以使用其他工具进一步调查，比如使用 opensnoop(8) 分析打开失败。

这是通过跟踪对所有系统调用都会触发的 raw_syscalls:sys_exit 跟踪点实现的。在具有高 I/O 的系统中，开销可能会比较明显。你应该在实验室环境中进行测试。

eperm(8) 的源代码如下：

```
#!/usr/local/bin/bpftrace

BEGIN
{
        printf("Tracing EACCESS and EPERM syscall errors. Ctrl-C to end.\n");
}

tracepoint:raw_syscalls:sys_exit
/args->ret == -1/
{
        @EACCESS[comm, ksym(*(kaddr("sys_call_table") + args->id * 8))] =
            count();
}

tracepoint:raw_syscalls:sys_exit
/args->ret == -13/
{
        @EPERM[comm, ksym(*(kaddr("sys_call_table") + args->id * 8))] =
            count();
}
```

raw_syscalls:sys_exit 跟踪点仅提供了系统调用的一个标志号。要转换成名称，可以用一个系统调用的查询表，像 BCC 版的 syscount(8) 做的那样。eperm(8) 使用了不同的技术：通过读内核系统调用表（sys_call_table），找到处理该系统调用的函数，然后把该函数地址转换成内核符号名称。

11.2.9　tcpconnect 和 tcpaccept

tcpconnect(8) 和 tcpaccept(8) 在第 10 章介绍过，它们是跟踪新 TCP 连接的 BCC 和 bpftrace 工具，可以用来定位可疑的网络活动。许多类型的攻击都涉及至少连接某个系统一次。BCC 版的 tcpconnect(8) 的示例输出如下：

```
# tcpconnect
PID    COMM      IP SADDR         DADDR           DPORT
22411  a.out      4 10.43.1.178   10.0.0.1        8080
[...]
```

tcpconnect(8) 输出显示 a.out 进程建立了一个到 10.0.0.1 的连接，端口为 8080，很可疑。（a.out 是某些编译器的默认输出文件名，通常不被任何软件使用。）

下面是 BCC 版的 tcpaccept(8) 示例的输出，其中还使用了 -t 选项打印时间戳：

```
# tcpaccept -t
TIME(s)  PID    COMM      IP RADDR         LADDR          LPORT
0.000    1440   sshd       4 10.10.1.201   10.43.1.178    22
0.201    1440   sshd       4 10.10.1.201   10.43.1.178    22
0.408    1440   sshd       4 10.10.1.201   10.43.1.178    22
0.612    1440   sshd       4 10.10.1.201   10.43.1.178    22
[...]
```

该输出显示多个从 10.10.1.201 到 sshd(8) 提供的端口 22 的连接。这些连接差不多每 200 毫秒（参见 "TIME(s)" 栏）发生一次，可能是正在进行暴力破解。

这些工具的一个关键功能是，为了效率考虑，仅插桩 TCP 会话事件。其他工具会跟踪每个网络数据包，在繁忙系统中会有很高的开销。

可到第 10 章查看关于 tcpconnect(8) 和 tcpaccept(8) 的更多信息。

11.2.10　tcpreset

tcpreset(8)[1] 是一个 bpftrace 工具，可以跟踪 TCP 发送重置（RST）数据包。这可以用于检测 TCP 端口扫描，端口扫描会将数据包发送到各种端口，包括关闭的端口，会触发 RST 回复。比如：

```
# tcpreset.bt
Attaching 2 probes...
```

1　笔者于2019年2月26日为本书开发。

```
Tracing TCP resets. Hit Ctrl-C to end.
TIME      LADDR           LPORT  RADDR           RPORT
20:50:24 100.66.115.238 80      100.65.2.196    45195
20:50:24 100.66.115.238 443     100.65.2.196    45195
20:50:24 100.66.115.238 995     100.65.2.196    45451
20:50:24 100.66.115.238 5900    100.65.2.196    45451
20:50:24 100.66.115.238 443     100.65.2.196    45451
20:50:24 100.66.115.238 110     100.65.2.196    45451
20:50:24 100.66.115.238 135     100.65.2.196    45451
20:50:24 100.66.115.238 256     100.65.2.196    45451
20:50:24 100.66.115.238 21      100.65.2.196    45451
20:50:24 100.66.115.238 993     100.65.2.196    45451
20:50:24 100.66.115.238 3306    100.65.2.196    45451
20:50:24 100.66.115.238 25      100.65.2.196    45451
20:50:24 100.66.115.238 113     100.65.2.196    45451
20:50:24 100.66.115.238 1025    100.65.2.196    45451
20:50:24 100.66.115.238 18581   100.65.2.196    45451
20:50:24 100.66.115.238 199     100.65.2.196    45451
20:50:24 100.66.115.238 56666   100.65.2.196    45451
20:50:24 100.66.115.238 8080    100.65.2.196    45451
20:50:24 100.66.115.238 53      100.65.2.196    45451
20:50:24 100.66.115.238 587     100.65.2.196    45451
[...]
```

这显示在同一秒内,许多不同的本地端口发送了 TCP 重置:看上去像一个端口扫描。该工具通过跟踪发送重置的内核函数实现,开销可以忽略,因为这在正常情况下很少发生。

注意,有多种不同类型的 TCP 端口扫描,TCP/IP 协议栈会有不同的响应。笔者在一个 Linux 4.15 内核上测试 nmap(1) 端口扫描,它会对 SYN、FIN、NULL 以及 Xmas 扫描响应 TCP RST 包,使得它们都对 tcprest(8) 可见。

这些列如下所示。

- **TIME**:时间,以 HH:MM:SS 格式显示。
- **LADDR**:本地地址。
- **LPORT**:本地 TCP 端口。
- **RADDR**:远端 IP 地址。
- **RPORT**:远端 TCP 端口。

tcpreset(8) 的源代码如下:

```
#!/usr/local/bin/bpftrace
```

```
#include <net/sock.h>
#include <uapi/linux/tcp.h>
#include <uapi/linux/ip.h>

BEGIN
{
        printf("Tracing TCP resets. Hit Ctrl-C to end.\n");
        printf("%-8s %-14s %-6s %-14s %-6s\n", "TIME",
            "LADDR", "LPORT", "RADDR", "RPORT");
}

kprobe:tcp_v4_send_reset
{
        $skb = (struct sk_buff *)arg1;
        $tcp = (struct tcphdr *)($skb->head + $skb->transport_header);
        $ip = (struct iphdr *)($skb->head + $skb->network_header);
        $dport = ($tcp->dest >> 8) | (($tcp->dest << 8) & 0xff00);
        $sport = ($tcp->source >> 8) | (($tcp->source << 8) & 0xff00);

        time("%H:%M:%S ");
        printf("%-14s %-6d %-14s %-6d\n", ntop(AF_INET, $ip->daddr), $dport,
            ntop(AF_INET, $ip->saddr), $sport);
}
```

该代码跟踪 tcp_v4_send_reset() 内核函数，仅跟踪 IPv4 流量。如果需要该工具可以改进为跟踪 IPv6。

该工具也是一个从套接字缓冲区读取 IP 和 TCP 头的示例：参看设置 $tcp 和 $ip 的相关行。该逻辑基于内核的 ip_hdr() 和 tcp_hdr() 函数，如果内核改变了，这个逻辑则需要更新。

11.2.11 capable

capable(8)[1] 是一个 BCC 和 bpftrace 工具，用于显示安全能力的使用情况。这对于构建一个应用程序所需能力的白名单很有用，目的是阻止其他能力以提高安全性。

---

1 笔者于2016年9月13日使用BCC开发了第一版，并于2018年9月8日将其移植到bpftrace。灵感来自Netflix平台安全团队的Michael Wardrop（他想要这种能见度）的一个讨论。

```
# capable
TIME       UID    PID    COMM           CAP   NAME             AUDIT
22:52:11   0      20007  capable        21    CAP_SYS_ADMIN    1
22:52:11   0      20007  capable        21    CAP_SYS_ADMIN    1
22:52:11   0      20007  capable        21    CAP_SYS_ADMIN    1
22:52:11   0      20007  capable        21    CAP_SYS_ADMIN    1
22:52:11   0      20007  capable        21    CAP_SYS_ADMIN    1
22:52:11   0      20007  capable        21    CAP_SYS_ADMIN    1
22:52:12   1000   20108  ssh            7     CAP_SETUID       1
22:52:12   0      20109  sshd           6     CAP_SETGID       1
22:52:12   0      20109  sshd           6     CAP_SETGID       1
22:52:12   0      20110  sshd           18    CAP_SYS_CHROOT   1
22:52:12   0      20110  sshd           6     CAP_SETGID       1
22:52:12   0      20110  sshd           6     CAP_SETGID       1
22:52:12   0      20110  sshd           7     CAP_SETUID       1
22:52:12   122    20110  sshd           6     CAP_SETGID       1
22:52:12   122    20110  sshd           6     CAP_SETGID       1
22:52:12   122    20110  sshd           7     CAP_SETUID       1
[...]
```

该工具展示了 capable(8) 工具检查 CAP_SYS_ADMIN 能力（超级用户），ssh(1) 检查 CAP_SETUID 能力，然后 sshd(8) 检查各种能力。这些文档可以在 capabilities(7) 手册页找到。

打印的列包括如下几个。

- **CAP**：安全能力号。
- **NAME**：安全能力的代码名称（查看 capabilities(7)）。
- **AUDIT**：该安全能力检查是否会写入审计日志。

该工具通过跟踪内核 cap_capable() 函数实现，该函数可以决定当前任务是否具有给定的能力。该函数的调用频率很低，所以额外开销可以忽略不计。

该工具有选项可以显示用户态和内核态调用栈。比如，包括如下两种跟踪：

```
# capable -KU
[...]
TIME       UID    PID    COMM           CAP   NAME                 AUDIT
12:00:37   0      26069  bash           2     CAP_DAC_READ_SEARCH  1
        cap_capable+0x1 [kernel]
        ns_capable_common+0x68 [kernel]
        capable_wrt_inode_uidgid+0x33 [kernel]
        generic_permission+0xfe [kernel]
```

```
    __inode_permission+0x36 [kernel]
    inode_permission+0x14 [kernel]
    may_open+0x5a [kernel]
    path_openat+0x4b5 [kernel]
    do_filp_open+0x9b [kernel]
    do_sys_open+0x1bb [kernel]
    sys_openat+0x14 [kernel]
    do_syscall_64+0x73 [kernel]
    entry_SYSCALL_64_after_hwframe+0x3d [kernel]
    open+0x4e [libc-2.27.so]
    read_history+0x22 [bash]
    load_history+0x8c [bash]
    main+0x955 [bash]
    __libc_start_main+0xe7 [libc-2.27.so]
    [unknown]
[...]
```

这包括了一个显示 openat(2) 系统调用的内核态堆栈，和一个显示 bash 进程调用 read_history() 的用户态堆栈。

BCC

命令行使用说明如下：

```
capable [options]
```

选项包括如下几项。

- **-v**：包括非审计检查（详细）。
- **-p PID**：仅检查该进程。
- **-K**：包括内核态调用栈。
- **-U**：包括用户态调用栈。

某些检查被认为是"非审计"类的，并不会被记录到审计日志。这些检查除非使用了 -v 选项，默认是被排除的。

bpftrace

下面是该工具 bpftrace 版的代码，包含了它的核心功能。该版本不支持任何选项，可跟踪所有能力检查，包括"非审计"类的检查：

```
#!/usr/local/bin/bpftrace

BEGIN
```

```
{
        printf("Tracing cap_capable syscalls... Hit Ctrl-C to end.\n");
        printf("%-9s %-6s %-6s %-16s %-4s %-20s AUDIT\n", "TIME", "UID", "PID",
            "COMM", "CAP", "NAME");
        @cap[0] = "CAP_CHOWN";
        @cap[1] = "CAP_DAC_OVERRIDE";
        @cap[2] = "CAP_DAC_READ_SEARCH";
        @cap[3] = "CAP_FOWNER";
        @cap[4] = "CAP_FSETID";
        @cap[5] = "CAP_KILL";
        @cap[6] = "CAP_SETGID";
        @cap[7] = "CAP_SETUID";
        @cap[8] = "CAP_SETPCAP";
        @cap[9] = "CAP_LINUX_IMMUTABLE";
        @cap[10] = "CAP_NET_BIND_SERVICE";
        @cap[11] = "CAP_NET_BROADCAST";
        @cap[12] = "CAP_NET_ADMIN";
        @cap[13] = "CAP_NET_RAW";
        @cap[14] = "CAP_IPC_LOCK";
        @cap[15] = "CAP_IPC_OWNER";
        @cap[16] = "CAP_SYS_MODULE";
        @cap[17] = "CAP_SYS_RAWIO";
        @cap[18] = "CAP_SYS_CHROOT";
        @cap[19] = "CAP_SYS_PTRACE";
        @cap[20] = "CAP_SYS_PACCT";
        @cap[21] = "CAP_SYS_ADMIN";
        @cap[22] = "CAP_SYS_BOOT";
        @cap[23] = "CAP_SYS_NICE";
        @cap[24] = "CAP_SYS_RESOURCE";
        @cap[25] = "CAP_SYS_TIME";
        @cap[26] = "CAP_SYS_TTY_CONFIG";
        @cap[27] = "CAP_MKNOD";
        @cap[28] = "CAP_LEASE";
        @cap[29] = "CAP_AUDIT_WRITE";
        @cap[30] = "CAP_AUDIT_CONTROL";
        @cap[31] = "CAP_SETFCAP";
        @cap[32] = "CAP_MAC_OVERRIDE";
        @cap[33] = "CAP_MAC_ADMIN";
        @cap[34] = "CAP_SYSLOG";
        @cap[35] = "CAP_WAKE_ALARM";
        @cap[36] = "CAP_BLOCK_SUSPEND";
        @cap[37] = "CAP_AUDIT_READ";
}
```

```
kprobe:cap_capable
{
        $cap = arg2;
        $audit = arg3;
        time("%H:%M:%S  ");
        printf("%-6d %-6d %-16s %-4d %-20s %d\n", uid, pid, comm, $cap,
            @cap[$cap], $audit);
}


END
{
        clear(@cap);
}
```

该程序声明了一个哈希表以实现安全能力号码和名称的查找。如果内核中添加了新的安全能力，需要更新该哈希表。

11.2.12　setuids

setuids(8)[1] 是一个 bpftrace 工具，可以跟踪权限提升的系统调用：setuid(2)、setresuid(2) 和 setfsuid(2)。比如：

```
# setuids.bt
Attaching 7 probes...
Tracing setuid(2) family syscalls. Hit Ctrl-C to end.
TIME     PID    COMM             UID    SYSCALL     ARGS (RET)
23:39:18 23436  sudo             1000   setresuid ruid=-1 euid=1000 suid=-1 (0)
23:39:18 23436  sudo             1000   setresuid ruid=-1 euid=0 suid=-1 (0)
23:39:18 23436  sudo             1000   setresuid ruid=-1 euid=0 suid=-1 (0)
23:39:18 23436  sudo             1000   setresuid ruid=0 euid=-1 suid=-1 (0)
23:39:18 23436  sudo             0      setresuid ruid=1000 euid=-1 suid=-1 (0)
23:39:18 23436  sudo             1000   setresuid ruid=-1 euid=-1 suid=-1 (0)
23:39:18 23436  sudo             1000   setuid    uid=0 (0)
23:39:18 23437  sudo             0      setresuid ruid=0 euid=0 suid=0 (0)
[...]
```

输出显示 sudo(8) 命令将 UID 从 1000 切换到 0，以及它执行的各种系统调用。通过 sshd(8) 的登录也可以被 setuids(8) 看到，因为这些过程也会切换 UID。

---

1 笔者在2004年5月9日开发了第一版的setuids.d，发现它对跟踪登录很有用，因为可以捕获登录设置 uid:login、su和sshd。笔者在2019年2月26日为本书开发了bpftrace版本。

打印的列包括如下几项。

- **UID**：setuid 调用前的用户 ID。
- **SYSCALL**：系统调用的名称。
- **ARGS**：系统调用的参数。
- （**RET**）：返回值。对 setuid(2) 和 setresuid(2) 来说，这显示调用是否成功。对
  setfsuid(2) 来说，这显示之前的 UID。

该工具跟踪这些系统调用。因为这些系统调用的调用频率较低，因此该工具的额外
开销可以忽略不计。

setuids(8) 的源代码如下：

```
#!/usr/local/bin/bpftrace

BEGIN
{
        printf("Tracing setuid(2) family syscalls. Hit Ctrl-C to end.\n");
        printf("%-8s %-6s %-16s %-6s %-9s %s\n", "TIME",
            "PID", "COMM", "UID", "SYSCALL", "ARGS (RET)");
}

tracepoint:syscalls:sys_enter_setuid,
tracepoint:syscalls:sys_enter_setfsuid
{
        @uid[tid] = uid;
        @setuid[tid] = args->uid;
        @seen[tid] = 1;
}

tracepoint:syscalls:sys_enter_setresuid
{
        @uid[tid] = uid;
        @ruid[tid] = args->ruid;
        @euid[tid] = args->euid;
        @suid[tid] = args->suid;
        @seen[tid] = 1;
}

tracepoint:syscalls:sys_exit_setuid
/@seen[tid]/
{
        time("%H:%M:%S ");
```

```
            printf("%-6d %-16s %-6d setuid     uid=%d (%d)\n", pid, comm,
                @uid[tid], @setuid[tid], args->ret);
            delete(@seen[tid]); delete(@uid[tid]); delete(@setuid[tid]);
}

tracepoint:syscalls:sys_exit_setfsuid
/@seen[tid]/
{
            time("%H:%M:%S ");
            printf("%-6d %-16s %-6d setfsuid  uid=%d (prevuid=%d)\n", pid, comm,
                @uid[tid], @setuid[tid], args->ret);
            delete(@seen[tid]); delete(@uid[tid]); delete(@setuid[tid]);
}

tracepoint:syscalls:sys_exit_setresuid
/@seen[tid]/
{
            time("%H:%M:%S ");
            printf("%-6d %-16s %-6d setresuid ", pid, comm, @uid[tid]);
            printf("ruid=%d euid=%d suid=%d (%d)\n", @ruid[tid], @euid[tid],
                @suid[tid], args->ret);
            delete(@seen[tid]); delete(@uid[tid]); delete(@ruid[tid]);
            delete(@euid[tid]); delete(@suid[tid]);
}
```

这将跟踪三个 syscall 入口和出口跟踪点，将入口详细信息存储到可以在出口获取和打印的映射中。

11.3 BPF单行程序

本节展示了一些 BCC 和 bpftrace 单行程序。如果可能的话，同一个单行程序会同时使用 BCC 和 bpftrace 实现。

11.3.1 BCC

为 PID 为 1234 的进程统计安全审计事件数：

```
funccount -p 1234 'security_*'
```

跟踪可插入身份验证模块（PAM）会话的开始：

```
trace 'pam:pam_start "%s: %s", arg1, arg2'
```

跟踪内核模块加载：

```
trace 't:module:module_load "load: %s", args->name'
```

11.3.2　bpftrace

为 PID 为 1234 的进程统计安全审计事件数：

```
bpftrace -e 'k:security_* /pid == 1234 { @[func] = count(); }'
```

跟踪可插入身份验证模块（PAM）会话的开始：

```
bpftrace -e 'u:/lib/x86_64-linux-gnu/libpam.so.0:pam_start { printf("%s: %s\n",
    str(arg0), str(arg1)); }'
```

跟踪内核模块加载：

```
bpftrace -e 't:module:module_load { printf("load: %s\n", str(args->name)); }'
```

11.3.3　BPF 单行程序示例

下面是单行程序的一些示例输出，以便说明单行程序的功能。以下是选出来的几个带有示例输出的单行程序。

统计安全审计事件数

```
# funccount -p 21086 'security_*'
Tracing 263 functions for "security_*"... Hit Ctrl-C to end.
^C
FUNC                              COUNT
security_task_setpgid                 1
security_task_alloc                   1
security_inode_alloc                  1
security_d_instantiate                1
security_prepare_creds                1
security_file_alloc                   2
security_file_permission             13
security_vm_enough_memory_mm         27
security_file_ioctl                  34
Detaching...
```

这会统计 Linux 安全模块（LSM）钩子事件发生的次数，以处理和审核安全事件。这些钩子函数中的每一个都可以被跟踪以获取更多信息。

跟踪 PAM 会话的开始

```
# trace 'pam:pam_start "%s: %s", arg1, arg2'
PID     TID     COMM          FUNC            -
25568   25568   sshd          pam_start       sshd: bgregg
25641   25641   sudo          pam_start       sudo: bgregg
25646   25646   sudo          pam_start       sudo: bgregg
[...]
```

这显示 sshd(8) 和 sudo(8) 为用户 bgregg 开始了一个 PAM 会话。其他 PAM 函数也可以被跟踪来查看最终的认证请求。

11.4 小结

BPF 可用于各种安全用途，包括用于实时取证的嗅探活动、特权调试、使用白名单等。本章介绍了这些能力，并通过一些 BPF 工具进行了演示。

第12章

编程语言

目前有很多种编程语言，也有很多种对应的编译器和运行时，各种语言不同的执行方式会影响如何跟踪这些编程语言。本章会解释这些差别，并会帮助你找到合适的方式来对各种语言进行跟踪。

学习目标：

- 理解对编译型语言的插桩（比如 C）。
- 理解对即时编译型（JIT）语言的插桩（比如 Java、Node.js）。
- 理解对解释型语言的插桩（比如 bash shell）。
- 在可能的情况下如何跟踪函数调用、参数、返回值及测量延迟。
- 跟踪某种特定语言的用户态调用栈。

本章以简述编程语言的实现作为开始，然后举一些具体语言的例子：作为编译型语言的 C，作为即时编译型语言的 Java，以及作为一个完全解释型语言的 bash shell 脚本。对于每种语言，笔者会介绍如何找到函数名字（符号）、函数参数，以及如何调查和跟踪调用栈。在本章的最后，还包含了对一些语言进行跟踪的笔记：JavaScript（Node.js）、C++ 和 Golang。

不管你对哪种语言感兴趣，本章都会提供一个对它进行插桩探测的方向指引，帮助理解其中的挑战，以及已经对其他语言生效的解决方案。

12.1　背景知识

为了理解如何对一种给定的语言进行插桩，我们需要检查它在执行时是如何转换为机器码的。通常情况下这并不是语言本身的属性，而与语言的具体实现有关。以 Java 为例，并不能说它是一种即时编译型（JIT）语言，Java 仅仅是一门编程语言。广泛使用的 OracleJDK 或 OpenJDK 所提供的 JVM，运行时会使用流水线形式从解释方式执行再到 JIT 编译方式执行 Java 方法，但这是 JVM 的属性。JVM 本身也是编译过的 C++ 代码实现的，会运行类的加载和垃圾回收等函数。在一个完全插桩的 Java 应用中，可能会碰见编译部分（C++ JVM 函数）的代码，解释方式执行的部分代码（Java 方法），和 JIT 编译之后的部分代码（Java 方法）——如何插桩各种形式的代码是有差别的。另外一些语言分别有编译器和解释器的实现，这时你需要知道使用的是哪个实现才能知道如何进行跟踪。

简单来说就是，如果你的工作是对语言 X 进行跟踪，首先应该问一个问题：当前使用什么来运行 X？它是如何工作的？它是一个编译器、JIT 编译器、解释器、动物、蔬菜、还是矿物呢？

本节提供了使用 BPF 对任意语言进行跟踪的建议，按照它们如何生成机器码对语言的实现进行了分类：编译型、JIT 编译型，或者解释型。有些实现（比如 JVM）支持多种技术。

12.1.1　编译型语言

通常采用编译方式运行的语言的例子有：C、C++、Golang、Rust、Pascal、Fortran 以及 COBOL。

对于编译型语言，函数会被编译为机器码，并且保存在二进制可执行文件中，通常文件的格式是 ELF，且包含以下属性：

- 对于用户态的软件，符号表被包含在 ELF 二进制文件中，可以将函数名和对象名与地址进行映射。这些地址在执行过程中不会发生变化，所以符号表可以随时在映射中被读取。内核态软件不太一样的地方在于它在 /proc/kallsyms 中有自己的动态符号表，该表会伴随内核模块的加载而增长。

- 函数的参数和函数的返回值被保存在寄存器和栈的特定偏移位置。它们的位置通常会遵循每个处理器的标准调用规范；不过，有一些编译语言（比如 Golang）使用了不同的调用规范；而另一些（比如 V8 的内置函数）则根本不使用调用规范。

- 帧指针寄存器（x86_64 架构中的 RBP）可以用来遍历调用栈，前提条件是在函数序言（prolog）中对编译器进行了初始化。编译器通常会把帧指针寄存器重用为一个通用寄存器（这在寄存器数目少的处理器中是一种性能优化手段），但是带来的副作用就是它会破坏基于帧指针的调用栈回溯。

编译型语言一般是比较容易跟踪的：对用户态软件使用 uprobes，对内核态软件则使用 kprobes。在本书中有很多这方面的例子。

在对编译型语言开展工作时，可以检查一下是否存在符号表（比如，使用 nm(1)、objdump(1) 或者 readelf(1)）。如果没有符号表，检查是否有一个调试信息的包，如果有，它们可以提供相关符号信息。如果还是没有，再检查一下编译器和构建脚本，看看符号为什么会在编译过程中丢失，它们可能被 strip(1) 剥离了。一个修复的方法是重新编译软件，并且不调用 strip(1)。

再检查一下基于帧指针的调用栈是否生效。这种方法是目前 BPF 对用户态调用栈回溯的默认方法。如果这个方法不生效，那么该软件需要使用开启帧指针的编译选项（比如 `gcc-fno-omit-frame-pointer`）重新编译。如果做不到这一点，那么也可以看一下其他方法，比如最后分支记录（LBR）[1]、DWARF，或者用户态 ORC，以及 BTF。在BPF 工具层面还需要做一些工作才能支持使用这些，这在第 2 章中讨论过。

12.1.2　即时编译型语言

即时编译型（JIT）语言的例子有 Java、JavaScript、Julia、.Net 及 SmallTalk。

JIT 语言会将代码编译为字节码，然后在运行时阶段再编译为机器码，通常会从运行时的操作中接收反馈来指导编译器优化。它们有如下特性（只讨论用户态）：

- 因为函数是运行时现场编译的，所以没有提前构造的符号表。符号映射关系通常存储在 JIT 运行时的内存中，并且一般用于打印异常发生时的调用栈。这些映射关系也会发生变化，因为运行时会被重新编译，函数也会被移动位置。
- 函数的参数和返回值可能会也可能不会遵循标准调用规范。
- JIT 运行时可能会也可能不会尊重栈指针寄存器，所以基于栈指针寄存器的调用栈回溯可能正常工作，也可能会失败（在这种情况下会看到调用栈结束在错误的地址上面）。运行时在出错后进行异常处理时，通常使用自己的方式来进行调用栈回溯并打印。

跟踪以 JIT 方式编译的语言是很困难的。在二进制执行文件中没有符号表，因为它是动态生成并存放在内存中的。一些应用可以为 JIT 提供额外的符号映射（/tmp/perf-PID.map），然而 uprobes 不能使用这些信息，这里有两点原因：

1. 编译器可能会在内存中直接移动被 uprobes 插桩过的函数，但不会通知内核。当不再需要这个插桩点时，内核需要将指令恢复为插桩前的指令，但是此时会写入错误的内存地址，这会导致用户空间的内存破坏。[2]

1　目前BPF以及其前端还不支持LBR，不过我们准备增加对这部分的支持。perf(1)目前通过命令行选项`--call-graph lbr`来支持LBR。

2　笔者请求JVM团队开发一种方式暂停c2编译器，这样在uprobes跟踪期间函数不会被移动。

2. uprobes 基于 inode，需要对应到一个文件位置上才能工作，然而 JIT 映射可能存在于匿名的私有映射中。[1]

如果运行时对每个函数都提供 USDT 探针，那么对编译型函数进行跟踪就是可能的，但是这种方法不管探针实际启用与否，通常都会带来高额的开销。一种更有效的方式是对经过选择的动态 USDT 探针进行插桩（第 2 章介绍过 USDT 和动态 USDT）。USDT 探针还提供了对函数参数和返回值进行插桩的解决方案，方式是将它们作为探针的参数。

如果 BPF 的调用栈已经正常工作了，那么可以用额外提供的符号文件将函数地址转换为函数名字。对于不支持 USDT 的运行时来说，可以使用这个方法获取正在运行的 JIT 函数的可见性：可以通过系统调用、内核事件，或者基于定时采样机制获得调用栈信息，以便观察当前正在运行的 JIT 函数。这是最容易的获得 JIT 函数可见性的方式，可以帮助解决许多类型的问题。

当调用栈不可用时，检查一下运行时是否有开启帧指针的选项，或者是否可以使用 LBR。如果这些都不行，那么还有其他一些方式来修复调用栈，不过这些方法可能需要显著的工程开发工作量。一种方式是修改运行时编译器来保留帧指针；另一种方式是添加可以使用语言自身获取调用栈方式的 USDT，以字符串参数的方式进行提供。还有一种方式是从 BPF 向进程发送信号，让用户态的辅助函数向 BPF 可读的内存中写入调用栈，Facebook 在它的 hhvm 项目中采用了这种方式 [133]。

本章后面会使用 Java 作为例子，讨论在实际中如何运用这些技术进行剖析。

12.1.3　解释型语言

通常采用解释方式执行的语言包括 bash shell、Perl、Python 和 Ruby。还有一些语言使用解释执行作为 JIT 编译执行之前的一个阶段——比如 Java 和 JavaScript。对这些语言分阶段进行分析，和只使用解释型语言的分析方式类似。

解释型语言的运行时不会将程序函数编译为机器码，而是使用自身内置的子函数进行语法分析和执行。它们有如下属性：

- 二进制符号表展示了解释器的内部符号，但是不包含用户程序中的函数。该函数很可能会被存储在一个负责对解释对象进行映射的内存表中，该表和特定的解释器实现相关。

- 函数参数和返回值由解释器进行处理。它们通常由解释器的函数调用进行传递，并且可能和解释器的对象进行绑定，不是简单的整数类型和字符串。

1　与他人一起，笔者正在找寻一种方式从内核中移除这个限制。

■ 如果解释器编译时启用了帧指针，那么基于帧指针的调用栈回溯就可以工作，不过它只能显示解释器的内部运作，而不能体现用户程序所提供的程序的函数名字的上下文。解释器通常可以知晓用户程序的调用栈，这样在出现异常时能够打印调用栈，不过存储调用栈的数据结构因解释器而异。

可能会有 USDT 探针来显示函数的起止位置，这时函数的名字和参数会以探针参数的形式存在。举个例子，Ruby 运行时在解释器中会内置 USDT 探针。在提供跟踪函数调用的一种方式的同时，可能会带来较大的开销：这通常意味着会对全部的函数调用进行插桩，然后再通过函数名字过滤感兴趣的函数。如果该语言运行时有动态 USDT 库，可以用它来插入定制化的探针，只对感兴趣的函数插桩，而不是跟踪全部函数然后再过滤。（可以看一下第 2 章的内容了解一下动态 USDT。）比如，ruby-static-tracing 包提供了对 Ruby 这个能力的支持。

如果运行时没有内置的 USDT 探针，而且没有包能提供运行时 USDT 支持（比如 libstapsdt/libusdt），那么可以使用 uprobes 来对解释器的函数进行跟踪，这样就可以得到函数名和参数这样的细节。它们可能被以解释器对象的形式存储，并且需要对 struct 结构成员进行分析。

在解释器内存中读取调用栈信息是极其困难的。一种成本较高但是可以操作的方式是：使用 BPF 跟踪每个函数调用的入口和出口，然后在 BPF 内存中为每个线程构建一个人工的栈，这样在需要时可以读取。和 JIT 方式编译的语言类似，有其他方式可以添加调用栈支持，包括通过定制化的 USDT 探针以及运行时自己的方法来获取一个调用栈（就像 Ruby 的内置 caller 变量，或者一个 exception 方法等），或者通过 BPF 发信号到用户空间辅助函数。

12.1.4　BPF 的分析能力

使用 BPF 对一种语言进行跟踪所需要的能力，包括可回答以下问题：

■ 什么函数被调用？
■ 函数的参数是什么？
■ 函数的返回值是什么？有错误吗？
■ 引发了某个事件的什么代码路径（调用栈）？
■ 函数运行的时长是多久？可以用直方图表示吗？

这些问题中哪些可以用 BPF 回答，取决于语言的具体实现。许多语言实现有定制的调试器，可以很容易地回答上述问题中的前 4 个，所以你可能会想为什么我们还需要 BPF。一个主要的原因是，我们可以用一个工具来对软件栈的多重层次同时进行跟踪。

不是单单在内核上下文中检查磁盘 I/O 或者缺页中断，而是可以和用户态的代码栈一起进行跟踪，而且带着应用的上下文：哪些用户请求导致了多少磁盘 I/O 或者缺页中断，如此种种。在很多场景中，内核事件可以确认和量化一个问题，但是如何进行修复要靠用户态的代码。

对于一些语言（例如，Java），展示哪些调用栈导致了一个事件发生比跟踪它的函数/方法调用要容易。和 BPF 可以进行插桩的众多内核事件一起，调用栈可以做很多事情。能够看到哪些应用程序代码路径导致了磁盘 I/O、缺页中断，以及其他的一些资源使用情况；能够看到哪些代码路径导致线程阻塞进而被调度离开 CPU；可以使用基于时间的采样对 CPU 进行剖析，生成 CPU 火焰图。

12.1.5 分析策略

建议采用如下总体策略对语言进行分析：

1. 了解语言是如何执行的。对于使用该语言运行的软件，它是编译为二进制文件，还是在运行时即时编译，还是解释执行，还是混合了以上方式？这会指导我们下面所要走的路径，就像本章讨论的那样。

2. 浏览本章提供的工具和单行程序，理解对于每种语言类型可以做的事情。

3. 在互联网上搜索 "[e]BPF language" "BCC language" "bpftrace language" 来看是否存在已知的工具和如何使用 BPF 对语言进行分析。

4. 检查该语言是否有 USDT 探针，看它们是否在发行的二进制版本中被激活（或者需要重新编译以激活它们）。这些是稳定的接口，应更多地使用它们。如果该语言尚不存在 USDT 探针，可考虑添加一些。大多数语言都是开源的。

5. 写一个样例程序来进行插桩。调用一个有确定名字和确定延迟的函数一定次数（使用 sleep），这样就可以通过检查这些工具是否能够识别这些已知的量，来检查它们是否能正常工作。

6. 对于用户态的软件，使用 uprobes 来对语言的执行过程进行监控。对于内核态软件，使用 kprobes。

在后面的小节中我们会以三种语言为例进行讨论：编译方式的 C、JIT 编译方式的 Java，还有解释方式的 bash。

12.1.6 BPF 工具

本章提到的 BPF 工具在图 12-1 中进行了说明。

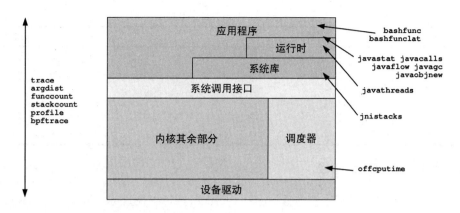

图 12-1 语言分析使用到的 BPF 工具

这些工具覆盖了 C、Java 和 bash。

12.2 C

C 语言是最容易进行跟踪的语言。

对于内核态的 C 程序，内核有自己的符号表，而且大部分发行版都会在编译内核时开启帧指针（CONFIG_FRAME_POINTER=y）。这使得用 kprobes 跟踪内核函数很直接：函数能够被看到和跟踪，参数遵循处理器 ABI 规范，可以顺利得到调用栈。至少，大多数函数可以被看到和跟踪，例外包括内联函数，以及那些在内核中被标记为插桩不安全的函数。

对于用户态的 C 程序，如果在编译时没有清除符号表，而且保留了帧指针，那么采用 uprobes 进行跟踪也是很直接的：函数能够被看到和跟踪，参数遵循处理器 ABI 规范，可以顺利得到调用栈。但不幸的是，多数二进制文件会清除符号表，而且编译器也不使用帧指针，这意味着需要对它们重新编译或者找到其他方式来读取符号和调用栈。

USDT 探针可以用在 C 程序中做静态插桩。有些 C 库，包括 libc，默认会提供 USDT 探针。

本节会讨论 C 语言的函数符号、C 调用栈、C 函数跟踪、C 函数偏移量跟踪、C 的 USDT 探针以及 C 单行程序。表 12-1 列出了用来对 C 代码进行插桩的工具，它们已经在其他章节进行过介绍。

C++ 跟踪和 C 类似，12.5 节会进行简要介绍。

表 12-1　C 相关工具

工具	来源	目标	描述	章节
funccount	BCC	函数	对函数调用计数	4
stackcount	BCC	调用栈	对导致某个事件发生的本地调用栈进行计数	4
trace	BCC	函数	打印详细的函数调用和返回值	4
argdist	BCC	函数	摘要统计函数参数和返回值	4
bpftrace	BT	All	自定义函数和调用栈插桩	5

12.2.1　C 函数符号

可以从 ELF 符号表中得到函数符号。readelf(1) 可以检查符号是否存在。举例来说，这些是微基准测试程序的符号：

```
$ readelf -s bench1

Symbol table '.dynsym' contains 10 entries:
   Num:    Value          Size Type    Bind   Vis      Ndx Name
     0: 0000000000000000     0 NOTYPE  LOCAL  DEFAULT  UND
     1: 0000000000000000     0 NOTYPE  WEAK   DEFAULT  UND _ITM_deregisterTMCloneTab
     2: 0000000000000000     0 FUNC    GLOBAL DEFAULT  UND puts@GLIBC_2.2.5 (2)
     3: 0000000000000000     0 FUNC    GLOBAL DEFAULT  UND __libc_start_main@GLIBC...
     4: 0000000000000000     0 NOTYPE  WEAK   DEFAULT  UND __gmon_start__
     5: 0000000000000000     0 FUNC    GLOBAL DEFAULT  UND malloc@GLIBC_2.2.5 (2)
     6: 0000000000000000     0 FUNC    GLOBAL DEFAULT  UND atoi@GLIBC_2.2.5 (2)
     7: 0000000000000000     0 FUNC    GLOBAL DEFAULT  UND exit@GLIBC_2.2.5 (2)
     8: 0000000000000000     0 NOTYPE  WEAK   DEFAULT  UND _ITM_registerTMCloneTable
     9: 0000000000000000     0 FUNC    WEAK   DEFAULT  UND __cxa_finalize@GLIBC_2.2.5 (2)

Symbol table '.symtab' contains 66 entries:
   Num:    Value          Size Type    Bind   Vis      Ndx Name
     0: 0000000000000000     0 NOTYPE  LOCAL  DEFAULT  UND
     1: 0000000000000238     0 SECTION LOCAL  DEFAULT    1
     2: 0000000000000254     0 SECTION LOCAL  DEFAULT    2
     3: 0000000000000274     0 SECTION LOCAL  DEFAULT    3
     4: 0000000000000298     0 SECTION LOCAL  DEFAULT    4
   [...]
    61: 0000000000000000     0 FUNC    GLOBAL DEFAULT  UND exit@@GLIBC_2.2.5
    62: 0000000000201010     0 OBJECT  GLOBAL HIDDEN     23 __TMC_END__
    63: 0000000000000000     0 NOTYPE  WEAK   DEFAULT  UND _ITM_registerTMCloneTable
    64: 0000000000000000     0 FUNC    WEAK   DEFAULT  UND __cxa_finalize@@GLIBC_2.2
    65: 0000000000000590     0 FUNC    GLOBAL DEFAULT   11 _init
```

符号表 ".symtab" 中有几十项内容（这里截取了部分）。还有一个额外的符号表用于动态链接：.dynsym，这里面有 6 个符号函数。

现在来看一下二进制文件在使用 strip(1) 清除符号表之后会变成什么样子，很多软件包都会经过类似处理：

```
$ readelf -s bench1

Symbol table '.dynsym' contains 10 entries:
   Num:    Value          Size Type    Bind   Vis      Ndx Name
     0: 0000000000000000     0 NOTYPE  LOCAL  DEFAULT  UND
     1: 0000000000000000     0 NOTYPE  WEAK   DEFAULT  UND _ITM_deregisterTMCloneTab
     2: 0000000000000000     0 FUNC    GLOBAL DEFAULT  UND puts@GLIBC_2.2.5 (2)
     3: 0000000000000000     0 FUNC    GLOBAL DEFAULT  UND __libc_start_main@GLIBC...
     4: 0000000000000000     0 NOTYPE  WEAK   DEFAULT  UND __gmon_start__
     5: 0000000000000000     0 FUNC    GLOBAL DEFAULT  UND malloc@GLIBC_2.2.5 (2)
     6: 0000000000000000     0 FUNC    GLOBAL DEFAULT  UND atoi@GLIBC_2.2.5 (2)
     7: 0000000000000000     0 FUNC    GLOBAL DEFAULT  UND exit@GLIBC_2.2.5 (2)
     8: 0000000000000000     0 NOTYPE  WEAK   DEFAULT  UND _ITM_registerTMCloneTable
     9: 0000000000000000     0 FUNC    WEAK   DEFAULT  UND __cxa_finalize@GLIBC_2....
```

strip(1) 移除了 ".symtab" 符号表，但是保留了 ".dynsym" 符号表。".dynsym" 包含了调用到的外部符号，而 ".symtab" 符号表包含了相同的内容，以及应用的本地符号。不使用 ".symtab" 符号表的话，二进制文件中仍然会有一些库函数调用的符号，但是可能大部分受人感兴趣的函数符号都会丢失。

静态编译的程序，进行 strip 操作后可能会丢失全部符号信息，因为它们所在的 ".symtab" 表整个被清除了。

至少有两种办法可以修复这个问题：

- 在软件构建过程中移除与 strip(1) 相关的动作，并且重新编译。
- 使用其他的符号源：如 DWARF 调试信息或者 BTF。

软件包的调试信息有时会以带着 -dbg、-dbgsym 或者 -debuginfo 扩展名的包的形式存在。perf(1)、BCC 和 bpftrace 都支持它们。

调试信息

调试信息（Debuginfo）文件可能和二进制文件的名字一样，只是带有 .debuginfo 扩展名，或者以 build ID 校验和作为文件名，存放在 /usr/lib/debug/.build-id 或者一个用户自定义的位置。对于后者，build ID 存放在二进制文件的 ELF notes 区中，可以使用 readelf -n 进行查看。

举个例子，下面的系统安装了 openjdk-11-jre 和 openjdk-11-dbg 包，分别提供了 libjvm.so 和 libjvm.debuginfo。下面分别统计了每个包中符号的个数：

```
$ readelf -s /usr/lib/jvm/.../libjvm.so | wc -l
456
$ readelf -s /usr/lib/jvm/.../libjvm.debuginfo | wc -l
52299
```

清除过符号的版本有 456 个符号，而调试信息版本有 52 299 个符号。

轻量级调试信息

虽然看起来安装调试信息文件是很值得做的事，但这里面有一个文件大小开销的问题：debuginfo 文件有 222 MB，而 libjvm.so 只有 17 MB。这其中大部分内容并非符号信息，而是其他的调试信息段。符号信息段的大小可以使用 readelf(1) 进行查看：

```
$ readelf -S libjvm.debuginfo
There are 39 section headers, starting at offset 0xdd40468:

Section Headers:
  [Nr] Name              Type             Address           Offset
       Size              EntSize          Flags  Link  Info  Align
[...]
  [36] .symtab           SYMTAB           0000000000000000  0da07530
       00000000001326c0  0000000000000018          37   51845     8
[...]
```

这里显示 .symtab 的大小只有 1.2 MB。作为对比，提供 libjvm.so 的 openjdk 包大小为 175 MB。

如果完整调试信息的大小是一个问题，那么你可以尝试对 debuginfo 文件进行剥离。下面的命令使用 objcopy(1) 对调试信息文件的其他区域（从 .debug 开始）进行剥离，以制作一个轻量级的调试信息文件。它可以用来替换包含符号的调试信息，或者可以通过 eu-unstrip(1) 将它重新合并到二进制文件中。举例如下：

```
$ objcopy -R.debug_\* libjvm.debuginfo libjvm.symtab
$ eu-unstrip -o libjvm.new.so libjvm.so libjvm.symtab
$ ls -lh libjvm.orig.so libjvm.debuginfo libjvm.symtab libjvm.new.so
-rwxr-xr-x 1 root root 222M Nov 13 04:53 libjvm.debuginfo*
-rwxr-xr-x 1 root root  20M Feb 16 19:02 libjvm.new.so*
-rw-r--r-- 1 root root  17M Nov 13 04:53 libjvm.so
-rwxr-xr-x 1 root root 3.3M Feb 16 19:00 libjvm.symtab*
```

```
$ readelf -s libjvm.new.so | wc -l
52748
```

新生成的 libjvm.new.so 只有 20MB 大小，而且包含了全部的符号。不过注意这属于笔者为本书所做的一个概念验证，尚未经过生产环境的验证。

BTF

未来，BPF Type Format（BTF）可以提供另外一种轻量级的调试信息来源，而且它是专门设计供 BPF 使用的。就目前来说，BTF 还只支持内核，开发用户态版本的工作尚未开始。有关 BTF 的相关内容可以回顾一下第 2 章。

使用 bpftrace

除了使用 readelf(1)，bpftrace 还可以从二进制程序中列举符号，来显示哪些符号可以通过 uprobes 进行插桩[1]：

```
# bpftrace -l 'uprobe:/bin/bash'
uprobe:/bin/bash:rl_old_menu_complete
uprobe:/bin/bash:maybe_make_export_env
uprobe:/bin/bash:initialize_shell_builtins
uprobe:/bin/bash:extglob_pattern_p
uprobe:/bin/bash:dispose_cond_node
[...]
```

这里也支持使用通配符：

```
# bpftrace -l 'uprobe:/bin/bash:read*'
uprobe:/bin/bash:reader_loop
uprobe:/bin/bash:read_octal
uprobe:/bin/bash:readline_internal_char
uprobe:/bin/bash:readonly_builtin
uprobe:/bin/bash:read_tty_modified
[...]
```

12.2.3 节会举一个例子，对其中一个函数进行插桩。

12.2.2　C 调用栈

BPF 目前支持基于帧指针的调用栈。为了使用这项技术，需要在编译时开启使用帧

1　Matheus Marchini 在阅读了本章草稿之后认为需要这个特性，于是开发了相关支持。

指针。对于 gcc 编译器，这个选项是 `-fno-omit-frame-pointer`。未来 BPF 也可能
会支持其他形式的调用栈技术。

因为 BPF 是可编程的，所以在原生的支持被添加之前，笔者已经可以使用纯 BPF
来写一个帧指针的调用栈跟踪器了 [134]。Alexei Starovoitov 为此增加了一个新的映射表
类型，BPF_MAP_TYPE_STACK_TRACE 和一个辅助函数 bpf_get_stackid()。辅助函数
返回一个调用栈的唯一 ID，而映射表中则存放了调用栈的具体内容。这可以减少存储调
用栈所需的空间，因为重复的调用栈可以复用 ID 和存储空间。

对于 bpftrace 来说，用户态和内核态的调用栈可以分别通过内置变量 ustack 和
kstack 得到。这里有一个跟踪 bash shell 的例子，它是一个比较大的 C 程序，会打印出
对文件描述符 0（STDIN）进行读取的调用栈：

```
# bpftrace -e 't:syscalls:sys_enter_read /comm == "bash" &&
    args->fd == 0/ { @[ustack] = count(); }'
Attaching 1 probe...
^C

@[
    read+16
    0x6c63004344006d
]: 7
```

这个调用栈实际是残缺的：在 read() 函数之后是一个十六进制数，看起来它不像是
一个地址。（可以使用 pmap(1) 来检查一个 PID 的地址空间映射，来看它是否在区间中；
在本例中，它并没有在其中。）

现在看一下经过 -fno-omit-frame-pointer 进行重新编译的 bash：

```
# bpftrace -e 't:syscalls:sys_enter_read /comm == "bash" &&
    args->fd == 0/ { @[ustack] = count(); }'
Attaching 1 probe...
^C

@[
    read+16
    rl_read_key+307
    readline_internal_char+155
    readline_internal_charloop+22
    readline_internal+23
    readline+91
    yy_readline_get+142
    yy_readline_get+412
```

```
        yy_getc+13
        shell_getc+464
        read_token+250
        yylex+184
        yyparse+776
        parse_command+122
        read_command+203
        reader_loop+377
        main+2355
        __libc_start_main+240
        0xa9de258d4c544155
]: 30
```

此时调用栈可见了。它以从根到叶子的自顶向下的方式打印。换一种说法，自顶向下也是子进程→父进程→祖父进程的顺序。

这个例子显示了 shell 使用 readline() 函数从 STDIN 中读取输入，readline() 函数在调用栈中的 read_command() 代码路径下。这就是 bash 读取输入的过程。

调用栈的底部是另外一个有问题的地址，它在 __lib_start_main 之后。这里的问题是，调用栈目前回溯到了系统库 libc，而 libc 没有使用帧指针编译。

第 2 章中有关于 BPF 调用栈回溯和未来工作的相关内容。

12.2.3 C 函数跟踪

对于内核态 / 用户态的函数可以分别使用 uprobes/uretprobe 和 kprobes/kretprobes 来进行跟踪。在第 2 章中对这些技术进行了介绍，第 5 章介绍了如何在 bpftrace 中使用它们。本书中有许多关于它们的使用方法的例子。

作为本节的一个例子，下面对 readline() 函数进行跟踪，该函数通常会被包含在 bash shell 中。由于这是一个用户态软件，可以使用 uprobes 对它进行跟踪。函数的原型如下：

```
char * readline(char *prompt)
```

它有一个字符串类型的参数 prompt，返回值也是字符串。使用 uprobe 对参数 prompt 进行跟踪，这可以通过内置的 arg0 变量实现：

```
# bpftrace -e 'uprobe:/bin/bash:readline { printf("readline: %s\n", str(arg0)); }'
Attaching 1 probe...
readline: bgregg:~/Build/bpftrace/tools>
readline: bgregg:~/Build/bpftrace/tools>
```

这显示了 shell 在另一个窗口中打印出的输入提示：prompt($PS1)。

现在使用 uretprobe 对返回值进行跟踪，以字符串形式进行展示：

```
# bpftrace -e 'uretprobe:/bin/bash:readline { printf("readline: %s\n",
    str(retval)); }'
Attaching 1 probe...
readline: date
readline: echo hello reader
```

这显示了笔者在另一个窗口中的输入内容。

除了主程序二进制文件外，共享库也可以通过将探针中的 "/bin/bash" 路径替换为库所在路径来进行跟踪。一些 Linux 发行版[1]在编译 bash 时调用了 libreadline 中的 readline() 函数，上面的单行程序就会失败，原因是 readline() 的符号没有在 /bin/bash 下。可以用 libreadline 的路径来对其进行跟踪，举个例子：

```
# bpftrace -e 'uretprobe:/usr/lib/libreadline.so.8:readline {
    printf("readline: %s\n", str(retval)); }'
```

12.2.4　C 函数偏移量跟踪

有时可能需要对一个函数内部的某个偏移地址进行跟踪，而非仅跟踪函数的起止位置。一方面可以对函数的代码流有更高的可见性，另外可以查看寄存器的值，这样就能跟踪到本地变量的内容。

uprobes 和 kprobes 支持对函数的任意偏移量进行跟踪，BCC 的 Python API 中的 attach_uprobe() 和 attach_kprobe() 也支持这种跟踪。然而，这项能力还没有在 BCC 的 trace(8) 和 funccount(8) 等工具中展示出来，bpftrace 也还不支持。添加这些工具应该不难。难点在于如何确保其安全。uprobes 不对指令的边界对齐进行检查，所以一旦跟踪了错的地址（比如多个字节指令的中间位置）就会损坏目标程序的指令，导致它以一种无法预料的方式失败。其他的跟踪器，如 perf(1)，使用调试信息来对指令边界对齐进行检查。

12.2.5　C USDT

可以在 C 程序中添加 USDT 探针来提供静态插桩，这是跟踪工具可以使用的稳定的 API。有些程序和库已经提供了 USDT 探针，比如，使用 bpftrace 列出 libc USDT 探针：

```
# bpftrace -l 'usdt:/lib/x86_64-linux-gnu/libc-2.27.so'
usdt:/lib/x86_64-linux-gnu/libc-2.27.so:libc:setjmp
```

1　比如Arch Linux。

```
usdt:/lib/x86_64-linux-gnu/libc-2.27.so:libc:longjmp
usdt:/lib/x86_64-linux-gnu/libc-2.27.so:libc:longjmp_target
usdt:/lib/x86_64-linux-gnu/libc-2.27.so:libc:memory_mallopt_arena_max
usdt:/lib/x86_64-linux-gnu/libc-2.27.so:libc:memory_mallopt_arena_test
usdt:/lib/x86_64-linux-gnu/libc-2.27.so:libc:memory_tunable_tcache_max_bytes
[...]
```

有几个不同的库提供了 USDT 插桩支持，包括 systemtap-sdt-dev 和 Facebook 的 Folly。在第 2 章中可以找到如何对 C 程序添加 USDT 支持的例子。

12.2.6　C 单行程序

本节展示了一些 BCC 和 bpftrace 单行程序。通常情况下，同一个单行程序会分别用 BCC 和 bpftrace 实现。

BCC

对以 "attach" 开头的内核函数调用进行计数：

```
funccount 'attach*'
```

对某个二进制（如 /bin/bash）文件中以 a 开头的函数调用计数：

```
funccount '/bin/bash:a*'
```

对某个库（如 libc.6.so）文件中以 a 开头的函数调用计数：

```
funccount '/lib/x86_64-linux-gnu/libc.so.6:a*'
```

跟踪某个函数和它的参数（比如，bash 的 readline()）：

```
trace '/bin/bash:readline "%s", arg1'
```

跟踪某个库函数和它的参数（比如，libc 的 fopen()）：

```
trace '/lib/x86_64-linux-gnu/libc.so.6:fopen "%s", arg1'
```

对某个库函数的返回值进行统计（比如，libc 的 fopen()）：

```
argdist -C 'r:/lib/x86_64-linux-gnu/libc.so.6:fopen():int:$retval'
```

对某个用户态函数调用栈进行计数（比如，bash 的 readline()）：

```
stackcount -U '/bin/bash:readline'
```

以 49 Hz 的频率对用户态调用栈进行采样：

```
profile -U -F 49
```

bpftrace

对以"attach"开头的内核函数调用进行计数：

```
bpftrace -e 'kprobe:attach* { @[probe] = count(); }'
```

对某个二进制（如 /bin/bash）文件中以 a 开头的函数调用计数：

```
bpftrace -e 'uprobe:/bin/bash:a* { @[probe] = count(); }'
```

对某个库（如 libc.6.so）文件中以 a 开头的函数调用计数：

```
bpftrace -e 'u:/lib/x86_64-linux-gnu/libc.so.6:a* { @[probe] = count(); }'
```

跟踪某个函数和它的参数（比如，bash 的 readline()）：

```
bpftrace -e 'u:/bin/bash:readline { printf("prompt: %s\n", str(arg0)); }'
```

跟踪某个函数和它的返回值（比如，bash 的 readline()）：

```
bpftrace -e 'ur:/bin/bash:readline { printf("read: %s\n", str(retval)); }'
```

跟踪某个库函数和它的参数（比如，libc 的 fopen()）：

```
bpftrace -e 'u:/lib/x86_64-linux-gnu/libc.so.6:fopen { printf("opening:
    %s\n",str(arg0)); }'
```

对某个库函数的返回值进行统计（比如，libc 的 fopen()）：

```
bpftrace -e 'ur:/lib/x86_64-linux-gnu/libc.so.6:fopen { @[retval] = count(); }'
```

对某个用户态函数调用栈进行计数（比如，bash 的 readline()）：

```
bpftrace -e 'u:/bin/bash:readline { @[ustack] = count(); }'
```

以 49 Hz 的频率对用户态调用栈进行采样：

```
bpftrace -e 'profile:hz:49 { @[ustack] = count(); }'
```

12.3 Java

Java 是一个较难跟踪的目标。Java 虚拟机（JVM）会把 Java 方法编译为字节码，随后在解释器中运行。然后，当执行频率超过阈值（-XX:CompileThreshold）时，字节码会通过即时编译（JIT）方式被编译为本地指令。JVM 也会对 Java 方法的执行进行剖析，然后将它们重新编译，动态改变方法在内存中的位置，以达到进一步提高性能的目的。JVM 包含了 C++ 编写的库，功能包括编译、线程管理、垃圾回收。HotSpot 是使用最广泛的 JVM，它最早是由 Sun 公司开发的。

JVM 的 C++ 组件（libjvm）可以像本章前面小节所述，作为编译语言被插桩。JVM 本身已经包含了许多 USDT 探针，这就使得跟踪 JVM 的核心比较容易。这些 USDT 探针也可以使用 Java 方法进行插桩，但是使用过程中挑战也不小，本节会讨论这些问题。

本节先简要介绍对 libjvm C++ 的跟踪，然后讨论 Java 线程的名字、Java 方法的符号、Java 的调用栈、Java 的 USDT 探针，以及 Java 单行程序。表 12-2 中列出了和 Java 相关的分析工具。

表 12-2 Java 相关工具

工具	来源	跟踪目标	描述
jnistacks	本书	libjvm	使用对象调用栈来展示 JNI 消费者
profile	BCC	CPU	基于时间的调用栈采样，包括 Java 方法
offcputime	BCC	Sched	未在 CPU 上运行的栈采样，包括 Java 方法
stackcount	BCC	Event	对任何事件获取其调用栈
javastat	BCC	USDT	高级语言操作统计
javathreads	本书	USDT	跟踪线程的开始和结束事件
javacalls	BCC/ 本书	USDT	对 Java 方法调用进行计数
javaflow	BCC	USDT	展示 Java 方法的代码流
javagc	BCC	USDT	跟踪 Java 的垃圾回收
javaobjnew	BCC	USDT	对 Java 新对象的分配进行计数

下面会对表 12-2 中列出的一些工具展示具体的 Java 方法，如果将笔者所在的 Netflix 公司生产服务器上的输出展示到本书中，需要对内部代码做相当多的销密处理，学习例子就不方便了。因此笔者另辟蹊径，在这里使用了一款开源的 Java 游戏程序 freecol 作为例子。这款游戏软件比较复杂，并且对性能方面要求比较高，这和 Netflix 公司的生产代码具有一定相似性[1]。

12.3.1 跟踪 libjvm

JVM 的主库 libjvm 包含数以千计的函数，用于运行 Java 线程、加载类、编译方法、分配内存以及垃圾回收等。它们通常用 C++ 编写，可以通过跟踪运行的 Java 程序进行不同视角的观察。

举个例子，笔者会使用 BCC 版本的 funccount(8) 对所有 Java 的本地接口（Java Nativa Interface，JNI）进行跟踪（这里也可以使用 bpftrace）：

```
# funccount '/usr/lib/jvm/java-11-openjdk-amd64/lib/server/libjvm.so:jni_*'
Tracing 235 functions
for "/usr/lib/jvm/java-11-openjdk-amd64/lib/server/libjvm.
```

1　在 SCaLE 2019 会议上，笔者用 BPF 对另一个复杂的 Java 程序——Minecraft，进行了现场分析。尽管它的分析复杂度与 freecol 以及 Netflix 等产品应用接近，但是由于该产品不是开源程序，并不适合在这里进行分析。

```
so:jni_*"... Hit Ctrl-C to end.
^C
FUNC                                  COUNT
jni_GetObjectClass                        1
jni_SetLongArrayRegion                    2
jni_GetEnv                               15
jni_SetLongField                         42
jni_NewWeakGlobalRef                     84
jni_FindClass                           168
jni_GetMethodID                         168
jni_NewObject                           168
jni_GetObjectField                      168
jni_ExceptionOccurred                   719
jni_CallStaticVoidMethod               1144
jni_ExceptionCheck                     1186
jni_ReleasePrimitiveArrayCritical      3787
jni_GetPrimitiveArrayCritical          3787
Detaching...
```

这会对 libjvm.so 中匹配了"jni_*"的函数进行跟踪，我们可以看到，被调用频率最高的函数是 jni_GetPrimitiveArrayCritical() 和 jni_ReleasePrimitiveArrayCritical()，被调用了 3787 次。输出中的 libjvm 路径在这里进行了换行显示，以避免超过一行的长度限制。

libjvm 符号

通常和 JDK 一起打包的 libjvm.so 的符号表已经被剥离了，这意味着本地符号表不可用，跟踪这些 JNI 函数需要额外的操作。这个状态可以通过 file(1) 命令进行查看：

```
$ file /usr/lib/jvm/java-11-openjdk-amd64/lib/server/libjvm.orig.so
/usr/lib/jvm/java-11-openjdk-amd64/lib/server/libjvm.orig.so: ELF 64-
bit LSB shared object, x86-64, version 1 (GNU/Linux), dynamically linked,
BuildID[sha1]=f304ff36e44ce8a68a377cb07ed045f97aee4c2f, stripped
```

可能的解决方案包括：

- 从源代码编译 libjvm，并且不使用 strip(1)。
- 如果可能，安装 JDK 的调试信息（debuginfo）包，BCC 和 bpftrace 都有相关支持。
- 安装 JDK 的调试信息包，然后使用 elfutils unstrip(1) 来将符号表加回 libjvm.so（可以看一下 12.2.1 小节中的"调试信息"部分）。
- 当可用时，使用 BTF（第 2 章有介绍）。

在这个例子中，笔者使用了第 2 个选项。

12.3.2 jnistacks

作为一个 libjvm 示例工具, jnistack(8)[1] 对引发 jni_NewObject() 或者以 jni_NewObject 开头的函数调用的栈进行计数, 在前面的输出结果中我们见过这个函数。这可以揭示哪些 Java 代码路径, 包括哪些 Java 方法, 引发了新的 JNI 对象的创建。一些示例输出如下:

```
# bpftrace --unsafe jnistacks.bt
Tracing jni_NewObject* calls... Ctrl-C to end.
^C
Running /usr/local/bin/jmaps to create Java symbol files in /tmp...
Fetching maps for all java processes...
Mapping PID 25522 (user bgregg):
wc(1):    8350   26012 518729 /tmp/perf-25522.map

[...]
@[
    jni_NewObject+0
    Lsun/awt/X11GraphicsConfig;::pGetBounds+171
    Ljava/awt/MouseInfo;::getPointerInfo+2048
    Lnet/sf/freecol/client/gui/plaf/FreeColButtonUI;::paint+1648
    Ljavax/swing/plaf/metal/MetalButtonUI;::update+232
    Ljavax/swing/JComponent;::paintComponent+672
    Ljavax/swing/JComponent;::paint+2208
    Ljavax/swing/JComponent;::paintChildren+1196
    Ljavax/swing/JComponent;::paint+2256
    Ljavax/swing/JComponent;::paintChildren+1196
    Ljavax/swing/JComponent;::paint+2256
    Ljavax/swing/JLayeredPane;::paint+2356
    Ljavax/swing/JComponent;::paintChildren+1196
    Ljavax/swing/JComponent;::paint+2256
    Ljavax/swing/JComponent;::paintToOffscreen+836
    Ljavax/swing/BufferStrategyPaintManager;::paint+3244
    Ljavax/swing/RepaintManager;::paint+1260
    Interpreter+5955
    Ljavax/swing/JComponent;::paintImmediately+3564
    Ljavax/swing/RepaintManager$4;::run+1684
    Ljavax/swing/RepaintManager$4;::run+132
    call_stub+138
    JavaCalls::call_helper(JavaValue*, methodHandle const&, JavaCallArguments*, Th...
    JVM_DoPrivileged+1600
```

---

[1] 笔者于2019年2月8日为本书创建了此工具。

```
Ljava/security/AccessController;::doPrivileged+216
Ljavax/swing/RepaintManager;::paintDirtyRegions+4572
Ljavax/swing/RepaintManager;::paintDirtyRegions+660
Ljavax/swing/RepaintManager;::prePaintDirtyRegions+1556
Ljavax/swing/RepaintManager$ProcessingRunnable;::run+572
Ljava/awt/EventQueue$4;::run+1100
call_stub+138
JavaCalls::call_helper(JavaValue*, methodHandle const&, JavaCallArguments*, Th...
]: 232
```

这里为了简洁，只包含了最后的调用栈。自底向上显示了逐级调用的路径，自顶向下则展示了函数的族谱关系。这个调用栈看起来是以某个队列事件作为开始（EventQueue）的，然后调用了 paint 方法，最后调用了 sun.awt.X11GraphicsConfig::pGetBounds()，该方法进行了 JNI 调用——估计是因为它需要调用 X11 图形库。

这里看到一些 Interpreter() 帧，这是 Java 在其达到编译阈值并成为本地编译的方法之前，会通过解释器来执行方法。

读取这个栈是有些困难的，因为 Java 符号都是一些类的名字。bpftrace 目前还不支持对这些名字进行翻译，c++filt(1) 工具目前也不支持识别这个版本的 Java 类。[1] 为了展示这些是如何做到的，这个符号：

```
Ljavax/swing/RepaintManager;::prePaintDirtyRegions+1556
```

应为：

```
javax.swing.RepaintManager::prePaintDirtyRegions()+1556
```

jnistack(8) 的源代码如下：

```
#!/usr/local/bin/bpftrace

BEGIN
{
        printf("Tracing jni_NewObject* calls... Ctrl-C to end.\n");
}

uprobe:/usr/lib/jvm/java-11-openjdk-amd64/lib/server/libjvm.so:jni_NewObject*
{
        @[ustack] = count();
}
```

1　请不要犹豫，去修复bpftrace和c++filt(1)吧。

```
END
{
        $jmaps = "/usr/local/bin/jmaps";
        printf("\nRunning %s to create Java symbol files in /tmp...\n", $jmaps);
        system("%s", $jmaps);
}
```

uprobes 会对 libjvm.so 中所有以"jni_NewObject*"开头的函数进行跟踪，并对相应的用户态调用栈的频率进行计数。

END 段则会启动一个外部程序 jmaps，在 /tmp 目录下建立一个 Java 方法符号文件。这里使用了 system() 函数，这就意味着命令行要带上 --unsafe 参数，因为 system() 使用的命令不能被 BPF 验证器所验证。

在前文中展示了 jmaps 的输出，在 12.3.4 节中对此有解释。jmaps 可以从外部启动，不一定非要出现在这个 bpftrace 程序中（可以删除 END 从句）；然而，jmaps 的运行时刻和符号进行转储的时刻间隔越大，无法定位符号或者错误翻译符号的可能性就越大。通过在 bpfrace 的 END 从句中包含 jmaps，它会在调用栈打印之前执行 jmaps，这样就减少了从采集到使用的时间差。

12.3.3 Java 线程名字

JVM 允许为每个线程起名字。如果你尝试以"java"去匹配进程名字，可能会一无所获，因为线程可能会叫作其他名字。比如，使用 bpftrace：

```
# bpftrace -e 'profile:hz:99 /comm == "java"/ { @ = count(); }'
Attaching 1 probe...
^C
#
```

现在来匹配进程 ID，然后显示线程 ID 和内置变量 comm：

```
# bpftrace -e 'profile:hz:99 /pid == 16914/ { @[tid, comm] = count(); }'
Attaching 1 probe...
^C

@[16936, VM Periodic Tas]: 1
[...]
@[16931, Sweeper thread]: 4
@[16989, FreeColClient:b]: 4
@[21751, FreeColServer:A]: 7
```

```
@[21779, FreeColClient:b]: 18
@[21780, C2 CompilerThre]: 20
@[16944, AWT-XAWT]: 22
@[16930, C1 CompilerThre]: 24
@[16946, AWT-EventQueue-]: 51
@[16929, C2 CompilerThre]: 241
```

　　内置变量 comm 返回线程（task）名字，而非父进程的名字。这有利于为线程提供更多的上下文：上面的剖析文件显示了 C2 CompilerThread（名字已截断）在采样期间消耗了最多的 CPU。但是这可能会带来一定的困惑，因为其他的工具包括 top(1) 显示了父进程的名字，即"java"。[1]

　　这些线程的名字也可以通过 /proc/PID/task/TID/comm 查看。比如，使用 grep(1) 打印并带上它们的文件名：

```
# grep . /proc/16914/task/*/comm
/proc/16914/task/16914/comm:java
[...]
/proc/16914/task/16959/comm:GC Thread#7
/proc/16914/task/16963/comm:G1 Conc#1
/proc/16914/task/16964/comm:FreeColClient:W
/proc/16914/task/16981/comm:FreeColClient:S
/proc/16914/task/16982/comm:TimerQueue
/proc/16914/task/16983/comm:Java Sound Even
/proc/16914/task/16985/comm:FreeColServer:S
/proc/16914/task/16989/comm:FreeColClient:b
/proc/16914/task/16990/comm:FreeColServer:-
```

　　在下面小节的例子中，通过 Java 的 PID 而不是"java"名字进行匹配，现在你已经明白为什么需要这么做了。这里还有另外一个原因，使用信号量的 USDT 探针也需要 PID 信息，这样 bpftrace 才能为该 PID 设置信号量。看一下 2.10 节可以得到更多关于信号量探针的知识。

12.3.4　Java 方法的符号

　　开源的 perf-map-agent 可以用来制作额外的符号文件，以将编译后的 Java 方法地址包含进去 [135]。在需要打印调用栈或者包含 Java 方法的地址时，这是必要的一步。否则，

1　未来我们可能会在内核中增加一个 bpf_get_current_pcomm() 函数来得到进程的名字。在 bpftrace 中，可能会以"pcomm"内置变量提供。

这些地址的函数会显示未知。perf-map-agent 使用了 Linux perf(1) 创建的惯例，即在 /tmp 下生成一个 /tmp/perf-PID 这样的文件 [136]：

```
START SIZE symbolname
```

下面是某款 Java 应用程序中的一些样例符号，符号中都包含了"sun"字样（仅用于举例）：

```
$ grep sun /tmp/perf-3752.map
[...]
7f9ce1a04f60 80 Lsun/misc/FormattedFloatingDecimal;::getMantissa
7f9ce1a06d60 7e0 Lsun/reflect/GeneratedMethodAccessor579;::invoke
7f9cc1a08de0 80 Lsun/misc/FloatingDecimal$BinaryToASCIIBuffer;::isExceptional
7f9ce1a23fc0 140 Lsun/security/util/Cache;::newSoftMemoryCache
7f9ce1a243c0 120 Lsun/security/util/Cache;::<init>
7f9ce1a2a040 1e80 Lsun/security/util/DerInputBuffer;::getBigInteger
7f9ce1a2ccc0 980 Lsun/security/util/DisabledAlgorithmConstraints;::permits
7f9ce1a36c20 200 Lcom/sun/jersey/core/reflection/ReflectionHelper;::findMethodOnCl...
7f9ce1a3a360 6e0 Lsun/security/util/MemoryCache;::<init>
7f9ce1a523c0 760 Lcom/sun/jersey/core/reflection/AnnotatedMethod;::hasMethodAnnota...
7f9ce1a60b60 860 Lsun/reflect/GeneratedMethodAccessor682;::invoke
7f9ce1a68f20 320 Lsun/nio/ch/EPollSelectorImpl;::wakeup
[...]
```

perf-map-agent 可以按需启动并运行，挂载到 Java 进程上获取符号表。注意，这个符号转储的过程可能会产生一些性能开销，对于大型 Java 应用来说，这一步可能需要超过 1 秒的 CPU 时间。

因为这是一个 Java 符号表的快照，所以当 Java 编译器对 Java 方法进行重新编译时它会迅速失效。即使是业务负载达到一种稳定状态时，这种重新编译也会不断发生。进行符号快照和使用 BPF 工具翻译方法符号的时刻之间间隔越久，符号失效和翻译出错的概率就越大。对于繁忙的实际业务场景，超过 60 秒的 Java 符号表就基本不可信了。

12.3.5 节提供了一个调用栈的例子，先是没有使用 perf-map-agent 符号表，然后又使用 jmaps 运行带上了符号表。

自动化

可以对符号获取进行自动化操作，以将从符号生成到被 BPF 工具使用这段时间最小化。perf-map-agent 这个项目包含了自动化这个工作的软件，笔者也发布了自己的程序 jmaps[137]。jmaps 会找到全部的 java 进程（基于进程名字），然后把它们的符号表转储下来。下面是在一台 48-CPU 的生产服务器上运行 jmaps 的输出结果：

```
# time ./jmaps
Fetching maps for all java processes...
Mapping PID 3495 (user www):
wc(1):  116736  351865 9829226 /tmp/perf-3495.map


real    0m10.495s
user    0m0.397s
sys     0m0.134s
```

这个输出包含了各种统计值：jmaps 在最终符号转储上运行了 wc(1)，显示它有 116 736 行（符号），文件大小为 9 829 226 字节。笔者通过 time(1) 显示了它运行的时长：这是一个繁忙的 Java 应用，占用了大约 174GB 的主存，运行大约花费 10.5 秒（多数 CPU 时间不能在 user 和 sys 统计中看出来，因为它运行在 JVM 中）。

在配合 BCC 使用时，jmaps 可以在相关工具之前使用。比如：

```
./jmaps; trace -U '...'
```

这会在 jmaps 结束时立即唤起 trace(8) 命令，将符号失效的时间最小化。对于收集调用栈摘要信息的工具（比如 stackcount(8)），可以在打印摘要信息之前修改工具本身，以调用 jmaps。

使用 bpftrace 时，对于那些使用 printf() 的工具可以将 jmaps 放到 BEGIN 语句中，打印摘要的工具可以放到 END 语句中。之前的 jnistack(8) 工具是后者的例子。

其他技术和未来的工作

使用了这些减少符号失效的技术后，perf-map-agent 在很多环境中已经可以工作得很好了。然而，还有其他方式可以更好地支持符号表缺失问题，BCC 在将来可能会增加对它们的支持。简要描述如下。

- **基于时间采样记录符号日志**：perf(1) 支持这种方式，而且该工具已经被包括在 Linux 源代码中。[1] 目前它会持续在线记录日志，这会带来一些性能开销。理想状态下，不需要一直记录日志，而只要按需在跟踪开始时激活就可以了。当禁用采集时，它可以作为一个全量的符号表快照。这样就可以允许之后回过头来通过跟踪文件和快照数据重建符号状态，不需要承担一直在线的符号开销。[2]

---

[1] 可以看一下Linux源代码的tools/perf/jvmti。

[2] 笔者和Stephane Eranian——给linux perf(1)增加了jvmti支持的开发者——讨论了这个问题，但是我和他都没有时间来做编码实现工作。

- 使失效的符号可见。有可能在跟踪之前和之后分别转储符号表，找到哪些改变了位置，然后创建一个新符号表并将这些位置标记为不可靠。
- async-profile：这个工具会把 perf_events 调用栈和那些使用 Java 的 AsyncGetCallTrace 接口得到的栈混在一起。这种方式不需要开启帧指针。
- 内核层面的支持：在 BPF 社区中讨论过这个问题。未来可能会增加内核支持，使用内核内部的符号翻译改进调用栈的收集。第 2 章提到了这一点。
- JVM 内建的符号转储支持：perf-map-agent 是一个单线程模块，使用的是受限的 JVMTI 接口。如果 JVM 能够支持直接将符号文件写入 /tmp/perf-PID 文件的话——例如，可以由外部信号或者 JVMTI 调用来触发——这种 JVM 内置的机制就会更为高效。

这仍是一个不断发展的领域。

12.3.5　Java 调用栈

Java 默认是不遵守帧指针寄存器约定的，因此无法基于帧指针来进行栈回溯。比如，使用 bpftrace 来对某个 Java 进程的调用栈进行采样：

```
# bpftrace -e 'profile:hz:99 /pid == 3671/ { @[ustack] = count(); }'
Attaching 1 probe...
^C

@[
    0x7efcff88a7bd
    0x12f023020020fd4
]: 1
@[
    0x7efcff88a736
    0x12f023020020fd4
]: 1
@[
    IndexSet::alloc_block_containing(unsigned int)+75
    PhaseChaitin::interfere_with_live(unsigned int, IndexSet*)+628
    PhaseChaitin::build_ifg_physical(ResourceArea*)+1812
    PhaseChaitin::Register_Allocate()+1834
    Compile::Code_Gen()+628
    Compile::Compile(ciEnv*, C2Compiler*, ciMethod*, int, bool, bool, bool, Direct...
    C2Compiler::compile_method(ciEnv*, ciMethod*, int, DirectiveSet*)+177
    CompileBroker::invoke_compiler_on_method(CompileTask*)+931
    CompileBroker::compiler_thread_loop()+1224
```

```
    JavaThread::thread_main_inner()+259
    thread_native_entry(Thread*)+240
    start_thread+219
]: 1
@[
    0x7efcff72fc9e
    0x620000cc4
]: 1
@[
    0x7efcff969ba8
]: 1
[...]
```

在上面的输出中，那些有一两行十六进制地址的便是残缺的栈。作为一个编译优化点，Java 编译器使用了帧指针寄存器来存放本地变量。这会让 Java 稍微快一点儿（在寄存器数量少的处理器上），付出的代价是调试器和跟踪器无法使用基于帧指针的栈回溯。在这种情况下尝试使用调用栈一般在第一个地址就会失败。上述输出包含了这样的失败例子，还有一个成功的 C++ 栈：相关代码没有进入任何 Java 方法，因而帧指针没有受影响。

PreserveFramePointer

在 Java 8 update 60 版本中，JVM 提供了 -XX:+PreserveFramePointer 选项，用来开启帧指针，[1] 这就可以修复基于帧指针的调用栈了。现在我们再次使用相同的 bpftrace 单行程序，不过这次开启了 Java 的这个选项（开启方式是在启动脚本 /usr/games/freecol 中的 run_java 那行中增加 -XX:+PreserveFramePointer）：

```
# bpftrace -e 'profile:hz:99 /pid == 3671/ { @[ustack] = count(); }'
Attaching 1 probe...
^C
[...]
@[
    0x7fdbdf74ba04
    0x7fdbd8be8814
    0x7fdbd8bed0a4
    0x7fdbd8beb874
    0x7fdbd8ca336c
    0x7fdbdf96306c
```

1　笔者开发了这项功能，并以补丁形式发送给hotspot-compiler-devs邮件列表，并附了一张火焰图以示其功能。Oracle公司的Zoltán Majó对其进行了重写，将其参数化（PreserveFramePointer），并将其集成在官方的JDK中。

```
0x7fdbdf962504
0x7fdbdf62fef8
0x7fdbd8cd85b4
0x7fdbd8c8e7c4
0x7fdbdf9e9688
0x7fdbd8c83114
0x7fdbd8817184
0x7fdbdf9e96b8
0x7fdbd8ce57a4
0x7fdbd8cbecac
0x7fdbd8cb232c
0x7fdbd8cc715c
0x7fdbd8c846ec
0x7fdbd8cbb154
0x7fdbd8c7fdc4
0x7fdbd7b25849
JavaCalls::call_helper(JavaValue*, methodHandle const&, JavaCallArguments*, Th...
JVM_DoPrivileged+1600
0x7fdbdf77fe18
0x7fdbd8ccd37c
0x7fdbd8cd1674
0x7fdbd8cd0c74
0x7fdbd8c8783c
0x7fdbd8bd8fac
0x7fdbd8b8a7b4
0x7fdbd8b8c514
]: 1
[...]
```

这些调用栈已经完整，只差符号翻译部分了。

调用栈与符号

在 12.3.4 节介绍过，可以通过 perf-map-agent 软件生成一个额外的符号文件，并使用 jmaps 进行自动化。在通过 END 语句执行这一步骤之后输出如下：

```
# bpftrace --unsafe -e 'profile:hz:99 /pid == 4663/ { @[ustack] = count(); }
    END { system("jmaps"); }'
Attaching 2 probes...
^CFetching maps for all java processes...
Mapping PID 4663 (user bgregg):
wc(1):    6555  20559 388964 /tmp/perf-4663.map
@[
```

```
Lsun/awt/X11/XlibWrapper;::RootWindow+31
Lsun/awt/X11/XDecoratedPeer;::getLocationOnScreen+3764
Ljava/awt/Component;::getLocationOnScreen_NoTreeLock+2260
Ljavax/swing/SwingUtilities;::convertPointFromScreen+1820
Lnet/sf/freecol/client/gui/plaf/FreeColButtonUI;::paint+1068
Ljavax/swing/plaf/ComponentUI;::update+1804
Ljavax/swing/plaf/metal/MetalButtonUI;::update+4276
Ljavax/swing/JComponent;::paintComponent+612
Ljavax/swing/JComponent;::paint+2120
Ljavax/swing/JComponent;::paintChildren+13924
Ljavax/swing/JComponent;::paint+2168
Ljavax/swing/JLayeredPane;::paint+2356
Ljavax/swing/JComponent;::paintChildren+13924
Ljavax/swing/JComponent;::paint+2168
Ljavax/swing/JComponent;::paintToOffscreen+836
Ljavax/swing/BufferStrategyPaintManager;::paint+3244
Ljavax/swing/RepaintManager;::paint+1260
Ljavax/swing/JComponent;::_paintImmediately+12636
Ljavax/swing/JComponent;::paintImmediately+3564
Ljavax/swing/RepaintManager$4;::run+1684
Ljavax/swing/RepaintManager$4;::run+132
call_stub+138
JavaCalls::call_helper(JavaValue*, methodHandle const&, JavaCallArguments*, Th...
JVM_DoPrivileged+1600
Ljava/security/AccessController;::doPrivileged+216
Ljavax/swing/RepaintManager;::paintDirtyRegions+4572
Ljavax/swing/RepaintManager;::paintDirtyRegions+660
Ljavax/swing/RepaintManager;::prePaintDirtyRegions+1556
Ljavax/swing/RepaintManager$ProcessingRunnable;::run+572
Ljava/awt/event/InvocationEvent;::dispatch+524
Ljava/awt/EventQueue;::dispatchEventImpl+6260
Ljava/awt/EventQueue$4;::run+372
]: 1
```

现在调用栈是完整的，而且也是完整翻译过的。这个栈看起来像是在 UI 上绘制了一个按钮（FreeColButtonUI::paint()）。

库函数的栈

作为最后一个例子，来看一下跟踪 read(2) 系统调用：

```
# bpftrace -e 't:syscalls:sys_enter_read /pid == 4663/ { @[ustack] = count(); }'
Attaching 1 probe...
^C
```

```
@[
    read+68
    0xc528280f383da96d
]: 11
@[
    read+68
]: 25
```

这个栈仍然是残缺的，尽管 Java 运行时已经带上了 -XX:+PreserveFramePointer 选项。这里的问题在于，这个系统调用进入了 libc 库的 read() 函数，而这个库并没有开启帧指针。修复的方式是重编译这个库，或者是当 BPF 工具支持其他调用栈方法时使用它们（例如，DWARF 或 LBR）。

修复调用栈可能需要做很多工作，但这个工作是值得做的：它支持使用火焰图进行性能剖析，并显示任意事件的调用栈上下文。

12.3.6 Java USDT 探针

第 2 章介绍过 USDT 探针，其优势在于可以提供稳定接口来对事件进行插桩。在 JVM 中，有关各种事件的 USDT 探针，包括：

- 虚拟机生命周期
- 线程生命周期
- 类加载
- 垃圾回收
- 方法编译
- 监控器
- 应用跟踪
- 方法调用
- 对象分配
- 监控器事件

上述探针只在 JDK 使用了 --enable-dtrace 编译选项后才能使用，不幸的是，Linux 发行版的 JDK 很多都没有打开该选项。为了使用 USDT 探针，需要使用 --enable-dtrace 重新编译 JDK，或者请求包的维护者开启这个选项。

这些探针在 *Java Virtual Machine Guide*[138] 一书的 "DTrace Probes in HotSpot VM" 小节中有文档说明，描述了每个探针的作用和它的参数。表 12-3 列举了其中的一些探针。

表 12-3 USDT 探针

USDT 分组	USDT 探针	参数
hotspot	thread__start、thread__stop	char *thread_name、u64 thread_name_len、u64 thread_id、u64 os_thread_id、bool is_daemon
hotspot	class__loaded	char *class_name、u64 class_name_len、u64 loader_id、bool is_shared
hotspot	gc__begin	bool is_full_gc
hotspot	gc__end	—
hotspot	object__alloc	int thread_id、char *class_name、u64 class_name_len、u64 size
hotspot	method__entry、method__return	int thread_id、char *class_name、int class_name_len、char *method_name、int method_name_len、char *signature、int signature_len
hotspot_jni	AllocObject__entry	void *env、void *clazz

从 *Java Virtual Machine Guide* 一书中可以找到全部列表。

Java USDT 的实现

我们来看一下 USDT 探针是如何插入 JDK 的，下面以 hotspot:gc__begin 探针之后的代码作为例子。对于大多数人来说，这些细节并不是必须掌握的；这里列出来只是帮助大家理解这些探针是如何工作的。

探针定义在 src/hotspot/os/posix/dtrace/hotspot.d 中，这个文件包含了全部 USDT 探针的定义：

```
provider hotspot {
[...]
  probe gc__begin(uintptr_t);
```

根据以上定义，探针名为 hotspot:gc__begin。在编译时，该文件被编译为一个 hotspot.h 头文件，包含了 HOTSPOT_GC_BEGIN 宏定义：

```
#define HOTSPOT_GC_BEGIN(arg1) \
DTRACE_PROBE1 (hotspot, gc__begin, arg1)
```

这个宏然后就被插入 JVM 代码所需要的位置。它被放置在 notify_gc_begin() 函数中，这样该函数可以被唤起执行探针。在 src/hotspot/share/gc/shared/gcVMOperations.cpp 中：

```
void VM_GC_Operation::notify_gc_begin(bool full) {
  HOTSPOT_GC_BEGIN(
                   full);
```

```
HS_DTRACE_WORKAROUND_TAIL_CALL_BUG();
}
```

该函数正好有一个临时修复 DTrace bug 的宏，该宏定义在 DTrace 的某个 .hpp 头文件中，其中有注释："//Work around dtrace tail call bug 6672627 until it is fixed insolaris 10"。

如果 JDK 编译时没有加 --enable-dtrace，那么 dtrace_disabled.hpp 头文件会被使用，这些宏不会做任何返回。

对于这个探针还有一个 HOTSPOT_GC_BEGIN_ENABLED 宏，它在以下情况会返回真值：当这个探针被某个跟踪器激活，并且被代码使用以了解是否需要计算开销比较大的探针参数时；或者这些可以被跳过，如果当前没有使用探针时。

列出全部 Java USDT 探针

BCC 的 tplist(8) 工具可以列出某个进程当前使用的 USDT 探针。对于 JVM，它会列出超过 500 个探针。这里的输出进行了截断，以显示一些有趣的探针，完整的到 libjvm.so 的路径被省略掉了（...）：

```
# tplist -p 6820
/.../libjvm.so hotspot:class__loaded
/.../libjvm.so hotspot:class__unloaded
/.../libjvm.so hs_private:cms__initmark__begin
/.../libjvm.so hs_private:cms__initmark__end
/.../libjvm.so hs_private:cms__remark__begin
/.../libjvm.so hs_private:cms__remark__end
/.../libjvm.so hotspot:method__compile__begin
/.../libjvm.so hotspot:method__compile__end
/.../libjvm.so hotspot:gc__begin
/.../libjvm.so hotspot:gc__end
[...]
/.../libjvm.so hotspot_jni:NewObjectArray__entry
/.../libjvm.so hotspot_jni:NewObjectArray__return
/.../libjvm.so hotspot_jni:NewDirectByteBuffer__entry
/.../libjvm.so hotspot_jni:NewDirectByteBuffer__return
[...]
/.../libjvm.so hs_private:safepoint__begin
/.../libjvm.so hs_private:safepoint__end
/.../libjvm.so hotspot:object__alloc
/.../libjvm.so hotspot:method__entry
/.../libjvm.so hotspot:method__return
/.../libjvm.so hotspot:monitor__waited
```

```
/.../libjvm.so hotspot:monitor__wait
/.../libjvm.so hotspot:thread__stop
/.../libjvm.so hotspot:thread__start
/.../libjvm.so hotspot:vm__init__begin
/.../libjvm.so hotspot:vm__init__end
[...]
```

这些探针被分类到 hotspot 和 hotspot_jni 库下面。这些输出包含了类加载、垃圾回收、安全点（safepoints）、对象分配、方法、线程以及其他方面的探针。这里使用双下画线，是用来创建探针名字的，使得 DTrace 能够使用一个单破折号引用，不会发生在代码中引入减号这样的问题。

这里的例子对一个进程运行了 tplist(8)；它也可以运行在 libjvm.so 上。这样，readelf(1) 就可以从 ELF 头中的 notes 区域看到 USDT 探针（-n）：

```
# readelf -n /.../jdk/lib/server/libjvm.so

Displaying notes found in: .note.gnu.build-id
  Owner                 Data size    Description
  GNU                   0x00000014   NT_GNU_BUILD_ID (unique build ID bitstring)
    Build ID: 264bc78da04c17524718c76066c6b535dcc380f2

Displaying notes found in: .note.stapsdt
  Owner                 Data size    Description
  stapsdt               0x00000050   NT_STAPSDT (SystemTap probe descriptors)
    Provider: hotspot
    Name: class__loaded
    Location: 0x00000000005d18a1, Base: 0x00000000010bdf68, Semaphore: 0x0000000000000000
    Arguments: 8@%rdx -4@%eax 8@152(%rdi) 1@%sil
  stapsdt               0x00000050   NT_STAPSDT (SystemTap probe descriptors)
    Provider: hotspot
    Name: class__unloaded
    Location: 0x00000000005d1cba, Base: 0x00000000010bdf68, Semaphore: 0x0000000000000000
    Arguments: 8@%rdx -4@%eax 8@152(%r12) 1@$0
[...]
```

使用 Java 的 USDT 探针

这些探针既可以在 BCC 中也可以在 bpftrace 中使用。*Java Virtual Machine Guide*[138] 对它们的角色参数进行了文档说明。比如，使用 BCC trace(8) 工具对 gc-begin 探针进行插桩，第一个参数为布尔类型，可以显示这是一个完全 gc(1) 还是部分 gc(0)：

```
# trace -T -p $(pidof java) 'u:/.../libjvm.so:gc__begin "%d", arg1'
TIME      PID    TID    COMM          FUNC          -
09:30:34 11889  11900  VM Thread     gc__begin     0
09:30:34 11889  11900  VM Thread     gc__begin     0
09:30:34 11889  11900  VM Thread     gc__begin     0
09:30:38 11889  11900  VM Thread     gc__begin     1
```

上面的输出显示，在 09:30:34 发生了一次部分 GC（partial GC），而在 09:30:38 发生了一次完整 GC（full GC）。注意，JVM 指南中将这个参数写为 args[0]，然而，trace(8) 计数从 1 开始，所以它是 arg1。

这里有一个带字符串参数的例子，method__compile__begin 探针中有编译器名字、类名字、方法名，分别是第 1、3、5 个参数。下面使用 trace(8) 显示方法名：

```
# trace -p $(pidof java) 'u:/.../libjvm.so:method__compile__begin "%s", arg5'
PID    TID    COMM          FUNC           -
12600  12617  C1 CompilerThre method__compile__begin getLocationOnScreen
12600  12617  C1 CompilerThre method__compile__begin getAbsoluteX
12600  12617  C1 CompilerThre method__compile__begin getAbsoluteY
12600  12617  C1 CompilerThre method__compile__begin currentSegmentD
12600  12617  C1 CompilerThre method__compile__begin next
12600  12617  C1 CompilerThre method__compile__begin drawJoin
12600  12616  C2 CompilerThre method__compile__begin needsSyncData
12600  12617  C1 CompilerThre method__compile__begin getMouseInfoPeer
12600  12617  C1 CompilerThre method__compile__begin fillPointWithCoords
12600  12616  C2 CompilerThre method__compile__begin isHeldExclusively
12600  12617  C1 CompilerThre method__compile__begin updateChildGraphicsData
Traceback (most recent call last):
  File "_ctypes/callbacks.c", line 315, in 'calling callback function'
  File "/usr/local/lib/python2.7/dist-packages/bcc/table", line 572, in raw_cb_
    callback(cpu, data, size)
  File "/home/bgregg/Build/bcc/tools/trace", line 567, in print_event
    self._display_function(), msg))
UnicodeDecodeError: 'ascii' codec can't decode byte 0xff in position 10: ordinal not in
range(128)
12600  12616  C2 CompilerThre method__compile__begin getShowingSubPanel%
[...]
```

前 11 行在最后一个字段中显示了方法名，然后跟着一个 Python 错误：将字节作为 ASCII 展示。这个问题在 *Java Virtual Machine Guide* 中进行了解释：字符串不是以 NULL 结尾的，长度作为额外的参数提供出来。为了避免这样的错误，BPF 程序需要使用探针的字符串长度参数。

现在切换到 bpftrace，它可以将内置变量 str() 作为长度参数：

```
# bpftrace -p $(pgrep -n java) -e 'U:/.../libjvm.so:method__compile__begin
{ printf("compiling: %s\n", str(arg4, arg5)); }'
Attaching 1 probe...
compiling: getDisplayedMnemonicIndex
compiling: getMinimumSize
compiling: getBaseline
compiling: fillParallelogram
compiling: preConcatenate
compiling: last
compiling: nextTile
compiling: next
[...]
```

输出中不再有错误了，现在可以根据字符串的长度正确打印了。任何 BCC 或者 bpftrace 程序只要用到这些探针，就需要用这样的方式来使用长度参数。

再举一个与下一节讲解内容有关的例子，下面的程序对全部的以 "method" 开头的 USDT 探针进行频率计数：

```
# funccount -p $(pidof java) 'u:/.../libjvm.so:method*'
Tracing 4 functions for "u:/.../libjvm.so:method*"... Hit Ctrl-C to end.
^C
FUNC                                     COUNT
method__compile__begin                   2056
method__compile__end                     2056
Detaching...
```

在跟踪过程中，method__comile__begin 和 method__compile__end 探针被触发了 2056 次。然而，method__entry 和 method__return 探针没有被触发，原因是它们是扩展的 USDT 探针集合的一部分，接下来会讲到。

扩展的 Java USDT 探针

有一些 JVM USDT 探针默认并没有使用到：方法的进入和返回、对象分配和 Java 监控器探针。由于这些事件的发生频率非常高，即使在启用的时候开销也非常高——几乎超过 10%。注意，这只是启用这些探针的开销，而不是实际使用时的开销！当它们被激活和使用时，性能开销会更加显著，可能导致 Java 运行速度降至原来的十分之一甚至更低。

为了让 Java 用户不对他们不使用的东西进行额外付出，这些探针默认是禁止使用的，除非在 Java 运行时带上了 -XX:+ExtendedDTraceProbes 参数。

下面展示了 Java 游戏 freecol 在打开了 ExtendedDTraceProbes 之后，然后再次对全部的以"method"开头的 USDT 探针进行频率计数：

```
# funccount -p $(pidof java) 'u:/.../libjvm.so:method*'
Tracing 4 functions for "u:/.../libjvm.so:method*"... Hit Ctrl-C to end.
^C
FUNC                             COUNT
method__compile__begin       ,     357
method__compile__end               357
method__return                26762077
method__entry                 26762245
Detaching...
```

在跟踪期间，对于 method__entry 和 method__return 的调用达到了 2600 万次之多。游戏遭遇了严重的迟滞，每次输入都需要卡顿大概 3 秒。作为前后的对比，freecol 从启动到首页画面默认是 2 秒，当对上述的方法探针进行插桩时需要 22 秒。

相比于对生产环境下的负载分析，这些高频探针可能在实验室环境下对于软件问题的诊断更加有实用价值。

后面会介绍不同的 Java 可见性 BPF 工具，现在我们已经提供了必要的背景知识：libjvm、Java 符号、Java 调用栈以及 Java USDT 探针。

12.3.7　profile

第 6 章介绍了 BCC 的 profile(8) 工具。有很多 Java 的性能剖析工具。profile(8) 的优势在于它十分高效，在内核上下文中对调用栈计数，显示用户态和内核态的 CPU 消费者。花费在本地库（比如 libc）、libjvm、Java 方法以及内核中的时间都可以通过 profile(8) 看到。

Java 前置条件

为了让 profile(8) 能够看到完整的调用栈，Java 必须使用 -XX:+PreserveFramePointer 命令行参数运行，必须使用 perf-map-gent 创建一个额外提供的符号文件，profile(8) 会依赖这个文件（参见 12.3.4 节）。为了翻译 libjvm.so 中的调用栈帧，是需要符号表的。这些要求在前面章节中讨论过。

CPU 火焰图

下面这个例子使用 profile(8) 对 Java 生成一个混合模式的 CPU 火焰图。

这个 freecol 程序带着参数 -XX:+PreserveFramePointer 运行，而且需要有 libjvm 函数所对应的 ELF 符号表。前面介绍的 jmaps 工具，需要在 profile(8) 运行之前运

行以最小化符号的匹配问题。它会以默认的频率（99Hz）工作，会包含内核信息，支持
火焰图的数据格式（-f），针对 PID 19614（-p）运行 10 秒：

```
# jmaps; profile -afp 16914 10 > out.profile01.txt
Fetching maps for all java processes...
Mapping PID 16914 (user bgregg):
wc(1):    9078  28222 572219 /tmp/perf-16914.map
# wc out.profile01.txt
   215   3347 153742 out.profile01.txt
# cat out.profile01.txt
AWT-EventQueue-;start_thread;thread_native_entry(Thread*);Thread::call... 1
[...]
```

jmaps 会使用 wc(1) 工具来展示符号文件的大小，即 9078 行长，因此包含着 9078
个符号。笔者也使用 wc(1) 来展示 profile 文件的大小。profile(8) 的以折叠方式输出的文
件格式是每行一个调用栈，使用分号分隔栈帧，后面跟一个数值表明该调用栈被观测到
的次数。wc(1) 在分析输出中报告有 215 行，所以一共有 215 个独立的调用栈被收集。

这个输出可以使用笔者开源的 FlameGraph 软件 [37]，使用以下语法：

```
flamegraph.pl --color=java --hash < out.profile01.txt > out.profile02.svg
```

--color=java 选项使用了一个调色板，对颜色代码的类型使用不同的色调：Java 是
绿色，C++ 是黄色，用户态原生代码是红色，内核态原生代码是橘黄色。--hash 参数
基于函数名而非随机的饱和级别。

最后产生的火焰图 SVG 文件可以通过网页浏览器打开。图 12-2 展示了一个截屏。

当将鼠标光标移动到栈帧上时，会提供额外的细节，比如它们在整个剖析中的占比。
这里显示 55% 的 CPU 时间花费在了 C2 编译器上，由 C++ 栈帧的最宽的那个塔显示。
只有 29% 的时间运行在 Java freecol 程序上，这由 Java 调用栈显示。

单击左侧的 Java 塔，Java 调用栈会被放大，如图 12-3 所示。

现在可以看到 Java freecol 游戏和它的方法的执行细节。较多的 CPU 时间花费在
paint 方法上，要想精确地看到哪里使用了 CPU 时钟，可以看一下火焰图的栈顶。

如果你对改进 freecol 程序的性能感兴趣，这幅 CPU 火焰图已经提供了两个可以首
先关注的目标。你可以看一下 JVM 可调参数，看一下什么选项可以让 C2 编译器能够少
占用 CPU。[1] 可以深入源代码层次研究 paint 方法，去寻找更有效率的计数方式。

1　编译器的可调整参数包括：-XX:CompileThreshold、-XX:MaxInlineSize、-XX:InlineSmall-
　　Code和-XX:FreqInlineSize。使用-Xcomp对方法进行预编译也可作为一个提供信息的实验。

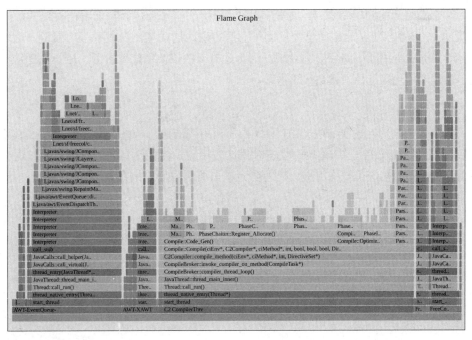

图 12-2 CPU 火焰图

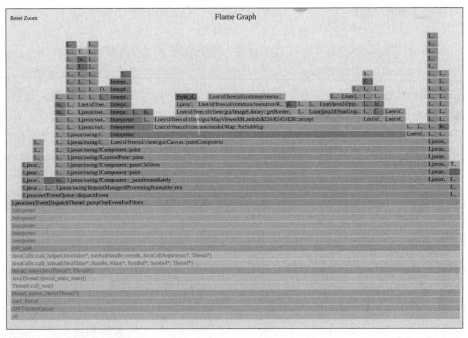

图 12-3 放大之后的火焰图

对于长时间的剖析动作（比如说超过 2 分钟），符号表转储和调用栈收集的时间差可能过大，导致 C2 在此期间已经移动了一些方法，这样符号表就不再准确了。这可以在出现了无意义的代码路径时被发现，因为此时一些栈帧被翻译错了。另一个更常见的关于非预期的代码路径问题是代码内联。

内联

由于该火焰图包含了正在 CPU 上执行的调用栈信息，所以实际展示的是内联处理之后的 Java 方法信息。JVM 的内联有时候比较激进，内联比例超过三分之二。这会使得浏览火焰图时会产生一些困惑，因为会让 Java 的方法看起来在调用一些源代码中看不到的其他方法。

有一个对内联的解决方案：perf-map-agent 软件支持将包含所有内联符号的符号表转储出来。jmaps 命令带着参数 -u 可以做到：

```
# jmaps -u; profile -afp 16914 10 > out.profile03.txt
Fetching maps for all java processes...
Mapping PID 16914 (user bgregg):
wc(1):    75467    227393 11443144 /tmp/perf-16914.map
```

符号的数量显著地增加了，从之前看到的 9078 个增加到超过 75 000 个。（笔者再次以 -u 运行 jmaps，数量仍在 9000 左右）。

图 12-4 展示了一个对内联展开之后的火焰图。

freecol 的调用栈塔的高度现在高了很多，因为它包含了对内联展开的调用栈。

包含内联调用栈会减慢 jmaps 这步的执行速度，因为它需要转储更多的符号，而且生成火焰图时也需要对其进行分析并包含进去。在实践中，有时这是必需的。通常一个不带内联调用栈的火焰图足够用来解决问题了，因为它显示了总体的代码流程，只是需要记得有些方法是不可见的。

bpftrace

profile(8) 的函数功能也可以通过 bpftrace 实现，而且还具有一定的优势：jmaps 工具可以在 END 从句中使用 system() 函数执行。比如，下面的单行程序在前面的章节中出现过：

```
bpftrace --unsafe -e 'profile:hz:99 /pid == 4663/ { @[ustack] = count(); } END
{ system("jmaps"); }'
```

这个程序会对 PID 为 4663 的进程以 99Hz 的频率在每个 PID 所运行的 CPU 上进行采样。它可以被调整以包含内核调用栈以及进程的名字，方法是使用映射 @[kstack, ustack, comm]。

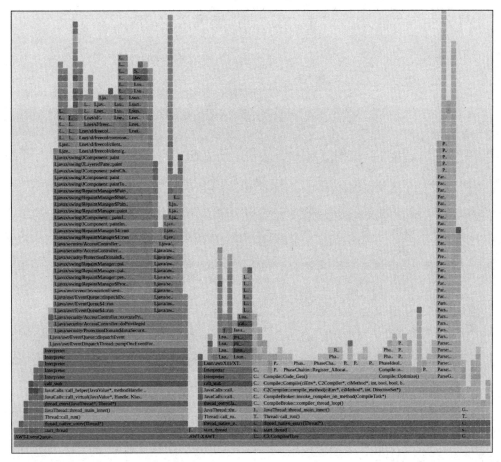

图 12-4 反解内联后的 CPU 火焰图

12.3.8 offcputime

BCC 的 offcputime(8) 工具在第 6 章介绍过。它会采集 CPU 阻塞事件（调度上下文切换）发生时的调用栈，然后对这些栈的时间求和。为了让 offcputime(8) 能够适配 Java，看一下 12.3.7 节。

举个例子，对 Java freecol 游戏程序使用 offcputime(8)：

```
# jmaps; offcputime -p 16914 10
Fetching maps for all java processes...
Mapping PID 16914 (user bgregg):
wc(1):   9863  30589 623898 /tmp/perf-16914.map
```

```
Tracing off-CPU time (us) of PID 16914 by user + kernel stack for 10 secs.
^C

[...]

    finish_task_switch
    schedule
    futex_wait_queue_me
    futex_wait
    do_futex
    SyS_futex
    do_syscall_64
    entry_SYSCALL_64_after_hwframe
    __lll_lock_wait
    SafepointSynchronize::block(JavaThread*, bool)
    SafepointMechanism::block_if_requested_slow(JavaThread*)
    JavaThread::check_safepoint_and_suspend_for_native_trans(JavaThread*)
    JavaThread::check_special_condition_for_native_trans(JavaThread*)
    Lsun/awt/X11/XlibWrapper;::XEventsQueued
    Lsun/awt/X11/XToolkit;::run
    Interpreter
    Interpreter
    call_stub
    JavaCalls::call_helper(JavaValue*, methodHandle const&, JavaCallArguments*, Th...
    JavaCalls::call_virtual(JavaValue*, Handle, Klass*, Symbol*, Symbol*, Thread*)
    thread_entry(JavaThread*, Thread*)
    JavaThread::thread_main_inner()
    Thread::call_run()
    thread_native_entry(Thread*)
    start_thread
    -                AWT-XAWT (16944)
        5171

[...]

    finish_task_switch
    schedule
    io_schedule
    bit_wait_io
    __wait_on_bit
    out_of_line_wait_on_bit
    __wait_on_buffer
    ext4_find_entry
```

```
ext4_unlink
vfs_unlink
do_unlinkat
sys_unlink
do_syscall_64
entry_SYSCALL_64_after_hwframe
__GI_unlink
Ljava/io/UnixFileSystem;::delete0
Ljava/io/File;::delete
Interpreter
Interpreter
Interpreter
Lnet/sf/freecol/client/control/InGameInputHandler;::handle
Interpreter
Lnet/sf/freecol/client/control/InGameInputHandler;::handle
Lnet/sf/freecol/common/networking/Connection;::handle
Interpreter
call_stub
JavaCalls::call_helper(JavaValue*, methodHandle const&, JavaCallArguments*, Th...
JavaCalls::call_virtual(JavaValue*, Handle, Klass*, Symbol*, Symbol*, Thread*)
thread_entry(JavaThread*, Thread*)
JavaThread::thread_main_inner()
Thread::call_run()
thread_native_entry(Thread*)
start_thread
-              FreeColClient:b (8168)
    7679
```

[...]

```
finish_task_switch
schedule
futex_wait_queue_me
futex_wait
do_futex
SyS_futex
do_syscall_64
entry_SYSCALL_64_after_hwframe
pthread_cond_timedwait@@GLIBC_2.3.2
__pthread_cond_timedwait
os::PlatformEvent::park(long) [clone .part.12]
Monitor::IWait(Thread*, long)
Monitor::wait(bool, long, bool)
```

```
WatcherThread::sleep() const
WatcherThread::run()
thread_native_entry(Thread*)
start_thread
__clone
-                      VM Periodic Tas (22029)
    9970501
```

这里对输出进行了截断处理，因为它有好几页之长。只保留一部分有趣的栈放到这里讨论。

第 1 个栈显示了 Java 在一个安全点总共阻塞了 5.1 毫秒（5171 微秒），这是由内核的 futex 锁进行处理的。这些时间是总时间，所以这个 5.1 毫秒可能包含了多个阻塞事件。

最后一个调用栈显示了 Java 阻塞在 pthread_cond_timedwait()，持续了大约 10 秒时间：这是一个等待工作的 WatcherThread，线程名字为 "VM Periodic Tas"（名字被截断了，结尾应该还有个 "k"）。对于有些使用了许多线程但都处于等待状态的应用类型，offcputime(8) 的输出可能会被这些等待调用栈所占据，你需要跳过它们才能找到关键的调用栈：应用请求时的等待事件。

第 2 个调用栈令笔者感到吃惊：它显示了 Java 阻塞在删除文件时的一个 unlink(2) 系统调用，进而阻塞在磁盘 I/O 上（io_schedule() 等）。freecol 在游戏进行时会删除哪些文件呢？使用以下 bpftrace 单行程序可显示 unlink(2) 的文件名：

```
# bpftrace -e 't:syscalls:sys_enter_unlink /pid == 16914/ { printf("%s\n",
    str(args->pathname)); }'
Attaching 1 probe...
/home/bgregg/.local/share/freecol/save/autosave/Autosave-before
/home/bgregg/.local/share/freecol/save/autosave/Autosave-before
[...]
```

freecol 在删除自动保存的游戏。

libpthread 调用栈

由于这可能是常见的问题，所以这里是一个默认的 libpthread 安装导致最后的调用栈看起来的样子：

```
finish_task_switch
schedule
futex_wait_queue_me
futex_wait
```

```
do_futex
SyS_futex
do_syscall_64
entry_SYSCALL_64_after_hwframe
pthread_cond_timedwait
-                        VM Periodic Tas (16936)
    9934452
```

调用栈以 pthread_cond_timedwait() 作为结束。当前很多 Linux 发行版中默认安装的 libpthread 都带有 -fomit-frame-pointer 编译参数，该编译器优化参数会破坏基于帧指针的调用栈回溯。笔者先前的例子使用了自己的 -fno-omit-frame-pointer 编译的 libpthread 版本。参看 2.4 节可以了解更多内容。

off-CPU 时间火焰图

offcputime(8) 的输出有几百页之长。为了快速浏览，可以生成 off-CPU 火焰图。这里是使用火焰图软件 [37] 的一个例子：

```
# jmaps; offcputime -fp 16914 10 > out.offcpu01.txt
Fetching maps for all java processes...
Mapping PID 16914 (user bgregg):
wc(1):  12015  37080 768710 /tmp/perf-16914.map
# flamegraph.pl --color=java --bgcolor=blue --hash --countname=us --width=800 \
    --title="Off-CPU Time Flame Graph" < out.offcpu01.txt > out.offcpu01.svg
```

图 12-5 所示的是生成的火焰图。

对火焰图的顶部做了裁剪处理。每个调用栈帧的宽度是与 CPU 被阻塞的时长相关的。offcputime(8) 显示了调用栈以微秒为单位的总的阻塞时间，使用 flamegraph.pl 的 --countname=us 参数可做到这一点，这会在鼠标光标移动到相应位置时进行显示。背景颜色也被改成了蓝色，作为展示阻塞的调用栈的一个视觉提醒（CPU 火焰图使用了黄色的背景）。

这张火焰图被等待的线程所占据。因为线程的名字被包含进来作为调用栈的第一个栈帧，它把具有相同名字的线程聚到一起成为一个塔。这张火焰图中的每个塔都显示了等待的线程。

但是笔者对等待某事件发生的线程并不感兴趣，而对那些在应用请求期间等待的线程更加感兴趣。这个应用是 freecol，可以使用火焰图的搜索特性：搜索"freecol"会以洋红色高亮这些调用栈帧（参见图 12-6）。

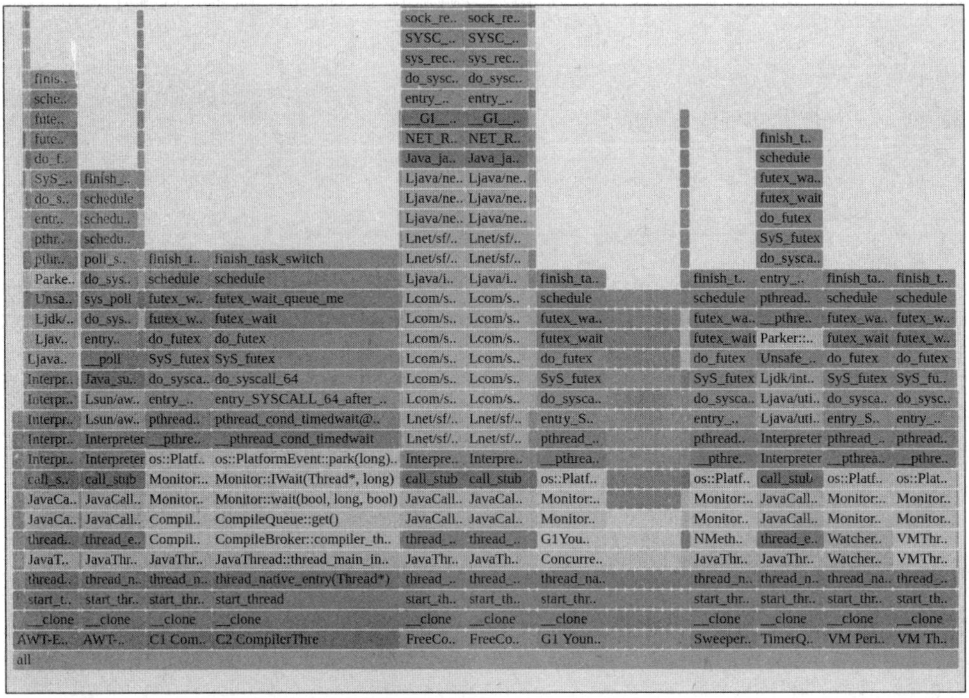

图 12-5　off-CPU 火焰图

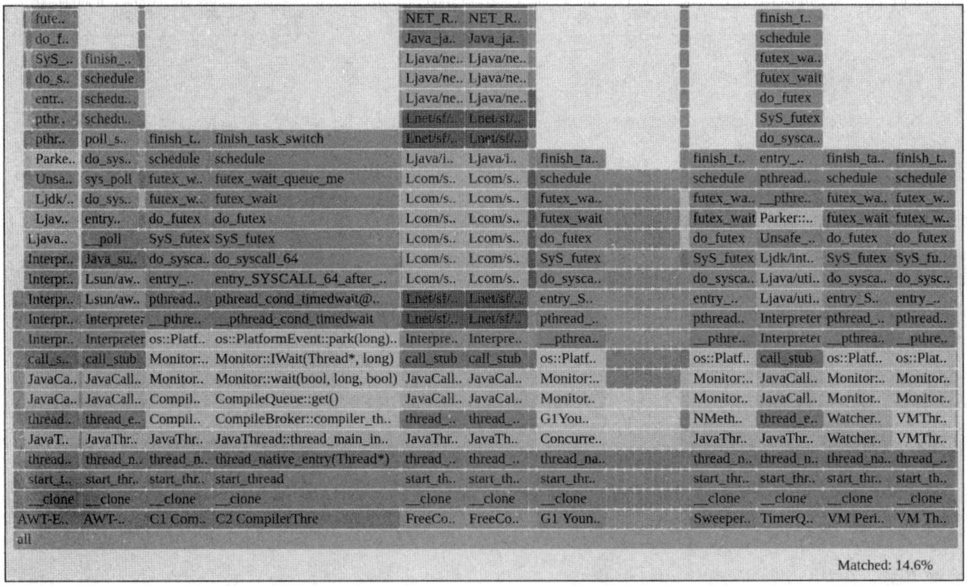

图 12-6　off-CPU 火焰图，搜索应用代码

在比较窄的第 3 个塔上，单击放大得到游戏运行期间的代码（参见图 12-7）。

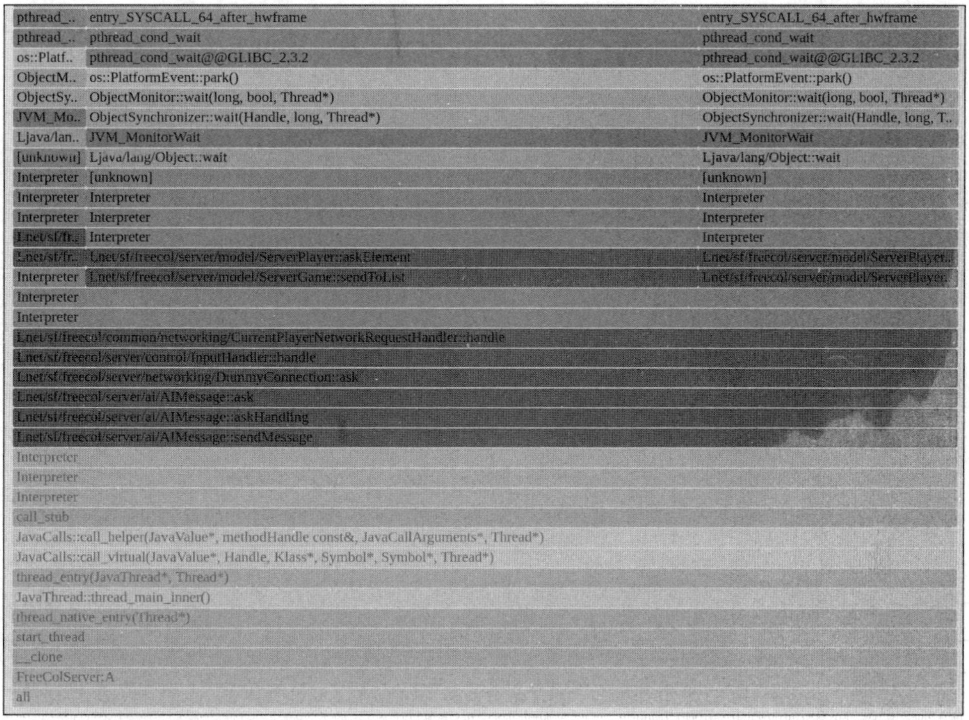

图 12-7 局部放大后的 off-CPU 火焰图

图 12-7 所示的火焰图显示了 freecol 中的阻塞代码路径，为开始进行优化提供了目标。这其中的许多栈帧仍然是 "Interpreter"（解释器），因为 JVM 执行该方法的次数还不够多，没有命中编译阈值。

有时，应用代码路径可能会很短，因为其他的一些等待线程被从火焰图中移除掉了。解决这个问题的方法之一是，在命令行中使用 grep(1) 来只包含那些感兴趣的栈。比如，匹配那些包含了应用名字 "freecol" 的：

```
# grep freecol out.offcpu01.txt | flamegraph.pl ... > out.offcpu01.svg
```

这是使用折叠文件格式的调用栈的好处之一：它可以在生成火焰图之前，比较容易按需处理。

12.3.9 stackcount

第 4 章介绍的 BCC 版的 stackcount(8) 工具，可以收集任何事件的调用栈，可以展示 libjvm 和导致任意事件发生的 Java 方法代码路径。可以参看 12.3.7 节以了解如何让 stackcount(8) 适配 Java。

比如，使用 stackcount(8) 可展示用户级别的缺页中断，这可以作为主存增长的一个测量：

```
# stackcount -p 16914 t:exceptions:page_fault_user
Tracing 1 functions for "t:exceptions:page_fault_user"... Hit Ctrl-C to end.
^C

[...]

  do_page_fault
  page_fault
  Interpreter
  Lnet/sf/freecol/server/control/ChangeSet$MoveChange;::consequences
  [unknown]
  [unknown]
  Lnet/sf/freecol/server/control/InGameController;::move
  Lnet/sf/freecol/common/networking/MoveMessage;::handle
  Lnet/sf/freecol/server/control/InGameInputHandler$37;::handle
  Lnet/sf/freecol/common/networking/CurrentPlayerNetworkRequestHandler;::handle
  [unknown]
  Lnet/sf/freecol/server/ai/AIMessage;::ask
  Lnet/sf/freecol/server/ai/AIMessage;::askHandling
  Lnet/sf/freecol/server/ai/AIUnit;::move
  Lnet/sf/freecol/server/ai/mission/Mission;::moveRandomly
  Lnet/sf/freecol/server/ai/mission/UnitWanderHostileMission;::doMission
  Ljava/awt/Container;::isParentOf
  [unknown]
  Lcom/sun/org/apache/xerces/internal/impl/XMLEntityScanner;::reset
  call_stub
  JavaCalls::call_helper(JavaValue*, methodHandle const&, JavaCallArguments*, Thre...
  JavaCalls::call_virtual(JavaValue*, Handle, Klass*, Symbol*, Symbol*, Thread*)
  thread_entry(JavaThread*, Thread*)
  JavaThread::thread_main_inner()
  Thread::call_run()
  thread_native_entry(Thread*)
  start_thread
    4
```

```
[...]

    do_page_fault
    page_fault
    __memset_avx2_erms
    PhaseChaitin::Register_Allocate()
    Compile::Code_Gen()
    Compile::Compile(ciEnv*, C2Compiler*, ciMethod*, int, bool, bool, bool, Directiv...
    C2Compiler::compile_method(ciEnv*, ciMethod*, int, DirectiveSet*)
    CompileBroker::invoke_compiler_on_method(CompileTask*)
    CompileBroker::compiler_thread_loop()
    JavaThread::thread_main_inner()
    Thread::call_run()
    thread_native_entry(Thread*)
    start_thread
      414
```

尽管有很多栈，这里只显示了其中两个。第 1 个是 freecol ai 代码的缺页中断；第 2
个来自 JVM C2 编译器生成的代码。

缺页中断火焰图

stackcount 的输出可以生成火焰图，以助于浏览。比如，使用火焰图软件 [37]：

```
# jmaps; stackcount -p 16914 t:exceptions:page_fault_user > out.faults01.txt
Fetching maps for all java processes...
Mapping PID 16914 (user bgregg):
wc(1):   12015   37080 768710 /tmp/perf-16914.map
# stackcollapse.pl < out.faults01.txt | flamegraph.pl --width=800 \
    --color=java --bgcolor=green --title="Page Fault Flame Graph" \
    --countname=pages > out.faults01.svg
```

可以生成图 12-8 中显示的裁剪后的火焰图。

这里使用绿色背景作为内存相关的火焰图的视觉提示。在此截屏中，笔者局部放大
来观察 freecol 的代码路径。这提供了一种从应用角度看内存增长的视角，而且每条路径
可以被量化（通过它的宽度），可以从火焰图中加以研究。

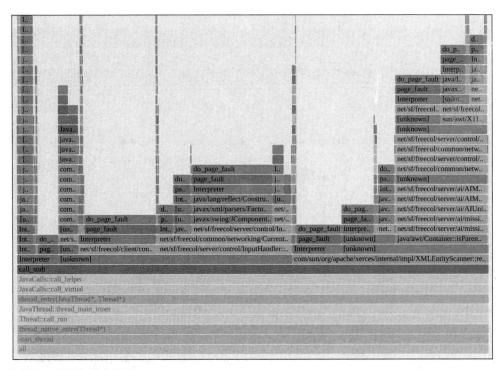

图 12-8　缺页中断火焰图

bpftrace

stackcount(8) 的功能可以通过一个 bpftrace 单行程序来实现，比如：

```
# bpftrace --unsafe -e 't:exceptions:page_fault_user /pid == 16914/ {
    @[kstack, ustack, comm] = count(); } END { system("jmaps"); }'
Attaching 1 probe...
^C
[...]

@[
    do_page_fault+204
    page_fault+69
,
    0x7fa369bbef2d
    PhaseChaitin::Register_Allocate()+930
    Compile::Code_Gen()+650
    Compile::Compile(ciEnv*, C2Compiler*, ciMethod*, int, bool, bool, bool, Direct...
    C2Compiler::compile_method(ciEnv*, ciMethod*, int, DirectiveSet*)+188
    CompileBroker::invoke_compiler_on_method(CompileTask*)+1016
```

```
    CompileBroker::compiler_thread_loop()+1352
    JavaThread::thread_main_inner()+446
    Thread::call_run()+376
    thread_native_entry(Thread*)+238
    start_thread+219
, C2 CompilerThre]: 3

[...]
```

获取 Java 方法的 jmaps 放到 END 从句中执行，这样它会在栈打印之前的那一时刻来执行。

12.3.10　javastat

javastat(8)[1] 是一个 BCC 工具，它提供了一个高级的 Java 和 JVM 统计信息。如果不指定 -C 参数，它会像 top(1) 那样刷新屏幕。比如，对 Java 的 freecol 游戏运行 javastat(8)：

```
# javastat -C
Tracing... Output every 1 secs. Hit Ctrl-C to end

14:16:56 loadavg: 0.57 3.66 3.93 2/3152 32738

PID    CMDLINE             METHOD/s  GC/s  OBJNEW/s  CLOAD/s  EXC/s  THR/s
32447  /home/bgregg/Build/o  0        0     0         0        169    0

14:16:58 loadavg: 0.57 3.66 3.93 8/3157 32744

PID    CMDLINE             METHOD/s  GC/s  OBJNEW/s  CLOAD/s  EXC/s  THR/s
32447  /home/bgregg/Build/o  0        1     0         730      522    6

14:16:59 loadavg: 0.69 3.64 3.92 2/3155 32747

PID    CMDLINE             METHOD/s  GC/s  OBJNEW/s  CLOAD/s  EXC/s  THR/s
32447  /home/bgregg/Build/o  0        2     0         8        484    1
[...]
```

1　这个工具是由 Sasha Goldshtein 于 2016 年 10 月 26 日开发的，作为他的 ustat(8) 工具的封装。笔者曾在 2007 年 9 月 9 日为 DTrace 制作过一个类似的程序，叫作 j_stat.d，用于展示 DTraceToolkit 中的这些新增探针的效果。

上述字段的解释如下。

- **PID**：进程 ID。
- **CMDLINE**：进程命令行。这个例子截断了笔者机器上的 JDK 路径。
- **METHOD/s**：每秒调用的方法次数。
- **GC/s**：每秒进行垃圾回收事件的次数。
- **OBJNEW/s**：每秒新建对象的次数。
- **CLOAD/s**：每秒加载类的次数。
- **EXC/s**：每秒发生异常的次数。
- **THR/s**：每秒创建线程的次数。

这里使用了 Java USDT 探针来开展工作。METHOD/s 和 OBJNEW/s 两列可以为 0，除非使用了 `-XX:+ExtendedDTraceProbes` 参数，该参数激活了这些探针，然而需要付出很大的开销。根据前述，一个应用在这些探针激活和被插桩之后，速度会减慢至原先的十分之一以下。

命令行使用说明如下：

```
javastat [options] [interval [count]]
```

参数包括如下项目。

- **-C**：不清理屏幕。

javastat(8) 实际是对 BCC 的 tools/lib 目录下的 ustat(8) 工具的封装，ustat(8) 可以支持多种语言。

12.3.11 javathreads

javathreads(8)[1] 是一个 bpftrace 工具，用来展示线程的开始事件和结束事件。当 freecol 启动时，样例输出如下：

```
# javathreads.bt
Attaching 3 probes...
TIME                PID/TID    -- THREAD
14:15:00    3892/3904   => Reference Handler
14:15:00    3892/3905   => Finalizer
14:15:00    3892/3906   => Signal Dispatcher
14:15:00    3892/3907   => C2 CompilerThread0
```

1　笔者于2019年2月19日为本书创建了该程序。

```
14:15:00    3892/3908   => C1 CompilerThread0
14:15:00    3892/3909   => Sweeper thread
14:15:00    3892/3910   => Common-Cleaner
14:15:01    3892/3911   => C2 CompilerThread1
14:15:01    3892/3912   => Service Thread
14:15:01    3892/3911   <= C2 CompilerThread1
14:15:01    3892/3917   => Java2D Disposer
14:15:01    3892/3918   => AWT-XAWT
14:15:02    3892/3925   => AWT-Shutdown
14:15:02    3892/3926   => AWT-EventQueue-0
14:15:02    3892/3934   => C2 CompilerThread1
14:15:02    3892/3935   => FreeColClient:-Resource loader
14:15:02    3892/3937   => FreeColClient:Worker
14:15:02    3892/3935   <= FreeColClient:-Resource loader
14:15:02    3892/3938   => FreeColClient:-Resource loader
14:15:02    3892/3939   => Image Fetcher 0
14:15:03    3892/3952   => FreeColClient:-Resource loader
[...]
```

这显示了线程的创建和执行，也显示了其中有一些线程的存活时间比较短，它们在跟踪期间就结束了（"<="）。

本工具使用了 Java USDT 探针。因为线程创建的频率比较低，该工具的额外开销可以忽略。其源代码如下：

```
#!/usr/local/bin/bpftrace

BEGIN
{
        printf("%-20s   %6s/%-5s -- %s\n", "TIME", "PID", "TID", "THREAD");
}

usdt:/.../libjvm.so:hotspot:thread__start
{
      time("%H:%M:%S ");
      printf("%6d/%-5d => %s\n", pid, tid, str(arg0, arg1));
}

usdt:/.../libjvm.so:hotspot:thread__stop
{
      time("%H:%M:%S ");
      printf("%6d/%-5d <= %s\n", pid, tid, str(arg0, arg1));
}
```

上面的代码对库的路径做了截断处理（"..."），需要你将其替换为你自己的 libjvm.so 路径。在未来，bpftrace 应该能够做到支持只输入库的名字而不需要指定路径，所以到时候就可以简写为"libjvm.so"了。

12.3.12　javacalls

javacall(8)[1] 是一个 BCC 和 bpftrace 工具，可以对 Java 方法调用进行计数。举个例子：

```
# javacalls 16914
Tracing calls in process 16914 (language: java)... Ctrl-C to quit.
If you do not see any results, make sure you ran java with option -XX:
+ExtendedDTraceProbes
^C
METHOD                                                    # CALLS
net/sf/freecol/client/control/InGameInputHandler$$Lambda$443.get$Lambda    1
sun/awt/X11/XWindowPeer.getLocalHostname                  1
net/sf/freecol/common/model/UnitType.getSpace            1
[...]
java/awt/image/Raster.getHeight                          129668
java/lang/Math.min                                       177085
jdk/internal/misc/Unsafe.getByte                         201047
java/lang/AbstractStringBuilder.putStringAt              252367
java/lang/AbstractStringBuilder.getCoder                 252367
java/lang/String.getBytes                                253184
java/lang/AbstractStringBuilder.append                   258491
java/lang/Object.<init>                                  258601
java/lang/AbstractStringBuilder.ensureCapacityInternal   258611
java/lang/String.isLatin1                                265540
java/lang/StringBuilder.append                           286637
jdk/internal/misc/Unsafe.putInt                          361628
java/lang/System.arraycopy                               399118
java/lang/String.length                                  427242
jdk/internal/misc/Unsafe.getInt                          700137
java/lang/String.coder                                   1268791
```

在跟踪期间最频繁的方法调用是 java/lang/String.code()，它被调用了 1 268 791 次。

这里使用 -XX:+ExtendedDTraceProbes 开启了 Java 的 USDT 探针，它的开销会很高。如前所述，一个应用程序在这种情况下运行的速度会放慢至原先的十分之一以下。

---

1 这个工具是由Sasha Goldshtein于2016年10月19日开发完成的，封装了他的ucalls(8)工具。笔者在2019年3月11日为本书编写了bpftrace版本。笔者还曾于2007年9月9日基于DTrace制作过一个类似的程序，叫作j_calls.d。

BCC

命令行使用说明如下：

```
javacalls [options] pid [interval]
```

命令行选项包括如下项目。

- **-L**：显示方法延迟而非调用计数。
- **-m**：方法延迟单位为毫秒。

javacalls(8) 其实是 BCC 的 tools/lib 下的 ucalls(8) 的封装，ucalls(8) 能够处理多种语言。

bpftrace

这是 bpftrace 版本的源代码：

```
#!/usr/local/bin/bpftrace

BEGIN
{
        printf("Tracing Java method calls. Ctrl-C to end.\n");
}

usdt:/.../libjvm.so:hotspot:method__entry
{
        @[str(arg1, arg2), str(arg3, arg4)] = count();
}
```

该映射表的键是两个字符串：类和方法的名字。和 BCC 版本一样，此工具只能配合 -XX:+ExtendedDTraceProbes 使用，并需要承受高额的性能损失。还要注意到，上述代码对 libjvm.so 的完整路径做了截断，你需要将其替换为相应的真实路径。

12.3.13 javaflow

javaflow(8)[1] 是一个可以展示 Java 方法调用路径的 BCC 工具。比如：

```
# javaflow 16914
Tracing method calls in java process 16914... Ctrl-C to quit.
CPU PID  TID  TIME(us) METHOD
```

---

1 Sasha Goldshtein 于2016年10月27日编写了此工具，作为他的uflow(8)工具的一个封装。笔者在2007年9月9日制作过一个类似的名为j_flowtime.d的DTrace工具。

```
5    622   652   0.135       -> sun/awt/SunToolkit-.awtUnlock
5    622   652   0.135         -> java/util/concurrent/locks/ReentrantLock.unlock
5    622   652   0.135           -> java/util/concurrent/locks/AbstractQueuedSynchronize...
5    622   652   0.135             -> java/util/concurrent/locks/ReentrantLock$Sync.tryR...
5    622   652   0.135               -> java/util/concurrent/locks/AbstractQueuedSynchro...
5    622   652   0.135               <- java/util/concurrent/locks/AbstractQueuedSynchro...
5    622   652   0.135               -> java/lang/Thread.currentThread
5    622   652   0.135               <- java/lang/Thread.currentThread
5    622   652   0.135               -> java/util/concurrent/locks/AbstractOwnableSynchr...
5    622   652   0.135               <- java/util/concurrent/locks/AbstractOwnableSynchr...
5    622   652   0.135               -> java/util/concurrent/locks/AbstractQueuedSynchro...
5    622   652   0.135               <- java/util/concurrent/locks/AbstractQueuedSynchro...
5    622   652   0.135             <- java/util/concurrent/locks/ReentrantLock$Sync.tryR...
5    622   652   0.135           <- java/util/concurrent/locks/AbstractQueuedSynchronize...
5    622   652   0.135         <- java/util/concurrent/locks/ReentrantLock.unlock
5    622   652   0.135       <- sun/awt/SunToolkit-.awtUnlock
5    622   652   0.135     <- sun/awt/X11/XToolkit.getNextTaskTime
5    622   652   0.135     -> sun/awt/X11/XToolkit.waitForEvents
5    622   652   0.135       -> sun/awt/SunToolkit-.awtUnlock
[...]
1    622   654   4.159                              <- sun/java2d/SunGraphics2D.drawI...
Possibly lost 9 samples
1    622   654   4.159                              <- net/sf/freecol/common/model/Ti...
Possibly lost 9 samples
1    622   654   4.159                                <- java/util/AbstractList.<init>
[...]
```

这显示了代码的流动：哪个方法调用了哪个方法，如此种种。每个子方法调用都会增加 METHOD 列的缩进深度。

这里使用 -XX:+ExtendedDTraceProbes 开启了 Java 的 USDT 探针，它会带来很高的开销。如前所述，一个应用程序在这种情况下的运行速度可能放慢至原先的十分之一以下。该例子中也显示了"可能会丢失 9 个采样"的消息：BPF 工具跟不上事件的频率，作为一个安全措施，这里是丢弃事件而不是阻塞应用，同时告知用户发生了丢失。

命令行使用说明如下：

```
javaflow [option] pid
```

命令行选项包括如下项目。

- **-M METHOD**：只对有这个前缀的调用进行跟踪。

javaflow(8) 其实是 BCC 的 tools/lib 下的 uflow(8) 的封装，uflow(8) 能够处理多种语言。

12.3.14 javagc

Javagc(8)[1] 是一个 BCC 的工具,可以展示 JVM 的垃圾回收事件。比如:

```
# javagc 16914
Tracing garbage collections in java process 16914... Ctrl-C to quit.
START    TIME(us) DESCRIPTION
5.586    1330.00  None
5.586    1339.00  None
5.586    1340.00  None
5.586    1342.00  None
5.586    1344.00  None
[...]
```

上面显示了 GC 事件发生时刻相对于工具启动时刻的时间偏移量(START 列,单位是秒),以及 GC 事件的时长(TIME 列,单位是微秒)。

这个工具使用了标准的 Java USDT 探针。

命令行使用说明如下:

```
javac [options] pid
```

命令行选项包括如下项目。

- **-m**:以毫米为单位。

javagc(8) 是 BCC 的 ugc(8) 工具的封装,该工具支持多种语言。

12.3.15 javaobjnew

javaobjnew(8)[2] 是一个 BCC 工具,它对 Java 的对象分配进行计数。比如,以 -C 10 参数运行它来显示分配次数最多的前 10 个分配:

```
# javaobjnew 25102
Tracing allocations in process 25102 (language: java)... Ctrl-C to quit.
^C
NAME/TYPE                    # ALLOCS      # BYTES
java/util/ArrayList          429837        0
```

---

1 该工具由Sasha Goldshtein于2016年10月19日创建,封装了他的ugc(8)工具。

2 该工具由Sasha Goldshtein于2016年10月25日创建,封装了他的uobjnew(8)工具。笔者于2007年9月9日创建了一个类似的DTrace工具,名为j_objnew.d。

[Ljava/lang/Object;	434980	0
java/util/ArrayList$Itr	458430	0
java/util/HashMap$KeySet	545194	0
[B	550624	0
java/util/HashMap$Node	572089	0
net/sf/freecol/common/model/Map$Position	663721	0
java/util/HashSet	696829	0
java/util/HashMap	714633	0
java/util/HashMap$KeyIterator	904244	0

频次最高的新建对象的操作是 java/util/HashMap$KeyIterator，它发生了 904 244 次。BYTES 列是 0，因为它还不支持这种语言类型。

这里使用 `-XX:+ExtendedDTraceProbes` 开启了 Java 的 USDT 探针，这会带来很高的开销。像之前描述的，一个应用程序在这种情况下的运行速度可能会放慢至原先的十分之一以下。

命令行使用说明如下：

```
javaobjnew [options] pid [interval]
```

命令行选项包括如下项目。

- **-C TOP_COUNT**：按分配数量排序，仅显示前 TOP_COUNT 个对象。
- **-S TOP_SIZE**：按总字节数量排序，仅显示前 TOP_SIZE 个对象。

javaobjnew(8) 实际上封装了 BCC 的 tools/lib 下的 uobjnew(8)，uobjnew(8) 支持多种语言（有些会支持 BYTES 字段）。

12.3.16　Java 单行程序

本节显示 BCC 和 bpftrace 单行程序。如果可能的话，同一个功能的程序会使用 BCC 和 bpftrace 分别实现一遍。

BCC

对以"jni_Call"开头的 JNI 事件进行计数：

```
funccount '/.../libjvm.so:jni_Call*'
```

对 Java 方法事件计数：

```
funccount -p $(pidof java) 'u:/.../libjvm.so:method*'
```

对 Java 调用栈以 49Hz 的频率进行剖析，带有线程名：

```
profile -p $(pidof java) -UF 49
```

bpftrace

对以"jni_Call"开头的 JNI 事件进行计数：

```
bpftrace -e 'u:/.../libjvm.so:jni_Call* { @[probe] = count(); }'
```

对 Java 方法事件计数：

```
bpftrace -e 'usdt:/.../libjvm.so:method* { @[probe] = count(); }'
```

对 Java 调用栈以 49Hz 的频率进行剖析，带有线程名：

```
bpftrace -e 'profile:hz:49 /execname == "java"/ { @[ustack, comm] = count(); }'
```

跟踪方法的编译：

```
bpftrace -p $(pgrep -n java) -e 'U:/.../libjvm.so:method__compile__begin
    {printf("compiling: %s\n", str(arg4, arg5)); }'
```

跟踪类的加载：

```
bpftrace -p $(pgrep -n java) -e 'U:/.../libjvm.so:class__loaded {
    printf("loaded: %s\n", str(arg0, arg1)); }'
```

对对象分配计数（需要 ExtendedDtraceProbes）：

```
bpftrace -p $(pgrep -n java) -e 'U:/.../libjvm.so:object__alloc {
    @[str(arg1, arg2)] = count(); }'
```

12.4　bash shell

最后一个语言例子是一种解释型语言：bash shell。解释型语言通常会比编译型语言慢很多，主要和它的运行方式有关，它运行目标程序的每一步时都会运行自己的函数，这使得它们一般不会作为性能分析的目标，因为在关注性能的场景下通常会选择其他语言。可以对它们实施 BPF 跟踪，不过真实的需求可能是错误定位，而非性能调优。

对解释型语言进行跟踪的方式因语言而异，反映了执行该语言的软件的内部运作。本节会介绍笔者如何对一个未知的语言开展工作，进而确定如何对它开展跟踪：你可以将此方法运用到其他语言中。

本章前面曾对 bash 的 readline() 函数进行了跟踪，但是笔者没有进一步深入下去。在本章会对 bash 函数和内置调用进行跟踪，并且开发工具以自动化这个过程。与 bash shell 相关的工具如表 12-4 所示。

表 12-4   bash shell 相关工具

工具	来源	目标	描述
bashfunc	本书	bash	跟踪 bash 函数调用
bashfunclat	本书	bash	跟踪 bash 函数调用时长

前面已经提到过，如何编译 bash 会影响符号的位置。下面是 Ubuntu 上的 bash，使用 ldd(1) 来显示它是如何使用动态链接库的：

```
$ ldd /bin/bash
        linux-vdso.so.1 (0x00007ffe7197b000)
        libtinfo.so.5 => /lib/x86_64-linux-gnu/libtinfo.so.5 (0x00007f08aeb86000)
        libdl.so.2 => /lib/x86_64-linux-gnu/libdl.so.2 (0x00007f08ae982000)
        libc.so.6 => /lib/x86_64-linux-gnu/libc.so.6 (0x00007f08ae591000)
        /lib64/ld-linux-x86-64.so.2 (0x00007f08af0ca000)
```

跟踪的目标是 /bin/bash 和上面列出的动态库。为什么要检查这个？这里举个例子：在许多发行版中，bash 使用了 /bin/bash 中的 readline() 函数，而另一些发行版中则是链接到 libreadline，并从那里调用该函数。

准备工作

作为准备工作，笔者采用了以下步骤来编译 bash 软件：

```
CFLAGS=-fno-omit-frame-pointer ./configure
make
```

这里开启了帧指针寄存器的使用，这样在分析工作中就可以使用基于帧指针的调用栈回溯方式。这也提供了带本地符号表的 bash 二进制文件，而不像 /bin/bash 那样把符号表剥离掉。

示例程序

下面是笔者写的用于分析的示例程序，welcome.sh：

```
#!/home/bgregg/Build/bash-4.4.18/bash

function welcome {
        echo "Hello, World!"
        echo "Hello, World!"
        echo "Hello, World!"
}

welcome
```

```
welcome
welcome
welcome
welcome
welcome
welcome
sleep 60
```

该程序以笔者本地编译版本的路径作为开始。该程序 7 次调用"welcome"函数，而每次调用会进一步调用 3 次 echo(1)（笔者预期这是一个 bash 内置动作），总共 21 次。笔者选取上述数字是为了在跟踪时能够更明显地看到它们。[1]

12.4.1　函数计数

使用 BCC 的 funccount(8) 工具，笔者猜测函数调用是由 bash 的包含字符串"func"的内部函数执行的：

```
# funccount 'p:/home/bgregg/Build/bash-4.4.18/bash:*func*'
Tracing 55 functions for "p:/home/bgregg/Build/bash-4.4.18/bash:*func*"... Hit Ctrl-C to
end.
^C
FUNC                                COUNT
copy_function_def                   1
sv_funcnest                         1
dispose_function_def                1
bind_function                       1
make_function_def                   1
execute_intern_function             1
init_funcname_var                   1
bind_function_def                   2
dispose_function_def_contents       2
map_over_funcs                      2
copy_function_def_contents          2
make_func_export_array              2
restore_funcarray_state             7
execute_function                    7
find_function_def                   9
make_funcname_visible               14
execute_builtin_or_function         28
get_funcname                        29
```

1　笔者通常使用23这个素数，不过这会使得这个例子过长。

```
find_function                              31
Detaching...
```

在跟踪期间，笔者运行了 welcome.sh 程序，该程序会调用 welcome 函数 7 次。看起来之前的猜测是对的：发生了 7 次对 restore_funcarray_state() 和 execute_function() 的调用，从名字判断，后者看起来更接近真相。

函数 execute_function() 让笔者联想到：其他以"execute_"开头的函数的情况是怎样的呢？通过使用 funccount(8) 工具进行检查：

```
# funccount 'p:/home/bgregg/Build/bash-4.4.18/bash:execute_*'
Tracing 29 functions for "p:/home/bgregg/Build/bash-4.4.18/bash:execute_*"... Hit Ctrl-C
to end.
^C
FUNC                               COUNT
execute_env_file                       1
execute_intern_function                1
execute_disk_command                   1
execute_function                       7
execute_connection                    14
execute_builtin                       21
execute_command                       23
execute_builtin_or_function           28
execute_simple_command                29
execute_command_internal              51
Detaching...
```

有些数字很显眼：这里执行了 execute_builtin() 21 次，等于调用 echo(1) 的次数。如果想跟踪 echo(1) 和其他内置动作，可以从跟踪 execute_builtin() 开始。这里还调用了 execute_command() 23 次，可能是 echo(1) 调用加上函数声明和对 sleep(1) 的调用。看起来这是在理解 bash 时所需要关注的另一个函数。

12.4.2 函数参数跟踪（bashfunc.bt）

现在来跟踪 execute_function() 调用。笔者希望它能够显示哪个函数执行了"welcome"函数，但愿能够从某个调用参数中定位它。bash 有如下源代码（execute_cmd.c）：

```
static int
execute_function (var, words, flags, fds_to_close, async, subshell)
     SHELL_VAR *var;
     WORD_LIST *words;
```

```
        int flags;
        struct fd_bitmap *fds_to_close;
        int async, subshell;
{
  int return_val, result;
[...]
  if (subshell == 0)
    {
      begin_unwind_frame ("function_calling");
      push_context (var->name, subshell, temporary_env);
[...]
```

该源代码提示说：第一个参数 var，是执行的函数。它的类型是 SHELL_VAR，是一个在 variables.h 中定义的结构体变量：

```
typedef struct variable {
  char *name;                     /* Symbol that the user types. */
  char *value;                    /* Value that is returned. */
  char *exportstr;                /* String for the environment. */
  sh_var_value_func_t *dynamic_value;   /* Function called to return a 'dynamic'
                                  value for a variable, like $SECONDS
                                  or $RANDOM. */
  sh_var_assign_func_t *assign_func; /* Function called when this 'special
                                  variable' is assigned a value in
                                  bind_variable. */
  int attributes;                 /* export, readonly, array, invisible... */
  int context;                    /* Which context this variable belongs to. */
} SHELL_VAR;
```

对 char * 类型变量的跟踪是直接的。我们使用 bpftrace 来看一下成员 name。可以在该头文件 #include 或者直接在 bpftrace 中定义该结构体。下面会展示这两种方式，先看一下包含头文件的方式。这是 bashfunc.bt[1]：

```
#!/usr/local/bin/bpftrace

#include "/home/bgregg/Build/bash-4.4.18/variables.h"

uprobe:/home/bgregg/Build/bash-4.4.18/bash:execute_function
{
        $var = (struct variable *)arg0;
```

1　笔者在2019年2月9日为本书制作了该工具。

```
        printf("function: %s\n", str($var->name));
}
```

运行它得到：

```
# ./bashfunc.bt
/home/bgregg/Build/bash-4.4.18/variables.h:24:10: fatal error: 'stdc.h' file not found
Attaching 1 probe...
function: welcome
function: welcome
function: welcome
function: welcome
function: welcome
function: welcome
function: welcome
^C
```

成功了！现在可以跟踪 bash 函数调用了。

它也打印了一个找不到头文件的警告。下面展示第二种方式，即直接定义结构体。事实上，由于这里只需要第 1 个成员，因此下面只声明那个成员，我们管它叫作"部分"结构体。

```
#!/usr/local/bin/bpftrace

struct variable_partial {
        char *name;
};

uprobe:/home/bgregg/Build/bash-4.4.18/bash:execute_function
{
        $var = (struct variable_partial *)arg0;
        printf("function: %s\n", str($var->name));
}
```

使用这个版本的 bashfunc.bt：

```
# ./bashfunc.bt
Attaching 1 probe...
function: welcome
function: welcome
function: welcome
function: welcome
```

```
function: welcome
function: welcome
function: welcome
^C
```

这次也成功了，而且没有出现错误，也不依赖 bash 源代码了。

注意，uprobes 不是稳定的接口，所以如果 bash 变更它的函数名字或者参数定义，这个程序可能就不能再工作了。

12.4.3 函数执行时长（bashfunclat.bt）

现在可以跟踪函数调用了，再来看一下函数延迟：函数执行的时长。

作为第一步，笔者修改了 welcome.sh，让函数成为：

```
function welcome {
        echo "Hello, World!"
        sleep 0.3
}
```

这提供了一个已知的函数延迟：0.3 秒。

接下来我们检查 execute_function() 是否会等待 shell 函数通过使用 BCC 的 funclatency(8) 工具来进行测量：

```
# funclatency -m /home/bgregg/Build/bash-4.4.18/bash:execute_function
Tracing 1 functions for "/home/bgregg/Build/bash-4.4.18/bash:execute_function"... Hit
Ctrl-C to end.
^C

Function = execute_function [7083]
    msecs               : count     distribution
        0 -> 1          : 0         |                                        |
        2 -> 3          : 0         |                                        |
        4 -> 7          : 0         |                                        |
        8 -> 15         : 0         |                                        |
       16 -> 31         : 0         |                                        |
       32 -> 63         : 0         |                                        |
       64 -> 127        : 0         |                                        |
      128 -> 255        : 0         |                                        |
      256 -> 511        : 7         |****************************************|
Detaching...
```

它的延迟落入了 256 -> 511 这个桶中，这和我们期望的延迟相匹配。看起来可以对这个函数进行测量，得到 shell 函数的延迟。

将这个改造成一个工具 bashfunclat.bt[1]，来以函数名字的直方图形式打印 shell 函数延迟：

```
#!/usr/local/bin/bpftrace

struct variable_partial {
        char *name;
};

BEGIN
{
        printf("Tracing bash function latency, Ctrl-C to end.\n");
}

uprobe:/home/bgregg/Build/bash-4.4.18/bash:execute_function
{
        $var = (struct variable_partial *)arg0;
        @name[tid] = $var->name;
        @start[tid] = nsecs;
}

uretprobe:/home/bgregg/Build/bash-4.4.18/bash:execute_function
/@start[tid]/
{
        @ms[str(@name[tid])] = hist((nsecs - @start[tid]) / 1000000);
        delete(@name[tid]);
        delete(@start[tid]);
}
```

这会使用 uprobe 为函数名字保存一个指针和时间戳。在 uretprobe 上获取函数名字和起始时间戳来制作直方图。

输出如下：

```
# ./bashfunclat.bt
Attaching 3 probes...
Tracing bash function latency, Ctrl-C to end.
```

1　笔者于2019年2月9日为本书创建了此工具。

```
^C

@ms[welcome]:
[256, 512)          7 |@@@@@@@@@@@@@@@@@@@@@@@@@@@@@@@@@@@@@@@@@@@@@@@@@@|
```

这可以正常工作。该延迟也能够根据需要表示为其他形式：基于每次事件或者显示为一个线性直方图。

12.4.4 /bin/bash

到目前为止，跟踪 bash 函数是如此简单直接，笔者有点担心这不能代表在跟踪解释器时真正遇到的困难。不过这里需要对默认的 /bin/bash 进行分析才可以展示这种困难。前面介绍的工具可以对笔者自己编译的 bash 版本进行插桩，该版本包含本地符号表和帧指针。当笔者修改它们和 welcome.sh 来使用 /bin/bash 后，就发现之前写的 BPF 工具不再能工作了。

让我们回到开头。这里对 /bin/bash 下的包含了 "func" 的函数调用进行计数：

```
# funccount 'p:/bin/bash:*func*'
Tracing 36 functions for "p:/bin/bash:*func*"... Hit Ctrl-C to end.
^C
FUNC                              COUNT
copy_function_def                 1
sv_funcnest                       1
dispose_function_def              1
bind_function                     1
make_function_def                 1
bind_function_def                 2
dispose_function_def_contents     2
map_over_funcs                    2
copy_function_def_contents        2
restore_funcarray_state           7
find_function_def                 9
make_funcname_visible             14
find_function                     32
Detaching...
```

execute_function() 符号不能使用了。下面使用 readelf(1) 和 file(1) 来暴露我们的问题：

```
$ readelf --syms --dyn-syms /home/bgregg/Build/bash-4.4.18/bash
[...]
  2324: 000000000004cc49   195 FUNC    GLOBAL DEFAULT   14 restore_funcarray_state
```

```
[...]
   298: 000000000004cd0c  2326 FUNC    LOCAL   DEFAULT    14 execute_function
[...]
$ file /bin/bash /home/bgregg/Build/bash-4.4.18/bash
/bin/bash:                          ELF 64-bit LSB ..., stripped
/home/bgregg/Build/bash-4.4.18/bash: ELF 64-bit LSB ..., not stripped
```

execute_function() 是一个本地符号，它们被从 /bin/bash 中剥离掉可减小文件的大小。

幸运的是，这里仍然有一条线索：funccount(8) 的输出显示 restore_funcarray_state() 被调用了 7 次，等于我们已知的工作负载。为了检查它是否和函数调用相关，下面使用 BCC 的 stackcount(8) 工具来显示它的调用栈：

```
# stackcount -P /bin/bash:restore_funcarray_state
Tracing 1 functions for "/bin/bash:restore_funcarray_state"... Hit Ctrl-C to end.
^C
  [unknown]
  [unknown]
    welcome0.sh [8514]
    7


Detaching...
```

上面的调用栈是有缺损的：放到这里是想显示 /bin/bash 默认的调用栈看起来的样子。这是笔者需要重新编译 bash 并启用帧指针的原因之一。在重新编译后的版本中可得到：

```
# stackcount -P /home/bgregg/Build/bash-4.4.18/bash:restore_funcarray_state
Tracing 1 functions for
"/home/bgregg/Build/bash-4.4.18/bash:restore_funcarray_state"... Hit Ctrl-C to end.
^C
  restore_funcarray_state
  without_interrupts
  run_unwind_frame
  execute_function
  execute_builtin_or_function
  execute_simple_command
  execute_command_internal
  execute_command
  reader_loop
  main
  __libc_start_main
  [unknown]
```

```
welcome.sh [8542]
7
```

```
Detaching...
```

上面显示 restore_funcarray_state() 作为 execute_function() 的子函数被调用，所以它实际与 shell 函数调用相关。

该函数在 execute_cmd.c 中：

```
void
restore_funcarray_state (fa)
    struct func_array_state *fa;
{
```

结构体 func_array_state 来自 execute_cmd.h：

```
struct func_array_state
  {
    ARRAY *funcname_a;
    SHELL_VAR *funcname_v;
    ARRAY *source_a;
    SHELL_VAR *source_v;
    ARRAY *lineno_a;
    SHELL_VAR *lineno_v;
  };
```

这个看起来是在运行函数时用来创建本地上下文的。笔者猜想 function_a 或者 function_v 可能包含我们正在找寻的东西：被调用函数的名字，所以笔者用和前面介绍的 bashfunc.bt 类似的方式声明了结构体，同时打印字符串来定位它。不过这次并没有找到函数的名字。

往下走其实有许多条路可以选择，不过基于现在不稳定的接口（uprobes），没有一个必然正确的方法来这样做（正确的做法是 USDT）。比如接下来可以这样做：

- funccount(8) 也显示了一些其他有趣的函数，如 find_function()、make_funcname_visible() 以及 find_function_def()，这些调用的次数都比我们已知函数的要多。函数名字可能在它们的参数或者返回值中，可以将它们缓存起来以便在后面的 restore_funcarray_state() 中进行查找。
- stackcount(8) 显示了高级的函数调用：这些符号仍然在 /bin/bash 中吗，也许它们提供了另外一个路径来跟踪该函数？

下面再看一下第二种方式，通过检查 /bin/bash 中有什么"execute"函数是可见的：

```
# funccount '/bin/bash:execute_*'
Tracing 4 functions for "/bin/bash:execute_*"... Hit Ctrl-C to end.
^C
FUNC                              COUNT
execute_command                      24
execute_command_internal             52
Detaching...
```

源代码显示 execute_command() 运行了很多东西，包括很多函数，这可以通过第一个参数的类型数值来进行判定。这指明了前方的一条路：过滤函数调用，用其他参数来定位函数名字。

笔者发现第一种方法可以立即工作：find_function() 采用了第一个参数作为名字，可以缓存下来以便后续查找。更新后的 bashfunc.bt 的代码如下：

```
#!/usr/local/bin/bpftrace

uprobe:/bin/bash:find_function_def
{
        @currfunc[tid] = arg0;
}

uprobe:/bin/bash:restore_funcarray_state
{
        printf("function: %s\n", str(@currfunc[tid]));
        delete(@currfunc[tid]);
}
```

输出如下：

```
# bashfunc.bt
Attaching 2 probes...
function: welcome
function: welcome
function: welcome
function: welcome
function: welcome
function: welcome
function: welcome
```

虽然此方式可以工作，但它依赖这个特定版本的 bash 和它的实现。

12.4.5　/bin/bash USDT

如果想让对 bash 的跟踪不受 bash 内部实现变化的影响，可以将 USDT 添加到代码中。比如，想象带有如下格式的 USDT 探针：

```
bash:execute__function__entry(char *name, char **args, char *file, int linenum)
bash:execute__function__return(char *name, int retval, char *file, int linenum)
```

然后打印函数名字，以及展示参数、返回值、延迟、源代码文件、行号，所有这一切都是很自然的。

作为对 shell 插桩的例子，USDT 探针被添加到 Solaris 系统的 Bourne shell 中 [139]，探针定义如下：

```
provider sh {
    probe function-entry(file, function, lineno);
    probe function-return(file, function, rval);
    probe builtin-entry(file, function, lineno);
    probe builtin-return(file, function, rval);
    probe command-entry(file, function, lineno);
    probe command-return(file, function, rval);
    probe script-start(file);
    probe script-done(file, rval);
    probe subshell-entry(file, childpid);
    probe subshell-return(file, rval);
    probe line(file, lineno);
    probe variable-set(file, variable, value);
    probe variable-unset(file, variable);
};
```

这应该可以为未来的 bash shell USDT 探针的定义提供思路。

12.4.6　bash 单行程序

本节显示了 BCC 和 bpftrace 用来对 bash 进行分析的单行程序。

BCC

对 execute 类型进行计数（要求符号）：

```
funccount '/bin/bash:execute_*'
```

跟踪交互式的命令输入：

```
trace 'r:/bin/bash:readline "%s", retval'
```

bpftrace

对 execute 类型进行计数（要求符号）：

```
bpftrace -e 'uprobe:/bin/bash:execute_* { @[probe] = count(); }'
```

跟踪交互式的命令输入：

```
bpftrace -e 'ur:/bin/bash:readline { printf("read: %s\n", str(retval)); }'
```

12.5　其他语言

还有许多其他语言和运行时，而且还会有更多的语言被创造出来。为了对它们进行插桩，首先要看它们是如何实现的：它们是被编译为二进制文件，还是 JIT 编译执行、解释执行，或是这些的组合？通过前面内容中对 C（编译型语言）、Java（JIT 编译执行），以及 bash shell（解释型执行）的学习，会给你一个工作的起点和相关挑战的介绍。

在本书的网站上 [140]，笔者会在使用 BPF 对其他语言进行插桩的文章写成时，加入它们的链接。接下来的内容是笔者曾经使用 BPF 对其他一些语言，如 JavaScript（Node. js）、C++ 和 Golang 进行插桩的一些经验。

12.5.1　JavaScript（Node.js）

对 JavaScript 的跟踪和 Java 类似。当前 Node.js 使用的运行时是 v8，它是 Google 为 Chrome 浏览器而开发的。v8 能够解释执行 JavaScript 函数，也可以即时（JIT）编译后进行本地执行。运行时还负责管理内存，以及垃圾回收。

下面简要描述 Node.js 的 USDT 探针、栈回溯、符号以及函数跟踪。

USDT 探针

对于 JavaScript 代码 [141]，有一些内置的 USDT 探针和一个可以添加动态 USDT 探针的 node-usdt 库。目前 Linux 发行版不会预装开启 USDT 的版本：为了使用它们，必须使用源代码和 --with-dtrace 参数重新编译 Node.js。

参考步骤如下：

```
$ wget https://nodejs.org/dist/v12.4.0/node-v12.4.0.tar.gz
$ tar xf node-v12.4.0.tar.gz
$ cd node-v12.4.0
$ ./configure --with-dtrace
$ make
```

使用 bpftrace 列出 USDT 探针：

```
# bpftrace -l 'usdt:/usr/local/bin/node'
usdt:/usr/local/bin/node:node:gc__start
usdt:/usr/local/bin/node:node:gc__done
usdt:/usr/local/bin/node:node:http__server__response
usdt:/usr/local/bin/node:node:net__stream__end
usdt:/usr/local/bin/node:node:net__server__connection
usdt:/usr/local/bin/node:node:http__client__response
usdt:/usr/local/bin/node:node:http__client__request
usdt:/usr/local/bin/node:node:http__server__request
[...]
```

上面显示了关于垃圾回收的 USDT 探针、HTTP 请求，以及网络事件。如果想了解更多关于 Node.js 的 USDT 信息，可以看一下笔者的网络博客 "Linux bcc/BPF Node.js USDT Tracing" [142]。

调用栈回溯

调用栈回溯应该是可以工作的（基于帧指针），不过将 JIT 编译的 JavaScript 函数名字翻译为相应符号需要额外的操作步骤（后面会解释）。

符号

和 Java 一样，将 JIT 编译的函数地址翻译为函数名字需要在 /tmp 下提供额外的符号文件。如果使用了 Node.js v10.x 或者更高版本，有两种方式可用来创建符号文件。

1. 使用 v8 的选项 --perf_basic_prof 或者 --perf_basic_prof_only_functions。它们可以生成一个滚动更新的符号日志文件，不像 Java 那样只是生成一个符号的快照。由于这些滚动的日志在进程运行期间不能被禁用，所以一段时间后它们会产生一个巨大的映射表文件（GB 量级），其中大部分符号都已经失效了。

2. linux-perf 模块 [143]，它的工作方式是将上面选项的方式和 Java 的 perf-map-agent 方式结合起来：获取堆上全部的函数，写入映射文件，然后它会在有新函数编译时持续写入。可能在任何时刻捕获新函数。推荐使用该方法。

使用上述两种方式都需要对提供的符号文件进行后处理，以移除过期的符号项。[1]

---

1 你可能会认为，像perf(1)这样的工具会阅读符号文件，然后使用最新的某个地址的映射。笔者发现并不是这样，当日志中出现新的映射时，老的映射仍然会被使用。这就是为什么需要对日志进行后处理：只保留对某个地址的最新映射。

另外还推荐使用一个选项，`--interpreted-frames-native-stack`（在 Node.js v10.x 和以上版本可用）。使用这个选项，Linux 中的 perf(1) 和 BPF 工具能够将解释后的 JavaScript 函数翻译为它们真实的名字（而不是在调用栈上显示"Interpreter"栈帧）。

一个常见的需要外部 Node.js 符号的用例，是进行 CPU 剖析和生成 CPU 火焰图[144]。这可以通过 perf(1) 和 BPF 工具生成。

函数跟踪

现在还没有 USDT 探针用来跟踪 JavaScript 函数，而且因为 v8 的架构，添加这些探针是很具挑战性的。即使有人做了添加，和笔者之前讨论 Java 那样，开销是十分巨大的：使用时会将应用程序的运行速度放慢至原先的十分之一以下。

JavaScript 函数在用户态调用栈中是可见的，它们可以通过内核事件进行收集，比如基于时间的采样、磁盘 I/O、TCP 事件以及上下文切换等。这提供了许多关于 Node.js 性能的信息，包括函数的上下文，并且不需要付出直接跟踪函数的代价。

12.5.2　C++

C++ 几乎可以像 C 一样被跟踪，使用 uprobes 对函数入口插桩，使用 uprobes 对函数返回进行插桩，如果编译器尊重帧指针的话，可以使用基于帧指针的调用栈回溯。不过 C++ 和 C 还是有几处不同：

- 符号名字采用了 C++ 的规范。符号没有使用 ClassLoader::initialize() 形式，而是需要以 _ZN11ClassLoader10initializeEv 的形式来进行跟踪。BCC 和 bpftrace 工具在打印符号时会解析 C++ 符号。
- 为了支持对象和 self 对象，函数参数可能不会遵守处理器 ABI。

对函数调用进行计数、测量函数执行时长、显示调用栈等动作都应该是简单直接的。也许使用通配符来匹配函数名字的特征是有帮助的（比如，uprobe:/path:*ClassLoader*initialize*）。

观察参数需要多做一些工作。有时需要移动 1 位以支持 self 对象作为第一个参数。字符串通常不是 C 的字符串而是 C++ 对象，所以不能简单解引用。对象需要在 BPF 程序中定义以便 BPF 可以解析定位成员。

所有这些都可能在第 2 章介绍的 BTF 支持后变得更容易，它可以提供参数和对象成员的位置信息。

12.5.3　Golang

Golang 编译为二进制文件，跟踪它们和跟踪 C 语言的二进制文件是类似的，但是在

函数调用规范、协程和动态的栈管理方面有一些重要的区别。也正因为后者，uretprobes
目前在 Golang 程序中使用不安全，可能会导致目标程序崩溃。不同的编译器也会有不同：
默认情形下，Go 的 gc 产生静态链接的二进制文件，而 gccgo 产生动态链接的二进制文件。
这些话题会在后续章节中讨论。

你需要注意，已经存在其他的方式对 Go 程序进行调试和跟踪，包括 gdb 的 Go 运
行时支持、go 运行跟踪器[145]，以及使用 gctrace 和 schedtrace 并设置 GODEBUG。

调用栈回溯和符号

默认情况下，Go gc 和 gccgo 都保留了帧指针（从 Go 1.7 版本之后），在最终的二进
制文件中也包含了相关符号。这意味着包含 Go 函数的调用栈总是能够采集到用户态和
内核态的事件，而且通过基于时间的剖析可以立即工作。

函数入口跟踪

函数入口可以使用 uprobes 进行跟踪。举个例子，使用 bpftrace 对一个 Golang 程序
"hello" 中以 "fmt" 开头的函数进行计数，这里使用了 Go 的 gc 进行编译：

```
# bpftrace -e 'uprobe:/home/bgregg/hello:fmt* { @[probe] = count(); }'
Attaching 42 probes...
^C

@[uprobe:/home/bgregg/hello:fmt.(*fmt).fmt_s]: 1
@[uprobe:/home/bgregg/hello:fmt.newPrinter]: 1
@[uprobe:/home/bgregg/hello:fmt.Fprintln]: 1
@[uprobe:/home/bgregg/hello:fmt.(*pp).fmtString]: 1
@[uprobe:/home/bgregg/hello:fmt.glob..func1]: 1
@[uprobe:/home/bgregg/hello:fmt.(*pp).printArg]: 1
@[uprobe:/home/bgregg/hello:fmt.(*pp).free]: 1
@[uprobe:/home/bgregg/hello:fmt.Println]: 1
@[uprobe:/home/bgregg/hello:fmt.init]: 1
@[uprobe:/home/bgregg/hello:fmt.(*pp).doPrintln]: 1
@[uprobe:/home/bgregg/hello:fmt.(*fmt).padString]: 1
@[uprobe:/home/bgregg/hello:fmt.(*fmt).truncate]: 1
```

在跟踪时笔者运行了一次 "hello" 程序。输出显示，各种函数都被调用了一次，包
括 fmt.Println()，这里笔者用它来打印 "Hello, World!"。

现在来对 gccgo 二进制程序中的相同函数进行计数。在这种情况下，这些函数在
libgo 库中，库的位置必须要列出来：

```
# bpftrace -e 'uprobe:/usr/lib/x86_64-linux-gnu/libgo.so.13:fmt* { @[probe] =
count(); }'
Attaching 143 probes...
```

```
^C

@[uprobe:/usr/lib/x86_64-linux-gnu/libgo.so.13:fmt.fmt.clearflags]: 1
@[uprobe:/usr/lib/x86_64-linux-gnu/libgo.so.13:fmt.fmt.truncate]: 1
@[uprobe:/usr/lib/x86_64-linux-gnu/libgo.so.13:fmt.Println]: 1
@[uprobe:/usr/lib/x86_64-linux-gnu/libgo.so.13:fmt.newPrinter]: 1
@[uprobe:/usr/lib/x86_64-linux-gnu/libgo.so.13:fmt.buffer.WriteByte]: 1
@[uprobe:/usr/lib/x86_64-linux-gnu/libgo.so.13:fmt.pp.printArg]: 1
@[uprobe:/usr/lib/x86_64-linux-gnu/libgo.so.13:fmt.pp.fmtString]: 1
@[uprobe:/usr/lib/x86_64-linux-gnu/libgo.so.13:fmt.fmt.fmt_s]: 1
@[uprobe:/usr/lib/x86_64-linux-gnu/libgo.so.13:fmt.pp.free]: 1
@[uprobe:/usr/lib/x86_64-linux-gnu/libgo.so.13:fmt.fmt.init]: 1
@[uprobe:/usr/lib/x86_64-linux-gnu/libgo.so.13:fmt.buffer.WriteString]: 1
@[uprobe:/usr/lib/x86_64-linux-gnu/libgo.so.13:fmt.pp.doPrintln]: 1
@[uprobe:/usr/lib/x86_64-linux-gnu/libgo.so.13:fmt.fmt.padString]: 1
@[uprobe:/usr/lib/x86_64-linux-gnu/libgo.so.13:fmt.Fprintln]: 1
@[uprobe:/usr/lib/x86_64-linux-gnu/libgo.so.13:fmt..import]: 1
@[uprobe:/usr/lib/x86_64-linux-gnu/libgo.so.13:fmt..go..func1]: 1
```

对函数的命名规范有些不同。输出中包含了 fmt.Println()，这个之前看到过。

这些函数也可以使用 BCC 的 funccount(8) 工具进行计数。对 Go 的 gc 和 gccgo 使用的版本分别是：

```
funccount '/home/bgregg/hello:fmt.*'
funccount 'go:fmt.*'
```

函数入口参数

Go 的 gc 编译器和 gccgo 使用不同的函数调用规范：gccgo 使用标准的 AMD64 ABI，而 Go 的 gc 使用 Plan 9 的通过栈传输参数的方式。这意味着它们获取参数的方式不同：对于 gccgo，通常的方法（比如通过 bpftrace 的 arg0...argN）可以工作，但是对 Go 的 gc 是不行的：这里需要使用自定义的代码来从栈上获取参数（参见参考资料 [146] 和 [147]）。

比如，可考虑 Golang 新手指引 [148] 中的函数 add(x int, y int)，并使用参数 42 和 13。gccgo 版本的参数插桩方式如下：

```
# bpftrace -e 'uprobe:/home/bgregg/func:main*add { printf("%d %d\n", arg0, arg1); }'
Attaching 1 probe...
42 13
```

内置的 arg0 和 arg1 可以工作。注意，这里需要使用 gccgo -O0 进行编译，目的是不让编译器对函数进行内联。

现在对 Go 的 gc 编译的二进制文件进行插桩：

```
# bpftrace -e 'uprobe:/home/bgregg/Lang/go/func:main*add { printf("%d %d\n",
    *(reg("sp") + 8), *(reg("sp") + 16)); }'
Attaching 1 probe...
42 13
```

这次的参数需要从栈的偏移量上进行读取，通过 reg("sp") 访问。bpftrace 在未来可能会支持这些别名，比如以 arg0、arg1[149] 来指代"栈传递的参数"。注意，这里需要使用 go build-gcflags '-N -l'... 使得函数 add() 不被编译器内联。

函数返回

很不幸，当前的 uretprobes 的实现使得使用 uretprobes 跟踪是不安全的。Go 编译器可能在任意时间对调用栈进行修改，而不会注意到内核可能已经增加了一个对栈的uretprobes 蹦床处理。[1] 这会导致内存破坏：一旦 uretprobes 被禁用，内核就会将这些位置的字节恢复原貌，但是这时这个位置可能已经包含了 Golang 的程序数据，这样就被内核破坏了。这会导致 Golang 崩溃（这是幸运的情况）或者带着被破坏的数据继续执行（这就悲惨了）。

Gianluca Borello 尝试了一种解决方案，在函数返回的地方使用 uprobes 而不是uretprobes。这里需要对函数进行反汇编来定位返回点，然后再在上面放置 uretprobes（参见参考资料 [150]）。

另一个问题是 Go 协程：在运行的时候它们可能会在不同的 OS 线程之间被调度，所以通常使用线程 ID 作为 key 以测量函数时长的方法（比如 bpftrace：@start[tid]）不再可靠。

USDT

Salp 库通过 libstapsdt[151] 提供了动态 USDT 探针，这允许在 Go 代码中放置静态探针点。

12.6 小结

不管你感兴趣的语言是编译型的、JIT 编译型的还是解释型的，大概率来说会有一种方法可以使用 BPF 来进行分析。在本章中，笔者分别对这三种类型的语言进行了讨论，然后作为例子展示了如何跟踪 C、Java 以及 bash shell。使用 BPF 技术进行跟踪时，可以跟踪函数和方法的调用，检查调用参数和返回值，还可以测量调用延迟。本章还对其他语言，如 JavaScript、C++ 和 Golang 的跟踪给出了一些建议。

---

1 感谢Suresh Kumar帮助解释了这个问题，详情请看参考资料[146]。

第13章
应用程序

　　静态和动态插桩可以直接用来研究系统中运行着的应用程序，这为理解其他事件提供了重要的应用程序上下文。前面的章节通过资源的使用来研究应用程序：CPU、内存、硬盘和网络。这种基于资源的方法可以解决很多问题，但是可能会漏掉来自应用程序本身的线索，比如当前正在处理的请求的细节。要全面地观测应用程序，就需要资源层面和应用程序层面的分析。使用 BPF 跟踪，你可以学习整个的程序流程，从应用程序的代码和上下文，到程序库、系统调用、内核服务以及设备驱动。

　　在这一章，笔者会使用 MySQL 数据库作为一个学习案例。MySQL 数据库查询就是一个应用程序上下文的示例。想象一下，采用第 9 章介绍的各种硬盘 I/O 插桩方法，再添加一个可以细分的查询字符串维度，现在就可以看到哪些查询占用了大部分硬盘 I/O，以及查询的时间延迟和模式，等等。

学习目标

- 发现过多的进程和线程创建问题。
- 使用性能分析解决 CPU 使用率问题。
- 使用调度器跟踪解决 off-CPU 阻塞问题。
- 通过展示 I/O 调用栈解决 I/O 过高问题。
- 使用 USDT 探针和 uprobe 跟踪应用程序上下文。
- 研究导致锁争用的代码路径。
- 识别显式的应用程序睡眠。

本章是对之前面向资源章节的补充，有关操作系统软件栈的完整可见性，请参看：

- 第 6 章
- 第 7 章

- 第 8 章
- 第 9 章
- 第 10 章

本章覆盖了其他章节没有介绍的应用程序的行为：获取应用程序上下文、线程管理、信号、锁和睡眠。

13.1 背景知识

一个应用程序可能是一个处理网络请求的服务，可能是一个直接响应用户请求的程序，也可能是从数据库或文件系统读取数据处理的程序，或者是其他类型的程序。通常，应用程序是在用户态实现的软件，以进程的形式存在，并通过系统调用（或者内存映射）访问资源。

13.1.1 应用程序基础信息

线程管理

在多 CPU 系统中，使用被称为线程的操作系统概念，使应用程序可以在多个 CPU 上高效并行地执行任务，同时共享相同的进程地址空间。应用程序以各种不同的形式使用线程，包括如下几种。

- **服务线程池**：一个服务网络请求的线程池，线程池中的每个线程一次只服务一个客户连接和请求。如果请求需要等待一个资源，那么这个线程会进入睡眠，包括等待线程池中其他线程持有的同步锁。应用程序可能会分配固定数目的线程给线程池，或者根据客户端请求量动态增加或减少线程的数量。一个线程池的示例是 MySQL 数据库服务器。
- **CPU 线程池**：应用程序为每个 CPU 创建一个线程来执行任务。通常批处理应用程序会这么做，在持续的、没有其他输入的情况下，处理一个或多个队列请求，处理需要的时间可能是以分钟、小时或者天计算。一个 CPU 线程池的示例是视频编码。
- **事件处理器线程**：事件处理器可能包括一个或多个线程，处理一个客户端工作队列，直到队列空了，然后线程进入睡眠。每个线程同时为多个客户端提供服务：执行一部分客户端请求直到其需要等待其他事件，然后切换到处理队列中的下一个客户端事件。使用单一事件工作者线程的应用程序可以避免使用同步锁，但是这类应用程序在高负载下面临单线程绑定的风险。Node.js 使用单一事件工作者线程并从中受益。

■ **阶段性事件驱动架构（SEDA）**：SEDA 将应用程序请求分解为多个阶段，这些阶段可以被一个或多个线程池处理[Welsh 01]。

锁

锁是多线程应用程序的同步原语；它们控制并行运行线程的内存访问，就像交通信号灯控制交叉路口的访问一样。就像交通信号灯那样，它们可以停止交通流量并导致等待时间（延迟）。在 Linux 系统中，应用程序通常是通过 libpthread 库使用锁，libpthread 库提供了不同类型的锁，包括互斥锁（mutex）、读写锁和自旋锁。

锁在保护内存的同时，也会导致性能问题。锁争用就发生在当多个线程竞争使用同一个锁，并且阻塞在等待的时候。

睡眠

应用程序可以主动进入睡眠一段时间。根据原因的不同，这些睡眠可能是合适的，也可能是不合适的，这就意味着有优化的机会。如果你曾经开发过应用程序，也许有那么一刻你想过："我只需要在这里增加一个一秒的睡眠就可以确保等待的事件完成了；将来我们可以去掉这个睡眠，把它变成事件驱动的。"然而，这个将来没有发生，现在用户在好奇为什么有些请求会需要至少一秒那么久。

13.1.2　应用程序示例：MySQL 服务器

作为本章要分析的示例应用程序，笔者将研究 MySQL 数据库服务器。这个服务使用一个服务线程池来响应网络请求。根据经常访问的数据大小不同，可以预见，MySQL 会是使用大工作集的磁盘密集型，或者使用小工作集的 CPU 密集型，小工作集可以从内存缓存返回查询。

MySQL 服务器是用 C++ 编写的，并且内嵌了 USDT 探针，用于查询、命令、文件排序、插入、更新、网络 I/O 和其他事件。表 13-1 提供了一些示例。

表 13-1　MySQL 探针示例

USDT 探针	参数
connection__start	unsigned long connection_id、char *user、char *host
connection__done	int status、unsigned long connection_id
command__start	unsigned long connection_id、int command、char *user、char *host
command__done	int status
query__start	char *query、unsigned long connection_id、char *db_name、char *user、char *host
query__done	int status
filesort__start	char *db_name、char *table
filesort__done	int status、unsigned long rows

USDT 探针	参数
net__write__start	unsigned long bytes
net__write__done	int status

到 MySQL 参考手册中的 "mysqld DTrace Probe Reference" 可查看全部的探针[152]。只有在编译过程中，cmake(1) 被提供了 -DENABLE_DTRACE=1 参数的 MySQL 才具有这些 USDT 探针。现在 Linux 自带的 mysql-server 软件包没有带这个编译参数，所以你需要编译自己的 MySQL 服务器软件才能使用 USDT 探针，或者要求软件包维护者包含这个设置。

由于在很多场景下，你的应用程序可能无法使用 USDT 探针，因此本章包含了用 uprobes 插桩的 MySQL 工具集。

13.1.3　BPF 的分析能力

BPF 跟踪工具可以提供应用程序指标外的其他信息，如通过内核提供的自定义工作负载、延迟指标、延迟直方图和可见的资源使用情况。这些能力可以回答以下问题：

- 应用程序的请求是什么？这些请求的延迟是多少？
- 应用程序处理请求的时间都花在了哪些地方？
- 为什么应用程序在 CPU 上运行？
- 为什么应用程序阻塞并从 CPU 上切换下来了？
- 应用程序正在执行什么 I/O 操作以及原因（代码路径）？
- 应用程序正在等待什么锁，以及等待了多久？
- 应用程序正在使用哪些内核资源以及原因是什么？

通过使用 USDT 对应用程序进行插桩、对请求的上下文和内核资源使用探针，通过内核跟踪点和 kprobe 对阻塞事件进行插桩，以及通过对 on-CPU 调用栈进行定时采样，以上问题都可以得到解答。

额外开销

跟踪应用程序导致的性能损耗取决于跟踪事件的频率。一般情况下，跟踪请求本身的影响可以忽略不计，但是跟踪锁争用、off-CPU 事件以及系统调用对繁忙系统会导致明显的性能影响。

13.1.4　分析策略

这里提供了一个笼统的分析策略建议，可以在进行应用程序性能分析的时候使用。接下来的章节会进一步涉及的工具。

1. 认识到应用程序的工作是什么：工作单元是什么？这可能已经在应用程序指标和日志中得到了展现。改进性能意味着什么：更高的吞吐量、更低的延迟，或者更低的资源使用率（还是一些组合改进）？

2. 查看是否有应用程序所使用的主要组件的相关信息：例如其所用的程序库，以及使用的缓存等。同时查找是否有应用程序 API 的文档，以及描述应用程序请求处理过程的信息——使用线程池模型、事件处理器模型还是其他模型。

3. 除了应用程序的主要工作单元，搞清楚是不是使用了会影响性能的后台计划任务（比如，每 30 秒运行一次的磁盘写入事件）。

4. 检查 USDT 探针是否支持该应用程序和它所使用的编程语言。

5. 执行 on-CPU 分析来理解 CPU 消耗情况，并定位低效的使用（比如，使用 BCC profile(8)）。

6. 执行 off-CPU 分析来理解为什么应用程序阻塞，并定位可以优化的领域（比如，使用 BCC 的 offcputime(8)、wakeuptime(8)、offwaketime(8)）。关注应用程序处理请求时的阻塞时间。

7. 剖析系统调用来理解一个应用程序的资源使用情况（比如，使用 BCC syscount(8)）。

8. 浏览并运行 6 ～ 10 章中提到的 BPF 工具。

9. 使用 uprobes 探索应用程序的内部运行机制：之前提到的 on-CPU 和 off-CPU 调用栈分析可以帮助定位到很多方法，这些方法可以作为跟踪的开始点。

10. 对分布式计算来说，要考虑对服务器端和客户端同时进行跟踪。比如，通过跟踪 MySQL 客户端库有可能在跟踪客户端请求的同时跟踪服务器端。

根据应用程序大部分时间所等待的资源，我们可以知道应用程序是 CPU 密集型、磁盘密集型还是网络密集型应用。当确定了所属类型后，可以使用本书对应的资源章节对该限制资源进行研究。

如果想写 BPF 程序来跟踪应用程序请求，你需要考虑请求是怎么被处理的。因为服务线程池使用同一个线程处理整个请求，所以线程 ID（任务 ID）可以用来关联不同来源的事件，如果它们是异步的。比如，当数据库开始处理一个查询时，查询字符串可以存在以线程 ID 为键的 BPF 映射表中。这个查询字符串可以在后面当磁盘 I/O 初始化的时候被读取，所以这个磁盘 I/O 可以和导致这个 I/O 的查询相关联。其他的比如事件处理器线程的应用程序架构就需要一个不同的方法，因为同一个线程会同时处理不同的请求，并且对于一个请求来说线程 ID 不唯一。

13.2 BPF工具

这一节将介绍可以用于分析应用程序性能和问题定位的 BPF 工具，如图 13-1 所示。

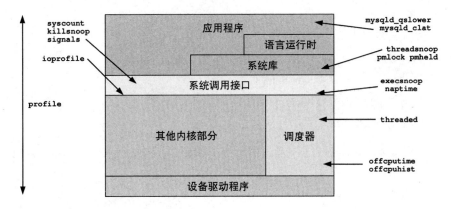

图 13-1 BPF 应用程序分析工具集

这些工具来自第 4 章和第 5 章中介绍的 BCC 和 bpftrace 代码库，或者专为本书创建。一些工具同时出现在 BCC 和 bpftrace 中。表 13-2 列出了本节将介绍的工具的原始出处（BT 是 bpftrace 的缩写）。

表 13-2　应用程序相关的工具

工具	来源	目标	工具介绍
execsnoop	BCC/BT	调度器	列出新创建的进程
threadsnoop	本书	pthread	列出新创建的线程
profile	BCC	CPU	on-CPU 调用栈采样
threaded	本书	CPU	on-CPU 线程采样
offcputime	BCC	Sched	展示带调用栈的 off-CPU 执行时间
offcpuhist	本书	Sched	展示带时间直方图的 off-CPU 调用栈
syscount	BCC	系统调用	按类型计数的系统调用
ioprofile	本书	I/O	I/O 调用栈计数
mysqld_qslower	BCC/ 本书	MySQL 服务器	展示慢于阈值的 MySQL 查询
mysqld_clat	本书	MySQL 服务器	以直方图的形式展示 MySQL 命令延迟
signals	本书	信号	汇总目标进程发出的信号
killsnoop	BCC/BT	系统调用	展示带发送进程信息的 kill(2) 系统调用
pmlock	本书	锁	展示 pthread 互斥锁次数和用户调用栈
pmheld	本书	锁	展示 pthread 互斥锁被持有次数和用户调用栈
naptime	本书	系统调用	展示被动睡眠调用

来自 BCC 和 bpftrace 的工具，可以去它们的代码库查看完整和最新的工具参数和能

力。这里汇总了一部分最重要的能力。

这些工具可以被分类到以下几个主题。

- **CPU 分析**：profile(8)、threaded(8)、syscount(8)
- **off-CPU 分析**：offcputime(8)、offcpuhist(8)、ioprofile(8)
- **应用程序上下文**：mysqld_slower(8)、mysqld_clat(8)
- **线程执行**：execsnoop(8)、threadsnoop(8)、threaded(8)
- **锁分析**：pmlock(8)、pmheld(8)
- **信号**：signals(8)、killsnoop(8)
- **睡眠分析**：naptime(8)

在本章结束的时候还会有一些单行程序。作为 ioprofile(8) 的一个延续，还有一节关于 libc 帧指针的介绍。

13.2.1　execsnoop

第 6 章介绍的 execsnoop(8) 来自 BCC 和 bpftrace 工具，可以用来跟踪新进程并能识别出一个应用程序是否使用了短命的进程。下面是来自一个空闲服务器的示例输出：

```
# execsnoop
PCOMM          PID    PPID   RET ARGS
sh             17788  17787    0 /bin/sh -c /usr/lib/sysstat/sa1 1 1 -S ALL
sa1            17789  17788    0 /usr/lib/sysstat/sa1 1 1 -S ALL
sadc           17789  17788    0 /usr/lib/sysstat/sadc -F -L -S DISK 1 1 -S ALL /var/
log/sysstat
[...]
```

输出展示了该服务器并不是非常空闲：execsnoop(8) 捕获了系统活动记录进程的调用。execsnoop(8) 在捕获由应用程序导致的进程使用率异常时非常有用。有时候应用程序会调用 shell 脚本来执行一些功能，也许只是应用程序内的、在正常编码之前的一个临时方案，但会导致进程低效率使用。

可到第 6 章查看 execsnoop(8) 的更多信息。

13.2.2　threadsnoop

threadsnoop(8)[1] 通过 pthread_create() 库调用来跟踪线程的创建。比如，MySQL 服务器启动时输出如下：

1　笔者在2019年2月15日为本书开发，灵感来自execsnoop工具。

```
# threadsnoop.bt
Attaching 3 probes...
TIME(ms)    PID     COMM        FUNC
2049        14456   mysqld      timer_notify_thread_func
2234        14460   mysqld      pfs_spawn_thread
2243        14460   mysqld      io_handler_thread
2243        14460   mysqld      io_handler_thread
2243        14460   mysqld      io_handler_thread
2243        14460   mysqld      io_handler_thread
2243        14460   mysqld      io_handler_thread
2243        14460   mysqld      io_handler_thread
2243        14460   mysqld      io_handler_thread
2243        14460   mysqld      io_handler_thread
2243        14460   mysqld      io_handler_thread
2243        14460   mysqld      io_handler_thread
2243        14460   mysqld      buf_flush_page_cleaner_coordinator
2274        14460   mysqld      trx_rollback_or_clean_all_recovered
2296        14460   mysqld      lock_wait_timeout_thread
2296        14460   mysqld      srv_error_monitor_thread
2296        14460   mysqld      srv_monitor_thread
2296        14460   mysqld      srv_master_thread
2296        14460   mysqld      srv_purge_coordinator_thread
2297        14460   mysqld      srv_worker_thread
2297        14460   mysqld      srv_worker_thread
2297        14460   mysqld      srv_worker_thread
2298        14460   mysqld      buf_dump_thread
2298        14460   mysqld      dict_stats_thread
2298        14460   mysqld      _Z19fts_optimize_threadPv
2298        14460   mysqld      buf_resize_thread
2381        14460   mysqld      pfs_spawn_thread
2381        14460   mysqld      pfs_spawn_thread
```

以上输出展示了线程的创建速度，可通过检查 "TIME(ms)" 栏，以及谁创建了该线程（PID，COMM），和该线程的入口函数（FUNC）来得知。这个输出展示了 MySQL 创建了服务器线程池（srv_worker_thread()）、I/O 处理者线程（io_handler_thread()），以及运行数据库需要的其他线程。

这通过跟踪 pthread_create() 库调用实现，这是一种相对较少发生的情况，所以这个工具的性能损耗是可以忽略不计的。

threadsnoop(8) 的源代码如下：

```
#!/usr/local/bin/bpftrace
```

```
BEGIN
{
        printf("%-10s %-6s %-16s %s\n", "TIME(ms)", "PID", "COMM", "FUNC");
}

uprobe:/lib/x86_64-linux-gnu/libpthread.so.0:pthread_create
{
        printf("%-10u %-6d %-16s %s\n", elapsed / 1000000, pid, comm,
            usym(arg2));
}
```

你可能需要调整 libpthread 库的路径。

它的输出格式也可以修改。比如，包括用户态的调用栈：

```
printf("%-10u %-6d %-16s %s%s\n", elapsed / 1000000, pid, comm,
    usym(arg2), ustack);
```

这会输出：

```
# ./threadsnoop-ustack.bt
Attaching 3 probes...
TIME(ms)    PID    COMM            FUNC
1555        14976  mysqld          timer_notify_thread_func
        0x7fb5ced4b9b0
        0x55f6255756b7
        0x55f625577145
        0x7fb5ce035b97
        0x2246258d4c544155

1729        14981  mysqld          pfs_spawn_thread
        __pthread_create_2_1+0
        my_timer_initialize+156
        init_server_components()+87
        mysqld_main(int, char**)+1941
        __libc_start_main+231
        0x2246258d4c544155

1739        14981  mysqld          io_handler_thread
        __pthread_create_2_1+0
        innobase_start_or_create_for_mysql()+6648
        innobase_init(void*)+3044
        ha_initialize_handlerton(st_plugin_int*)+79
```

```
plugin_initialize(st_plugin_int*)+101
plugin_register_builtin_and_init_core_se(int*, char**)+485
init_server_components()+960
mysqld_main(int, char**)+1941
__libc_start_main+231
0x2246258d4c544155
```
[...]

上述输出展示了导致线程创建的代码路径。对于 MySQL 来说，线程的角色从最开始的函数就非常明显了，但并不是所有应用程序都是这样的，并且可能会需要调用栈来定位新线程是干什么的。

13.2.3　profile

在第 6 章就介绍过的 profile(8) 是一个 BCC 工具，它可以定时采样 on-CPU 调用栈，可以廉价但粗粒度地展示哪个代码路径正在消耗 CPU 资源。比如，用 profile(8) 来剖析一个 MySQL 服务器：

```
# profile -d -p $(pgrep mysqld)
Sampling at 49 Hertz of PID 9908 by user + kernel stack... Hit Ctrl-C to end.

[...]

    my_hash_sort_simple
    hp_rec_hashnr
    hp_write_key
    heap_write
    ha_heap::write_row(unsigned char*)
    handler::ha_write_row(unsigned char*)
    end_write(JOIN*, QEP_TAB*, bool)
    evaluate_join_record(JOIN*, QEP_TAB*)
    sub_select(JOIN*, QEP_TAB*, bool)
    JOIN::exec()
    handle_query(THD*, LEX*, Query_result*, unsigned long long, unsigned long long)
    execute_sqlcom_select(THD*, TABLE_LIST*)
    mysql_execute_command(THD*, bool)
    Prepared_statement::execute(String*, bool)
    Prepared_statement::execute_loop(String*, bool, unsigned char*, unsigned char*)
    mysqld_stmt_execute(THD*, unsigned long, unsigned long, unsigned char*, unsign...
    dispatch_command(THD*, COM_DATA const*, enum_server_command)
    do_command(THD*)
    handle_connection
```

```
pfs_spawn_thread
start_thread
-                 mysqld (9908)
    14

[...]

ut_delay(unsigned long)
srv_worker_thread
start_thread
-                 mysqld (9908)
    16

_raw_spin_unlock_irqrestore
_raw_spin_unlock_irqrestore
__wake_up_common_lock
__wake_up_sync_key
sock_def_readable
unix_stream_sendmsg
sock_sendmsg
SYSC_sendto
SyS_sendto
do_syscall_64
entry_SYSCALL_64_after_hwframe
--
__send
vio_write
net_write_packet
net_flush
net_send_ok(THD*, unsigned int, unsigned int, unsigned long long, unsigned lon...
Protocol_classic::send_ok(unsigned int, unsigned int, unsigned long long, unsi...
THD::send_statement_status()
dispatch_command(THD*, COM_DATA const*, enum_server_command)
do_command(THD*)
handle_connection
pfs_spawn_thread
start_thread
__clone
-                 mysqld (9908)
    17
```

上面的输出是数百个调用栈以及它们出现的次数。这里只展示了三个。第一个调用栈展示了 MySQL 语句变成了一个 join 操作并最终以 my_hash_sort_simple() 在 CPU 上运行。最后一个调用栈展示了一个在内核中发送的套接字：由于 profile(8) 的 -d 选项，这个调用栈用一个分隔符（"-"）分割内核和用户调用栈。

因为这个命令的输出有数百个调用栈，用火焰图可视化会很有帮助。profile(8) 可以生成折叠格式的输出（-f），以供火焰图软件输入。比如一个 30 秒的剖析：

```
# profile -p $(pgrep mysqld) -f 30 > out.profile01.txt
# flamegraph.pl --width=800 --title="CPU Flame Graph" < out.profile01.txt \
    > out.profile01.svg
```

图 13-2 所示的是以火焰图显示的同样的工作负载。

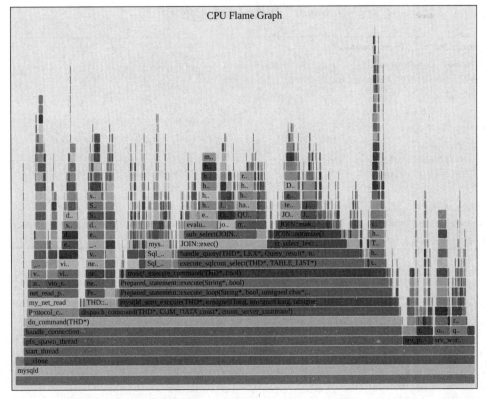

图 13-2 MySQL 服务器的 CPU 火焰图

在火焰图中，块的宽度代表了占用 CPU 时间的比例：在中间，dispatch_command() 在采样中占了 69%，JOIN::exec() 占了 19%。当鼠标光标悬停在这些帧上时可以看到这些数字，单击这些帧还可以获得更进一步的信息。

除了可以解释 CPU 的消耗，CPU 火焰图还可以显示哪些函数正在执行，哪些可以成为 BPF 跟踪的目标。这张火焰图中显示的方法，比如 do_command()、mysqld_stmt_ execute()、JOIN::exec() 和 JOIN::optimize()，都可以直接用 uprobes 来插桩，它们的参数和延迟都可以被研究。

这种方法有效，是因为笔者剖析编译了帧指针的 MySQL 服务器，编译的 libc 和 libpthread 版本也有帧指针。没有这些，BPF 将不能正确地遍历这些堆栈。这在 13.2.9 节会讨论。

在第 6 章可以查看关于 profile(8) 和 CPU 火焰图的更多信息。

13.2.4　threaded

threaded(8)[1] 可以对指定进程的 on-CPU 线程进行采样，并展示这些线程多久使用一次 CPU，以此验证多线程的有效性。比如，对 MySQL 服务器：

```
# threaded.bt $(pgrep mysqld)
Attaching 3 probes...
Sampling PID 2274 threads at 99 Hertz. Ctrl-C to end.
23:47:13
@[mysqld, 2317]: 1
@[mysqld, 2319]: 2
@[mysqld, 2318]: 3
@[mysqld, 2316]: 4
@[mysqld, 2534]: 55

23:47:14
@[mysqld, 2319]: 2
@[mysqld, 2316]: 4
@[mysqld, 2317]: 5
@[mysqld, 2534]: 51

[...]
```

这个工具每秒打印一次输出，对于这个 MySQL 服务器的工作负载，输出显示只有一个线程（线程 ID 为 2534）大量使用了 CPU。

这个工具可以用来评估多线程应用程序在其线程之间分配工作的状况。因为它使用定时采样，因此两次采样中间的短暂线程唤醒可能会被忽略。

一些应用程序会更改线程名字。比如，在第 12 章中提到的在 freecol 的 Java 程序上使用 threaded(8)：

1　笔者于 2005 年 7 月 25 日创建了第一个版本，名为 threaded.d，并用于笔者自己的性能课程中。在该课程中，笔者创建了两个使用线程池的示范应用程序，一个应用程序包括锁竞争问题，并且利用 threaded.d 展示了为什么其他线程受此影响无法运行。该版本是笔者为本书开发的。

```
# threaded.bt $(pgrep java)
Attaching 3 probes...
Sampling PID 32584 threads at 99 Hertz. Ctrl-C to end.
23:52:12
@[GC Thread#0, 32591]: 1
@[VM Thread, 32611]: 1
@[FreeColClient:b, 32657]: 6
@[AWT-EventQueue-, 32629]: 6
@[FreeColServer:-, 974]: 8
@[FreeColServer:A, 977]: 11
@[FreeColServer:A, 975]: 26
@[C1 CompilerThre, 32618]: 29
@[C2 CompilerThre, 32617]: 44
@[C2 CompilerThre, 32616]: 44
@[C2 CompilerThre, 32615]: 48

[...]
```

从这个输出中很明显可以看到，该应用程序消耗的 CPU 时间大部分都花费在 compiler
线程上。

threaded(8) 使用定时采样，如此低频率的采样对性能几乎没有影响。

threaded(8) 的源代码如下：

```
#!/usr/local/bin/bpftrace

BEGIN
{
        if ($1 == 0) {
                printf("USAGE: threaded.bt PID\n");
                exit();
        }
        printf("Sampling PID %d threads at 99 Hertz. Ctrl-C to end.\n", $1);
}

profile:hz:99
/pid == $1/
{
        @[comm, tid] = count();
}

interval:s:1
{
```

```
      time();
      print(@);
      clear(@);
}
```

这个工具需要一个进程 ID 作为输入参数，如果未提供该参数，工具会直接退出（参数默认值为 0）。

13.2.5　offcputime

第 6 章介绍过的 offcputime(8) 是一个 BCC 工具，可以跟踪线程何时阻塞和停止使用 CPU，并能使用调用栈记录这些线程离开 CPU 的时间。MySQL 服务器的示例输出如下：

```
# offcputime -d -p $(pgrep mysqld)
Tracing off-CPU time (us) of PID 9908 by user + kernel stack... Hit Ctrl-C to end.

[...]

    finish_task_switch
    schedule
    jbd2_log_wait_commit
    jbd2_complete_transaction
    ext4_sync_file
    vfs_fsync_range
    do_fsync
    sys_fsync
    do_syscall_64
    entry_SYSCALL_64_after_hwframe
    --
    fsync
    fil_flush(unsigned long)
    log_write_up_to(unsigned long, bool) [clone .part.56]
    trx_commit_complete_for_mysql(trx_t*)
    innobase_commit(handlerton*, THD*, bool)
    ha_commit_low(THD*, bool, bool)
    TC_LOG_DUMMY::commit(THD*, bool)
    ha_commit_trans(THD*, bool, bool)
    trans_commit(THD*)
    mysql_execute_command(THD*, bool)
    Prepared_statement::execute(String*, bool)
    Prepared_statement::execute_loop(String*, bool, unsigned char*, unsigned char*)
    mysqld_stmt_execute(THD*, unsigned long, unsigned long, unsigned char*, unsign...
    dispatch_command(THD*, COM_DATA const*, enum_server_command)
```

```
    do_command(THD*)
    handle_connection
    pfs_spawn_thread
    start_thread
    -                 mysqld (9962)
        2458362

[...]

    finish_task_switch
    schedule
    futex_wait_queue_me
    futex_wait
    do_futex
    SyS_futex
    do_syscall_64
    entry_SYSCALL_64_after_hwframe
    --
    pthread_cond_timedwait@@GLIBC_2.3.2
    __pthread_cond_timedwait
    os_event::timed_wait(timespec const*)
    os_event_wait_time_low(os_event*, unsigned long, long)
    lock_wait_timeout_thread
    start_thread
    __clone
    -                 mysqld (2311)
        10000904

    finish_task_switch
    schedule
    do_nanosleep
    hrtimer_nanosleep
    sys_nanosleep
    do_syscall_64
    entry_SYSCALL_64_after_hwframe
    --
    __nanosleep
    os_thread_sleep(unsigned long)
    srv_master_thread
    start_thread
    __clone
    -                 mysqld (2315)
        10001003
```

该输出有数百个堆栈；该示例只选择了几个。第一个堆栈显示了一个 MySQL 语句变成了一个提交，写日志，然后 fsync()。代码路径进入了内核态（"--"），因为 ext4 文件系统处理 fsync，然后该线程最终阻塞在了 jbd2_log_wait_commit() 方法。在进行调用栈跟踪时，mysqld 的阻塞时间是 2 458 362 微秒（2.45 秒）：这是所有线程的总时间。

最后两个堆栈，一个是 lock_wait_timeout_thread()，通过 pthread_cond_timewait() 等待事件发生；另一个是 srv_master_thread()，进入睡眠。offcputime(8) 的输出经常会被等待和睡眠线程占据，这通常是正常行为而不是性能问题。你的任务是找到应用程序处理请求过程中阻塞的堆栈，因为那是问题所在。

off-CPU 时间火焰图

创建一个 off-CPU 时间火焰图可提供一种可以快速定位到阻塞堆栈的方法。下面的命令捕捉了 10 秒的 off-CPU 堆栈，然后用笔者的火焰图软件生成了一张火焰图：

```
# offcputime -f -p $(pgrep mysqld) 10 > out.offcputime01.txt
# flamegraph.pl --width=800 --color=io --title="Off-CPU Time Flame Graph" \
    --countname=us < out.offcputime01.txt > out.offcputime01.svg
```

这生成了图 13-3 所示的火焰图，笔者用搜索功能以品红色高亮了包含 "do_command" 的帧：这些是 MySQL 处理请求的代码路径，客户端就阻塞在这些代码路径。

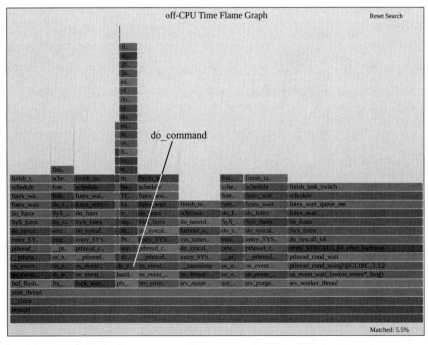

图 13-3   MySQL 服务器的 off-CPU 时间火焰图

图 13-3 所示的大部分火焰图都是线程池在等待工作。服务器命令中阻塞的时间由包含 do_command() 帧的品红色高亮的窄塔显示。幸运的是，火焰图是交互式的，可以单击这个窄塔查看更详细的信息，如图 13-4 所示。

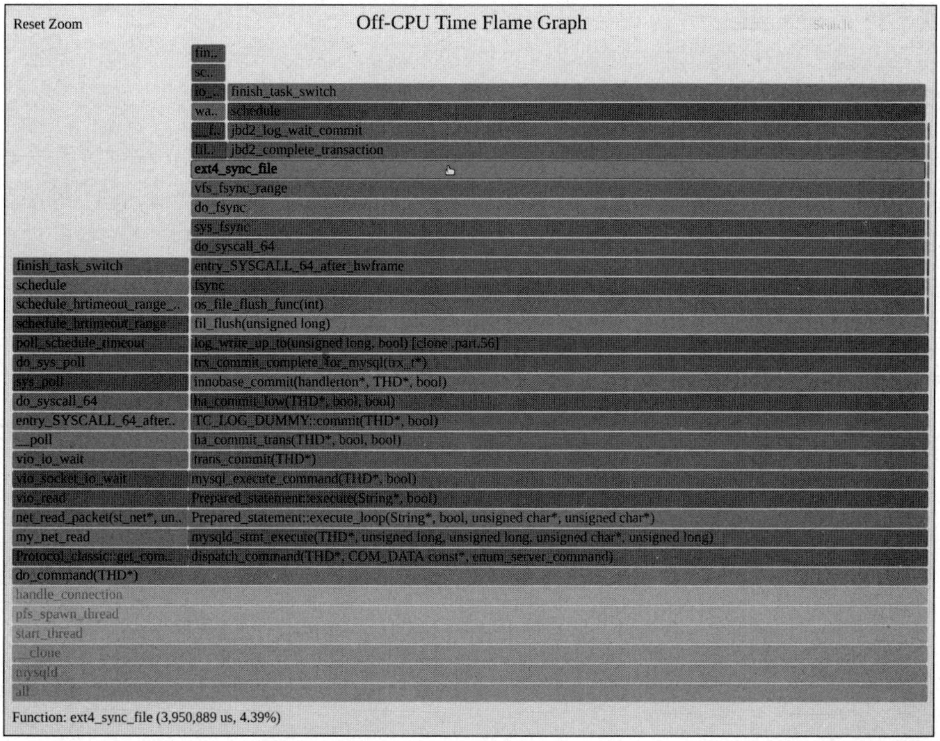

图 13-4 放大的 off-CPU 时间火焰图，展示服务器命令

将鼠标指针移到 ext4_sync_file() 上，在火焰图底部会显示该代码路径消耗的时间：一共 3.95 秒。这是阻塞在 do_command() 的时间，可以优化该路径来改进服务器性能。

bpftrace

笔者写了一个 bpftrace 版的 offcputime(8)；到下一节的 offcpuhist(8) 处查看源代码。

本节结束语

这种 off-CPU 分析能力是基于 profile(8) 的 CPU 分析的一种辅助能力，使用这两种工具可以揭示各种性能问题。

offcputime(8) 所带来的性能损耗很大，取决于上下文切换率，可以超过 5%。这是可以管理的：可以控制其在生产环境中运行很短的时间。在 BPF 之前，执行 off-CPU 分析往往需要将所有堆栈转储到用户态再进行后期处理，由于性能损失巨大，通常禁止用于生产环境。

和 profile(8) 类似，该工具之所以可以为所有代码生成堆栈是因为笔者为 MySQL 服务器编译了帧指针。可到 13.2.9 节查看更多信息。

可到第 6 章查看更多有关 offcputime(8) 的信息。第 14 章还会介绍其他 off-CPU 的分析工具：wakeuptime(8) 和 offwaketime(8)。

13.2.6　offcpuhist

offcpuhist(8)[1] 和 offcputime(8) 类似。offcpuhist(8) 跟踪调度器事件，通过调用栈来记录 off-CPU 时间，但是通过直方图而不是总数来显示时间。一些来自 MySQL 服务器的示例输出如下：

```
# offcpuhist.bt $(pgrep mysqld)
Attaching 3 probes...
Tracing nanosecond time in off-CPU stacks. Ctrl-C to end.

[...]

@[
    finish_task_switch+1
    schedule+44
    futex_wait_queue_me+196
    futex_wait+266
    do_futex+805
    SyS_futex+315
    do_syscall_64+115
    entry_SYSCALL_64_after_hwframe+61
,
    __pthread_cond_wait+432
    pthread_cond_wait@@GLIBC_2.3.2+36
    os_event_wait_low(os_event*, long)+64
    srv_worker_thread+503
    start_thread+208
    __clone+63
, mysqld]:
[2K, 4K)           134 |@@@@@@@                                              |
[4K, 8K)           293 |@@@@@@@@@@@@@@@@@                                    |
[8K, 16K)          886 |@@@@@@@@@@@@@@@@@@@@@@@@@@@@@@@@@@@@@@@@@@@@@@@@@@@@@@@|
[16K, 32K)         493 |@@@@@@@@@@@@@@@@@@@@@@@@@@@@@                         |
```

1　笔者在2019年2月16日为本书开发了该工具，灵感来自2011年编写的DTrace一书[Gregg 11]中的uoffcpu.d工具，uoffcpu.d用直方图显示用户的off-CPU调用栈。这是第一个为bpftrace写的off-CPU分析工具。

```
[32K, 64K)           447  |@@@@@@@@@@@@@@@@@@@@@@@@@              |
[64K, 128K)          263  |@@@@@@@@@@@@@@                         |
[128K, 256K)          85  |@@@@                                   |
[256K, 512K)           7  |                                       |
[512K, 1M)             0  |                                       |
[1M, 2M)              0  |                                       |
[2M, 4M)              0  |                                       |
[4M, 8M)            306  |@@@@@@@@@@@@@@@@                       |
[8M, 16M)          747  |@@@@@@@@@@@@@@@@@@@@@@@@@@@@@@@@@@@@@@@@@|

@[
    finish_task_switch+1
    schedule+44
    schedule_hrtimeout_range_clock+185
    schedule_hrtimeout_range+19
    poll_schedule_timeout+69
    do_sys_poll+960
    sys_poll+155
    do_syscall_64+115
    entry_SYSCALL_64_after_hwframe+61
,
    __GI___poll+110
    vio_io_wait+141
    vio_socket_io_wait+24
    vio_read+226
    net_read_packet(st_net*, unsigned long*)+141
    my_net_read+412
    Protocol_classic::get_command(COM_DATA*, enum_server_command*)+60
    do_command(THD*)+192
    handle_connection+680
    pfs_spawn_thread+337
    start_thread+208
    __clone+63
, mysqld]:
[2K, 4K)            753  |@@@@@@                                 |
[4K, 8K)           2081  |@@@@@@@@@@@@@@@@                       |
[8K, 16K)          5759  |@@@@@@@@@@@@@@@@@@@@@@@@@@@@@@@@@@@@@@@@@|
[16K, 32K)         3595  |@@@@@@@@@@@@@@@@@@@@@@@@@@              |
[32K, 64K)         4045  |@@@@@@@@@@@@@@@@@@@@@@@@@@@@@           |
[64K, 128K)        3830  |@@@@@@@@@@@@@@@@@@@@@@@@@@@@            |
[128K, 256K)        751  |@@@@@@                                 |
[256K, 512K)         48  |                                       |
[512K, 1M)           16  |                                       |
```

[1M, 2M)	0			
[2M, 4M)	7			

命令输出被截断到只显示最后两个调用栈。第一个显示了 srv_worker_thread() 线程等待工作时的一个延迟分布的双峰模式：输出范围以纳秒显示，一个模式大约在 16 微秒，另一个在 8 到 16 毫秒（标签 "8M, 16M]"）。第二个显示了 net_read_packet() 代码路径上很多更短的等待，通常小于 128 微秒。

该工具使用 kprobes 来跟踪调度器事件。类似于 offcputime(8)，性能损耗会很大，仅限于运行很短的时间。

offcpuhist(8) 的源代码如下：

```
#!/usr/local/bin/bpftrace

#include <linux/sched.h>

BEGIN
{
        printf("Tracing nanosecond time in off-CPU stacks. Ctrl-C to end.\n");
}

kprobe:finish_task_switch
{
        // record previous thread sleep time
        $prev = (struct task_struct *)arg0;
        if ($1 == 0 || $prev->tgid == $1) {
                @start[$prev->pid] = nsecs;
        }

        // get the current thread start time
        $last = @start[tid];
        if ($last != 0) {
                @[kstack, ustack, comm, tid] = hist(nsecs - $last);
                delete(@start[tid]);
        }
}

END
{
        clear(@start);
}
```

在 finish_task_switch() kprobe 中，当离开 CPU 时为线程记录一个时间戳，并当线程开始使用 CPU 时记录一个直方图。

13.2.7　syscount

syscount(8)[1] 是一个用来对系统调用进行计数的 BCC 工具，它提供了一种显示应用程序资源使用情况的视图。它可以针对整个系统或者单一应用程序进行统计。比如，在 MySQL 服务器上，每秒输出一次（-i 1）：

```
# syscount -i 1 -p $(pgrep mysqld)
Tracing syscalls, printing top 10... Ctrl+C to quit.
[11:49:25]
SYSCALL             COUNT
sched_yield         10848
recvfrom            6576
futex               3977
sendto              2193
poll                2187
pwrite              128
fsync               115
nanosleep           1

[11:49:26]
SYSCALL             COUNT
sched_yield         10918
recvfrom            6957
futex               4165
sendto              2314
poll                2309
pwrite              131
fsync               118
setsockopt          2
close               2
accept              1

[...]
```

1　这是由Sasha Goldshtein在2017年2月15日创建的。笔者在2014年7月7日使用perf(1)开发了第一个syscount工具，该工具旨在作为strace -c的轻量版本，并具有按进程计数的模式。这是受笔者2005年9月22日开发的procsystime工具启发。

从输出中可以看到，sched_yield() 系统调用使用得最频繁，每秒被调用超过一万次。

可以使用此工具和其他工具利用 syscall 跟踪点来检索调用最频繁的系统调用。比如，BCC 版的 stackcount(8) 工具可以显示导致该系统调用的调用栈，BCC 版的 argdist(8) 工具可以总结该系统调用的参数。每个系统调用都应该有一个帮助文档页，解释该调用的目的、参数和返回值。

syscount(8) 使用 -L 选项可以显示系统调用花费的总时间。比如，跟踪 10 秒（-d 10）并以毫秒（-m）为单位汇总：

```
# syscount -mL -d 10 -p $(pgrep mysqld)
Tracing syscalls, printing top 10... Ctrl+C to quit.
[11:51:40]
SYSCALL              COUNT        TIME (ms)
futex                42158    108139.607626
nanosleep                9      9000.992135
fsync                 1176      4393.483111
poll                 22700      1237.244061
sendto               22795       276.383209
recvfrom             68311       275.933806
sched_yield          79759       141.347616
pwrite                1352        53.346773
shutdown                 1         0.015088
openat                   1         0.013794

Detaching...
```

在这 10 秒的跟踪中，futex(2) 花费的总时间超过了 108 秒，这可能是因为多个线程同时调用它。需要检查 futex(2) 的参数和代码路径来理解该方法：它被频繁调用很可能是一种在等待工作的机制，就像我们使用 offcputime(8) 工具时发现的一样。

从上到下，这其中最有意思的系统调用是 fsync(2)，总共耗时 4393 毫秒。这为我们提供了一个可以优化的目标：文件系统和存储设备。

可到第 6 章查看更多关于 syscount(8) 的信息。

13.2.8　ioprofile

ioprofile(8)[1] 跟踪与 I/O 相关的系统调用——读、写、发送和接收——并通过用户态

1　笔者于2019年2月15日为本书编写了这个工具，想把它作为一个新的火焰图类型应用添加到笔者公司内使用的Vector软件包里。比其他工具更好的是，它展示了在libc和libpthread中如果没有帧指针是多么痛苦，这也许会激发Netflix BaseAMI库的改进。

调用栈来统计调用次数。比如，在 MySQL 服务器上：

```
# ioprofile.bt $(pgrep mysqld)
Attaching 24 probes...
Tracing I/O syscall user stacks. Ctrl-C to end.
^C

[...]

@[tracepoint:syscalls:sys_enter_pwrite64,
    pwrite64+114
    os_file_io(IORequest const&, int, void*, unsigned long, unsigned long, dberr_t...
    os_file_write_page(IORequest&, char const*, int, unsigned char const*, unsigne...
    fil_io(IORequest const&, bool, page_id_t const&, page_size_t const&, unsigned ...
    log_write_up_to(unsigned long, bool) [clone .part.56]+2426
    trx_commit_complete_for_mysql(trx_t*)+108
    innobase_commit(handlerton*, THD*, bool)+727
    ha_commit_low(THD*, bool, bool)+372
    TC_LOG_DUMMY::commit(THD*, bool)+20
    ha_commit_trans(THD*, bool, bool)+703
    trans_commit(THD*)+57
    mysql_execute_command(THD*, bool)+6651
    Prepared_statement::execute(String*, bool)+1410
    Prepared_statement::execute_loop(String*, bool, unsigned char*, unsigned char*...
    mysqld_stmt_execute(THD*, unsigned long, unsigned long, unsigned char*, unsign...
    dispatch_command(THD*, COM_DATA const*, enum_server_command)+5582
    do_command(THD*)+544
    handle_connection+680
    pfs_spawn_thread+337
    start_thread+208
    __clone+63
, mysqld]: 636

[...]

@[tracepoint:syscalls:sys_enter_recvfrom,
    __GI___recv+152
    vio_read+167
    net_read_packet(st_net*, unsigned long*)+141
    my_net_read+412
    Protocol_classic::get_command(COM_DATA*, enum_server_command*)+60
    do_command(THD*)+192
    handle_connection+680
```

```
    pfs_spawn_thread+337
    start_thread+208
    __clone+63
, mysqld]: 24255
```

命令输出有数百个堆栈，这里只节选了其中几个。第一个堆栈显示了 mysqld 通过一个交易写和文件写代码路径发起的 pwrite64(2) 调用。第二个堆栈显示了 mysqld 通过 recvfrom(2) 读取一个数据包。

一个应用程序执行太多或不必要的 I/O 是一种常见的性能问题。这可能是因为可以被禁止的写日志行为，或者可以被增大的 I/O 大小，等等。这个工具可以帮助定位这类问题。

这通过跟踪系统调用的跟踪点实现。因为这些属于经常使用的系统调用，所以可能会有明显的性能损失。

ioprofile(8) 的源代码如下：

```
#!/usr/local/bin/bpftrace

BEGIN
{
        printf("Tracing I/O syscall user stacks. Ctrl-C to end.\n");
}

tracepoint:syscalls:sys_enter_*read*,
tracepoint:syscalls:sys_enter_*write*,
tracepoint:syscalls:sys_enter_*send*,
tracepoint:syscalls:sys_enter_*recv*
/$1 == 0 || pid == $1/
{
        @[probe, ustack, comm] = count();
}
```

可以给该工具提供一个可选的进程 ID。没有进程 ID，该工具将跟踪整个系统中的系统调用。

13.2.9   libc 帧指针

非常重要的一点是，ioprofile(8) 工具的输出包含了完整的堆栈，这是因为 MySQL 服务器运行在一个编译了帧指针的 libc 上。应用程序通常经由 libc 做 I/O 调用，且 libc 通常没有编译帧指针。这意味着从内核回到应用程序的堆栈遍历通常会停止在 libc 处。尽

管这个问题也存在于其他工具中，但对 ioprofile(8) 却更明显，第 7 章提到的 brkstack(8)
工具也是。

这个问题看起来是这样的：这个 MySQL 服务器有帧指针但它用的是标准 libc 包：

```
# ioprofile.bt $(pgrep mysqld)
[...]
@[tracepoint:syscalls:sys_enter_pwrite64,
    __pwrite+79
    0x2ffffffdc020000
, mysqld]: 5
[...]
@[tracepoint:syscalls:sys_enter_recvfrom,
    __libc_recv+94
, mysqld]: 22526
```

这个调用栈是不完整的，在显示了一两帧后就停止了。修复的方法有：

- 用 -fno-omit-frame-pointer 参数重新编译 libc。
- 在重用帧指针寄存器之前跟踪 libc 接口方法。
- 跟踪 MySQL 服务器函数，比如 os_file_io()。这是一个针对应用程序的函数。
- 用另外的堆栈遍历器。2.4 节有其他方法的总结。

libc 在 glibc 包中 [153]，该包还提供了 libpthread 和其他库。以前曾有建议——Debian
提供一个带帧指针的 libc 替代包 [154]。

更多关于不完整堆栈的讨论可查看 2.4 节和 18.8 节。

13.2.10　mysqld_qslower

mysqld_qslower(8)[1] 是一个 BCC 和 bpftrace 工具，可以跟踪服务器端慢于指定阈值的
MySQL 查询。这也是一个可以显示应用程序上下文的工具的示例：查询字符串。BCC
版本的示例输出如下：

```
# mysqld_qslower $(pgrep mysqld)
Tracing MySQL server queries for PID 9908 slower than 1 ms...
TIME(s)     PID        MS QUERY
0.000000    9962   169.032 SELECT * FROM words WHERE word REGEXP '^bre.*n$'
1.962227    9962   205.787 SELECT * FROM words WHERE word REGEXP '^bpf.tools$'
9.043242    9962    95.276 SELECT COUNT(*) FROM words
```

1　该工具基于笔者2011年编写的DTrace一书[Gregg 11]中的mysqld_qslower.d工具开发，笔者于2019年2月15日为
本书开发了这个工具。

```
23.723025   9962   186.680 SELECT count(*) AS count FROM words WHERE word REGEXP '^bre.*n$'
30.343233   9962   181.494 SELECT * FROM words WHERE word REGEXP '^bre.*n$' ORDER BY word
[...]
```

该输出显示了查询的时间偏移、MySQL 服务器的 PID、查询的持续时间（以毫秒为单位）和查询字符串。类似的功能在 MySQL 的慢查询日志中已经有了；使用 BPF，这个工具可以定制包含查询日志中没有的细节，比如，磁盘 I/O 和查询的其他资源使用情况。

这是通过使用 MySQL 的 USDT 探针 mysql:query__start 和 mysql:query__done 实现的。由于服务器查询率相对较低，因此该工具的开销预计很小甚至可以忽略不计。

BCC

命令行使用说明如下：

```
Mysqld_qslower PID [min_ms]
```

需要提供一个最小阈值（以毫秒为单位）；否则，会使用默认的 1 毫秒。如果阈值为 0，会打印所有的查询。

bpftrace

下面是为本书开发的 bpftrace 版本的源代码：

```
#!/usr/local/bin/bpftrace

BEGIN
{
        printf("Tracing mysqld queries slower than %d ms. Ctrl-C to end.\n",
            $1);
        printf("%-10s %-6s %6s %s\n", "TIME(ms)", "PID", "MS", "QUERY");
}

usdt:/usr/sbin/mysqld:mysql:query__start
{
        @query[tid] = str(arg0);
        @start[tid] = nsecs;
}

usdt:/usr/sbin/mysqld:mysql:query__done
/@start[tid]/
{
        $dur = (nsecs - @start[tid]) / 1000000;
```

```
        if ($dur > $1) {
                printf("%-10u %-6d %6d %s\n", elapsed / 1000000,
                        pid, $dur, @query[tid]);
        }
        delete(@query[tid]);
        delete(@start[tid]);
}
```

这个程序使用了一个位置参数 $1，作为延迟的阈值（以毫秒为单位）。如果没有提供阈值，会使用默认值 0，将打印所有查询。

因为 MySQL 服务器使用服务线程池，同一个线程会处理整个请求，所以笔者可以用线程 ID 作为请求的唯一标识符。这与 @query 和 @start 映射一起使用，笔者可以保存查询字符串指针和每个请求的开始时间戳，然后在请求完成时获取它们。

一些示例输出如下：

```
# mysqld_qslower.bt -p $(pgrep mysqld)
Attaching 4 probes...
Tracing mysqld queries slower than 0 ms. Ctrl-C to end.
TIME(ms)    PID        MS QUERY
984         9908       87 select * from words where word like 'perf%'
[...]
```

需要使用 -p 选项启用 USDT 探针，像 BCC 版本一样需要提供一个 PID。这就有了下面的命令行用法：

```
mysqld_qslower.bt -p PID [min_ms]
```

bpftrace: uprobes

如果你的 mysqld 没有编译 USDT 探针，那么可以使用内部方法的 uprobes 实现一个类似工具。在之前介绍的命令中，调用栈显示了一些可以插桩的方法，比如从之前 profile(8) 的输出：

```
handle_query(THD*, LEX*, Query_result*, unsigned long long, unsigned long long)
execute_sqlcom_select(THD*, TABLE_LIST*)
mysql_execute_command(THD*, bool)
Prepared_statement::execute(String*, bool)
Prepared_statement::execute_loop(String*, bool, unsigned char*, unsigned char*)
mysqld_stmt_execute(THD*, unsigned long, unsigned long, unsigned char*, unsign...
dispatch_command(THD*, COM_DATA const*, enum_server_command)
do_command(THD*)
```

下面的工具，mysqld_qslower-uprobes.bt，跟踪了 dispatch_command()：

```
#!/usr/local/bin/bpftrace

BEGIN
{
        printf("Tracing mysqld queries slower than %d ms. Ctrl-C to end.\n",
            $1);
        printf("%-10s %-6s %6s %s\n", "TIME(ms)", "PID", "MS", "QUERY");
}

uprobe:/usr/sbin/mysqld:*dispatch_command*
{
        $COM_QUERY = 3;                    // see include/my_command.h
        if (arg2 == $COM_QUERY) {
                @query[tid] = str(*arg1);
                @start[tid] = nsecs;
        }
}

uretprobe:/usr/sbin/mysqld:*dispatch_command*
/@start[tid]/
{
        $dur = (nsecs - @start[tid]) / 1000000;
        if ($dur > $1) {
                printf("%-10u %-6d %6d %s\n", elapsed / 1000000,
                    pid, $dur, @query[tid]);
        }
        delete(@query[tid]);
        delete(@start[tid]);
}
```

dispatch_command() 不仅跟踪查询，该工具还确保跟踪的命令类型是 COM_QUERY。查询字符串是从 COM_DATA 参数中获取的，该字符串是查询的第一个结构体成员。

就像 uprobes 的例子一样，被跟踪函数的名字、参数和逻辑都依赖于 MySQL 的版本（本节中工具跟踪的版本是 5.7），这个工具在其他版本中可能不能工作，因为这些细节可能不同。这就是为什么 USDT 探针是更好的选择。

13.2.11　mysqld_clat

mysqld_clat(8)[1] 是一个笔者为本书开发的 bpftrace 工具。它跟踪 MySQL 命令的延迟

1　笔者在2019年2月15日为本书开发了这个工具。这个工具和笔者2013年6月25日开发的mysld_command.d类似，但是该工具是一个改进版，它使用系统级的汇总和命令名称。

以及为每种命令类型展示直方图。比如：

```
# mysqld_clat.bt
Attaching 4 probes...
Tracing mysqld command latencies. Ctrl-C to end.
^C

@us[COM_QUIT]:
[4, 8)                 1 |@@@@@@@@@@@@@@@@@@@@@@@@@@@@@@@@@@@@@@@@@@@@@@@@@@@@|

@us[COM_STMT_CLOSE]:
[4, 8)                 1 |@@@@@@                                            |
[8, 16)                8 |@@@@@@@@@@@@@@@@@@@@@@@@@@@@@@@@@@@@@@@@@@@@@@@@@@@@|
[16, 32)               1 |@@@@@@                                            |

@us[COM_STMT_PREPARE]:
[32, 64)               6 |@@@@@@@@@@@@@@@@@@@@@@@                            |
[64, 128)             13 |@@@@@@@@@@@@@@@@@@@@@@@@@@@@@@@@@@@@@@@@@@@@@@@@@@@@|
[128, 256)             3 |@@@@@@@@@@@                                       |

@us[COM_QUERY]:
[8, 16)               33 |@                                                 |
[16, 32)             185 |@@@@@@@@                                          |
[32, 64)            1128 |@@@@@@@@@@@@@@@@@@@@@@@@@@@@@@@@@@@@@@@@@@@@@@@@@@@@|
[64, 128)            300 |@@@@@@@@@@@@@                                     |
[128, 256)             2 |                                                  |

@us[COM_STMT_EXECUTE]:
[16, 32)            1410 |@@@@@@                                            |
[32, 64)            1654 |@@@@@@@                                           |
[64, 128)          11212 |@@@@@@@@@@@@@@@@@@@@@@@@@@@@@@@@@@@@@@@@@@@@@@@@@@@@|
[128, 256)          8899 |@@@@@@@@@@@@@@@@@@@@@@@@@@@@@@@@@@@@@@@@@           |
[256, 512)          5000 |@@@@@@@@@@@@@@@@@@@@@@                            |
[512, 1K)           1478 |@@@@@@                                            |
[1K, 2K)               5 |                                                  |
[2K, 4K)            1504 |@@@@@@                                            |
[4K, 8K)             141 |                                                  |
[8K, 16K)              7 |                                                  |
[16K, 32K)             1 |                                                  |
```

　　上面的输出显示，这些查询延迟在 8~256 微秒之间，而且语句的执行呈现双峰模式，具有不同的延迟峰值。

　　这是通过在 USDT 探针 mysql:command__start 和 mysql:command__done 之间插桩时

间（延迟），并从开始探针读取命令类型实现的。开销应该是可以忽略不计的，因为命令的执行频率通常是很低的（每秒少于 1000 次）。

mysqld_clat(8) 的源代码如下：

```
#!/usr/local/bin/bpftrace


BEGIN
{
        printf("Tracing mysqld command latencies. Ctrl-C to end.\n");

        // from include/my_command.h:
        @com[0] = "COM_SLEEP";
        @com[1] = "COM_QUIT";
        @com[2] = "COM_INIT_DB";
        @com[3] = "COM_QUERY";
        @com[4] = "COM_FIELD_LIST";
        @com[5] = "COM_CREATE_DB";
        @com[6] = "COM_DROP_DB";
        @com[7] = "COM_REFRESH";
        @com[8] = "COM_SHUTDOWN";
        @com[9] = "COM_STATISTICS";
        @com[10] = "COM_PROCESS_INFO";
        @com[11] = "COM_CONNECT";
        @com[12] = "COM_PROCESS_KILL";
        @com[13] = "COM_DEBUG";
        @com[14] = "COM_PING";
        @com[15] = "COM_TIME";
        @com[16] = "COM_DELAYED_INSERT";
        @com[17] = "COM_CHANGE_USER";
        @com[18] = "COM_BINLOG_DUMP";
        @com[19] = "COM_TABLE_DUMP";
        @com[20] = "COM_CONNECT_OUT";
        @com[21] = "COM_REGISTER_SLAVE";
        @com[22] = "COM_STMT_PREPARE";
        @com[23] = "COM_STMT_EXECUTE";
        @com[24] = "COM_STMT_SEND_LONG_DATA";
        @com[25] = "COM_STMT_CLOSE";
        @com[26] = "COM_STMT_RESET";
        @com[27] = "COM_SET_OPTION";
        @com[28] = "COM_STMT_FETCH";
        @com[29] = "COM_DAEMON";
        @com[30] = "COM_BINLOG_DUMP_GTID";
```

```
        @com[31] = "COM_RESET_CONNECTION";
}

usdt:/usr/sbin/mysqld:mysql:command__start
{
        @command[tid] = arg1;
        @start[tid] = nsecs;
}

usdt:/usr/sbin/mysqld:mysql:command__done
/@start[tid]/
{
        $dur = (nsecs - @start[tid]) / 1000;
        @us[@com[@command[tid]]] = hist($dur);
        delete(@command[tid]);
        delete(@start[tid]);
}

END
{
        clear(@com);
}
```

　　该代码包含一个查询表，可以把命令 ID 的数字转化成人类可读的字符串：命令名称。这些名称来自 MySQL 服务器在 include/my_command.h 中的源代码，在 USDT 探针的参考文档中也有记录[155]。

　　如果 USDT 探针不可用，这个工具可以改写成使用 uprobes 的 dispatch_command() 方法。这里就不提供重写后的所有代码了，而是提供一段差异代码展示需要修改的地方：

```
$ diff mysqld_clat.bt mysqld_clat_uprobes.bt
42c42
< usdt:/usr/sbin/mysqld:mysql:command__start
---
> uprobe:/usr/sbin/mysqld:*dispatch_command*
44c44
<       @command[tid] = arg1;
---
>       @command[tid] = arg2;
48c48
< usdt:/usr/sbin/mysqld:mysql:command__done
---
> uretprobe:/usr/sbin/mysqld:*dispatch_command*
```

修改之后，该工具就是使用 uprobes 探针从一个不同的参数读取命令了，其余部分的代码是一样的。

13.2.12   signals

signals(8)[1] 跟踪进程信号并显示一个信号和目标进程的摘要分布。这是一个很有用的故障排查工具，用于调查应用程序意外终止的原因，这可能是因为它们接收到了某个信号。示例输出如下：

```
# signals.bt
Attaching 3 probes...
Counting signals. Hit Ctrl-C to end.
^C
@[SIGNAL, PID, COMM] = COUNT

@[SIGKILL, 3022, sleep]: 1
@[SIGINT, 2997, signals.bt]: 1
@[SIGCHLD, 21086, bash]: 1
@[SIGSYS, 3014, ServiceWorker t]: 4
@[SIGALRM, 2903, mpstat]: 6
@[SIGALRM, 1882, Xorg]: 87
```

这个输出显示，在跟踪的这段时间内：一个 SIGKILL 信号发给了一个在睡眠的、PID 为 3022 的进程一次（只需要发送一次），SIGALRM 发给了 PID 为 1882 的 Xorg 进程 87 次。

这是通过跟踪 signal:signal_generate 跟踪点实现的。因为信号发送不频繁，所以开销是可以忽略不计的。

signals(8) 的源代码如下：

```
#!/usr/local/bin/bpftrace

BEGIN
{
        printf("Counting signals. Hit Ctrl-C to end.\n");

        // from /usr/include/asm-generic/signal.h:
        @sig[0] = "0";
```

---

1   笔者于2019年2月16日写作本书时完成，是基于为其他跟踪器撰写的早期版本完成的。灵感来自2005年1月编写的 *Dynamic Tracing Guideline* [Sun 05] 一书中包含的sig.d。

```
        @sig[1] = "SIGHUP";
        @sig[2] = "SIGINT";
        @sig[3] = "SIGQUIT";
        @sig[4] = "SIGILL";
        @sig[5] = "SIGTRAP";
        @sig[6] = "SIGABRT";
        @sig[7] = "SIGBUS";
        @sig[8] = "SIGFPE";
        @sig[9] = "SIGKILL";
        @sig[10] = "SIGUSR1";
        @sig[11] = "SIGSEGV";
        @sig[12] = "SIGUSR2";
        @sig[13] = "SIGPIPE";
        @sig[14] = "SIGALRM";
        @sig[15] = "SIGTERM";
        @sig[16] = "SIGSTKFLT";
        @sig[17] = "SIGCHLD";
        @sig[18] = "SIGCONT";
        @sig[19] = "SIGSTOP";
        @sig[20] = "SIGTSTP";
        @sig[21] = "SIGTTIN";
        @sig[22] = "SIGTTOU";
        @sig[23] = "SIGURG";
        @sig[24] = "SIGXCPU";
        @sig[25] = "SIGXFSZ";
        @sig[26] = "SIGVTALRM";
        @sig[27] = "SIGPROF";
        @sig[28] = "SIGWINCH";
        @sig[29] = "SIGIO";
        @sig[30] = "SIGPWR";
        @sig[31] = "SIGSYS";
}


tracepoint:signal:signal_generate
{
        @[@sig[args->sig], args->pid, args->comm] = count();
}


END
{
        printf("\n@[SIGNAL, PID, COMM] = COUNT");
        clear(@sig);
}
```

　　该工具使用一个查询表把信号编号转化为可读的代号。在内核源代码中，零号信号是没有名字的，该信号是用来做健康检查的，以确认一个目标 PID 是否还在运行。

13.2.13　killsnoop

　　killsnoop(8)[1] 是一个通过 kill(2) 系统调用跟踪信号的 BCC 和 bpftrace 工具。这个工具可以显示谁正在发送信号，但是不像 signals(8)，它不能跟踪系统上发送的所有信号，只能显示通过 kill(2) 发送的信号。示例输出如下：

```
# killsnoop
TIME      PID     COMM          SIG   TPID   RESULT
00:28:00  21086   bash          9     3593   0
[...]
```

　　上面的输出显示，bash 发送了一个信号 9（KILL）给 PID 为 3593 的进程。

　　这是通过跟踪 syscalls:sys_enter_kill 和 syscalls:sys_exit_kill 跟踪点实现的，开销可以忽略不计。

BCC

命令使用说明如下：

```
killsnoop [options]
```

　　可选选项包括如下两项。

- **-x**：只显示失败的 kill 系统调用。
- **-p PID**：只跟踪该进程。

bpftrace

下面是 bpftrace 版本的代码，涵盖了它的核心功能。该版本不提供选项支持：

```
#!/usr/local/bin/bpftrace

BEGIN
{
        printf("Tracing kill() signals... Hit Ctrl-C to end.\n");
        printf("%-9s %-6s %-16s %-4s %-6s %s\n", "TIME", "PID", "COMM", "SIG",
```

1　笔者在2004年5月9日开发了第一版来调试一个神秘的应用终止问题。笔者还在2015年9月20日开发了BCC版本，在2018年9月7日开发了bpftrace版。

```
            "TPID", "RESULT");
}


tracepoint:syscalls:sys_enter_kill
{
        @tpid[tid] = args->pid;
        @tsig[tid] = args->sig;
}


tracepoint:syscalls:sys_exit_kill
/@tpid[tid]/
{
        time("%H:%M:%S  ");
        printf("%-6d %-16s %-4d %-6d %d\n", pid, comm, @tsig[tid], @tpid[tid],
            args->ret);
        delete(@tpid[tid]);
        delete(@tsig[tid]);
}
```

这段程序在进入系统调用时存储了目标 PID 和信号，所以可以引用并在退出时打印它们。可以通过像 signals(8) 那样引入一个信号名称查询表来增强该程序。

13.2.14　pmlock 和 pmheld

pmlock(8)[1] 和 pmheld(8) 这两个 bpftrace 工具使用用户态堆栈，以直方图的形式记录 libptrhead 互斥锁延迟以及持有锁的时间。pmlock(8) 可以用来定位锁争用问题，pmheld(8) 可以展示原因：哪个代码路径导致的锁争用。在 MySQL 服务器上使用 pmlock(8) 的示例如下：

```
# pmlock.bt $(pgrep mysqld)
Attaching 4 probes...
Tracing libpthread mutex lock latency, Ctrl-C to end.
^C
[...]

@lock_latency_ns[0x7f3728001a50,
    pthread_mutex_lock+36
    THD::Query_plan::set_query_plan(enum_sql_command, LEX*, bool)+121
```

1　笔者在2019年2月17日为本书开发了这些工具，受Solaris lockstat(1M)工具的启发，lockstat工具也可以用延迟直方图展示不同的锁等待时间以及部分调用栈。

```
   mysql_execute_command(THD*, bool)+15991
   Prepared_statement::execute(String*, bool)+1410
   Prepared_statement::execute_loop(String*, bool, unsigned char*, unsigned char*...
, mysqld]:
[1K, 2K)            123 |                                                                    |
[2K, 4K)           1203 |@@@@@@@@                                                             |
[4K, 8K)           6576 |@@@@@@@@@@@@@@@@@@@@@@@@@@@@@@@@@@@@@@@@@@@@@@@@@@@@@@@@@@@@@@@@@@@@@@@@|
[8K, 16K)          2077 |@@@@@@@@@@@@@@@@                                                     |

@lock_latency_ns[0x7f37280019f0,
   pthread_mutex_lock+36
   THD::set_query(st_mysql_const_lex_string const&)+94
   Prepared_statement::execute(String*, bool)+336
   Prepared_statement::execute_loop(String*, bool, unsigned char*, unsigned char*...
   mysqld_stmt_execute(THD*, unsigned long, unsigned long, unsigned char*, unsign...
, mysqld]:
[1K, 2K)             47 |                                                                    |
[2K, 4K)            945 |@@@@@@@@                                                             |
[4K, 8K)           3290 |@@@@@@@@@@@@@@@@@@@@@@@@@@@@@@@                                       |
[8K, 16K)          5702 |@@@@@@@@@@@@@@@@@@@@@@@@@@@@@@@@@@@@@@@@@@@@@@@@@@@@@@@@@@@@@@@@@@@@@@@@|

@lock_latency_ns[0x7f37280019f0,
   pthread_mutex_lock+36
   THD::set_query(st_mysql_const_lex_string const&)+94
   dispatch_command(THD*, COM_DATA const*, enum_server_command)+1045
   do_command(THD*)+544
   handle_connection+680
, mysqld]:
[1K, 2K)             65 |                                                                    |
[2K, 4K)           1198 |@@@@@@@@@@@                                                          |
[4K, 8K)           5283 |@@@@@@@@@@@@@@@@@@@@@@@@@@@@@@@@@@@@@@@@@@@@@@@@@@@@@@@@@@@@@@@@@@@@@@@@|
[8K, 16K)          3966 |@@@@@@@@@@@@@@@@@@@@@@@@@@@@@@@@@@@@@@@@@@@@@@@@@@                     |
```

　　最后两个堆栈显示锁地址 0x7f37280019f0 的延迟，从涉及 THD::set_query() 的代码路径开始，延迟时间通常在 4~16 微秒之间。

　　现在运行 pmheld(8):

```
# pmheld.bt $(pgrep mysqld)
Attaching 5 probes...
Tracing libpthread mutex held times, Ctrl-C to end.
^C
[...]
```

```
@held_time_ns[0x7f37280019c0,
    __pthread_mutex_unlock+0
    close_thread_table(THD*, TABLE**)+169
    close_thread_tables(THD*)+923
    mysql_execute_command(THD*, bool)+887
    Prepared_statement::execute(String*, bool)+1410
, mysqld]:
[2K, 4K)            3311 |@@@@@@@@@@@@@@@@@@@@@@@@@@@@@@@          |
[4K, 8K)            4523 |@@@@@@@@@@@@@@@@@@@@@@@@@@@@@@@@@@@@@@@@@@|

@held_time_ns[0x7f37280019f0,
    __pthread_mutex_unlock+0
    THD::set_query(st_mysql_const_lex_string const&)+147
    dispatch_command(THD*, COM_DATA const*, enum_server_command)+1045
    do_command(THD*)+544
    handle_connection+680
, mysqld]:
[2K, 4K)            3848 |@@@@@@@@@@@@@@@@@@@@@@@@@@@@@@@@         |
[4K, 8K)            5038 |@@@@@@@@@@@@@@@@@@@@@@@@@@@@@@@@@@@@@@@@@@|
[8K, 16K)             0 |                                        |
[16K, 32K)            0 |                                        |
[32K, 64K)            1 |                                        |

@held_time_ns[0x7f37280019c0,
    __pthread_mutex_unlock+0
    Prepared_statement::execute(String*, bool)+321
    Prepared_statement::execute_loop(String*, bool, unsigned char*, unsigned char*...
    mysqld_stmt_execute(THD*, unsigned long, unsigned long, unsigned char*, unsign...
    dispatch_command(THD*, COM_DATA const*, enum_server_command)+5582
, mysqld]:
[1K, 2K)            2204 |@@@@@@@@@@@@@@@@@@@@@@            |
[2K, 4K)            4803 |@@@@@@@@@@@@@@@@@@@@@@@@@@@@@@@@@@@@@@@@@@|
[4K, 8K)            2845 |@@@@@@@@@@@@@@@@@@@@@@@@@           |
[8K, 16K)             0 |                                        |
[16K, 32K)           11 |                                        |
```

　　该输出以直方图的形式显示了某些路径持有同样的锁以及持有的时间。

　　根据输出的这些数据可以采取一系列措施调整线程池的大小来减少锁争用，并且开发人员可以优化持有锁的代码路径来降低锁的持有时间。

　　建议把这些工具的输出存放在文件中，以备后续分析使用。比如：

```
# pmlock.bt PID > out.pmlock01.txt
# pmheld.bt PID > out.pmheld01.txt
```

一个可选的 PID 可以选择跟踪的进程 ID，以减少系统开销，所以推荐使用。如果不提供 PID，所有的 pthread 锁时间都会被记录。

这些工具是通过使用 uprobes 和 uretprobes 插桩 libpthread 的 pthread_mutex_lock() 和 pthread_mutex_unlock() 方法实现的。因为这些锁事件发生的频率非常高，所以开销是很大的。比如，使用 BCC funccount 计数 1 秒：

```
# funccount -d 1 '/lib/x86_64-linux-gnu/libpthread.so.0:pthread_mutex_*lock'
Tracing 4 functions for
"/lib/x86_64-linux-gnu/libpthread.so.0:pthread_mutex_*lock"... Hit Ctrl-C to end.

FUNC                                    COUNT
pthread_mutex_trylock                    4525
pthread_mutex_lock                      44726
pthread_mutex_unlock                    49132
```

如此高的频率，每次调用哪怕只增加一点儿开销，加起来也很大。

pmlock

pmlock(8) 的源代码如下：

```
#!/usr/local/bin/bpftrace

BEGIN
{
        printf("Tracing libpthread mutex lock latency, Ctrl-C to end.\n");
}

uprobe:/lib/x86_64-linux-gnu/libpthread.so.0:pthread_mutex_lock
/$1 == 0 || pid == $1/
{
        @lock_start[tid] = nsecs;
        @lock_addr[tid] = arg0;
}

uretprobe:/lib/x86_64-linux-gnu/libpthread.so.0:pthread_mutex_lock
/($1 == 0 || pid == $1) && @lock_start[tid]/
{
        @lock_latency_ns[usym(@lock_addr[tid]), ustack(5), comm] =
            hist(nsecs - @lock_start[tid]);
        delete(@lock_start[tid]);
        delete(@lock_addr[tid]);
}
```

```
END
{
        clear(@lock_start);
        clear(@lock_addr);
}
```

在 pthread_mutex_lock() 开始时，代码记录了一个时间戳和锁地址，然后结束时读取它们来计算延迟，并把锁地址和调用栈一起保存。可以调整 ustack(5) 来记录更多的帧信息。

你可能需要根据系统情况调整 /lib/x86_64-linux-gnu/libpthread.so.0 的路径。调用栈在没有帧指针的情况下是无法工作的，libpthread 也是一样（没有 libpthread 帧指针也许可以工作，因为它跟踪的是库的开始，那时帧指针寄存器也许还没有被重用）。

到 pthread_mutex_trylock() 的延迟没有被跟踪，因为它被认为是非常快的，就像 trylock 调用的目的一样（可以用 BCC 版的 funclatency(8) 来验证）。

pmheld

pmheld(8) 的源代码如下：

```
#!/usr/local/bin/bpftrace

BEGIN
{
        printf("Tracing libpthread mutex held times, Ctrl-C to end.\n");
}

uprobe:/lib/x86_64-linux-gnu/libpthread.so.0:pthread_mutex_lock,
uprobe:/lib/x86_64-linux-gnu/libpthread.so.0:pthread_mutex_trylock
/$1 == 0 || pid == $1/
{
        @lock_addr[tid] = arg0;
}

uretprobe:/lib/x86_64-linux-gnu/libpthread.so.0:pthread_mutex_lock
/($1 == 0 || pid == $1) && @lock_addr[tid]/
{
        @held_start[pid, @lock_addr[tid]] = nsecs;
        delete(@lock_addr[tid]);
}

uretprobe:/lib/x86_64-linux-gnu/libpthread.so.0:pthread_mutex_trylock
```

```
/retval == 0 && ($1 == 0 || pid == $1) && @lock_addr[tid]/
{
        @held_start[pid, @lock_addr[tid]] = nsecs;
        delete(@lock_addr[tid]);
}

uprobe:/lib/x86_64-linux-gnu/libpthread.so.0:pthread_mutex_unlock
/($1 == 0 || pid == $1) && @held_start[pid, arg0]/
{
        @held_time_ns[usym(arg0), ustack(5), comm] =
            hist(nsecs - @held_start[pid, arg0]);
        delete(@held_start[pid, arg0]);
}

END
{
        clear(@lock_addr);
        clear(@held_start);
}
```

时间是从 pthread_mutex_lock() 或者 pthread_mutex_trylock() 返回时开始测量的，那时调用者已经持有锁了，直到 unlock() 被调用。

这些工具使用 uprobes，但是 libpthread 也有 USDT 探针，所以这些工具可以重写成使用 USDT 探针。

13.2.15　naptime

naptime(8)[1] 跟踪 nanosleep(2) 系统调用并显示调用者和睡眠的时长。笔者开发这个工具是为了调试一个慢的内部构建程序，该进程可能花费几分钟而似乎没有做任何事情，笔者怀疑它包含了自愿睡眠。输出如下：

```
# naptime.bt
Attaching 2 probes...
Tracing sleeps. Hit Ctrl-C to end.
TIME      PPID   PCOMM          PID    COMM         SECONDS
19:09:19  1      systemd        1975   iscsid       1.000
19:09:20  1      systemd        2274   mysqld       1.000
19:09:20  1      systemd        1975   iscsid       1.000
```

1　笔者于2019年2月16日开发了这个工具，受trace(8)中Sasha Goldsthein的SyS_nanosleep()的示例启发，用来调试这里描述的慢构建问题。这个构建是笔者过去开发的一个内部nflx-bpftrace软件包。

```
19:09:21 2998    build-init       25137   sleep          30.000
19:09:21 1       systemd          2274    mysqld         1.000
19:09:21 1       systemd          1975    iscsid         1.000
19:09:22 1       systemd          2421    irqbalance     9.999
[...]
```

　　上面的输出捕获了 build-init 发起的 30 秒的睡眠。这样我们可以定位到具体程序并调整睡眠,可以让构建速度快 10 倍以上。这个输出还显示了 mysqld 和 iscsid 线程每秒睡眠 1 秒。(我们在前面工具的输出中也看到了 mysqld 睡眠)。有时为了解决其他不相关的问题,应用程序需要刻意调用 sleep,这种 hack 会在代码中保留多年,进而导致性能问题。此工具可以帮助检测这个问题。

　　这个工具通过跟踪 syscalls:sys_enter_nanosleep 跟踪点来实现,开销可以忽略不计。

　　naptime(8) 的源代码如下:

```
#!/usr/local/bin/bpftrace

#include <linux/time.h>
#include <linux/sched.h>

BEGIN
{
        printf("Tracing sleeps. Hit Ctrl-C to end.\n");
        printf("%-8s %-6s %-16s %-6s %-16s %s\n", "TIME", "PPID", "PCOMM",
            "PID", "COMM", "SECONDS");
}


tracepoint:syscalls:sys_enter_nanosleep
/args->rqtp->tv_sec + args->rqtp->tv_nsec/
{
        $task = (struct task_struct *)curtask;
        time("%H:%M:%S ");
        printf("%-6d %-16s %-6d %-16s %d.%03d\n", $task->real_parent->pid,
            $task->real_parent->comm, pid, comm,
            args->rqtp->tv_sec, args->rqtp->tv_nsec / 1000000);
}
```

　　父进程的信息是从 task_struct 中获取的,但是这个方法不可靠,如果 task_struct 更改了,该代码就需要更新。

　　此工具还可以被增强:可以打印出用户态的调用栈,并显示导致睡眠的代码路径(这需要代码路径编译了帧指针,这样 BPF 才能遍历堆栈)。

13.2.16　其他工具

另外一个 BPF 工具是 deadlock(8)[1]，来自 BCC，使用互斥量的锁定顺序的倒置形式检测潜在的死锁。它建立一个有向图，表示用于检测死锁的互斥量用法。尽管此工具的开销可能很高，但它有助于调试难题。

13.3　BPF单行程序

本节展示的是一些 BCC 和 bpftrace 单行程序。在可能的情况下，单行程序同时使用 BCC 和 bpftrace 实现。

13.3.1　BCC

带参数的新创建进程：

```
execsnoop
```

按进程对系统调用计数：

```
syscount -P
```

按系统调用名称对系统调用计数：

```
syscount
```

对 PID 为 189 的进程，以 49 Hz 进行用户态调用栈采样：

```
profile -U -F 49 -p 189
```

对 off-CPU 用户态调用栈计数：

```
stackcount -U t:sched:sched_switch
```

对所有调用栈和进程名采样：

```
profile
```

对 libpthread 互斥锁方法计数 1 秒：

```
funccount -d 1 '/lib/x86_64-linux-gnu/libpthread.so.0:pthread_mutex_*lock'
```

对 libpthread 条件变量相关函数计数 1 秒：

```
funccount -d 1 '/lib/x86_64-linux-gnu/libpthread.so.0:pthread_cond_*'
```

1　deadlock(8)工具是2017年2月1日由Kenny Yu开发的。

13.3.2 bpftrace

带参数的新创建进程：

```
bpftrace -e 'tracepoint:syscalls:sys_enter_execve { join(args->argv); }'
```

按进程对系统调用计数：

```
bpftrace -e 'tracepoint:raw_syscalls:sys_enter { @[pid, comm] = count(); }'
```

按系统调用名称对系统调用计数：

```
bpftrace -e 'tracepoint:syscalls:sys_enter_* { @[probe] = count(); }'
```

对 PID 为 189 的进程，以 49 Hz 进行用户态调用栈采样：

```
bpftrace -e 'profile:hz:49 /pid == 189/ { @[ustack] = count(); }'
```

对 mysqld 进程，以 49 Hz 进行用户态调用栈采样：

```
bpftrace -e 'profile:hz:49 /comm == "mysqld"/ { @[ustack] = count(); }'
```

对 off-CPU 用户态调用栈计数：

```
bpftrace -e 'tracepoint:sched:sched_switch { @[ustack] = count(); }'
```

对所有调用栈和进程名采样：

```
bpftrace -e 'profile:hz:49 { @[ustack, stack, comm] = count(); }'
```

按用户态调用栈计算 malloc() 请求的字节总数（高开销）：

```
bpftrace -e 'u:/lib/x86_64-linux-gnu/libc-2.27.so:malloc { @[ustack(5)] =
    sum(arg0); }'
```

跟踪 kill() 信号，显示发送进程名称、目标 PID 和信号号码：

```
bpftrace -e 't:syscalls:sys_enter_kill { printf("%s -> PID %d SIG %d\n", comm,
    args->pid, args->sig); }'
```

对 libpthread 互斥锁方法计数 1 秒：

```
bpftrace -e 'u:/lib/x86_64-linux-gnu/libpthread.so.0:pthread_mutex_*lock {
    @[probe] = count(); } interval:s:1 { exit(); }'
```

对 libpthread 条件变量相关函数计数 1 秒：

```
bpftrace -e 'u:/lib/x86_64-linux-gnu/libpthread.so.0:pthread_cond_* {
    @[probe] = count(); } interval:s:1 { exit(); }'
```

按进程对 LLC 缓存未命中计数：

```
bpftrace -e 'hardware:cache-misses: { @[comm] = count(); }'
```

13.4 BPF单行程序示例

像对每种工具所做的一样，一些示例输出对于说明单行程序也很有用。
这里是一个带输出的单行程序示例。

对 libpthread 条件变量相关函数计数 1 秒

```
# bpftrace -e 'u:/lib/x86_64-linux-gnu/libpthread.so.0:pthread_cond_* {
    @[probe] = count(); } interval:s:1 { exit(); }'
Attaching 19 probes...
@[uprobe:/lib/x86_64-linux-gnu/libpthread.so.0:pthread_cond_wait@@GLIBC_2.3.2]: 70
@[uprobe:/lib/x86_64-linux-gnu/libpthread.so.0:pthread_cond_wait]: 70
@[uprobe:/lib/x86_64-linux-gnu/libpthread.so.0:pthread_cond_init@@GLIBC_2.3.2]: 573
@[uprobe:/lib/x86_64-linux-gnu/libpthread.so.0:pthread_cond_timedwait@@GLIBC_2.3.2]: 673
@[uprobe:/lib/x86_64-linux-gnu/libpthread.so.0:pthread_cond_destroy@@GLIBC_2.3.2]: 939
@[uprobe:/lib/x86_64-linux-gnu/libpthread.so.0:pthread_cond_broadcast@@GLIBC_2.3.2]: 1796
@[uprobe:/lib/x86_64-linux-gnu/libpthread.so.0:pthread_cond_broadcast]: 1796
@[uprobe:/lib/x86_64-linux-gnu/libpthread.so.0:pthread_cond_signal]: 4600
@[uprobe:/lib/x86_64-linux-gnu/libpthread.so.0:pthread_cond_signal@@GLIBC_2.3.2]: 4602
```

这些 pthread 函数可能经常会被调用，所以为了最小化性能开销只跟踪了 1 秒。这些计数显示了条件变量是怎么使用的：某些线程以定时等待（timedwait）的方式监控这些条件变量，而其他线程则发送信号（signal）或者广播（boardcast）来触发。

可以修改此单行程序以进一步分析这些内容：包括进程名称、调用栈、定时的等待时间以及其他详细信息。

13.5 小结

本章介绍了前面面向资源的章节中没讲到的 BPF 工具，用于应用程序分析，覆盖了应用程序的上下文、线程使用、信号、锁和睡眠。笔者使用 MySQL 服务器作为示例应用，并从 BPF 通过 USDT 探针和 uprobes 读取它的查询语句上下文。由于 MySQL 服务器的重要性，本章再一次使用 BPF 工具进行 on-CPU 和 off-CPU 分析。

第14章
内核

内核是整个系统的心脏；它也是一套复杂的软件。Linux 的内核使用了许多种不同的策略来改进 CPU 调度、内存放置、磁盘 I/O 性能和 TCP 性能。和任何其他软件一样，出错也在所难免。前面的章节利用内核插桩技术来帮助理解应用程序的行为。这一章我们使用内核插桩来理解内核软件的内部运行，对内核代码进行故障定位，辅助内核开发。

学习目标：

- 通过跟踪唤醒事件来继续对 off-CPU 进行分析。
- 区分内核内存的使用者。
- 分析内核互斥锁的争用。
- 展示工作队列事件的相关活动。

如果你关注某个特定的子系统，则应首先浏览前面相关章节中的工具。按 Linux 子系统名称排列如下：

- **sched**：第 6 章
- **mm**：第 7 章
- **fs**：第 8 章
- **block**：第 9 章
- **net**：第 10 章

第 2 章也覆盖了跟踪技术，包括 BPF、跟踪点和 kprobes。本章重点研究的是内核，而非资源，同时延伸了前几章没有覆盖到的内核主题。笔者从背景讨论开始，接下来介绍 BPF 的能力、内核分析策略，基于传统工具包括 Ftrace 和 BPF 工具的分析：唤醒（wakeup）、内核内存分配、内核锁、小任务（tasklet）以及工作队列等。

14.1 背景知识

内核负责管理资源访问，同时负责 CPU 上的进程调度。前面章节已经介绍了许多内核主题。详见：

- 6.1.1 节，CPU 模式和 CPU 调度器部分。
- 7.1.1 节，内存分配器、内存页和交换、页面换出守护程序、文件系统缓存和缓冲部分。
- 8.1.1 节，I/O 堆栈和文件系统缓存部分。
- 9.1.1 节，块 I/O 堆栈和 I/O 调度器部分。
- 10.1.1 节，网络堆栈、扩展和 TCP 部分。

本章将探讨内核分析的其他主题。

14.1.1 内核基础知识

唤醒（wakeup）

当线程阻塞并脱离 CPU 等待某个事件时，通常通过唤醒事件触发返回 CPU。一个例子就是磁盘 I/O：一个线程可能会阻塞于一个进行磁盘 I/O 的文件系统读操作，随后被处理完成中断的工作线程唤醒。

在某些情况下，存在唤醒依赖链：一个线程唤醒另外一个线程，然后那个被唤醒的线程唤醒另一个线程，直到阻塞的应用程序被唤醒。

图 14-1 显示了一个应用程序线程因为一个系统调用阻塞并离开 CPU，随后被一个有可能依赖其他线程的资源线程唤醒。

跟踪唤醒事件可以揭示有关 off-CPU 事件持续时间的更多信息。

内核内存分配

内核中有两个主要的内存分配器。

- **slab 分配器**：一个针对固定大小的对象的通用内存分配器，它支持分配请求的缓存和回收，以提高效率。在 Linux 中，目前称为 slub 分配器：基于 slab 分配器论文 [Bonwick 94] 开发，但是有所简化。
- **页分配器**：这是用来分配内存页的。它使用伙伴算法找到相邻的空闲内存，将它们一起分配。该分配器同时支持 NUMA 架构。

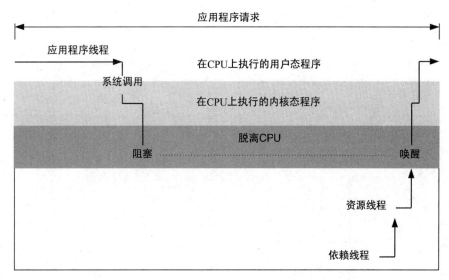

图 14-1 off-CPU 和唤醒

这些分配器在第 7 章中应用程序内存使用分析的背景介绍中提到过。本章关注内核内存的使用分析。

用于内核内存分配的 API 调用包括用于小块的 kmalloc()、kzalloc() 和 kmem_cache_alloc()（slab 分配），用于大块区域的 vmalloc() 和 vzalloc()，以及分配内存页的 alloc_pages()[156]。

内核锁

第 13 章介绍了用户态锁。内核支持不同类型的锁：自旋锁、互斥锁和读写锁。因为锁会阻塞线程，因此它们往往是性能问题的一个来源。

有三种路径可以获取 Linux 内核互斥锁，可按以下顺序尝试[157]。

1. **fastpath**：使用"比较并交换"指令（cmpxchg）。
2. **midpath**：如果锁持有者正在运行，则先乐观自旋，以期待锁很快就会被释放。
3. **slowpath**：阻塞直到锁可用。

还有一种"读 - 复制 - 更新"（read-copy-update，RCU）同步机制，该机制允许在有多个读操作的同时进行更新，对大部分是读操作的数据，提高了性能和可伸缩性。

小任务和工作队列

在 Linux 中，设备驱动程序被建模为两部分，上半部分可快速处理中断，并将工作调度到下半部分，以便稍后处理[Corbet 05]。快速处理中断很重要，因为如果上半部分运行在禁止中断的模式以延迟新中断的传递，当运行时间过长时会导致延迟问题。下半部分可以使用小任务或者工作队列；后者是可以被内核调度的线程并可以在必要时睡眠。如图 14-2 所示。

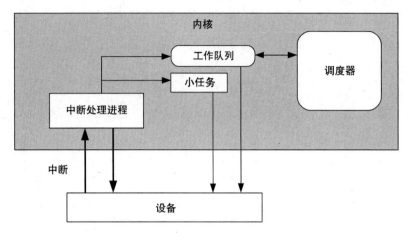

图 14-2　小任务和工作队列

14.1.2　BPF 的分析能力

BPF 跟踪工具可以提供内核指标外的其他信息，包括回答以下问题：

- 线程为什么离开 CPU，以及它们离开 CPU 多久了？
- off-CPU 的线程在等待什么事件？
- 谁正在使用内核的 slab 分配器？
- 内核是否正在移动页面来平衡 NUMA？
- 正在发生什么工作队列事件？延迟是多少？
- 对于内核开发者：哪些函数被调用了？传入和返回的参数是什么？延迟是多少？

通过插桩跟踪点和内核函数来测量它们的延迟、参数和调用栈，来回答这些问题。调用栈的定时采样也可以提供一个在 CPU 上的代码路径的视图，这通常可行，是因为内核通常会编译对堆栈的支持（帧指针或者 ORC）。

事件源

表 14-1 列出了内核事件类型，以及插桩源。

表 14-1　内核事件类型和插桩源

事件类型	事件源
内核函数执行	kprobes
调度器事件	sched 跟踪点

事件类型	事件源
系统调用	syscalls 跟踪点和 raw_syscalls 跟踪点
内核内存分配	kmem 跟踪点
页面换出守护进程扫描	vmscan 跟踪点
中断	irq 跟踪点和 irq_vectors 跟踪点
工作队列执行	workqueue 跟踪点
计时器	timer 跟踪点
IRQ 和抢占禁用	preemptirq 跟踪点 [1]

通过检查你的内核版本可查看支持哪些其他的跟踪点，比如使用 bpftrace：

```
bpftrace -l 'tracepoint:*'
```

或者使用 perf(1)：

```
perf list tracepoint
```

前面章节覆盖了资源事件，包括块设备 I/O 和网络 I/O。

14.2 分析策略

如果你刚刚接触内核性能分析，下面推荐了一个分析策略。后面的小节中将会更详细地介绍涉及的工具。

1. 如果可能，创建一个可以触发相关事件的工作负载，最好知道确定的触发次数。这可能需要写一个简短的 C 程序。

2. 检查现有的对该事件插桩的跟踪点或者工具（包括本章中介绍的这些工具）。

3. 如果该事件会被频繁调用，占用较多的 CPU 资源（>5%），那么 CPU 剖析可以快速查看涉及的内核函数。如果不是频繁调用的事件，长时间的剖析可以捕捉足够多的学习样本（比如，使用 perf(1) 或者 BCC profile(8)，配合 CPU 火焰图使用）。CPU 剖析还会展示自旋锁的使用，以及乐观自旋期间的互斥锁。

4. 另外一个探寻相关内核函数的方法是，对可能会匹配事件的函数进行计数。比如，如果正在分析 ext4 文件系统的事件，可以尝试对所有匹配"ext4_*"的函数进行计数（例如，使用 BCC 版的 funccount(8)）。

5. 对来自内核函数的调用栈计数，以了解代码路径（例如，使用 BCC 版的

---

1 需要编译内核的时候启用CONFIG_PREEMPTIRQ_EVENTS。

stackcount(8))。如果进行了 CPU 剖析，那么这些代码路径应该相符。

6. 通过子事件跟踪函数调用流（使用 perf-tools 中基于 Ftrace 的 funcgraph(8)）。

7. 检查函数参数（使用 BCC 版的 trace(8) 和 argdist(8)，或者 bpftrace）。

8. 测量函数延迟（使用 BCC 版的 funclatency(8) 或者 bpftrace）。

9. 编写一个自定义工具对事件插桩，并打印或总结它们。

下面的内容将展示如何使用传统工具进行上面列出的一些步骤，你可以在使用 BPF tools 之前尝试。

14.3 传统工具

前文中介绍了许多传统工具。这里列举一些可以用来做内核分析的传统工具，如表 14-2 所示。

表 14-2　传统工具

工具	类型	描述
Ftrace	跟踪	Linux 内置的跟踪器
perf sched	跟踪	Linux 官方剖析器：调度器分析子命令
slabtop	内核统计	内核 slab 缓存使用情况

14.3.1　Ftrace

Ftrace[1] 由 Steven Rostedt 开发，2008 年加入 Linux 2.6.27。类似 perf(1)，Ftrace 是一个有很多功能的工具。有至少 4 种方法使用 Ftrace：

- 通过 /sys/kernel/debug/tracing 文件，使用 cat(1) 和 echo(1) 或者高级编程语言进行控制。使用方法记录于内核源代码文档中——Documentation/trace/ftrace.rst[158]。
- 通过 Steven Rostedt 开发的 Ftrace 前端命令 trace-cmd[159-160]。
- 通过 Steven Rostedt 和其他人开发的 KernelShark GUI[161]。
- 使用笔者的 perf-tools 工具集中的工具 [78]。这些工具是 /sys/kernel/debug/tracing 文件的 shell 脚本。

笔者接下来会使用 perf-tools 来展示 Ftrace 的能力，上面提到的其他方法也可提供同样的能力。

1　该工具经常被写成"ftrace"；然而，Steven 希望统一成"Ftrace"。（笔者写作本书的时候还特意征询了 Steven 的意见。）

函数调用统计

假设我们想分析内核中文件系统的 read-ahead。以统计所有包含"readahead"的函数开始，使用 funccount(8)（来自 perf-tools），同时创建一个可以触发 read-ahead 的工作负载：

```
# funccount '*readahead*'
Tracing "*readahead*"... Ctrl-C to end.
^C
FUNC                              COUNT
page_cache_async_readahead          12
__breadahead                        33
page_cache_sync_readahead           69
ondemand_readahead                  81
__do_page_cache_readahead           83

Ending tracing...
```

输出显示调用了 5 个函数，以及它们对应的调用频率。

调用栈

接下来就是进一步分析这些函数。Ftrace 可以收集事件的调用栈，它可以显示函数为什么被调用——它们的父函数。下面使用 kprobe(8) 分析前面输出中的第一个函数：

```
# kprobe -Hs 'p:page_cache_async_readahead'
Tracing kprobe page_cache_async_readahead. Ctrl-C to end.
# tracer: nop
#
#                              _-----=> irqs-off
#                             / _----=> need-resched
#                            | / _---=> hardirq/softirq
#                            || / _--=> preempt-depth
#                            ||| /     delay
#         TASK-PID   CPU#  ||||    TIMESTAMP  FUNCTION
#           | |        |   ||||       |          |
            cksum-32372 [006] .... 1952191.125801: page_cache_async_readahead:
(page_cache_async_readahead+0x0/0x80)
            cksum-32372 [006] .... 1952191.125822: <stack trace>
 => page_cache_async_readahead
 => ext4_file_read_iter
 => new_sync_read
 => __vfs_read
```

```
=> vfs_read
=> SyS_read
=> do_syscall_64
=> entry_SYSCALL_64_after_hwframe
          cksum-32372 [006] .... 1952191.126704: page_cache_async_readahead:
(page_cache_async_readahead+0x0/0x80)
          cksum-32372 [006] .... 1952191.126722: <stack trace>
=> page_cache_async_readahead
=> ext4_file_read_iter
[...]
```

　　上面的输出是为每个事件打印了调用栈，显示了这个函数是在执行 read() 系统调用时被触发的。kprobe(8) 还显示了被检查函数的参数和返回值。

　　为了更高效，可以在内核上下文中统计这些调用栈的频率，而非一个一个地打印出来。这需要一个较新的 Ftrace 功能，hist triggers，直方图触发器（histogram triggers）的缩写。

　　示例如下：

```
# cd /sys/kernel/debug/tracing/
# echo 'p:kprobes/myprobe page_cache_async_readahead' > kprobe_events
# echo 'hist:key=stacktrace' > events/kprobes/myprobe/trigger
# cat events/kprobes/myprobe/hist
# event histogram
#
# trigger info: hist:keys=stacktrace:vals=hitcount:sort=hitcount:size=2048 [active]
#

{ stacktrace:
        ftrace_ops_assist_func+0x61/0xf0
        0xffffffffc0e1b0d5
        page_cache_async_readahead+0x5/0x80
        generic_file_read_iter+0x784/0xbf0
        ext4_file_read_iter+0x56/0x100
        new_sync_read+0xe4/0x130
        __vfs_read+0x29/0x40
        vfs_read+0x8e/0x130
        SyS_read+0x55/0xc0
        do_syscall_64+0x73/0x130
        entry_SYSCALL_64_after_hwframe+0x3d/0xa2
} hitcount:        235

Totals:
```

```
      Hits: 235
      Entries: 1
      Dropped: 0
[...steps to undo the tracing state...]
```

该输出显示，在跟踪期间该调用栈路径被调用了 235 次。

函数调用图

最后，funcgraph(8) 可以显示被调用的子函数：

```
# funcgraph page_cache_async_readahead
Tracing "page_cache_async_readahead"... Ctrl-C to end.
 3)               |  page_cache_async_readahead() {
 3)               |    inode_congested() {
 3)               |      dm_any_congested() {
 3)   0.582 us    |        dm_request_based();
 3)               |        dm_table_any_congested() {
 3)               |          dm_any_congested() {
 3)   0.267 us    |            dm_request_based();
 3)   1.824 us    |            dm_table_any_congested();
 3)   4.604 us    |          }
 3)   7.589 us    |        }
 3) + 11.634 us   |      }
 3) + 13.127 us   |    }
 3)               |    ondemand_readahead() {
 3)               |      __do_page_cache_readahead() {
 3)               |        __page_cache_alloc() {
 3)               |          alloc_pages_current() {
 3)   0.234 us    |            get_task_policy.part.30();
 3)   0.124 us    |            policy_nodemask();
[...]
```

上面展示了调用栈和代码路径，这些函数也可以被跟踪，以得到更多关于参数和返回值的信息。

14.3.2　perf sched

perf(1) 命令是另外一个多功能工具，在第 6 章中总结了该工具的 PMC 功能、剖析功能和跟踪功能。它还有一个 sched 子命令可以进行调度器分析。比如：

```
# perf sched record
# perf sched timehist
```

```
Samples do not have callchains.
          time    cpu   task name        wait time  sch delay  run time
                        [tid/pid]          (msec)    (msec)     (msec)
--------------- ------  ----------------- --------- --------- ---------
  991962.879971 [0005]  perf[16984]          0.000     0.000     0.000
  991962.880070 [0007]  :17008[17008]        0.000     0.000     0.000
  991962.880070 [0002]  cc1[16880]           0.000     0.000     0.000
  991962.880078 [0000]  cc1[16881]           0.000     0.000     0.000
  991962.880081 [0003]  cc1[16945]           0.000     0.000     0.000
  991962.880093 [0003]  ksoftirqd/3[28]      0.000     0.007     0.012
  991962.880108 [0000]  ksoftirqd/0[6]       0.000     0.007     0.030
[...]
```

该输出显示了每个调度事件的时间指标：阻塞时间、等待唤醒时间（wait time）、调度延迟（也叫运行队列延迟，sch delay）和 on-CPU 运行时间（run time）。

14.3.3   slabtop

slabtop(1) 工具显示内核 slab 分配缓存的当前大小。比如，下面是在一个大型的生产系统中，按缓存大小排序（-s c）的输出：

```
# slabtop -s c
Active / Total Objects (% used)     : 1232426 / 1290213 (95.5%)
Active / Total Slabs (% used)       : 29225 / 29225 (100.0%)
Active / Total Caches (% used)      : 85 / 135 (63.0%)
Active / Total Size (% used)        : 288336.64K / 306847.48K (94.0%)
Minimum / Average / Maximum Object  : 0.01K / 0.24K / 16.00K

  OBJS ACTIVE   USE OBJ SIZE   SLABS OBJ/SLAB CACHE SIZE NAME
 76412  69196    0%   0.57K    2729       28      43664K radix_tree_node
313599 313599  100%   0.10K    8041       39      32164K buffer_head
  3732   3717    0%   7.44K     933        4      29856K task_struct
 11776   8795    0%   2.00K     736       16      23552K TCP
 33168  32277    0%   0.66K     691       48      22112K proc_inode_cache
 86100  79990    0%   0.19K    2050       42      16400K dentry
 25864  24679    0%   0.59K     488       53      15616K inode_cache
[...]
```

该输出显示，radix_tree_node 缓存占用了大约 43MB，TCP 缓存大约为 23MB。对于一个有 180GB 主内存的系统来说，这些内核缓存相对很小。

这是一个对定位内存压力问题很有用的工具，可以检测某些内核组件是否意外占用了大量内存。

14.3.4 其他工具

/proc/lock_stat 可以展示内核锁的各种统计，但是只有当设置了 CONFIG_LOCK_STAT 时才可用。

/proc/sched_debug 提供了很多指标可以辅助调度器开发。

14.4 BPF工具

本节会介绍可用于内核分析和故障排查的其他 BPF 工具。

它们如图 14-3 所示。

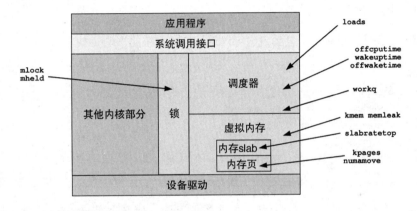

图 14-3 内核分析的其他 BPF 工具

这些工具或者是来自本书第 4 章和第 5 章介绍的 BCC 和 bpftrace 仓库，或者是专为本书开发的。有些工具同时出现在 BCC 和 bpftrace 中。表 14-3 列出了工具的来源（BT 是 bpftrace 的缩写）。

表 14-3 内核相关工具

工具	来源	目标	描述
loads	BT	CPU	显示平均负载
offcputime	BCC/ 本书	调度器	总结 off-CPU 调用栈和时间
wakeuptime	BCC	调度器	总结唤醒调用栈和阻塞时间
offwaketime	BCC	调度器	总结带 off-CPU 调用栈的唤醒
mlock	本书	互斥锁	显示互斥锁时间和内核堆栈
mheld	本书	互斥锁	显示互斥保持时间和内核堆栈

续表

工具	来源	目标	描述
kmem	本书	内存	总结内核内存分配
kpages	本书	内存页面	总结内核内存页面分配
memleak	本书	内存	显示可能的内存泄漏代码路径
slabratetop	BCC/ 本书	slab	按缓存显示内核 slab 分配率
numamove	本书	NUMA	显示 NUMA 页面迁移统计信息
workq	本书	工作队列	显示工作队列函数的执行时间

对来自 BCC 和 bpftrace 的工具，请到对应的仓库查看所有更新过的工具选项和分析能力。

前面章节介绍了很多用于内核分析的工具，包括分析系统调用、网络 I/O 和块 I/O。以下将介绍的工具包括有关插桩自旋锁和小任务的讨论。

14.4.1　loads

loads(8)[1] 是一个 bpftrace 工具，它可以每秒打印系统的平均负载：

```
# loads.bt
Attaching 2 probes...
Reading load averages... Hit Ctrl-C to end.
18:49:16 load averages: 1.983 1.151 0.931
18:49:17 load averages: 1.824 1.132 0.926
18:49:18 load averages: 1.824 1.132 0.926
[...]
```

我们在第 6 章讨论过，这些平均负载用处有限，应该尽快改为查看更底层的指标。loads(8) 工具更像是一个为获取并打印内核变量的示例，在本例中，读取和打印 avenrun：

```
#!/usr/local/bin/bpftrace

BEGIN
{
        printf("Reading load averages... Hit Ctrl-C to end.\n");
}

interval:s:1
```

1　笔者于2005年6月10日为DTrace开发了loads.d，并在2018年9月10日开发了bpftrace版本。

```
{
        /*
         * See fs/proc/loadavg.c and include/linux/sched/loadavg.h for the
         * following calculations.
         */
        $avenrun = kaddr("avenrun");
        $load1 = *$avenrun;
        $load5 = *($avenrun + 8);
        $load15 = *($avenrun + 16);
        time("%H:%M:%S ");
        printf("load averages: %d.%03d %d.%03d %d.%03d\n",
            ($load1 >> 11), (($load1 & ((1 << 11) - 1)) * 1000) >> 11,
            ($load5 >> 11), (($load5 & ((1 << 11) - 1)) * 1000) >> 11,
            ($load15 >> 11), (($load15 & ((1 << 11) - 1)) * 1000) >> 11
        );
}
```

上面使用了内置的 kaddr() 来获取 avenrun 内核符号的地址，然后对其引用解析。其他内核变量也可用同样方法获取。

14.4.2　offcputime

offcputime(8) 在第 6 章介绍过。在这一节，我们将研究其检查任务状态的能力，并且讨论一个引申出本章包含的其他工具的技术问题。

不可中断的 I/O

筛选线程的 TASK_UNINTERRUPTIBLE 状态可以展示应用程序阻塞于等待资源的时间。这有助于排除应用程序在工作之间睡眠所花费的时间，否则这些时间可能会掩盖 offcputime(8) 剖析中的实际性能问题。处于 TASK_UNINTERRUPTIBLE 状态的时间也被包含在 Linux 系统的平均负载中，这导致很多误解，因为大部分人都以为平均负载仅包括 CPU 执行时间。

仅针对用户态进程和内核堆栈测量该线程状态：

```
# offcputime -uK --state 2
Tracing off-CPU time (us) of user threads by kernel stack... Hit Ctrl-C to end.
[...]

    finish_task_switch
    __schedule
    schedule
    io_schedule
```

```
generic_file_read_iter
xfs_file_buffered_aio_read
xfs_file_read_iter
__vfs_read
vfs_read
ksys_read
do_syscall_64
entry_SYSCALL_64_after_hwframe
-                tar (7034)
    1088682
```

输出只包括了最后一个堆栈，显示了一个 tar(1) 进程正在通过 XFS 文件系统等待存储 I/O。这个命令过滤了其他线程状态，包括如下几项。

- **TASK_RUNNING (0)**：由于 CPU 处于饱和状态，所以线程会由于被动上下文切换而阻塞。在这种情况下调用栈意义不大，因为它无法显示为什么线程被移出 CPU。
- **TASK_INTERRUPTIBLE (1)**：这种状态会输出很多处于等待工作代码路径睡眠的 off-CPU 调用栈，污染输出。

过滤掉这些，有助于关注那些展示在应用程序请求期间阻塞的调用栈，那些调用栈对性能影响更大。

没有定论的堆栈

offcputime(8) 打印的许多堆栈都是没有定论的，展示了一个阻塞路径但是并不能展示导致阻塞的原因。这里有一个示例，对一个 gzip(1) 进程跟踪 off-CPU 内核堆栈 5 秒：

```
# offcputime -Kp $(pgrep -n gzip) 5
Tracing off-CPU time (us) of PID 5028 by kernel stack for 5 secs.

finish_task_switch
__schedule
schedule
exit_to_usermode_loop
prepare_exit_to_usermode
swapgs_restore_regs_and_return_to_usermode
-                gzip (5028)
    21

finish_task_switch
__schedule
schedule
```

```
pipe_wait
pipe_read
__vfs_read
vfs_read
ksys_read
do_syscall_64
entry_SYSCALL_64_after_hwframe
-                gzip (5028)
   4404219
```

该输出显示 5 秒中有 4.4 秒发生在 pipe_read() 上，但是从该输出中无法得知 gzip 在等待的管道另一边是什么，或为什么花费这么长时间。这个堆栈只能告诉我们它在等待。

这样没有定论的 off-CPU 调用栈很普遍——不仅与管道有关，还和 I/O 和锁争用有关。你可能会看到线程阻塞等待锁，但是不能看到为什么锁不可用（比如，谁持有这个锁和它们正在做什么）。

使用 wakeuptime(8) 检查唤醒堆栈通常可以揭示等待的另一边是什么。

有关 offcputime(8) 的更多信息请参见第 6 章。

14.4.3 wakeuptime

wakeuptime(8)[1] 是一个 BCC 工具，可以展示正在执行调度器唤醒线程的调用栈，以及目标被阻塞的时间。这可以用来进一步探索 off-CPU 时间。继续前面的例子：

```
# wakeuptime -p $(pgrep -n gzip) 5
Tracing blocked time (us) by kernel stack for 5 secs.

    target:          gzip
    ffffffff94000088 entry_SYSCALL_64_after_hwframe
    ffffffff93604175 do_syscall_64
    ffffffff93874d72 ksys_write
    ffffffff93874af3 vfs_write
    ffffffff938748c2 __vfs_write
    ffffffff9387d50e pipe_write
    ffffffff936cb11c __wake_up_common_lock
    ffffffff936caffc __wake_up_common
```

---

1 笔者于2013年11月7日开发了基于DTrace的wakeuptime跟踪并用火焰图进行了可视化。该工具的第一版来自笔者为USENIX LISA会议临时准备的一个45分钟的关于火焰图演讲的一部分[Gregg 13a]，但是原计划的讲座由于种种原因无法完成。随后，笔者突然被邀请替代另外一位生病的演讲者，因此笔者将该工具作为一个90分钟火焰图讲座的第二部分。笔者于2016年1月14日开发了BCC版本。

```
ffffffff936cb65e autoremove_wake_function
waker:            tar
   4551336
```

```
Detaching...
```

该输出显示 gzip(1) 进程被阻塞在正在执行 vfs_write() 的 tar(1) 进程上。现在我们来揭示导致该工作负载的命令：

```
tar cf - /mnt/data | gzip - > /mnt/backup.tar.gz
```

从这个单行程序中很明显地可以看出，gzip(1) 用了大部分时间等待 tar(1) 的数据。tar(1) 用了大部分时间等待磁盘数据，这可以通过 offcputime(8) 看到：

```
# offcputime -Kp $(pgrep -n tar) 5
Tracing off-CPU time (us) of PID 5570 by kernel stack for 5 secs.
[...]

    finish_task_switch
    __schedule
    schedule
    io_schedule
    generic_file_read_iter
    xfs_file_buffered_aio_read
    xfs_file_read_iter
    __vfs_read
    vfs_read
    ksys_read
    do_syscall_64
    entry_SYSCALL_64_after_hwframe
    -               tar (5570)
        4204994
```

该堆栈显示 tar(1) 阻塞于 io_schedule()：块设备 I/O。根据 offcputime(8) 和 wakeuptime(8) 的输出，可以看到一个应用程序为什么被阻塞（offcputime(8) 的输出）以及应用程序被唤醒的原因（wakeuptime(8) 的输出）。有时唤醒的原因可以比阻塞的原因更能定位问题的来源。

为了保持一个简短的示例，这里笔者使用了 -p 来匹配一个进程 ID。你可以不指定 -p 来跟踪整个系统。

该工具通过跟踪调度器函数 schedule() 和 try_to_wake_up() 实现。这些函数在繁忙的系统中可能会非常频繁地被调用，因此额外开销可能很高。

命令行用法说明如下：

```
wakeuptime [options] [duration]
```

可选选项包括如下两项。

- **-f**：以折叠格式输出，用于生成唤醒时间火焰图。
- **-p PID**：仅跟踪这个进程。

类似于 offcputime(8)，如果运行时没有指定 -p，它会跟踪整个系统——很可能会产生数百页的输出。火焰图可以帮你快速浏览这样的输出。

14.4.4　offwaketime

offwaketime(8)[1] 是一个结合了 offcputime(8) 和 wakeuptime(8) 的 BCC 工具。继续前面的例子：

```
# offwaketime -Kp $(pgrep -n gzip) 5
Tracing blocked time (us) by kernel off-CPU and waker stack for 5 secs.
[...]

    waker:             tar 5852
    entry_SYSCALL_64_after_hwframe
    do_syscall_64
    ksys_write
    vfs_write
    __vfs_write
    pipe_write
    __wake_up_common_lock
    __wake_up_common
    autoremove_wake_function
    --                 --
    finish_task_switch
    __schedule
    schedule
    pipe_wait
```

1　笔者最初在2013年11月7日将其开发为USENIX LISA 2013会议的链图[Gregg 13a]，在那里笔者进行了多次唤醒，并将输出展示为火焰图。那个版本使用的是DTrace，因为DTrace不能保存和恢复需要转储所有事件和后期处理的堆栈，这对于生产环境来说开销太大。BPF可以存储和恢复调用栈（笔者在2016年1月13日开发该BCC工具时使用的），而且可以限制到一层唤醒。Alexei Starovoitov添加了一个到内核源代码的版本，在samples/bpf/offwaketime_*.c中。

```
pipe_read
__vfs_read
vfs_read
ksys_read
do_syscall_64
entry_SYSCALL_64_after_hwframe
target:          gzip 5851
    4490207
```

该输出显示 tar(1) 唤醒了 gzip(1)，gzip(1) 在该路径上被阻塞了 4.49 秒。这两个调用栈用 "--" 分隔符隔开，并且上面的唤醒者调用栈被反转了。这样，调用栈在中间相遇了，在那里唤醒堆栈（上面的）唤醒了被阻塞的堆栈（下面的）。

该工具同时跟踪调度器函数 schedule() 和 try_to_wake_up()，使用一个 BPF 调用栈映射表保存了唤醒者调用栈，该映射表由被阻塞线程所查询，这样两个调用栈可以在内核上下文中被统一汇总。这两个函数在繁忙的系统中可能被调用得非常频繁，因此额外开销可能很高。

命令行用法如下：

```
offwaketime [options] [duration]
```

可选选项包括如下几项。

- **-f**：以折叠格式输出，用于生成唤醒时间火焰图。
- **-p PID**：仅跟踪该进程。
- **-K**：仅内核态调用栈。
- **-U**：仅用户态调用栈。

不指定 -p，该工具会跟踪整个系统，可能会产生数百页的输出。使用选项 -p、-K 和 -U 会减少开销。

Off-Wake 时间火焰图

折叠的输出（使用 -f 选项）可以被火焰图可视化，且使用同样的方向：唤醒者堆栈在上，阻塞堆栈在下。图 14-4 展示了一个示例。

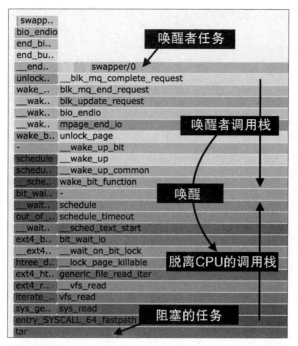

图 14-4　Off-Wake 时间火焰图

14.4.5　mlock 和 mheld

mlock(8)[1] 和 mheld(8) 工具以直方图的形式跟踪内核互斥锁的延迟和持有时间，并输出内核态的堆栈。mlock(8) 可以用来定位锁争用问题，mheld(8) 可以显示原因：哪个代码路径导致了长时间持有锁。

从 mlock(8) 开始：

```
# mlock.bt
Attaching 6 probes...
Tracing mutex_lock() latency, Ctrl-C to end.
^C
[...]

@lock_latency_ns[0xffff9d015738c6e0,
    kretprobe_trampoline+0
    unix_stream_recvmsg+81
```

1　笔者于2019年3月14日为本书开发了这些工具。这个方式受Solaris lockstat(1M)（Jeff Bonwick）工具的启发，还显示了部分调用栈信息，其中包括锁定和保持时间的延迟直方图。

```
    sock_recvmsg+67
    ___sys_recvmsg+245
    __sys_recvmsg+81
, chrome]:
[512, 1K)          5859 |@@@@@@@@@@@@@@@@@@@@@@@@@@@@@@@@@@@       |
[1K, 2K)           8303 |@@@@@@@@@@@@@@@@@@@@@@@@@@@@@@@@@@@@@@@@@@@@@@@@@@@|
[2K, 4K)           1689 |@@@@@@@@@@                                        |
[4K, 8K)            476 |@@                                                |
[8K, 16K)           101 |                                                  |
```

该输出包含很多调用栈和锁，这里只展示了一个。输出中显示了锁的地址（0xffff9d015738c6e0）、mutex_lock() 的调用栈、进程名字（chrome），以及 mutex_lock() 的延迟。在被跟踪期间，该锁被获得了数千次，但是这非常快，比如，直方图显示 8303 次发生在 1024~2048 纳秒之间（大约 1~2 微秒之间）。

现在运行 mheld(8)：

```
# mheld.bt
Attaching 9 probes...
Tracing mutex_lock() held times, Ctrl-C to end.
^C
[...]

@held_time_ns[0xffff9d015738c6e0,
    mutex_unlock+1
    unix_stream_recvmsg+81
    sock_recvmsg+67
    ___sys_recvmsg+245
    __sys_recvmsg+81
, chrome]:
[512, 1K)         16459 |@@@@@@@@@@@@@@@@@@@@@@@@@@@@@@@@@@@@@@@@@@@@@@@@@@@|
[1K, 2K)           7427 |@@@@@@@@@@@@@@@@@@@@@@@                           |
```

这展示了这个锁的持有者是同一个进程，并且输出了对应的调用栈。

因为 mutex 跟踪点还不存在，该工具跟踪的是 mutex_lock()、mutex_lock_interruptible() 和 mutex_trylock() 内核函数。这些函数的调用非常频繁，在繁重的工作负载时进行跟踪的额外开销很高。

mlock

mlock(8) 的源代码如下：

```
#!/usr/local/bin/bpftrace
```

```
BEGIN
{
        printf("Tracing mutex_lock() latency, Ctrl-C to end.\n");
}

kprobe:mutex_lock,
kprobe:mutex_lock_interruptible
/$1 == 0 || pid == $1/
{
        @lock_start[tid] = nsecs;
        @lock_addr[tid] = arg0;
}

kretprobe:mutex_lock
/($1 == 0 || pid == $1) && @lock_start[tid]/
{
        @lock_latency_ns[ksym(@lock_addr[tid]), kstack(5), comm] =
            hist(nsecs - @lock_start[tid]);
        delete(@lock_start[tid]);
        delete(@lock_addr[tid]);
}

kretprobe:mutex_lock_interruptible
/retval == 0 && ($1 == 0 || pid == $1) && @lock_start[tid]/
{
        @lock_latency_ns[ksym(@lock_addr[tid]), kstack(5), comm] =
            hist(nsecs - @lock_start[tid]);
        delete(@lock_start[tid]);
        delete(@lock_addr[tid]);
}

END
{
        clear(@lock_start);
        clear(@lock_addr);
}
```

该程序统计了 mutex_lock() 以及返回成功的 mutex_lock_interruptible() 的持续时间。没有跟踪 mutex_trylock()，因为假设这个调用没有延迟。mlock(8) 支持一个可选的参数，用于指定跟踪的进程 ID；如果不指定的话，会跟踪整个系统。

mheld

mheld(8) 的源代码如下：

```
#!/usr/local/bin/bpftrace

BEGIN
{
        printf("Tracing mutex_lock() held times, Ctrl-C to end.\n");
}

kprobe:mutex_lock,
kprobe:mutex_trylock,
kprobe:mutex_lock_interruptible
/$1 == 0 || pid == $1/
{
        @lock_addr[tid] = arg0;
}

kretprobe:mutex_lock
/($1 == 0 || pid == $1) && @lock_addr[tid]/
{
        @held_start[@lock_addr[tid]] = nsecs;
        delete(@lock_addr[tid]);
}

kretprobe:mutex_trylock,
kretprobe:mutex_lock_interruptible
/retval == 0 && ($1 == 0 || pid == $1) && @lock_addr[tid]/
{
        @held_start[@lock_addr[tid]] = nsecs;
        delete(@lock_addr[tid]);
}

kprobe:mutex_unlock
/($1 == 0 || pid == $1) && @held_start[arg0]/
{
        @held_time_ns[ksym(arg0), kstack(5), comm] =
            hist(nsecs - @held_start[arg0]);
        delete(@held_start[arg0]);
}

END
{
```

```
        clear(@lock_addr);
        clear(@held_start);
}
```

输出显示跟踪了来自不同互斥函数的持有时间。与 mlock(8) 一样，它支持一个可选的进程 ID 参数。

14.4.6　自旋锁

与前文跟踪互斥锁一样，目前还没有跟踪点可以跟踪自旋锁。注意，目前有几种不同的自旋锁，包括 spin_lock_bh()、spin_lock()、spin_lock_irq() 和 spin_lock_irqsave()[162]。它们在 include/linux/spinlock.h 中定义：

```
#define spin_lock_irqsave(lock, flags)                   \
do {                                                      \
        raw_spin_lock_irqsave(spinlock_check(lock), flags);    \
} while (0)
[...]
#define raw_spin_lock_irqsave(lock, flags)               \
        do {                                          \
                typecheck(unsigned long, flags);      \
                flags = _raw_spin_lock_irqsave(lock);    \
        } while (0)
```

可以使用 funccount(8) 查看它们：

```
# funccount '*spin_lock*'
Tracing 16 functions for "*spin_lock*"... Hit Ctrl-C to end.
^C
FUNC                              COUNT
_raw_spin_lock_bh                  7092
native_queued_spin_lock_slowpath   7227
_raw_spin_lock_irq               261538
_raw_spin_lock                  1215218
_raw_spin_lock_irqsave          1582755
Detaching...
```

funccount(8) 使用 kprobes 对这些函数的入口插桩。这些函数的返回不能用 kretprobes

跟踪[1]，所以不可能直接用这些函数来统计它们的持续时间。在堆栈上可以查看上一层可以被跟踪的函数，比如使用 stackcount(8) 在 kprobes 查看调用栈。

笔者通常使用 CPU 剖析和火焰图来调试自旋锁的性能问题，因为它们以消耗 CPU 的函数显示。

14.4.7   kmem

kmem(8)[2] 是一个 bpftrace 工具，可以按调用栈内核内存分配，并打印内存分配次数、平均分配大小和总分配字节数的统计信息。比如：

```
# kmem.bt
Attaching 3 probes...
Tracing kmem allocation stacks (kmalloc, kmem_cache_alloc). Hit Ctrl-C to end.
^C
[...]
@bytes[
    kmem_cache_alloc+288
    getname_flags+79
    getname+18
    do_sys_open+285
    SyS_openat+20
, Xorg]: count 44, average 4096, total 180224
@bytes[
    __kmalloc_track_caller+368
    kmemdup+27
    intel_crtc_duplicate_state+37
    drm_atomic_get_crtc_state+119
    page_flip_common+51
, Xorg]: count 120, average 2048, total 245760
```

该输出被截断到只显示最后两个堆栈。第一个显示 open(2) 系统调用，该调用导致在 Xorg 进程执行 getname_flags() 期间进行了一个 slab 分配（kmem_cache_alloc()）。在跟踪期间此分配发生了 44 次，平均分配了 4096 字节，总计分配了 180 224 字节。

该程序跟踪 kmem 跟踪点。因为内存分配非常频繁，在繁忙系统中的额外开销较高。

kmem(8) 的源代码如下：

---

1   研究发现，使用 kretprobes 对这些函数插桩可能导致系统死锁[163]，所以 BCC 添加了一节内容，讨论被禁止的 kretprobes。在内核中还有使用 NOKPROBE_SYMBOL 被禁止的其他函数；希望例子中使用的"spin_lock"函数不在其中，因为如果被禁用就连 kprobes 也不能使用了，即使没有 kretprobes，kprobes 也有许多用途。

2   笔者于 2019 年 3 月 15 日为本书开发了该工具。

```
#!/usr/local/bin/bpftrace

BEGIN
{
        printf("Tracing kmem allocation stacks (kmalloc, kmem_cache_alloc). ");
        printf("Hit Ctrl-C to end.\n");
}

tracepoint:kmem:kmalloc,
tracepoint:kmem:kmem_cache_alloc
{
        @bytes[kstack(5), comm] = stats(args->bytes_alloc);
}
```

　　该程序使用内置的 stats() 函数打印三元组：分配次数、平均字节和总字节。可以通过换成 hist() 函数来打印直方图形式的统计。

14.4.8　kpages

　　kpages(8)[1] 是一个 bpftrace 工具，它使用 kmem:mm_page_alloc 跟踪点可以跟踪其他类型的内核内存分配与 alloc_pages()。示例输出如下：

```
# kpages.bt
Attaching 2 probes...
Tracing page allocation stacks. Hit Ctrl-C to end.
^C
[...]
@pages[
    __alloc_pages_nodemask+521
    alloc_pages_vma+136
    handle_pte_fault+959
    __handle_mm_fault+1144
    handle_mm_fault+177
, chrome]: 11733
```

　　该输出被截断到只显示一个调用栈，这个调用栈显示了 Chrome 进程在跟踪期间，由于缺页错误分配了 11 733 个内存页。该工具跟踪 kmem 跟踪点。因为内存分配很频繁，因此在繁忙系统中的额外开销会较高。

1　笔者于2019年3月15日为本书开发了该工具。

kpages(8) 的源代码如下：

```
#!/usr/local/bin/bpftrace

BEGIN
{
        printf("Tracing page allocation stacks. Hit Ctrl-C to end.\n");
}

tracepoint:kmem:mm_page_alloc
{
        @pages[kstack(5), comm] = count();
}
```

该程序其实可以实现为一个单行程序，但是为了确保不被忽略，笔者特意将其创建成 kpages(8) 工具。

14.4.9   memleak

memleak(8) 在第 7 章中有过介绍：它是一个 BCC 工具，用于显示在跟踪期间未被释放的内存分配，该工具可以用来定位内存增长或泄漏。该工具默认跟踪的是内核内存分配，比如：

```
# memleak
Attaching to kernel allocators, Ctrl+C to quit.

[13:46:02] Top 10 stacks with outstanding allocations:
[...]
        6922240 bytes in 1690 allocations from stack
                __alloc_pages_nodemask+0x209 [kernel]
                alloc_pages_current+0x6a [kernel]
                __page_cache_alloc+0x81 [kernel]
                pagecache_get_page+0x9b [kernel]
                grab_cache_page_write_begin+0x26 [kernel]
                ext4_da_write_begin+0xcb [kernel]
                generic_perform_write+0xb3 [kernel]
                __generic_file_write_iter+0x1aa [kernel]
                ext4_file_write_iter+0x203 [kernel]
                new_sync_write+0xe7 [kernel]
                __vfs_write+0x29 [kernel]
                vfs_write+0xb1 [kernel]
                sys_pwrite64+0x95 [kernel]
```

```
do_syscall_64+0x73 [kernel]
entry_SYSCALL_64_after_hwframe+0x3d [kernel]
```

这里只显示了一个调用栈，显示了通过 ext4 写操作导致的分配。有关 memleak(8) 的更多信息请查看第 7 章。

14.4.10 slabratetop

slabratetop(8)[1] 是一个 BCC 和 bpftrace 工具，通过直接跟踪 kmem_cache_alloc() 并按 slab 缓存名字显示内核 slab 分配率。这是 slabtop(1) 的一个补充，slabtop(1) 可以显示 slab 缓存的大小（通过 /proc/slabinfo）。比如，在一个 48-CPU 的生产实例上的输出如下：

```
# slabratetop

09:48:29 loadavg: 6.30 5.45 5.46 4/3377 29884

CACHE                      ALLOCS      BYTES
kmalloc-4096                  654    2678784
kmalloc-256                  2637     674816
filp                          392     100352
sock_inode_cache               94      66176
TCP                            31      63488
kmalloc-1024                   58      59392
proc_inode_cache               69      46920
eventpoll_epi                 354      45312
sigqueue                      227      36320
dentry                        165      31680
[...]
```

该输出显示，在输出时间段内，kmalloc-4096 缓存分配了最多的字节。像 slabtop(1) 一样，该工具可以用来诊断意外的内存压力。

该工具通过使用 kprobes 跟踪 kmem_cache_alloc() 内核函数实现。因为该函数被调用得相对频繁，在非常繁忙的系统中，该工具的额外开销会比较明显。

BCC

命令行用法如下：

```
slabratetop [options] [interval [count]]
```

---

1 笔者于2016年10月15日为BCC开发了该工具，笔者还于2019年1月26日为本书开发了bpftrace版本。

选项有如下项目。

- **-c**：不清空屏幕。

bpftrace

该版本仅按缓存名字计数分配，每秒打印一次带时间戳的输出：

```
#!/usr/local/bin/bpftrace

#include <linux/mm.h>
#include <linux/slab.h>
#ifdef CONFIG_SLUB
#include <linux/slub_def.h>
#else
#include <linux/slab_def.h>
#endif

kprobe:kmem_cache_alloc
{
        $cachep = (struct kmem_cache *)arg0;
        @[str($cachep->name)] = count();
}

interval:s:1
{
        time();
        print(@);
        clear(@);
}
```

这里需要检查内核编译选项 CONFIG_SLUB，以确保引用正确版本的 slab 分配器头文件。

14.4.11　numamove

numamove(8)[1] 跟踪类型为"NUMA misplaced"的内存页面迁移。这些页面被移动到另外一个 NUMA 节点上以改进内存局部性和整体系统性能。笔者曾经在生产系统中遇到过高达 40% 的 CPU 时间都在做这种 NUMA 页面迁移的问题；这样的性能损失超过了 NUMA 页面均衡带来的好处。此工具可帮助笔者密切关注 NUMA 页面迁移，以防问

1　笔者于2019年1月26日开发了该工具，并使用它检查一个重复发生的问题。

题再次出现。示例输出如下：

```
# numamove.bt
Attaching 4 probes...
TIME            NUMA_migrations NUMA_migrations_ms
22:48:45                      0                  0
22:48:46                      0                  0
22:48:47                    308                 29
22:48:48                      2                  0
22:48:49                      0                  0
22:48:50                      1                  0
22:48:51                      1                  0
[...]
```

此输出在22:48:47捕获了NUMA页迁移的爆发：308个迁移操作，共花费了29毫秒。这些列显示每秒的迁移速度以及迁移所花费的时间（以毫秒为单位）。请注意，必须启用NUMA平衡（sysctl kernel.numa_balancing=1），此活动才能发生。

numamove(8)的源代码如下：

```
#!/usr/local/bin/bpftrace

kprobe:migrate_misplaced_page { @start[tid] = nsecs; }

kretprobe:migrate_misplaced_page /@start[tid]/
{
        $dur = nsecs - @start[tid];
        @ns += $dur;
        @num++;
        delete(@start[tid]);
}


BEGIN
{
        printf("%-10s %18s %18s\n", "TIME",
            "NUMA_migrations", "NUMA_migrations_ms");
}


interval:s:1
{
        time("%H:%M:%S");
        printf("   %18d %18d\n", @num, @ns / 1000000);
        delete(@num);
```

```
            delete(@ns);
}
```

该工具使用 kprobes 和 kretprobes 跟踪内核函数 migration_misplaced_page() 的开始和结束，并使用间隔探针打印出统计信息。

14.4.12 workq

workq(8)[1] 跟踪工作队列请求并统计延迟信息。比如：

```
# workq.bt
Attaching 4 probes...
Tracing workqueue request latencies. Ctrl-C to end.
^C
[...]

@us[intel_atomic_commit_work]:
[1K, 2K)             7 |                                                   |
[2K, 4K)             9 |                                                   |
[4K, 8K)           132 |@@@@                                               |
[8K, 16K)         1524 |@@@@@@@@@@@@@@@@@@@@@@@@@@@@@@@@@@@@@@@@@@@@@@@@@@@@@|
[16K, 32K)        1019 |@@@@@@@@@@@@@@@@@@@@@@@@@@@@@@@@@@@                  |
[32K, 64K)           2 |                                                   |

@us[kcryptd_crypt]:
[2, 4)               2 |                                                   |
[4, 8)            4864 |@@@@@@@@@@@@@@@@@@@@@@@@                            |
[8, 16)          10746 |@@@@@@@@@@@@@@@@@@@@@@@@@@@@@@@@@@@@@@@@@@@@@@@@@@@@@|
[16, 32)          2887 |@@@@@@@@@@@@@@                                     |
[32, 64)           456 |@@                                                 |
[64, 128)          250 |@                                                  |
[128, 256)         190 |                                                   |
[256, 512)          29 |                                                   |
[512, 1K)           14 |                                                   |
[1K, 2K)             2 |                                                   |
```

该输出显示，kcryptd_crypt() 工作队列函数被频繁调用，通常延迟在 4 到 32 微秒之间。

该工具通过跟踪 workqueue:workqueue_execute_start 和 workqueue:workqueue_execute_end 跟踪点实现。

1　笔者于2019年3月14日为本书开发了该工具。

workq(8) 的源代码如下：

```
#!/usr/local/bin/bpftrace

BEGIN
{
        printf("Tracing workqueue request latencies. Ctrl-C to end.\n");
}

tracepoint:workqueue:workqueue_execute_start
{
        @start[tid] = nsecs;
        @wqfunc[tid] = args->function;
}

tracepoint:workqueue:workqueue_execute_end
/@start[tid]/
{
        $dur = (nsecs - @start[tid]) / 1000;
        @us[ksym(@wqfunc[tid])] = hist($dur);
        delete(@start[tid]);
        delete(@wqfunc[tid]);
}

END
{
        clear(@start);
        clear(@wqfunc);
}
```

该工具测量从执行开始到结束的时间，并将其另存为以函数名为键的直方图。

14.4.13　小任务

2009 年，Anton Blanchard 提出了添加小任务（tasklet）跟踪点的补丁，但截至目前，这些都不在内核中[164]。小任务函数，在 tasklet_init() 中初始化，可以用 kprobes 跟踪。比如，在 net/ipv4/tcp_output.c 中：

```
[...]
            tasklet_init(&tsq->tasklet,
                    tcp_tasklet_func,
                    (unsigned long)tsq);
[...]
```

这创建了一个小任务调用 tcp_tasklet_func() 函数。可使用 BCC 版的 funclatency(8) 跟踪它的延迟:

```
# funclatency -u tcp_tasklet_func
Tracing 1 functions for "tcp_tasklet_func"... Hit Ctrl-C to end.
^C
     usecs               : count    distribution
         0 -> 1          : 0        |                                        |
         2 -> 3          : 0        |                                        |
         4 -> 7          : 3        |*                                       |
         8 -> 15         : 10       |****                                    |
        16 -> 31         : 22       |********                                |
        32 -> 63         : 100      |****************************************|
        64 -> 127        : 61       |************************                |
Detaching...
```

可以根据需要使用 bpftrace 和 kprobes 为 tasklet 函数创建自定义工具。

14.4.14 其他工具

其他值得一提的内核分析工具有如下一些。

- **runqlat(8)**:总结 CPU 运行队列延迟(第 6 章)。
- **syscount(8)**:按类型和过程总结系统调用(第 6 章)。
- **hardirq(8)**:总结硬中断时间(第 6 章)。
- **softirq(8)**:总结软中断时间(第 6 章)。
- **xcalls(8)**:CPU 交叉调用次数(第 6 章)。
- **vmscan(8)**:测量 VM 扫描器的缩小和回收时间(第 7 章)。
- **vfsstat(8)**:统计常见的 VFS 操作信息(第 8 章)。
- **cachestat(8)**:显示页面缓存统计信息(第 8 章)。
- **biostacks(8)**:显示具有延迟的块 I/O 初始化堆栈(第 9 章)。
- **skblife(8)**:测量 sk_buff 的寿命(第 10 章)。
- **inject(8)**:使用 bpf_override_return() 修改内核函数以返回错误,以测试错误路径。它是一个 BCC 工具。
- **criticalstat(8)**[1]:测量内核中的原子性临界区,显示持续时间和调用栈。默认情况下,它显示禁用 IRQ 的、持续时间超过 100 微秒的路径。这是一个 BCC 工具,

---

1   Joel Fernandes 于 2018 年 6 月 18 日开发了该工具。

可以帮助找到内核中的延迟源。在内核编译时启用 CONFIG_DEBUG_PREEMPT 和 CONFIG_PREEMPTIRQ_EVENTS。

内核分析通常涉及工具之外的自定义插桩，而单行程序是开始开发自定义程序的一种方式。

14.5　BPF单行程序

该部分展示了 BCC 和 bpftrace 单行程序。在可能的情况下，会使用 BCC 和 bpftrace 实现相同的单行程序。

14.5.1　BCC

按进程对系统调用进行计数：

```
syscount -P
```

按系统调用名称对系统调用进行计数：

```
syscount
```

对以"attach"开始的内核函数调用进行计数：

```
funccount 'attach*'
```

为内核函数 vfs_read() 计时并将其总结为直方图：

```
funclatency vfs_read
```

对内核函数"func1"的第一个整数参数出现的频率进行计数：

```
argdist -C 'p::func1(int a):int:a'
```

对内核函数"func1"的返回值出现的频率进行计数：

```
argdist -C 'r::func1():int:$retval'
```

将第一个参数强制转换为 sk_buff，并对 len 成员出现的频率进行计数：

```
argdist -C 'p::func1(struct sk_buff *skb):unsigned int:skb->len'
```

以 99 Hz 对内核态调用栈采样：

```
profile -K -F99
```

对上下文切换调用栈计数：

```
stackcount -p 123 t:sched:sched_switch
```

14.5.2   bpftrace

按进程对系统调用进行计数：

```
bpftrace -e 'tracepoint:raw_syscalls:sys_enter { @[pid, comm] = count(); }'
```

按系统调用探针名称对系统调用进行计数：

```
bpftrace -e 'tracepoint:syscalls:sys_enter_* { @[probe] = count(); }'
```

按系统调用函数对系统调用进行计数：

```
bpftrace -e 'tracepoint:raw_syscalls:sys_enter {
    @[ksym(*(kaddr("sys_call_table") + args->id * 8))] = count(); }'
```

对以"attach"开始的内核函数调用进行计数：

```
bpftrace -e 'kprobe:attach* { @[probe] = count(); }'
```

为内核函数 vfs_read() 计时并将其总结为直方图：

```
bpftrace -e 'k:vfs_read { @ts[tid] = nsecs; } kr:vfs_read /@ts[tid]/ {
    @ = hist(nsecs - @ts[tid]); delete(@ts[tid]); }'
```

对内核函数"func1"的第一个整数参数出现的频率进行计数：

```
bpftrace -e 'kprobe:func1 { @[arg0] = count(); }'
```

对内核函数"func1"的返回值出现的频率进行计数：

```
bpftrace -e 'kretprobe:func1 { @[retval] = count(); }'
```

以 99 Hz 对内核态调用栈采样，不包含 idle：

```
bpftrace -e 'profile:hz:99 /pid/ { @[kstack] = count(); }'
```

以 99Hz 对 on-CPU 内核函数采样：

```
bpftrace -e 'profile:hz:99 { @[kstack(1)] = count(); }'
```

对上下文切换调用栈计数：

```
bpftrace -e 't:sched:sched_switch { @[kstack, ustack, comm] = count(); }'
```

按内核函数对工作队列请求进行计数：

```
bpftrace -e 't:workqueue:workqueue_execute_start { @[ksym(args->function)] = count() }'
```

对内核函数开始的 hrtimer 进行计数：

```
bpftrace -e 't:timer:hrtimer_start { @[ksym(args->function)] = count() }'
```

14.6　BPF单行程序示例

与对每个工具所做的一样，展示一些示例输出对说明单行程序很有帮助。

14.6.1　按系统调用函数对系统调用进行计数

```
# bpftrace -e 'tracepoint:raw_syscalls:sys_enter {
    @[ksym(*(kaddr("sys_call_table") + args->id * 8))] = count(); }'
Attaching 1 probe...
^C
[...]
@[sys_writev]: 5214
@[sys_sendto]: 5515
@[SyS_read]: 6047
@[sys_epoll_wait]: 13232
@[sys_poll]: 15275
@[SyS_ioctl]: 19010
@[sys_futex]: 20383
@[SyS_write]: 26907
@[sys_gettid]: 27254
@[sys_recvmsg]: 51683
```

该输出显示，像 recvmsg(2) 系统调用那样，sys_recvmsg() 函数在跟踪期间被调用得最多：51 683 次。

这个单行程序使用单个 raw_syscalls:sys_enter 跟踪点，而不是匹配所有 syscalls:sys_enter_* 跟踪点，这样初始化和终止更快。但是，raw_syscall 跟踪点仅提供系统调用的 ID 号；这个单行程序通过在内核 sys_call_table 中查找其条目将其转换为系统调用函数。

14.6.2　对内核函数开始的 hrtimer 进行计数

```
# bpftrace -e 't:timer:hrtimer_start { @[ksym(args->function)] = count(); }'
Attaching 1 probe...
^C

@[timerfd_tmrproc]: 2
@[sched_rt_period_timer]: 2
@[watchdog_timer_fn]: 8
@[intel_uncore_fw_release_timer]: 63
@[it_real_fn]: 78
```

```
@[perf_swevent_hrtimer]: 3521
@[hrtimer_wakeup]: 6156
@[tick_sched_timer]: 13514
```

这显示了正在使用的计时器功能；由于 perf(1) 正在执行基于软件的 CPU 剖析，因此输出捕获到 perf_swevent_hrtimer()。笔者开发了这个单行程序，用来检查使用了哪种 CPU 剖析模式（CPU 时钟与周期事件），因为软件版本使用计时器。

14.7 挑战

一些跟踪内核函数时的挑战：

- 编译器内联了一些内核函数。这会使内核函数对 BPF 跟踪不可见。一种解决方法是，跟踪未内联并完成同一任务（可能需要过滤器）的父函数或子函数。另一种是，使用 kprobe 指令偏移量进行跟踪。
- 跟踪某些内核函数是不安全的，是因为它们运行在特殊模式下，例如，禁用的中断，或者它们是跟踪框架本身的一部分。内核将它们列入黑名单，以使其无法被跟踪。
- 任何基于 kprobe 的工具都需要维护才能匹配内核的修改。一些 BCC 工具已经损坏，需要修补才能在新的内核上使用。长期的解决方案是尽可能使用跟踪点。

14.8 小结

本章着重于内核分析，作为前面面向资源的章节之外的补充材料。本章总结了包括 Ftrace 在内的传统工具，然后使用 BPF 以及内核内存分配、唤醒和工作队列请求，来更详细地研究了 off-CPU 分析。

容器已成为在 Linux 上部署服务的常用方法，它提供了安全隔离功能，可降低应用程序的启动时间，进行资源控制以及简化部署。本章将介绍如何在容器环境中使用 BPF 工具，并介绍在容器环境下分析工具和方法的一些特殊之处。

学习目标：

- 理解容器的组成以及跟踪目标。
- 理解特权、容器 ID 和函数即服务带来的挑战。
- 量化容器间的 CPU 共享。
- 测量 blk cgroup I/O 节流。
- 测量 Overlay 文件系统的性能。

本章以容器分析的必要背景知识开始，接下来描述 BPF 的分析能力，然后介绍各种 BPF 工具和单行程序。

分析容器中的应用程序的性能所需的大部分知识和工具在前面的章节中已经介绍过了：在容器的世界中，CPU 依然是 CPU，文件系统依然是文件系统，磁盘依然是磁盘。本章重点介绍针对容器的特殊部分，例如，命名空间和 cgroup。

15.1 背景知识

容器允许在一台机器上运行操作系统的多个实例。主要有两种实现容器的方法。

- **操作系统级别的虚拟化：** 在 Linux 中这涉及使用命名空间（namespace）对系统进行分区，通常与 cgroup 结合使用进行资源控制。所有容器共享同一个运行着的内核。这是 Docker、Kubernetes 以及其他容器环境所使用的方法。

- **硬件级别的虚拟化**：这涉及运行轻量级虚拟机，每个虚拟机都有自己的内核。Intel 的 Clear Containers（即现在的 Kata Containers[165]）和 AWS 的 Firecracker[166] 使用这种方式。

第 16 章将为分析硬件虚拟化容器提供一些介绍。本章介绍操作系统级别的虚拟化容器。

图 15-1 展示了一个典型的 Linux 容器实现。

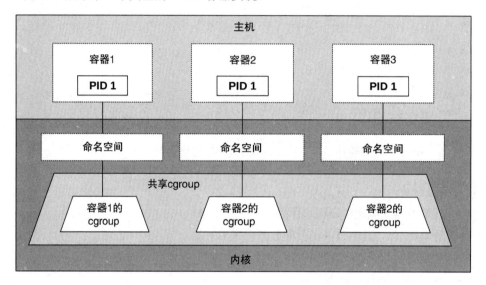

图 15-1　Linux 操作系统虚拟化容器

命名空间限制了系统的视图。命名空间包括 cgroup、ipc、mnt、net、pid、user 和 uts。pid 命名空间将容器的 /proc 的视图限制为只能看到容器自己的进程；mnt 命名空间限制了可见的文件系统挂载点；uts[1] 命名空间隔离了 uname(2) 系统调用返回的详细信息。

控制组（cgroup）限制了资源的使用。在 Linux 内核中有两个版本的 cgroups，v1 和 v2；Kubernetes 等许多项目仍然在使用 v1。v1 的 cgroups 包括 blkio、cpu、cpuacct、cpuset、devices、hugetlb、memory、net_cls、net_prio、pids 和 rdma。可以通过配置这些 cgroups 来限制容器间的资源竞争，比如通过设置一个 CPU 和内存使用的硬限制，也可以设置软限制（基于比例的）。cgroup 也可以有层次结构，另外还包括容器之间共享的一个系统 cgroups，如图 15-1 所示。[2]

1　根据 uname(2) 系统调用的 utsname 结构命名，该结构本身以 UNIX 分时系统命名（UNIX Time-sharing System）[167]。

2　笔者在这里使用梯形来描述 cgroup 之间的关系，以展示实际资源使用范围处于软限制和硬限制之间，命名空间则用矩形表示。

cgroups v2 解决了 v1 的各种缺点，预计容器技术将在未来几年内迁移到 v2，v1 最终将被弃用。

容器性能分析的一个常见问题是，可能存在"吵闹的邻居"——某个容器正在大量消耗资源并导致其他容器的资源紧张。由于这些容器进程全部在同一个内核上运行，可以从主机上同时进行分析，因此这与在一个分时系统上运行多个应用程序的传统性能分析并无不同。主要的区别是，cgroups 可能会对资源施加额外的软限制，会在硬限制之前被触达。尚未更新以支持容器的监控工具可能看不到这些软限制以及它们导致的性能问题。

15.1.1　BPF 的分析能力

容器分析工具一般是基于指标的，显示目前系统中存在的容器、cgroups、已存在的命名空间，以及对应的设置和大小。BPF 跟踪工具可以提供更多的细节，以回答如下这些问题：

- 每个容器的运行队列延迟是多少？
- 调度器正在同样的 CPU 上切换容器吗？
- 目前是否遇到了 CPU 或磁盘的软限制？

这些问题可以用 BPF 通过对调度器事件跟踪点插桩以及使用 kprobes 对内核函数进行插桩。像前面章节中讨论的那样，其中一些事件（比如调度器事件）发生得非常频繁，不适合用于长期监控，更适合用于临时分析。

内核中有针对 cgroup 事件的跟踪点，包括 cgroup:cgroup_setup_root、cgroup:cgroup_attach_task 等。这些是可以帮助调试容器启动的高级事件。

也可以使用 BPF_PROG_TYPE_CGROUP_SKB 程序类型（本章中没有介绍），附加到 cgroup 入口点和出口点上处理网络数据包。

15.1.2　挑战

以下主题介绍了对容器使用 BPF 跟踪时会遇到的一些挑战。

BPF 特权

现在 BPF 跟踪需要 root 特权，这对于大部分容器环境来说，意味着 BPF 跟踪工具只能在宿主机上执行，不能在容器内执行。这需要改变，目前社区正在针对非容器的非特权 BPF 访问问题展开讨论。[1] 11.1.2 节也对此进行了概述。

1　笔者撰写本节时，正在2019 LSFMM峰会的BPF专题现场，台上正在讨论这个问题。

容器 ID

被 Kubernetes 和 Docker 等技术使用的容器 ID 是通过用户态软件管理的，如下所示（以粗体突出显示）：

```
# kubectl get pod
NAME                          READY    STATUS             RESTARTS    AGE
kubernetes-b94cb9bff-kqvml    0/1      ContainerCreating  0           3m
[...]
# docker ps
CONTAINER ID   IMAGE    COMMAND    CREATED       STATUS       PORTS   NAMES
6280172ea7b9   ubuntu   "bash"     4 weeks ago   Up 4 weeks           eager_bhaskara
[...]
```

在内核中，一个容器是由一组 cgroups 和命名空间组成的，但是并没有一个内核空间的标识符可以将它们捆绑在一起。目前有一个建议是，向内核中添加一个容器 ID[168]，但是到目前还没有实现。

当你在主机上运行 BPF 跟踪工具时（它们通常是这样执行的：请参阅 15.1.2 节的"BPF 特权"一节），这就可能是一个问题。主机上的 BPF 跟踪工具从所有容器捕捉事件，你有需求过滤某一个容器或者将事件分解到每一个容器，但是在内核中却没有容器 ID 可以用来过滤或分解。

幸运的是，这个问题有多种解决方法，但是每种方法都取决于被研究容器的配置特点。容器使用一些命名空间的组合；它们的详细信息可以通过内核中的 nsproxy 结构体读取。从 linux/nsproxy.h：

```
struct nsproxy {
        atomic_t count;
        struct uts_namespace *uts_ns;
        struct ipc_namespace *ipc_ns;
        struct mnt_namespace *mnt_ns;
        struct pid_namespace *pid_ns_for_children;
        struct net           *net_ns;
        struct cgroup_namespace *cgroup_ns;
};
```

可以确定的是，容器会使用 PID 命名空间，所以你可以使用它来区分容器。作为一个示例，使用 bpftrace 访问当前任务：

```
#include <linux/sched.h>
[...]
```

```
$task = (struct task_struct *)curtask;
$pidns = $task->nsproxy->pid_ns_for_children->ns.inum;
```

该代码将 $pidns 赋值为 PID 命名空间 ID（类型为数值），可以用来打印或者过滤。它会匹配 /proc/PID/ns/pid_for_children 符号链接指向的 PID 命名空间。

如果容器运行时使用 UTS 命名空间并将 nodename 设置为容器名称（在 Kubernetes 和 Docker 中通常如此），那么也可以从 BPF 程序中获取 nodename 以在输出中标识容器。比如，使用 bpftrace 语法：

```
#include <linux/sched.h>
    [...]
    $task = (struct task_struct *)curtask;
    $nodename = $task->nsproxy->uts_ns->name.nodename;
```

pidnss(8) 工具（在 15.3.2 节有介绍）就是这样做的。

网络命名空间可能是分析 Kubernetes pod 的有用标识符，因为在 pod 中的容器可能会共享相同的网络命名空间。

你可以把这些命名空间标识符添加到前几章介绍的工具中，以使它们能够感知容器，包括 PID 命名空间或 UTS nodename 字符串（和 PID 一起）。需要注意的是，这仅在进程上下文中插桩时才有效，依赖于有效的 curtask 结构体。

编排

跨多个容器主机运行 BPF 工具面临与跨多个 VM 的云部署类似的问题。你的公司可能已经有编排软件来管理在多台主机上运行指定命令并收集输出。针对这个问题有量身定制的解决方案，其中包括 kubectl-trace。

kubectl-trace 是一个 Kubernetes 调度器，可以在一个 Kubernetes 集群中运行 bpftrace 程序。它还提供了一个 $container_pid 变量，可以在 bpftrace 程序中使用，该变量代表 root 进程的 pid。比如，下面这个命令：

```
kubectl trace run -e 'k:vfs* /pid == $container_pid/ { @[probe] = count() }' mypod -a
```

统计 mypod 容器应用程序的 vfs*() 内核函数调用，该命令通过按 Ctrl+C 组合键结束。程序可以被写成单行程序，或者使用 -f 选项[169] 从文件读取。kubectl-trace 在第 17 章中有更多介绍。

函数即服务（FaaS）

这是一种新的计算模型，允许用户自定义应用程序函数，且由服务提供商运行（可能在容器中）。最终用户仅定义函数，但是可能无法通过 SSH 访问运行这些函数的系统。

这样的环境一般不会支持最终用户运行 BPF 跟踪工具（也不能运行其他工具）。当内核支持非特权 BPF 跟踪时，一个应用程序函数可能可以直接调用 BPF 内核调用，但是这种方式目前还有问题。使用 BPF 的函数即服务分析可能只能在主机上进行，由有权限的用户或接口执行。

15.1.3　分析策略

如果你刚刚开始学习容器分析，可能不知道从哪里开始——从哪个目标开始分析以及使用什么工具。下面提供了一个可以遵循的总体建议策略。下一节将更详细地介绍涉及的工具。

1. 检查系统是否存在硬件资源瓶颈以及前几章中（第 6 章和第 7 章）介绍过的问题。尤其要为正在运行的应用程序创建 CPU 火焰图。
2. 检查是否遇到了 cgroups 软限制。
3. 浏览和运行第 6 章到第 14 章列举过的 BPF 工具。

笔者遇到的大部分容器问题都是由应用程序或硬件导致的，而非容器配置。CPU 火焰图经常显示一个应用程序级别的问题，且和应用程序运行在容器中没有任何关系。一定要先检查此类问题，同时别忘了检查容器的资源限制。

15.2　传统工具

容器可以使用本书前面章节中介绍过的各种性能工具进行分析。这里总结了使用传统工具从主机和容器内部分析容器的具体信息。[1]

15.2.1　从主机上分析

为了分析特定于容器的行为，尤其是 cgroups 的使用情况，有一些主机上的工具和指标可以使用，如表 15-1 所示。

表 15-1　用于容器分析的传统主机工具

工具	类型	工具描述
systemd-cgtop	内核统计	针对 cgroups 的 top 命令
kubectl top	内核统计	针对 Kubernetes 资源的 top 命令
docker stats	内核统计	Docker 容器的资源使用

1　更多具体信息可查看笔者在USENIX LISA 2017上的"Linux Container Performance Analysis"讲座视频和讲义[Greeg 17]。

续表

工具	类型	工具描述
/sys/fs/cgroups	内核统计	原始 cgroups 统计
perf	统计和跟踪	支持 cgroups 过滤的多功能跟踪器

这些工具将在以下各章节中进行概述。

15.2.2　在容器内分析

传统工具本身也可以在容器内使用，需要注意的是，一些指标是针对整个主机的，而不仅仅是容器。表 15-2 列出了常用的工具，这些工具是针对 Linux 内核 4.8 版本的。

表 15-2　在容器内运行的传统工具

工具	工具描述
top(1)	显示容器进程的进程表；摘要显示主机信息
ps(1)	显示容器进程
uptime(1)	显示主机统计信息，包括主机平均负载
mpstat(1)	显示主机 CPU 和主机 CPU 使用情况
vmstat(8)	显示主机 CPU、内存和其他统计信息
iostat(1)	显示主机磁盘
free(1)	显示主机内存

这里使用一个术语"容器感知"来描述工具，就是说，当工具在容器内运行时会只显示本容器内的进程和资源。表 15-2 列出的所有工具没有一个完全支持容器感知。未来随着内核和这些工具的更新，情况可能会有所改善。目前，这是用于容器内性能分析的一个已知问题。

15.2.3　systemd-cgtop

systemd-cgtop(1) 命令显示目前资源消耗最大的 cgroups。比如，在一个生产环境的容器主机上：

```
# systemd-cgtop
Control Group                              Tasks    %CPU   Memory   Input/s  Output/s
/                                            -      798.2   45.9G      -         -
/docker                                    1082     790.1   42.1G      -         -
/docker/dcf3a...9d28fc4a1c72bbaff4a24834    200     610.5   24.0G      -         -
/docker/370a3...e64ca01198f1e843ade7ce21    170     174.0    3.0G      -         -
/system.slice                               748       5.3    4.1G      -         -
/system.slice/daemontools.service           422      4.0    2.8G      -         -
/docker/dc277...42ab0603bbda2ac8af67996b    160       2.5    2.3G      -         -
/user.slice                                   5       2.0   34.5M      -         -
```

```
/user.slice/user-0.slice                         5    2.0    15.7M        -        -
/user.slice/u....slice/session-c26.scope         3    2.0    13.3M        -        -
/docker/ab452...c946f8447f2a4184f3ccff2a       174    1.0     6.3G        -        -
/docker/e18bd...26ffdd7368b870aa3d1deb7a       156    0.8     2.9G        -        -
[...]
```

该命令的输出显示，在时间间隔内一个名为"/docker/dcf3a…"的 cgroup 正在运行 200 个任务，占用了总 CPU 的 610.5%（跨多个 CPU），同时占用了 24GB 的主内存。该输出还显示了 systemd 为系统服务（/system.slice）和用户会话（/user.slice）创建了数个 cgroups。

15.2.4　kubectl top

Kubernetes 容器编排系统提供了一种检查基本资源使用的方法——使用 kubectl top。检查主机（"nodes"）：

```
# kubectl top nodes
NAME                        CPU(cores)      CPU%      MEMORY(bytes)      MEMORY%
bgregg-i-03cb3a7e46298b38e  1781m           10%       2880Mi             9%
```

"CPU(cores)"时间显示了 CPU 时间的累积毫秒数，"CPU%"显示节点当前的使用情况。检查容器（"pods"）：

```
# kubectl top pods
NAME                        CPU(cores)      MEMORY(bytes)
kubernetes-b94cb9bff-p7jsp  73m             9Mi
```

这显示了累积 CPU 时间和当前内存大小。

这些命令依赖于一个现成的监控服务器（metrics server），根据初始化 Kubernetes[170] 方法的不同，这个服务可能已经被默认添加了。其他监控工具也可以在一个 GUI 中显示这些指标，包括 cAdvisor、Sysdig 和 Google Cloud Monitoring[171]。

15.2.5　docker stats

Docker 容器技术提供了一些 docker(1) 分析子命令，包括 stats。比如，在一台生产主机上：

```
# docker stats
CONTAINER     CPU %      MEM USAGE / LIMIT      MEM %      NET I/O      BLOCK I/O       PIDS
353426a09db1  526.81%    4.061 GiB / 8.5 GiB    47.78%     0 B / 0 B    2.818 MB / 0 B  247
```

```
6bf166a66e08   303.82%   3.448 GiB / 8.5 GiB    40.57%   0 B / 0 B   2.032 MB / 0 B   267
58dcf8aed0a7   41.01%    1.322 GiB / 2.5 GiB    52.89%   0 B / 0 B   0 B / 0 B        229
61061566ffe5   85.92%    220.9 MiB / 3.023 GiB 7.14%     0 B / 0 B   43.4 MB / 0 B    61
bdc721460293   2.69%     1.204 GiB / 3.906 GiB 30.82%    0 B / 0 B   4.35 MB / 0 B    66
[...]
```

该输出显示，在该更新间隔内，一个 UUID 为"353426a09db1"的容器占用了总 CPU 的 527%，该容器有 8.5GB 的内存限制，正在使用 4GB 主内存。在该更新间隔内，没有网络 I/O，只有很少量（MB 级）的磁盘 I/O。

15.2.6 /sys/fs/cgroups

该目录中包含 cgroup 统计信息的虚拟文件。这些文件由各种容器监控产品读取并绘制图表。比如：

```
# cd /sys/fs/cgroup/cpu,cpuacct/docker/02a7cf65f82e3f3e75283944caa4462e82f...
# cat cpuacct.usage
1615816262506
# cat cpu.stat
nr_periods 507
nr_throttled 74
throttled_time 3816445175
```

cpuacct.usage 文件以总纳秒为单位显示了该 cgroup 的 CPU 使用情况。cpu.stat 文件显示该 cgroup 被 CPU 限制（nr_throttled）的次数，以及以纳秒为单位的总限制时间。该示例显示了此 cgroup 在 507 次计时时间段内被 CPU 限制了 74 次，总计限制了 3.8 秒。

还有一个 cpuacct.usage_percpu，这次查看一个 Kubernetes cgroup：

```
# cd /sys/fs/cgroup/cpu,cpuacct/kubepods/burstable/pod82e745...
# cat cpuacct.usage_percpu
37944772821 35729154566 35996200949 36443793055 36517861942 36156377488 36176348313
35874604278 37378190414 35464528409 35291309575 35829280628 36105557113 36538524246
36077297144 35976388595
```

该 16-CPU 系统的输出包括 16 个字段，总 CPU 时间以纳秒为单位。

这些 cgroupv1 指标被记录在内核源代码中，在 Documentation/cgroup-v1/cpuacct.txt[172]中。

15.2.7 perf

在第 6 章介绍的 perf(1) 工具可以在主机上运行并使用 --cgroup(-G) 来过滤 cgroups。

这可以被用来做 CPU 性能剖析，比如，使用 perf record 子命令：

```
perf record -F 99 -e cpu-clock --cgroup=docker/1d567... -a -- sleep 30
```

这可以记录进程上下文中发生的任何事件，包括系统调用。

perf stat 子命令也可以使用此开关，这样可以统计事件次数，而不是将事件写入 perf.data 文件。比如，对与读相关的系统调用家族进行计数并显示不同格式的 cgroup 规范（省略标识符）：

```
perf stat -e syscalls:sys_enter_read* --cgroup /containers.slice/5aad.../...
```

可以同时指定多个 cgroups。

尽管没有 BCC 和 bpftrace 提供的编程功能，但 perf(1) 可以跟踪 BPF 可以跟踪的相同事件。perf(1) 有它自己的 BPF 界面，附录 D 中有一个例子。使用 perf 工具进行容器检查的其他用法，请查看笔者的 perf 示例页 [73]。

15.3 BPF工具

本节将介绍可以用来进行容器性能分析和诊断的 BPF 工具。这些工具不是来自 BCC 就是专为本书开发。表 15-3 列出了工具的出处。

表 15-3 容器专用工具

工具	来源	目标	工具描述
runqlat	BCC	Sched	按 PID 命名空间总结 CPU 运行队列延迟
pidnss	本书	Sched	对 PID 命名空间切换进行计数：容器共享一个 CPU
blkthrot	本书	块 I/O	对被 blk cgroup 限制的块 I/O 进行计数
overlayfs	本书	Overlay 文件系统	显示 Overlay 文件系统的读写延迟

要分析容器，要将这些工具和前面章节中介绍的很多工具一起使用。

15.3.1 runqlat

runqlat(8) 在第 6 章介绍过，它以直方图的形式显示运行队列延迟，帮助识别 CPU 饱和问题。它支持 --pidnss 选项以显示 PID 命名空间。比如，一个生产环境容器系统上的输出如下：

```
host# runqlat --pidnss -m
Tracing run queue latency... Hit Ctrl-C to end.
^C
pidns = 4026532382
```

```
msecs                 : count    distribution
    0 -> 1            : 646      |****************************************|
    2 -> 3            : 18       |*                                       |
    4 -> 7            : 48       |**                                      |
    8 -> 15           : 17       |*                                       |
   16 -> 31           : 150      |*********                               |
   32 -> 63           : 134      |********                                |

[...]
pidns = 4026532870
msecs                 : count    distribution
    0 -> 1            : 264      |****************************************|
    2 -> 3            : 0        |                                        |
[...]
```

该输出显示了一个 PID 命名空间（4026532382）的运行队列等待时间比另外的那个要长很多。

该工具没有打印容器名称，因为每种容器技术下获取 PID 对应的容器名的方法互不相同。至少，可以在 root 用户下使用 ls(1) 命令来查看一个给定 PID 的命名空间。比如：

```
# ls -lh /proc/181/ns/pid
lrwxrwxrwx 1 root root 0 May  6 13:50 /proc/181/ns/pid -> 'pid:[4026531836]'
```

这显示了 PID 为 181 的进程运行在 PID 命名空间 4026531836 中。

15.3.2　pidnss

pidnss(8)[1] 通过检测调度器上下文切换时的 PID 命名空间切换，来计算 CPU 切换容器运行的次数。该工具可用于确认或免除多个容器争用单个 CPU 的问题。比如：

```
# pidnss.bt
Attaching 3 probes...
Tracing PID namespace switches. Ctrl-C to end
^C
Victim PID namespace switch counts [PIDNS, nodename]:


@[0, ]: 2
@[4026532981, 6280172ea7b9]: 27
```

1　笔者于2019年5月6日为本书开发了该工具，灵感来自同事Sargun Dhillon的建议。

```
@[4026531836, bgregg-i-03cb3a7e46298b38e]: 28
```

该输出显示了两个字段,最后还包括一个切换次数。这里字段包括 PID 命名空间 ID 和节点名称(如果存在的话)。该输出显示了在跟踪期间,一个节点名为"bgregg-i-03cb3a7e46298b38e"(主机)的 PID 命名空间切换到另外一个命名空间 28 次,同时,另外一个名为"6280172ea7b9"的节点(一个 Docker 容器)切换了 27 次。这些细节可以从主机上得到确认:

```
# uname -n
bgregg-i-03cb3a7e46298b38e
# docker ps
CONTAINER ID   IMAGE    COMMAND    CREATED       STATUS        PORTS   NAMES
6280172ea7b9   ubuntu   "bash"     4 weeks ago   Up 4 weeks            eager_bhaskara
[...]
```

该工具使用 kprobes 跟踪内核上下文切换路径。对 I/O 繁忙的工作负载来说,额外开销会很明显。

下面列出的是另外一个例子,这次是在设置 Kubernetes 集群期间:

```
# pidnss.bt
Attaching 3 probes...
Tracing PID namespace switches. Ctrl-C to end
^C
Victim PID namespace switch counts [PIDNS, nodename]:


@[-268434577, cilium-operator-95ddbb5fc-gkspv]: 33
@[-268434291, cilium-etcd-g9wgxqsnjv]: 35
@[-268434650, coredns-fb8b8dccf-w7khw]: 35
@[-268434505, default-mem-demo]: 36
@[-268434723, coredns-fb8b8dccf-crrn9]: 36
@[-268434509, etcd-operator-797978964-7c2mc]: 38
@[-268434513, kubernetes-b94cb9bff-p7jsp]: 39
@[-268434810, bgregg-i-03cb3a7e46298b38e]: 203
[...]
@[-268434222, cilium-etcd-g9wgxqsnjv]: 597
@[-268434295, etcd-operator-797978964-7c2mc]: 1301
@[-268434808, bgregg-i-03cb3a7e46298b38e]: 1582
@[-268434297, cilium-operator-95ddbb5fc-gkspv]: 3961
@[0, ]: 8130
@[-268434836, bgregg-i-03cb3a7e46298b38e]: 8897
```

```
@[-268434846, bgregg-i-03cb3a7e46298b38e]: 15813
@[-268434581, coredns-fb8b8dccf-w7khw]: 39656
@[-268434654, coredns-fb8b8dccf-crrn9]: 40312
[...]
```

pidnss(8) 的源代码如下：

```
#!/usr/local/bin/bpftrace

#include <linux/sched.h>
#include <linux/nsproxy.h>
#include <linux/utsname.h>
#include <linux/pid_namespace.h>

BEGIN
{
        printf("Tracing PID namespace switches. Ctrl-C to end\n");
}

kprobe:finish_task_switch
{
        $prev = (struct task_struct *)arg0;
        $curr = (struct task_struct *)curtask;
        $prev_pidns = $prev->nsproxy->pid_ns_for_children->ns.inum;
        $curr_pidns = $curr->nsproxy->pid_ns_for_children->ns.inum;
        if ($prev_pidns != $curr_pidns) {
                @[$prev_pidns, $prev->nsproxy->uts_ns->name.nodename] = count();
        }
}

END
{
        printf("\nVictim PID namespace switch counts [PIDNS, nodename]:\n");
}
```

　　这也是一个提取命名空间标识符的例子。其他命名空间的标识符也可以用同样方法提取。

　　如果除了内核命名空间和 cgroup 信息之外，还需要更多特定于容器的详细信息，可以将此工具移植到 BCC，以便包含直接从 Kubernetes、Docker 等获取详细信息的代码。

15.3.3　blkthrot

blkthrot(8)[1] 统计 cgroup blk 控制器基于硬限制来限制 I/O 的时间。比如：

```
# blkthrot.bt
Attaching 3 probes...
Tracing block I/O throttles by cgroup. Ctrl-C to end
^C

@notthrottled[1]: 506

@throttled[1]: 31
```

在跟踪时，笔者看到 ID 为 1 的 blk cgroup 被限制了 31 次，未被限制的次数为 506 次。

这是通过跟踪内核的 blk_throtl_bio() 函数实现的。额外开销应该很小，因为块 I/O 通常是一个相对低频的事件。

blkthrot(8) 的源代码如下：

```
#!/usr/local/bin/bpftrace

#include <linux/cgroup-defs.h>
#include <linux/blk-cgroup.h>

BEGIN
{
        printf("Tracing block I/O throttles by cgroup. Ctrl-C to end\n");
}

kprobe:blk_throtl_bio
{
        @blkg[tid] = arg1;
}

kretprobe:blk_throtl_bio
/@blkg[tid]/
{
        $blkg = (struct blkcg_gq *)@blkg[tid];
        if (retval) {
                @throttled[$blkg->blkcg->css.id] = count();
        } else {
```

1　笔者于2019年5月6日为本书开发了该工具。

```
            @notthrottled[$blkg->blkcg->css.id] = count();
        }
        delete(@blkg[tid]);
}
```

这也是一个提取 cgroup ID 的例子，ID 在 cgroup_subsys_state 结构体中，此结构体在以上代码中是 blkcg 结构体中的 css 字段。

如果需要，可以使用其他方法：在块操作完成时，检查 bio 结构体中 BIO_THROTTLED 标志的存在。

15.3.4　overlayfs

overlayfs(8)[1] 跟踪 Overlay 文件系统的读写延迟。Overlay 文件系统通常用于容器，因此此工具提供了一个容器文件系统性能的视图。比如：

```
# overlayfs.bt 4026532311
Attaching 7 probes...

21:21:06 --------------------
@write_latency_us:
[128, 256)             1 |                                                    |
[256, 512)           238 |@@@@@@@@@@@@@@@@@@@@@@@@@@@@@@@@@@@@@@@@@@@@@@@@@@@@@@|

@read_latency_us:
[1]                    3 |@                                                   |
[2, 4)                 1 |                                                    |
[4, 8)                 3 |@                                                   |
[8, 16)                0 |                                                    |
[16, 32)             115 |@@@@@@@@@@@@@@@@@@@@@@@@@@@@@@@@@@@@@@@@@@@@@@@@@     |
[32, 64)             123 |@@@@@@@@@@@@@@@@@@@@@@@@@@@@@@@@@@@@@@@@@@@@@@@@@@@@@@|
[64, 128)              0 |                                                    |
[128, 256)             1 |                                                    |

21:21:07 --------------------
[...]
```

这显示了读和写的延迟分布情况，在 21:21:06 时间间隔内，读操作通常发生在 16~64 微秒之间。

这是通过跟踪 Overlay 文件系统中 file_operations_t 内核函数的读写实现的。额外开

1　笔者的同事Jason Koch在处理容器性能问题时，于2019年3月18日开发了该工具。

销和这些函数的调用频率成比例，对于许多工作负载来说额外开销可以忽略不计。

overlayfs(8) 的源代码如下：

```
#!/usr/local/bin/bpftrace

#include <linux/nsproxy.h>
#include <linux/pid_namespace.h>

kprobe:ovl_read_iter
/((struct task_struct *)curtask)->nsproxy->pid_ns_for_children->ns.inum == $1/
{
        @read_start[tid] = nsecs;
}

kretprobe:ovl_read_iter
/((struct task_struct *)curtask)->nsproxy->pid_ns_for_children->ns.inum == $1/
{
        $duration_us = (nsecs - @read_start[tid]) / 1000;
        @read_latency_us = hist($duration_us);
        delete(@read_start[tid]);
}

kprobe:ovl_write_iter
/((struct task_struct *)curtask)->nsproxy->pid_ns_for_children->ns.inum == $1/
{
        @write_start[tid] = nsecs;
}

kretprobe:ovl_write_iter
/((struct task_struct *)curtask)->nsproxy->pid_ns_for_children->ns.inum == $1/
{
        $duration_us = (nsecs - @write_start[tid]) / 1000;
        @write_latency_us = hist($duration_us);
        delete(@write_start[tid]);
}

interval:ms:1000
{
        time("\n%H:%M:%S --------------------\n");
        print(@write_latency_us);
        print(@read_latency_us);
        clear(@write_latency_us);
        clear(@read_latency_us);
```

```
}

END
{
        clear(@write_start);
        clear(@read_start);
}
```

ovl_read_iter() 和 ovl_write_iter() 函数是在 Linux 4.19 中加入的。该工具接受将 PID 命名空间 ID 作为参数：它是为 Docker 开发的，配合以下接收 Docker 容器 ID 作为参数的 shell 脚本（overlayfs.sh）一起运行：

```
#!/bin/bash

PID=$(docker inspect -f='{{.State.Pid}}' $1)
NSID=$(stat /proc/$PID/ns/pid -c "%N" | cut -d[ -f2 | cut -d] -f1)

bpftrace ./overlayfs.bt $NSID
```

你可以调整该程序来匹配使用的具体容器技术。15.1.2 节讨论了该步骤是必不可少的：内核中没有一个容器 ID；只能从用户态获取。这是一个用户态脚本，用于将容器 ID 转换为内核可以匹配的 PID 命名空间。

15.4　BPF单行程序

本节将介绍如下两个 bpftrace 单行程序。

以 99Hz 的频率对 cgroup ID 进行计数：

```
bpftrace -e 'profile:hz:99 { @[cgroup] = count(); }'
```

跟踪名为"container1"的容器（cgroup v2）中打开的文件名：

```
bpftrace -e 't:syscalls:sys_enter_openat
    /cgroup == cgroupid("/sys/fs/cgroup/unified/container1")/ {
    printf("%s\n", str(args->filename)); }'
```

15.5　可选练习

如果没有指定，这些练习可以用 bpftrace 或 BCC 分别完成。

1. 修改第 6 章中的 runqlat(8)，使其包含 UTS 命名空间节点名（参考 pidnss(8)）。

2. 修改第 8 章的 opensnoop(8)，使其包含 UTS 命名空间节点名。

3. 开发一个工具显示由于 mem cgroup 导致的容器换出（参考 mem_cgroup_swapout() 内核函数）。

15.6 小结

本章概述了 Linux 容器，并说明了 BPF 跟踪如何暴露容器 CPU 争用、cgroup 节流时间，以及覆盖文件系统的延迟。

第16章
虚拟机管理器

本章讨论如何将 BPF 工具与硬件虚拟化虚拟机管理器配合使用，比较流行的例子包括 Xen 和 KVM。BPF 工具和操作系统级虚拟化——容器——在上一章中已经讨论过。

学习目标：

- 理解虚拟机管理器的配置和 BPF 的跟踪能力。
- 在可能的情况下，使用 BPF 跟踪客户系统（Guest）的 hypercalls 入口点和出口点。
- 汇总被盗用的 CPU 时间。

本章以硬件虚拟化分析的必要背景知识开始，然后描述了 BPF 的能力和针对不同管理器场景的策略，并包含一些 BPF 工具的示例。

16.1 背景知识

硬件虚拟化技术创建的虚拟机可以运行完整的操作系统，包含它自己的内核。虚拟机管理器的两种常见配置如图 16-1 所示。

在虚拟机管理器的常见分类方法中，将虚拟机管理器分为 1 型或 2 型 [Goldberg 73] 两类。然而，随着技术的进步，这些类的区别的意义越来越小了 [173]，因为 2 型通过使用内核模块和 1 型几乎一样了。下面描述了图 16-1 中所示的两种常见配置的不同。

- **配置 A**：此配置被称为本机管理器或裸机管理器。虚拟机管理器直接运行在处理器上，它负责创建为运行访客虚拟机的域并将虚拟的访客系统 CPU 调度到真实 CPU 上。一个特权域（图 16-1 中所示的零号域）可以管理其他域。这种配置的一个流行的例子是 Xen 虚拟机管理器。

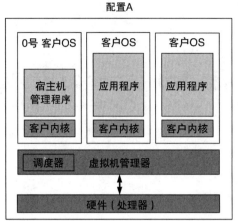
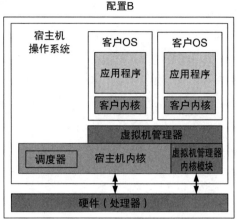

图 16-1　常见的虚拟机管理器配置

- **配置 B：**虚拟机管理器由宿主机内核运行，可能由内核态模块和用户态进程组成。宿主机操作系统有管理虚拟机管理器的特权，其内核负责将虚拟机 CPU 以及宿主机上的其他进程一同调度。通过使用内核模块，该配置也可以提供直接的硬件访问。这种配置的一个流行的例子是 KVM 虚拟机管理器。

两种配置都可能涉及在零号域（Xen）或宿主机 OS（KVM）上运行一个 I/O 代理来服务访客 I/O。这增加了 I/O 的开销，不过多年来通过添加共享内存传输和其他技术对此进行了优化。

初始的硬件管理器由 VMware 于 1998 年率先推出，它使用二进制翻译机制来执行完整的硬件虚拟化 [VMware 07]。此后，通过以下方法进行了改进。

- **处理器虚拟化支持**：在 2005—2006 年引入的 AMD-V 和 Intel VT-x 处理器扩展为虚拟机操作提供了更快的硬件支持。
- **半虚拟化（paravirt 或 PV）**：通过半虚拟化运行一个修改过的操作系统，可以使操作系统知道它正在硬件虚拟机上运行，并对虚拟机管理器发起超级调用，以更高效地处理某些操作。为了提高效率，Xen 将这些超级调用批处理为一个多重调用。
- **硬件设备支持**：为了进一步优化虚拟机性能，处理器之外的硬件设备已经添加了虚拟机支持。这包括用于网络和存储设备的 SR-IOV，以及使用它们的特殊驱动程序：ixgbe、ena 和 nvme。

多年来，Xen 不断发展并改进了它的性能。现代 Xen 虚拟机通常以硬件 VM 模式（HVM）引导，然后使用具有 HVM 支持的 PV 驱动程序来实现两全其美，该配置被称为 PVHVM。通过完全依赖某些驱动程序的硬件虚拟化，例如，针对网络和存储设备的 SR-IOV，可以进一步改善性能。

2017 年，AWS 推出了 Nitro 虚拟机管理器，其部件基于 KVM，并为所有主要资源提供硬件支持：处理器、网络、存储、中断和计时器 [174]。没有使用 QEMU 代理。

16.1.1 BPF 的分析能力

由于硬件虚拟机运行自己的内核，因此就可以在客户系统上直接使用 BPF 工具。客户系统中的 BPF 可以帮助回答的问题包括：

- 虚拟化的硬件资源的性能如何？这可以使用前面章节中介绍的工具来回答。
- 如果使用了半虚拟化，作为管理器的性能指标，超级调用的延迟是多少？
- CPU 被盗用的频率和时长是什么？
- 虚拟机管理器中断回调会干扰应用程序吗？

如果在宿主机上运行，BPF 可以回答更多问题（云计算提供商有宿主机的访问权，但是它们的最终用户没有）：

- 如果使用了 QEMU，访客系统的工作负载情况如何，对应的性能如何？
- 对于 B 型配置的管理器，访客系统出于什么原因需要进行虚拟机管理器调用？

使用 BPF 的硬件虚拟机管理器分析是另外一个可能会发展的领域，可添加更多的功能和可能性。后面的工具部分中提到了一些将来需要做的工作。

AWS EC2 实例

虚拟机管理器通过从仿真到半虚拟化再到硬件支持来优化性能时，由于事件已移至硬件层，因此从访客系统可跟踪的目标越来越少。随着 AWS EC2 实例的演变以及可跟踪的虚拟机管理器目标的类型变化，这一点显而易见，如下所示：

- PV：超级调用（多重调用），管理器回调，驱动程序调用，被盗用的时间。
- PVHVM：管理器回调，驱动程序调用，被盗用的时间。
- PVHVM+SR-IOV 驱动程序：管理器回调，被盗用的时间。
- KVM（Nitro）：被盗用的时间。

最新的虚拟机管理器，Nitro，在访客系统中几乎没有运行虚拟机的代码。这是设计使然，它通过将虚拟机管理器的功能移至硬件来提高性能。

16.1.2　建议的分析策略

你应首先确定正在使用的硬件管理器的配置。是否正在使用超级调用或特殊的设备驱动程序？

对访客系统来说：

1. 插桩超级调用（如果正在使用）以检查是否有过多操作。
2. 检查 CPU 被盗用的时间。
3. 使用前几章中介绍的工具进行资源分析，但是记住这些是虚拟资源。它们的性能可能会受到虚拟机管理器或外部硬件施加的资源控制的限制，并且由于与其他访客系统竞争资源的访问，它们也可能会遭受竞争。

对宿主机系统来说：

1. 插桩虚拟机的退出以检查是否有过多操作。
2. 如果使用了 I/O 代理（QEMU），插桩该代理的工作负载和延迟。
3. 使用前几章中介绍的工具进行资源分析。

随着虚拟机管理器将功能转移到硬件（如 Nitro），将需要使用前几章中介绍的工具而不是针对虚拟机管理器的专用工具进行分析。

16.2　传统工具

没有多少针对虚拟机管理器性能分析和问题诊断的传统工具。在访客系统中，在某些情况下有针对超级调用的跟踪点，如 16.3.1 节所示。

在宿主机上，Xen 提供了自己的工具，包括 `xl top` 和 `xentrace`，可以检测访客系统的资源使用情况。对于 KVM，Linux 的 perf(1) 工具有一个 `kvm` 子命令。示例输出如下：

```
# perf kvm stat live
11:12:07.687968

Analyze events for all VMs, all VCPUs:

            VM-EXIT Samples Samples%    Time% Min Time      Max Time     Avg time

          MSR_WRITE    1668   68.90%    0.28%   0.67us      31.74us    3.25us ( +-   2.20% )
                HLT     466   19.25%   99.63%   2.61us  100512.98us 4160.68us ( +-  14.77% )
   PREEMPTION_TIMER     112    4.63%    0.03%   2.53us      10.42us    4.71us ( +-   2.68% )
   PENDING_INTERRUPT      82    3.39%    0.01%   0.92us      18.95us    3.44us ( +-   6.23% )
```

```
EXTERNAL_INTERRUPT      53    2.19%   0.01%    0.82us      7.46us    3.22us ( +-  6.57% )
   IO_INSTRUCTION       37    1.53%   0.04%    5.36us     84.88us   19.97us ( +- 11.87% )
         MSR_READ        2    0.08%   0.00%    3.33us      4.80us    4.07us ( +- 18.05% )
     EPT_MISCONFIG       1    0.04%   0.00%   19.94us     19.94us   19.94us ( +-  0.00% )

Total Samples:2421, Total events handled time:1946040.48us.
```

该输出显示了虚拟机退出的原因以及针对每个原因的统计。在该示例输出中，最长时间的退出是 HLT（halt），因为虚拟 CPU 进入了空闲状态。

有针对 KVM 事件的跟踪点，包括退出，可以结合 BPF 创建更多详细的工具。

16.3　访客系统的BPF工具

本节介绍可用于访客系统性能分析和问题诊断的 BPF 工具。这些工具来自第 4 章和第 5 章介绍的 BCC 和 bpftrace 仓库，或者专为本书开发。

16.3.1　Xen 超级调用

如果访客系统使用半虚拟化并使用超级调用，它们就可以使用现存的工具插桩：funccount(8)、trace(8)、argdist(8) 和 stackcount(8)，甚至有 Xen 跟踪点可以使用。测量超级调用的延迟需要定制化的工具。

Xen PV

比如，这个系统启动进入了虚拟化版（PV）：

```
# dmesg | grep Hypervisor
[    0.000000] Hypervisor detected: Xen PV
```

使用 BCC 版的 funccount(8) 可统计可用的 Xen 跟踪点：

```
# funccount 't:xen:*'
Tracing 30 functions for "t:xen:*"... Hit Ctrl-C to end.
^C
FUNC                                COUNT
xen:xen_mmu_flush_tlb_one_user         70
xen:xen_mmu_set_pte                    84
xen:xen_mmu_set_pte_at                 95
xen:xen_mc_callback                    97
xen:xen_mc_extend_args                194
xen:xen_mmu_write_cr3                 194
```

```
xen:xen_mc_entry_alloc                    904
xen:xen_mc_entry                          924
xen:xen_mc_flush                          1175
xen:xen_mc_issue                          1378
xen:xen_mc_batch                          1392
Detaching...
```

xen_mc 跟踪点用于多重调用：批处理集中处理的超级调用，以 xen:xen_mc_batch 调用开始，然后为每个超级调用以 xen:xen_mc_entry 调用，最后以 xen:xen_mc_issue 结束。真正的超级调用只发生在一个刷新操作中，被 xen:xen_mc_flush 跟踪。作为性能优化，有两种"惰性"半虚拟模式可以忽略该问题，从而允许多重调用进行缓冲并在以后刷新：一种用于 MMU 更新，另一种用于上下文切换。

各种内核代码路径以 xen_mc_batch 和 xen_mc_issue 为托架，以便对 xen_mc_calls 进行分组。但是如果没有 xen_mc_calls 发生，则 issue 和 flush 为零超级调用。

下一节将介绍的 xenhyper(8) 工具是使用这些跟踪点的一个示例。有了这么多可用的跟踪点，可以编写更多这样的工具，但是不幸的是，Xen PV 虚拟机的使用频率越来越低，让位给了 HVM 虚拟机（PVHVM）。这里笔者只用了一个工具作为演示，以及一个单行程序。

Xen PV：统计超级调用

可以通过 xen:xen_mc_flush 跟踪点及其 mcidx 参数对发出的超级调用的数量进行计数，该参数显示进行了多少次超级调用。比如，使用 BCC 版的 argdist(8)：

```
# argdist -C 't:xen:xen_mc_flush():int:args->mcidx'
[17:41:34]
t:xen:xen_mc_flush():int:args->mcidx
     COUNT        EVENT
     44           args->mcidx = 0
     136          args->mcidx = 1
[17:41:35]
t:xen:xen_mc_flush():int:args->mcidx
     COUNT        EVENT
     37           args->mcidx = 0
     133          args->mcidx = 1
[...]
```

此工具对每次刷新发出了多少次超级调用进行计数。如果计数为零，则没有任何超级调用发生。上面的输出显示，每秒大约有 130 个超级调用，并且在跟踪时没有每批超过一个超级调用的批处理情况。

Xen PV：超级调用的调用栈

可以使用 stackcount(8) 跟踪每个 Xen 跟踪点，以揭示触发它们的代码路径。比如，跟踪多重调用的发生：

```
# stackcount 't:xen:xen_mc_issue'
Tracing 1 functions for "t:xen:xen_mc_issue"... Hit Ctrl-C to end.
^C
[...]

  xen_load_sp0
  __switch_to
  __schedule
  schedule
  schedule_preempt_disabled
  cpu_startup_entry
  cpu_bringup_and_idle
    6629

  xen_load_tls
    16448

  xen_flush_tlb_single
  flush_tlb_page
  ptep_clear_flush
  wp_page_copy
  do_wp_page
  handle_mm_fault
  __do_page_fault
  do_page_fault
  page_fault
    46604

  xen_set_pte_at
  copy_page_range
  copy_process.part.33
  _do_fork
  sys_clone
  do_syscall_64
  return_from_SYSCALL_64
    565901

Detaching...
```

　　过多的多重调用（超级调用）可能是性能问题，此输出有助于揭示它们的原因。超级调用跟踪的开销取决于它们的速度，对于繁忙的系统来说，这可能很频繁，额外开销会很明显。

Xen PV：超级调用延迟

　　真正的超级调用只在清空（flush）操作时发生，且没有针对何时开始和结束的跟踪点。你可以换成用 kprobes 来跟踪 xen_mc_flush() 内核函数，该函数包含了真正的超级调用。使用 BCC 版的 funclatency(8) 的输出如下：

```
# funclatency xen_mc_flush
Tracing 1 functions for "xen_mc_flush"... Hit Ctrl-C to end.
^C
     nsecs               : count     distribution
         0 -> 1          : 0         |                                        |
         2 -> 3          : 0         |                                        |
         4 -> 7          : 0         |                                        |
         8 -> 15         : 0         |                                        |
        16 -> 31         : 0         |                                        |
        32 -> 63         : 0         |                                        |
        64 -> 127        : 0         |                                        |
       128 -> 255        : 0         |                                        |
       256 -> 511        : 32508     |****************                        |
       512 -> 1023       : 80586     |****************************************|
      1024 -> 2047       : 21022     |**********                              |
      2048 -> 4095       : 3519      |*                                       |
      4096 -> 8191       : 12825     |******                                  |
      8192 -> 16383      : 7141      |***                                     |
     16384 -> 32767      : 158       |                                        |
     32768 -> 65535      : 51        |                                        |
     65536 -> 131071     : 845       |                                        |
    131072 -> 262143     : 2         |                                        |
```

　　这可能是访客虚拟机管理器性能的重要衡量指标。可以编写 BCC 工具来记住批处理了哪些超级调用，从而可以按照超级调用操作类型来分解此超级调用的等待时间。

　　确定超级调用延迟问题的另一种方法是尝试第 6 章中介绍的 CPU 性能剖析，并在 hypercall_page() 函数（这实际上是一个超级调用函数表）或 xen_hypercall*() 函数中查找超级调用花费的 CPU 时间。图 16-2 是一个示例。

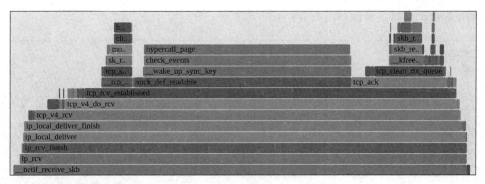

图 16-2　显示 Xen PV 超级调用的 CPU 火焰图片段

这显示了以 hypercall_page() 结束的 TCP 接收代码路径。请注意，这种 CPU 剖析方法可能会产生误导，因为可能无法从访客系统中采样某些超级调用代码路径。这是因为 PV 虚拟机通常无权访问基于 PMC 的性能剖析，而是默认使用基于软件的性能剖析，该功能无法在禁用 IRQ 的代码路径（包括超级调用）中进行采样。6.2.4 节描述了此问题。

Xen HVM

对 HVM 虚拟机来说，Xen 跟踪点通常不会触发：

```
# dmesg | grep Hypervisor
[    0.000000] Hypervisor detected: Xen HVM
# funccount 't:xen:xen*'
Tracing 27 functions for "t:xen:xen*"... Hit Ctrl-C to end.
^C
FUNC                            COUNT
Detaching...
```

这是因为这些代码路径不再是超级调用，而是由 HVM 管理器捕获和处理的本机调用。这使得对虚拟机管理器性能的检查变得更加困难：必须使用前面章节中介绍的面向资源的常规工具进行检查，需要记住的是，这些资源是通过虚拟机管理器访问的，因此观察到的延迟是资源加上虚拟机管理器的延迟所致。

16.3.2　xenhyper

xenhyper(8)[1] 是一个通过 xen:xen_mc_entry 跟踪点来统计超级调用的 bpftrace 工具，可以输出超级调用名称对应的调用次数。这只能用于 Xen 虚拟机启动进入半虚拟化模式

1　笔者于2019年2月22日为本书开发。

并使用超级调用时。示例输出如下：

```
# xenhyper.bt
Attaching 1 probe...
^C

@[mmu_update]: 44
@[update_va_mapping]: 78
@[mmuext_op]: 6473
@[stack_switch]: 23445
```

xenhyper(8) 的源代码如下：

```
#!/usr/local/bin/bpftrace

BEGIN
{
        printf("Counting Xen hypercalls (xen_mc_entry). Ctrl-C to end.\n");

        // needs updating to match your kernel version: xen-hypercalls.h
        @name[0] = "set_trap_table";
        @name[1] = "mmu_update";
        @name[2] = "set_gdt";
        @name[3] = "stack_switch";
        @name[4] = "set_callbacks";
        @name[5] = "fpu_taskswitch";
        @name[6] = "sched_op_compat";
        @name[7] = "dom0_op";
        @name[8] = "set_debugreg";
        @name[9] = "get_debugreg";
        @name[10] = "update_descriptor";
        @name[11] = "memory_op";
        @name[12] = "multicall";
        @name[13] = "update_va_mapping";
        @name[14] = "set_timer_op";
        @name[15] = "event_channel_op_compat";
        @name[16] = "xen_version";
        @name[17] = "console_io";
        @name[18] = "physdev_op_compat";
        @name[19] = "grant_table_op";
        @name[20] = "vm_assist";
        @name[21] = "update_va_mapping_otherdomain";
        @name[22] = "iret";
```

```
        @name[23] = "vcpu_op";
        @name[24] = "set_segment_base";
        @name[25] = "mmuext_op";
        @name[26] = "acm_op";
        @name[27] = "nmi_op";
        @name[28] = "sched_op";
        @name[29] = "callback_op";
        @name[30] = "xenoprof_op";
        @name[31] = "event_channel_op";
        @name[32] = "physdev_op";
        @name[33] = "hvm_op";
}

tracepoint:xen:xen_mc_entry
{
        @[[@name[args->op]] = count();
}

END
{
        clear(@name);
}
```

这使用一个基于内核源代码中映射的转换表在超级调用操作号和名称之间进行转换。由于这些映射会随着时间而变化，因此需要对其进行更新以匹配内核版本。

通过修改 @map 键，可以自定义 xenhyper(8) 以包括诸如导致超级调用的进程名称或用户态调用栈之类的详细信息。

16.3.3　Xen 回调

有些事件不是发生在虚拟机对管理器进行超级调用时，而是当 Xen 调用虚拟机的时候（例如，用于 IRQ 通知）触发的。/proc/interrupts 中有这些调用在每个 CPU 上的计数：

```
# grep HYP /proc/interrupts
HYP:   12156816    9976239   10156992    9041115    7936087    9903434    9713902
8778612   Hypervisor callback interrupts
```

这里的数字是某个 CPU 上的计数（这是一个有 8 个 CPU 的系统）。这些也可以使用 BPF 跟踪，通过内核函数 xen_evtchn_do_upcall() 的 kprobe 跟踪。比如，使用 bpftrace 统计哪个进程被中断了：

```
# bpftrace -e 'kprobe:xen_evtchn_do_upcall { @[comm] = count(); }'
Attaching 1 probe...
^C

@[ps]: 9
@[bash]: 15
@[java]: 71
@[swapper/7]: 100
@[swapper/3]: 110
@[swapper/2]: 130
@[swapper/4]: 131
@[swapper/0]: 164
@[swapper/1]: 192
@[swapper/6]: 207
@[swapper/5]: 248
```

该输出显示大部分时间 CPU 空闲线程（"swapper/*"）被 Xen 的回调中断了。

也可以测量这些中断的延迟，比如，使用 BCC 版的 funclatency(8)：

```
# funclatency xen_evtchn_do_upcall
Tracing 1 functions for "xen_evtchn_do_upcall"... Hit Ctrl-C to end.
^C
     nsecs               : count     distribution
         0 -> 1          : 0         |                                        |
         2 -> 3          : 0         |                                        |
         4 -> 7          : 0         |                                        |
         8 -> 15         : 0         |                                        |
        16 -> 31         : 0         |                                        |
        32 -> 63         : 0         |                                        |
        64 -> 127        : 0         |                                        |
       128 -> 255        : 0         |                                        |
       256 -> 511        : 1         |                                        |
       512 -> 1023       : 6         |                                        |
      1024 -> 2047       : 131       |********                                |
      2048 -> 4095       : 351       |***********************                 |
      4096 -> 8191       : 365       |************************                |
      8192 -> 16383      : 602       |****************************************|
     16384 -> 32767      : 89        |*****                                   |
     32768 -> 65535      : 13        |                                        |
     65536 -> 131071     : 1         |                                        |
```

该输出显示，大部分处理的花费时间在 1 到 32 微秒之间。

通过跟踪 xen_evtchn_do_upcall() 的子函数可以获得关于中断类型的更多信息。

16.3.4　cpustolen

cpustolen(8)[1] 是一个 bpftrace 工具，可以显示被盗用 CPU 时间的分布，并显示时间是短期盗用还是长期盗用。这是对虚拟机来说不可用的 CPU 时间，因为它被其他虚拟机使用了（在某些管理器配置中，可以包括在另外一个域中代表该虚拟机被 I/O 代理消耗的 CPU 时间，所以"盗用"会产生误导[2]）：

示例输出如下：

```
# cpustolen.bt
Attaching 4 probes...
Tracing stolen CPU time. Ctrl-C to end.
^C


@stolen_us:
[0]                 30384 |@@@@@@@@@@@@@@@@@@@@@@@@@@@@@@@@@@@@@@@@@@@@@@@@@@@@|
[1]                     0 |                                                  |
[2, 4)                  0 |                                                  |
[4, 8)                 28 |                                                  |
[8, 16)                 4 |                                                  |
```

该输出显示，大部分时间没有发生 CPU 盗用（参看 [0] 一栏），然而有 4 次盗用时间在 8 ~ 16 微秒的范围内。"[0]"栏被包含在输出中，所以可以计算盗用时间与总时间的比率：在本例中是 0.1%（32/30416）。

这 是 通 过 使 用 Xen 和 KVM 版 本 的 kprobes（xen_stolen_clock() 和 kvm_stolen_clock()）来跟踪 stolen_clock 半虚拟化调用实现的。该方法在许多频繁发生的事件（例如上下文切换和中断）中被调用，因此根据不同的工作负载此工具的开销可能很明显。

cpustolen(8) 的源代码如下：

```
#!/usr/local/bin/bpftrace

BEGIN
{
        printf("Tracing stolen CPU time. Ctrl-C to end.\n");
```

1　笔者于2019年2月22日为本书开发。

2　鉴于这个指标的测量方式，"盗用"还可能包括VMM中为该客户机执行的时间[Yamamoto 16]。

```
}

kretprobe:xen_steal_clock,
kretprobe:kvm_steal_clock
{
        if (@last[cpu] > 0) {
                @stolen_us = hist((retval - @last[cpu]) / 1000);
        }
        @last[cpu] = retval;
}

END
{
        clear(@last);
}
```

对于 Xen 和 KVM 以外的虚拟机管理器，该代码需要更新。其他虚拟机管理器可能具有类似的 steal_clock() 函数，以满足半虚拟化操作表（pv_ops）。请注意，有一个更高级别的函数 paravirt_steal_clock()，由于它没有被绑定到一种虚拟机管理器类型，因此听起来更适合跟踪。但是，它不可用于跟踪（可能是内联的）。

16.3.5　HVM 退出跟踪

随着访客系统从半虚拟化到硬件虚拟化的迁移，我们失去了插桩超级调用的能力，但是访客系统依然需要退出到管理器来访问资源，我们希望能够跟踪这些退出。当前的方法是使用前面章节中提到的现存工具分析资源的延迟，需要谨记的是，延迟的某些部分可能是与虚拟机管理相关的，并且不能直接测量出来。我们可能可以通过对比裸机延迟来推断。

一个有趣的研究原型可以揭示访客系统的退出可见性，它是一种名为 hyperupcalls 的研究技术 [Amit 18]。这为访客系统提供了一种安全的方法来请求虚拟机管理器运行小型程序；其示例用例包括从访客系统跟踪管理器。它们是通过虚拟机管理器中的扩展 BPF 虚拟机来实现的，访客系统编译并运行 BPF 字节码。当前没有任何云提供商（可能永远不会）提供此功能，但这是另一个使用 BPF 的有趣项目。

16.4　宿主机BPF工具

本节介绍的 BPF 工具可用于从宿主机上进行虚拟机性能分析和故障排除。这些工具来自本书第 4 章和第 5 章中介绍的 BCC 和 bpftrace 仓库，或者是专门为本书创建的。

16.4.1 kvmexits

kvmexits(8)[1] 是一个 bpftrace 工具，可以按原因显示访客系统退出时间的分布。这可以展示与管理器相关的性能问题以及如何进行进一步的分析。示例输出如下：

```
# kvmexits.bt
Attaching 4 probes...
Tracing KVM exits. Ctrl-C to end
^C
[...]

@exit_ns[30, IO_INSTRUCTION]:
[1K, 2K)               1 |                                                    |
[2K, 4K)              12 |@@@                                                 |
[4K, 8K)              71 |@@@@@@@@@@@@@@@@@@                                   |
[8K, 16K)            198 |@@@@@@@@@@@@@@@@@@@@@@@@@@@@@@@@@@@@@@@@@@@@@@@@@@@@@@|
[16K, 32K)           129 |@@@@@@@@@@@@@@@@@@@@@@@@@@@@@@@@@@                    |
[32K, 64K)            94 |@@@@@@@@@@@@@@@@@@@@@@@@                             |
[64K, 128K)           37 |@@@@@@@@@                                           |
[128K, 256K)          12 |@@@                                                 |
[256K, 512K)          23 |@@@@@@                                              |
[512K, 1M)             2 |                                                    |
[1M, 2M)               0 |                                                    |
[2M, 4M)               1 |                                                    |
[4M, 8M)               2 |                                                    |

@exit_ns[1, EXTERNAL_INTERRUPT]:
[256, 512)            28 |@@@                                                 |
[512, 1K)            460 |@@@@@@@@@@@@@@@@@@@@@@@@@@@@@@@@@@@@@@@@@@@@@@@@@@@@  |
[1K, 2K)             463 |@@@@@@@@@@@@@@@@@@@@@@@@@@@@@@@@@@@@@@@@@@@@@@@@@@@@@@|
[2K, 4K)             150 |@@@@@@@@@@@@@@@@                                    |
[4K, 8K)             116 |@@@@@@@@@@@@                                        |
[8K, 16K)             31 |@@@                                                 |
[16K, 32K)            12 |@                                                   |
[32K, 64K)             7 |                                                    |
[64K, 128K)            2 |                                                    |
[128K, 256K)           1 |                                                    |

@exit_ns[32, MSR_WRITE]:
```

1　笔者开始使用DTrace开发了工具kvmexitlantency.d，发布在2013年编写的*Systems Performance*一书[Gregg 13b]中。笔者于2019年2月25日为本书开发了bpftrace版本。

```
[512, 1K)           5690  |@@@@@@@@@@@@@@@@@@@@@@@@@@@@@@@@@@@@@@@@@@@@@@|
[1K, 2K)            2978  |@@@@@@@@@@@@@@@@@@@@@@@@@              |
[2K, 4K)            2080  |@@@@@@@@@@@@@@@@@               |
[4K, 8K)             854  |@@@@@@@                        |
[8K, 16K)            826  |@@@@@@@                        |
[16K, 32K)           110  |@                             |
[32K, 64K)             3  |                              |

@exit_ns[12, HLT]:
[512, 1K)             13  |                              |
[1K, 2K)              23  |                              |
[2K, 4K)              10  |                              |
[4K, 8K)              76  |                              |
[8K, 16K)            234  |@@                            |
[16K, 32K)          4167  |@@@@@@@@@@@@@@@@@@@@@@@@@@@@@@@@@@@@@@@@@@@  |
[32K, 64K)          3920  |@@@@@@@@@@@@@@@@@@@@@@@@@@@@@@@@@@@@@@@@    |
[64K, 128K)         4467  |@@@@@@@@@@@@@@@@@@@@@@@@@@@@@@@@@@@@@@@@@@@@@|
[128K, 256K)        3483  |@@@@@@@@@@@@@@@@@@@@@@@@@@@@@@@@@@       |
[256K, 512K)        1764  |@@@@@@@@@@@@@@@@@              |
[512K, 1M)           922  |@@@@@@@@@                      |
[1M, 2M)             113  |@                             |
[2M, 4M)             128  |@                             |
[4M, 8M)              35  |                              |
[8M, 16M)             40  |                              |
[16M, 32M)            42  |                              |
[32M, 64M)            97  |@                             |
[64M, 128M)           95  |@                             |
[128M, 256M)          58  |                              |
[256M, 512M)          24  |                              |
[512M, 1G)             1  |                              |

@exit_ns[48, EPT_VIOLATION]:
[512, 1K)           6160  |@@@@@@@@@@@@@@@@@@@@@@@@@@@@@@@@@@@@@@@@@@   |
[1K, 2K)            6885  |@@@@@@@@@@@@@@@@@@@@@@@@@@@@@@@@@@@@@@@@@@@@@ |
[2K, 4K)            7686  |@@@@@@@@@@@@@@@@@@@@@@@@@@@@@@@@@@@@@@@@@@@@@@@|
[4K, 8K)            2220  |@@@@@@@@@@@@@                   |
[8K, 16K)            582  |@@@                           |
[16K, 32K)           244  |@                             |
[32K, 64K)            47  |                              |
[64K, 128K)            3  |                              |
```

此输出按类型显示退出的分布，包括退出代码号和退出原因字符串（如果已知）。

最长的退出 HLT（暂停）达到 1 秒，这是正常现象：这是 CPU 空闲线程。该输出还显示 IO_INSTRUCTIONS 最多需要 8 毫秒。

这通过跟踪 kvm:kvm_exit 和 kvm:kvm_entry 跟踪点实现，这些跟踪点仅在使用内核 KVM 模块提高性能时才使用。

kvmexit(8) 的源代码如下：

```
#!/usr/local/bin/bpftrace

BEGIN
{
        printf("Tracing KVM exits. Ctrl-C to end\n");

        // from arch/x86/include/uapi/asm/vmx.h:
        @exitreason[0] = "EXCEPTION_NMI";
        @exitreason[1] = "EXTERNAL_INTERRUPT";
        @exitreason[2] = "TRIPLE_FAULT";
        @exitreason[7] = "PENDING_INTERRUPT";
        @exitreason[8] = "NMI_WINDOW";
        @exitreason[9] = "TASK_SWITCH";
        @exitreason[10] = "CPUID";
        @exitreason[12] = "HLT";
        @exitreason[13] = "INVD";
        @exitreason[14] = "INVLPG";
        @exitreason[15] = "RDPMC";
        @exitreason[16] = "RDTSC";
        @exitreason[18] = "VMCALL";
        @exitreason[19] = "VMCLEAR";
        @exitreason[20] = "VMLAUNCH";
        @exitreason[21] = "VMPTRLD";
        @exitreason[22] = "VMPTRST";
        @exitreason[23] = "VMREAD";
        @exitreason[24] = "VMRESUME";
        @exitreason[25] = "VMWRITE";
        @exitreason[26] = "VMOFF";
        @exitreason[27] = "VMON";
        @exitreason[28] = "CR_ACCESS";
        @exitreason[29] = "DR_ACCESS";
        @exitreason[30] = "IO_INSTRUCTION";
        @exitreason[31] = "MSR_READ";
        @exitreason[32] = "MSR_WRITE";
        @exitreason[33] = "INVALID_STATE";
        @exitreason[34] = "MSR_LOAD_FAIL";
        @exitreason[36] = "MWAIT_INSTRUCTION";
```

```
        @exitreason[37] = "MONITOR_TRAP_FLAG";
        @exitreason[39] = "MONITOR_INSTRUCTION";
        @exitreason[40] = "PAUSE_INSTRUCTION";
        @exitreason[41] = "MCE_DURING_VMENTRY";
        @exitreason[43] = "TPR_BELOW_THRESHOLD";
        @exitreason[44] = "APIC_ACCESS";
        @exitreason[45] = "EOI_INDUCED";
        @exitreason[46] = "GDTR_IDTR";
        @exitreason[47] = "LDTR_TR";
        @exitreason[48] = "EPT_VIOLATION";
        @exitreason[49] = "EPT_MISCONFIG";
        @exitreason[50] = "INVEPT";
        @exitreason[51] = "RDTSCP";
        @exitreason[52] = "PREEMPTION_TIMER";
        @exitreason[53] = "INVVPID";
        @exitreason[54] = "WBINVD";
        @exitreason[55] = "XSETBV";
        @exitreason[56] = "APIC_WRITE";
        @exitreason[57] = "RDRAND";
        @exitreason[58] = "INVPCID";
}


tracepoint:kvm:kvm_exit
{
        @start[tid] = nsecs;
        @reason[tid] = args->exit_reason;
}


tracepoint:kvm:kvm_entry
/@start[tid]/
{
        $num = @reason[tid];
        @exit_ns[$num, @exitreason[$num]] = hist(nsecs - @start[tid]);
        delete(@start[tid]);
        delete(@reason[tid]);
}


END
{
        clear(@exitreason);
        clear(@start);
        clear(@reason);
}
```

一些 KVM 配置中没有使用内核 KVM 模块，所以需要的跟踪点不会触发，该工具不能测量访客系统的退出。在这种情况下，可以直接使用 uprobes 对 qemu 进程插桩来读取退出原因。（USDT 探针的添加将是首选。）

16.4.2　未来的工作

对于 KVM 和类似的虚拟机管理器来说，访客系统的 CPU 可以被看作运行的进程，且这些进程可以被工具看到，包括 top(1)。这让笔者特别好奇是否可以回答以下问题：

- 访客系统正在 CPU 上做什么？可以读取到函数和调用栈吗？
- 访客系统为什么要调用 I/O？

宿主机可以对 CPU 上的指令指针进行采样，并且还可以在 I/O 执行时读取（基于虚拟机退出到管理器时）。比如，使用 bpftrace 来显示在执行 I/O 指令的指令指针：

```
# bpftrace -e 't:kvm:kvm_exit /args->exit_reason == 30/ {
    printf("guest exit instruction pointer: %llx\n", args->guest_rip); }'
Attaching 1 probe...
guest exit instruction pointer: ffffffff81c9edc9
guest exit instruction pointer: ffffffff81c9ee8b
guest exit instruction pointer: ffffffff81c9edc9
guest exit instruction pointer: ffffffff81c9edc9
guest exit instruction pointer: ffffffff81c9ee8b
guest exit instruction pointer: ffffffff81c9ee8b
[...]
```

然而，宿主机上缺乏一个符号表来把指令指针转为函数名称，或缺乏进程上下文以得知使用的地址空间，更甚者不知道哪个进程在运行。可能的解决方案已经被讨论了很多年，包括在笔者的上一本书 [Greg 13b] 中。其中包括读取 CR3 寄存器获得当前页表根目录，尝试找出正在运行的进程以及使用访客系统提供的符号表。

目前，这些问题可以通过来自访客系统的插桩来回答。

16.5　小结

本章总结了硬件虚拟机管理器，并说明了 BPF 跟踪如何从访问系统和宿主机中揭露详细信息，包括超级调用、被盗用的 CPU 时间和访客系统的退出。

第17章

其他BPF性能工具

本章将介绍基于 BPF 的其他可观察性工具。这些工具都是开源的，可以在网上免费获得。（这里要感谢笔者的 Netflix 性能工程组的同事 Jason Koch，他完成了本章的大部分内容。）

尽管本书包含数十种命令行 BPF 工具，但是预计大部分人会通过图形界面使用 BPF 跟踪。对于由成千上万个实例组成的云计算环境尤其如此，这些通常是必须通过 GUI 进行管理的。学习前面章节介绍的 BPF 工具，对你使用和理解这些基于 BPF 的 GUI 有帮助，这些 GUI 仅仅是同样工具的前端。

本章介绍的 GUI 和工具包括如下一些。
- Vector 和 Performance Co-Pilot（PCP）：用于远程 BPF 监控。
- Grafana 配合 PCP：用于远程 BPF 监控。
- eBPF Exporter：用于 BPF 同 Prometheus 和 Grafana 的集成。
- kubectl-trace：用于跟踪 Kubernetes 的 pods 和 nodes。

本章的目的是通过这些示例向你展示一些基于 BPF 的 GUI 和自动化工具的可能性。本章为每个工具提供专门小节进行介绍，概述了这些工具的功能、其内部工作原理、用法以及更多参考。请注意，在撰写本文时，这些工具的大量开发工作正在进行，它们的功能可能会增强。

17.1 Vector和Performance Co-Pilot（PCP）

Netflix Vector 是一个开源的主机级的性能监控工具，它可以近乎实时地把高精度系统和应用程序监控指标可视化。它被实现为一个 Web 应用程序，利用经过实践检验的开源系统监视框架 Performance Co-Pilot（PCP），并有一个灵活且用户友好的 UI。UI 每隔一秒或更长时间轮询一次指标，在完全可配置的仪表盘中呈现数据，从而简化了跨指标的关联和分析。

图 17-1 展示了 Vector 如何运行在一个本地浏览器中，如何从一个网络服务器中获取应用程序代码，然后如何直接连接到目标主机和 PCP 以运行 BPF 程序。值得一提的是，该内部 PCP 组件在将来的版本中可能会有变化。

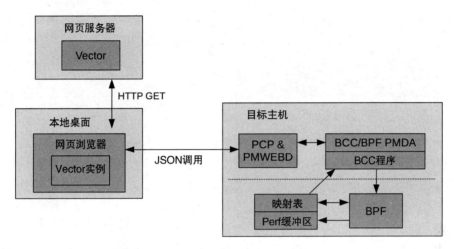

图 17-1　Vector 通过 PCP 的帮助监控 BCC 程序的远程输出

Vector 的功能包括：

- 提供了高级仪表盘，以显示正在运行实例的多种资源（CPU、磁盘、网络、内存）的利用率。
- 有超过 2000 种指标可用于更深入的分析。你可以通过修改性能指标域代理（PMDA）的配置来添加或删除指标。
- 可随时间可视化数据，可以精确到以秒为粒度。
- 可同时比较不同指标和不同主机之间的指标数据，包括比较容器与主机的指标。比如，可以同时比较容器级别和主机级别的资源利用率，以了解两者之间的关系。

除了 Vector 使用的其他数据来源，Vector 现在支持基于 BPF 的指标。通过添加用于访问 BPF 的 BCC 前端的 PCP 代理，可以做到这一点。BCC 在第 4 章中有介绍。

17.1.1　可视化

Vector 可以多种格式将数据呈现给用户。时间序列数据可用折线图显示，如图 17-2 所示。

Vector 还支持其他更适合可视化的图形类型，这些图形类型可以更好地可视化每秒 BPF 直方图和每个事件日志的数据，具体来说，是热图和表格形式的数据。

图 17-2　系统指标折线图示例

17.1.2　可视化：热图

热图可用于显示一段时间内的直方图，非常适合摘要可视化每秒 BPF 延迟直方图。延迟热图在两个坐标轴上都有时间显示，并且由显示特定时间和延迟范围的计数的存储桶组成 [Gregg 10]。这些轴包括如下几个。

- **x- 轴**：表示时间的流逝，每一列是一秒（或者一个间隔时间）。
- **y- 轴**：表示延迟。
- **z- 轴（颜色饱和度）**：展示落在该时间和延迟范围内的 I/O 数量。

可以使用散点图可视化时间和延迟；但是，成千上万的 I/O，点的数量太多会相互覆盖造成细节丢失。热图通过根据需要缩放其颜色范围来解决此问题。

在 Vector 中，热图对相关的 BCC 工具都是可用的。到本书编写时，这包括：针对块设备 I/O 延迟的 biolatency(8)，针对 CPU 运行队列延迟的 runqlat(8)，以及针对监控文件系统延迟的 ext4-、xfs- 和 zfs-dist 工具。通过配置 BCC PMDA（会在 17.1.5 中介绍）和在 Vector 中启动适当的 BCC 图表，可以看到随着时间推移而变化的可视化输出。图 17-3 展示了在一个运行简单 fio(1) 任务的主机上收集的每两秒采样的块设备 I/O 延迟。

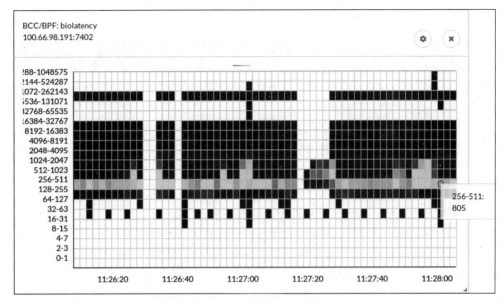

图 17-3　显示 BCC/BPF biolatency(8) 的 Vector 延迟热图

可以看到大部分块延迟都在 256 到 511 微秒范围内，在鼠标光标处的工具提示显示，该存储桶中有 805 个样本。

为了对比，下面是来自命令行工具 biolatency(8) 的输出，捕获的是类似的时间片段：

```
# biolatency
Tracing block device I/O... Hit Ctrl-C to end.
^C
usecs               : count    distribution
    0 -> 1          : 0        |                                        |
    2 -> 3          : 0        |                                        |
    4 -> 7          : 0        |                                        |
    8 -> 15         : 0        |                                        |
   16 -> 31         : 5        |                                        |
   32 -> 63         : 19       |                                        |
   64 -> 127        : 1        |                                        |
  128 -> 255        : 2758     |********                                |
  256 -> 511        : 12989    |****************************************|
  512 -> 1023       : 11425    |***********************************     |
 1024 -> 2047       : 2406     |*******                                 |
 2048 -> 4095       : 1034     |***                                     |
 4096 -> 8191       : 374      |*                                       |
 8192 -> 16383      : 189      |                                        |
16384 -> 32767      : 343      |*                                       |
32768 -> 65535      : 0        |                                        |
```

```
65536 -> 131071      : 0            |                                    |
131072 -> 262143     : 42           |                                    |
```

从聚合结果中可以看到同样的延迟；但是，通过热图查看随时间的变化要容易得多。同样显而易见的是，128 到 256 毫秒范围内的 I/O 变化是长时间一致的，而不是短暂飙升的结果。

有很多 BPF 工具可以产生这种直方图，不仅可显示延迟还有字节大小、运行队列长度和其他指标：这些都可以使用 Vector 热图可视化。

17.1.3 可视化：表格形式的数据

除了可视化数据，对用表格查看原始数据也很有帮助。这对于某些 BCC 工具尤其有用，因为表可以提供其他上下文，或者有助于使它们成为值列表。

比如，你可以监视 execsnoop(8) 的输出以显示最近启动的进程的列表。如图 17-4 显示，在监控主机上，有一个 Tomcat（catalina）进程启动了。表格适合可视化这些事件细节。

BCC/BPF: execsnoop
100.66.98.191:7402

COMM	PID	PPID	RET	ARGS
dirname	19709	19682	0	/usr/bin/dirname /apps/tomcat/bin/catalina.sh
catalina.sh	19682	4680	0	/apps/tomcat/bin/catalina.sh start
setuidgid	19682	4680	0	/usr/local/bin/setuidgid www-data /apps/tomcat/bin/catalina.sh start
ldconfig.real	19708	19707	0	/sbin/ldconfig.real -p

图 17-4   Vector 显示来自 BCC/BPF execsnoop(8) 的事件输出

或者，你可以使用 tcplife(8) 监视 TCP 套接字，显示主机地址和端口信息、传输的字节数，以及会话时长。这在图 17-5 中有所显示。（tcplife(8) 在第 10 章中介绍过。）

BCC/BPF: tcplife
100.66.98.191:7402   ✕

PID	COMM	LADDR	LPORT	DADDR	DPORT	TX_KB	RX_KB	MS
3745	amazon-ssm-agen	100.66.98.191	29104	52.94.209.3	443	4	6	20037
17336	wget	100.66.98.191	30424	128.112.18.21	80	0	2050272	41595
3745	amazon-ssm-agen	100.66.98.191	25798	52.94.210.188	443	4	6	20025
3745	amazon-ssm-agen	100.66.98.191	45840	52.119.164.173	443	2	6	75016

图 17-5   Vector 通过 BCC/BPF tcplife(8) 列出 TCP 会话

在这个例子中，可以看到 amazon-ssm-agent，它似乎长时间轮询 20 秒，以及一个 wget(1) 命令在 41.595 秒内接收了大约 2GB 的数据。

17.1.4 BCC 提供的指标

PCP PMDA 当前提供了 bcc-tools 软件包中可用的大多数工具。

Vector 有为以下 BCC 工具预定义的图表：

- biolatency(8) 和 biotop(8)
- ext4dist(8)、xfsdist(8) 和 zfsdist(8)
- tcplife(8)、tcptop(8) 和 tcpretrans(8)
- runqlat(8)
- execsnoop(8)

这些工具中的许多工具都支持在主机上提供配置选项，还可以将 BCC 工具添加到 Vector，使用自定义图表、表格或热图可视化数据。

Vector 还支持为跟踪点、uprobes 和 USDT 事件添加自定义事件指标。

17.1.5 内部实现

Vector 本身是一个完全运行在用户浏览器中的网页应用程序。它使用 React 并借助 D3.js 画图。监控指标通过 Performance Co-Pilot[175] 收集和输出，Performance Co-Pilot 是一个用于从多个操作系统收集、归档并处理性能指标的工具集。一个典型的 Linux PCP 安装默认就可以提供超过 1000 个指标，并支持用自己的插件或者 PMDA 扩展。

要理解 Vector 如何可视化 BPF 指标，很重要的是要理解 PCP 如何收集这些指标（参看图 17-6）：

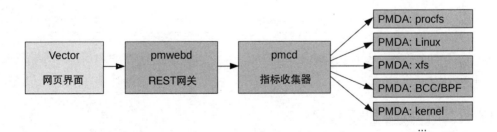

图 17-6 Vector 指标来源的内部实现

- PMCD（性能指标收集守护进程）是 PCP 的核心组件。它通常运行在目标主机上，并协调来自众多代理的指标的收集。

- PMDA（性能指标域代理）是给 PCP 托管代理的术语。有许多可用的 PMDA，并且每个代理可以公开不同的指标。比如，有收集内核数据的代理、不同文件系统的代理、NVIDIA CPU 代理，还有很多。要在 PCP 中使用 BCC 指标，必须安装 BCC PMDA。
- Vector 是一个单页网页程序，可以部署到一个服务器上或者在本地执行，可以连接到一个目标 pmwebd 实例。
- pmwebd 扮演的是到目标主机 pmcd 实例的 REST 网关的角色。Vector 连接到公开的 REST 端口并通过该连接和 pmcd 进行交互。

PCP 的无状态模型使其轻巧而强大。它在主机上的开销可以忽略不计，因为客户端负责跟踪状态、采样频率和计算。此外，指标不会跨主机聚合，也不会持久存储在用户的浏览器会话之外，从而使框架很简捷。

17.1.6 安装 PCP 和 Vector

要试用 PCP 和 Vector，你可以在一台主机上运行它们进行本地监控。在一个真实的生产环境部署中，你很可能会在不同主机上运行 Vector、PCP 代理，以及 PMDA。更多细节请参考最新的项目文档。

Vector 的安装步骤已记录并在线更新[176-177]。现在涉及安装 pcp 和 pcp-webapi 软件包，并从一个 Docker 容器中运行 Vector 图形界面。

参考这些额外的说明以确保 BCC PMDA 被启用：

```
$ cd /var/lib/pcp/pmdas/bcc/
$ ./Install
[Wed Apr  3 20:54:06] pmdabcc(18942) Info: Initializing, currently in 'notready' state.
[Wed Apr  3 20:54:06] pmdabcc(18942) Info: Enabled modules:
[Wed Apr  3 20:54:06] pmdabcc(18942) Info: ['biolatency', 'sysfork', 'tcpperpid',
'runqlat']
```

当 Vector 和 PCP 在配置了 BCC PMDA 的系统上运行时，你就可以连接并查看系统指标了。

17.1.7 连接并显示数据

在浏览器中输入 http://localhost/（如果在本地机器上测试的话）或者 Vector 安装的地址。在显示的对话框中输入目标系统的主机名，如图 17-7 所示。

connection 区域会显示一个新的连接。如图 17-8 所示，图标应该很快变成绿色①，并且大按钮变成可用。这里会使用一个具体的图表而不是一个提前准备好的仪表盘，所以切换到 Custom 选项卡②并选择 runqlat ③。服务器上不可用的所有模块将变暗且不可用。单击启用的模块，然后单击仪表盘中的 ^ 箭头④以关闭仪表盘。

Add connection

Hostname

localhost

Port

44323

Hostspec

localhost

Container

All ▾

Add

图 17-7　选择目标系统

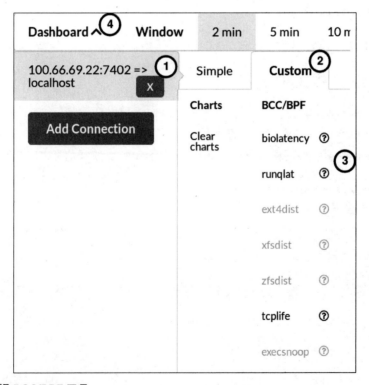

图 17-8　选择 BCC/BPF 工具

在 connection 对话框中，切换到 Custom 选项卡并查看 BCC/BPF 选项，你可以看到可用的 BCC/BPF 指标。在本例中，许多 BPF 程序是灰色的，是因为它们没有在 PMDA 中启用。当你选择 runqlat 并关闭仪表盘面板时，会显示出一张运行队列延迟热图，并且每秒更新一次，如图 17-9 所示。数据来源于 runqlat(8) BCC 工具。

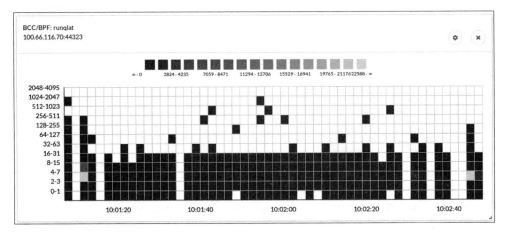

图 17-9   运行队列延迟热图

请浏览配置小部件以获取其他可用的 BCC 指标。

17.1.8   配置 BCC PMDA

如前所述，除非特别配置，否则许多 BCC PMDA 功能不可用。BCC PMDA 帮助手册（pmdabcc(1)）中详细介绍了配置文件格式。接下来展示配置 tcpretrans BCC 模块以使其在 Vector 中可用的步骤，该模块可用于查看 TCP 会话统计信息：

```
$ cd /var/lib/pcp/pmdas/bcc
$ sudo vi bcc.conf
[pmda]
# List of enabled modules
modules = biolatency,sysfork,tcpperpid,runqlat,tcplife
```

在完整的文件中你将看到 tcplife 模块额外的配置选项。该文件是配置 BCC PMDA 的重要配置文件：

```
# This module summarizes TCP sessions
#
# Configuration options:
# Name            - type   - default
#
```

```
# process           - string - unset : list of names/pids or regex of processes to
monitor
# dport             - int    - unset : list of remote ports to monitor
# lport             - int    - unset : list of local ports to monitor
# session_count     - int    - 20    : number of closed TCP sessions to keep in cache
# buffer_page_count - int    - 64    : number of pages for the perf ring buffer,
power of two
[tcplife]
module = tcplife
cluster = 3
#process = java
#lport = 8443
#dport = 80,443
```

每次更改 PMDA 配置，都需要重新编译并重启 PMDA：

```
$ cd /var/lib/pcp/pmdas/bcc
$ sudo ./Install
...
```

现在可以刷新浏览器并选择 tcpretrans 图表了。

17.1.9　改进工作

要改进 Vector 和 PCP 与全套 BCC 工具的集成，还有很多工作要做。作为详细的主机指标解决方案，Vector 多年来一直很好地为 Netflix 服务。Netflix 目前正在调查 Grafana 是否也可以提供同样的功能，这将使更多的开发重点放在主机和指标上。Grafana 在 17.2 节中会有介绍。

17.1.10　进一步阅读

关于 Vector 和 PCP 的更多信息，查看链接 6 所示的网址。

17.2　Grafana和Performance Co-Pilot

Grafana 是一个流行的开源绘图和可视化工具，它支持连接到并展示存储在后端数据源的数据。通过使用 Performance Co-Pilot（PCP）作为数据源，可以可视化 PCP 公布的任何指标。PCP 在 17.1 节中有更多介绍。

有两种方法可以配置 PCP 以支持 Grafana 中的指标表示。可以显示历史数据，也可以显示实时指标数据。每种都有一个稍微不同的用例和配置。

17.2.1 安装和配置

在 Grafana 中展示 PCP 数据有两个选项。

- **Grafana PCP 实时数据源**：这需要使用 grafana-pcp-live 插件。该插件轮询一个 PCP 实例以获取最新的指标数据并将短暂的历史（几分钟）结果保存在浏览器中。数据没有被长期持久化。优点是，在你不观察时，对监控的系统没有任何开销，这很适合深入查看主机的各种实时指标。
- **Grafana PCP 归档数据源**：这需要使用 grafana-pcp-redis 插件。该插件从使用 PCP pmseries 数据存储的源读取数据并将数据整理到 Redis 实例。这依赖于一个配置过的 pmseries 实例，且意味着 PCP 将轮询并存储数据。这使得该插件更适合收集并查看较大的跨多个主机的时间序列数据。

这里假定你已经执行了先前在 17.1 节中描述的 PCP 配置步骤。

对于这两个选项，项目都在进行更改，因此最好的安装方法是查看 17.2.4 节中提供的链接，并查看每个插件的安装说明。

17.2.2 连接并查看数据

grafana-pcp-live 插件正在大量开发中。在编写本书时，连接到后端的方法取决于 PCP 客户端所需的变量设置。因为它没有任何存储，这使得仪表盘可以被动态地重新设置以连接到多个不同主机。这些变量是 _proto、_host 和 _port。

创建一个新的仪表盘，输入仪表盘设置，为仪表盘创建变量，并设置变量为需要的配置值。可以在图 17-10（输入合适的主机到主机输入框中）中看到结果。

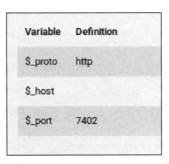

图 17-10 在 grafana-pcp-live 中设置仪表盘变量

当完成仪表盘的配置后，你可以添加新图标。选择一个 PCP 指标；可用的指标 bcc.runq.latency 是一个好的开始（参见图 17-11）。

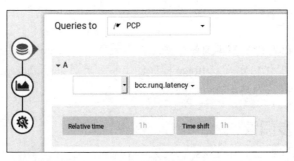

图 17-11　在 Grafana 中选择查询

你还需要配置一个合适的可视化（参见图 17-12）。选择"Heatmap"可视化并将格式设置为"Time series buckets"，再将单位设置为"microseconds（μs）"。存储桶范围应设置为"Upper"（参见图 17-13）。

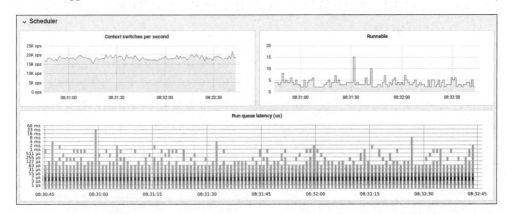

图 17-12　Grafana PCP，显示标准 PCP 指标（上下文切换、可运行线程数）以及运行队列延迟（runqlat）BCC 指标

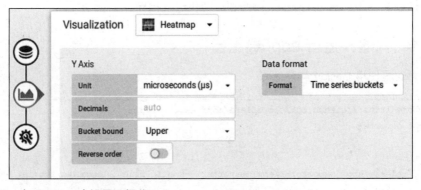

图 17-13　在 Grafana 中设置可视化

17.2.3　改进工作

在 Grafana 和 PCP 中仍然需要做很多工作来改善与整套 bcc-tools 的集成。希望在以后的更新中提供可视化自定义 bpftrace 程序的支持。此外，grafana-pcp-live 插件需要大量额外的工作才能被认为是足够可靠的。

17.2.4　进一步阅读

随着项目的成熟，下面的链接很可能会发生变化。

- grafana-pcp-live 数据源：参见链接 7。
- grafana-pcp-redis 数据源：参见链接 8。

17.3　Cloudflare eBPF Prometheus Exporter（配合 Grafana）

Cloudflare eBPF exporter 是一个开源工具，可以集成进定义良好的 Prometheus 监控格式中。Prometheus 已经变成非常流行的指标收集、存储和查询工具，因为它提供了一个简单、众所周知的协议。这使得从任何语言的集成都变得十分容易，并且提供了许多简单的语言绑定。Prometheus 还支持报警功能，而且和动态环境继承得很好，比如 Kubernetes。尽管 Prometheus 仅提供基本的 UI，但是在其之上还构建了许多绘图工具（包括 Grafana），以提供一致的仪表盘体验。

Prometheus 还集成进现存的应用程序操作工具。在 Prometheus 中，收集和公布指标的工具被称为导出器（exporter）。官方的和第三方的导出器可以收集 Linux 主机统计信息，针对 Java 应用程序的 JMX 导出器，以及更多的针对应用程序的导出器，比如 Web 服务器、存储层、硬件和数据库服务。Cloudflare 已经开源了一个针对 BPF 指标的导出器，该程序允许通过 Prometheus 向 Grafana 公开和可视化这些指标。

17.3.1　构建并运行 ebpf 导出器

注意这里使用 Docker 构建：

```
$ git clone https://github.com/cloudflare/ebpf_exporter.git
$ cd ebpf_exporter
$ make
...
$ sudo ./release/ebpf_exporter-*/ebpf_exporter --config.file=./examples/runqlat.yaml
2019/04/10 17:42:19 Starting with 1 programs found in the config
2019/04/10 17:42:19 Listening on :9435
```

17.3.2　配置 Prometheus 监控 ebpf_exporter 实例

这取决于在你的环境中监视目标的方法。假设实例在端口 9435 上运行 ebpf_exporter，则可以找到一个如下所示的示例目标配置：

```
$ kubectl edit configmap -n monitoring prometheus-core
- job_name: 'kubernetes-nodes-ebpf-exporter'
  scheme: http
  kubernetes_sd_configs:
    - role: node
  relabel_configs:
  - source_labels: [__address__]
    regex: '(.*):10250'
    replacement: '${1}:9435'
    target_label: __address__
```

17.3.3　在 Grafana 中设置一个查询

ebpf_exporter 运行起来后马上就会产生指标。你可以使用下面的查询以及额外的格式来对这些指标画图（参见图 17-14）：

```
query : rate(ebpf_exporter_run_queue_latency_seconds_bucket[20s])
legend format : {{le}}
axis unit : seconds
```

（更多关于查询格式和图形配置的信息，可参考 Grafana 和 Prometheus 文档。）

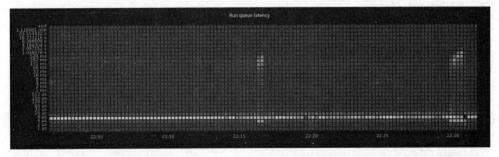

图 17-14　Grafana 运行队列延迟热图，当 schbench 执行的线程多于内核时，显示延迟尖峰

17.3.4　进一步阅读

更多关于 Grafana 和 Prometheus 的信息，可查看链接 9 所示的网页。

更多关于 Cloudflare eBPF 导出器的信息，查看链接 10 所示的网页。

17.4　kubectl-trace

　　kubectl-trace 是一个 Kubernetes 命令行前端，用于在 Kubernetes 集群中的各个节点之间运行 bpftrace。它由 Lorenzo Fontana 创建，并托管在 IO Visor 项目中（可查看链接 11）。

　　要跟随这里的示例，你需要下载并安装 kubectl-trace。还需要安装 Kubernetes（这超出了本书的范畴）：

```
$ git clone https://github.com/iovisor/kubectl-trace.git
$ cd kubectl-trace
$ make
$ sudo cp ./_output/bin/kubectl-trace /usr/local/bin
```

17.4.1　跟踪节点

　　kubectl 是 Kubernetes 命令行前端工具。kubectl-trace 支持在集群节点上运行 bpftrace 命令。跟踪所有节点是可用的最简单的选项，但是值得注意的是 BPF 插桩的开销：有大量开销的 bpftrace 调用将影响整个群集节点。

　　比如，使用 vfsstat.bt 捕捉集群中 Kubernetes 节点的 bpftrace 输出：

```
$ kubectl trace run node/ip-1-2-3-4 -f /usr/share/bpftrace/tools/vfsstat.bt
trace 8fc22ddb-5c84-11e9-9ad2-02d0df09784a created
$ kubectl trace get
NAMESPACE NODE      NAME                                                STATUS  AGE
default   ip-1-2-34 kubectl-trace-8fc22ddb-5c84-11e9-9ad2-02d0df09784a Running 3s
$ kubectl trace logs -f kubectl-trace-8fc22ddb-5c84-11e9-9ad2-02d0df09784a
00:02:54
@[vfs_open]: 940
@[vfs_write]: 7015
@[vfs_read]: 7797

00:02:55
@[vfs_write]: 252
@[vfs_open]: 289
@[vfs_read]: 924

^C
$ kubectl trace delete kubectl-trace-8fc22ddb-5c84-11e9-9ad2-02d0df09784a
trace job kubectl-trace-8fc22ddb-5c84-11e9-9ad2-02d0df09784a deleted
trace configuration kubectl-trace-8fc22ddb-5c84-11e9-9ad2-02d0df09784a deleted
```

该输出显示了整个节点上所有的 vfs 统计，不仅仅是 pod。因为 bpftrace 是在主机上运行的，kubectl-trace 也运行在主机的上下文中。因此，它跟踪节点上的所有应用程序。在某些情况下，这对系统管理员可能会有帮助，但对于许多用例，将重点放在容器内部运行的进程上很重要。

17.4.2 跟踪 pod 和容器

bpftrace（由于 kubectl-trace 是基于此开发的，因此继承了相关限制）通过匹配内核数据结构的跟踪而间接支持容器。kubectl-trace 以两种方法为 pod 提供帮助。首先，当你指定一个 pod 名称时，kubectl-trace 将在正确的节点上自动定位并部署 bpftrace 程序。其次，kubectl-trace 引入了一个额外变量到你的脚本程序：$container_pid。这个 $container_pid 变量被赋值为容器 root 进程的 PID，使用主机 PID 命名空间。这允许你执行过滤或其他仅针对该 pod 的操作。

在此示例中，我们将确保该 PID 是正在检查的容器内运行的唯一 PID。对于更复杂的场景，例如，当正在运行一个 init 进程或拥有一个派生服务器时，你需要在此工具上进行修改以将此 PID 映射到其父 PID。

使用以下规范创建一个新的部署。请注意，该命令指定了 Docker 入口点，以确保节点进程是容器内的唯一进程，并且 vfsstat-pod.bt 包含一个过滤 PID 的过滤器：

```
$ cat <<EOF | kubectl apply -f -
apiVersion: apps/v1
kind: Deployment
metadata:
  name: node-hello
spec:
  selector:
    matchLabels:
      app: node-hello
  replicas: 1
  template:
    metadata:
      labels:
        app: node-hello
    spec:
      containers:
      - name: node-hello
        image: duluca/minimal-node-web-server
        command: ['node', 'index']
        ports:
```

```
        - containerPort: 3000
EOF
deployment.apps/node-hello created
$ kubectl get pods
NAME                         READY    STATUS     RESTARTS   AGE
node-hello-56b8dbc757-th2k2  1/1      Running    0          4s
```

创建一个 vfsstat.bt 的副本，叫作 vfsstat-pod.bt，如下所示，然后开始一个跟踪器实现（这些步骤展示了如何开始一个跟踪并检查跟踪输出）：

```
$ cat vfsstat-pod.bt
...
kprobe:vfs_read,
kprobe:vfs_write,
kprobe:vfs_fsync,
kprobe:vfs_open,
kprobe:vfs_create
/pid == $container_pid/
{
...
$ kubectl trace run pod/node-hello-56b8dbc757-th2k2 -f vfsstat-pod.bt
trace 552a2492-5c83-11e9-a598-02d0df09784a created
$ kubectl trace logs -f 552a2492-5c83-11e9-a598-02d0df09784a
if your program has maps to print, send a SIGINT using Ctrl-C, if you want to interrupt
the execution send SIGINT two times
Attaching 8 probes...
Tracing key VFS calls... Hit Ctrl-C to end.
[...]
17:58:34
@[vfs_open]: 1
@[vfs_read]: 3
@[vfs_write]: 4

17:58:35

17:58:36
@[vfs_read]: 3
@[vfs_write]: 4
[...]
```

你将注意到，pod 级别上的 vfs 操作比在节点级别上的操作要少得多，这对于大多数空闲的 Web 服务器是可以预见到的。

17.4.3　进一步阅读

如需更多信息，请参阅链接 12 所示的网页。

17.5　其他工具

其他基于 BPF 的工具包括如下一些。

- **Cilium**：使用 BPF 在容器化环境中应用网络和应用程序安全策略。
- **Sysdig**：使用 BPF 扩展容器的可观测性。
- **Android eBPF**：在 Android 设备上监控和管理设备的网络使用情况。
- **osquery eBPF**：公布操作系统信息用来分析和监控。它现在支持通过 BPF 监控 kprobes。
- **ply**：一个基于 BPF 的命令行跟踪器，类似 bpftrace，但是依赖非常少，使其非常适合的环境包括嵌入式目标[5]。ply 由 Tobias Waldekranz 开发。

随着 BPF 使用量的增长，将来可能会开发更多基于 BPF 的 GUI 工具。

17.6　小结

BPF 工具空间正在迅速增长，并将开发出更多的工具和功能。本章介绍了当前基于 BPF 的 4 种可用工具。Vector/PCP、Grafana 和 Cloudflare 的 eBPF 导出器都是图形工具，可提供对大量复杂数据的可视化，包括时间序列 BPF 输出。kubectl-trace 可对 Kubernetes 集群直接执行 bpftrace 脚本。此外，本章还提供了其他 BPF 工具的一个简短列表。

第18章
建议、技巧和常见问题

本章分享 BPF 跟踪中的一些技巧和建议，讨论可能会遇到的常见问题以及如何解决它们。

建议和技巧：

18.1　典型事件的频率和额外开销

18.2　以 49Hz 或 99Hz 为采样频率

18.3　黄猪和灰鼠

18.4　开发目标软件

18.5　学习系统调用

18.6　保持简单

常见问题：

18.7　事件缺失

18.8　调用栈缺失

18.9　打印时符号缺失（函数名称）

18.10　跟踪时函数缺失

18.11　反馈回路

18.12　被丢掉的事件

18.1　典型事件的频率和额外开销

决定一个跟踪程序的 CPU 开销的三个主要因素如下：

- 被跟踪事件的触发频率

- 跟踪时执行的操作
- 系统中 CPU 的个数

应用程序在每个 CPU 上的开销可以用以下公式计算：

$$额外开销 =（频率 \times 执行的操作数）/CPU 数$$

在一个单 CPU 系统上每秒跟踪一百万个事件会把一个应用程序拖得很慢，然而在一个 128 个 CPU 的系统上的影响可能可以忽略不计。CPU 个数是一个必须考虑的因素。

CPU 的个数和执行操作的开销都有很大的浮动范围，可以大到一个数量级。然而，事件频率则可以浮动几个数量级，使其成为在评估开销时最大的不确定因素。

18.1.1　频率

对典型的事件频率有一些直观理解会很有帮助，所以笔者创建了表 18-1[1]。该表包含了特殊的一列，将最大频率缩放为适合人类理解的术语：每秒一次变成了每年一次。请你想象一下自己订阅了一个邮件列表，该邮件列表就会以这个频率给你发送邮件。

表 18-1　典型事件频率

事件	典型频率[2]	缩放结果	预计最大跟踪开销[3]
线程睡眠	每秒 1 次	每年一次	忽略不计
进程执行	每秒 10 次	每月一次	忽略不计
文件打开	每秒 10 ~ 50 次	每周一次	忽略不计
以 100Hz 剖析	每秒 100 次	每周两次	忽略不计
新 TCP 会话	每秒 10 ~ 500 次	每天一次	忽略不计
磁盘 I/O	每秒 10 ~ 1000 次	每 8 小时一次	忽略不计
VFS 调用	每秒 1000 ~ 10 000 次	每小时一次	可被测量到
系统调用	每秒 1000 ~ 50 000 次	每 10 分钟一次	显著
网络数据包	每秒 1000 ~ 100 000 次	每 5 分钟一次	显著
内存分配	每秒 10 000 ~ 1 000 000 次	每 30 秒一次	很高
锁事件	每秒 50 000 ~ 5 000 000 次	每 5 秒一次	很高
函数调用	高达每秒 100 000 000 次	每秒三次	极高

1　这是受 *System performance* 一书第 2 章中很受欢迎并被多次分享的延迟表的启发[Gregg 13b]。虽然笔者创建了这个缩放频率表，但缩放延迟表的创意并不是笔者的：笔者还是一个大学生的时候，就看到了延迟表。

2　因为有太多不同的工作负载，很难选择一些"典型"负载。数据库通常有很高的磁盘I/O频率，网络和代理服务器通常有很高的数据包频率。

3　这是以最大频率跟踪事件时估计的CPU开销（见后面）。CPU指令和周期不能单独和直接被跟踪，但是理论上它们通过CPU模拟器软件可以被跟踪。

续表

事件	典型频率	缩放结果	预计最大跟踪开销
CPU 指令	高达每秒 1 000 000 000 次	每秒 30 次：作为拍子，C 音阶上的 八度音阶（人类听觉的极限）	极高（CPU 模拟器）
CPU 周期	高达每秒 3 000 000 000 次	每秒 90 次：钢琴上的 G 大调	极高（CPU 模拟器）

　　贯穿本书，笔者介绍了 BPF 工具的开销，有时候有具体度量，但是经常使用词语：忽略不计、可被测量到、显著和很高。之所以选择这些词是因为它们既刻意含糊，又具有足够的描述性。使用绝对数字容易误导你，因为特定的指标取决于工作负载和系统。考虑到这一点，以下是这些术语的粗略指南：

- 忽略不计：<0.1%
- 可被测量到：~1%
- 显著：>5%
- 很高：>30%
- 极高：>300%

　　在表 18-1 中，笔者假定了最小的跟踪操作：在内核中计数和使用当前典型系统大小，从事件频率推断出这些开销描述。下一节将说明不同的操作会有更高的成本。

18.1.2　执行的操作

　　以下度量将 BPF 开销描述为每个事件的绝对成本，说明了不同的操作可能会导致更多的开销。它们是通过对一个 dd(1) 工作负载插桩读操作来计算的，该工作负载每秒执行超过百万次的读操作：前面关于频率的一节应该已经建议，在如此高的频率上，BPF 跟踪的开销会很高。

　　工作负载是：

```
dd if=/dev/zero of=/dev/null bs=1 count=10000k
```

　　通过不同的 bpftrace 单行程序执行，比如：

```
bpftrace -e 'kprobe:vfs_read { @ = count(); }'
```

　　根据运行时的不同和已知事件个数，可以计算每个事件的 CPU 开销（忽略 dd(1) 进程启动和终止的开销）。结果显示在表 18-2 中。

表 18-2 bpftrace 每事件开销

bpftrace	测试目的	dd 运行总时长（秒）	BPF 每事件开销（纳秒）
\<none\>	对照组	5.97243	——
k:vfs_read { 1 }	kprobe	6.75364	76
kr:vfs_read { 1 }	kretprobe	8.13894	212
t:syscalls:sys_enter_read { 1 }	tracepoint	6.95894	96
t:syscalls:sys_exit_read { 1 }	tracepoint	6.9244	93
u:libc:__read { 1 }	uprobe	19.1466	1287
ur:libc:__read { 1 }	uretprobe	25.7436	1931
k:vfs_read /arg2 > 0/ { 1 }	过滤	7.24849	124
k:vfs_read { @ = count() }	映射表	7.91737	190
k:vfs_read { @[pid] = count() }	单键	8.09561	207
k:vfs_read { @[comm] = count() }	字符串键	8.27808	225
k:vfs_read { @[pid, comm] = count() }	双键	8.3167	229
k:vfs_read { @[kstack] = count() }	内核态调用栈	9.41422	336
k:vfs_read { @[ustack] = count() }	用户态调用栈	12.648	652
k:vfs_read { @ = hist(arg2) }	直方图	8.35566	233
k:vfs_read { @s[tid] = nsecs } kr:vfs_read /@s[tid]/ { @ = hist(nsecs - @s[tid]); delete(@s[tid]); }	计时	12.4816	636 / 2[1]
k:vfs_read { @[kstack, ustack] = hist(arg2) }	复合操作	14.5306	836
k:vfs_read { printf("%d bytes \n", arg2) } > out.txt	逐个事件输出	14.6719	850

　　该表显示 kprobes（在该系统上）很快，每次调用仅增加了 76 纳秒，当使用通过键值查询的映射表时增加到 200 纳秒。kretprobes 很慢，这是可以预期的，因为对函数入口进行检测并为返回插入了跳跃处理程序（在第 2 章可查看更多介绍）。uprobes 和 uretprobes 增加了最大的开销，每事件超过 1 微秒：这是一个已知问题，在将来的 Linux 版本中会有改进。

　　这些都是短 BPF 程序。有可能编写冗长的 BPF 程序，这些程序的成本更高，以微秒为单位。

　　这些是在启用即时编译 BPF 的 Linux 4.15 上、英特尔 (R) Core(TM) i7-8650U CPU@1.90GHz CPU、为了一致性使用 taskset(1) 绑定到一个 CPU 上进行的，并取最快的 10 次运行（最小扰动原理），同时检查标准偏差的一致性。需要记住的是，这些数字

1　这为每个 read 增加了 636 纳秒，但是使用了两个探针：kprobe 和 kretprobe，所以实际上是两个 BPF 事件需要 636 纳秒。

可以根据不同的系统速度和体系结构、运行的工作负载以及将来对 BPF 的修改而改变。

18.1.3　自行测试

如果你可以准确测量应用程序的性能，那么可以在运行和不运行 BPF 跟踪工具的情况下进行测量，并测量差异。如果系统以 CPU 饱和度（100%）运行，BPF 将会占用应用程序的 CPU 周期，并且这种差异可以通过请求率的下降来衡量。如果系统在 CPU 空闲的情况下运行，则差异可能被视为可用 CPU 空闲的下降。

18.2　以49Hz或99Hz为采样频率

以这些看似奇怪的速率进行采样的目的是避免锁步采样。

我们通过定时采样绘制目标软件的粗略图像。每秒 100 次采样（100Hz）或每秒 50 次采样，通常就足以提供解决大小性能问题的细节。

以 100Hz 为例，每 10 毫秒采样一次。现在假定有一个应用程序每 10 毫秒唤醒一次并做 2 毫秒的工作。它消耗一个 CPU 的 20%。如果我们以 100Hz 采样，并且凑巧的是，我们运行剖析工具刚好采样到 2 毫秒的工作窗口，那么剖析会显示该应用程序 100% 的时间运行在 CPU 上。或者，如果我们在另一个时间点采样，采样在睡眠时，则会显示该应用程序 0% 的时间在 CPU 上。两种结果都极具误导性，并且是混淆错误的示例。

通过使用 99Hz 而不是 100Hz，我们采样的时间偏移将不再总是与应用程序的工作一致。在足够的几秒内，它将显示应用程序有 20% 的时间在 CPU 上。它也足够接近 100Hz，我们可以将其推断为 100Hz。在有 8 个 CPU 的系统中持续一秒？大约有 800 个样本。当校验结果时笔者经常进行这样的计算。

如果我们选择 73Hz，也可以避免锁步采样，但是我们就无法这么快地进行心算。以 73Hz 在一个 4 个 CPU 的系统上采样 8 秒？请给我一个计算器吧！

这个 99Hz 的策略之所以能正常工作，是因为程序开发者通常为他们定时的活动选择四舍五入的数字：每秒 1 次、每秒 10 次，每 20 毫秒 1 次等。如果程序开发者开始为他们的定时活动选择每秒 99 次，那么我们将再次面临锁步问题。

我们将 99 称为"剖析员数字"。除进行性能剖析外，请勿用于其他用途！

18.3　黄猪和灰鼠

在数学领域，数字 17 是很特殊的，被昵称为"黄猪"数字；甚至有一个黄猪日，7 月 17 日 [178]。它对于跟踪分析也是很有用的数字，尽管笔者更喜欢 23。

你经常会面对分析一个未知的系统，不知道要跟踪什么事件。如果你能注入一个熟悉的工作负载，然后对事件进行频率计数可能会揭示和工作负载相关的事件。

为了展示这是如何工作的，我们先来假设需要理解 ext4 文件系统是如何执行写 I/O 的，但是并不知道跟踪什么事件。我们会使用 dd(1) 创建一个熟悉的工作负载，执行 23 次写操作，或者执行 230 000 次写操作使该负载可以从其他活动中区分出来：

```
# dd if=/dev/zero of=test bs=1 count=230000
230000+0 records in
230000+0 records out
230000 bytes (230 kB, 225 KiB) copied, 0.732254 s, 314 kB/s
```

当该命令运行时，跟踪所有以"ext4_"开头的函数 10 秒：

```
# funccount -d 10 'ext4_*'
Tracing 509 functions for "ext4_*"... Hit Ctrl-C to end.
^C
FUNC                            COUNT
ext4_rename2                        1
ext4_get_group_number               1
[...]
ext4_bio_write_page                89
ext4_es_lookup_extent             142
ext4_es_can_be_merged             217
ext4_getattr                     5125
ext4_file_getattr                6143
ext4_write_checks              230117
ext4_file_write_iter           230117
ext4_da_write_end              230185
ext4_nonda_switch              230191
ext4_block_write_begin         230200
ext4_da_write_begin            230216
ext4_dirty_inode               230299
ext4_mark_inode_dirty          230329
ext4_get_group_desc            230355
ext4_inode_csum.isra.56        230356
ext4_inode_csum_set            230356
ext4_reserve_inode_write       230357
ext4_mark_iloc_dirty           230357
ext4_do_update_inode           230360
ext4_inode_table               230446
ext4_journal_check_start       460551
Detaching...
```

从以上结果可以看到，有 15 个函数被调用了超过 230 000 次：这些非常可能是和该工作负载相关的。在被跟踪的 509 个 ext4 函数中，使用这个技巧可以把范围缩小到 15 个候选函数。笔者喜欢使用 23（或者 230 或 2300 等），因为它不太可能和其他不相关的事件计数冲突。在 10 秒的跟踪过程中，还有什么会发生 230 000 次？

23 和 17 都是质数，在计算中比其他数字比如 2 或 10 的幂出现的概率要小。笔者喜欢 23 是因为它和其他 2 和 10 的幂有足够的距离，不像 17。笔者称 23 为"灰鼠"数字。[1]

在 12.4 节，也使用了这个技巧来发现函数。

18.4 开发目标软件

首先开发负载生成软件，然后编写跟踪工具进行度量，可以大幅节省你的时间和问题。

假设我们想跟踪 DNS 请求并显示延迟和请求细节。那么从哪里开始以及如何判断你的程序是正在工作着的呢？如果你从开发简单的 DNS 请求生成器开始，那就会知道哪些函数是需要跟踪的，请求细节是如何存储在结构体中的，以及请求函数的返回值是什么。那你很可能会学得很快，因为通常互联网上有针对开发者的丰富文档，包括代码片段。

在这个例子中，getaddrinfo(3) 解析器函数的手册页包含了可以使用的整个程序：

```
$ man getaddrinfo
[...]
        memset(&hints, 0, sizeof(struct addrinfo));
        hints.ai_family = AF_UNSPEC;    /* Allow IPv4 or IPv6 */
        hints.ai_socktype = SOCK_DGRAM; /* Datagram socket */
        hints.ai_flags = 0;
        hints.ai_protocol = 0;          /* Any protocol */

        s = getaddrinfo(argv[1], argv[2], &hints, &result);
        if (s != 0) {
            fprintf(stderr, "getaddrinfo: %s\n", gai_strerror(s));
            exit(EXIT_FAILURE);
        }
[...]
```

从这开始，你可以开发一个可以生成已知请求的工具。甚至可以将它修改为只产生 23 个请求（或者 2300）来帮助找到协议栈中其他相关的函数（可参看 18.3 节）。

---

1 它数的是一只灰鼠有多少根胡子。笔者也有很多来自宜家的灰鼠玩具——可能是23只。

18.5 学习系统调用

系统调用是跟踪的丰富目标。

手册页中有关系统调用的文档中有对应的跟踪点，并提供应用程序资源使用的有用信息。比如，你使用 BCC 版的 syscount(8) 工具并发现了一个高频率的 setitimer(2)。那是什么？

```
$ man setitimer
GETITIMER(2)                  Linux Programmer's Manual                 GETITIMER(2)

NAME
       getitimer, setitimer - get or set value of an interval timer

SYNOPSIS
       #include <sys/time.h>

       int getitimer(int which, struct itimerval *curr_value);
       int setitimer(int which, const struct itimerval *new_value,
                     struct itimerval *old_value);

DESCRIPTION
       These  system  calls provide access to interval timers, that is, timers
       that initially expire at some point in the future, and (optionally)  at
       regular intervals after that.  When a timer expires, a signal is gener
       ated for the calling process, and the timer is reset to  the  specified
       interval (if the interval is nonzero).

[...]

   setitimer()
       The function setitimer() arms or disarms the timer specified by  which,
       by setting the timer to the value specified by new_value.  If old_value
       is non-NULL, the buffer it points to is used  to  return  the  previous
       value  of  the  timer  (i.e.,  the same information that is returned by
       getitimer()).

[...]

RETURN VALUE
       On  success,  zero is returned.  On error, -1 is returned, and errno is
       set appropriately.
```

手册页解释了 setitimer(2) 是什么，还包括它的传入参数和返回值的介绍。这些都可以通过跟踪点 syscalls:sys_enter_setitimer 和 syscalls:sys_exit_setitimer 进行检查。

18.6   保持简单

避免开发冗长并且复杂的跟踪程序。

BPF 具备跟踪所有事件的超级能力，但是很容易被带偏。如果向跟踪程序中添加很多事件，那么容易忽视想解决的原始问题。这有以下缺点。

- **不必要的开销**：原始问题可能已经通过跟踪几个事件被解决了，但是现在工具跟踪更多的事件，仅对常用场景增加了一点洞察但是每个使用者却要付出更大开销。
- **维护负担**：这对 kprobes 和 uprobes 尤为如此，因为它们是界面不稳定的，不同的软件版本之间会有变化。在 Linux 4.x 系列内核中，已经发生过内核变化导致 BCC 工具不可用的情况发生。解决方法是为每个内核版本添加代码（通常是通过检查函数是否存在来选择的，因为由于反向移植，内核版本号是不可靠的），或者简单地复制工具，在 tools/old 文件夹中保留旧内核版本。最好的情况是添加跟踪点，这些破坏将不再发生（比如，只针对 tcp 工具的 sock:inet_sock_set_state）。

修复 BCC 工具并不难，因为每一个工具通常只跟踪少数几个事件或事件类型（笔者把它们设计成这样）。如果它们每个都跟踪数十个事件，则损坏会更频繁，而修复它们会更复杂。而且，所需的测试将被放大：需要在有该工具特定代码的所有内核版本中测试所有事件类型。

笔者在这方面曾有过惨痛的教训：15 年前，笔者开发了一个名为 tcpsnoop(1m) 的工具。当时笔者的目标是显示哪个进程正在做 TCP I/O，但是解决方法是开发了一个工具来跟踪 PID 的所有数据包类型（TCP 握手、端口拒绝的数据包、UDP、ICMP 等），它匹配了一个网络嗅探器的输出。这涉及跟踪许多不稳定的内核细节，该工具由于内核升级被损坏了多次。笔者完全忘记了原来的问题，开发了一个不可维护的工具。（该教训的更多细节，可查看第 10 章的 tcpsnoop 工具。）

笔者后续开发并包含在本书中的 bpftrace 工具都是自己 15 年经验的总结：我可以谨慎地限制它们只跟踪最少且必需的事件，从而解决特定问题，仅此而已。如果可能，我建议你也这样做。

18.7   事件缺失

这是一个常见的问题：一个事件可以被成功插桩，但是不会触发，或者工具不输出结果。（如果事件根本不能被插桩，请查看 18.10 节）使用 Linux 的 perf(1) 对事件插桩能帮助判断问题是存在于 BPF 跟踪还是事件本身。

下面展示了使用 perf(1) 来检查 block:block_rq_insert 和 block:block_rq_requeue 跟踪点是否发生：

```
# perf stat -e block:block_rq_insert,block:block_rq_requeue -a
^C
 Performance counter stats for 'system wide':

            41        block:block_rq_insert
             0        block:block_rq_requeue

       2.545953756 seconds time elapsed
```

在本例中，block:block_rq_insert 跟踪点触发了 41 次，block:block_rq_requeue 跟踪点触发了零次。如果一个 BPF 工具还同时跟踪了 block:block_rq_insert，它没有看到任何事件，那么这意味着这是 BPF 工具的问题。如果 BPF 工具和 perf(1) 都显示没有事件，那么这意味着这是事件本身的问题：它没有发生。

现在有一个使用 kprobes 来检查 vfs_read() 内核函数是否被调用的例子：

```
# perf probe vfs_read
Added new event:
  probe:vfs_read      (on vfs_read)

You can now use it in all perf tools, such as:

        perf record -e probe:vfs_read -aR sleep 1

# perf stat -e probe:vfs_read -a
^C
 Performance counter stats for 'system wide':

         3,029        probe:vfs_read

      1.950980658 seconds time elapsed
# perf probe --del probe:vfs_read
Removed event: probe:vfs_read
```

perf(1) 接口需要单独的命令来创建和删除 kprobes，这和 uprobes 类似。该例子显示，在跟踪期间，vfs_read() 被调用了 3209 次。

事件缺失有时候发生在软件修改之后，之前被插桩过的事件不再被调用了。

一种常见的情况是从共享库位置跟踪库函数，但是目标应用程序是被静态编译的，函数是从应用程序二进制文件中被调用的。

18.8   调用栈缺失

这时打印的调用栈看上去不完整或者完全缺失。这可能也涉及缺失符号问题（在18.9 节介绍），所以帧会显示为"[unknown]"。

这里有一个示例输出，用 BCC 版的 trace(8) 为 execve() 跟踪点打印用户态调用栈（新进程创建）：

```
# trace -U t:syscalls:sys_enter_execve
PID     TID     COMM          FUNC
26853   26853   bash          sys_enter_execve
        [unknown]
        [unknown]

26854   26854   bash          sys_enter_execve
        [unknown]
        [unknown]
[...]
```

这是在深入研究 BCC/BPF 调试之前使用 perf(1) 进行交叉检查的另一个机会。使用 perf(1) 重现这个任务：

```
# perf record -e syscalls:sys_enter_execve -a -g
^C[ perf record: Woken up 1 times to write data ]
[ perf record: Captured and wrote 3.246 MB perf.data (2 samples) ]

# perf script
bash 26967 [007] 2209173.697359: syscalls:sys_enter_execve: filename: 0x56172df05030,
argv: 0x56172df3b680, envp: 0x56172df2df00
                e4e37 __GI___execve (/lib/x86_64-linux-gnu/libc-2.27.so)
        56172df05010 [unknown] ([unknown])

bash 26968 [001] 2209174.059399: syscalls:sys_enter_execve: filename: 0x56172df05090,
argv: 0x56172df04440, envp: 0x56172df2df00
                e4e37 __GI___execve (/lib/x86_64-linux-gnu/libc-2.27.so)
        56172df05070 [unknown] ([unknown])
```

这里显示的类似的不全调用栈有以下三个问题。

- **调用栈不全。** 它们在跟踪 bash(1) shell 调用一个新程序：笔者的经验表明这有几个很深的帧，但是这里只显示了两帧（行）。如果你的调用栈有一两行，并且没有以初始帧（比如"main"或"start_thread"）结束，有理由假设它们是不完整的。
- **最后一行是 [unknown]。** 甚至 perf(1) 都不能解析符号。可能 bash 有符号问题，或者 libc 的 __GI__execve() 可能覆盖了帧指针，从而中断了进一步的遍历。
- **perf(1) 可以看到 libc __GI__execve() 调用，但是 BCC 不能。** 这指向 BCC 跟踪的一个需要修复的问题。[1]

18.8.1　如何修复损坏的调用栈

不幸的是，不完整的调用栈很常见，通常由两个因素导致：（1）观察工具使用基于帧指针的方法读取调用栈，以及（2）由于编译器性能优化目标二进制程序没有预留寄存器（x86_64 上的 RBP）给帧指针，而是重复使用一个通用寄存器。观测工具读取这个寄存器，希望它的值是帧指针，但实际上该寄存器可能包含任何值：数字、对象地址、指向字符串的指针。观测工具尝试在符号表中解析这个数字，如果幸运，什么也找不到并打印"[unknown]"。如果不幸运，那个随机数字解析到一个不相干的符号，并打印包含错误函数名的调用栈，导致最终用户的困惑。

最简单的修复方法是修复帧指针寄存器：

- **对于 C/C++ 软件和其他公共 gcc 或 LLVM 编译的软件：** 使用 -fno-omit-frame-pointer 重新编译软件。
- **对于 Java：** 使用 -XX:+PreserveFramePointer 运行 java(1)。

这可能会有性能损耗，但是通常观测到的损耗少于 1%；可以使用调用栈来定位性能问题带来的好处远大于这个性能损耗。这些在第 12 章中也有讨论。

另外一个解决方法是切换到一个不基于帧指针的堆栈遍历技术。perf(1) 支持基于 DWARF 的堆栈遍历、ORC，以及最后分支记录（LBR）。在本书编写时，基于 DWARF 和 LBR 的堆栈遍历在 BPF 中不可用，ORC 不能用于用户态软件。更多关于此主题的信息，可查看 2.4 节。

18.9　打印时符号缺失（函数名称）

这表现在调用栈或通过符号查找功能无法正确打印符号的地方：不显示函数名称，

1　笔者猜测，perf(1)可能使用了debuginfo来得到那个帧信息。可查看bpftrace的类似调查#646[179]。

而是显示十六进制数字或字符串"[unknown]"。一个原因是堆栈损坏，在前面一节中解释过了。另一个原因是短命进程，在 BPF 工具读取其地址空间并查询符号表之前就停止运行了。第三个原因是没有可用的符号表信息。JIT 运行时和 ELF 二进制文件之间的解决方法有所不同。

18.9.1　如何修复符号缺失：JIT 运行时（Java、Node.js...）

对于即时编译运行时，比如 Java 和 Node.js，符号缺失很常见。在这种情况下，即时编译器有自己的在运行时会改变的符号表，该符号表并不是二进制文件预编译符号表的一部分。通常的修复方法是使用运行时生成的额外符号表，放在 /tmp/perf-<PID>.map 文件中，可以被 perf(1) 和 BCC 读取。该方法的一些注意事项，以及未来的工作在 12.3 节有讨论。

18.9.2　如何修复符号缺失：ELF 二进制文件（C、C++...）

编译好的二进制文件可能会有缺失符号，尤其是那些被打包分发的，因为它们会被 strip(1) 处理来降低文件的大小。一种修复方法是调整构建过程来避免去除符号；另一种方法是使用另外的来源获取符号信息，比如 debuginfo 或 BTF。BCC 和 bpftrace 支持 debuginfo 符号。这些方法的一些注意事项，以及未来的工作在 12.2 节有讨论。

18.10　跟踪时函数缺失

这是当一个已知函数不能使用 uprobes、uretprobes、probes 或者 kretprobes 跟踪时：表现为缺失或没有触发。问题可能是符号缺失（前面介绍过），也可能是由于编译器优化，或者其他原因。

- **内联**：通过内联，函数指令被包含到调用函数内。对于只有很少指令的函数，可能会发生这种情况，以节省调用、返回和函数序言指令。函数符号可能会完全消失，或可能存在但是那段代码不会触发。
- **尾调用优化**：当代码流是 A()->B()->C()，并且 C() 是在 B() 的最后调用时，作为优化编译器可能会让 C() 直接返回给 A()。这意味着函数的 uretprobe 或 kretprobe 不会被触发。
- **静态和动态链接**：这是当 uprobe 在库中定义了一个函数，但是目标软件已从动态链接切换到静态链接，并且函数位置变了时：现在位于二进制文件中。反之亦然，uprobe 在二进制文件中定义了一个函数，但此后函数被移至共享库。

　　处理这个问题意味着跟踪一个不同的事件：父函数、子函数或邻居函数。kprobes 和 uprobes 也支持指令偏移跟踪（bpftrace 将来也应该支持），所以如果知道偏移量，那么一个内联函数的位置可以被插桩。

18.11　反馈回路

　　如果你跟踪你自己的跟踪，那么就能创建一个反馈回路。

　　要避免的一个例子如下：

```
# bpftrace -e 't:syscalls:sys_write_enter { printf(...) }'
remote_host# bpftrace -e 'k:tcp_sendmsg { printf(...) }'
# bpftrace -e 'k:ext4_file_write_iter{ printf(...) }' > /ext4fs/out.file
```

　　前两个命令通过创建另一个 printf() 事件将意外跟踪 bpftrace printf() 事件。事件频率会暴涨，以至于导致性能问题，直到你停止 bpftrace。

　　第三个命令做了同样的事情，bpftrace 触发了 ext4 写以保存输出，导致产生了更多的输出需要保存。

　　可以通过使用过滤器来排除自己的 BPF 工具或仅跟踪目标进程来避免这种情况。

18.12　被丢掉的事件

　　丢掉的事件会导致工具的输出不完整。

　　BPF 工具可能因输出过快导致 perf 的输出缓冲区溢出，或者尝试保存太多堆栈 ID 并导致 BPF 堆栈映射溢出，等等。

　　比如：

```
# profile
[...]
WARNING: 5 stack traces could not be displayed.
```

　　当事件被丢掉时工具应该告诉你，如上面的输出所示。这些丢弃通常可以通过调整被修复。比如，profile(8) 有 -stack-storage-size 选项可以增加堆栈映射的大小，默认映射能存储 16 384 个唯一的调用栈。如果调整十分频繁，则应更新工具的默认设置，以使用户无须更改它们。

附录A

bpftrace 单行程序

这里选取了本书中用到的一些单行程序。

第6章　CPU

跟踪新进程，包括进程参数：

```
bpftrace -e 'tracepoint:syscalls:sys_enter_execve { join(args->argv); }'
```

按进程统计系统调用的数量：

```
bpftrace -e 'tracepoint:raw_syscalls:sys_enter { @[pid, comm] = count(); }'
```

以 99Hz 的频率采样正在运行的进程名：

```
bpftrace -e 'profile:hz:99 { @[comm] = count(); }'
```

以 49Hz 的频率采样进程 ID 为 189 的用户态调用栈信息：

```
bpftrace -e 'profile:hz:49 /pid == 189/ { @[ustack] = count(); }'
```

跟踪通过 pthread_create() 创建的新线程：

```
bpftrace -e 'u:/lib/x86_64-linux-gnu/libpthread-2.27.so:pthread_create {
    printf("%s by %s (%d)\n", probe, comm, pid); }'
```

第7章　内存

根据用户态调用栈信息统计进程堆内存扩展（brk()）：

```
bpftrace -e tracepoint:syscalls:sys_enter_brk { @[ustack, comm] = count(); }
```

按进程统计缺页错误：

```
bpftrace -e 'software:page-fault:1 { @[comm, pid] = count(); }'
```

根据用户态调用栈信息统计缺页错误：

```
bpftrace -e 'tracepoint:exceptions:page_fault_user {
    @[ustack, comm] = count(); }'
```

通过跟踪点来统计 vmscan 操作：

```
bpftrace -e 'tracepoint:vmscan:* { @[probe]++; }'
```

第8章　文件系统

按进程名统计通过 open(2) 打开的文件：

```
bpftrace -e 't:syscalls:sys_enter_open {
    printf("%s %s\n", comm, str(args->filename)); }'
```

展示 read() 系统调用的请求大小分布：

```
bpftrace -e 'tracepoint:syscalls:sys_enter_read { @ = hist(args->count); }'
```

展示 read() 系统调用的实际读取字节数（以及错误）：

```
bpftrace -e 'tracepoint:syscalls:sys_exit_read { @ = hist(args->ret); }'
```

统计 VFS 调用：

```
bpftrace -e 'kprobe:vfs_* { @[probe] = count(); }'
```

统计 ext4 跟踪点：

```
bpftrace -e 'tracepoint:ext4:* { @[probe] = count(); }'
```

第9章　磁盘I/O

统计块 I/O 跟踪点：

```
bpftrace -e 'tracepoint:block:* { @[probe] = count(); }'
```

以直方图方式统计块 I/O 尺寸：

```
bpftrace -e 't:block:block_rq_issue { @bytes = hist(args->bytes); }'
```

统计块 I/O 请求的用户态调用栈：

```
bpftrace -e 't:block:block_rq_issue { @[ustack] = count(); }'
```

统计块 I/O 的类型标记：

```
bpftrace -e 't:block:block_rq_issue { @[args->rwbs] = count(); }'
```

按设备和 I/O 类型跟踪块 I/O 错误：

```
bpftrace -e 't:block:block_rq_complete /args->error/ {
    printf("dev %d type %s error %d\n", args->dev, args->rwbs, args->error); }'
```

统计 SCSI opcode：

```
bpftrace -e 't:scsi:scsi_dispatch_cmd_start { @opcode[args->opcode] =
    count(); }'
```

统计 SCSI 结果代码：

```
bpftrace -e 't:scsi:scsi_dispatch_cmd_done { @result[args->result] = count(); }'
```

统计 scsi 驱动程序函数：

```
bpftrace -e 'kprobe:scsi* { @[func] = count(); }'
```

第10章 网络

按 PID 和进程名统计套接字 accept(2) 调用：

```
bpftrace -e 't:syscalls:sys_enter_accept* { @[pid, comm] = count(); }'
```

按 PID 和进程名统计套接字 connect(2) 调用：

```
bpftrace -e 't:syscalls:sys_enter_connect { @[pid, comm] = count(); }'
```

按在 CPU 上运行的 PID 和进程名统计套接字发送和接收的字节数：

```
bpftrace -e 'kr:sock_sendmsg,kr:sock_recvmsg /retval > 0/ {
    @[pid, comm, retval] = sum(retval); }'
```

统计 TCP 的发送和接收次数：

```
bpftrace -e 'k:tcp_sendmsg,k:tcp*recvmsg { @[func] = count(); }'
```

以直方图形式统计 TCP 发送的字节数：

```
bpftrace -e 'k:tcp_sendmsg { @send_bytes = hist(arg2); }'
```

以直方图形式统计 TCP 接收的字节数：

```
bpftrace -e 'kr:tcp_recvmsg /retval >= 0/ { @recv_bytes = hist(retval); }'
```

按类型与远程主机（仅支持 IPv4）统计 TCP 重传：

```
bpftrace -e 't:tcp:tcp_retransmit_* { @[probe, ntop(2, args->saddr)] =
  count(); }'
```

以直方图形式统计 UDP 发送的字节数：

```
bpftrace -e 'k:udp_sendmsg { @send_bytes = hist(arg2); }'
```

统计发送数据包时的内核态调用栈：

```
bpftrace -e 't:net:net_dev_xmit { @[kstack] = count(); }'
```

第11章　安全

为 PID 为 1234 的进程统计安全审计事件数：

```
bpftrace -e 'k:security_* /pid == 1234 { @[func] = count(); }'
```

跟踪可插入身份验证模块（PAM）会话的开始：

```
bpftrace -e 'u:/lib/x86_64-linux-gnu/libpam.so.0:pam_start { printf("%s: %s\n",
  str(arg0), str(arg1)); }'
```

跟踪内核模块加载：

```
bpftrace -e 't:module:module_load { printf("load: %s\n", str(args->name)); }'
```

第13章　应用程序

按用户态调用栈计算 malloc() 请求的字节总数（高开销）：

```
bpftrace -e 'u:/lib/x86_64-linux-gnu/libc-2.27.so:malloc { @[ustack(5)] = sum(arg0); }'
```

跟踪 kill() 信号，显示发送进程名称、目标 PID 和信号号码：

```
bpftrace -e 't:syscalls:sys_enter_kill { printf("%s -> PID %d SIG %d\n", comm,
  args->pid, args->sig); }'
```

对 libpthread 互斥锁方法计数 1 秒：

```
bpftrace -e 'u:/lib/x86_64-linux-gnu/libpthread.so.0:pthread_mutex_*lock {
  @[probe] = count(); } interval:s:1 { exit(); }'
```

对 libpthread 条件变量相关函数计数 1 秒：

```
bpftrace -e 'u:/lib/x86_64-linux-gnu/libpthread.so.0:pthread_cond_* {
  @[probe] = count(); } interval:s:1 { exit(); }'
```

第14章 内核

按系统调用函数对系统调用进行计数：

```
bpftrace -e 'tracepoint:raw_syscalls:sys_enter {
    @[ksym(*(kaddr("sys_call_table") + args->id * 8))] = count(); }'
```

对以"attach"开始的内核函数调用进行计数：

```
bpftrace -e 'kprobe:attach* { @[probe] = count(); }'
```

为内核函数 vfs_read() 计时并总结为直方图：

```
bpftrace -e 'k:vfs_read { @ts[tid] = nsecs; } kr:vfs_read /@ts[tid]/ {
    @ = hist(nsecs - @ts[tid]); delete(@ts[tid]); }'
```

对内核函数"func1"的第一个整数参数出现的频率进行计数：

```
bpftrace -e 'kprobe:func1 { @[arg0] = count(); }'
```

对内核函数"func1"的返回值出现的频率进行计数：

```
bpftrace -e 'kretprobe:func1 { @[retval] = count(); }'
```

以 99Hz 对内核态调用栈采样，不包含 idle：

```
bpftrace -e 'profile:hz:99 /pid/ { @[kstack] = count(); }'
```

对上下文切换调用栈计数：

```
bpftrace -e 't:sched:sched_switch { @[kstack, ustack, comm] = count(); }'
```

按内核函数对工作队列请求进行计数：

```
bpftrace -e 't:workqueue:workqueue_execute_start { @[ksym(args->function)] = count() }'
```

附录B

bpftrace备忘单

说明

```
bpftrace -e 'probe /filter/ { action; }'
```

探针

BEGIN, END	程序开始和结束
tracepoint:syscalls:sys_enter_execve	execve(2) 系统调用
tracepoint:syscalls:sys_enter_open	open(2) 系统调用（也可以跟踪 openat(2)）
tracepoint:syscalls:sys_exit_read	跟踪 read(2) 系统调用的返回（一个变体）
tracepoint:raw_syscalls:sys_enter	所有系统调用
block:block_rq_insert	队列块 I/O 请求
block:block_rq_issue	向存储设备发出块 I/O 请求
block:block_rq_complete	块 I/O 的完成
sock:inet_sock_set_state	套接字状态改变
sched:sched_process_exec	进程执行
sched:sched_switch	上下文切换
sched:sched_wakeup	线程唤醒事件
software:faults:1	缺页错误
hardware:cache-misses:1000000	百万分之一的 LLC 缓存未命中
kprobe:vfs_read	跟踪内核函数 vfs_read()
kretprobe:vfs_read	跟踪内核函数 vfs_read() 的返回
uprobe:/bin/bash:readline	从 /bin/bash 跟踪 readline()
uretprobe:/bin/bash:readline	从 /bin/bash 跟踪 readline() 的返回
usdt:path:probe	从指定路径跟踪 USDT 探针
profile:hz:99	以 99Hz 在所有 CPU 上采样
interval:s:1	在一个 CPU 上，每秒运行一次

探针别名

t	tracepoint	U	usdt	k	kprobe	kr	kretprobe	p	profile
s	software	h	hardware	u	uprobe	ur	uretprobe	i	interval

变量

comm	On-CPU 进程名	username	用户名字符串
pid, tid	On-CPU PID，线程 ID	uid	用户 ID
cpu	CPU ID	kstack	内核调用栈
nsecs	时间，纳秒	ustack	用户调用栈
elapsed	从进程开始算起的时间，纳秒	probe	当前探针全名
arg0..N	[uk]probe 参数	func	当前函数全名
args->	跟踪点参数	$1..$N	CLI 参数，整数类型
retval	[uk]retprobe 返回值	str($1)...	CLI 参数，字符串类型
cgroup	当前 cgroup ID	curtask	指向当前 task 结构体的指针

动作

@map[*key1*, ...] = count()	统计频率
@map[*key1*, ...] = sum(*var*)	对变量求和
@map[*key1*, ...] = hist(*var*)	以 2 为幂的直方图
@map[*key1*, ...] = lhist(*var*, *min*, *max*, *step*)	线性直方图
@map[*key1*, ...] = stats(*var*)	统计：个数、均值和总数
min(*var*), max(*var*), avg(*var*)	最小值、最大值、平均值
printf("*format*", *var0..varN*)	打印变量；用 print() 做聚合
kstack(*num*), ustack(*num*)	打印内核堆栈、用户堆栈的行数
ksym(*ip*), usym(*ip*)	指令指针的内核 / 用户符号字符串
kaddr("*name*"), uaddr("*name*")	符号名称的内核 / 用户态地址
str(str[, *len*])	来自地址的字符串
ntop([*af*], *addr*)	IP 地址到字符串

异步动作

printf("*format*", *var0..varN*)	打印变量；用 print() 做聚合
system("*format*", *var0..varN*)	运行一个命令行命令
time("*format*")	打印格式化过的时间
clear(*@map*)	清空一个映射表：删除所有键
print(*@map*)	打印一个映射表
exit()	退出

开关

`-e`	跟踪这个探针描述
`-l`	打印探针，而不是跟踪
`-p` *PID*	对 PID 启用 USDT 探针
`-c` `'command'`	运行这个命令
`-v`, `-d`	详细和调试输出模式

附录C

BCC工具的开发

本附录使用示例总结了 BCC 工具的开发，并且是第 4 章的一个扩展。这是对那些感兴趣读者的可选内容。第 5 章介绍了如何用 bpftrace 开发工具，bpftrace 是一个更高级别的语言，使用它就够了，并且在很多情况下是首选。到第 18 章可查看关于最小化开销的讨论，适用于 BCC 和 bpftrace 工具的开发。

资源

笔者为学习 BCC 工具开发创建了如下三个详细的文档，并把它们免费作为 BCC 仓库的一部分提供，这些文档是在线的并由其他贡献者维护更新。

- BCC Python Developer Tutorial：其中包含超过 15 个使用 Python 接口进行 BCC 工具开发的课程，每个课程关注不同的学习细节 [180]。
- BCC Reference Guide：这是 BPF C API，以及 BCC Python API 的全部参考。它覆盖了 BCC 的所有能力，并包括每个能力的简短代码示例。该参考指南支持搜索 [181]。
- Contributing BCC/eBPF scripts：它为希望将工具贡献到 BCC 仓库的开发人员提供了一个清单。这总结了笔者多年开发和维护跟踪工具的经验和教训 [63]。

在本附录中，笔者提供了学习 BCC 工具开发的额外资源，可直接从一些实际的例子中进行学习。这里包括使用 hiyhello_world.py 程序作为基础示范；sleepsnoop.py 作为逐个事件输出的示范；bitehist.py 介绍了直方图映射表、函数原型、结构体的使用；biolatency.py 则是一个真实工具的例子。

5个技巧

这是你开发 BCC 工具前需要知道的 5 个技巧。

1. BPF C 是受限的：没有循环和内核函数调用。你只能使用 bpf_*kernel 辅助函数和一些编译器内置函数。

2. 所有内存必须通过 bpf_probe_read() 读取，bpf_probe_read() 会做必要的检查。如果你想要做 a->b->c->d 的引用解析，那么先尝试做它，因为 BCC 有重写器可能会将其转换为必要的 bpf_probe_read()。如果不起作用，请添加显式的 bpf_probe_read()。

   - 内存数据只能被读到 BPF 堆栈或 BPF 映射表。堆栈有大小限制；可用 BPF 映射表存放大的对象。

3. 有三种方法可以从内核态到用户态输出数据。

   - **BPF_PERF_OUTPUT()**：一种通过你自己定义结构体，实现将事件信息发送到用户态的方法。

   - BPF_HISTOGRAM() 或其他 BPF 映射：映射是可以构建更高级数据结构的键/值哈希。它们可用于摘要统计或输出直方图，并定期从用户空间读取数据（高效）。

   - **bpf_trace_printk()**：仅用于调试，它写入 trace_pipe，并可能与其他程序和跟踪器冲突。

4. 尽量使用静态插桩（跟踪点、USDT），而不是动态插桩（kprobes、uprobes）。动态插桩的 API 不稳定，所以如果插桩的代码变化了，你的工具会停止工作。

5. 跟进 BCC 的开发进展消息来学习新功能，同时也应该跟进 bpftrace 的开发进展消息，以便当可行的时候进行切换。

工具示例

下面选择的示例工具用来讲解 BCC 的编程要点。它们是作为每个事件输出的示例 hello_world.py 和 sleepsnoop.py，以及作为直方图输出的示例 bitehist.py 和 biolatency.py。

工具 1：hello_world.py

这是一个可以作为开始的基本工具。首先，考虑下面的输出：

```
# hello_world.py
ModuleProcessTh-30136 [005] .... 2257559.959119: 0x00000001: Hello, World!
SendControllerT-30135 [002] .... 2257559.971135: 0x00000001: Hello, World!
SendControllerT-30142 [007] .... 2257559.974129: 0x00000001: Hello, World!
ModuleProcessTh-30153 [000] .... 2257559.977401: 0x00000001: Hello, World!
```

```
SendControllerT-30135 [003] .... 2257559.996311: 0x00000001: Hello, World!
[...]
```

它为某些事件打印一行输出，以文本"Hello，World！"结尾。

下面是 hello_world.py 的源代码：

```
1  #!/usr/bin/python
2  from bcc import BPF
3  b = BPF(text="""
4  int kprobe__do_nanosleep()
5  {
6      bpf_trace_printk("Hello, World!\\n");
7      return 0;
8  }""");
9  b.trace_print()
```

第 1 行，设置解释器为 Python。有些环境倾向于使用"#!/usr/bin/env python"以用在 shell 环境中发现的第一个 python 运行时。

第 2 行，从 BCC 导入 BPF 库。

第 4 到 8 行，加粗高亮显示的代码，声明了一个内核态的 BPF 程序，是用 C 语言编写的。该程序以双引号被包含在父 Python 程序中，并作为文本参数传递给新的 BPF() 对象 b。

第 4 行使用了一个快捷方式来插桩 kprobe。该快捷方式是一个以"kprobe__"开始的函数声明。剩下的字符串作为被插桩的函数名称，在本例中为 do_nanosleep()。该快捷方式还没有被很多工具使用，因为这些工具早于该能力出现。这些工具通常使用 BPF.attach_kprobe() Python 调用。

第 6 行，使用"Hello World!"字符串调用 bpf_trace_printk()，字符串后面有一个换行符（使用一个额外的"\"转义，以确保"\n"能被保留到最后的编译阶段）。bpf_trace_printk() 将一个字符串打印到共享的跟踪缓冲区。

第 9 行，从 BPF 对象调用 Python 的 trace_print() 函数。这将从内核中获取跟踪缓冲区消息并打印出来。

为了保持示例的简短，使用了 bpf_trace_printk() 接口。然而，这应该只用于调试，因为它使用了一个和其他工具共享的缓冲区（可以通过 /sys/kernel/debug/tracing/trace_pipe 从用户态读取）。和其他跟踪工具一起运行该工具可能会导致输出冲突。推荐使用的接口在接下来的工具——sleepsnoop.py——中展示。

工具 2：sleepsnoop.py

该工具展示了调用带时间戳和进程 ID 的 do_nanosleep()。这是一个使用 perf 输出缓冲区的示例。示例输出如下：

```
# sleepsnoop.py
TIME(s)            PID    CALL
489488.676744000   5008   Hello, World!
489488.676740000   4942   Hello, World!
489488.676744000   32469  Hello, World!
489488.677674000   5006   Hello, World!
[...]
```

源代码如下：

```
 1  #!/usr/bin/python
 2
 3  from bcc import BPF
 4
 5  # BPF program
 6  b = BPF(text="""
 7  struct data_t {
 8      u64 ts;
 9      u32 pid;
10  };
11
12  BPF_PERF_OUTPUT(events);
13
14  int kprobe__do_nanosleep(void *ctx) {
15      struct data_t data = {};
16      data.pid = bpf_get_current_pid_tgid();
17      data.ts = bpf_ktime_get_ns() / 1000;
18      events.perf_submit(ctx, &data, sizeof(data));
19      return 0;
20  };
21  """)
22
23  # header
24  print("%-18s %-6s %s" % ("TIME(s)", "PID", "CALL"))
25
26  # process event
27  def print_event(cpu, data, size):
28      event = b["events"].event(data)
29      print("%-18.9f %-6d Hello, World!" % ((float(event.ts) / 1000000),
30          event.pid))
31
```

```
32   # loop with callback to print_event
33   b["events"].open_perf_buffer(print_event)
34   while 1:
35       try:
36           b.perf_buffer_poll()
37       except KeyboardInterrupt:
38           exit()
```

第 7 到 10 行，定义了输出结构体，data_t。它包含两个成员，一个是 u64（无符号 64 位整型），用于时间戳；另一个是 u32，用于 pid。

第 12 行，声明了 perf 事件的输出缓冲区，名为"events"。

第 14 行，插桩 do_nanosleep()，像前面 hello_world.py 示例中做的那样。

第 15 行，声明了一个名为"data"的 data_t 结构体并初始化它为零，初始化是必需的（BPF 验证程序会拒绝访问未初始化的内存）。

第 16 和 17 行，使用 BPF 辅助函数填充成员数据。

第 18 行，通过事件 perf 缓冲区提交数据结构体。

第 27 到 30 行，声明了一个名为 print_event() 的回调函数，处理来自 perf 缓冲区的一个事件。它在第 28 行从名为 event 的对象读取事件数据，并在第 29 和 30 行访问它的成员。（老版本的 BCC 需要更多手动步骤在 Python 中声明数据结构的布局；现在这是自动的。）

第 33 行，将 perf_event() 回调注册到名为 events 的 perf 事件缓冲区。

第 34 到 38 行，轮询打开 perf 缓冲区。如果有事件，回调函数会执行。使用 Ctrl+C 组合键会终止程序的执行。

如果事件发生得很频繁，用户态的 Python 程序就会经常被唤醒来处理。作为一个优化，有些工具在最后的 while 循环中引入了一个小的睡眠来缓冲一些事件，以减少 Python 在 CPU 上运行的次数，并降低总开销。

如果事件频繁发生，你应该考虑在内核上下文中对事件进行汇总以更好地回答你的问题，这样的开销更低。接下来的工具就是一个这样的例子，bitehist.py。

工具 3：bitehist.py

该工具将磁盘 I/O 的大小打印为以 2 为幂的直方图；一个类似的版本在 BCC 的 examples/tracing 目录下。笔者以该工具的输出开始，先看看它可以干什么，再去查看它的源代码：

```
# bitehist.py
Tracing block I/O... Hit Ctrl-C to end.
^C
```

```
kbytes              : count    distribution
     0 -> 1         : 3        |**                                        |
     2 -> 3         : 0        |                                          |
     4 -> 7         : 55       |******************************************|
     8 -> 15        : 26       |******************                        |
    16 -> 31        : 9        |******                                    |
    32 -> 63        : 4        |**                                        |
    64 -> 127       : 0        |                                          |
   128 -> 255       : 1        |                                          |
   256 -> 511       : 0        |                                          |
   512 -> 1023      : 1        |                                          |
```

带行编号的 BCC 程序如下：

```
1   #!/usr/bin/python
2   #[...]
3   from __future__ import print_function
4   from bcc import BPF
5   from time import sleep
6
7   # load BPF program
8   b = BPF(text="""
9   #include <uapi/linux/ptrace.h>
10
11  BPF_HISTOGRAM(dist);
12
13  int kprobe__blk_account_io_completion(struct pt_regs *ctx,
14      void *req, unsigned int bytes)
15  {
16      dist.increment(bpf_log2l(bytes / 1024));
17      return 0;
18  }
19  """)
20
21  # header
22  print("Tracing block I/O... Hit Ctrl-C to end.")
23
24  # trace until Ctrl-C
25  try:
26      sleep(99999999)
27  except KeyboardInterrupt:
28      print()
29
30  # output
31  b["dist"].print_log2_hist("kbytes")
```

第 1~8 行，包括了之前 hello_world.py 示例涵盖的详细信息。

第 9 行，包含 BPF 程序使用的标头信息（对于 pt_regs 结构体）。

第 11 行，声明了一个名为"dist"的 BPF 映射直方图，用来存储和输出。

第 13 和 14 行，声明了 blk_account_io_completion() 的函数签名。第一个参数，"stuct pt_rges *ctx"表示是来自插桩的寄存器状态并不是来自目标函数。其余参数来自函数，出自内核的 block/blk-core.c：

```
void blk_account_io_completion(struct request *req, unsigned int bytes)
```

笔者感兴趣的是 bytes 参数，但是笔者必须声明"struct request *req"参数，那样参数的位置才会匹配，尽管笔者并没有在 BPF 程序中使用"struct request *req"。然而，在默认情况下 BPF 不知道"struct request"，所以在函数签名中包含它会导致 BPF 工具编译失败。有两种解决方案：(1) #include <linux/blkdev.h>，然后"struct request"就可用了，或者 (2) 用"void *req"代替"struct request *req"，因为 void 是可用的，而且缺失真正的类型信息并不重要，因为程序不会解析引用。在本例中，笔者使用的是方法 2。

第 16 行，取得 bytes 参数并除以 1024，然后把这个 Kbytes 值传递给 bpf_log2()，该函数从该值生成 2 次幂的索引。再将这个索引值通过 dist.increment() 保存在 dist 直方图中：它将索引处的值加 1。用一个示例解释如下：

1. 想象对第一事件，bytes 的变量值是 4096。
2. 4096 / 1024 = 4
3. bpf_log2(4) = 3
4. dist.increment(3) 对索引值 3 加 1，所以 dist 直方图现在包含：
   索引 1: 值 0（指 0 -> 1 Kbytes）
   索引 2: 值 0（指 2 -> 3 Kbytes）
   索引 3: 值 1（指 4 -> 7 Kbytes）
   索引 4: 值 0（指 8 -> 15 Kbytes）
   ……

这些索引和值将被用户态读取并打印成直方图。

第 22 行，打印了一个标题。使用该工具时，看到标题的打印时间会很有用：它会告诉你 BCC 的编译和附加事件插桩已经完成，即将开始跟踪。该介绍性消息的内容遵循一个约定，该约定解释了该工具在做什么以及何时完成。

- **Tracing**：这告诉用户该工具正在按事件进行跟踪。如果是采样（剖析），它会说采样（剖析）。

- **block I/O**：这告诉用户什么事件被插桩了。
- **Hit Ctrl-C to end**：这告诉用户什么时候程序会结束。生成间隔输出的工具也可以包括这个消息，例如，"每 1 秒输出一次，按 Ctrl+C 组合键结束。"

第 25 ～ 28 行，使程序等待直到按下 Ctrl+C 组合键。当按 Ctrl+C 组合键时，会打印一个空行准备好屏幕输出。

第 31 行，打印 dist 直方图，其为 2 次幂的直方图，并带有"kbytes"范围列标签。这涉及从内核取得索引的值。这个 Python 的 BPF.print_log2_hist() 调用是怎么知道每个索引代表的范围的呢？这些范围并没有从内核传到用户态，被传递的只是索引的值。因为用户态和内核的 log2 算法是一致的，所以可以知道范围是什么。

BFP 代码还有另外一种写法，一个结构体指针解析的例子如下：

```
#include <uapi/linux/ptrace.h>
#include <linux/blkdev.h>

BPF_HISTOGRAM(dist);

int kprobe__blk_account_io_completion(struct pt_regs *ctx, struct request *req)
{
        dist.increment(bpf_log2l(req->__data_len / 1024));
        return 0;
}
```

现在，bytes 的值是从 request 结构体以及它的成员 __data_len 得到的。因为现在要处理 request 结构体，所以需要引用包含了其定义的 linux/blkdev.h 头文件。因为笔者并没有使用该函数的第二个参数 bytes，所以没有在函数签名中声明它：可以删除未使用的末尾参数，这仍然会保留先前参数的位置。

实际情况是，BPF 程序中定义的参数（在 struct pt_regs * ctx 之后）被映射到调用约定寄存器的函数。在 x86_64 系统上，这是 %rdi、%rsi、%rdx 等。如果你搞错了函数签名，BPF 工具会编译成功并把该函数签名应用到寄存器上，得到无效数据。

难道内核不应该知道这些函数的参数是什么吗？笔者为什么要在 BPF 程序中重新声明它们？答案是内核知道，如果你的系统上安装了内核调试信息。但是实际上，这种情况很少见，因为调试信息文件可能很大。

正在开发中的轻量级元数据应该可以解决这个问题：BPF Type Format，其可以包含在内核 vmlinux 二进制文件中，并且用户态二进制文件有一天也可能会可用。希望这将消除对包含头文件和重新声明函数签名的需要。更多详情请参看 2.3.9 节。

工具 4 : biolatency

下面列出的是笔者原始版本 biolatency.py 工具的所有行，并进行了列举和注释：

```
1 #!/usr/bin/python
2 # @lint-avoid-python-3-compatibility-imports
```

行 1 : 使用 Python。
行 2 : 禁止显示一个 lint 警告（为 Facebook 的构建环境添加）。

```
3 #
4 # biolatency    Summarize block device I/O latency as a histogram.
5 #               For Linux, uses BCC, eBPF.
6 #
7 # USAGE: biolatency [-h] [-T] [-Q] [-m] [-D] [interval] [count]
8 #
9 # Copyright (c) 2015 Brendan Gregg.
10 # Licensed under the Apache License, Version 2.0 (the "License")
11 #
12 # 20-Sep-2015   Brendan Gregg   Created this.
```

笔者的文件头注释有特定的格式。行 4 标注了工具名称，以及一个单句介绍。行 5 添加了注意事项：仅用于 Linux，使用 BCC/eBPF。接下来是用法、版权和重大变更的历史。

```
13
14 from __future__ import print_function
15 from bcc import BPF
16 from time import sleep, strftime
17 import argparse
```

请注意，笔者导入了 BPF，它将用于与内核中的 BPF 进行交互。

```
18
19 # arguments
20 examples = """examples:
21     ./biolatency            # summarize block I/O latency as a histogram
22     ./biolatency 1 10       # print 1 second summaries, 10 times
23     ./biolatency -mT 1      # 1s summaries, milliseconds, and timestamps
24     ./biolatency -Q         # include OS queued time in I/O time
25     ./biolatency -D         # show each disk device separately
26 """
27 parser = argparse.ArgumentParser(
```

```
28       description="Summarize block device I/O latency as a histogram",
29       formatter_class=argparse.RawDescriptionHelpFormatter,
30       epilog=examples)
31 parser.add_argument("-T", "--timestamp", action="store_true",
32       help="include timestamp on output")
33 parser.add_argument("-Q", "--queued", action="store_true",
34       help="include OS queued time in I/O time")
35 parser.add_argument("-m", "--milliseconds", action="store_true",
36       help="millisecond histogram")
37 parser.add_argument("-D", "--disks", action="store_true",
38       help="print a histogram per disk device")
39 parser.add_argument("interval", nargs="?", default=99999999,
40       help="output interval, in seconds")
41 parser.add_argument("count", nargs="?", default=99999999,
42       help="number of outputs")
43 args = parser.parse_args()
44 countdown = int(args.count)
45 debug = 0
46
```

第 9~44 行是参数处理。这里使用了 Python 的 argparse。

笔者的目的是将其做成一个类 UNIX 工具，就像 vmstat(8) 或 iostat(1)，使其很容易被其他人辨认和学习，所以才会有这样的选项和参数风格；以及只做一件事并把它做好（在这里，以直方图显示磁盘 I/O）。笔者可以添加一个打印每个事件细节的模式，但是制作了一个单独的工具，biosnoop.py。

你可能因为其他原因在开发 BCC/eBPF，包括为其他监控软件提供代理程序，但并不需要担心用户界面。

```
47 # define BPF program
48 bpf_text = """
49 #include <uapi/linux/ptrace.h>>
50 #include <linux/blkdev.h>
51
52 typedef struct disk_key {
53     char disk[DISK_NAME_LEN];
54     u64 slot;
55 } disk_key_t;
56 BPF_HASH(start, struct request *);
57 STORAGE
58
59 // time block I/O
```

```
60  int trace_req_start(struct pt_regs *ctx, struct request *req)
61  {
62      u64 ts = bpf_ktime_get_ns();
63      start.update(&req, &ts);
64      return 0;
65  }
66
67  // output
68  int trace_req_completion(struct pt_regs *ctx, struct request *req)
69  {
70      u64 *tsp, delta;
71
72      // fetch timestamp and calculate delta
73      tsp = start.lookup(&req);
74      if (tsp == 0) {
75          return 0;    // missed issue
76      }
77      delta = bpf_ktime_get_ns() - *tsp;
78      FACTOR
79
80      // store as histogram
81      STORE
82
83      start.delete(&req);
84      return 0;
85  }
86  """
```

这个 BPF 程序声明为内联 C 代码，并赋值给变量 bpf_text。

第 56 行声明了一个名为“start”的哈希阵列,使用一个 request 结构体指针作为键值。trace_req_start() 函数使用 bpf_ktime_get_ns() 获取一个时间戳，然后将其存在这个以 *req 为键值的哈希中。（笔者只是把这个指针地址作为 UUID 使用。）trace_re_completion() 函数用它的 *req 在哈希中进行查询，来获取请求的开始时间，该开始时间在第 77 行被用于计算时间差。第 83 行从哈希中删除时间戳。

这些函数的原型以用于寄存器的 pt_regs * 结构体开头，然后是你想要包含的、要探测的任意个数的函数参数。笔者在这里使用了一个函数参数，struct request *。

该程序还声明了用于输出数据的存储并存放了数据，但是有一个问题：biolatency 有一个 -D 选项输出每个磁盘的直方图，而不是一个包含所有信息的直方图，这改变了存储代码。所以这个程序包含了文本 STORAGE 和 STORE（以及 FACTOR），这只是笔者根据选项来查找和替换的字符串。如果可能的话，笔者希望避免使用代码写代码，因为这样会使调试更加困难。

```
87
88 # code substitutions
89 if args.milliseconds:
90     bpf_text = bpf_text.replace('FACTOR', 'delta /= 1000000;')
91     label = "msecs"
92 else:
93     bpf_text = bpf_text.replace('FACTOR', 'delta /= 1000;')
94     label = "usecs"
95 if args.disks:
96     bpf_text = bpf_text.replace('STORAGE',
97         'BPF_HISTOGRAM(dist, disk_key_t);')
98     bpf_text = bpf_text.replace('STORE',
99         'disk_key_t key = {.slot = bpf_log2l(delta)}; ' +
100        'bpf_probe_read(&key.disk, sizeof(key.disk), ' +
101        'req->rq_disk->disk_name); dist.increment(key);')
102 else:
103    bpf_text = bpf_text.replace('STORAGE', 'BPF_HISTOGRAM(dist);')
104    bpf_text = bpf_text.replace('STORE',
105        'dist.increment(bpf_log2l(delta));')
```

　　FACTOR 代码仅仅是根据 -m 选项更改记录时间的单位。第 95 行检查是否需要每个磁盘（-D），如果是，用以上代码替换 STORAGE 和 STORE 以生成每个磁盘的直方图。这使用第 52 行声明的 disk_key 结构体，存储了磁盘名称和以 2 的幂数的直方图中的插槽（桶）。第 99 行使用 delta 时间，并使用 bpf_log2l() 辅助函数将其转换为 2 的幂。第 100 行和第 101 行通过 bpf_probe_read() 获得磁盘名称，这也是将所有数据复制到 BPF 堆栈的方法。101 行包含了很多引用解析，req->rq_disk、rq_disk->disk_name，BCC 的重写器也透明地将它们转换为 bpf_probe_read()。

　　第 103 到 105 行处理单一直方图的情况（不是单个磁盘）。一个名为"dist"的直方图使用 BPF_HISTOGRAM 宏进行声明。使用 bpf_log2l() 辅助函数可以找到槽（桶），然后在直方图中递增。

　　这个例子有点粗鲁，既好（现实）又坏（吓人）。有关更简单的示例，请参见笔者之前链接的教程。

```
106 if debug:
107     print(bpf_text)
```

因为笔者在用代码写代码，因此需要一个方法来调试最终的输出。如果设置了调试，将其打印出来。

```
108
109 # load BPF program
110 b = BPF(text=bpf_text)
111 if args.queued:
112     b.attach_kprobe(event="blk_account_io_start", fn_name="trace_req_start")
113 else:
114     b.attach_kprobe(event="blk_start_request", fn_name="trace_req_start")
115     b.attach_kprobe(event="blk_mq_start_request", fn_name="trace_req_start")
116 b.attach_kprobe(event="blk_account_io_completion",
117     fn_name="trace_req_completion")
118
```

第 110 行，加载了 BPF 程序。

因为这个程序是在 BPF 有跟踪点支持前开发的，因此使用了 kprobes（内核动态跟踪）。它应该被重写并使用跟踪点，因为那才是稳定的 API，虽然那也要求更新的内核版本（Linux 4.7+）。

biolatency.py 有一个 -Q 选项可以包含在内核队列中的时间。你可以看看这段代码是怎么实现的。如果设置了该选项，112 行会为内核函数 blk_account_io_start() 附加一个带 kprobe 的 BPF trace_req_start() 函数。如果没有设置该选项，114 行和 115 行会附加 BPF 函数到其他的内核函数，是当磁盘 I/O 发生时的函数。这之所以能工作是因为这些内核函数的第一个参数都是一样的：struct request *。如果它们的参数不一样，就将需要单独的 BPF 函数来处理了。

```
119 print("Tracing block device I/O... Hit Ctrl-C to end.")
120
121 # output
122 exiting = 0 if args.interval else 1
123 dist = b.get_table("dist")
```

123 行取得由 STORAGE/STORE 代码声明并填充的"dist"直方图。

```
124 while (1):
125     try:
126         sleep(int(args.interval))
127     except KeyboardInterrupt:
128         exiting = 1
129
```

```
130      print()
131      if args.timestamp:
132          print("%-8s\n" % strftime("%H:%M:%S"), end="")
133
134      dist.print_log2_hist(label, "disk")
135      dist.clear()
136
137      countdown -= 1
138      if exiting or countdown == 0:
139          exit()
```

这具有将每个间隔打印一定次数（倒计时）的逻辑。如果使用了 -T 选项，则第131 行和第 132 行将显示一个时间戳。

第 134 行打印直方图，或每个磁盘的直方图。第一个参数是标签变量，其包含"usecs"或 "msecs"并修饰输出的列值。如果 dist 有每个磁盘的直方图，则第二个参数标记了辅助值。print_log2_hist() 是如何知道这是单个直方图还是有辅助键的呢，笔者将其作为一个 BCC 和 BPF 内部代码的冒险性练习。

第 135 行清空了直方图，为打印下一个间隔做好准备。

这里是一些输出示例，使用 -D 选项打印每个磁盘的直方图：

```
# biolatency -D
Tracing block device I/O... Hit Ctrl-C to end.
^C
disk = 'xvdb'
    usecs               : count    distribution
        0 -> 1          : 0        |                                        |
        2 -> 3          : 0        |                                        |
        4 -> 7          : 0        |                                        |
        8 -> 15         : 0        |                                        |
       16 -> 31         : 0        |                                        |
       32 -> 63         : 0        |                                        |
       64 -> 127        : 18       |****                                    |
      128 -> 255        : 167      |****************************************|
      256 -> 511        : 90       |*********************                   |

disk = 'xvdc'
    usecs               : count    distribution
        0 -> 1          : 0        |                                        |
        2 -> 3          : 0        |                                        |
        4 -> 7          : 0        |                                        |
        8 -> 15         : 0        |                                        |
```

```
  16 -> 31         : 0        |                                          |
  32 -> 63         : 0        |                                          |
  64 -> 127        : 22       |****                                      |
 128 -> 255        : 179      |******************************************|
 256 -> 511        : 88       |******************                        |
[...]
```

更多信息

有关 BCC 工具开发的更多信息，请参阅本附录开头的"资源"部分。有关 BCC 的通用信息，请参见第 4 章。

附录D

C BPF

本附录展示以 C 语言实现的 BPF 工具的示例，可以作为已编译的 C 语言程序或者通过 perf(1) 实用程序执行。对那些想深入了解 BPF 工作原理以及 Linux 内核支持的其他 BPF 接口的读者，本附录可以作为一个可选学习材料。

第 5 章介绍了如何在 bpftrace 中开发工具，bpftrace 是一种高级语言，在很多情况下应该是足够的并且应该是首选的语言，而附录 C 则将 BCC 接口作为另一个首选的选项。本附录是第 2 章 BPF 部分的后续内容

本附录以讨论为什么使用 C 语言编程和 5 个技巧开始。包含的第一个程序是 hello_world.c，用于说明 BPF 指令级编程，然后是两个 C 工具 : bigreads 和 bitehist，分别用于展示单个事件输出和直方图。最后一个工具是 perf(1) 版的 bigreads，其作为一个通过perf(1) 用 C 语言编程的例子。

为什么用C语言编程

将时间退回到 2014 年，那时只有 C 语言。然后有了 BCC 项目，其为内核 BPF 程序提供了一个改进版的C语言[1]，以及其他语言实现的前端。现在，我们有了 bpftrace 项目，整个程序都是一种高级语言。

继续用 C 语言开发整个跟踪工具的原因包括以下几点，以及反面观点。

- **降低启动开销**：在笔者的系统上，bpftrace 启动大约花费 40 毫秒的 CPU 时间，BCC 大约花费 160 毫秒。这些成本可以用一个独立的 C 二进制程序消除。但是这些成本也可以通过一次性编译 BPF 内核目标文件降低，并在需要时将其重

---

1   BCC包含一个基于Clang的内存解析重写器：所以a->b->c自动扩展成必要的bpf_probe_read()调用。在C程序中，你需要显式进行这些调用。

新发送到内核：Cilium 和 Cloudflare 具有编排系统，该系统使用 BPF 目标文件模板来完成此任务，程序中的特定数据（IP 地址等）可以按需重写。对于你自己的环境，考虑这个影响有多大：你启动 BPF 程序的频率如何？如果经常启动，那么它们需要一直（固定）运行吗？笔者还怀疑是否可以将 BCC 调整为 bpftrace 的启动成本 [1]，再加上以下几点可能会进一步缩短启动时间。

- **没有庞大的编译器依赖**：BCC 和 bpftrace 现在使用 LLVM 和 Clang 编译程序，会为文件系统增加超过 80MB。在某些环境下，包括嵌入式系统，这是不允许的。一个包含预编译好的 BPF 的 C 二进制文件不需要这些依赖。LLVM 和 Clang 的另外一个问题是，经常有 API 变化的新版本（在 bpftrace 开发期间，笔者处理过 LLVM 版本 5.0、6.0、7 和 8），增加了维护负担。但是，有处于各个阶段的项目在改进编译。有些项目将构建一个轻量且足够的 BPF 编译器来替代 LLVM 和 Clang，但会损失 LLVM 优化。SystemTap 跟踪器和它的 BPF 后端，以及 ply(1) 跟踪器 [5] 已经这么做了。其他项目是从 BCC/bpftrace 预编译 BPF 程序，并把 BPF 二进制文件发送到目标系统。这些项目也会减少启动开销。

- **降低运行时开销**：乍看之下，这没什么意义，因为任何前端最终都将在内核中运行相同的 BPF 字节码，并付出相同的 kprobe 和 uprobe 开销，等等。还有许多 BCC 和 bpftrace 工具使用内核内摘要，当运行时，这些前端不会消耗用户 CPU 时间。用 C 语言重写它们没有任何益处。一个对前端来说很重要的场景是，如果有很多事件需要频繁打印，那么该用户态的前端需要每秒读取并处理数千个事件（多到可以通过像 top(1) 这种攻击看到前端的 CPU 占用）。在这种情况下，用 C 语言重写会有更多的收益。通过调整 BCC 的环形缓冲区轮询代码 [2] 也可以把效率提到更高，此后，C 和 Python 之间的差异可以忽略不计。BCC 或 bpftrace 尚未采用的优化方法是创建绑定到每个 CPU 的消费者线程，这些线程读取其绑定 CPU 的环形缓冲区。

- **BPF hacking**：如果你的情况在 BCC 和 bpftrace 的能力范围之外，用 C 语言可以写出任何 BPF 校验器接受的代码。值得指出的是，BCC 已经接受任意 C 语言代码了，很难想象一个场景需要 hacking。

- **配合 perf(1) 一起使用**：perf(1) 支持 BPF 程序来增强其 `record` 和 `trace` 子命令的能力。perf(1) 有超越其他 BPF 工具的使用场景，比如你需要一个工具在二进制输出文件中高效地记录很多事件，perf(1) 已经针对这个场景做过优化了。可参见本附录后面"perf C"一节。

1　参见链接13。

2　参见链接14。

值得指出的是，很多 BPF 网络项目使用 C 语言，包括 Cilium[182]。对于跟踪，预计 bpftrace 和 BCC 是够用的。

5个技巧

这里是你开发 C 工具之前需要知道的技巧。

1. **BPF C 是受限的**：不可能进行无界循环或内核函数调用。你只能使用 bpf_* 内核辅助函数、BPF 尾调用、BPF 到 BPF 的函数调用，以及一些编译器内置函数。

2. 所有内存必须通过 bpf_probe_read() 读取，bpf_probe_read() 会进行必要的检查。目标通常是栈内存，但是对于大对象，你可以使用 BPF 映射存储。

3. 有三种从内核将数据输出到用户态的方法。

   - bpf_perf_event_output() (BPF_FUNC_perf_event_output)：这是通过自定义结构将每个事件的详细信息发送到用户空间的首选方式。

   - **BPF_MAP_TYPE.* 以及映射辅助函数** (e.g., bpf_map_update_elem())：映射是键值哈希，可以从中构建更高级的数据结构。映射可用于摘要统计或制作直方图，并定期从用户空间读取（高效）。

   - bpf_trace_printk()：仅用于调试，它写入 trace_pipe，并可能与其他程序和跟踪器冲突。

4. 尽量使用静态插桩（跟踪点、USDT），而不是动态插桩（kprobes、uprobes），因为静态插桩提供了一个更稳定的接口。

5. 如果你被卡住了，请在 BCC 或 bpftrace 中重写该工具，然后检查其调试或详细输出，可能会显示你缺失的步骤。例如，BCC 的 DEBUG_PREPROCESSOR 模式在预处理器之后显示 C 代码。

某些工具使用下面的 bpf_probe_read() 宏包装器：

```
#define _(P) ({typeof(P) val; bpf_probe_read(&val, sizeof(val), &P); val;})
```

这样代码中通过 "_(skb->dev)" 就可以自动展开为对应的 bpf_probe_read() 调用。

C程序

开发新的 BPF 功能时，通常会在同一补丁集中提供示例 C 程序和 / 或内核自测试套件测试用例，以演示其用法。C 程序被存放在 Linux 源代码的 samples/bpf 下，自测程序在 tools/testing/selftests/bpf 中 [1]。这些 Linux 示例和自测演示了两种在 C 中指定 BPF 程序的方法 [Zannoni 16]：

- **BPF 指令**：作为嵌入在 C 程序中的 BPF 指令的数组，传递到 bpf(2) 系统调用。
- **C 程序**：作为可以编译为 BPF 的 C 程序，该程序随后被传递给 bpf(2) 系统调用。此方法是首选。

编译器通常支持交叉编译，可以指定不同架构的编译目标。LLVM 编译器具有 BPF 目标 [2]，因此 C 程序可以像在 x86/ELF 中那样，在 ELF 文件中编译为 BPF。BPF 指令可以被存储在 ELF 中一个按 BPF 程序类型（"socket""kprobe/..."等）命名的节中。某些对象加载器会解析这个类型用于配合 bpf(2) 系统调用使用 [3]；对于其他加载器类型（包括本附录介绍的）被作为一个标签使用。

注意，其他构建 BPF 程序的技术也是可能的：比如，以 LLVM 中间表示格式指定 BPF 程序，然后 LLVM 可以将其编译为 BPF 字节码。

以下各节介绍了前面所述的每种类型的 API 更改、编译和示例工具：一个指令级示例 hello_world.c；以及 C 程序示例 bigread_kern.c 和 bitehist_kern.c。

警告：API 更改

在 2018 年 12 月到 2019 年 8 月之间，为了匹配 BPF C 库 API 的更改，本附录重写了两次。如果有进一步的更改，建议对库进行更新。这些库是 Linux 源代码中的 libbpf（tools/lib/bpf）和来自 iovisor BCC 的 libbcc[183]。

Linux 4.x 系列的旧 API 是一个包含常见函数的简单库，定义在 samples/bpf 下的 bpf_load.c 和 bpf_load.h 中。因为 libbpf，旧 API 已经在内核中被弃用了，在某一天这个旧 bpf_load API 可能也会被删除。大部分网络示例已经被转换为使用 libbpf 了，libbpf 是和内核功能同步开发的，并被外部项目使用（BCC、bpftrace）。笔者建议使用 libbpf 和 libbcc 而不是 bpf_load 库或创建自己的自定义库，因为它们会滞后 libbpf 和 libbcc 中的功能和修复，并阻碍 BPF 的推广。

1　这些是由BPF内核社区的爱好者编写的。对该目录下的文件有20个以上修改提交的开发人员包括：Alexei Starovoitov、Daniel Borkmann、Yonghong Song、Stanislav Fomichev、Martin KaFai Lau、John Fastabend、Jesper Dangaard Brouer、Jakub Kicinski和Andrey Ignatov。自测方面正在进行更多的开发工作，并且为了使 BPF中的所有功能在其不断增长时仍然能工作，新开发人员被鼓励添加自测而不是示例。

2　gcc也开发了一个BPF目标，但是尚未合并。

3　包括samples/bpf/bpf_load.*，然而这个库已经被弃用了。

本附录中的跟踪工具使用 libbpf 和 libbcc。感谢 Andrii Nakryiko 重写这些工具以使用最新的 API，该 API 会出现在 Linux 5.4 中。这些工具的早期版本是为 Linux 4.5 开发的，可以在本书的工具仓库中找到（URL 可以在这里链接 15 所示的网址找到）。

编译

从 Ubuntu 18.04（Bionic）服务器开始，以下是获取、编译和安装较新内核以及编译 BPF 例子的示例步骤。（警告：先在测试系统上尝试，因为诸如缺少虚拟化环境的必要 CONFIG 选项之类的错误可能导致系统无法启动）：

```
# apt-get update
# apt-get install bc libssl-dev llvm-9 clang libelf-dev
# ln -s llc-9 /usr/bin/llc
# cd /usr/src
# wget https://git.kernel.org/torvalds/t/linux-5.4.tar.gz
# cd linux-5.4
# make olddefconfig
# make $(getconf _NPROCESSORS_ONLN)
# make modules_install && make install && make headers_install
# reboot
[...]
# make samples/bpf/
```

llvm-9 或一个更新的 LLVM 版本是支持 BPF 所必需的。这些步骤只是一个示例：因为你的 OS 发行版、内核、LLVM、Clang 和 BPF 示例是更新过的，所以这些步骤将需要调整。

有时打包好的 LLVM 会有问题，这时必须要从源代码构建最新的 LLVM 和 Clang。一些示例步骤如下：

```
# apt-get install -y cmake gcc g++
# git clone --depth 1 http://llvm.org/git/llvm.git
# cd llvm/tools
# git clone --depth 1 http://llvm.org/git/clang.git
# cd ..; mkdir build; cd build
# cmake -DLLVM_TARGETS_TO_BUILD="X86;BPF" -DLLVM_BUILD_LLVM_DYLIB=ON \
    -DLLVM_ENABLE_RTTI=ON -DCMAKE_BUILD_TYPE=Release ..
# make -j $(getconf _NPROCESSORS_ONLN)
# make install
```

请注意仅在这些步骤中，是如何限制构建目标于 X86 和 BPF 的。

工具 1：Hello，World！

作为一个指令编程的示例，笔者已经把附录 C 中的 hello_world.py 程序重写成一个
C 程序，hello_world.c。在把它添加到 samples/bpf/Makefile 之后，它可以从前面介绍的
samples/bpf/ 编译。一些示例输出如下：

```
# ./hello_world
        svscan-1991  [007] .... 2582253.708941: 0: Hello, World!
          cron-983   [008] .... 2582254.363956: 0: Hello, World!
        svscan-1991  [007] .... 2582258.709153: 0: Hello, World!
[...]
```

这显示了文本"Hello, World!"，以及其他来自跟踪缓冲区的默认字段（进程名和
ID、CPU ID、标志和时间戳）。

hello_world.c 文件的代码如下：

```
1   #include <stdio.h>
2   #include <stdlib.h>
3   #include <string.h>
4   #include <errno.h>
5   #include <unistd.h>
6   #include <linux/version.h>
7   #include <bpf/bpf.h>
8   #include <bcc/libbpf.h>
9
10  #define DEBUGFS "/sys/kernel/debug/tracing/"
11
12  char bpf_log_buf[BPF_LOG_BUF_SIZE];
13
14  int main(int argc, char *argv[])
15  {
16      int prog_fd, probe_fd;
17
18      struct bpf_insn prog[] = {
19              BPF_MOV64_IMM(BPF_REG_1, 0xa21), /* '!\n' */
20              BPF_STX_MEM(BPF_H, BPF_REG_10, BPF_REG_1, -4),
21              BPF_MOV64_IMM(BPF_REG_1, 0x646c726f), /* 'orld' */
22              BPF_STX_MEM(BPF_W, BPF_REG_10, BPF_REG_1, -8),
23              BPF_MOV64_IMM(BPF_REG_1, 0x57202c6f), /* 'o, W' */
24              BPF_STX_MEM(BPF_W, BPF_REG_10, BPF_REG_1, -12),
```

```
25              BPF_MOV64_IMM(BPF_REG_1, 0x6c6c6548), /* 'Hell' */
26              BPF_STX_MEM(BPF_W, BPF_REG_10, BPF_REG_1, -16),
27              BPF_MOV64_IMM(BPF_REG_1, 0),
28              BPF_STX_MEM(BPF_B, BPF_REG_10, BPF_REG_1, -2),
29              BPF_MOV64_REG(BPF_REG_1, BPF_REG_10),
30              BPF_ALU64_IMM(BPF_ADD, BPF_REG_1, -16),
31              BPF_MOV64_IMM(BPF_REG_2, 15),
32              BPF_RAW_INSN(BPF_JMP | BPF_CALL, 0, 0, 0,
33                           BPF_FUNC_trace_printk),
34              BPF_MOV64_IMM(BPF_REG_0, 0),
35              BPF_EXIT_INSN(),
36      };
37      size_t insns_cnt = sizeof(prog) / sizeof(struct bpf_insn);
38
39      prog_fd = bpf_load_program(BPF_PROG_TYPE_KPROBE, prog, insns_cnt,
40                           "GPL", LINUX_VERSION_CODE,
41                           bpf_log_buf, BPF_LOG_BUF_SIZE);
42      if (prog_fd < 0) {
43              printf("ERROR: failed to load prog '%s'\n", strerror(errno));
44              return 1;
45      }
46
47      probe_fd = bpf_attach_kprobe(prog_fd, BPF_PROBE_ENTRY, "hello_world",
48                           "do_nanosleep", 0, 0);
49      if (probe_fd < 0)
50              return 2;
51
52      system("cat " DEBUGFS "/trace_pipe");
53
54      close(probe_fd);
55      bpf_detach_kprobe("hello_world");
56      close(prog_fd);
57      return 0;
58  }
```

这个例子是关于"Hello, World!"第 19 至 35 行的 BPF 指令程序。该程序的其余部分使用较旧的基于文件描述符的 API 和跟踪管道输出作为快捷方式，以使此示例短小。较新的 API 和输出方法在本附录后面的 bigreads 和 bitehist 示例中有展示，你将看到的是，它们会使程序变长。

使用 BPF 指令帮助程序宏将 BPF 程序声明为 prog 数组。可在附录 E 查看这些 BPF 宏和 BPF 指令的摘要。该程序还使用了来自 libbpf 和 libbcc 的函数加载程序，并将其附加到一个 kprobe 上。

第 19 到 26 行把"Hello, World!\n"存放在 BPF 堆栈上。为了提高效率，将四个字符组成的组进行声明并存储为一个 32 位整数（单词的类型为 BPF_W），而不是一次存储一个字符。最后两个字节存储为一个 16 位整数（半个单词的类型为 BPF_H）。

第 27 到 33 行准备并调用了 BPF_FUNC_trace_printk，该调用把字符串写到共享的跟踪缓冲区中。

第 39 到 41 行调用来自 libbpf 的 bpf_load_program() 函数（该库在 Linux 源代码的 tools/lib/bpf 下）。它加载 BPF 程序并设置 kprobe 的类型，以及给程序返回一个文件描述符。

第 47 行和第 48 行调用了来自 libbcc（该库来自 iovisor BCC 仓库；定义在 BCC 的 src/cc/libbpf.h 下）的 bpf_attach_kprobe() 函数，把程序附加到一个内核 do_nanosleep() 函数的入口 kprobe。事件名称为"hello_world"，这对调试很有帮助（它显示在 /sys/kernel/ debug/tracing/kprobe_events 中）。bpf_attach_kprobe() 为探针返回了一个文件描述符。这个库函数在失败时会打印一个出错信息，所以笔者没有在 49 行的测试处打印额外的出错信息。

第 52 行使用 system() 对共享跟踪管道调用 cat(1)，打印输出消息。[1]

第 54 到 56 行关闭了探针文件描述符，分离 kprobe 并关闭了程序文件描述符。如果你不做这些调用，早期版本的 Linux 内核会一直配置并启用这些探针，导致没有用户态消费者的开销。这可以通过使用 cat /sys/kernel/debug/tracing/kprobe_ events 或 bpftool(8) 的 prog show 检查，并可以使用 BCC 的 reset-trace(8)（取消所有跟踪器）清除。到了 Linux 5.2，内核已经切换到使用基于文件描述符的探针，会随着程序的退出自动关闭。

用 BPF_FUNC_trace_printk 和 system() 来使这个示例尽可能简短。它们使用共享跟踪缓冲区（/sys/kenerl/debug/tracing/trace_pipe），因为内核没有对其提供保护机制，可能和其他跟踪或调试程序发生冲突。推荐通过 BPF_FUNC_perf_event_output 接口：这在本附录后面的"工具 2：bigreads"一节中有解释。

要编译这个程序，需要将 hello_world 添加到 Makefile。以下 diff 显示了 Linux 5.3 的额外三行，以粗体突出显示：

```
# diff -u Makefile.orig Makefile
--- ../orig/Makefile 2019-08-03 19:50:23.671498701 +0000
+++ Makefile 2019-08-03 21:23:04.440589362 +0000
@@ -10,6 +10,7 @@
 hostprogs-y += sockex1
 hostprogs-y += sockex2
 hostprogs-y += sockex3
+hostprogs-y += hello_world
```

1　这个跟踪管道也可以被 bpftool prog tracelog 读取。

```
 hostprogs-y += tracex1
 hostprogs-y += tracex2
 hostprogs-y += tracex3
@@ -64,6 +65,7 @@
 sockex1-objs := sockex1_user.o
 sockex2-objs := sockex2_user.o
 sockex3-objs := bpf_load.o sockex3_user.o
+hello_world-objs := hello_world.o
 tracex1-objs := bpf_load.o tracex1_user.o
 tracex2-objs := bpf_load.o tracex2_user.o
 tracex3-objs := bpf_load.o tracex3_user.o
@@ -180,6 +182,7 @@
 HOSTCFLAGS_bpf_load.o += -I$(objtree)/usr/include -Wno-unused-variable

 KBUILD_HOSTLDLIBS              += $(LIBBPF) -lelf
+HOSTLDLIBS_hello_world        += -lbcc
 HOSTLDLIBS_tracex4            += -lrt
 HOSTLDLIBS_trace_output      += -lrt
 HOSTLDLIBS_map_perf_test     += -lrt
```

然后，可按照本附录后面的"编译"部分的描述进行编译和执行。

如该工具所示，虽然可以进行指令级编程，但不建议将其用于跟踪工具。以下两个工具切换为通过 C 编程开发 BPF 代码。

工具 2：bigreads

bigreads 跟踪 vfs_read() 的返回，并为大于 1MB 的读操作打印一个消息。这次的 BPF 程序是使用 C 声明的。[1] bigreads 和以下单行程序是等价的：

```
# bpftrace -e 'kr:vfs_read /retval > 1024 * 1024/ {
    printf("READ: %d bytes\n", retval); }'
```

运行 bigreads C 程序的一些输出如下：

```
# ./bigreads
            dd-5145  [003] d... 2588681.534759: 0: READ: 2097152 bytes
            dd-5145  [003] d... 2588681.534942: 0: READ: 2097152 bytes
            dd-5145  [003] d... 2588681.535085: 0: READ: 2097152 bytes
[...]
```

1　笔者在2014年6月6日开发了第一版，当时C语言是可用的最高级别的语言。Andrii Nakryiko在2019年8月1日使用最新的BPF接口重写了这些C BPF工具。

此输出显示，使用 dd(1) 命令发出三个读取，每个读取的大小为 2 MB。与 hello_world.c 一样，额外的字段被将添加到共享跟踪缓冲区的输出中。

bigreads 被分成单独的内核和用户态 C 文件。这使得内核组件可以用 BPF 作为目标架构被单独编译成一个文件，然后用户组件读取该文件并将 BPF 指令发送到内核。

内核组件 bigreads_kern.c 的代码如下：

```
1   #include <uapi/linux/bpf.h>
2   #include <uapi/linux/ptrace.h>
3   #include <linux/version.h>
4   #include "bpf_helpers.h"
5
6   #define MIN_BYTES (1024 * 1024)
7
8   SEC("kretprobe/vfs_read")
9   int bpf_myprog(struct pt_regs *ctx)
10  {
11      char fmt[] = "READ: %d bytes\n";
12      int bytes = PT_REGS_RC(ctx);
13      if (bytes >= MIN_BYTES) {
14              bpf_trace_printk(fmt, sizeof(fmt), bytes, 0, 0);
15      }
16
17      return 0;
18  }
19
20  char _license[] SEC("license") = "GPL";
21  u32 _version SEC("version") = LINUX_VERSION_CODE;
```

第 6 行定义了字节阈值。

第 8 行声明了一个名为 "kretprobe/vfs_read" 的 ELF 节，后面跟着一个 BPF 程序。这可以在最终的 ELF 二进制文件中看到。某些用户态加载程序将使用这些节标题来确定在何处附加程序。bitehist_user.c 加载程序（在注释中提到的）没有这样做，这个节标题在调试时仍然会很有用。

第 9 行开始调用 kretprobe 事件的函数。结构体参数 pt_regs 包含寄存器状态和 BPF 上下文。函数参数和返回值可以从寄存器被读取。这个结构体指针也是数个 BPF 辅助函数的必需参数（可查看 include/uapi/linux/bpf.h）。

第 11 行声明了一个 printf 使用的格式字符串。

第 12 行使用一个宏（在 x86 系统中，它会将 long bytes=PT_REGS_RC(ctx) 映射到 ctx->rax）从 pt_regs 结构体寄存器取得返回值。

第 13 行执行一个测试。

第 14 行使用调试函数 bpf_trace_printk() 打印输出字符串。这把输出写入一个共享的跟踪缓冲区，这里使用它是为了保持示例的短小。它具有与附录 C 中所述相同的警告：它可以与其他并发用户发生冲突。

第 20 和 21 行声明了其他必要的节和值。

用户态组件 bigreads_user.c 的代码如下：

```c
1   // SPDX-License-Identifier: GPL-2.0
2   #include <stdio.h>
3   #include <stdlib.h>
4   #include <unistd.h>
5   #include <string.h>
6   #include <errno.h>
7   #include <sys/resource.h>
8   #include "bpf/libbpf.h"
9
10  #define DEBUGFS "/sys/kernel/debug/tracing/"
11
12  int main(int ac, char *argv[])
13  {
14      struct bpf_object *obj;
15      struct bpf_program *prog;
16      struct bpf_link *link;
17      struct rlimit lim = {
18              .rlim_cur = RLIM_INFINITY,
19              .rlim_max = RLIM_INFINITY,
20      };
21      char filename[256];
22
23      snprintf(filename, sizeof(filename), "%s_kern.o", argv[0]);
24
25      setrlimit(RLIMIT_MEMLOCK, &lim);
26
27      obj = bpf_object__open(filename);
28      if (libbpf_get_error(obj)) {
29              printf("ERROR: failed to open prog: '%s'\n", strerror(errno));
30              return 1;
31      }
32
33      prog = bpf_object__find_program_by_title(obj, "kretprobe/vfs_read");
34      bpf_program__set_type(prog, BPF_PROG_TYPE_KPROBE);
35
```

```
36          if (bpf_object__load(obj)) {
37                  printf("ERROR: failed to load prog: '%s'\n", strerror(errno));
38                  return 1;
39          }
40
41          link = bpf_program__attach_kprobe(prog, true /*retprobe*/, "vfs_read");
42          if (libbpf_get_error(link))
43                  return 2;
44
45          system("cat " DEBUGFS "/trace_pipe");
46
47          bpf_link__destroy(link);
48          bpf_object__close(obj);
49
50          return 0;
51  }
```

第 17 到 19 行，以及 25 行设置 RLIMIT_MEMLOCK 为无穷大，以避免任何 BPF
内存分配问题。

第 27 行创建了一个 bpf_object 结构体，其引用 _kern.o 文件中的 BPF 组件。这个
bpf_object 可能会包含多个 BPF 程序和映射。

第 28 行检查 bpf_object 是否被成功初始化。

第 33 行根据 BPF 程序创建一个 bpf_program 结构体，该结构体与节标题 "kretprobe/
vfs_read" 相匹配，如内核源中的 SEC() 所设置。

第 36 行初始化并从内核文件将 BPF 对象加载到内核，包括所有的映射和程序。

第 41 行将先前选择的程序附加到 vfs_read() 的 kprobe，并返回 bpf_link 对象。稍后
在第 47 行使用它来分离程序。

第 45 行使用 system() 打印共享跟踪缓冲区，以使此工具简短。

第 48 行从内核的 bpf_object 卸载 BPF 程序，并释放所有关联的资源。

可以将这些文件添加到 sample/bpf 中，并通过将 bigreads 目标添加到 samples/bpf/
Makefile 进行编译。你需要添加的行是（将每行放置在 Makefile 中的相似行之间）：

```
# grep bigreads Makefile
hostprogs-y += bigreads
bigreads-objs := bigreads_user.o
always += bigreads_kern.o
```

编译和执行与前面的 hello_world 示例相同。这一次，在 bigreads_user.o 读取的部分
中创建了一个单独的 bigreads_kern.o 文件，其中包含 BPF 程序。你可以使用 readelf(1)
或 objdump(1) 进行检查：

```
# objdump -h bigreads_kern.o

bigreads_kern.o:      file format elf64-little

Sections:
Idx Name          Size      VMA               LMA               File off  Algn
  0 .text         00000000  0000000000000000  0000000000000000  00000040  2**2
                  CONTENTS, ALLOC, LOAD, READONLY, CODE
  1 kretprobe/vfs_read 000000a0  0000000000000000  0000000000000000  00000040  2**3
                  CONTENTS, ALLOC, LOAD, READONLY, CODE
  2 .rodata.str1.1 0000000f  0000000000000000  0000000000000000  000000e0  2**0
                  CONTENTS, ALLOC, LOAD, READONLY, DATA
  3 license       00000004  0000000000000000  0000000000000000  000000ef  2**0
                  CONTENTS, ALLOC, LOAD, DATA
  4 version       00000004  0000000000000000  0000000000000000  000000f4  2**2
                  CONTENTS, ALLOC, LOAD, DATA
  5 .llvm_addrsig 00000003  0000000000000000  0000000000000000  00000170  2**0
                  CONTENTS, READONLY, EXCLUDE
```

粗体显示的是"kretprobe/vfs_read"节。

为了使其成为可靠的工具,必须将 bpf_trace_printk() 替换为 print_bpf_output(),后者通过访问每个 CPU 环形缓冲区 perf 的 BPF 映射将记录发送到用户空间。内核程序将包含如下所示的代码(这使用了最新的基于 BTF 的减速)[1]:

```
struct {
        __uint(type, BPF_MAP_TYPE_PERF_EVENT_ARRAY)
        __uint(key_size, sizeof(int));
        __uint(value_size, sizeof(u32));
} my_map SEC(".maps");
[...]
bpf_perf_event_output(ctx, &my_map, 0, &bytes, sizeof(bytes));
```

对用户态程序的修改更多:system() 调用会被删除,并会添加一个函数处理映射输出事件。该函数然后将被 perf_event_poller() 注册。与此相关的一个示例在 Linux 源代码的 sample/bpf 目录中:trace_output_user.c。

---

1 较早的内核声明与此不同,较早的内核还包括将max_entries设置为__NR_CPUS__,以便每个CPU有一个缓冲区。此max_entries设置已成为BPF_MAP_TYPE_PERF_EVENT_ARRAY的默认设置。

工具 3：bitehist

该工具基于附录 C 中的 BCC bitehist.py。它演示了通过 BPF 映射的输出，该映射用于存储块设备 I/O 大小的直方图。示例输出如下：

```
# ./bitehist
Tracing block I/O... Hit Ctrl-C to end.
^C
     kbytes          : count    distribution
        4 -> 7       : 11       |****************                       |
        8 -> 15      : 24       |************************************** |
       16 -> 31      : 12       |******************                     |
       32 -> 63      : 10       |**************                         |
       64 -> 127     : 5        |******                                 |
      128 -> 255     : 4        |*****                                  |
Exiting and clearing kprobes...
```

像 bigreads 那样，bitehist 由两个 C 文件构成：bitehist_kern.c 和 bitehist_user.c。全部源代码可以在链接 15 所示的网页找到。下面是一些片段。

下面的代码来自 bitehist_kern.c：

```c
[...]
struct hist_key {
        u32 index;
};

struct {
        __uint(type, BPF_MAP_TYPE_HASH);
        __uint(max_entries, 1024);
        __type(key, struct hist_key);
        __type(value, long);
} hist_map SEC(".maps");
[...]
SEC("kprobe/blk_account_io_completion")
int bpf_prog1(struct pt_regs *ctx)
{
        long init_val = 1;
        long *value;
        struct hist_key key = {};

        key.index = log2l(PT_REGS_PARM2(ctx) / 1024);
        value = bpf_map_lookup_elem(&hist_map, &key);
```

```
        if (value)
                __sync_fetch_and_add(value, 1);
        else
                bpf_map_update_elem(&hist_map, &key, &init_val, BPF_ANY);
        return 0;
}
[...]
```

这声明了一个名为 hist_map、类型为 BPF_MAP_TYPE_HASH 的映射：这种声明风格将使用 BTF 传播。键是仅包含一个桶索引的 hist_key 结构体，值是一个长整型数据，用于存储桶的数量。

BPF 使用 PT_REGS_PARM2(ctx) 宏从 blk_account_io_completion 的第二个参数读取大小。使用 log2() C 函数（此处未包括）将其转换为直方图桶索引。

使用 bpf_map_lookup_elem() 获取指向该索引值的指针。如果一个值被找到了，将使用 __sync_fetch_and_add() 将其递增。如果未找到，则使用 bpf_map_update_elem() 对其进行初始化。

下面的代码来自 bitehist_user.c ：

```
struct bpf_object *obj;
struct bpf_link *kprobe_link;
struct bpf_map *map;

static void print_log2_hist(int fd, const char *type)
{
[...]
        while (bpf_map_get_next_key(fd, &key, &next_key) == 0) {
                bpf_map_lookup_elem(fd, &next_key, &value);
                ind = next_key.index;
// logic to print the histogram
[...]
}

static void int_exit(int sig)
{
        printf("\n");
        print_log2_hist(bpf_map__fd(map), "kbytes");
        bpf_link__destroy(kprobe_link);
        bpf_object__close(obj);
        exit(0);
}

int main(int argc, char *argv[])
```

```
{
        struct rlimit lim = {
                .rlim_cur = RLIM_INFINITY,
                .rlim_max = RLIM_INFINITY,
        };
        struct bpf_program *prog;
        char filename[256];

        snprintf(filename, sizeof(filename), "%s_kern.o", argv[0]);

        setrlimit(RLIMIT_MEMLOCK, &lim);

        obj = bpf_object__open(filename);
        if (libbpf_get_error(obj))
                return 1;

        prog = bpf_object__find_program_by_title(obj,
            "kprobe/blk_account_io_completion");
        if (prog == NULL)
                return 2;
        bpf_program__set_type(prog, BPF_PROG_TYPE_KPROBE);

        if (bpf_object__load(obj)) {
                printf("ERROR: failed to load prog: '%s'\n", strerror(errno));
                return 3;
        }

        kprobe_link = bpf_program__attach_kprobe(prog, false /*retprobe*/,
            "blk_account_io_completion");
        if (libbpf_get_error(kprobe_link))
                return 4;

        if ((map = bpf_object__find_map_by_name(obj, "hist_map")) == NULL)
                return 5;

        signal(SIGINT, int_exit);

        printf("Tracing block I/O... Hit Ctrl-C to end.\n");
        sleep(-1);

        return 0;
}
```

main() 程序使用与 bigreads 类似的步骤加载 BPF 程序。

使用 bpf_object__find_map_by_name() 获取 BPF 映射对象，并将其另存为全局映射变量，稍后在 int_exit() 期间打印。

int_exit() 是附加到 SIGINT（Ctrl+C）的信号处理程序。初始化信号处理程序后，main() 程序进入睡眠状态。当按 Ctrl+C 组合键时，将运行 int_exit()，这将调用 print_log2_hist() 函数。

print_log2_hist() 使用 bpf_get_next_key() 循环调用 bpf_lookup_elem() 来读取每个值，从而在映射上进行迭代。其余将键和值转换为打印直方图的功能在此省略。

使用类似 bigreads 的 Makefile 的添加，可以从 samples/bpf 目录编译并运行该工具。

perf C

Linux perf(1) 实用程序能够对来自以下两个接口之一的事件 [1] 运行 BPF 程序。

- **perf record**：对于在事件上运行的程序，可以应用自定义过滤器并向 perf.data 文件发出其他记录。
- **perf trace**：为了美化跟踪输出，使用 BPF 程序过滤并增强输出的 perf 跟踪事件（比如，显示系统调用上的文件名字符串而不仅仅是文件名指针 [84]）。

perf(1) 的 BPF 能力在快速地增长，现在缺乏如何使用它们的文档。现在最好的文档来源是用"perf"和"BPF"关键字搜索 Linux 内核邮件列表的归档。

下面一节演示了 perf 和 BPF。

工具 1：bigreads

bigreads 基于在"C 程序"部分中显示的相同工具，该工具跟踪 vfs_read() 的返回并显示大于 1 MB 的读取。以下是一些示例输出，以显示其工作方式：

```
# perf record -e bpf-output/no-inherit,name=evt/ \
    -e ./bigreads.c/map:channel.event=evt/ -a
^C[ perf record: Woken up 1 times to write data ]
[ perf record: Captured and wrote 0.255 MB perf.data (3 samples) ]
# perf script
         dd 31049 [009] 2652091.826549:                0                    evt:
ffffffffb5945e20 kretprobe_trampoline+0x0
(/lib/modules/5.0.0-rc1-virtual/build/vmlinux)
    BPF output: 0000: 00 00 20 00 00 00 00 00  .. ......
                0008: 00 00 00 00              ....
```

1　perf(1)中的BPF支持最先由Wang Nan添加。

```
        dd 31049 [009] 2652091.826718:                0                    evt:
fffffffb5945e20 kretprobe_trampoline+0x0
(/lib/modules/5.0.0-rc1-virtual/build/vmlinux)
    BPF output: 0000: 00 00 20 00 00 00 00 00   .. .....
                0008: 00 00 00 00               ....

        dd 31049 [009] 2652091.826838:                0                    evt:
fffffffb5945e20 kretprobe_trampoline+0x0
(/lib/modules/5.0.0-rc1-virtual/build/vmlinux)
    BPF output: 0000: 00 00 20 00 00 00 00 00   .. .....
                0008: 00 00 00 00               ....
```

perf.data 记录文件仅包含大于 1 MB 的读取项，其后是包含读取大小的 BPF 输出事件。进行跟踪时，笔者使用 dd(1) 发出了 3 个 2 MB 的读取，可以在 BPF 输出中看到："00 00 20"是 2 MB，0x200000，是采用低位字节序格式（x86）的。

bigreads.c 的源代码如下：

```
#include <uapi/linux/bpf.h>
#include <uapi/linux/ptrace.h>
#include <linux/types.h>

#define SEC(NAME) __attribute__((section(NAME), used))

struct bpf_map_def {
        unsigned int type;
        unsigned int key_size;
        unsigned int value_size;
        unsigned int max_entries;
};

static int (*perf_event_output)(void *, struct bpf_map_def *, int, void *,
    unsigned long) = (void *)BPF_FUNC_perf_event_output;

struct bpf_map_def SEC("maps") channel = {
        .type = BPF_MAP_TYPE_PERF_EVENT_ARRAY,
        .key_size = sizeof(int),
        .value_size = sizeof(__u32),
        .max_entries = __NR_CPUS__,
};

#define MIN_BYTES (1024 * 1024)
```

```
SEC("func=vfs_read")
int bpf_myprog(struct pt_regs *ctx)
{
        long bytes = ctx->rdx;
        if (bytes >= MIN_BYTES) {
                perf_event_output(ctx, &channel, BPF_F_CURRENT_CPU,
                    &bytes, sizeof(bytes));
        }

        return 0;
}

char _license[] SEC("license") = "GPL";
int _version SEC("version") = LINUX_VERSION_CODE;
```

这会通过名为"channel"的映射调用 perf_event_output()，以进行大于 MIN_BYTES 的读取：这些成为 perf.data 文件中的 BPF 输出事件。

perf(1) 接口正在获得更多能力，并且仅通过"perf record -e program.c"即可运行 BPF 程序。可查看最新的发展和示例。

更多信息

更多 BPF C 编程的信息，可查看：

- Linux 源代码中的 Documentation/networking/filter.txt[17]。
- Cilium 的"BPF and XDP Reference Guide"[19]。

附录E
BPF指令

本附录是对所选 BPF 指令的总结，以帮助从跟踪工具和附录 D 的 hello_world.c 程序的源代码中读取指令清单。不建议直接使用指令从头开发 BPF 跟踪程序，此处也不做介绍。

本附录中包含的 BPF 指令只是一部分。有关完整的参考，请参阅 Linux 源文件中的以下头文件以及本附录末尾的参考资料。

- **经典版 BPF**：include/uapi/linux/filter.h 和 include/uapi/linux/bpf_common.h
- **扩展版 BPF**：include/uapi/linux/bpf.h 和 include/uapi/linux/bpf_common.h

bpf_common.h 是共享的，因为编码基本上是一样的。

辅助宏

附录 D 的 hello_world.c 示例中的 BPF 指令包括：

```
    BPF_MOV64_IMM(BPF_REG_1, 0xa21), /* '!\n' */
    BPF_STX_MEM(BPF_H, BPF_REG_10, BPF_REG_1, -4),
    BPF_MOV64_IMM(BPF_REG_1, 0x646c726f), /* 'orld' */
    BPF_STX_MEM(BPF_W, BPF_REG_10, BPF_REG_1, -8),
[...]
    BPF_RAW_INSN(BPF_JMP | BPF_CALL, 0, 0, 0,
                 BPF_FUNC_trace_printk),
    BPF_MOV64_IMM(BPF_REG_0, 0),
    BPF_EXIT_INSN(),
```

这些是高级的辅助宏。在表 E-1 中有它们的摘要信息。

表 E-1　选出的 BPF 指令辅助宏 [1]

BPF 指令宏	描述
BPF_ALU64_REG(OP, DST, SRC)	ALU 64 位寄存器操作
BPF_ALU32_REG(OP, DST, SRC)	ALU 32 位寄存器操作
BPF_ALU64_IMM(OP, DST, IMM)	ALU 64 位现值运算
BPF_ALU32_IMM(OP, DST, IMM)	ALU 32 位现值运算
BPF_MOV64_REG(DST, SRC)	将 64 位源寄存器移到目标
BPF_MOV32_REG(DST, SRC)	将 32 位源寄存器移到目标
BPF_MOV64_IMM(DST, IMM)	将 64 位现值移动到目的地
BPF_MOV32_IMM(DST, IMM)	将 32 位现值移动到目的地
BPF_LD_IMM64(DST, IMM)	加载 64 位现值
BPF_LD_MAP_FD(DST, MAP_FD)	将映射 FD 加载到寄存器
BPF_LDX_MEM(SIZE, DST, SRC, OFF)	从内存加载到寄存器
BPF_STX_MEM(SIZE, DST, SRC, OFF)	从寄存器加载到内存
BPF_STX_XADD(SIZE, DST, SRC, OFF)	寄存器原子内存加
BPF_ST_MEM(SIZE, DST, OFF, IMM)	从现值加载到内存
BPF_JMP_REG(OP, DST, SRC, OFF)	有条件地跳转到寄存器
BPF_JMP_IMM(OP, DST, IMM, OFF)	有条件地跳到现值
BPF_JMP32_REG(OP, DST, SRC, OFF)	以 32 位比较寄存器
BPF_JMP32_IMM(OP, DST, IMM, OFF)	以 32 位对寄存器与现值进行比较
BPF_JMP_A(OFF)	无条件跳跃
BPF_LD_MAP_VALUE(DST, MAP_FD, OFF)	将映射值指针加载到寄存器
BPF_CALL_REL(IMM)	相对调用（BPF 到 BPF）
BPF_EMIT_CALL(FUNC)	辅助函数调用
BPF_RAW_INSN(CODE, DST, SRC, OFF, IMM)	原始 BPF 代码
BPF_EXIT_INSN()	退出

这些宏和参数使用缩写，可能不那么显而易见。按字母顺序如下所示。

- **32**：32 位
- **64**：64 位
- **ALU**：算术逻辑单元
- **DST**：目的地
- **FUNC**：函数
- **IMM**：现值，代码中提供的常量
- **IMSN**：指令
- **JMP**：跳跃

---

[1]　这里没有包含BPF_LD_ABS()和BPF_LD_IND()，因为它们被弃用了。

- **LD**：加载
- **LDX**：从寄存器加载
- **MAP_FD**：映射文件描述符
- **MEM**：内存
- **MOV**：移动
- **OFF**：偏移量
- **OP**：操作
- **REG**：寄存器
- **REL**：相对
- **ST**：存储
- **SRC**：源
- **STX**：存储到寄存器

在某些情况下根据指定的操作，这些 BPF 宏可扩展为 BPF 指令。

指令

BPF 指令在表 E-2 中列出。（完整的列表，请查看本附录开始列出的头文件。）

表 E-2　选出的 BPF 指令、字段和寄存器

名称	类型	来源	编号	描述
BPF_LD	指令类	经典版	0x00	加载
BPF_LDX	指令类	经典版	0x01	加载到 X
BPF_ST	指令类	经典版	0x02	存储
BPF_STX	指令类	经典版	0x03	存储到 X
BPF_ALU	指令类	经典版	0x04	算术逻辑单元
BPF_JMP	指令类	经典版	0x05	跳跃
BPF_RET	指令类	经典版	0x06	返回
BPF_ALU64	指令类	扩展版	0x07	ALU 64 位
BPF_W	大小	经典版	0x00	32 位字
BPF_H	大小	经典版	0x08	16 位半字
BPF_B	大小	经典版	0x10	8 位字节
BPF_DW	大小	扩展版	0x18	64 位双字
BPF_XADD	存储修饰符	扩展版	0xc0	排他添加
BPF_ADD	ALU/ 跳跃操作	经典版	0x00	加法
BPF_SUB	ALU/ 跳跃操作	经典版	0x10	减法
BPF_K	ALU/ 跳跃操作	经典版	0x00	现值操作符

续表

名称	类型	来源	编号	描述
BPF_X	ALU/ 跳跃操作	经典版	0x08	寄存器操作符
BPF_MOV	ALU/ 跳跃操作	扩展版	0xb0	寄存器间移动
BPF_JLT	跳跃操作	扩展版	0xa0	先进行无符号小于比较，再跳跃
BPF_REG_0	寄存器编号	扩展版	0x00	0 号寄存器
BPF_REG_1	寄存器编号	扩展版	0x01	1 号寄存器
BPF_REG_10	寄存器编号	扩展版	0x0a	10 号寄存器

指令通常由指令类以及按位或组成的字段的组合构成。

编码

扩展的 BPF 指令格式如表 E-3 所示（bpf_insn 结构体）。

表 E-3　扩展的 BPF 指令格式

操作码	目标寄存器	源寄存器	有符号偏移量	有符号立即常量
8 位	8 位	8 位	16 位	32 位

所以，对于 hello_world.c 程序中的第一个指令：

```
BPF_MOV64_IMM(BPF_REG_1, 0xa21)
```

操作码扩展为：

```
BPF_ALU64 | BPF_MOV | BPF_K
```

参考表格 E-3 和 E-2，该操作码变为 0xb7。指令的参数设置目标寄存器 BPF_REG_1(0x01) 和常数（操作数）0xa21。可以使用 bpftool(8) 验证生成的指令字节：

```
# bpftool prog
[...]
907: kprobe  tag 9abf0e9561523153  gpl
        loaded_at 2019-01-08T23:22:00+0000  uid 0
        xlated 128B  jited 117B  memlock 4096B
# bpftool prog dump xlated id 907 opcodes
   0: (b7)  r1 = 2593
       b7 01 00 00 21 0a 00 00
   1: (6b)  *(u16 *)(r10 -4) = r1
      6b 1a fc ff 00 00 00 00
```

```
2: (b7) r1 = 1684828783
   b7 01 00 00 6f 72 6c 64
3: (63) *(u32 *)(r10 -8) = r1
   63 1a f8 ff 00 00 00 00
[...]
```

对于跟踪工具，许多 BPF 指令将用于从结构体加载数据，然后调用 BPF 辅助函数将值存储在映射中或发出 perf 记录。请参阅 2.3.6 节中的"BPF 辅助函数"部分。

参考资料

更多关于 BPF 指令级编程的信息，可查看本附录开始列出的 Linux 源代码头文件，以及：

- Documentation/networking/filter.txt[17]
- include/uapi/linux/bpf.h[184]
- Cilium 的"BPF and XDP Reference Guide"[19]